震惊科学界和整个世界的经典巨著，
它的出现彻底颠覆了自然历史的基础学说。

进化与遗传的全面考察和经典阐述

The Origin of Species

物 种 起 源

[英] 查理·达尔文 著

钱 逊 译

凤凰出版传媒集团
江苏人民出版社

凤凰联动
FONGHONG

凤凰决定
DECISION

图书在版编目（CIP）数据

物种起源/（英）达尔文（Darwin，C.R.）著；钱逊 译.—南京：
江苏人民出版社，2011.3

（决定经典书库）

ISBN　978-7-214-06717-3

Ⅰ.①物…Ⅱ.①达… ②钱…Ⅲ.①达尔文学说
Ⅳ.① Q111.2

中国版本图书馆 CIP 数据核字（2010）第 261886 号

书　　名	物种起源
著　　者	［英］查理·达尔文
译　　者	钱　逊
责任编辑	王　楠
出版发行	江苏人民出版社（南京湖南路1号A楼　邮编：210009）
网　　址	http://www.book-wind.com
集团网址	http://www.ppm.cn
经　　销	江苏省新华发行集团有限公司
印　　刷	北京市兆成印刷有限责任公司
开　　本	820 毫米 × 1060 毫米 1/16
印　　张	34.75
字　　数	502 千
版　　次	2011年3月第1版　2011年3月第1次印刷
标准书号	ISBN　978-7-214-06717-3
定　　价	68.00 元

（江苏人民出版社图书凡印装错误可向本社调换）

回望历史深处，每一代学人都会深切地感到有一些书籍具有决定性的影响力，这些著作成为塑造历史的关键力量，改变了历史进程，也改变了人类社会。可以说，正是这些决定性的经典著作决定了我们今日的世界是这个样子，而不是另一个样子。人类之所以能够进步到如今这个全球一体化的文明时代，正是靠了一代代思想伟人奉献的各种类型的经典著作才实现的，正是靠了这些经典著作的荣光，才照亮了人类走出野蛮、步入文明的道路。

我们编选这套"决定经典·图释书系"，就是要让一代代思想伟人的经典著作达到更为普及的程度。我们希望这些经典著作像它们曾经在历史中发挥过的巨大作用一样，在读者的个人生活中也产生深刻影响。就像这些经典著作曾改变历史进程一样，它们同样也可以改变读者的个人命运，我们对此深信不疑。

我们对"决定经典"的定义是：每一代读者怀着先期的热情在人生的某个阶段总会找来认真研读的经典著作；这些著作都毫无例外地对人类历史、人类社会和人类思想产生过决定性的影响。因此，这套书系注定是开放式的，也注定是规模宏大的。举凡人类社会中具有里程碑意义的各种类别的经典著作都在我们的编选视野中，这套书将展现人类文明的相对全面的进步阶梯。我们希望单是这套设计精美的书摆在书架上的样子，就可以让读者产生深厚的历史感觉，为自己能够与思想伟人们朝夕相伴而自豪。

我们编选"决定经典"的信念中，自然包含了关于经典的诸多必不可少的普遍性描述。首先，经典在内容上一定是具有丰富性的，理所当然地将涵盖人类社会、文化、人生、科学、自然、历史和宇宙等方面的重大发现和观念更新，它们无一例外地参与了人类传统的形成，完善了社会生活，推进了人类历史。其次，经典当然是富于创造性的，其思想在产生之初必然是全新而动人的。再次，经典当然经得起岁月的淘洗，几乎不受时空限制，其活跃的思想不仅仅适用于过去，也必然适用于今日，也必然适用于未来，也就是说，任何时候都可以影响人生。还有一点，经典必然是具有可读性的，经得起任何人的反复阅读，并能使读者变得更加成熟，也变得富有思想。

我们深知要让这些经典著作达到更为普及的程度，需要付出很多的心血，需要做很多更为细致的编辑工作。因为这些经典著作，都是一代代思想伟人呕心沥血的思想结晶，其篇幅都是宏大的，从行文逻辑到思想点滴都是尖端的，永远富于创造性，无论经过多少岁月的打磨，都不会缺失初生时的那种勃勃生机。几乎任何时候，对这些经典著作的阅读，都可以丰富读者的大脑，启迪读者自己也变得思想生动而睿智。但是，这些思想伟人的观念和思维方式，都因其独创性而显得高妙异常，在很多方面都是一般读者难以望其项背的，这对一般读者亲近这些经典著作产生了微妙的心理影响，在普及方面造成了一定的障碍。

我们深知如何克服这些阅读心理的影响，而这正是使这些经典著作达到更为普及的程度的关键。这是我们采用"图释"的编辑方式来出版这些经典著作的根本原因。我们在相关专家的指导下，做了两方面的具体编辑工作：一是在文字上力求精确、简练和传神，使全书体系更为完善。二是精选相关图例。凡是有助于理解该书思想的图例，我们尽量列入，按有机的历史顺序加以编排，使该书图文并茂、相得益彰，并辅以精准的图片说明，让该书中的深奥思想变得晓畅易懂。这些深奥思想的历史演变、人物体系和实质影响都以简明百科全书式的解读得以清晰呈现，使读者能够在相对轻松的阅读中更容易地把握伟人们的思想要点。

我们深信，经过辛苦努力编选的这套"决定经典·图释书系"，可以实现一个对读者而言非常现实的目的，那就是：一切尖端的思想都可以轻松理解，一切深奥的经典都可以改善读者的生活。这也是我们所梦想的。

决定经典书系编委会
2011 年 3 月

编译者语

伟大的生物进化论奠基者——查理·达尔文（1809—1882年）通过数年的研究和考察，写出了著名的科技论著《物种起源》。他所倡导的进化论思想，被诸多专家学者誉为人类有史以来最伟大的科学发现之一。对于达尔文在生物学方面取得的卓越成就，恩格斯曾作出高度评价，将他的进化论与焦耳和赫尔姆霍兹的能量守恒与转化定律、施莱登和施旺创立的细胞学说并称为"19世纪自然科学的三大发现"。

书中有两个令世人叹为观止的结论：第一，世界上的一切物种都在不断地发生变异；亲代的大部分特征都会遗传给子代，子代与亲代之间又存在明显的差异，即后代在继承先代的过程中会发生变化，代代相传，长期积累，引起生物类型的改变；并且，这种改变是逐渐演变的过程。第二，一切生物都必须进行自然选择和生存斗争。生存斗争主要包括两方面，即生物之间为争夺生存资源的斗争和生物与自然环境的斗争。自然选择的结果——新物种产生，旧物种灭绝；生存斗争的结果——物竞天择，适者生存。任何生物生存繁衍后代都要遵循自然选择的规律，由于器官功能的分化和生存条件复杂化，生物在自然选择的长期作用下变异，让不同的遗传基因去适应新的环境。人类同其他生物一样，也是自然选择长期发展的产物，而不是上帝创造出来的。

可以这样说，达尔文生物进化论的提出，不仅使人类在认识自己方面发生了质的飞跃，也让人们知道生命和物种来自于大自然；而且还为社会哲学提供了一个全新的、独特的思维空间；并彻底摧毁了"特创论""物种不变论"和"宇宙生命论"等观点，为现代生物科学奠定了坚实的理论基础。

从此书中，你尽可穿越历史时空的精彩瞬间，追踪达尔文昔日的科考之旅，你将为他解读生命起源密码的坚韧而感动；你将为他提出的惊世骇俗的结论而感叹，而折服！达尔文以极大的勇气和探索精神，揭示了令学术界和世人震惊的秘密，为我们打开了一扇通往生命真相的大门，让我们重新发现物种进化的源起。航海考察图、植物、动物、化石等四百余幅栩栩如生的精美彩图，在生动的视觉与经典的文字中复活。

这是一本没有晦涩艰深，不再厚重，看上去图文并茂，读起来趣味盎然的不可多得的对人类有突出贡献的经典名著。本书以新颖的编排技巧、独特的体例，全彩制作，为读者呈现一场视觉盛宴。读者可在鲜活的图片和简明的文字叙述中充分享受阅读的愉悦。

自　序

1831年12月，我有幸以博物学者的身份，登上皇家军舰"贝格尔"号，开始为期五年的环球科学考察。沿途的所见所闻，深深地感动了我，尤其是南美大陆及附属岛屿，其优美的自然风光、独特的动植物分布和奇异的地质构造，无不让我心潮澎湃……1836年归国后，数年来的研究成果和考察日记，促使我不得不直面多年来困扰博物学者们的问题：物种是怎样起源的？这项艰苦的工作，直到1844年才告一段落，我终于把那些简短的日记扩充整理成为一篇纲要。

现在是1859年。由于健康原因，加上研究马来群岛自然史的华莱士先生要发表一篇几乎与我的结论完全一致的论文，我只得接受好友查尔斯·赖尔的建议，把这篇纲要送交给林奈（1707—1778年，瑞典博物学家。创立了植物的双名命名法。鉴于他在这方面取得的伟大成就，伦敦成立了林奈学会。——编译者）学会。我的这篇纲要，连同华莱士先生的卓越论文，一起被刊登在该学会第三期会报上。愿我们能共享这份荣誉。

我深知，这份纲要还存在许多不完善之处。有些问题，我只能在下一部著作——《动物和植物在家养状况下的变异》里作进一步论述。

对于物种的起源，任何一位博物学者若对生物的相互亲缘、胚胎关系、地理分布和地质演替等进行研究，都会得出相同的结论：物种并非像某些人所说的那样是被独立创造出来的，而是如同变种一样，都是从其他物种遗传下来的。

纲要中，我特别仔细地研究了家养生物和栽培植物的习性，而对自然状况下的生物，则着重强调了外部条件的改变对它们尤为有利。

对于生物界普遍存在的生存斗争和因生存斗争导致的自然选择，我作了重点介绍。变异的法则也是我格外强调的，特别是其中的难点，如物种的转变、本能问题、杂交现象和地质记录不完全等，都有专章论述。

在第十一章，我会论述生物的分类方法及相互的亲缘关系。

最后，我将给出结论。

对于生活在我们周围的生物，只要稍加留意，就会发现人类对它们仍然是多么地无知。有关它们的起源，确切地说，你又知道多少呢？谁能解释某些物种如绵羊、老鼠等分布范围是如此广泛且数量众多，而另一些物种如大熊猫、白鳍豚等分布范围却如此狭窄且处境濒危呢？这一切绝不仅仅是人为因素造成的。我的生物进化与自然选择学说将详细阐明：自然界所有生物的繁盛与否，都会严格地按照一定的规律发生变化，并将直接影响它们未来的生存发展趋势。

最后要特别强调一点，我所阐述的自然选择，虽说是变异最重要的途径，但绝非是唯一性的。

有限的资源将所有的生命都逼上生存竞争的战场，只有受到自然偏爱的物种能够存活下来，在自然选择的法则下开始物种起源。

——查理·达尔文

I

在一项让人颇为信服的统计中，得出的数值表明现存于地球的生物种类已近百万种。这样看来我们正生活在一个庞大的群落中。地球历经了许多漫长的地质年代，每一年代都有着独特的动植物系统，而且所有的地质年代在物种的数量及生物结构的多样性上最起码都达到了今天的复杂程度。

我们想象一下地球这个包罗万象的动植物园——这个极具创造力的物种海洋。我们无法忽视这近百万种生命是怎样一步步演变到今天的状态的。我们发自内心地渴求触及物种起源这个博大而复杂的问题，像最伟大的哲学家们那样去探索这个问题中的奥秘。

关于这个问题，权威学说一直将其解释为每一种生物都是独立创造出来的，且一直都是我们看到的那样，不管是外形还是其他属性，其从一开始就被制定并跟生物永久绑定。乔治·居维叶、理查·欧文和路易斯·阿加西这些最卓越的古生物学家，以及包括查尔斯·赖尔和罗德里克·默奇森在内的我们最伟大的地质学家们都一致赞同这个学说。大师们极力拥护物种的不变性，相信没有哪一种科学思想像它一样赢得如此深厚的来自教权的支持。然而，仍有某个像让·巴普蒂斯特·拉马克这样鲁莽的机会主义者，或是某个像《自然创造史的痕迹》的作者那样独特的理论家对这个学说的根基是否稳固冒险地提出质疑。但他们并没有在野外找到任何线索来佐证他们所阐述的观点。物种的不变性已经被广泛认定为一种极为正统的学说，而正统的学说当然会得到具有良好素养的公民的支持和拥护。

然而现在又有人站出来挑战，而这个人的著作目前已被广大读者熟知。基于在四分之一世纪里耐心观察和实验的结果，达尔文先生提出了一系列极具革命性的观点和推论，如果这些观点和推论成立，则自然历史的基础学说必然需要彻底重建。

但达尔文先生采用了与前人完全不同

的模式解释物种特征的多样性。拉马克认为生物主要依赖于自身的努力，导致其器官用进废退，《自然创造史的痕迹》的作者则认为一系列连贯的发展阶段组成了生物的变化过程。而且按我们的说法，他的不同还在于其学说的基础构建在一些无可争议的事实之上。这不同于某些人给"胚泡"做些"电化学操作"后得出的可疑的推测。达尔文先生靠着对大范围内的动植物结构中一系列清晰可见事实的综合，得出了他那惊人的理论。从这些事实出发，逐次推进，他攀登上人迹罕至的雪峰，发出大胆而又威严的宣告——曾在地球上生存过的一切有机活物都有着相同的祖先。它属于某种最原生的形式，生命也因它的第一次呼吸而开始！

毋庸置疑，这是对于自然科学哲学有史以来最为重要的贡献之一。当众多科学家目睹了这位著者为了说明他的理论而积累的诸多证据，他们至少应该重新审视当前这个物种起源学说具有扎实的根基。

II

达尔文通过那些容易被驯化的动植物来构建自己的观点。英国的饲养员在驯养马、猎犬和牛方面取得了惊人的成果，这些动物身体结构上令人惊异的变化潜力能够作为充分的例证。实际上，饲养员在讨论动物的群体结构时通常会说他们会按照自己的喜好将动物驯化成任何模式，它们的可塑性很强。

达尔文找到大量的案例来观察驯养下的变异，尤其是在研究家鸽方面，他发现家鸽所经历的变化最为突出。鸠鸽科成员的多样化确实令人惊异，不同种类的鸽子在解剖和生理特征上都有着明显的区别。你若挑出至少20只鸽子，将它们拿给鸟类学家看，告诉他这些都是野鸟，并希望他能告诉你这些鸽子的名字。鸟类学家一定会告诉你，只能认为它们是容易分辨的物种，有些还分别在两个截然不同的属里。但即使鸽子的品种存在这种差异，博物学家们仍然认为它们都是那只衔着橄榄枝的鸽子的后代。

我们通过驯养，能够培育出不同的品种，这关键在于人为的选择和积累，自然将变异赋予一代代人类所选中的品种，人类将他们满意的变异积累下来，或者用达尔文的更为引人注目的那种说法——"按照有利于他们的特定方向"。

显然可知，物种有能力为适应人类的需求而经历这种改良，它的构造自然也应该有着相同的灵活性去适应野外生活中所面临的各种各样的自然条件。在此基础上，我们应该相信在没有人类介入的情况下，它能够开创出一个高度多样性的种群并且生生不息，这条脉络不是很清楚的吗？

因此，物种在一定程度上，存在着相当程度的可变性，且能够改良。动物的身体结构有着一定的改变潜力。它们或多或少都具有灵活性和可塑性。在这一幕变形的大戏中，最主要的动力被那位新的神谕者称为"生存竞争"，在他的思维里，这个词具有诸多隐喻的意味。

我们能够轻易知道，生存竞争的一个动因肯定是生物界极为常见的几何级数的繁衍方式。若每一种生物都能被放任，都按照它们生殖的数量茁壮成长且迅速繁衍，则只需要一对祖先，其子孙便能很快覆盖整个地表，这个事实不存在任何例外的情况。总的来说，人类属繁衍速度较慢的生物，但也仅仅只需二十五年，便能将数量翻上一番，按照这个增长速度，只要过个一两千年，人类的子孙便会"无立锥之地"。达尔文针对生物的这种异常可怕的增殖能力，给出一系列详尽丰富的例证。但他忽略了一个最能说明问题的实例。我们回忆一下林奈所说的那种蚜虫，林奈发现，蚜虫的繁殖力非常疯狂，若你帮它排除所有干扰，单个的成虫每天都会不断地进行繁殖。

这即是达尔文所说的生存竞争学说。生物诞下的后代远远超过可能存活下来的数量，存活下来的就必须在各种场合中为了生存而斗争。要么跟同种的另一个个体斗争，要么和一个来自遥远纲目的个体斗争，要么跟自己生存的自然环境斗争。

这便是马尔萨斯的学说在多方面影响要素的作用下，应用于整个动植物王国的结果。凭借物种竞争法则这条线索，达尔文发现了自然界的物种关系中存在许多隐秘的事实。他将许多引人注目的事例记录下来，才察觉到生物之间相生相克关系的复杂程度远远超过了人类的预料，同一大环境下的不同物种为了和对手竞争，不得不走到一起。在这种微妙的关系网中，甚至是自然属性上天差地别的动植物都相互捆绑在了一起。怎么理解这个观点？打个比方，你能想象任何乡村中随处可见的家猫能够决定你在那个地区看到某种特定花朵的概率吗？达尔文这样回答这个匪夷所思的问题："经过推理，我有理由相信野蜂对于三色堇的授粉是不可或缺的。因此，当英格兰整个属的野蜂都灭绝或者极度稀缺时，就有理由相信那里的三色堇和红苜蓿也会变得极度稀少，或是全部灭绝。而很大程度上，任何地区的田鼠数量决定了该区域内野蜂的数量，因为田鼠会破坏野蜂的蜂巢。长期观察野蜂习性的学者纽曼先生，相信整个英格兰有超过三分之二的蜂巢都是这样被毁坏的。众所周知，一个地方的猫的多少，会直接影响到田鼠的数量，纽曼先生就曾说过：'村庄附近的野蜂蜂巢总是比别处的多得多，这主要归功于当地的家猫捕杀了田鼠！'"

在读达尔文先生的这些推理链条时，可能有人认为这位作者把这一段写得太像一段绕口令是希望将高深的科学事实也能灌输到村姑的脑子里。若想整件事情像一则北欧传奇那样世代相传，还可以表达成那种简明的鲁尼文的语句："村有媪，惯养猫；田间鼠，无处逃；蜂声密，堇色妙！"

在永恒且复杂的生存竞争中，始终存在着一个决定性的原则在改良着系统中的物种。达尔文称之为自然选择法则。书中最核心的思想便是自然选择学说。我们了解到所有的生物有机体都具备相当的可塑性，其具有一定的变化潜力，便于从一个物种衍生出不同的形态，也能够在一定程度上进行修正和构造。我们当然也知道人类通过这种有意识的选择，的确能够产生重大的结果，可以让生物有机体适应他们的要求。人类通常通过自然选择，在家畜上积累下了那些有益的微小变异。

自然总是做着同一件事。任何一种动植物的个体一旦发生突变，只要这种突变能够以某种方式对其生存竞争起到一丁点帮助，它便能让这个个体取得超越同伴的竞争优势，它的子孙后代也会将这种突变传承下去，直到没有变异的父系物种被改良后的品种排挤出生存环境。经过漫长的岁月，各个时期突发的那些通过某种方式有益于个体的微小区别被稳定地积累下来，生物构造在各个方面都经历了天翻地覆的改良，于是缔造了我们现在这个奇伟卓绝的大自然，无数种动植物都形成了自身特有的迥异于他者的生命形式。

我们可以说自然法则每时每刻都在筛选着世上任何一处的任何一种物种，包括那些微尘大小的生物也在其中。劣等的个体在这永恒的试炼中被舍弃，具有的优良特质被保留并且积累下来。自然是一有机会，便随时随地改良每一种生物。但一切却又是那么慢、那么波澜不惊，很难被人察觉，仅仅是时间之手留在石头里的那些遥远年代的记忆，才让我们有所启示。但我们对古老地质年代的记录却如此不完善，因而告诉自己的只有今天的生命形式和它们的祖先并不相同。

达尔文认为在这个漫长而持久的改良过程中，隶属于同一种的不同品种间原本细微的特征差异被不断放大，甚至到达一定程度，它们后代间的差异会上升到种的级别，而那些在特征上渐行渐远的生物在此刻便隶属于同一个属的不同的种。

而品种和种之间真正的界限又在哪里呢？达尔文的意思很坚决，他认为二者之间并没有绝对的区别，而且它们覆盖的特征常常存在交集。有着明显区别的品种被他简单地看成"初期的种"，而在他看来种也仅仅是特征鲜明和容易辨认的品种。而那些有着明显区别且被人熟知的品种，只要它们并未被人当成一个独立的种，哪怕请一个称职的鉴定人来鉴定，他都很难为它命名。毋庸置疑，种和亚种直到现在都未能明确地划清界限，亚种和有着明显区别的品种是一样的情况。它们的定义因一系列难以区分的特征而混杂在一起，这一系列的特征让人们感觉到它们之间似乎存在一条发展的路径。

正是这个原因，达尔文决定要进一步检验出变异的法则。他坦白承认对于这个问题我们完全是一无所知。亲代的某个器官在它众多的后代中会发展出不同的特征，能够拿出一百个这样的案例，即便是只要我们解释其中的一个，恐怕也没有人能够像前面那样装腔作势地解释得合乎情理。但达尔文仍旧主张，若能使用比较法来处理观察结果，我们在任何地方都会发现，同样的法则既会在一个物种中产生较为次要的差异，也会在一个属中影响物种间的差异。

达尔文将生存的外部条件，诸如气候、食物等列为在法则中起到主要作用的因素。与此同时，生物的习惯也会对它身体构造上的衍变发生影响，用进废退的效果似乎比预想的更为强大。而具有功能一致性的器官趋向于用同样的方式进行变化，这些器官在变异中都趋向于保持原本的关系。

在变异法则中，最难弄清楚的问题之一就是生物繁衍后不同器官间的相关性，这个课题最为重要，但也了解得最不完善。这个学说认为，在发育和繁衍的过程中，能够将生物的整个结构联系在一起，哪怕其中的某个部分只发生了最微小的变异，其他部分也要相应地发生修正。解剖学家的一个例子能够证明这个学说。他们在研究下颚和四肢的过程中发现它们的长度总存在着对应关系，而这两个器官的功能具有一致性。当然，你也能在那些体格硕大的野兽身上找到全然不同的器官之间存在着非常奇妙的相关性，吉奥佛利·圣·希莱尔的著作中便举出了很多看似异想天开的例子。蓝眼睛的猫中有多少聋子，玳瑁色的猫中又能看到几条雄性的，土耳其无毛犬通常都会缺少齿，虽然这不一定真的具有功能的一致性，但这一对对的关系确实非常奇特。

达尔文如是说："观察一块混杂有多种生物的堤岸十分有趣，地上覆盖有各种植被，蠕虫在潮湿的地下土壤中穿梭往来，鸟类在树枝间鸣唱，各种各样的昆虫在树丛间喧闹飞腾。"在他的学说中，所有的这些物种都有如此大的差异，也以一种非常复杂的方式

相互依存。达尔文将这整个精巧的生物群落结构看成一个整体，它同样是那些在我们周围发生着作用的法则的产物。这些法则最大的目的是通过生殖来繁衍，并通过生殖将亲代的变化倾向遗传下去。这种变化倾向来源于外部生存环境直接或间接的作用，源自习惯和疾病，也来自生命可怕的繁殖率所带来的生存竞争。特征分化在自然选择下成为必需，改良程度若是不足则会遭受灭绝。

这便是达尔文的理论，很容易将事实陈述清楚，别人给出的表述不可能比他的更精辟漂亮。他最主要的精力都用在提供大规模的论证和例证来支撑及捍卫这套惊人的理论，正如在这本书中他声明的那样，称这是一项漫长的论证。达尔文为了他的学说，在实例中摸索出大量连贯的间接证据，只有当你耐心读完所有的这些证据链之后，才能够完整地欣赏这个理论，领略达尔文那深奥的学说及坚定的信仰。

III

我们是否要坦率地承认，在听过达尔文的观点并慎重考虑之后，我们仍未被说服？

达尔文的书中有对个别问题的一系列证明，证实的手法很有创意，让人过目难忘。但他并没给我们展现出一个能够将这些理论都连接起来的环节，因此并没形成具有完整逻辑性的推论。

由此带来的困难同样是非常艰巨的，而达尔文也坦率地承认了这一点。"它们中的

确存在着较为严峻的问题，直至今日，我仔细推敲时都有如履薄冰之感。"他说这些话时可能带着几分天真，但却也体现了他的高贵。

但他还是认为它们的真实性非常明显，离实际目睹的距离仅有一步之遥。但我们担心的却是这看似近在咫尺的一步，却是我们无法逾越的。

但哪怕这篇文章的篇幅再扩增十倍，也不能够完全处理这个庞大且复杂的问题。我们仅仅只是简单地接触了较少的几个话题。而那些支持达尔文和每一个假设中的物种与物种，以及属与属间存在渐变关系的人，完全无法辩驳来自地质学的反对。关于变迁中间环节的证据的缺乏便是一大困扰，他所阐述的那些特定生命形式的身份也无法完全被弄清和确认。在达尔文的理论中，只是没完没了地阐述有多少生命形式一定存在过，它们能够将每一个大类下的所有物种都联系起来，展现出同现今物种间的细致过渡。但若是这样，我们便该发出郁结已久的疑问了，为什么这些中间环节不会出现在我们生活的环境中，为什么我们看不到成片的生物全被难分难解的特征联系在一起，为什么我们看不到一个更令分类学家抓狂的大自然？

达尔文极力强调这些难以攻克的问题是因地质编录极度不完善所导致的。人人都知道地质编录的不完善，但应该没有人会承认它有达尔文学说所需要的那么多的不完善。

达尔文已经在草图上为我们勾勒出上百万种用于填补化石记录间空白的过渡期生物，但接下来他的假设更为惊人。当我们在古生代的志留系岩石层中回顾生命最初的活动时，看到的现象对这个理论很不幸，我们发现自己的祖先在其他生物结构中间像现今海岸边一条挖泥船的航迹那么显眼。为了让这个突然出现的卓然不同的现象得到合理的解释，达尔文的理论又作出新的假设："在最底下的志留系地层沉积之前，已经过悠远的岁月，这相当于，或许更超过了从志留纪到现在19世纪的整个间隔。在这段浩茫而古老的时间内，地球上到处都充塞着生命的气息。"

但我们为何不能在这段浩茫而古老的时代中找到任何记录呢？达尔文对此坦白地承认："我目前也给不出令人满意的答案。"但他仍旧试图让探究者们满足，他保证水底下一定能够找到他们想要找到的证据！他断言，在某个出现于志留纪之前且无法考证的年代里，如今的海洋在当时可能已经退去而露出大洲，我们现在大洲坐落的地方在当时却被海洋所淹没。他举例说，若现在的太平洋的海床能抬升成为陆地，我们便能在其上面发现比志留系更早的地层，一个接一个，绵延了数百万个年代，原始动植物群的连贯记录肯定安静地埋葬于其中。但确实不知道怎样的人才能采信达尔文的这些主观臆断。

达尔文的这一连串毫无依据的推测中，有一点还是值得我们参考的。在地质学中，有这样一条依据，若在某个特定堆积层中无法找到任何生物的遗迹，也不能将此作为整个地层相应年代中生物活动不丰富的证据。一块没有生命迹象的岩石并不代表那个时期没有生命活动。这个观点甚至在英国地质学家学派最先进的学说中也能得到赞同，认为志留系地层的化石不能被当做有机生命最初登场的证据。我们的这位作者在去年曾陪同威廉·洛根爵士去检验一块来自加拿大东南部劳伦系岩石层的化石，那个地层比志留系古老得多。不管那块化石最终的真实性怎样，我们都正踏入离我们更久远的动植物王国，那个时代的生命形式对我们来说是崭新的，它们所需要的研究和归纳工作也许会持续很长时间。

达尔文的理论存在局限性，这主要是因为他仅仅是个博物学家。在他那许多高深的推理体系中信奉的是胚胎学说、居维叶的器官相关性学说等诸家的教义，他似乎对那些深邃的启示毫无所知。但我们知道，只有将那轰轰烈烈的科学生活带来的直觉同先知的预兆相结合，人类才能探索到有关生命起源这个神秘问题的一丝真相。于是有人就曾这样深刻地评论过："我们不能只根据这个或那个器官武断地判断动物系统，因为眼睛可能只会挑选自己的目标，只会看到那些符合有关动物构造起源的死板规定的发现。"

在19世纪初，自然一致性的概念像一个幻灵一样飘进科学的殿堂。它成为人类大脑能够投射出的最辉煌的思想之一，这个伟大的预言成为指引我们所有科学的明灯。短短的几年间，经过圣·希莱尔、罗伦茨·奥肯、卡尔·古斯塔夫·卡鲁斯、塞尔及理查·欧文

的努力，它在解剖学中的应用，揭示出生物有机体的构造和设计体现出令人叹为观止的一致性，这种一致性遍及生命的整个谱系。吉奥佛利·圣·希莱尔最早提出世上只存在一种动物形态，这奠定了这个灿烂思想的基石。经过胚胎学的发展，他发现所有动物在发育早期彼此都相似。解剖学将这个成果继续向前推进，揭示了高等动物在胚胎发育过程中会重演由古旧的低等动物构造逐步转化为高等的固定过渡阶段。依次经历过珊瑚虫、软体动物、海龟、鱼类、鸟类这些前身之后，这个非凡的思想最后看到的形体便是光荣的人类。

IV

若我们不是太过于褊狭的话，我们便能从这本书中提炼出它最重要的功用，并能够预期一个终极形态。这本书最有价值的建议便是让我们明白了，我们同任何一种可能的终极形态还有多远。我们对那么多的事物都一无所知。达尔文先生补充道："最关键的是我们并不知道自己多么的无知。"

不必感到惊奇，生命起源中仍旧残留着许多无法解释的问题。我们可以回想一下这个难题背后的历史，破解生命这个斯芬克斯之谜，其实我们一直渴望寻找自己的祖先。马勒勃朗就曾意味深长地表示："其实，大家都清楚地知道这里的一些事情并不能全部理解。"事实也的确如此，科学始终具有局限性，那些最富才智的头脑想要探求答案时

也总是忍不住发出同莎士比亚一样的咏叹："自然啊，你是充满无穷神秘的书！而我，只能读懂些许部分！"

然而，上天赋予人类的理解力是无穷尽的。但就天性论而言，我们付出史诗般的努力之后同样能够阐明生命的难题。因此，我们将达尔文的贡献当做拓展科学版图的最正当同时也是最成功的尝试。毋庸置疑，这是目前为止对动物学科学的一次最有价值的贡献。

关于达尔文先生理论中那杰出的核心思想——自然选择下的渐进改良，我们有理由相信它为我们正探索的现存和已经灭绝的物种间存在的遗传关系指明了方向，而实际上，它也使自然历史这门课程发生了重大变革。同时它也为分类学提出一个新的明确的基础。在为所有生命有机体归类这项宏伟的工程中，似乎所有的其他理论都显得不那么圆满。博物学家们总是无休止地争论着，什么是物种，什么只能算是亚种，到目前为止的分类工作都向人们展示了科学的混乱。物种的分类档案也因此变得混杂笨重！工作难度自然也在加剧，但原本随着研究领域的拓展，这个工作应该更容易。

达尔文一遍遍让人难以忘怀地强调着地质编录工作的不完善。这的确是个较为严重的问题，我们只有听取了他的意见，才能够完善现有的古生物知识。而且，达尔文给我们点亮了多么广袤的一个空间！十亿年的光阴荏苒，从志留纪的软体动物到今日的人类，任何人在凝望这段历史时都难免会感到

惊叹，感到永恒掠过我们身躯时留下的颤抖！但这段广袤而苍茫的历史带来的感受十分益于我们，它充实了我们的心灵，也填补了我们自身这段短暂而紧缩的历史。

现代科学的主流思想普遍认为，要清楚地解释自然现象，我们不需将精力浪费在过去，而是应该寻找那些现在正发生作用的因素。我们从各个地层抽取的样本中发现了生物的奇观。当代的地质学家们早已证明，导致它们出现的机制此时此刻也影响着这个星球上的其他生物。因此他们驱逐了突然灾变说的观念。于是我们明白了"繁衍"这个宏大的概念，在时间的推波助澜下，它在现有机制中发挥着巨大的作用。

而达尔文自己也置身于这股潮流之中，同赖尔在地质学中驱逐了突然灾变说，达尔文的学说同样让突然创生说摇摇欲坠，几乎也将从动物学中被驱逐。我们还是得公正地看待这个问题，尽管被驱逐，它们二者都曾为哲学思想最伟大的变化之一夯实了基础。毋庸置疑，我们都更愿意去相信因果论哲学，从生命第一次被引进地球开始，某种模式就开始永不停息地影响着地球上的生物，经历了如此漫长的时间，直至今日，整个生命有机物的系谱都是由这套模式逐渐作用产生的结果。若我们最高的智慧能够领会到其中的奥秘，这一切便会更加和谐。我们都相信进化一旦开始，之后不用施与任何干预，所有的事情便同开始时布置的那样完美无缺。这同巴登·鲍威尔那漂亮的诗句一样："要注意那神祇的身影在暗处比在明处更清

晰，比起秩序、连贯和进步，混乱、打断和灾难中更能看到它的手段。"但他却很难提起我们的兴趣。

V

毫不怀疑，自然科学的间接教化是对当代思想最重要的贡献。尽管直接的教诲更让人觉得庄重，但间接的教化似乎更加精彩，前者侧重于同物质世界的关系，而后者则影响着人们的整个思维活动。能够深切地触及门外汉这个主体的往往都是科学那令人仰慕的外衣，它是那些真理之外最华贵的载体。从这个意义上讲，科学还有许多方面都需要得到实现，科学需要文学的包装，这同文学需要科学的道理一样。达尔文便是这样一位传授科学的大师，他将最朴实的事实抹在画板上，人们却欣赏到了一幅闪耀着壮丽和恬静之美的胜景。即便是没有权威的帮衬，书中的某些命题都容易被大众所接受，通过它们似乎能够找到形而上学的支持和内在的证明，这便是达尔文意味深长的成就没有人可

以忽视，达尔文的进化学说同康德的"星云假说"一样，且不论它们在科学上的建树，它们对文化的间接意义比它们在所有直接方面的功用更具有现实的影响力。

"赏心乐事折其福"，这种说法似乎在科学和社会学中一样屡试不爽。就像哈维发现血液循环后，近四十年间几乎没有一个医师赞成他的看法。达尔文估计已经预料到他将来所面临的问题，相似的情况恐怕也会出现在他的学说上。"我有信心，"他在书卷的末尾说道，"在未来年轻的和成长中的博物学家能够不偏不倚地看待这个问题的两面。"

而以我们的感悟，在他那期待中的未来，他的成就达不到画出宇宙生命的整个循环，他的贡献在于指出了其中的一段圆弧。在过往所有的事迹中似乎存在着一条历史规律，旨在阐释自然的学说登场时总如同华贵的蜃景，其中大部分的教义犹如玫瑰色的霞光给那些做着晨课的学者头上镀上了一缕金色。但等到了约定的时间，自会有那完美的思想适时地出世，将未知地渊中的宝藏铺陈罗列，用科学的明光给这个时代盖上玺印。

1860年3月28日
载于《纽约时报》

目录 ▪ ▪ ▪
CONTENTS

第六章　自然选择学说的难点与异议

第九章 关于地质记录的不完全性

第十章 关于生物的地质演替

狮子

狮子属于群居性动物,一个狮群通常由4~12只有亲缘关系的母狮、它们的孩子以及1~6只雄狮组成。这几只雄狮之间通常也有血缘关系,例如兄弟关系。而狮群的大小主要取决于栖息地状况和猎物的多少。

第一章 家养状况下的变异

一种植物从寒冷的北方移植到温暖的南方,花期会明显改变,下一代也会跟着改变;家鸭走路多过飞行,它的翅骨在全身骨骼的比例中发生显著变化,以致不能再长途飞翔,其后代也是一样;奶牛和奶羊的乳房,因长期挤捏,比其他牛羊的乳房发育得更好,其雌性后代的乳房同样如此。这都是习性遗传的结果。

任何变异,不管出现在生命的哪个时期,在后代身上重现时,都与初次出现的时期大致相同。比如,牛总是在快成熟时长出角、蚕总要在第四眠后吐丝等。家养狗来自野生犬种,牛有二至三个野生祖先,鸡是野生印度鸡的后代,鸽有数十个品种且都来自野生的岩鸽。如果把它们与其原始祖先进行比较,将发现变异的主导作用。人类可以通过有意识的选择来培育有用的变种,赛马、驾辕马、猎狗、宠物狗、导盲犬、信鸽、肉鸽等就是人工选择的结果。

导致变异的各种原因

当我们对古老的栽培植物和家养动物的同一变种个体或亚变种个体进行观察时，最能吸引我们的就是它们彼此之间的差异，一般都比自然状况下的任何物种或变种的个体之间的差异要大得多。栽培植物和家养动物因为生活在极度不同的气候环境中，二者存在着巨大的差异。当我们对它们之间的差异进行思考时，我们必然会得出这样的结论，即这种巨大的变异性纯粹是因为家养生物的生活条件与那些生活在自然环境下的亲种的生活条件不同而造成的。在这里，我想到了安德鲁·奈特发表的一些观点，他的观点也是有一定可能性的。他认为，这种变异性与食物过剩有着部分的关系。事实似乎很明显，生物必须在新的生活条件下繁衍数代后，才能引发数量可观的变异。一旦生物的组织机构开始变异，在一般情况下，它们之后的许多代将继续变异。还没有出现过一种变异生物因受到培育而停止变异的记载。最古老的栽培植物，例如小麦，至今还常常产生出新变种；最古老的家养动物，至今还能迅速地改进或变异。

在对这一问题进行了长期的研究之后，我所能作的判断是：很明显，生活条件的两种方式对物种发生了作用，一种是直接的，它作用于整个物种的构造或其中一部分；另一种方式

小麦　摄影　当代

根据达尔文的观点，生物的进化与变异将会一直遗传下去，所以才会有物种的不断改善，当然这种改善最多地体现在物种基因的改良上，比如小麦这个最古老的物种之一，至今仍然能够进化出新的品种。

是间接的，它只作用于物种的生殖系统。对于直接作用，在各种情形下，我们都必须牢记最近魏斯曼教授所提出的观点，以及我在《家养状况下的变异》中作出的判断。一方面，在不相似的条件下，物种时常可能发生几乎相似的变异；另一方面，在几乎一致的条件下却能发生不相似的变异。这些影响，对于后代要么是确定的，要么是不确定的。如果某类个体在几个世代中一直生长在某些条件下，这类个体的几乎所有后代都会按照同样的方式发生变异，那么，这种影响就可以被认为是确定的。但要对这样一个在确定程度下诱发出来的变化范围下任何结论却困难至极。然而对它们的许多细微变化却是毋庸置疑的，例如动物增加的数量取决于食物的数量，动物的颜色取决于食物的特殊性质和日光，而皮毛的厚度则可能取决于气候。对于我所观察到的鸡羽毛的每一次变异，其中必然存在某种有效的原因。在经历许多代后，如果相同的原因依旧作用在许多个体上，那么，也许所有个体都会按同样的方式进行变异。我们只需将少量制造树瘿的昆虫的毒液注射到植物体内，就会产生复杂而异常的树瘿。这一事实说明：如果植物树液的性质发生了化学变化，便会产生让人惊奇不已的改变。

将不确定的变异性与确定的变异性进行比较，常常会使最普通结果的条件发生变化。同时，在家养物种的形成上，这种变化起着更加重要的作用。在无数的微小特征中，我们看到了不确定的变异性，这些微小特征使同一物种内的每个个体得以区别，我们不能认为这些特征是由亲代或更远代的祖

颜色各异的郁金香　雷杜德　水彩画

　　郁金香，原产于地中海沿岸和中亚细亚地区。由于气候原因，形成了郁金香耐寒不耐热的特性，其种球必须经过一定的低温阶段才能开花，花期通常为每年3～4月。目前，郁金香主要通过人工杂交增加染色体组而增加不同的物种，其品种已超过8000余种。

先遗传下来的。在同一果实内的幼体，以及从同一棵草所生长出来的幼苗，彼此之间也会时常出现巨大的差异。在很长一段时间内，在同一个地方，在用非常相似的食物饲养的数百万个体中，都常常会出现我们称做畸形的、非常明显的构造差异，但是畸形和比较微小的变异之间并不存在明显的分界线。无论这些变化是多么微细或者多么显著，所有这些构造上的变化都会出现于生活在一起的许多个体中，这些变化都可以被认为是在生活条件作用下每一个体所受到的不确定效果。不同的人因寒冷而产生不同的反应，由于这些人身体状况或体质的不同，要

野生孟加拉虎 摄影 当代

　　科学家通过化石分析，认为虎发源于亚洲东部。孟加拉虎是现存数量最多的虎的一个亚种，主要生活在孟加拉国和印度，野生孟加拉虎主要在夜间捕食，以白斑鹿、印度黑羚和印度野牛为主食，肉食性使其成为食物链的最高端，对生存环境有很大的控制调节作用。

么会咳嗽，要么会感冒，要么得风湿病，要么得一些器官的炎症。

　　至于对物种的生殖系统所起的间接作用，由于外界条件的改变，我们可以这样推论出导致变异产生的原因：第一，因为生殖系统对于一切外界条件的变化都极为敏感；第二，正如开洛鲁德等所说的那样，是因为不同物种杂交所产生的变异与植物和动物被栽培和饲养在一个新的环境下所产生的变异是相似的。许多事实也明确地向我们展示了，对于周围环境中所发生的极轻微的变化，生殖系统都会表现出显著的敏感性。没有什么能比驯服一只动物更容易了，同时也几乎没有什么能比让一只被圈养的动物自由地繁殖更困难的了，甚至在许多事例中，既有雄性个体又有雌性个体，但要自由地繁殖也非常困难。有大量的动物，虽然在自己的

本土没有受到封闭的圈养，但却仍然无法繁殖！这一情况被笼统地归结于物种的本能受到了损害，但仍然有大量的栽培植物在为生存而作最后一次挣扎，虽然它们的种子或很罕见，或早已灭绝！在极少数的事例中，我们发现一些非常不重要的变化，比如在某些物种生长的特殊时期，少量的水就可以决定植物是否能留下自己的种子。尽管我已经搜集到了与这一奇怪课题相关的细节，可我在此却不能对这些丰富的细节进行讨论。虽然如此，我还是要展示一下这些法则是如何在封闭环境下决定动物的繁殖的，我只谈谈食肉动物——甚至是来自热带的食肉动物。这些食肉动物在英国本土封闭的环境之下自由地繁殖，但蹠行动物——即熊类家族除外。然而，肉食性鸟类几乎没有例外，它们很难产下受过精的蛋。由于大部分不育杂交植物的繁殖条件都惊人的相同，因此，许多外来植物的花粉是完全没有价值的。一方面，虽然我们常常看到被驯化的动物和植物非常虚弱而且多病，但它们却非常自由地在封闭的环境下繁殖着；另一方面，虽然我们看到来自自然状态下的个体的崽能被完美地驯化，而且身体健康、寿命长（在这方面我能给出大量的例子），

但它们的生殖系统却被那些能破坏生殖系统运作且未被察觉的原因严重影响着。在封闭状态下，当生殖系统不能正常运作，而且产生的后代既不完全像它们的父母也不像变种时，对此，我们不必表示惊讶。再补充一下，由于某些生物体在大部分不自然的条件下能非常自由地繁殖（比如将兔子和貂放在笼子里），这表明，这些生物的繁殖系统并没有因封闭而受到影响。这样看来，一些动物和植物是经受得住家养或栽培的，而且它们的变异非常轻微，甚至几乎没有在自然环境下的变异多。

一些博物学者认为，一切变异都同有性生殖的作用相关，这种说法肯定是错误的。我在另一著作中，曾为被园艺家称做"芽变植物"的东西作了一个长表。这种植物会突然生出一个芽，与同株的其他芽不同，这个芽具有新的甚至是明显不同于其他芽的性状，它们可以称为芽的变异，可用嫁接法来繁殖，有时候也可用种子来繁殖。在自然状况下，"芽变"很少发生，但在栽培状况下却并不那么罕见。既然在相同条件下的同一株树上，能从多年来生长出来的数千个芽中突然出现一个具有新性状的芽，而且，既然不同条件、不同树上的芽有时也会产生几乎相同的变种；那么我们就可以清楚地看出，在决定每一变异的特殊类型上，生活条件的直接作用在与生殖、生长、遗传法则的比较中，显得是多么的不重要。

驯养虎　摄影

虎为食肉目，猫科。它是亚洲特有的动物，属于世界珍稀动物。虎其实只有一个种，东北虎、华南虎、孟加拉虎都是它的亚种。图为世界濒危动物东北虎。

习性的影响

习性对遗传的效果同样起着决定性的影响，当植物从一种气候被迁移到另一种气候时，它的开花期便会发生变化。在动物身上，这样的影响更明显。例如，我发现家鸭翅骨在全身骨骼中所占的比重比野鸭翅骨轻，而家鸭腿骨在全身骨骼中所占的比重却又比野鸭腿骨重。我认为这种变化可以很确实地归因于家鸭比它们的野生祖先要飞得少得多，而走的时间要多得多。在惯于挤奶的地方，牛和山羊的乳房比在不挤奶的地方发育得更好，而且这种发育是可以遗传的，这也许就是使用效果的另一例子。在有些地方，家养动物的耳朵都是下垂的，一些作者提出这样一种观点，即这些动物的耳朵下垂缘于它们不使用耳朵的肌肉，因为动物在收到危险信号的时候会竖起耳朵，而家养动物很少会遇到这样的危险，这种观点似乎是很对的。

日本樱花　摄影　当代

全球气温变暖对自然生态环境产生了明显的影响，植物学家发现，日本的樱花花期随着气候的变化也相应产生了改变。具体而言，就是开花期相对提前，落花期相对延后。

变异的相互关系

变异被多种法则控制，但只有少数几条可以被我们很模糊地领会，后文将会简单提及这些法则。在这里我只能间接地谈谈什么是所谓变异的相互关系。一旦胚胎或幼虫发生任何变化，那么这些变化几乎必然会发生在成熟的动物身上。在畸形生物里，完全不同的部分间的相互关系是非常奇妙的。关于这个问题，在小圣提雷尔的著作里有很多这样的例子。饲养者们都相信，长长的四肢几乎总是伴随着一个长长的头。一些相关的例子也十分古怪，比如蓝眼睛的猫就总是聋的，但最近泰特先生说，只有雄猫才会如此。身体颜色和体质特征之间是相配的，对于这点，有许多显著的动植物事例可以证明。从霍依兴格所搜集的事实来看，一些植物毒素对于白色绵羊、

白色的猪以及它们对应的深色个体的影响是不同的。最近，怀曼教授写信告诉我有关这种实情的一个好例子，他向维基尼亚的一些农民询问为什么他们都养黑色的猪。农民告诉他，猪在吃了赤根后，骨头就变成了淡红色，除了黑色变种外，猪蹄都会脱落。维基尼亚的一个农民还说："之所以在一胎猪仔中只选黑色的来饲养，是因为只有它们才能

黑 猪

考古学发现，人类早在新石器时代就已经开始驯养野猪了。进化论者们认为，植物毒素对不同颜色的动物个体的影响是不一样的。深色个体比浅色个体更能排斥这种影响。所以，黑猪比白猪更容易存活。

更好地生存下去。"无毛狗的牙齿是不会齐全的；据说长毛和粗毛的动物倾向于长长角或多角；脚上有毛的鸽子，其外趾之间必然有皮；喙短的鸽子，其脚必然小；喙长的鸽子，其脚必然大。所以，如果人根据特性进行选择，并将这种特性放大加强，那么在神秘的变异相关法则的作用下，他的身体其他部分的构造几乎肯定会在不知不觉中得到改造。

各种各样完全未知或已经朦胧领会的法则会带来复杂多样的结果。对几种关于古老的栽培植物，如风信子、马铃薯，甚至大理花等的论文进行仔细研究是非常有价值的。在注意变种和亚变种之间在体格和构造中的无数点上彼此存在的轻微差异后，我们的确对此感到无比惊讶。生物的生理组织似乎变为可塑的东西了，并且这些生理组织与其亲代类型间的生理组织有着细小程度的偏离。

遗 传

对我们来说，不遗传的变异是不重要的。但可遗传的构造性变异，不管是否有重大的生理学意义，其数量和多样性却是难以限量的。卢卡斯博士的论文，分为上、下两册，充分且最好地解释了这个话题。没有哪个饲养者会怀疑强大的遗传倾向，而且他们非常相信类生类；只有空谈理论的作家们才会对这个原理产生怀疑。当偏差常常出现，且见于父母与子女的时候，我们也不能得出结论说这样的现象是由于同一原因作用于两者的结果。当在数百万个体中偶然出现于亲代的构造并又重现于子代时，这是因环境条件的某种异常结合所产生的很罕见的偏差造成的，但如果从纯粹机会主义角度看问题，这个事实的重要迫使我们作出它的重现是由于遗传的结论。每个人可能都听说过白化病、刺皮及多毛症等出现在同一家庭中几个成员身上的情形。如果奇特、稀少的构造偏差的确是遗传造成的，那么不奇特、比较普遍的偏差，则理所当然地被认为是遗传。也许观察整个课题的正确方式是把性状的遗传看成是规律，把不遗传看成是异常。

支配遗传的法则，还是未知的。没人能解释清楚：为什么同种的不同个体间或者异种间的同一特性，有时候可以遗传，有时候则无法遗传；为什么子代常常重现祖父或祖母的某些性状，或者重现更加久远的祖先

豌豆

豌豆，双子叶植物纲，豆目，豆科，一年生草本，起源于亚洲西部、地中海地区和埃塞俄比亚、小亚细亚西部，因其适应性很强，在全世界分布很广。奥地利神父——博物学家孟德尔，根据豌豆杂交实验，发现了遗传定律。

的性状；为什么一种特性常常从一种性别传给两种性别，或只传给一种性别，比较普遍但却并不绝对地只传给同性。有这样一个对我们而言不太重要的事实，在通常情况下，雄性家养动物的特性，绝对地或者在最大程度上只传给雄性，我认为可以相信这样一个重要的规律，即不管在生命的哪一个时期，只要某种特性是第一次出现，那么其后代在同样年龄的时候就很有可能会出现相同的特性，尽管有时后代出现相同特性的时间会提前。在许多情况下，这种现象都非常准确。比如，牛角的遗传特性，只有牛的后代快要成熟的时候，牛角才会出现；我们所知道蚕的一些特性，这些特性会分别在蚕的幼虫期或成蛹期出现。但是，遗传性疾病以及其他一些事实使我相信，这种规律的适用范围比已知的大，虽然没明确的理由能证明，一种

特性将在某个具体的年龄出现，但这种特性出现于其后代的时间，通常与其父代首次出现此类特性的时间一致。我认为这一规律对胚胎学法则的解释至关重要。当然，这些意见只是针对特性的首次出现而言，并不针对作用于胚珠或雄性生殖质的最初原因而言。短角的母牛和长角的公牛交配后，其后代的角会增长，虽然这一特性的出现时间较晚，但显然这是由于雄性生殖质的作用。

我已经讨论了返祖问题，我希望在这里再谈一下博物学家们时常论述的一点，即我们的家养变种在返归到野生状态时，必然会逐渐重现它们原始祖先的性状。所以，有人曾经对此作出这样的辩解，即家养物种的演变法则是不能用来推论自然状态下的物种的。我一直试图知道，为什么人们能如此频繁地作出这种大胆的论述。我们可以大胆地断言，也许绝大多数非常显著的家养变种是无法适应野生状态下的生活的。在许多情况中，我们不知道原始祖先是什么样子，因此我们也不能根据所有已发生过的返祖现象来勾勒出我们祖先的轮廓。为了防止杂交的影响，也许应该只把单独的新变种养在它的新家乡。虽然如此，由于我们的变种有时的确会重现祖先的某些性

大鲵

大鲵，又称娃娃鱼、人鱼，两栖纲，世界最大的两栖类，现存有尾目中最大的一种，我国特有。大鲵栖息于山地溪流，昼伏夜出，以鱼虾昆虫为食，采用体外受精的方式进行繁殖，它们独特的类于婴儿的叫声会世代遗传。

状，所以我认为下列情形是可能出现的，即如果我们能成功地在许多世代里使一些族，比如甘蓝的一些族在极瘠薄的土壤上（但在这种情形下，有些影响应归因于瘠土的一定作用）进行归化或栽培，它们的大部或甚至全部都会重现野生原始祖先的性状。无论这一实验是否成功，它对我们的论点的影响并不十分重要，因为试验本身就已经使生活条件发生了改变。如果能解释清楚，为什么当我们把家养变种放在同一条件下，并且大量饲养在一起，使它们自由杂交，想借相互混合的方式来达到防止出现任何结构上的轻微偏差的目的时，它们却还是能够显示出强大的返祖倾向。那么，在这种情形下，我将不再用家养变种得来的演变法则来推论自然界的物种。但是对这种观点有利的证据一个都找不到，要得出一个无法使我们的驾车马和赛跑马、长角牛和短角牛、鸡的各个品种、食用的各种蔬菜无数世代地繁殖下去的结论，也是违反一切经验的。

家养情况下变异的性状

当我们注意到家养动物和栽培植物的遗传变种或它们的种族，并且把它们与亲缘密切的同属物种相比较时，在一般情况下，我们会察觉到每个家养种族，在性状上就如我们已经说过的，不如真正物种那般一致。

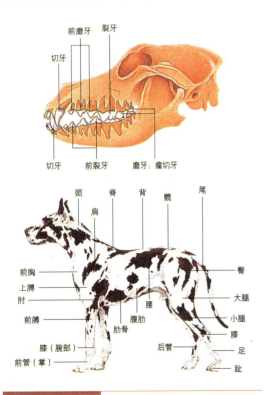

狗的牙齿及身体结构图

家犬是一种极具耐力的长跑者。它的肌肉组成一种推进性的机制，使其具有田径运动员一样的耐力和力量。其头部有一个强健的颌，内有42颗牙：上牙20颗，下牙22颗。其中的裂牙是用来食肉及咀嚼难啃的食物的，磨牙用于磨碎食物，切牙刮取食物。狗在出生20~30天之间出现乳齿，在6个月时牙齿全部长成，即为恒齿。

同一物种的家养种族在性状上常常有些"畸形"，我的意思是说，它们彼此之间、它们和同属的其他物种之间存在着差异。虽然差异在某些方面很小，但当它们互相比较时，却表现出了很大的差异，特别是当它们同自然状况下的亲缘密切的同属物种相比较时，差异更是明显。除了畸形的性状之外（还有变种杂交的完全能育性——这一问题在后面的章节中将会进行讨论），同种的家养种族间的差异，与自然状况下亲缘密切的同属物种之间的差异是很相似的，但在大多数情况下，前者的差异较小。我们必须承认以下真实性，即由于某些有能力的鉴定家把许多动物和植物的家养种族看做是原来不同的物种的后代，还有一些有能力的鉴定家则仅仅把它们看做是一些变种。如果一个家养种族和一个物种之间存在着显著区别，这个怀疑的来源便不会如此反复发生了。常常有这样一种观点，即在属的价值中，家养种族之间的性状差异是没有价值的。我们认为，这一观点的错误是可以被证明的，但当博物学者们确定是什么性状才具有属的价值时，意见也并不一致。目前，所有这些评价都来自于经验。当属在自然界的起源被解释清楚时，我们就知道，我们是没有权利期盼常常在我们的家养种族中找到像属那样大量的差异了。

变种和物种难以区分

当我们企图对同属物种的家养种族进行构造差异上的评估时，我们就会马上陷入不知道其究竟是从一个或几个亲种传下来的疑惑之中。如果弄清楚了这一点，那么事情将变得非常有趣。如果能够解释清楚，那些为世人所知的真实存在的物种如灰狗、嗅血猎狗、犺、长耳猎狗和斗牛犬等，究竟是由哪些单一物种所繁殖下来的后代，那么这些事实会严重地影响到我们，使我们对栖居在世界各地的许多同属亲近物种以及自然物种——如大量狐类——是永恒不变的说法产生怀疑。我并不认为，正如我们将要看到的，所有这些狗类的差异都是由于野生狗类变异而来的。但在一些其他家养种族的情形中，却存在假定的，甚至是强力的证据，这些证据可以表明，它们都是从一个野生亲种传下来的。

有人常常假定，人类选择的家养动物和植物都具有极大的遗传变异倾向，都能抵挡得住变化各异的气候。我不会对这些曾在很大程度上增加了大多数家养生物价值的性质进行争辩，但是，在一个野蛮人最初驯养一种动物时，他是如何知道这种动物会在以后的数代中发生变异的呢？又是如何知道它能抵挡得住变化各异的气候呢？驴和珍珠鸡的变异性弱，驯鹿的耐热能力差，普通骆驼的耐寒力也差，可是这些就妨碍到它们被家养了吗？我不怀疑，如果从自然状态下找来其他的动物和植物，而且它们的数目、产地及种类都等同于我们的家养生物，同时假设它们在家养状态下也繁殖了同样多的后代，那么它们平均发生的变异会和现存家养生物的亲种所发生过的变异一样多。

家犬的祖先——灰狼　摄影

灰狼发源于距今30万年的更新世中期，最早出现的地点是欧亚大陆。灰狼因其习性、行为和自身身体结构等方面的进化特征使其更能适应当前的环境，而成为犬科类最出名的亚种。

家养情况下的变种
起源于一个或多个物种

对于大多数从古代就开始被家养的动物和植物，它们是由一个还是从几个野生物种遗传下来的，我无法对此得出任何明确的结论。那些坚持认为家养动物有多重起源的人的论点，主要根据是，我们在上古时代的埃及石碑上发现了大量关于繁殖差异的记载，其中所记载的一些家养动物与现今还生存着的家养动物非常类似，甚至相同。即使后者的这些事实最后被证明比我的观点更正确、更普遍，也只不过说明了早在四五千年之前，我们的祖先就已经开始饲养家养动物了。但这是否就能说明在13000到14000年以前，尽管尼罗河流域的人类就已经有足够的文明去制造陶器，但他们就能饲养家养动物了呢？而且在尼罗河流域的人类更早之前的野蛮人，如澳大利亚的土著，已经饲养出了半家养化的狗了，这在那时的埃及存在吗？瑞士湖上居民栽培过几个种类的小麦和大麦、豌豆、罂粟以及亚麻，而且他们还饲养多种家养动物，他们同时还同其他民族进行贸易。很明显，正如希尔所说，他们在早期已有很进步的文明，这也暗示了在这段文明之

狼 犬

家犬是由狼驯化而来的。为了让用于特殊目的的狗（如猎狗等）更凶猛，人们又将温驯的家犬与狼交配，得到狼犬，这种犬强壮，且极具攻击性。

前他们还有一段长久的蛮荒时代。也许就在那时，各部落所养的动物就已发生了变异，而且产生了不同的家养种族。自从在世界上许多地方的表面地层内发现燧石器具以来，所有地质学者们都相信，早在非常久远的时期野蛮人就已经存在了。据我所知，在当今，几乎已经没有那种尚未开化到连狗都不饲养的种族了。

早期的家犬　岩画　欧洲新石器时代

从这幅欧洲新石器时代的岩画上可以看出，早在5000～10000年前就已经有家犬出现。早期驯化的家犬主要用于捕猎和看家护院。科学家指出家犬的先祖是类狼动物，因此狗和狼可以进行交配。早期家犬呈现出一种或多种古代狼的特征。

在我看来，整个课题必然会一直这样含糊下去。然而，我可以在此不插入任何细节地声明，从地质学角度以及其他一些方面，我对全世界的家养狗类进行过研究，并尽最大可能地搜集了所有存在的事实，然后得出了这样一个结论：即几种野生的狗类曾被驯养，在某些情形下它们的血液曾被混合，并流在家养狗类的血管里。对于绵羊和山羊，我却没有任何成形的意见。布莱斯先生曾写信告诉我，从印度肉峰牛的习性、声音、体质及构造的事实来看，可以确定它们的原始祖先和欧洲牛是不同的，而且一些有能力的鉴定家相信，欧洲牛的野生祖先在一个以上。这一结论，以及关于瘤牛和普通牛之间区别的结论，其实已被卢特梅那教授的研究所确定了。关于马，出于某些原因我不能在此给出我的观点，我倾向于认为所有的马类都属于同一个野生物种，这一点与许多作家的观点相反。在学识极为丰富的布莱斯先生看来，我必须重视所有的东西。我饲养过几乎所有的英国鸡品种，并让它们繁殖和交配，对它们的骨骼进行研究，我几乎可以确定地说，这些英国鸡的品种都是野生印度鸡的后代。同时，这也是布莱斯先生和别人在印度研究过这种鸡后得出的结论。至于鸭和兔，由于不同品种间的结构差距很大，我可以毫无怀疑地表示，它们都是从普通的野生鸭和野生兔遗传下来的。

一些家养种族起源于几个原始祖先的学说，被某些作家夸张到了极端荒谬的地步。他们相信每一个纯种繁殖的家养种族，即使它们在性状的区别上极为轻微，也各有其野生的原型。由此看来，在欧洲，至少必须生存过20个野牛种类、20个野绵羊种类、几个野山羊种类，甚至在英国也必须要有几种物种。还有一位作者相信，英国的特种绵羊在英国就有11个野外祖先。当我们说，在英国

狗的繁殖期

　　狗在6~10个月的时候会出现第一次发情现象，但这一时期并不适合交配，因为狗的身体尚未完全成熟。尔后的一年内狗会发情两次，妊娠期为交配后60天左右，一胎可生4~5只小狗，小狗在母乳的喂养下茁壮成长。

几乎没有一种特有的哺乳动物，法国只有少数哺乳动物和德国的不同，匈牙利、西班牙等也是这样，但这些国家却有好几种特有的牛、绵羊等品种时，我们必须承认，许多家养品种起源于欧洲，不然这些物种又是从哪里来的呢？同理，在印度也是这样，甚至在全世界范围内，我承认其祖先是几个野生种的家养狗类中，也必然存在大量的遗传变异。谁能相信意大利灰狗、嗅血猎狗、斗牛犬、哈巴狗或布伦海姆狗（一种带有红棕色斑点的白色小狗）等——这些狗类与所有的野生狗类有着这样巨大的差异？谁能相信它们曾经自由地在自然状态下生存过呢？有人常常不假思考地说，我们所有的狗类都是由少数原始物种杂交而产生的，但通过杂交，我们只获得了某种程度介于两亲之间的一些类型。如果用这一过程来说明一些家养种族的起源，我们就必须承认，一些之前就已经存在的极端类型，如意大利灰狗、嗅血猎狗、斗牛狗等狗类，曾存在于野生状态之下。此外，我们还把通过杂交而产生不同种族的可能性夸大到了极致。许多记载于书上的事例曾指出，如果我们对一些表现出了我们所需要的性状的个体进行仔细选择，那么就可以毫无疑问地证明，一个变异种族的产生与杂交有关，但是要想从两个完全不同的种族中获得一个中间性的种族，却是非常困难的。西布赖特爵士为了这个问题而做了实验，但失败了。两个纯种品种第一次杂交后的后代，其性状有时极为一致（正如我在鸽子中所发现的那样），于是每件事看起来都足够简单。但当我们使这些混种再互相进行数代杂交之后，我们几乎就找不到两个相似的后代了，在此之后的工作就将变得非常困难。当然，在没有细心进行长期选择的情况下，我们是不可能得到一个介于两种截然不同的物种之间的物种的，而且我找遍了所有的单一事例，也找不到任何一个永久物种是通过这种方式形成的。

各类家鸽的差异和起源

相信用特殊种群进行研究是最好的方法，这一点是我在经过深思之后得出的结论。于是，我选择家鸽作为我的研究对象。我尽最大的能力去购买或获取每一种家鸽品种，而且有许多世界各地的好心人向我赠送了各种鸽子皮，特别是尊敬的埃里奥特先生从印度寄来的鸽子皮以及尊敬的默里先生从波斯寄来的鸽子皮。世界上有许多关于鸽类的研究文章，这些文章曾被写成多种语言出版，其中有些文章非常重要，因为这些文章的历史都非常古老。我曾和几位有名的行家进行过交流，并且被允许加入伦敦的两个养鸽俱乐部。家鸽的品种很多，多到让人惊骇。在对英国信鸽和短面翻飞鸽的对比中，可以看出它们在喙部之间的差异很奇特，而且这些差异还引发出了头骨的差异。信鸽，

特别是雄性信鸽，其头部周围的皮发育成了一个神奇的肉突，伴随而来的还有拉长的眼睑、大大的外鼻孔以及宽大的喙；短面翻飞鸽的喙部外形和鸣禽的很相像，普通的翻飞鸽有一种奇特的遗传习性，即它们成群结队地在高空飞翔并且翻筋斗；侏儒鸽的身体巨大，喙粗长，脚也很大，有的侏儒鸽的亚品种脖子很长，有的翅膀和尾巴很长，而有的

蓝头鸽　奥杜邦　水彩画　19世纪

鸽子是全世界分布最广的鸟类之一。除了非常寒冷的地区和荒芜遥远的海岛以外，到处都可见到它们的身影。鸽子品种繁多，现已知品种约250种。图为美洲蓝头鸽，头顶呈蓝色，虹膜为深褐色，有黑色的眼线和白色的竖条纹，翅膀的羽毛为黑褐色，腹部呈褐色。

尾巴却特别短；巴巴里鸽的外形与信鸽很相似，但喙不像信鸽那样长，反而是短而阔；突胸鸽有着很长的身体、翅、腿，嗉囊异常发达，当它得意地鼓起嗉囊时，嗉囊大得令人惊异，甚至发笑；浮羽鸽的喙短，呈圆锥形，胸部有一排倒生的羽毛，它有可以让食管上部不断地微微胀大起来的习性；毛领鸽的羽毛沿着脖子背部向前倒竖，从而形成兜状，从其身体的大小比例来看，它翅膀上的羽毛和尾巴上的羽毛比较长；喇叭鸽和笑鸽的得名来自于它们的叫声，它们与其他品种的叫声截然不同；扇尾鸽有30根甚至40根尾羽，而不是12或14根——这一数目是其他所有鸽科成员的尾羽的正常数目，它们尾部的羽毛都是展开的，而且竖立，其中的优良品种甚至可以让头尾相互接触，同时它们的脂肪腺已经非常退化了。此外，我还可以举出一些差异较小的品种。

有这样几种家鸽，它们面骨的长度、宽度、曲度的发育程度存在着极大的差异。它们的下颚枝骨在形状、宽度、长度上都有显著的变异。它们的尾椎骨和荐椎骨在数目上也存在变异，肋骨的数目也有变异，它们的相对宽度、是否突起也存在变异。它们胸骨上的孔在大小和形状上存在着高度变异；叉骨两枝的宽度和相对长度也是如此。嘴裂开时的相对宽度，眼睑、鼻孔、舌（并非总是与喙的长度有密切关系）的相对长度，嗉囊和上部食管的大小，脂肪腺的发达与退化，翅膀、尾部的第一列羽毛的数目，翅膀和尾巴之间的相对长度以及和身体的相对长度，腿和脚的相对长度，脚趾上鳞板的数目，趾间皮膜的发达程度，所有的构造都很容易产生变异。在它们的羽毛最为完美的时期也有变异，孵化后雏鸽的绒毛状态也是如此。卵的形状和大小有变异。飞的姿势及某些品种的声音和性情都有显著差异。最后，还有某些品种，雌雄间彼此微有差异。

如果把这至少20种被我选出来的鸽子拿给鸟类学家看，而且告诉他，这些都是野鸟，他一定会把这些鸽子列为泾渭分明的物种。在这种情形下，我不相信任何鸟类学家可以把英国信鸽、短面翻飞鸽、侏儒鸽、巴巴里鸽、突胸鸽以及扇尾鸽列为同

塞奈达野鸽　奥杜邦　水彩画　19世纪

早在几万年以前，野鸽就开始成群结队地飞行，并广泛繁衍后代。塞奈达野鸽通常出现于平地住家附近、农耕地、丘陵地带或河口、海口边，它们喜欢吃千足虫、蜗牛、杂草种子和橡树种子。塞奈达野鸽虽未经驯化，但其适应性与遗传性使它能够运用视觉、听觉和嗅觉来辨别方向。

属。特别当你把每个品种中的几个纯粹遗传的亚品种指给他看时，他一定会把这些亚种叫做物种。

尽管鸽类品种间的差异很大，但我仍然完全相信博物学家们的意见是正确的，即所有鸽类都是从岩鸽传下来的。在岩鸽这个名称之下，还包含几个相互间的差异非常细微的地方种族，即亚种。因为在某种程度上，让我认同这一观点的一些理由也可以应用于其他情况之下，所以，在此我要把这些理由概括地说一说。如果说这几个品种不是变种，而且其祖先也不是岩鸽，那么它们至少必须是由七种或八种原始祖先传下来的，因为少于这个数目进行杂交的话，是不可能出现如今丰富的家鸽品种。比如，让两个品种进行杂交，如果亲代中的一个没有嗉囊，那么突胸鸽是怎么产生的呢？因此，这些假定的原始祖先，必然都是岩鸽。因为它们既不在树上生育，也不在树上栖息。但是，除了岩鸽和它的地理亚种外，我们所知道的其他野生岩鸽只有两三种，而这几种野生岩鸽又都没有任何一种家鸽品种的性状。因此，家鸽的假定原始祖先有两种可能。第一种可能是，鸽子的原始祖先在鸽子最早被家养化的那些地方还生存着，只不过鸟类学家不知道这些地方在哪里，但就其大小形状、习性和显著性状而言，鸟类学家们似乎应该知道这些地方。第二种可能是，野生状态下的鸽子的原始祖先早已绝灭。但是，在岩石上生育且善于飞行的鸟类，不像是那种会走向绝灭的生物。而且在几个较小的英属岛屿上或在地中海的海岸上，与家鸽品种的习性相同的普通岩鸽，也都没有绝灭。因此，如果作

消失的鸽子

世界上很多种类的鸽子今天都消失了，如旅鸽。旅鸽是一种形体较大的候鸟，迁徙时遮天蔽日。旅鸽因味道鲜美而遭到人类的捕杀。1900年，最后一只野生旅鸽在俄亥俄州的派克镇被一名男孩杀死。

旅鸽拥有如此庞大的数量，竟也遭到灭绝，其消失速度令人难以置信。旅鸽在短期内惨遭灭绝，其原因是多样的：森林遭滥伐而使旅鸽无法筑巢，鸟病疫情的爆发，人类的疯狂猎杀等。为让后代记住这个教训，美国人满怀忏悔地为旅鸽立起纪念碑，上书："旅鸽，因为人类的贪婪和自私而灭绝。"

出与家鸽品种的习性相似的所有物种都已绝灭的结论，这似乎又太过于轻率。而且，上述几个家鸽品种曾被运送到了全世界，所以其中有几种肯定被带回到了家鸽的原产地，但是，除了鸠鸽——这是一种发生了极小变

异的岩鸽——在几处地方又从家养状态回复到野生状态外，没有一个品种回复到了野生状态。另外，最近的所有经验都说明，让野生动物在家养状况下自由繁殖是一件非常困难的事情，然而，根据家鸽多源说，就必须假定至少有七八个物种在古代已经被尚处于蒙昧时期的人类所彻底家养驯化了，而且这七八个物种还能在圈养状态下大量繁殖。

有一个对我而言很有分量且可应用于其他一些情况之下的论点，这个论点就是上述所提到的各种家鸽品种，虽然在体质、习性、声音、颜色及大部分构造方面都同野生岩鸽大致相同，但是还是有一些部分存在着极大的差异。在鸠鸽类的整个大家族里，我

带尾鸽　奥杜邦　水彩画　19世纪

带尾鸽为鸟纲，鸠鸽科，由原鸽驯化而成。这种鸽多群体性地居住或活动。正常环境下，带尾鸽是一夫一妻制的鸟类，配对成功后就终生不弃。

们完全找不到一种像英国信鸽的，或短面翻飞鸽的，或巴巴里鸽的喙，像毛领鸽的倒转羽毛，像突胸鸽的嗉囊，像扇尾鸽的尾羽。因此必须假定，蒙昧时期的人类就已经彻底地成功驯化了一些物种，但人类却故意或在机缘巧合之下选出了特别反常的物种。此外，还必须假定，这些物种在此之后都完全绝灭或者不为人知了。在我看来，如此多的奇异的意外事故几乎是不可能如此高频率地发生的。

一些关于鸽类颜色的事实值得充分考虑。岩鸽是石板色的，其臀部为白色（但是岩鸽的印度亚种，斯特里克兰的青色岩鸽的腰部却略带蓝色），尾巴上有一条黑色横条，外侧羽毛的边缘呈白色，翅膀上有两条黑色的横条。一些半家养品种和一些明显的纯野生品种的两只翅膀上不仅各有两条黑色的横条，还有黑色的杂斑。所有这一科的其他物种都不会同时出现这几种标志。在如今的每个家养品种里，只要鸽子被养得很好，它们就都会有上述标志，甚至有时外尾羽的白边都会十分发达。此外，当两个属于不同品种的鸽子杂交之后，就算它们不具有蓝色或上述标志，但它们的杂交后裔却非常容易获得这些性状。比如，我用几只一律呈白色的扇尾鸽同几只一律呈黑色的巴巴里鸽进行杂交，它们的后代是一种掺杂着褐色和黑色的鸽子。我再将这些后代进行杂交后，得到了一只纯白的扇尾鸽和一只纯黑的巴巴里鸽的孙辈鸽子，这只鸽子呈漂亮的蓝色，有白色的臀部，翅膀上有两条黑色的横条，外侧羽毛的边缘呈白色，这只鸽子和任何一只野生的岩鸽都一模一样。如果所有的家养品种

的祖先都是岩鸽，那么按照被人理解得非常充分的返祖遗传原理，我们就可以得出这些事实了。但如果我们不承认这一点，我们就不得不采用下列两个完全不可能的假设中的一个：第一，所有假设的几个原始祖先，都具有岩鸽一般的颜色和标志，因此使得任何品种都有重现同样颜色和标志的倾向的可能，但如今却没有一个现存物种具有这样的颜色和标志；第二，

岩鸽又称辘轳、山石鸽、野鸽子，鸣声、习性都与家鸽相似。它们栖息在悬崖峭壁，常结群于山谷或飞至平原觅食，也到住宅附近活动。达尔文认为岩鸽是家鸽的祖先。

即使是最纯粹的品种，也曾在12代之内或最多20代之内同岩鸽交配过。我之所以这样说，是因为我从未见到过事例能证明杂交的后代可以重现20代以上的外来血统的祖代性状。在只杂交过一次的品种里，重现从这次杂交中得到的任何性状的倾向的概率都会很自然地变得越来越小，因为在之后所承袭下来的各代里，外来血统将越来越稀少。但若一个品种没有和任何一种截然不同的品种杂交过，在这样的品种里，就有重现前几代中已经消失了的性状的倾向。我们可以看到，这一倾向同之前的那种倾向完全相反，它能没有减少地遗传到无数代。这两种完全不同的情形常常被论述遗传问题的人搞混淆。

最后，所有的鸽类品种，即使它们之间的品种差异非常大，但只要是鸽类，它们杂交的后代就都具有完整的生育能力，这一陈述完全是通过我自己的观察得到的。然而，两个完全不同物种之间的杂种，几乎没有一个能够明确地证明它们具有完全生育能力。有些作家相信，长久的家养能消除不同物种的杂交后代的强烈不育倾向。从狗的历史来看，独立的实验支持这一论点。如果把这一结论应用于在其他彼此关系密切的物种中，我认为这个假设是非常有可能性的；但是，如果将这一假设延伸得太远，即假设那些物种在最初就已具备如当今的信鸽、短面翻飞鸽、突胸鸽和扇尾鸽的显著差异，而且它们之间还能产生完全能育的后代，那么这个假设在我看来就极为荒谬了。

从这几个理由来看，从前的人类不可能让七个或八个假定的鸽种在家养状况下自由繁殖。但这些假定的物种在野生状态下是完全未知的，而且它们也找不到让自己变为家

养的机会。虽然这些物种在许多方面都很像岩鸽，但比起鸽科的其他物种，却显示出了一些极为不正常的性状。在纯种繁殖和杂交时，所有品种都会偶然地出现蓝色和各种标志。最后，杂交的后代完全能生育。综合这些理由，我们可以毫无疑问地认为，所有家鸽品种都是由岩鸽及岩鸽的地理亚种传下来的。

为了使这些观点站得住脚，我对它们作了一些有利的补充。第一，野生岩鸽的家养品种已经在欧洲和印度发现了，而且它们的习性和大多数构造的特点与所有的家鸽品种是相同的。第二，虽然英国信鸽或短面翻飞鸽在某些性状上与岩鸽有着非常巨大的差异，但对比这两个物种的亚种，特别是对比从远地带回来的亚种，我们几乎可以在这一物种的身体构造中制造出一个完整的系列，虽然在其他情况下，我们也能做到这一点，但并非对所有的品种都能做到这一点。第

信鸽

　　信鸽，通常也称为"通信鸽"，它是人类利用鸽子归巢的本性从普通鸽子中驯化出来的一个种群。在培育信鸽时，人们不断提取其优越性能的一面加以培育，以至信鸽越来越脱离普通鸽子而存在。因此可以说信鸽是普通鸽子的进化品种。

三，每个品种的主要性状都是非常容易发生变异的。比如信鸽的肉垂和喙都要比短面翻飞鸽的长，扇尾鸽的尾羽数目比其他家鸽的尾羽都要多。当我们对"选择"进行论述时，对这一事实的说明就会变得很明确了。第四，鸽类曾被许多人以极细心的方式观察、护理和喜爱。在世界的许多地方，它们都被饲养了数千年，目前所知的有关鸽类的最早记录约出现在公元前3000年埃及第五王朝的时候，这一记录的时间是莱普修斯教授向我指出的。但伯奇先生告诉我说，在第五王朝前，有关鸽名的记载就已经出现在菜单上了。在罗马时代，正如我们从普林尼那里听来的一样，鸽子的价格非常昂贵，普林尼曾说："不仅如此，人们已经达到了能够核计它们的谱系和族的地步了。"大约在1600年前，印度阿克伯可汗就非常重视鸽子，他在宫中养了至少两万只鸽子，宫廷史官这样写到："伊朗王和突雷尼王送给他一些非常稀有的鸽子。"在宫廷记录中还有这样的记载："陛下使用这以前一直未被实践过的杂交法对各品种的鸽子进行杂交，并把它们改良到了一个惊人的地步。"大约也是在这一时期，荷兰人也像古罗马人那样热衷于饲养鸽子。这些考察对解释鸽类所发生的大量变异永远都有着重要的作用，我们在对"选择"进行讨论时就知道了。同时我们还知道，为什么这几个品种常常具有畸形的性状。雄鸽和雌鸽容易终身相配，这也是产生不同品种的最有利条件。正是因为如此，我们才能将不同品种的家鸽饲养在一个鸟舍里。

对家鸽起源的几种可能性，我已经作过论述了，但这还是相当不足。因为当我第

一次饲养鸽子并对这几类鸽子进行观察时，我就已经清楚地知道它们能够多么纯粹地进行繁育，我完全感受得到，要相信它们都起源于同一个祖先，正如任何博物学者要对生存在自然界中的许多雀类物种或其他庞大种群的鸟类作出同样的结论是多么的困难。有一种情况给了我很大的触动，即所有的家养动物的饲养者和植物的栽培者，都坚信他们所养育的几个品种是从很多不同的原始物种遗传下来的，我曾经和这些人交谈过或者读过他们的文章。正如我曾经历过的那样，如果你向一位著名的赫里福种食用牛的饲养者询问一番，是否他所养的牛不是从长角牛传下来，他对你的回答一定是轻蔑的嘲笑。在我所遇到的鸽、鸡、鸭或兔的饲养者中，他们都是完全相信各个主要品种都来源于一个特殊物种。在冯·蒙斯所写的梨和苹果的论文里，他完全不相信如立孛斯东—皮平苹果或尖头苹果等几个种类的苹果能够从同一棵树的种子中生长出来。我还可以举出无数其他的例子来。在我看来，解释非常简单：在长期的研究中，他们对几个种族间的差异有了非常强烈的印象，尽管他们对各种族的细微变异了如指掌——因为他们靠选择这些细

广场鸽

广场鸽通常由肉鸽、信鸽、观赏鸽等品种组成。人类根据鸽子的进食习性，长期让空腹的鸽子在观赏地进食，从而使它们演化成不会飞走或飞不远的广场鸽。

微差异而获得了奖赏，但是他们却忽视了所有的一般论点，而且也拒绝在自己的思维里把许多连续世代累积起来的细微差异总结起来。也许那些博物学者所知的遗传法则比饲养者所知的要少得多，而且在种族承袭的长系统中，他们对中间环节知识的了解也只是比饲养者知道得多一点点而已。但是，他们都承认许多家养种族是从同一祖先传下来的——当他们对自然状态下的生物是其他物种的直系后代这个观念进行嘲弄时，他们也许没有上过一堂名为"谨慎"的课吧。

古代所遵循的选择原理
及其效果

现在，让我们对家养种族是从一个物种还是从几个同属物种产生出来的步骤进行一个简要的考察。一些效果或许可以归因于外界生活条件的直接作用，一些效果可以归因于习性，但是如果有人认为可以用这些作用来对驾车马和赛跑马、灰狗和嗅血猎狗、信鸽和短面翻飞鸽之间的差异进行解释，那么他就太过莽撞了。正如我们所看到的那样，

家养种族中，最值得一提的特点之一，是它们的适应能力，这种适应能力并不是适应动物或植物的利益，而是适应人的使用或爱好。也许有些有利于人类的变异是偶然发生的，或者说是一步达成的，比如，许多植物学家相信，生有刺钩的恋绒草（这些恋绒草所带的钩是任何机械发明物所无法比拟的）只是野生川续断草的一个变种，而且这种可能的变化只是偶然发生在了一株野生川续断草的幼苗上。转叉狗的起源大概也是这样，我们所知道的安康羊也是这种情况。但当我们对驾车马和赛跑马、单峰骆驼和双峰骆驼、适用于耕地的绵羊和适用于山地放牧的绵羊等各种毛发的不同用途进行比较时，当我们对各种为人类服务的狗类进行比较时，当我们对在战场上十分固

奔跑中的野马群

在中国，野马原分布于新疆、甘肃、内蒙古等地，原称蒙古野马或准噶尔野马。野马天性桀骜而剽悍，但不凶猛。它们或行走，或飞驰，或跳跃，不受约束，因此它们比豢养的马更强健、灵敏。目前，尚存的野马为人工圈养或半散放状态下饲养。

执的斗鸡与其他不好斗的鸡类品种与从来不孵卵的卵用鸡和小而优美的矮脚鸡进行比较时，当我们对农业植物、厨房用植物、果园植物和花卉植物进行比较时，我们会发现它们在不同的季节和不同的目的上都有有益于人类的地方，或者在人类的眼中非常美丽。我认为，我们必须在纯粹的变异之外，更加深入地进行考察。我们无法作出这样的假设，即所有的品种都是突然产生的，而且当我们看到它们时，它们就已经如现在这般完美和有益了。的确，在一些情形下，我们知道这并非是它们的历史。关键是人类的积累选择的力量，自然给予了连续的变异，人类在一定程度上对这些动植物额外地作了一些对人类有益的变异。在这种意义上，人类创造这些有益品种只是为了人类自己。

选择原理的伟大力量是无法想象的。诚然，我们的一些优秀的饲养者，甚至在一生的时间里，对一些牛和绵羊的品种作了巨大的改变。为了能完全领会他们所做的这一切，我们就必须阅读一些与这个问题有关的论文，并实际地去观察那些动物。饲养者会习惯性地说动物的身体构造如同一件可塑性很强的物品，它们几乎可以按照饲养者的意图被随意地塑造。如果篇幅允许，我能从那些极具才能而且有着高度权威的著作中援引出无数有关这种效果的文段。尤亚特可能比任何人都更为了解农学家们的工作，而且他本人也是一位极为优秀的动物鉴定者。对于选择的原理，他曾说："不仅可以让农学家改变他的家养动物群性状，而且还可以让整个家养动物都发生变化。选择是魔术家的魔杖，通过这根魔杖，农学家可以随心所欲地

开花的龟背竹　摄影　当代

龟背竹，又称蓬莱蕉、铁丝兰、穿孔喜林芋，天南星科，龟背竹属，原产墨西哥热带雨林，因其株形优美，且有夜间吸收二氧化碳的奇特本领，现已成为著名的盆栽观赏植物。在人工引种栽培的过程中，龟背竹出现了斑叶变种，浓绿色的叶片上带有大面积不规则的白斑，仿佛雪花覆盖，美丽异常。

把生物塑造成任何类型和模式。"在谈到饲养者对羊所做的一切时，萨默维尔勋爵曾说："他们似乎用粉笔在壁上为羊画出了一个完美的形体，然后再赋予了羊生命。"在撒克逊，对于美利奴绵羊，选择原理的重要性已经被人们充分认识到了，这使得人们把选择当做一种行业：把绵羊放在桌子上并且研究它，正如一个鉴赏家鉴定绘画一样。这样的鉴定将在几个月内举行三次，每次都会在绵羊身上标示记号并进行分类，以便在最后能选择出最优良的、可以用于繁殖的品种。

事实上，从给予优质谱系的动物以昂贵的价格这一点上就可以证明英国饲养者所获得的成就。这些优质动物几乎被出口到了世界各地。这种改良绝非是通过将不同品种杂交的一般手段得到的。除了有时在同属且关系密切的亚品种之间进行这种杂交外，所有最优秀的饲养者都强烈反对这种杂交。而且当进行过一次杂交之后，饲养者将进行一

次甚至比在普通情况下更不可缺少的严密选择。如果选择的目的仅仅是为了分离出某些非常显著的变种，并使之繁殖，那么很明显，这一原理几乎没有值得注意的价值，但它的重要性就在于使未经训练过的眼睛绝对觉察不出的一些差异——至少在我看来，这些差异我就觉察不出来——在连续的数个世代里，向一个方向累积起来，并产生出极大的效果。在1000个人里也不一定会有一个具有精准的眼力和足够的判断力的人能成为一个杰出的饲养家。如果有人有这样的天赋，并且常年累月地钻研他的课题，同时以不屈不挠的耐性终生从事这一工作，他就能取得

白尾穗苋　雷杜德　19世纪

　　白尾穗苋又名千穗谷、繁穗苋，为苋科尾穗苋，原产南美洲。由野生培育出优良籽苋种植，据今已有6000多年的栽培历史。常见的白尾穗苋多为绿红两种混生，属于喜温作物。

成功，而且能作出巨大改进。如果这人缺乏上述这些品质，那么他必定会失败。几乎没有人能真正地相信，就连要成为一个熟练的养鸽人，也必须有天赋的才能和多年实践的经验。

　　园艺家们也是遵循这些相同的原理。但相比于动物，植物的变异更是常常具有突发性质。没有人可以假设，经过我们最佳选择后的品种只经历过一次变异，就从原始状态到了现在的状态。在一些情况下，我们有证据可以证明，事实的确如此。有这样一个非常小的证据，即普通醋栗的大小是逐渐增加的。将今天的花与仅仅20年前或30年前所画的花进行对比，我们就可看到花类种植家对许多花作出的惊人改良。一旦一个植物的种族被很好地固定下来以后，种子培育者所做的仅仅是巡视苗床，清除掉那些"恶棍"，而并非是选择那些最好的植株。所谓"恶棍"，是他们对那些脱离固有标准的植株的称呼。事实上，对于动物，也采用了相同的选择方法。几乎没有一个人会粗心到用最劣等的动物去进行繁殖。

　　还有另一种方法可以观察植物的选择累积效果，这就是在花园里对属于同一物种的不同变种的花所表现出的多样性进行对比。在菜园中，将植物的叶、荚、块茎或任何其他有价值部分的多样性，与同一变种的花的多样性相比较。在果园中，把同一物种的果实的多样性，与同一物种的其他变种的叶和花的多样性相比较。观察甘蓝的叶子有着多么巨大的差异，而花又是多么的相似；三色堇的花有着多么巨大的差异，而叶又是多么的相似；不同醋栗果实的大小、颜色、形

状、多毛性质有着多么巨大的差异，而它们的花所呈现出的差异却又是那么微乎其微。我并非想说，如果某一物种的变种之间，在某一点上存在巨大差异，那么它们在其他的所有点上的差异将全然不在。在经过我的谨慎观察后，我认为这种情形存在的概率几乎不存在。相关变异法则的重要性是绝对不能忽视的，因为它能保证某些变异的产生。但是，按照一般法则，我们绝对不能怀疑有关叶、花、果实的具有细微变异性的连续选择，因为就是这些具有细微变异性的连续选择才产生出了那些在主要的性状上存在差异的种族。

也许有人反对这样的说法，即选择原理被简化成有方法的实践最多只有四分之三个世纪。最近几年，选择确实比以前更受关注，而且关于这个课题的论文也出版了很多。在此，我还要补充一下，在相应的程度上，关于这一课题的研究成果也比以往出得更快而且更重要。但是，如果因此就认为该原理是近代的发现，那么也未免太过于背离事实了。我可以援引许多古代著作中的考证来证明，早在很久之前，人类就已经承认这一原理是非常重要的。在英国历史上的蒙昧野蛮时代，有不少经过精心选择的动物被引入了英国，并且当时的政府就已经制定了防止这些动物被出口的法律。当时的法律明文规定，如果马的体格达不到要求的尺度，那么就要被屠杀，这和园艺家清除植物中的"恶棍"有得一拼。这一条选择原理是我在一部中国古代百科全书（达尔文所查阅的中国古代百科全书是中国著名的农业著作

狐 猴

狐猴生活在马达加斯加东部的热带雨林或干燥的森林和灌木丛中，以昆虫、果实、芦苇、树叶为食，偶尔也吃小鸟，是拥有回声定位能力的哺乳动物。它们的体形差异很大，外形与鼠、猫、狐和猴都有相似处。单独或以家庭方式结群。

《齐民要术》。——编译者）中所找到的。一些古罗马著作家们也曾发表过清晰的选择规则。从《创世纪》的记载中，可以清晰地看到早在那样久远的时期，人类就已经注意到了家养动物的颜色。现在，一些野蛮人也让他们的狗与野生狗类杂交，以此来改良狗的品种，他们从前也曾这样做过，这一点可以从普林尼的作品中得到证实。南部非洲的野蛮人根据役畜的颜色来让它们进行交配，这样的做法与爱斯基摩人对他们的雪橇犬的做法如出一辙。利文斯通说，那些没有同欧洲人打过交道的非洲内陆黑人非常重视优良的家养品种。虽然这类事实并不能表示真正的选择已在实行，但却表示着在古代，人类就已经密切关注家养动物的繁殖了，而且就连当今文明程度最低的野蛮人也同样注意到了这一点。好品质和坏品质的遗传是如此明显，而我们却对动植物的繁殖并不重视，这确实是一个奇怪的事实。

已知的无意识选择

目前，优秀的饲养者们在自己心目中都有一个明确的目标，他们试图通过系统性的选择来制造出一种比国内所有现存品系或亚品种都要高级的新品系或亚品种。但是，为了我们讨论的目的，一种被我们称为无意识的选择方式却更为重要，这种无意识的选择方式导致每个人都想占有并繁殖最优质的个体动物。比如，一个人打算饲养导向犬，他自然会尽力去寻找他所能找到的最优质的狗，之后用他自己所拥有的最优质的狗进行繁育，但他并没有抱有永久改变这一品种的希望或期待。不过，让我无法怀疑的是，如果将这一过程一直持续数个世纪，那么任何品种都将必然被改进并且改变，正如贝克韦尔、柯林斯等人依照相同的方法进行的实验一样，只不过这是更系统化地执行而已。他们就用自己一生的时间使牛的体形和品质发生了巨大的变化。除非在很久以前，就已经对问题中的品种进行真实的测量或细心的描绘，使之用于比较，那么这种缓慢且在不知不觉中发生的变化是永远无法被识别的。但是，在某些情况下，一些文明落后的地区出现相同品种的个体不发生变化或变化较小的事也是有的，在那些地方，品种很少得到改进。有理由相信，

野 马　油画

现代野马由始祖马演化而来，5000万年前，陆地上森林面积较大，古野马只有狐狸大小，蹄子有四趾，生活在茂密的树林中。随着地质的演替及环境的变化，森林面积减少，野马的栖息地从森林移向草原，体形开始变大，侧趾退化，变为只有三趾。后来由于奔跑而演变成现代野马。

查理斯王的长耳猎狗是从那个时代起就已经在不知不觉中发生了巨大的改变。某些极有才能的权威人士相信，蹲伏猎犬是直接由长耳猎狗传下来的，也许它曾发生过缓慢的改变。众所周知，英国导向犬在上个世纪内发生了巨大的变化，而且人们相信，这种变化的发生在一定情况下主要是受到与猎狐狗杂交的影响所致，但和我们的讨论有关的是，这种变化所造成的影响是在无意识且缓慢的过程中发生的，可是效果却非常显著。虽然从前的西班牙导向犬确实来自西班牙，但博罗先生告诉我说，他从来没有发现一只西班牙本地狗和我们的导向犬是相似的。

经过相似的选择程序和精心的训练，英国赛跑马的整体体格和速度都已超过其亲种阿拉伯马，因此，依照古德伍德公园赛马会的规则，阿拉伯马获得了减轻载重量的特权。斯潘塞勋爵和其他人都曾经指出，英格兰的牛与从前这个国家所饲养的原种相比较，其重量和早熟性都大大增加了。如果把各类论述不列颠、印度、波斯的信鸽、短面翻飞鸽的过去和现在的状态的老论文拿来进行比较，我们就可以清晰地描绘出它们所经历的极度缓慢的各个阶段，通过这些阶段，它们和岩鸽存在的差异终于变得非常显著了。

尤亚特给出了一个最好的例证来解释一种选择过程的效果。这一选择可以认为是无意识的选择，因为饲养者并不曾期待，或者说没有希望产生这样的结果——即是说，产生了两个截然不同的品系。正如尤亚特先生所说的那样，巴克利先生和伯吉斯先生所养的两群莱斯特绵羊都是从贝克韦尔先生的纯

驴

驴起源于非洲，科学家普遍认为野驴是现代家驴的祖先，6000年前人类就把野驴驯化成家驴让其劳作。但至今家驴中仍部分保留着野驴的毛色深棕、四肢刚劲等外形特点。

种那里繁殖下来的，而且已经繁殖了五十年以上。任何一个对这一课题有所了解的人都完全不会怀疑，这两位先生都曾在某种情况下使贝克韦尔先生的羊群的血统偏离了纯正血统，但是这两位先生的绵羊之间的差异却非常巨大，以至于从它们的外貌上看，人们以为它们完全就是两种不同的变种。

如果现在有一种野蛮人，他们甚至野蛮到绝不考虑他们的家养动物后代的遗传性状，但是当他们常常遇到饥荒或其他突发性事件时，他们还能把符合他们特殊目的的、特别对他们有用的动物小心地保存下来。在这种情况之下，被选择出来的动物一般都会比劣等动物留下更多的后代，所以，这样一种无意识的选择就持续地进行了下去，而且这种情况在野蛮人中是很有可能存在的。我们知道，就连火地岛的野蛮人也非常重视他们的动物，在饥荒的时候，他们宁可杀年老的妇女来吃，也不吃这些动物。在他们的观念中，这些年老妇女的价值还没有狗高。

克隆的杂种动物

2003年5月底，美国科学家宣布培育出一头克隆骡子。这不仅是世界范围内第一次克隆出马科动物，也是克隆杂种动物的首次成功尝试。科学家们说，该成果将有助于克隆其他自身繁殖有困难的濒危动物。

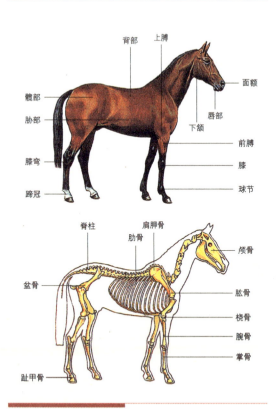

背部　上膊

髋部　　　　　　　　　　面颊

肋部　　　　　　　　　唇部

膝弯　　　　　　　　下颌

蹄冠　　　　　　　前膊

　　　　　　　　　膝

　　　　　　　　球节

脊柱　肩胛骨

　　肋骨

盆骨　　　　　颅骨

　　　　　　　肱骨

　　　　　　桡骨

　　　　　　腕骨

趾甲骨　　　掌骨

马的形态及骨骼结构解剖图

马的头部轻，鬐甲长，胸部深，背部长，后躯干有强劲的肌肉组织，四肢和关节坚实，蹄质坚硬，能在坚硬的地面上迅速奔驰。

　　在植物方面，改良也是在同样渐进的过程中进行的，通过对最优质个体的偶然保存，不论它们在最初出现时是否因为有足够的差异而被列入独特的变种，也不论它们是否由于和两个甚至更多的物种进行过混合杂交，都可以清楚地识别出这种改进过程。如今，我们所看到的如三色堇、蔷薇、天竺葵、大理花以及其他植物的一些变种，与老的变种或它们的亲种相比，在大小尺寸和美观方面都有明显的进步，从来没有人会期望从一株野生植株的种子中得到一流的三色堇或大理花。即使有人能成功地把野生的瘦弱梨苗培育成上等品种，他也不会期望在野生梨种子的基础上培育出上等软肉梨，如果这梨苗本来是从果园品种来的。虽然梨的栽培在古代就已经存在了，但据普林尼的描述，它们的果实品质极其低劣。我曾在园艺著作中看到对于园艺家的惊人技巧的赞叹，他们能在如此低劣的材料中结出如此优秀的成果。不过，这技术也非常简单，就其最终结果而言，几乎都是无意识地进行的。要做到这一点，就必须一直坚持把最有名的变种拿来栽培并种植它的种子，一旦偶然性地出现稍微好的变种时，便要进行选择，而且如此重复地一直开展下去。虽然我们的最优质的果实十分依赖于古代园艺家所进行的自然选择，以及他们对所能找到的最优质品种进行的保存，但他们在栽培那些可能得到的最好梨树时，却从来没有想过我们这些后人会吃到什么样的优质果实。

　　正如我所认为的那样，这种在缓慢和无意识的情况之下所累积起来的大量变化，解释了以下的为世人所知的事实，即在许多情形下，我们对于那些一直以来就被栽培在花园和菜园中的植物，已无法辨认其野生的原始种类。大多数对今天的人类有利的植物都经过了数百年或数千年的改进或改变，因此我们就能理解为什么无论澳大利亚、好望角以及那些野蛮人所居住的地方，都无法向我们提供任何一种有栽培价值的植物。这些地区拥有非常丰富的物种，并非是因为奇特

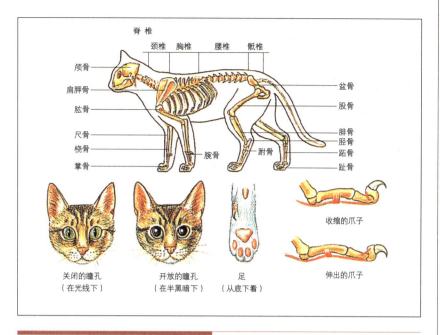

猫的骨骼、瞳孔、足趾（脚垫和爪子）示意图

猫双耳竖立，两眼幽光，脊背狭长，拖长尾，四肢轻健有力，趾端生爪，足下附有肉垫。这些体态特征都和它擅于捕鼠的习性密切相关。

的偶然导致了这些地区没有任何有用植物的原种，而是因为这些地区的植物还没有经过连续选择而得到改进，以达到那些被古文明国家栽培的植物所获得的完善的程度。

关于野蛮人所养的家养动物，有一点是不能忽略的，即它们为了获得食物，至少在某些季节里，几乎经常发生斗争。在环境截然不同的两个地区，在体质或构造上存在些许差异的同种个体，常常会在某一地区比在另一地区生存得更好。而由此所产生的"自然选择"过程，就会如之后将要被更加充分解释的那样，即有可能形成两种亚品种。也许这种情形能片面地解释为什么野蛮人所养的变种，就如同某些作者所说的那样，比被文明国家所养的变种具有更多的物种性状。

经过对上述所给出的人工选择所起的

全部重要作用的观察，我们可以很明显地看到，家养种族展示出了它们是通过什么方式在体质上或习性上适应人类的需求或爱好。我认为，我们还可以更加深入地去了解，我们的家养种族频繁出现畸形性状的原因究竟是什么，它们的外部性状存在巨大差异而内部器官的差异非常细微的原因又是什么。人类几乎没有选择的余地，或者说除了可见的外部性状外，人类只能非常艰难地在构造的偏差上进行选择。事实上，人类几乎不关心家养动物在内部器官上所存在的偏差。在一定程度上，除非第一次的一些细微变异是自然向人类提供的，否则人类绝对不能进行选择。当一个人看到一只鸽子的尾巴出现了某种轻微程度上的发育异常时，他不会去尝试培育出一种扇尾鸽；当他看到一只鸽子的嗉

家 鹅

鹅，雁形目，鸭科，是家禽中比较大的一种。家鹅的祖先是雁，其中鸿雁是中国家鹅的祖先，灰雁是欧洲家鹅的祖先。

历了长期连续的选择（既包括无意识的选择也包括系统性的选择）之后，会变成这副模样。扇尾鸽的所有始祖们可能只有略微展开的14根尾羽，它们的样子和今天的爪哇扇尾鸽非常相似，也有可能像其他品种的个体那样具有17根尾羽。早期突胸鸽的嗉囊在膨胀程度上与现今的浮羽鸽的食管上部相比，大不了多少，而浮羽鸽的这一习性并没有被养鸽者所注意，因为这一特点不是该品种的主要特点之一。

不要认为只有构造上存在巨大偏差才能引起养鸽者的注意，养鸽者同样也能注意到那些细小的差异，而且人类的本性也使人类对在自己的所有物上所出现的一切新奇——即使这些新奇非常细微——产生关注。绝对不要用已经被确定下来的现今品种的价值去衡量从前的同一物种个体的细微差异。我们知道，在今天，鸽子还在发生许多细微的变异，但这些变异却遭到了舍弃，因为这些变异被看做是各类品种的缺点，或与完美标准背道而驰。普通的鹅没有出现过任何显著的变种，图卢兹（法国南部城市。——编译者）鹅和普通的鹅只在颜色上有所不同，而且这种性状极不稳定，但这两种鹅却在近年来被当做不同品种放在了家禽展览会上展览。

囊大小与正常的嗉囊存在明显的差异时，他也不会去尝试培育出一种突胸鸽。不管是什么性状，只要是在第一次被发现时就非常畸形或非常异常，那么这一性状引起人的注意的可能性就越大。但在此，我会毫不犹豫地指出，人类试图培育扇尾鸽的说法是完全不正确的。最早那个选择一只尾巴较大的鸽子的人，做梦也不会想到那只鸽子的后代在经

家养生物的未知起源

我认为这些观点可以更加深入地解释一个不时被我们谈起的说法——即我们竟然不知任何一种我们的家养动物的起源或历史。但事实上，一个品种就如同语言中的一种方言一样，没有人能说出它的明确起源。人保存和繁殖了一些在构造上存在细微差异的个体，或者非常关注他们所拥有的优质动物的交配，并改良它们，使这些被改良的动物能慢慢地散布到非常邻近的地方。但由于它们也很少拥有一个显著的名称，而且它们的价值也只是略微地有一点被重视，因此它们的历史会受到忽视。当品种在经过同样的缓慢且渐进的过程后，就会得到一个更深层次的改良，它们的散布也将会变得更远，而且还会被认为是特殊且有价值的种类，在这时，它们也许才开始得到一个地方性的名称。在交通并不发达的半文明国家里，新型亚品种的散布过程是缓慢的，但当它的各种价值被人们认识后，那种被我称之为无意识的选择原理时常就会在这时倾向于慢慢地增加这一品种的特性，无论增加的特性是什么，但总能增加。品种的兴盛和衰败，是以时尚为依据的，即在某一时期一种品种被多养了一些，而在另一时期却被少养了一些。同时，品种的兴盛和衰败，也与当地居民的文明状态有关，即在某一地方一种品种被多养了一些，而在另一地方却被少养了一些。但将这种缓慢、不定、难以觉察的变化的记载保存下来的机会也几乎是无穷小的。

恐齿猫　素描

大约在一万年前，从古猫兽中演变出了与今天的猫更为类似的动物——恐齿猫。这种动物无论在地上还是在树上，动作都相当机敏。这种恐齿猫可能就是野猫较近的祖先了。

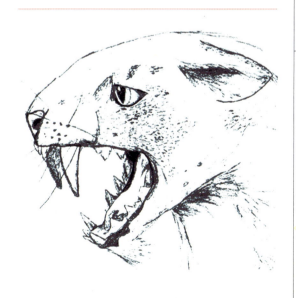

人工选择的有利条件

我现在必须要对有关人工选择的有利条件或不利条件进行一个简短的讨论。很明显，一个高度的变异是有利的，因为它能为自由选择供给材料，使之能一直持续下去。

猫的品类　水彩画　现代

生物界中有一个奇怪的现象，比如由相同的父母（黑猫和黄猫）产下的一窝猫崽中，通常出现的品类既有纯黑、纯黄，又有黄中带黑、黑中带黄等。这说明了一个什么问题呢？事实上，这是在相同的生存条件下，动物获得的不定效果。

不仅如此，就算是纯粹的个体差异，只要对它有着强烈的关注，也是能被充分利用的，并能向着几乎所有渴望的方向积累起大量的变异。但由于对于人类有着明显作用或受人类所喜爱的变异只是在偶然的情况下发生，所以变异发生的概率也会随着饲养个体数量的增加而增大。而且数量对于成功而言，也有着极大的重要性。根据这一原理，马歇尔针对约克郡各地的绵羊进行了这样一番论述，他说："由于绝大部分的绵羊一般都是归穷人所有，而且这些绵羊几乎是以小群的方式存在，所以它们从来无法被改良。"在另一方面，由于园艺者对同种植物进行大量的栽培，因此他们在培育新的有价值的变种方面所获得的成功，一般都会比业余者更多。只有在有利于物种繁殖的条件下，一种物种的大量个体才能在某一国家或地区被保存并繁衍下来。不管物种的品质如何，如果其个体太过于稀少，而它们又都被全部繁殖了下来，那么这就会有效地妨碍选择。但在所有因素中，最重要的因素大概是，人类必须高度重视那些对人类有利用价值的动物或植物，以便让那些出现在动物或植物品质或构造上的最细微差异都能受到密切的关注。只有在如此密切的关注之下，我们才能获得巨大的成效。我曾看到人们严肃地指出，当园艺者开始密切关注草莓的时候，它恰好开始发生变异，这真是太过于幸运了。毫无疑问，自从草莓开始被栽培后，它就经常发生变异，只是这些细微的变异从来没有被人们重视而已。不过，一旦园艺者选出一些细微差异较大、成熟较早或果实较好的个体植株，并选出它们之中的最好的种子加以繁殖，之后，许多令人惊叹的草莓变种就被培育出来了（这些草莓一般都是通过在两种截然不同的变种间杂交产生的），这些草莓都是在最近三四十年间被培育出来的。

在动物有独立性别的情况下，新种族成功形成的重要因素是防止杂交，至少某些地区的一些动物种族就已经被保存下来了。对于这点，封闭土地在其中扮演着一个重要角色。四处流浪的野蛮人，或者开阔平原上的定居者，所饲养的同种物种很少有多于一个品种的。鸽子是终身相配的，这一点为养鸽者带来了极大的便利。因此，即便各品种的鸽子被混养在同一个鸽舍里，还是能保留许多品种的血统纯正并对之加以改良。这些条件为新品种的形成必然提供了巨大的优势。我可以补充一下，鸽子能大量而且非常快速地繁殖，把劣等的鸽子杀掉用来做成食物，就能把它们淘汰掉。在另一方面，由于猫习惯在夜间漫游，因此很难对它们的交配进行控制，虽然它非常受妇女和小孩的喜欢，但很少能有一个独特的品种被长期保存下去。有时我们所看到的独特品种，几乎都是外国进口的。虽然我并不怀疑某些家养动物的变异要比其他一些家养动物的变异少，但猫、驴、孔雀、鹅等物种的独特品种竟如此稀少甚至根本没有变种，出现这种情况，应主要

归因于选择在其中没有起到过任何作用。猫的原因是难以控制其交配；驴的原因是其只被少数穷人饲养，而且几乎没人关注它们的繁育，但在最近几年，在西班牙和美国的某些地方，由于仔细地进行了选择，驴已经发生了意外的变化并得到了改良；孔雀的原因是难以饲养，而且其种群数目非常少；鹅的原因是因为其只在两种目的上有价值，即作为食物和提供羽毛，而且没有多少人对鹅独特的种类感兴趣。正如我在其他地方所说的那样，虽然鹅在家养的条件下有细微的变异，但它似乎拥有那种非常难以变异的体质。

有些作者认为，家养动物的变异量会

甜 瓜

甜瓜，又名香瓜，葫芦科，甜瓜属，一年生蔓性植物，原产于印度。达尔文认为，甜瓜变种的种子，比同属任一物种的种子都要大。

在很短的时间内达到一个极限，在此之后，就绝不能超越这一极限了。在任何情况下，如果随便地认为已经达到了极限，未免有些轻率，因为在近代，我们几乎所有的家养动物和栽培植物，在许多方面都被大大地改良了，这也从一个侧面表示变异仍然在进行。如果断定那些在今天已达到了极限的性状、在保持了数世纪之后被固定了下来的物种就无法在新的生活条件下再次变异，那么这样的断定同样也是轻率的。毫无疑问，正如华莱士先生所指出的那样，极限会在将来的某一天达到的，这种说法很合乎实际。比如，任何一种陆地动物的行动速度必然有其极限，因为决定速度快慢的是摩擦力、身体的重量，以及肌肉纤维的收缩力。但是与我们所讨论的问题有关联的是，同种家养变种在

金鱼 摄影 当代

金鱼，鲤科，鲤亚科，因为和鲫鱼同属于一个物种，所以又称金鲫鱼。金鱼分为文种、龙种、蛋种三类，颜色有红、橙、紫、蓝、墨、银白、五花等。金鱼起源于我国，我国12世纪就已经开始金鱼养殖的遗传研究，现在世界各国的金鱼都是直接或间接由我国引种的。

每个性状上的差异因受到人类的关注而被选择的情况，要比同属的异种间受到人类的关注而被选择的情况多。小圣·提雷尔就曾根据动物的体形大小证明了这一点。在颜色方面也是如此，在毛的长度方面大概也是这样。速度可以决定许多身体上的性状，如"伊克立普斯"马跑得最快，驾车马体力强大无与伦比，同属的任何两个自然种都无法同这两种性状相比。植物也是如此，豆和玉蜀黍的不同变种的种子，在大小的差异方面，可能比这二科中的任一属的不同物种的种子都要大。这种意见对于李树的几个变种的果实也是适用的，对于甜瓜以及其他许多类似情况就更加适用了。

现在我要对家养动物和植物的起源进行一个总结。生活条件的变化是导致变异出现的最具重要性的因素，它既直接作用于物种的体质，又间接影响了物种的生殖系统。如果说变异性在所有条件下都是有天赋的，而且是必然会出现的，那么这一观点无疑是错误的。遗传和返祖的力量决定了物种的变异是否能一直发生下去。变异是受到许多未知法则支配的，其中相关的生长大概是最重要的。其中部分原因应在一定程度上归因于生活条件的作用，但这个程度到底有多大，我们其实并不知道。有一部分原因，甚至很大一部分原因，应归因于器官的增强使用和不使用。这样，最终的结果便无限复杂了。在某些事例中，不同纯种的杂交在品种的起源上，似乎也起到了重要的作用。在任何地方，一旦一些品种形成并在偶然的条件下杂交后，由于选择的作用，将毫无疑问地对新亚品种的形成有很大的帮助。但杂交的重要

性曾在动物和实生植物中被过分地夸大。杂交对那些通过插枝、芽接等方式进行暂时繁殖的植物具有重大的意义，因为栽培者可以不顾虑杂种和混种在变异上所具有的极度不稳定性以及杂种的不育性。但由于非实生植物的存在只是暂时性的，因此它们对于我们而言并不十分重要。我深信选择的累积作用，无论是系统性或更迅速地应用，还是无意识或缓慢更有效地应用，都超出变化的所有原因之上，它似乎是最有影响力的"力量"。

动物界"传统"的谱系树

达尔文的许多进化论观点来自法国博物学家布丰。综观布丰在生物学上的贡献，首先，他将进化概念带进科学领域；其次，在提出地球的新年代纪方面，应更多地归功于布丰；此外，他还是生物地理学的创始人，他将物种按它们来自哪个国家加以整理排列，并归类成动物区系。

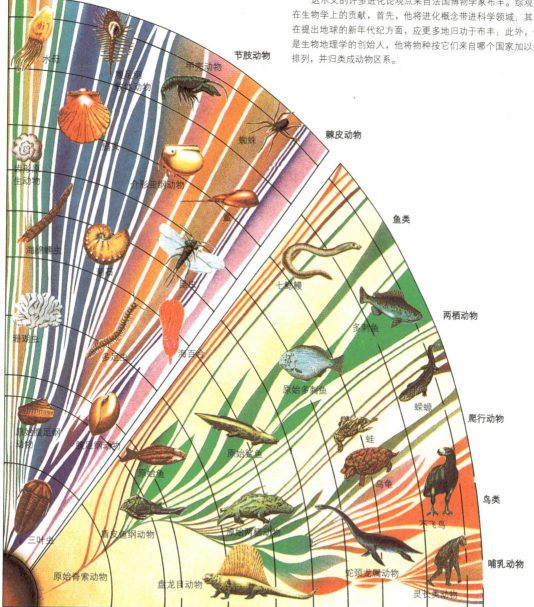

第二章　自然状况下的变异

　　在器官、形态、颜色、习性等方面，个体间都有相当的差异，完全相同的个体绝对没有。一棵树，能长出各不相同的幼苗；同一头猪，产下了有明显区别的幼崽。

　　自然界里，越是普通、数量越多的物种，和其竞争对手比较，它们越具有生存优势，比如水葫芦以空前的速度在各地繁衍，所到之处，当地水草纷纷灭亡。这样的物种也更容易变异，比如能适应新环境的变种——不列颠的红松鸡，有的鸟类学家认为是挪威红松鸡的变种，而有的则认为是土生的独特物种。根据分布的距离、习性等，不能把生物是物种还是变种区分开来，物种和变种，二者没有确切的区分标准。

野生东北虎

　　野生东北虎被称为"丛林之王"，爆发力和攻击力都十分惊人，它们以野猪和豹子为食。为了猎取这两种本身就非常危险的动物，野生东北虎的爪子和犬齿进化得利如钢刀。

变异

在将前章所得到的各项原理应用到自然状态下的生物之前，我们必须对这样一个问题进行简短的讨论，即是否自然状态下的生物更容易发生变异。要处理这一问题发生的所有可能性，就必须列举一长串枯燥的事实，这些事实将会在我今后的著作中发表出来。在这里，我也不讨论那些已经加在"物种"这个术语上的诸多定义。没有一个定义能让所有的博物学者都满意，但当博物学者彼此之间谈论物种时，他们却都含糊地知道对方所要表达的意思。在通常情况下，"物种"这一术语都包含着未知的具有特殊创造作用的因素。几乎同样难以给出定义的还有"变种"这个术语，虽然它很少能够被证明，但它几乎普遍地暗示着相同的血统。还有就是被我们称为"畸形"的这一术语，它也很难解释，但它正逐渐向变种这个方向发展。在我看来，畸形就是指在体质上的某一部分存在着明显的偏差，而且这种差异在一般情况下对于物种是有害的，或者是无益的；在通常情况下，畸形是不会传播的。有些作者在使用"变异"这一术语时，是有着专门的技术含义的，即变异是一种直接由物理的生活条件所引起的变化。在这个定义中，"变异"被认为是不能遗传的，但是谁又能解释为什么波罗的海咸水区域内贝类的矮化病、阿尔卑斯山顶峰的那些矮化植物，或极北地区的动物长有较厚毛皮，在某些情形下它们都至少遗传了几代？我认为在这种情

埃塞俄比亚狼

埃塞俄比亚狼，因其发现于埃塞俄比亚西门山而得名"西门豹"，它们是非洲唯一的野生狼，只生活在埃塞俄比亚几个非常狭窄的区域里，目前仅有500只。埃塞俄比亚狼保留了狼家族团结友爱、亲密无间的精神，通常会在黎明和中午聚集在一起，对领地进行巡视，其余时间则觅食。

况下，这些类型是可以称为变种的。

在我们的家养生物里，特别是在植物里，我们偶尔看到的那些突发的和显著的构造偏差是否能在自然状况下永久传下去，这还是一个疑问。几乎每种生物的每个器官都与它的复杂生活条件有着美妙的联系，尤其让人难以置信的是，任何器官都会突然地、完善地生长出来，正如人类完善地发明出一台复杂的机器一样。在家养状态下，有时会发生畸形，这些畸形与一些和本物种大不相同的物种的正常结构类似。比如，猪有时一生下来就具有一种长吻，如果同属的其他野生物种天生也具有这种长吻，那么或许可以说它是一种畸形，但在我的长期努力探索下，我发现任何一个拥有正常身体结构的具有长吻的物种同猪的正常身体结构都不类似，同时也只有猪的这种畸形才和这个问题有关。如果这种畸形类型的确曾出现在自然状态中，而且能够繁殖（事实并非永远如此），那是因为它们的发生概率太过稀少而且特殊，所以必须依靠异常有利的条件才能

鬃狼

鬃狼又名巴西狼、南美狼，分布于巴西东北部到秘鲁南部区域，包括巴拉圭和阿根廷的部分地区。主要栖息在干燥的草原、灌木丛和河流附近，成对或单独居住。鬃狼生性胆小，主食是各种水果，也会在夜间偶尔捕食兔子、昆虫等小动物，这也使得它们的犬齿退化，不如其他狼锐利。

把它们保存下来。不仅如此，如果将这些畸形的第一代或以后的几代同普通类型相杂交，它们的畸形性状几乎是不可避免地会消失。至于对具有单独性的或偶然性的变异体的保存以及延续，我将在下一章进行讨论。

个体间的不同

在双亲相同的后代个体中所出现的大量细微差异，或者在同一局限区域内生活的同属物种的不同个体中所观察到的，而且可以被假设为也是在同一父母的后代中所出现的大量细微差异，都可以称为个体差异。没有人会作出同属物种的所有个体都是由一个相同的"模具""铸造"出来的假设。这些个体之间的差异对于我们有极高的重要性，因为这些变异为自然选择的积累提供了原料，正如人类能利用家养物种中的那些具有指向性的个体差异对家养物种进行选择积累一样。在博物学者看来，在一般情况下，这些差异都出现在不太重要的部位，但是我却可以用一连串的事实来证明，无论从生理学还是分类学的角度来看，这些差异都必须称为重要部位。有时在同属物种的不同个体之间也会发生变异。我相信，即便是经验最丰富的博物学者，在如此众多的变异事实面前也会感到惊奇。只要他能在这方面花上许多年的时间，他就能如同我一样，在许多权威著作中搜集到大量有关变异的事例，甚至还搜集到许多关于结构中的重要部位的变异事例。应该牢记，分类学家对在重要性状中发现变异会感到非常不高兴，而且几乎没有多少人愿意花费大力气去检查内部的重要器官，并在同属物种的许多个体间去比较它们。我从来没有预期到，昆虫的靠近大中央神经节的主干神经分支在同一个物种里会发生变异，我曾以为这种自然状态下的变异只能缓慢地进行。然而卢伯克爵士的解释却指出介壳虫的主干神经的变异程度，几乎可以比得上树干的不规则程度。在此我要补充一下，这位具有哲理的博物学者曾在最近指出，某些虫的幼虫在肌肉方面存在着高度的不统一性。当一些作者陈述生物的重要器官

桫椤

在达尔文看来，变种是由于环境的挑战而产生的，然而内部模式的不变性不允许变异超越某种限度。与恐龙同时代的蕨类植物桫椤是物种中最稳定的，经过一亿多年的时间，仍然没有太大的变化。

不可能发生变异时，他们时常采用一种循环辩论的方法，事实上，他们正是这样，将不变异的部位列为了重要的器官（正如少数博物学者曾公开承认的那样）。在这种观点下，当然就永远无法找到有关重要器官发生变异的事例。但在任何其他观点下，许多事例就能被确确实实地列举出来。

在个体差异上，有一个问题让人感到非常迷惑，我指的是所谓变形的或多形的那些属，在这些属中，个体物种之间表现出了惊人的变异。在到底该将这些个体归为物种还是变种的问题上，几乎没有两个博物学者的意见是一致的。在这里，我们可以以植物中的悬钩属、蔷薇属、山柳菊属以及昆虫类和腕足类的几个属作为例子。在大多数多形的属里，有一部分物种有着稳定的性状。除了一些例外之外，在某地属于多形的属的物种，在其他地方也似乎是多形的，而且通过对腕足类的判定，早期的腕足类也是如此。由于这些事实似乎是在证明这种变异是独立于生活条件之外的，因此它们使人感到极度的困惑。我假设至少在一些多形的属里，我们所看到的变异对物种是无用或无害的，因此，自然选择就会因为不能对它们产生任何作用，而无法使它们被确定下来，这一点在以后还要进行说明。

众所周知，同种的个体在构造上常常

长颈鹿

达尔文认为绝大多数变异是非遗传性的，是由环境引起的。长颈鹿是世界上脖子最长的动物。其实，它们祖先的颈和腿原本并不长，后来在取食过程中才慢慢形成了长脖子。

呈现出与变异无关的巨大差异。比如在动物的两性之间，昆虫中无生育能力的雌虫即工虫的二、三职级间，以及在许多低等动物的发育不完全状态和幼虫状态之间都表现出了巨大的差异。再比如，在动物和植物里，还存在着二形性和三形性的例子。在最近，已经注意到这一问题的华莱士先生曾指出，马来群岛的某种蝴蝶中的雌性，有规则地表现出了两个甚至三个极为明显的不同类型，而其中并不存在中间变种。弗里茨·米勒描述了某些巴西甲壳类的雄性也存在类似的但却更为异常的情形，比如异足水虱的雄性有规则地表现了两个不同的类型，即一个类型有着强壮且形状不同的钳爪，而另一类型则有着非常多的嗅毛触角。尽管在大多数的例子中，不管是动物还是植物，它们在两个或三个类型之间并不存在中间类型，但它们却可能曾经存在过中间类型。比如华莱士先生曾

蝴蝶 摄影

　　蝴蝶为鳞翅目，分布于南极洲之外的各洲，蝴蝶翅展长1～29厘米。蝴蝶的生命会经历四个非常明显的阶段：卵期、幼虫期、蛹期、成虫期。每经历一个化蛹阶段，它就能获得更多的食物，因此也就获得了更多的生存机会。

蚁也很不同，但在我们随后将要讲到的某些例子中，这些职级被那些分得很细的级进的变种连接在了一起。正如我所观察的一样，一些二形性植物与动物是一样的。同一类型的雌蝶具有一种能力，这种能力在同一时间内可以产生三个不同的雌性类型和一个雄性类型；一株雌雄同体的植物能在同一种子中产生出三种雌雄同体的但类型却大不相同的植物，而这三种雌雄同

举过这样一个例子，在同一岛上的某种蝴蝶，它们有着一系列的变种，这些变种之间是由一条中间锁链相连接的，在这条锁链的两个极端上的物种，与马来群岛其他部分的一个相似的二形物种的两个类型极为相似。蚁类也是如此，一般情况下，不同职级的工体的不同类型还包含着三种不同的雌性和三种甚至六种不同的雄性。这些事实似乎的确非常奇特，但这些例子只不过是将下面所说的一种普通事实进行夸大罢了，这一事实就是雌性所产生的雌雄后代的彼此差异有时会达到惊人的地步。

可疑的物种

有些类型在相当程度上具有物种的性状，但它们又同其他类型非常密切亲近而且相似，又或者它们通过中间级进与其他类型产生了紧密的联系，这导致博物学者们不愿意把它们列为不同的物种，而这些类型的某些方面却对我们的讨论至关重要。我们有理由相信，在这些可疑且极度相似的类型中，有许多都曾经在很长一段时间内持续地保存着它们的性状，因为据我们所知，它们和良好的真种一样，长久地保持了它们的性状。事实上，当一位博物学者用中间锁链把任何两个类型连接在一起时，他就会把一个类型当做另一个类型的变种，他把最普通但常常是最初记载的一个类型作为物种，而把另一个类型作为变种。可是，当决定是否能把一个类型作为另一个类型的变种时，就算这两个类型被"中间锁链"紧密地连接在了一起，也存在着重重困难，我并不想在这里列举这些困难，即使中间类型具有一般性的假定杂种性质，也常常无法解决这种困难。但在很多情况下，把一个类型列为另一类型的变种，并非因为我们确确实实已经找到了中间锁链，而是因为我们使用了类推法，我们

困扰达尔文的"中间锁链"　水彩画　20世纪

中间锁链，也就是指中间类型，它们常常把生物的过去与现在连接在一起。比如鸭嘴兽，这种唯一的卵生哺乳动物，由于同时具有水栖动物和陆栖动物的特征，它就属于中间类型。这种情况同样会出现在同属的物种当中，比如人和猿人之间的智人，它是从猿到人进化过程中的一级，也属于中间类型。然而在具体区分某些生物的种属时，由于缺乏中间类型，往往让分类学者们无所适从，这也是长期困扰达尔文的一个关键问题。

鹅掌楸　摄影

　　鹅掌楸为木兰科，鹅掌楸属。曾生活在侏罗纪时代，是著名的孑遗植物。鹅掌楸多生于溪畔和湿润地区，但耐寒性也极强，它这种冷暖不惧的品性，或许是其成为孑遗植物的重要原因。现存的鹅掌楸有两种，其中一种是北美鹅掌楸，另一种生长在我国亚热带地区。

　　假设中间类型的确生活在现在的某个地方，或者它们曾经在某个地方存在过，如此一来，就为疑惑或臆测打开了大门。

　　当决定一个类型到底该归为物种还是归为变种时，有准确判断和丰富经验的博物学者的意见，似乎成了理应遵循的唯一标准。但在许多情况下，我们必须根据大多数博物学者的意见来作决定，因为有一些特征显著而且众所周知的变种，曾经被几位有资格的鉴定者列为了物种。

　　有这样一个毋庸置疑的事实，即到处都存在着具有可疑性质的变种。把植物学者们所著的大不列颠的、法兰西的、美国的植物志进行一番比较后，我们就可以从中看到变异类型的数量是多么庞大惊人，而且常常出现这样的情况，即被某一位植物学者列为良好物种的，却被另一个植物学者列为变种。我要感谢沃森先生，他在许多方面都帮助了

我，是他告诉我，在现在，有182种不列颠的植物被认为是变种，但是所有这些植物在过去却曾被植物学者列为物种。当制作这张表格时，他排除了许多细小的变种，然而这些变种也曾被植物学者们列为物种；另外他还把几个高度多形的属完全排除掉了。在含有最多形的类型的属之下，巴宾顿先生举出了251个物种，而本瑟姆先生却只举出了112个物种，这就是说，他们两人之间存在着139个可疑类型之差！在每次生育都是通过交配完成、具有高度移动能力的动物里，存在着一些可疑类型，这些可疑类型被某位动物学者列为物种，但却被另一位动物学者列为变种；这些可疑类型在同一地区是非常少见的，但在互不相邻的两个地区却很普遍。北美洲和欧洲的许多鸟和昆虫都存在着巨大的差异，因此，它们曾被某一位优秀的博物学者列为毋庸置疑的物种，但却又被别的博物学者列为变种，或将它们称为"地理族"。对于栖息在大马来群岛上的动物，特别是鳞翅类动物，华莱士先生写过几篇有价值的论文，在这些论文里，他指出该地区的动物可以分为四类：变异类型、地方类型、地理族以及真正的、具有代表性的物种。变异类型在同一个岛上就存在着极多的变化。地方类型则比较稳定，只是在各个彼此不相邻的岛上存在着区别，虽然同时在极端类型之间有着充分的区别，但当把几个岛的一切类型放在一起作比较时，却发现它们彼此之间差异十分细微，以至于我们无法区别和描述它们。正是因为这样，地理族是完全固定的、孤立的地方类型，但由于它们彼此之间在最显著和最主要的性状上没有差异，因此"没

有标准的区别方法，只能靠个人的意见去决定哪种应该是物种，哪种应该是变种"。最后，在各个岛的自然结构中，具有代表性的物种与地方类型和亚种有着同等的地位，但由于它们彼此之间的差异量比地方类型或亚种之间的要大得多，因此博物学者们几乎普遍地将它们列为真种。尽管如此，我们还是无法提出一个可以被用来辨认变异类型、地方类型、亚种以及具有代表性的物种的确切标准。

许多年前，我曾自己亲自作过并看到别人作过对加拉帕戈斯群岛的各个邻近岛屿上鸟类的对比，以及这些鸟类与美洲大陆上鸟类的对比，通过对比，我深感物种和变种之间的区别是多么的暧昧和武断。在沃拉斯顿先生的那篇令人赞叹的著作中，他把小马得拉群岛的小岛上的许多昆虫列为变种，但一定有许多昆虫学者会把它们列为不同的物种。甚至在爱尔兰，也存在着少数的动物，这些动物曾被某些动物学者列为物种，但现在一般却把它们列为变种。一些有经验的鸟类学者认为不列颠的红松鸡属于挪威种，实际上，它只不过是其中一个特性显著的族而已，但大多数学者却把它列为大不列颠所特有的物种。两个可疑类

型的原产地如果距离太遥远，就会被许多博物学者列为不同的物种。曾经有这样一个很好的问题："多少距离才算足够？"如果美洲和欧洲间的距离算得上足够，那欧洲与亚速尔群岛、马得拉群岛、加那利群岛之间的距离是否足够？小群岛的几个小岛间的距离又是否足够？

杰出的美国昆虫学者沃尔什先生，曾经描述过他称之为的植物食性昆虫变种和植物食性昆虫物种。大多数的植物食性昆虫只以某一种类或某一群类的植物为食，而还有一些则以多种植物为食，但它们并不因此而发生变异。然而，在几个例子中，沃尔什先生注意到这样一个问题，即以多种植物为生的昆虫，在它们的幼虫或成虫时期，或在这两个时期中间，它们的颜色、个体大小、分泌物的属性都存在着轻微且一定程度上的差

松鸡起舞 斯蒂芬·盖特尔 摄影

松鸡，脊椎动物，鸟纲。多分布在北方的亚寒带针叶林中，为适应气候寒冷的特点，它们的鼻孔和脚上都长有羽毛以御寒，此鸟通常在冰雪尚未融化时开始配对，雄鸟常立于荒地高处或高树上发出"克克、克克"的叫声，吸引雌鸟。在争雌时，雄鸟常在平地或空中用喙相互击刺。

异。在某些例子中，只有雄性才存在细微的差异；在另一些例子中，两性都存在细微的差异。如果差异变得非常显著，且两性在幼虫和成虫时期都受到了影响，那么所有的昆虫学者就会把这些类型列为良好物种而不是变种了。就算一个观察者可以为自己决定哪几种植物食性的昆虫是物种，哪几种又是变种，但他却不能为别人作决定。沃尔什先生提出了这样的假设，即可以自由杂交的昆虫类型是变种，而那些已经失去了这种能力的昆虫类型则是物种。由于这些差异是因为昆虫长期吃不同的植物而产生的，因此我们现在已经没有再找到那些连接在几种类型之间的中间锁链的希望了。其实，博物学者在把可疑类型归为变种或物种的时候，就已经失去了最好的指导。生活在不同大陆、不同岛屿上的同属生物也必然有相同的情况。另外，当一种动物或植物分布在同一大陆或同一群岛的各个岛屿上，且在不同的地方存在不同类型的时候，我们就常常有机会去发现连接在两个极端之间的中间类型，这些类型被降成了变种的一级，而不是物种。

有少数博物学者坚持认为动物是不会有变种的，他们认为极细微的差异也具有物种的价值。如果偶然在两个区域或两个地层中发现了两个相同的类型，那么他们则会认为这是包裹在同一外套下的两种不同物种。于是物种就成了一个没有意义的抽象名词，它表示或假定了分别创造的作用。诚然，性状上如此完全类似的物种，被很多的优秀鉴定者判定为变种类型，而又被另外一些优秀的鉴定者判定为物种，但在物种和变种这两个名词的定义还未得到广泛的认可之前，就来讨论是将它们归为物种还是将它们归为变种，是徒劳的。

有许多关于特征显著的变种或可疑物种的例子值得我们去思考，因为在试图决定它们的等级时，从地理分布、相似变异、杂交等方面已经展开了几条有趣的讨论路线，但是由于篇幅有限，我在这里将不能对它们进行讨论。毫无疑问，在许多情况下，精密的研究可以使博物学者们在可疑类型的分类上

食肉动物猎豹 摄影

猎豹是陆地上奔跑速度最快的动物，极限时速可达120公里，不过耐力不佳，无法长时间追逐猎物。为了适应高速的奔跑，它的身体变得修长，爪子也不能随意伸缩。另外，猎豹不能长时间奔跑是因为肉食性的猎豹没有草食性动物的蹄。

达成共识。但是，我们必须承认这样一点，那就是在研究得最透彻的地区，我们碰到的可疑类型的数目也最多。下列事实就引起了我的极大关注，即如果在自然状况下，任何一种动物或植物有着较高的利用价值，或因为任何原因，导致了人们的强烈关注，那么它的变种几乎就会被普遍地记录下来，而这些变种则经常被某些作者归为物种。比如普通的橡树，我们对它们的研究是多么的精细，但一位德国作者却从那些被植物学者们所普遍认为是变种的类型中确定出了12个以上的物种；在英国，我可以列举出一些植物学方面的权威人士以及一些实践者，他们中有的认为无梗的栎树和有梗的栎树是良好而独特的物种，而有的则认为它们只是变种而已。

在这里，我要谈一下最近由得康多尔所发表的对全球栎树进行讨论的著名报告。在物种的区别上，从来没有一个人的材料能像他的那样丰富，也从来没有一个人对栎树的研究能像他那样热心、敏锐。首先，他大量且详细地列举了物种在构造上的变异情况，并用数字计算出了变异的相对频率。他甚至列举出了发生在同一枝条上的变异，这些变异的性状达到了12种以上，有的变异是因为年龄和发育的原因，有的则是因为毫无原因的理由。当然，这些性状并不具有物种的价值，但却正如阿萨·格雷在评论这篇报告时讲的那样，这些性状一般都带有物种的定义。然后，得康多尔继续论述说，那几种类型之所以被他归为物种，是因为在同一株树上，性状绝不可能出现变异的地方，这几种类型出现了变异，而且这些类型彼此间不出

北美红橡树　摄影

　　北美红橡树，全日照乔木，耐瘠薄，喜光照，比绝大多数树种都容易移植成活。并且，它们对城镇环境的适应力也惊人的强大。北美红橡树现已成为非常优良的观赏树种。

虾虎鱼　摄影　现代

　　虾虎鱼是世界上寿命最短的脊椎动物，它们最突出的特征就是腹鳍愈合成吸盘状。该吸盘的功能与鲫鱼的背鳍吸盘和圆鳍鱼科的腹鳍吸盘类似，因此是趋同进化的结果。

栎树

　　栎树，壳斗科，栎属，也称橡树或柞树。其变种繁多，现在已知的栎树有600多种，其中450种来自栎亚属，另外150种是青刚亚属。

现任何的中间锁链。经过这个讨论——这是他辛勤劳动的成果——以后，他强调："有些人反复地告诉我们，绝大部分的物种都有着明确的界限，而且可疑物种也就那么几种，但这种说法是错误的。只要一个属，还没有完全被认知，而且它的物种只存在于少数的几个标本上时，也就是说，当它们是被假定的时候，那种说法才可能是正确的。当我们对它们有了更好的认知后，中间类型就会不断出现，那么对物种界限的怀疑就会相应地增大。"他又补充说："只有那些被我们所熟知的物种，才具有最大数目的自发变种和亚变种。比如夏栎，它拥有28个变种，除了其中的6个变种以外，其他的变种都围绕在有梗栎、无梗栎及毛栎这3个亚种的周围。

正如阿萨·格雷所说的那样，目前，这些中间类型已经很稀少了，如果完全灭绝的话，那么这3个亚种的相互关系，就完全和那些环绕在典型夏栎周围的四五个假定物种的关系一样了。最后，得康多尔还承认，在其"绪论"中所列举的300种栎科物种中，至少有2/3的栎科物种是假定物种，换句话说，他并不能严格地知道它们是否能适合上述的诸种定义。还要补充说明的一点是，得康多尔已经不再相信物种是不变的创造物，而坚信"转生学说"才是最符合自然的学说，他说："该学说是与古生物学、植物地理学、动物地理学、解剖学以及分类学的已知事实最为相符的学说。"

　　当一个青年博物学者对一个十分陌生的生物群类进行研究时，一开始，最让他感到困惑的就是决定什么才是物种的差异，什么才是变种的差异。他之所以困惑，是因为他根本就不知道这个生物群类所发生的变异量和变异种类，至少，这向我们提出了这样一个问题，即生物发生变异是一种多么普遍的情况。但如果他把注意力集中于一个地区里的某一类生物上时，他就能很快地决定如何去对大部分的可疑类型进行分类。他一般会倾向于列举出许多物种，之所以这样，是正如以前所谈到的养鸽爱好者和养鸡爱好者那样，他不断研究的那些类型的变异量给他造成了深刻印象。与此同时，他非常缺乏其他地区、其他生物群类相似变异的一般知识，以致这些一般知识无法被用来校正他的最初印象。当他的观察范围扩大之后，他就会遇到更多困难，因为他将遇到数目更多的相似类型。但是，如果再将他的观察范围扩大，那么他将能作出最后的决定。他如果想要在这方面获得成就，就必须敢于承认大量的变异，但承认这项真理常常会引发他与其他博物学者的争辩。今天，如果从已不再连续的地区找来近似类型，并加以研究，他就不可能从其中找到中间类型，因此，他不得不完全依靠类推法，但这种方法会使他面临极端的困难。

有些博物学者认为亚种已经非常接近物种了，但还没有完全达到物种的级别。诚然，在物种和亚种之间，还不曾有过一条明确的界线，而且在亚种和显著的变种之间，在不大显著的变种和个体差异之间，也不曾有过一条明确的界线。这些差异被一条难

以发现的系列混淆在了一起，而该系列则被人们认定成了演变的真实途径。

因此，我认为分类学家虽然对个体差异不大感兴趣，但它却对我们有着特殊的重要性，因为这些差异是轻微变种的最初步骤，而这些轻微变种在博物学著作中仅仅是勉强值得记录下来的。同时我还认为，任何程度上的较为显著且较为永久的变种都是走向更显著且更永久的变种的步骤，而且变种是走向亚种，并最终走向物种的步骤。在许多情况下，从一个阶段的差异到另一个阶段的差异，可能是因为生物的本质和生物长久居于不同物理条件之下的简单结果，但对于那些更重要且更能适应的

朱鹮 摄影

朱鹮，鸟纲，鹳形目，鹮科，朱鹮属，体态典雅，性格温顺，有"东方宝石"之称。朱鹮喜欢栖息在高大乔木的顶端，在水田、沼泽、山区溪流附近觅食。过去在西伯利亚、朝鲜、日本等地均有分布，到20世纪70年代由于环境变化，朱鹮进化滞后不能适应新的环境。野外已难觅朱鹮踪迹。朱鹮已被列为濒危鸟类，世界上仅存的朱鹮种群在陕西洋县。

性状而言，从一个阶段的差异到另一个阶段的差异，则应被归为将在后面文章中所提到的自然选择的累积作用，以及器官的增强使用和不使用的效果。因此，一个显著的变种可以被称为初期物种，但是这种观点是否合理，必须根据本书所列举出的各种事实和论点的价值加以判断。

不要认为所有变种或初期物种都可以达到物种级别。也许它们会灭绝，也许它们会长期停留在变种阶段，这正如沃拉斯顿先生指出的马得拉的某些陆地贝类变种、得沙巴达所指出的植物变种一样。如果某个变种数量很多，甚至超过了真种的数目，那么它就会被列为物种，而真种则会成为变种；它还有可能将真种彻底消灭掉，进而取而代之；还有一种可能就是两者并存，被分别归为独立的物种。我们将在以后对这一问题进行讨论。

综上所述，我认为"物种"这一名词是为了便于区分一群彼此之间非常密切亲近而且类似的个体才被使用的，它和"变种"这一名词的本质是一样的。变种指的是差异较少且相似之处较多的类型。另外，所谓的变种与个体差异的对比，也是为了便于区分才被使用的。

范围广、分散大的和普通的物种变异最多

我曾经有过这样的想法,按照理论的指导,如果将几种编著得比较好的植物志中的所有变种列成一个表格,那么我们在对变化最多的物种的性质和关系的研究上就可能会取得一些有趣的结果。一开始,我以为这似乎是一项简单的工作,然而,过了一段时间后,沃森先生就让我意识到了其中的大量难点。在此,我要深深地感激他,他在这个问题上给予了我宝贵的忠告和帮助,之后,胡克博士也有这样的说法,甚至还对该说法进行了强调。至于所有的难点和各变异物种的比例数目表格,我将在以后的其他著作中进行讨论。当胡克博士仔细阅读了我的原稿,并审查了各种表格之后,他允许我进行补充说明,他认为下面的论述成立的可能性是非常大的。在这里,虽然必须把整个问题讲得非常简单,但其真实情况却格外复杂,并且还不得不涉及到一些将在后面讨论的问题,如"生存斗争""性状的分歧"等。

得康多尔和别的一些人都发表了这样一个观点,即在一般情况下,分布很广的植物都会出现变种。这一观点是可以被预料到的,因为它们生活在不同的自然条件之下,而且它们必须和各类不同的生物进行斗争(关于这一点,我们将在后面的文章中看到,这是同样真实且更为重要的条件)。但我的表格却作了更为深入的解释,即在任何一个受限制的地区里,最普通的物种,即个体最繁多的物种,以及在它们自己的区域内分布最广的物种(这里的分布广与之前所说的分布广在意义上是不同的,它和"普通"也存在着略微的差异),发生变种的情况最为频繁。这些变种有着足够显著的特征,这些特征会使植物学者认为它有被记载的价

栽培甘蓝 摄影 当代

甘蓝为十字花科,两年生植物,最先只有一个品种,通过改变DNA、杂交等方法,现已有上百个品种。从外形上看,它们有着明显的差别。甘蓝可以分为结球甘蓝(俗称莲花白菜)、孢子甘蓝、花椰菜(菜花,又分绿色花和白色花)、球茎甘蓝、散叶甘蓝、彩色甘蓝等。

值。因此，最繁盛的物种，或者说最有优势的物种——它们分布最广，在自己的区域内分布最大，个体也最多——也是最为频繁地产生显著的变种，正如我所说的那样，它们是初期的物种。也许这一点也是在预料之中的，因为如果变种要在所有层次上都变为永久，那么它就必须和该区域内的其他生物进行斗争，而已经取得优势的物种，将最适合于产生后代，尽管这些后代的变异程度不如其亲代，但它还是遗传了其亲代的胜于同地生物的那些优点。这里所讲的优势，只是指那些互相进行斗争的类型，尤其是指同属或同纲的具有极度相似的生活习性的成员，至于个体的数目，或物种的普通性，则只是指同一群类的成员。如将一种高等植物和生活在类似相同条件下的其他植物进行比较，前者的个体数目更多，分布也更广，那么我们就可以说它获得了优势。这样的植物并不会因为本地水里的水绵或一些寄生菌的个体数目更多、分布更广而减少它的优势。但如果某种水绵和寄生菌在上述各点上都胜过了它们的同类，那么它们就会在自己的这一纲中获得优势。

大属物种的变异多于
小属物种

如果把记载在任何一部植物志上的某地的植物分为对等的两个群，即将大属（即含有许多物种的属）的植物作为一个群，将小属的植物作为另外一个群，我们就会发现，大属里那些最为普通且分布极广的物种或优势物种的数目会比较多。也许这一点是可以预料到的，因为仅仅需要看看栖居在任何地区中的同属物种所存在的事实，就可以知道了。任何地区的有机和无机条件必然会在某些方面有利于这个属。因此，我们可以预料到这样一种情况，即在大属里，我们会发现比例数目较多的优势物种。但是如此多的原因却能让结果变得模糊不清，以致我感到奇怪，我的表指出的大属这一边的优势物种只是稍稍占多数。在这里，我只想解释一下两个模糊不清的原因。一般情况下，淡水产的和喜盐的植物的分布都很广，而且极为分散，这种情况似乎和它们居住地方的性质有一定的关系，而和该物种所归属的大小有很小的关系或者没有关系。另外，低级植物的分布一般比高级植物广，而且这也和属的大小没有关系。低级植物分布广的原因将会在"地理分布"那一章中进行讨论。

由于我认为物种只是特性显著且界限分

同属不同种的动物　摄影

虎和狮子同属世界珍稀动物，是著名的野生动物。这两种猫科动物同属于美洲豹属，但不同种。它们遗传了祖先凶猛的本性，是最强有力的捕食者。

美丽的仙人掌　佚名　摄影　当代

在常见的栽培植物中，某些植物的茎、叶或花苞，由于外界因素的刺激，会发生颜色、形态等的异常变化，形成比原植物更加奇特和美丽的品系。甘蓝、仙人掌就是这样的植物。育种专家和园艺师们正是根据这一特点，培育出了很多蔬菜新品种和观赏植物。

明的变种，所以在我的假设中，各地大属物种出现变种的频率会高于小属物种，这是因为，按照通常的规律，在那些已经形成了密切亲近且相似的物种（即同属的物种）的地区，也许有大量的变种即初期的物种正在形成。在许多大树生长的地方，我们有找到幼树的希望。在一些地方，如果同一属的大量物种都发生了变异，这就说明各种条件都有利于变异。因此，我们就可以相信，这些条件还会继续有利于变异。相反地，如果我们认为各个物种是被分别创造出来的，那么我们就没有明显的理由来说明，为什么含有多数物种的群类出现变种的频率会高于含有少数物种的群类。

为了证实我的这一假设的真实性，我把12个地区的植物以及两个地区的鞘翅类昆虫分成了两个比较相等的群，大属的物种在一边，小属的物种在另一边。事实证明，大属产生变种的物种的比例比小属的多。另外，在变种的平均数上，大属物种也永远比小属物种产生得多。即使采用另一种分群方法，即把只有一到四个物种的最小属都不列入表格内，我们也得到了与上述情况同样的两种结果。这些事实对于物种，即对只是显著而永久的变种而言，有着明显的意义。因为在曾经形成过同属的许多物种的地方，换句话说，曾经是物种制造厂的地方，我们一般都还可以看到这些工厂依旧还在活动，因为我们有充分的理由相信新物种的制造过程是一个极为缓慢的过程。如果把变种当做初期的物种，那么上述这点肯定是正确的，因为我的表格作为一般规律清楚地对此进行了解释。在曾经形成一个属的许多物种的任何地方，该属的物种所产生的变种（即初期的物种）的数目就会在平均数之上。这并非是说，在今天，由于一切大属的变异都很大，因此它们的数量一直在增加，也不是说小属都不变异，而且其物种数量也不再增加。要真是这样，我的学说就必然会遭到致命的打击，因为地质学清楚地告诉我们，随着时间的变迁，小属常常会增加，而大属则常常会因达到顶点而衰落，甚至灭亡。我们要说明的是，通常情况下，在曾经形成了一个属的许多物种的地方，有着许多物种正在形成，这才是合乎实际情况的。

大属物种之间的关系
受地域限定

　　大属物种与有记载的大属变种之间存在着值得注意的其他关系。我们已经论述过，物种与显著变种之间的区别并没有绝对正确的标准，当两种可疑类型之间没有任何中间形态存在时，博物学者必须根据其彼此间的差异量来决定，并用类推法来对这些差异量进行判定，以决定是否能把一方或双方升到物种的级别。因此，差异量就成了决定两种类型到底应该是物种还是变种的至关重要的标准。弗瑞斯曾对植物、威斯特伍得曾对昆虫的各个方面进行了这样的诠释，即大属物种之间的差异量常常很少，我曾用平均数的方法来竭力证明这一点，所得到的结果表明他们的这一观点是正确的；我又询问过几位卓越而且经验丰富的观察者，在经过详细的考虑后，他们也赞同了这一观点。因此，在这一方面大属物种与小属物种相比，就显得更像是变种了。也许这种情况还能用另一种方法来进行诠释，即在大属中（目前，在这些属里，有超过平均数的变种即初期物种正处于制造中），由于物种间的差异还没有普通的差异量多，因此，许多已经制造完成的物种在某种范围内仍然与变种相似。

　　另外，大属物种之间的相互关系与任何一个物种的变种之间的相互关系是相似的。没有一个博物学者敢说，在区别上，同一属的一切物种是相等的。在一般情况下，我们可以把它们区分为亚属、级或更小的群类。

现代象　摄影

　　大象是陆地上最大的动物。它们的祖籍在非洲，距今已有3600万～5500万年历史了。最早的象叫始祖象，与现在的猪差不多大，很可能生活在水中。它们有像河马一样的眼睛和耳朵，眼和耳长在头部很高的地方，即使在沼泽里打滚，也可以露出水面观察周围的情况。始祖象随后分化成恐象、乳齿象、剑齿象等，最后才进化成现代的象。

争夺交配权　刘亦　摄影

　　大象的求爱方式比较复杂，每当繁殖期到来，雌象便开始寻找僻静之处，用鼻子挖坑，建筑新房，然后摆上礼品。雄象四处漫步，用长鼻子在雌象身上来回抚摸，接着用鼻子互相纠缠，有时把鼻尖塞到对方的嘴里。当然，有时会出现照片中描绘的情况，两头雄象为了争夺一头雌象的交配权而进行搏斗。

为如果我们发现一个变种比它的假定亲种的分布范围更广阔，那么我们就应该把它们的称谓颠倒过来，即它是物种而它的假定亲种则是变种。但我们也有理由相信，与其他物种极为亲近且类似的变种的物种，其分布范围常常是受到了极大限制的。比如，沃森先生曾把精选的《伦敦植物名录》（第四版）

弗瑞斯曾清楚地论述过，小群物种在一般情况下就如卫星一样，环绕在其他物种的周围。所谓的变种只不过是一种类型，它们彼此之间的关系并不是相等的，它们环绕在某些类型——即环绕在它们的亲种的周围。毫无疑问，变种和物种之间存在着一个极其重要的不同点，即变种之间的差异量，或变种与亲种之间的差异量，比同属的物种之间的差异量少得多。但当我们讨论被我称为"性状的分歧"的原理时，各位就会看到我是如何对此加以说明的，并是如何说明变种间的小差异是怎么增大成物种之间的大差异的。

　　还有一个值得注意的地方，那就是在一般情况下，变种的分布范围都受到了很大的限制。的确，这一点是大家心知肚明的，因

中的63种植物拿来给我看，该名录将这些植物全部归为不同的物种，但沃森先生却认为，由于它们同其他物种极其相似，因此它们的价值非常值得怀疑。按照沃森先生所作的大不列颠区划，这63个可疑物种平均分布在6.9个区中。而在同一个名录里还记载了53个公认的变种，它们的分布范围为7.7个区，而这些变种所属的物种的分布范围也达到了14.3个区。因此，公认的变种和密切亲近的类型在平均分布范围上几乎都受到了相同的限制，这些密切亲近的类型正是沃森先生所谓的可疑物种，但这些可疑物种却几乎被绝大多数的大不列颠植物学者们归为良好、真实的物种了。

本章重点

综上所述，除非满足这样几点，否则变种与物种是无法进行区别的。第一，有中间类型被发现。第二，两者间有一些不确定的差异量，因为如果两个类型的差异量很少，那么一般来说，就算它们并没有密切的关系，也会被归为变种；但到底要多大的差异量才能把任何两个类型都分别归为物种，却无法确定。在任何地方，如果一个属所含的物种超过了平均数，那么它们的物种也可能有超过平均数的变种。在大属中，物种密切地但不均等地相互近似，形成了一个个的小群类，这些小群类环绕在其他物种的周围。显然，与其他物种密切亲近的物种在其分布范围上是受到了限制的。从上述这些论点中，我们可以看到，大属物种与变种非常相似。如果某一物种曾经作为变种生存过，而且是由于变种而形成的，那么我们就可以清楚地了解这些相似性；但如果说物种是被独立创造的，那么我们就根本无法对相似性作出任何说明了。

在各个纲里，我们也曾发现，大属中的极其繁盛的物种即优势的物种，都能产生出最大数量的变种，同时我们将会在后面看到，变种具有变成新的且明确的物种的倾向。因此，大属将变得更大；而且，在现在的自然界中，由于那些占优势的生物类型留下了许多发生了变异和优化的后代，因此它们将会更加占有优势。但这些情形尚需作出解释。大属也有分裂为小属的倾向。于是，全世界的生物类型就由一个群类分为了多个群类。

地球 摄影

地球形成于50亿至46亿年前。当时大地上火山遍地，岩浆横流，根本不适合生命生存。现在已经知道地球上最早的生命出现在34亿年前，是以像现在的细菌一样的形式出现的，叫做蓝菌。

第三章　生存竞争

　　鸟儿歌唱的背后，隐藏着丧命、失子、毁巢等危机；两只狗，为了生存而相互撕咬；槲寄生，一方面要依靠树枝而生存，一方面又与寄主争夺有限的养料；强壮的幼鹰，会把弟弟或妹妹啄死……

　　自然界里，斗争无处不在。理论上，一对大象只需750年时间，就会有1900万头后代；一株一年生的植物，如果每年只结两粒籽，只要20年就会增长到100万株……然而它们并没有布满全球。英格兰的猫，能间接决定三色堇的数量；巴拉圭的蝇，与牛、鸟、寄生昆虫形成奇妙的链；蝗虫和野羊，等级相去甚远却因草而"结怨"。虎的爪强而有力是为了捕杀猎物，虱子的毛腿便于攀附，蒲公英的羽毛有利于传送种子，生物的独特结构都为生存而服务。生物间相互依存，相互斗争，其结果就是自然的和谐与平衡。

争斗 摄影

　　豹的体能极强，视觉和嗅觉异常灵敏，动作灵活，善于攀树和跳跃，胆量很大，敢于和虎栖于同一个领域，能攻击大型动物，如雄鹿、野猪等。画面反映的是两只雄豹为争夺交配权而发生斗争的情形。

生存竞争和自然选择有关

鱼 鹰　奥杜邦　水彩画　19世纪

　　鱼鹰为鸟科，鹰属部分种类的通称。它们经常栖息在湖泊、水库、池塘、河口与海湾，以鱼为主食。由于长期在水中捕鱼，鱼鹰的翅膀进化得窄而长，便于在水下活动。

　　在进入本章的主题之前，我必须提醒几句，以说明"生存竞争"与"自然选择"之间的关系。我已经在第二章中论述过，在自然状态下，生物存在着某种个体上的变异。对于这一点，我实在不知道还曾经有过一场争论。就我们所讨论的问题而言，将一群可疑类型称为物种或亚种或变种，是无关紧要的。比如，只要承认存在着一些显著的变种，那么无论把不列颠植物中的200到300种可疑类型归为哪一级都不会有问题。但是，虽然作为本书的基础而言，仅仅知道个体变异和某些少数显著变种是必要的，但却几乎不能帮助我们去理解物种在自然状态下是如何产生的。身体构造的这一部分对于另一部分及对于生存条件的一切巧妙适应，以及这一生物对于另一生物的一切巧妙适应，这些都是如何完成的呢？对于啄木鸟和槲寄生，我们能很明显地发现这种美妙的相互适应，对于附着在兽毛或鸟羽之上的最下等寄生物，对于潜水甲虫的构造，对于在微风中飘荡着的具有冠毛的种子，我们却只能模糊地看到这种适应。简而言之，无论在任何地方，在生物界的任何部分，我们都能看到这种美妙的适应。

　　另外，有这样一个问题，那些被我称

为初期物种的变种，是如何最终成为良好、明确的物种的呢？显然，在绝大多数情况之下，物种之间的差异比同种变种间的差异要多得多。那些构成不同属的种群之间的差异比同属物种间的差异要大得多，而这些种群又是如何产生的呢？所有这些结果，都是从生存竞争中得到的，我将在下一章中更加充分地进行讲解。不管这种竞争是多么微不足道，也不管究竟是什么样的原因导致了变异的产生，只要某一物种的一些个体能从其他生物那里，以及它们生活的物理条件的无限复杂关系中得到好处，那么这些个体就会将这样的变异保持下去，而且在通常情况下，它们还会将这些变异遗传给它们的后代，它们的后代也会因此而获得更好的生存机会。由于任何物种都能按时产生许多个体，而且只有其中的少数能够生存，因此我将那种把每一个有用的细微变异都保存下来的原理称为"自然选择"，这样做是为了表明它和人工选择的关系。但是，斯潘塞先生却经常使用"最适者生存"这一术语，这一术语更加确切，而且有时也同样方便。我们可以明显地看到，人类利用选择产生了一些伟大的结果，并通过累积"自然"所给予的细微且有用的变异，使生物变得更加适合于自己的用途。但是，我们以后将看到，"自然选择"是一种不断活动的力量，与微弱的人力相比，它有着极其显著的优越性，其差别正如"自然"的工作和"人工"的工作一样。

现在，我们将对生存竞争进行详细的讨论。在我将来要出版的另一部著作里，还要着重讨论这一问题，因为它有这样的价值。

草原杀手——斑鬣狗 摄影

自然界中的生物并不是平等的，人们常用"物竞天择，适者生存"来概括这种残酷的生存状况。无论是高等动物还是低等动物，都脱离不了这一自然法则。为了生存，彼此猎杀已见惯不惊，如狮子捕杀河马、水牛、羚羊，豹子捕杀牛羚，在草原上是很常见的。

知识渊博且富有哲理的老得康多尔和莱尔已经详细阐述了这个问题，即一切生物都暴露在剧烈的竞争之中。

对于植物，曼彻斯特区教长赫伯特以无与伦比的气魄和才能对这个问题进行了讨论，显然，这是由于他具有渊博的园艺学知识的缘故。在我看来，至少没有什么比在口头上承认普遍的生存竞争这一真理更容易的了，但同时，也没有什么比在思想上永远牢记这一结论更困难的了。然而，如果在思想里没有彻底体会这一点，我们就会对包含着分布、稀少、繁盛、绝灭以及变异等万般事实的整个自然组成，产生认识上的模糊或产生误解。我们看到，自然界的外貌焕发着喜悦的光辉，我们常常看见过剩的食物；但我们却看不到或者忘记了那些在我们周围安闲地唱歌的鸟，多数是以昆虫或种子为生的，因此它们常常毁灭生命；或者我们忘记了这些唱歌的鸟或它们的蛋，或它们哺育的小鸟被其他的食肉动物所毁灭；我们并不能经常记得，虽然食物在现在是过剩的，但并不是每年的所有季节都会出现食物过剩。

作为广义术语的"生存竞争"

首先，我应该说清楚，我是用广义和比喻的意义来使用这一术语的。该术语的含义有某一生物对另一生物的依存关系，更为重要的是，它还包含着个体生命的保持，以及它们能否成功地遗留后代。两只狗类动物在饥饿时可以相互抓咬，更确切地说，它们是为了获得食物和生存而互相竞争。生长在沙漠边缘的一株植物为了生存而抵抗干燥，但更确切地说，它是依存于湿度的。一株植物每年可以产生一千粒种子，可是其中只有一粒种子能够开花结果；但更确切地说，它是在和已经覆盖在地面上的同类和异类植物进行竞争。槲寄生依存于苹果树和少数其他的树，如果非要说它是在和这些树相竞争，也是可以的，因为，如果一株树的寄生物过多，那么这株树就会因衰弱而死去。但是如果几株槲寄生的幼苗密集地寄生在同一枝条上，那么就可以更确切地说，这些幼苗是在互相竞争，因为槲寄生的种子是由鸟类散布的，所以它的生存便决定于鸟类。这可以比喻地说，在引诱鸟来吃它的果实借以散布它的种子这一点上，它是在

游隼　水彩画

游隼，为鸟纲，隼科。隼科动物的翅膀比较狭长，这是自然选择的结果，以便于快速飞行。游隼是隼科中飞行最快的鸟类，它们主要栖息于开阔的河谷、山地、草原等地，捕食野鸭、鸥等中小型鸟类。

和其他的果实植物相竞争。在这几种彼此相通的意义中，我为了方便，因此采用了一般术语——"生存竞争"。

以几何级数增加的数量

由于一切生物都存在着高速增长的倾向，因此它们彼此之间就不可避免地出现了生存竞争。自然界中的各类生物，终其一生都会产下一些卵或种子，但它会在其生命中的某个时期、某个季节或者某一年遭到毁灭，否则要是按这样的几何比率增长下去的话，它的数目就会变得非常多，以至于再也没有能容纳它们的地方。由于产下的个体比可能生存下来的个体要多，因此，在各种情况下，生物之间一定会出现生存竞争，这些

鼠 佚名 水粉画 当代

地球上比人类数量更多的动物是鼠，它分布于全世界，适应多种生活方式。这个族群包括老鼠和松鼠，它们都有黑色的圆眼睛、又长又细的尾巴和凿子似的门牙。门牙非常锐利，用来啃咬果仁和浆果。牙齿虽然会因不断啃咬食物而磨损，但在一生中会不断地生长。

竞争中既有同种个体之间的生存竞争，还有不同物种个体之间的生存竞争，以及自然的生存条件的竞争。这是以数倍的力量将马尔萨斯学说应用在整个动物界和植物界中。因为在这种情况下，是无法人为地增加食物，也无法谨慎地限制交配的。虽然现在的某些物种可以迅速地增加数目，但并不是所有的物种都能这样，因为世界无法容纳它们。

各种生物都高速地增长，这样的增长速度是那么自然，以至于如果不毁灭它们，一对生物的后代就能迅速充满地球，这是一条没有例外的规律。即使生殖缓慢如人类，也能在25年之内增加一倍，按这种速度来计算，不到1000年，人类的后代就快没有立足之地了。林纳曾作过这样一个计算，如果一株一年生的植物只产生两粒种子，它们的幼株在第二年又产生两粒种子，如此下去，20年后就会出现100万株这种植物。但事实上，并不存在如此低生殖力的植物。大象是所有已知动物中繁殖最慢的动物，我曾尽力去计算它在自然增长上的最小可能速度。我可以稳妥地假设，大象在30岁时开始生育，一直生育到90岁，其间共生6只小象，并且它能活到100岁。如果真是这样的话，那么在经过了740到750年以后，地球上就应该存在将近1900万只由第一对大象传下来的大象。

除了理论计算外，对于这一问题，我们还有更好的证明。无数的事例表明，自然状态下的许多动物，如果连续两三季都遇到适宜它们的环境，它们就会出现迅速的增长。还有一个更值得人们关注的证据，这一证据来自许多在世界上的一些地方已经回归野生状态的家养动物。繁殖缓慢的牛和马在南美洲和澳洲

大象是地球上最大的陆栖动物，其最主要的体形特征表现为拥有柔韧而肌肉发达的长鼻。大象是群居性动物，通常以家族为单位组成一个群体，群体的首领通常为雌象，雄象承担保卫家族安全的责任。

出现了快速增长的记载，如果不是有真实的证据，这一定是一件令人难以置信的事。植物也是这样，以外地移入的植物为例，在不到十年的时间内，它们就会遍布全岛，从而成为普通植物。有几种植物，如拉普拉塔的刺叶蓟和高蓟，它们本来原产于欧洲，而如今却在拉普拉塔的广大平原上成为了最普通的植物，它们密密麻麻地分布在数平方英里的地面上，这里几乎没有其他植物。另外，我听福尔克纳博士说，在欧洲人发现了美洲之后，人们从那里移栽了一些植物到印度，这些植物已经从科摩林角分布到了喜马拉雅山地区。在这些事例中，以及在还可以举出的无数其他例子中，没有人能假设动物或植物的能育性以人们能够觉察的程度突然地增加了。显然，可以作出这样的解释，由于那里的生活条件高度适宜，使得年老的和年幼

的生物都很难被毁灭，而且几乎所有的幼小生物都能长大且繁殖。它们按几何级数增长着——其结果永远是可惊的，这简单地说明了它们为什么能在新的家园中迅速地增长并广泛地分布开来的原因。

在自然状态下，每一株发育完全的植株几乎每年都能结出种子；同时，就动物来说，几乎每年都要交配。因此，我们可以断定，一切植物和动物都具有按照几何级数增长的倾向，凡是在那些适合生存的地方，它们都能迅速地布满每一处，而且这种倾向会因为生命中某一时期的毁灭而遭到抑制。对于那些为我们所熟知的大型家养动物，我认为，这会把我们引向歧途，我们没有看到它们被大量地毁灭，但我们却忘记了每年有成千上万只动物被屠杀以供食用。同时我们还忘记了，在自然状态下，有相等数目的生物

青 蛙　丹利尔　摄影

　　青蛙又名田鸡，具有很强的繁殖能力。通常一只青蛙一年可产卵4000～5000粒。然而，每一只青蛙从出生到成年，都会经历许多意想不到的危险，能存活下来的大约只有15%。用生物学来解释，这是大自然的平衡法则起了作用。

因为种种原因而被处理掉。

　　有的生物每年产下数以千计的卵或种子，而有的生物则只产下极少数的卵或种子，它们二者之间只存在一个区别，即如果在一个范围很大的地区而且条件也很合适的话，繁殖缓慢的生物要布满整个地区需要较长的时间。尽管一只南美秃鹰能产下两个卵，一只鸵鸟能产下20个卵，但在同一个地区，南美秃鹰的数目可能会超过鸵鸟。一只管鼻鹱一次只产一个卵，可是人们却相信它是世界上数目最多的鸟。一只家蝇一次产数百个卵，而其他的蝇，如虱蝇一次只产一个卵，但卵的多少并不能决定这两个物种在一个地区内所能存活下来的个体数目。对那些因食物数量发生变化而随之变化的物种，其卵的数量是至关重要的，因为食物充足时，它们的数量可以迅速增加。而产下大量的卵或种子的真正意义却是补偿生命中某一时期的严重毁灭。在一般情况下，这一时期是生命的早期。如果一个动物能够用任何方法来保护它们的卵或后代，那么少量繁殖仍能够充分保持它的平均数量。如果大多数的卵或后代遭到了毁灭，那么它们就必须大量生产，否则物种就有绝灭的危险。如果有一种树，其平均寿命为1000年，而在这1000年中只结出一粒种子，假设没有任何东西可以毁灭这粒种子，而这粒种子又恰好在适合的地方萌芽，那么这种树就能充分保持其数目了。所以在所有情况下，无论哪种动物或植物，其平均数只是间接地依赖于卵或种子的数目。

　　在我们观察大自然的时候，应一直牢记上述论点，这是非常有必要的——千万不能忘记每种生物都在非常努力地增加自己的数目；千万不能忘记，每种生物都在生命的某一时期，通过竞争而存活了下来；千万不能忘记，在每一代里或在间隔周期中，年幼的或年老的生物会遭受灭顶之灾，但只要减轻一些抑制作用，缓和一些毁灭作用，这种物种的数目必然会立刻增长起来。

抑制增长的性质

每个物种的自然增长倾向都会受到抑制，但要将受抑制的原因说清楚却非常困难。看看那些最强健的物种吧，它们的个体数目非常多，到处都有，而且进一步增长的倾向也非常显著。至于究竟是什么原因导致了抑制增长的性质，我们连一个事例也无法确切知道。其实，这种事根本不足为奇，任谁想一想，就可知道我们在这个问题上是多么孤陋寡闻，甚至在我们对于人类自身所知远比对于任何其他动物所知道的多的情形下，也还是如此。对于抑制增长的问题，已经有不少作者进行过很好的讨论，我希望在将来的一部著作里进行详细的讨论，尤其是要对南美洲的野生动物进行更详细的讨论。在这里，我只作一个简短的谈论，以便读者们注意到下列的几个要点。在一般情况下，似乎卵或年幼的动物受害最多，但并不是在所有的情况下都是如此。植物种子被毁灭得最多，但按照我的一些观察，我发现在已布满其他植物的地上，处于发芽状态的幼苗才是受害最多的。同时，大量的幼苗还被各种敌人所毁灭，比如，在一块三英尺长、两英尺宽的土地上耕作后进行除草，使那里不会受到其他植物的抑制，当土著杂草长出之后，我在它们的所有幼苗上标下记号。我们

发现，在357株杂草中，有不下295株的杂草被毁灭了，它们主要是被蛞蝓和其他昆虫毁灭的。在被长期刈割的草地上，如果任由杂草自然生长，就算不健壮的植物得到了充分的成长，它还是会被较为健壮的植物所慢慢消灭。被四足类动物所仔细啃食过的草地，

等待猎物的美洲狮

美洲狮是新大陆分布最广的猫科动物，它们会在自己的领地留下气味，除了吸引异性外，这也是对入侵之敌的强烈警告。美洲狮攻击性极强，善于捕食猎物，在其区域里的物种都保持着一定的增长率，不会轻易发生变化。

也有类似的情况。在一小块被刈割过的草地上（四英尺长、三英尺宽）生长着20种物种，其中的9种物种因其他物种的自然生长而全部死亡了。

显然，每个物种的食物数量决定了该物种的一个增长极限，但是，获取食物的多寡并不能决定物种的平均数，真正起决定作用的是该物种被其他动物所捕食的多寡。因此，毫无疑问，任何一片广阔地区上的鹧鸪、松鸡、野兔的数量主要取决于它们被多少敌害动物所毁灭。虽然现在英格兰地区，人们每年要猎杀数十万只猎物，但如果在今后20年内，该地区的人们不再猎杀任何一种猎物，同时也不毁灭任何一种猎物的敌害动物，那么猎物的数量很有可能比现在的还要少。与之相反的是，在某些情况下，比如大象，因为甚至连印度虎都不

海蛞蝓

海蛞蝓，又名海兔，腹足纲，无盾目，海兔科。海兔属裸鳃类，是软体动物家族中一个特殊的成员，其壳已退化成埋在外套膜中的一块小骨片。

海蛞蝓是雌雄同体的，两只海蛞蝓相遇，其中一只海蛞蝓的雄性器官与另一只海蛞蝓的雌性器官交配，间隔一段时期，彼此交换性器官再进行交配。可是这种情况并不常见，通常总是几个甚至十几个海蛞蝓联体、成串地交合、产卵，海蛞蝓产卵较多，但成活率衡定，以避免过度繁殖。

敢攻击被母象保护的小象，所以它几乎不会被肉食动物所猎杀。

气候对决定物种的平均数有着重要的作用，而且高寒或干旱的周期季节似乎是所有抑制作用中效果最好的两种。1854至1855年冬季，我计算了我所住地区的鸟巢数量，其中被毁灭的鸟达到了4/5（主要是由于在当年的春季，鸟巢数量大量减少）。这的确是一场严重的毁灭，因为我们知道，如果人类因传染病而死亡了10%时就是异常惨重的毁灭了。一开始，气候的作用似乎与生存竞争毫无关系，它的主要作用是减少食物，但正因为如此，这就促使了同种或异种的个体之间出现了激烈的斗争，因为所有的物种都要依靠食物来维持生存，甚至当严寒直接发生作用时，受害最大的要数那些体质不健壮的个体，或者那些在冬季获取食物最少的个体。如果我们从南方向北方旅行，或者从湿润地区向干燥地区旅行，我们必然会发现某些物种正在逐渐减少，并最终消失。正因为气候变化明显，因此我们不得不把这整个效果都归因于气候的直接作用。但事实上，这种观点却走入了误区，因为我们忘记了即使各种物种在其最繁盛的地区，也经常会在生命的某一时期因敌害的侵袭，或同一地区对同一食物的竞争而出现大量毁灭。只要气候有些许改变，而且稍微对这些敌害动物或竞争者有利的话，它们的数目便会增加。由于各个地区都已经布满了生物，因此其他物种必然会减少。如果我们向南旅行，就能发现某一物种的数量正在减少，我们可以觉察到出现这种现象的原因必然是因为别的物种得到了

利益，而使这个物种的利益受到了损害。如果我们向北旅行，也会出现这样的情况，只不过效果不像向南旅行那样明显，因为各类物种数量都随着北移而减少，所以竞争者也减少了，因此，当我们向北旅行或攀登高山时，比之于向南旅行或下山时，我们所见到的植物通常比较矮小，这是由于气候的直接有害作用所致。当我们到达北极区，或积雪的山顶，或纯粹的沙漠时，就能发现几乎所有的生物都在同自然环境作生存斗争。

被栽培在花园中的数量庞大的植物完全能够忍受气候的变化，但是却永远无法归化，这是因为它们无法同我们的本地植物进行斗争，而且也无法抵御本地动物的侵害。由此可见，气候主要是间接有利于其他物种的。如果一个物种在一小块区域内，因为非常适宜的环境条件而出现了过度增长，则常常会导致传染病的出现，至少在一般情况下，我们的猎物也是这样的。在这里，有一种同生存竞争无关的增长抑制。但某些所谓的传染病是由寄生虫引起的，由寄生虫所引起的传染病在动物非常密集的地方是非常容易传播的，于是这里就发生了寄生物和寄主之间的竞争。

另一方面，在许多情况下，同种个体的数量必须要比它们的敌害数量多得多才行，只有这样该物种才能得以保存。正因为如此，我们才能轻易地在田间收获大量的谷物和油菜籽等，因为它们的种子数量远远超过了吃它们的鸟类的数量。鸟类在这一季里虽然有着异常丰富的食物，但它们的数量却

被章鱼吞噬的小鲨鱼　弗润德·伯温顿　摄影

　　章鱼别称"蛸""望潮"。广泛分布于浅水中。章鱼是拥有敏感神经系统的高级无脊椎动物，由头足纲软体动物进化而来，是海洋中的古老物种。章鱼的皮肤可以随环境自由变色，方便伪装自己而更准确地捕食。

无法因为种子的增加而增加，这是因为它们的数量在冬季受到了抑制。获取菜园里的少量小麦或其他这类植物的种子是一件极度麻烦的事情，对于这点，所有做过试验的人都知道，我就曾在这种情况下失去了所有的种子。对于同种大群个体的保存是很有必要的，我相信这一观点可以被用来说明自然界中的某些奇特事例，比如极度稀少的植物有时会在少数适合它们生存的地方生长得异常茂密；某些丛生性植物，在分布范围的边缘上，甚至还能再次丛生，从这一点上可以看出，它们的个体是繁盛的。在这种情况下，我们有理由相信，只有在多数个体能够共同生存的有利生活条件下，单独的个体才能生存下来，这样才能使该物种不会被全部毁灭。在这里，我要补充一点，杂交的优良效果，近亲交配的不良效果，在这些事例中体现得淋漓尽致，但我不准备在这里对该问题进行详细讨论。

在自然界中
动物和植物的复杂关系

许多有记录的事例表明，在同一地方中，那些相互进行着生存竞争的生物之间的抑制作用和相互关系是多么复杂和难以想象。我在这里只举一个例子，虽然这个例子非常简单，但却使我很感兴趣。我的一位亲戚在斯塔福德郡有一片领地，在那里，他给了我一个进行充分研究的机会。那里有一大

块非常荒凉的土地，它从来没有被人耕种过，这数英亩土地的性质是完全一致的；25年前，它曾经被人为地围了起来，并用来种植苏格兰冷杉。在这片荒地上所种植的部分土著植物群落发生了极为明显的变化，其变化程度比在两种完全不同的土壤中种植出来的植物群落的变化程度更为明显。在这片荒地中，不但植物的比例数完全改变了，甚至还有12个一般不会出现在荒地中的植物种群（禾本草类及莎草类除外）在苏格兰冷杉区域内繁衍生息。这一点对昆虫的影响就更加明显了，因为六种一般不会出现在荒地中的食虫鸟现在却遍布在整个苏格兰冷杉区域内，而且还有另外两三种不同的食虫鸟经常会飞到这片荒地中来。在这里，我发现仅仅

食草动物

食草动物以植物为食，是食物链中的重要一环，生物圈中的一级消费者。兔子就是一种食草动物，常见于荒漠、荒漠化草原、热带树林、干草原等地方。

是引入了一种树就产生了如此巨大的影响，而且当时人们所做的只不过是把土地围了起来，以防止牛进去而已，除此之外就什么也没做了。我曾在萨里的费勒姆附近清晰地感受到，把一块地方围起来的做法是一种非常重要的因素。在萨里的费勒姆附近也有一大片荒地，远处的小山顶上也分布着少量的几片老龄苏格兰冷杉区域。在最近的十年内，许多地方都被围了起来。于是，原来是自然散布的种子现在却生出了无数小树，它们非常紧密地相连在一起，以至于所有的树木都无法成长起来。当我在确定了这些幼树不是通过人工播种或栽植而形成的时候，我惊异于它们的庞大数量，于是，我又检查了其他的一些地方，并观察了还没有被围起来的数百英亩荒地。在那里，除了原来种植的老龄苏格兰冷杉外，再也看不到一株这样的幼树了。但当我对荒地灌木的茎干进行仔细观察时，我却发现，那里的许多幼苗和小树常常因为被牛吃掉而无法长大。我对距离某片老龄冷杉100码远的地方进行了计算，在这片区域内，共计32株小树，其中一株有26圈年轮。多年来，它曾多次试图将树顶伸出荒地灌木的树干之上，但都以失败告终。难怪一旦把荒地围起来，那些幼龄的苏格兰冷杉便生机勃勃地密布在了它的上面。可是这片荒地非常辽阔而且极度荒芜，以至于让人根本想象不到，牛竟然能如此细心地来寻找食物而且还收获颇丰。

由此我们可以看出，在决定苏格兰冷杉的生存上，牛起着绝对的作用，但在世界上的一些地方，昆虫却决定着牛的生存。在这方面，巴拉圭也许可以为我们提供一个最

成对的天鹅

天鹅有固定的配偶，求偶时，用喙相碰或以头相靠。当它们找到配偶后，天鹅夫妇会终生厮守。它们对后代也十分负责，为了保卫自己的巢、卵和幼雏，敢与狐狸等动物进行殊死搏斗。

为奇特的事例。虽然在巴拉圭南方和北方都有野生的牛、马或狗，但在那里却从来没有蝇。亚莎拉和伦格曾这样解释出现这种现象的原因，这是由于巴拉圭的某种食虫鸟太多而导致的；当这些动物才出生时，这些蝇就已经开始在它们的肚脐中产卵了。虽然这种蝇的数量很多，但其增长也受到了某种抑制，也许这种蝇受到了其他寄生虫的抑制。如果巴拉圭的某种食虫鸟减少了，也许寄生虫的数量就会增多，因此这些在肚脐中产卵的蝇就会随之减少，牛和马就随之有了成为野生的可能，而这样的改变也会带来植物群落的大变（我的确曾在南美洲的一些地方看到过这种现象）。同时，植物的改变也会在很大程度上影响到昆虫，从而又进一步影响到食虫鸟，这一点与我们在斯塔福德郡所见到的情况一模一样，而且这种复杂关系的范围还在不停扩大中。其实自然界里的各种关

三叶草

植物与动物之间也能组成一个关系网，比如三叶草与蜜蜂之间就存在着紧密联系，前者需要依靠后者来传播受精卵，然后才能繁殖生育。

系要比这复杂得多。战争之中还包含着战争，而且这样的战争是一直持续不断的，这场战争的胜利者有可能就是下场战争中的失败者，而失败者则有可能成为下场战争的胜利者。但从长远来看，各种势力之间却总保持着平衡，这也是为什么自然界可以长期保持相同面貌的原因。虽然最细微的一点差异就可以使一种生物战胜另一种生物，而且最终的结果也是这样的；但我们却又是多么无知，多么喜欢作过度的臆测！只要听到一种生物绝灭了，就会大惊小怪。又因为不知道是什么原因导致了这种生物的灭绝，于是只有用灾变来解释其灭绝的原因，或者又臆造一些法则来解释这种生物类型的寿命！

我再用一个例子来说明，在自然界中，等级差距很大的植物和动物是如何通过复杂的关系网而被连接在一起的。在将来，我还会来解释，为什么我的花园中的一种外来植

物——亮毛半边莲一直无法吸引任何一种昆虫的光顾，这是由于它的构造非常特殊，以至于根本无法结出种子。所有的兰科植物都必须通过昆虫来传播它们的花粉，使它们受精。我从试验中发现三色堇似乎必须要依靠土蜂来受精，因为别的蜂类根本都不会来访它。我还发现有几种三叶草必须依靠蜂类来传播花粉从而受精，比如白三叶草，它大约有20个头状花序，一共会结出2290粒种子，而另外20个被遮盖起来不让蜂接触的头状花序是不会结一粒种子的。又比如，红三叶草的100个头状花序一共可以结2700粒种子，但被遮盖起来的头状花序数目也有100个，而且这100个头状花序是不会结出一粒种子的。只有土蜂才会造访红三叶草，因为别的蜂类都无法接触到它的蜜腺。有人曾经说，蛾类有使各种三叶草受精的可能，但我却并不认为它们能使红三叶草受精，因为它们的重量太轻而无法将红三叶草的花瓣压下去。因此，我们可以很明确地作出这样的推论，即如果英格兰的土蜂都灭绝了或变得极为稀少，那么三色堇和红三叶草也会全部灭亡或变得极为稀少。任何地方的土蜂数量在很大程度上是由野鼠数量决定的，因为野鼠能摧毁它们的蜜房和蜂窝。纽曼上校对土蜂的习性进行了长期研究，他认为"全英格兰2/3以上的土蜂都是这样被毁灭的"。至于野鼠的数量，众所周知，在很大程度上是由猫的数量来决定的。纽曼上校说："在村庄和小镇的附近，我看见土蜂窝比在别的地方多得多，我把这一点归因于有大量的猫在毁灭着鼠的缘故。"因此，我们完全可以相信，如果一个地方存在着大量的猫类动物，首先通过鼠再

通过蜂的干涉，就能决定该地区内某些花的多少！

基本上，所有物种都会在其生命的不同时期、不同季节、不同年份，遭受到多种不同的抑制作用，一般来说，其中的一种或者几种抑制作用最能体现这一点。但如果要决定物种的平均数，甚至决定其生存的话，就需要所有的抑制作用共同施加在物种身上。在某些情况下，可以作出这样的解释，即在不同地区，同一物种所受到的抑制作用几乎也不相同。当我们看到密布在岸边的植物和灌木时，我们很容易把它们的比例数和种类归因于我们所谓的偶然机会。然而，这是一个重大的错误观点！所有的人都听说过，在美洲，当一片森林被砍伐后，那里就出现许多差异非常巨大的植物群落。在美国南部的印第安部落的废墟上，人们也已经发现，以前的印第安部落必然是清理了当地的树木的，可现在呢，那里的废墟和周围的处女林如此相似，都呈现出美丽的多样性，而且连各类植物的比例也是那么相同。在漫长的数个世纪中，那些每年要散播数以千计的种子的树木之间必然存在着极其激烈的竞争；

昆虫和昆虫之间也进行着激烈的竞争——昆虫和鸟类、走兽类之间的竞争也异常激烈——它们都竭尽全力地增长着各自物种的数量，它们或相互吃掉对方，或吃树，或吃树的种子和幼苗，或吃那些最早密布在地面上的植物，这些植物抑制了树的生长。将一把羽毛扔向高空后，它们都会按照一定的法则落到地面，但是至于每根羽毛会落到什么地方，这比起无数植物和动物之间的关系要简单得多。在许多个世纪的过程中，物种之间的作用和反作用决定了今天那些生长在印第安人废墟上的各种树木的比例数及其种类。

生物之间的依存关系和寄生物与寄主之

箭毒蛙

　　箭毒蛙，体形小，通常长仅1～5公分，但皮肤颜色为黑与艳红、黄、橙、粉红、绿、蓝的结合，非常鲜艳显眼，这种艳丽的警戒色是它们得以占据进化史一隅的法宝。它们主要分布于巴西、圭亚那、哥伦比亚和中美洲的热带雨林中，栖居于地面或靠近地面的地方。

间的关系是一样的。一般情况下，这样的依存关系发生在生物系统中关系比较远的生物之间。从严格意义上来说，有时候系统关系比较远的生物之间也存在着生存竞争，飞蝗类和食草兽之间的关系就是这样的。但不可否认的是，同种个体之间所进行的生存竞争必然是最激烈的，因为它们居住在同一区域内，吃着相同的食物，并且还受到相同危险的威胁。在一般情况下，同种变种之间的斗争差不多也同样的激烈。我们时常看到彼此之间的竞争能在很快的时间内得到解决。比如，把几个小麦变种栽培在一起，然后再把它们的种子混合起来进行播种，那些最能适应该地土壤和气候的，或者天生繁殖能力就很强的变种就会打败别的变种，结出更多的种子。只需要经过短短数年的时间，它就能将其他所有的变种都排斥掉。甚至在那些极

其近似的变种之间，如将颜色不同的香豌豆进行混合种植时，我们必须每年分别采集它们的种子，而且在播种时也必须按适当的比例进行混合，否则较弱的种类便会不断地减少并最终灭亡。绵羊的变种也是如此，有人曾断言，某些山地绵羊的变种具有将别的一些山地绵羊的变种饿死的能力，它们不能养在一处。把不同变种的医用蛙养在一处，也会产生这样的结果。如果让任何家养植物的变种和家养动物的变种之间进行类似于自然状况下的那种任意斗争，如果每年对它们的种子或幼兽的保存也不按比例进行，这些变种所拥有的体力、习性和体质是否能完全相等，以及一个混合种群（在不进行杂交的前提下）的原有比例是否能保持六代以上，都成了让人怀疑的问题。

绵羊

一般认为绵羊起源于四种不同的野生种，即栖息于地中海沿岸的摩弗伦羊、分布于亚洲中部和西南部的东方羊、盘羊和蛮羊。在8000年前绵羊被驯化成家畜。现在的绵羊经过了长期的选择和淘汰，其外形与特征都不同于以前，且品种更加丰富。

变种生物与原体生物的关系

在一般情况下，由于同属物种在习性和体质方面，以及在构造方面永远是那么相似（尽管不是绝对相同），因此它们之间的竞争不知道要比异属物种之间的要激烈多少倍！我们可以从下列事实中了解到这一点。近年来有一个燕子种群在美国的一些地方开始扩展，由于它们的扩展导致了另一个物种的数量减少。近年来苏格兰一些地方的吃槲寄生种子的槲鸫增多了，这导致了善鸣鸫的减少。我们还经常听说这样的事例，即在极端不同的气候下，一种鼠类代替了另一鼠类。在俄罗斯，小型的亚洲蟑螂到处驱逐着大型的亚洲蟑螂。在澳洲，蜜蜂的引入导致了当地小型无刺蜂的灭亡。一个野芥菜种代替了另一个物种。类似的事例比比皆是。我们从中可以大致了解到，为什么在自然界中，总是占有相同地位的近似类型之间的竞争最激烈；但我们却一点也不能明确地解释：在伟大的生存竞争中，一个物种为什么能战胜另一个物种。

综上所述，我们可以得出一个极为重要的推论，即每种生物以最基本的构造且常常是最隐蔽的性状，和一切其他生物的构造发生着联系，每种生物都在和其他生物争夺食物、住所，或避开某些生物，或者以某些生物为食。虎牙或虎爪的构造就能充分说明这一点，附着在虎毛上的寄生虫的腿和爪的构造也充分说明了这一点。但是，美丽的蒲公英羽毛种子和水栖甲虫的扁平的、生有排毛的腿，在最初看来，这似乎仅仅和空气以及水有关系。但毫无疑问的是，羽毛状种子的优点和密布着其他植物的地面有着最密切的

游泳能手

比起其他的猫科动物，老虎擅长游泳，且可长达几十公里。这是由于老虎的汗腺不发达，常待在水中散热，从而演化出它们高超的游泳技术。

关系，只有这样，它的种子才能分布得更加广阔，并且落在空地上。水栖甲虫腿的构造非常适于潜水，这使它可以和其他水栖昆虫相竞争，同时可以更好地捕食食物，并且逃避其他动物的捕食。许多植物的种子里都储藏着养料，在最初看来，这似乎和其他植物没有任何关系。但是当这样的种子——比如豌豆和蚕豆的种子——被播种到高大的草类群之间时，那些才出生的幼小苗就能茁壮地生长，从这里我们可以看出，种子中养料的主要用途是为了有利于幼苗的生长，只有这样，它才能和四周的其他茂密植物进行竞争。

请注意这样一个问题，为什么一种分布在中央范围的植物的数量不能增加两倍或四倍？我们知道，因为它能分布到稍热、稍冷、稍潮湿、稍干燥的其他地方，因此它完全能抵抗稍热、稍冷、稍潮湿、稍干燥的环

境。显然，在这种情况下，我们就能发现，如果我们让这种植物具有了增长其自身数量的能力，那么我们就必须使它占据优势，以对付它的竞争者和吃它的动物。显然，在地理分布范围上，如果植物的体质能够因气候的变化而发生变化，那这对它无疑是有利的。但我们有理由认为，这就是为什么只有少数植物或动物能分布得非常广阔的原因，但最终所有的生物都会被严酷的气候消灭。在还没有到达生存范围的极限之前（这些极限包括如北极地区或沙漠的边缘），它们之间的生存竞争是不会停止的。也许，有些地方的地面非常寒冷或非常干燥，但在那些地方仍然存在着少数几个物种或同种的个体，它们为了获得最温暖或最潮湿的住所，彼此之间展开了激烈的生存竞争。

由此可见，当一种植物或动物被放在了一个新的地方并面对新的竞争者时，就算新地方的气候和它的原产地完全相同，但事实上，它的生活条件已经发生了本质的变化。如果要增加它在新地方的平均数，我们绝对不能采用其原产地的增加方法，而必须使用新的方法来增加它的数量，只有这样，我们才能让它们在与一群不同的竞争者和敌害的生存竞争中获得优势。

蚱蜢与兵蚁的战争　佚名　摄影

在达尔文的进化论中，"优胜劣汰，适者生存"成为了生物界生存竞争的原则。图中是一只兵蚁勇敢地向体积数倍于自己的蚱蜢发起猛攻，这显示出它们打败对手、生存下去的决心。

诚然，让任何一个物种比另一个物种更具有优势的假设是好的，但也许在任何一个事例中，我们根本不知道应如何去做才能达到这样的效果。这也使我们更加确信这样一个事实，即我们对一切生物之间的相互关系是非常无知的。此种观念是必要的，但是实难获得。我们只能做到牢记这样一点，即每种生物都按照几何级数努力地增长着。每种生物都在其生命的某一时期，一年中的某一季节，每一代或间隔几代的时期里展开生存竞争，从而大量毁灭。当我们想到这种竞争时，我们可以用这样一种坚强信念来自慰，即自然界的战争从来没有停止过，而且无法感觉到恐惧的存在。在通常情况下，死亡是迅速的，而强壮、健康且幸运的生物却能生存并繁衍下去。

激情拥抱　丹利尔　摄影　当代

非洲狮由非洲的原始狮演化而来，栖息于开阔的草原和半荒漠地带，是猫科动物中进化程度最高的一种。它们过着群居的社会化生活。

第四章　自然选择

　　自然界中的所有生物，必须适应环境才能生存下来。吃绿叶的螽斯，为了逃避敌害，往往全身也呈绿色；蜥蜴为了不被猎食，肤色会随着周围环境的改变而变化。更多的生物为了繁衍足够强壮的后代，对异性的选择特别讲究。

　　这主要体现在，诸多雄性个体为了取得与雌性交配的权利，彼此之间要展开激烈的斗争。有一种雄性鳄鱼，在求偶时会像印第安人作战时的群体舞蹈一样；公鸡则因拥有漂亮的羽毛和强劲的脚力而受到青睐；另外，鸟类亮丽的歌喉和昆虫锐利的"武器"，也是得以留下更多后代的砝码。自然界严格地遵循着"优胜劣汰，适者生存"的法则。

美丽的白鹇　佚名　摄影

　　白鹇，别名银鸡、越禽。雄性身长100～119厘米，雌性身长58～67厘米。每窝产卵4～6枚。在交配季节，它们两颊的颜色由暗红变为鲜红色，羽毛光泽感十足。其美丽脱俗的羽毛是自然选择的结果。

自然选择

王鸟（上）与红尾鹰　摄影　当代

　　王鸟，亚鸣禽中最大的一科，喜居开阔的环境，如大草原、农耕地、大型河川沿岸等。王鸟在长期的演化中，生出了利于飞行的长尾，在空中可以敏捷转向。但这样的长尾在地面时十分不便，因此多见王鸟停留在树枝上。由于某些种类的王鸟勇敢好斗，敢于和比自己体形大很多的动物搏斗，所以王鸟又有"必胜鸟"之称。

　　在第三章，我们对生存竞争进行了简单的讨论，那么，变异究竟是怎样发生作用的呢？在人类手中，发生了巨大作用的选择原理，是否也能适用于自然界呢？我们将会看到，它是能够发挥极其有效的作用的。请记住，家养生物中存在着不可胜数的轻微变异和个体差异，同样，自然状况下的生物也存在着程度较低的无数轻微变异和个体差异。同时还应该记住遗传倾向的力量。毋庸置疑，在家养状况下，生物的整个体质在某种程度上变成了具有可塑性的东西。正如胡克和阿萨·格雷所说的，我们所遇见的几乎所有的家养生物的变异，不是由人力直接产生出来的。人类不具有创造变种的能力，也无法防止变种的产生，人类只能把已经产生了的变种加以保存和累积，并在无意识之中，把生物放到新的和变化中的生存条件中去，这样，生物的变异就发生了。但是，生存条件的相似变化的确能够在自然状况下产生。我们还应该记住，生物之间的相互关系以及它与生存的物理条件之间的关系是何等复杂和密切。因此，数不清的、具有分歧的构造，对于那些处在生存条件不停变化中的生物永远是有用处的。既然对于人类有用的变异肯定出现过，那么，在随处可见且又极其复杂的生存竞争中，对于每种生物在某些方

面有用的其他变异，难道在连续的许多世纪中就不曾出现过吗？如果这些有用的变异确实能够发生（必须记住的是，产生的个体比可能生存的要多得多），那么，比其他个体更为优越（即使程度是轻微的）的个体就会拥有最佳的机会，以便能够生存并繁衍，这有什么值得怀疑的吗？另一方面，我们可以确定，任何有害的变异，即使程度极轻微，也会给该物种带来严重的灾难，甚至使该物种遭到毁灭。我把这种对有利的个体差异和变异的保存，以及对有害变异的毁灭，叫做"自然选择"或"最适者生存"。无用也无害的变异则不受自然选择的作用，它或者成为不固定的性状，比如，我们在某些多形的物种里所看到的；或者终于成为固定的性状，这都是由生物的本性和外界条件所决定的。

有几位作者误解或者反对"自然选择"这一术语。有些人甚至认为"自然选择"能

显微镜的发明，为人类的科学研究提供了极大的便捷。虽然罗马人在大约2000年前就开始使用放大透镜，但直到1590年左右，荷兰眼镜制造商汉斯和赞查里艾斯·简森才制造出第一架真正的显微镜。1663年，英国科学家罗伯特·胡克自行磨制放大镜，并用来观察身边的昆虫和植物。他看到软木是由微小的细胞组成的，虽然现在看来，软木是由死细胞构成，只有细胞壁，没有原生质，但在当时，这无疑是一个重大的科学发现。

诱发变异，但事实上它只具有保存已经发生的、对生物在其生存条件下有利的那些变异而已。没有人反对农学家所说的人工选择的巨大效果，但在这种情况下，必须先有曾在自然界中出现过的个体差异，然后人类才能依照某种目的来加以选择。还有一些人反对"选择"这一术语，他们认为这个词具有这样的含义，即被改变的动物能够进行有意识的选择。他们极力主张，既然植物没有意识，那么"自然选择"就不能应用于它们！如果从字面意思来说，毫无疑问，"自然选

择"这一术语是不确切的，然而，有谁曾经反对过化学家所说的各种元素有选择的亲和力呢？从严格意义上讲，我们的确不能说一种酸选择了它愿意化合的那种盐基。有人说我把"自然选择"说成了一种动力或"神力"，然而，有谁曾反对过一位作者说的万有引力控制着行星的运行呢？每一个人都知道这种比喻意味着什么。出于简单明了的目的，这个名词几乎是非常必要的；另外，它要避免"自然"一字的拟人化是困难的，但我所谓的"自然"，只是指许多自然法则的综合作用及其最终结果的产物，法则指的是

达尔文的显微镜

至少在3000年前，人类就已经知道把玻璃球装入水后可做放大镜使用了，但显微镜的真正发明，还是若干年后的事。早期的显微镜并不像今天这样先进，因此功能也不是很强。达尔文乘贝格尔号进行科考探险，曾使用过小型显微镜，它可以在不用时折叠起来，十分方便。

已被我们确定下来的各种事物的因果关系。只要稍微了解一下，你就会把这些肤浅的反对论调忘得一干二净。

如果对某个正在经历着某些轻微的物理变化，比如气候变化的地区进行研究，我们将能够很好地理解"自然选择"的大致过程。一旦该地区的气候发生了变化，那么，那里的生物比例几乎会随之发生相应的变化，有些物种甚至会绝灭。从我们所知道的世界各地生物的密切且复杂的关系看来，我们可以得出以下结论：即使把气候的变化问题放在一边，如果某种生物的比例发生变化，那么，这种变化随即会严重地影响到其他生物。如果该地区的边界是开放的，那么，必然会有新类型迁徙进来，这种迁徙会严重地扰乱某些原有生物之间的关系。必须要牢记这个问题：从外地引进的树或哺乳动物的影响力是非常巨大的，对此前面已有所阐明。但是，如果在一个岛上，或在一个被障碍物部分环绕的地方，善于适应新环境的新型物种无法自由迁入的话，那么，该处的自然组成中就会腾出一些位置，这时如果某些原有生物按照某种途径发生了变异的话，它们就能把那些位置填充起来。因为如果那个区域允许自由迁入，则外来的新生物就会取得那些空白的位置。在这种情况下，只要出现了轻微的变异，而这种变异在任何方面对任何物种的个体有利，并使这些个体能够更好地去适应已经发生改变了的外界条件，那么，这种变异就有被保存下来的倾向，而自然选择也会在改进生物的工作上有了余地。

正如我在第一章中所阐述的那样，我们

有足够的理由相信，生存条件的变化能够导致变异性的增加。在上一节所述的情况中，一旦外界条件发生变化，那么有利变异产生的机会便会随之增多。显然，这对自然选择是非常有利的。如果有利的变异没有出现，那么自然选择也就无法发挥其作用了。千万不要忘记，"变异"这一名词所包含的仅仅只是个体差异而已。当人类把个体差异按照既定的方向积累起来后，就能使家养动物和植物产生巨大的变化，同样

好斗的斑马 尼戈伊·威尔顿 摄影 近代

斑马主要分布于非洲。在弱肉强食的世界，没有伪装就很难生存。斑马家族是马科动物中唯一进化成有条纹的成员，这样的保护色能帮助它们躲避天敌捕获。每一匹斑马都有其独特的黑白相间的条纹，这样便于它们识别同伴。和马一样，斑马也是群居性动物。

地，自然选择也能够做到这一点，而且比人类还要更加容易，因为它可以用无法估量的时间去发挥作用。我认为，并不是必须要有巨大的物理变化，例如气候的变化，或者高度的隔离以阻碍迁入，才能在生物的关系中腾出一些新的位置来，然后自然选择才能改进某些变异着的生物，而使它们填充进去。因为各地区的所有生物都以极为平衡的力量进行着竞争，当一个物种的构造或习性发生了极细微的变异时，这种变异常常能使它比别种生物更具优势。只要这个物种继续生活在同样的生存条件下，并且以同样的生存手段和防御手段去获得利益的话，那么，同样的变异就会更加加深，并常常会使其优势越来越明显。还没有一个地方的本地生物已经完全相互适应了的，并对它们所生活的物理

条件也完全适应了的，这也使得它们之中没有一种生物不能适应得更好一些或改进得更多一些。在所有的地方，外来生物常常能够战胜本地生物，并且占据这片土地。既然外来生物能在各地战胜某些本地生物，那么我们就有充足的理由去断言：本地生物也会发生有利的变异，以便能更好地抵御外来生物的入侵。

既然人类用有计划的和无意识的选择方法产生出了伟大的结果，那么为什么自然选择就不能产生出伟大的结果呢？人类只能作用于外在的和可见的性状，而"自然"——如果允许我把"自然保存"或"最适者生存"加以拟人化的话——并不关心外貌，除非这些外貌对于生物是有用的。"自然"能对各种生物的内部器官、各种微细的体质差

伪装高手——变色龙　弗兰斯·兰汀　摄影

　　变色龙是一种"善变"的树栖爬行类动物，为了逃避天敌的侵犯和接近自己的猎物，它们会在不经意间改变皮肤颜色，然后一动不动地把自己融入周围的环境之中。久而久之，这种擅于伪装的本领被自然选择保存了下来。

生物。它常常根据某些半畸形的类型，或只根据某些明显对它有利的变异开始选择。在自然状况下，物种构造上或体质上的一些极微细的差异，就足以改变生活斗争的微妙的平衡。因此这些极微细的差异就被保存了下来。人类的愿望和努力只是片刻之间的事，而人类的生命又非常短暂，因此，如果与"自然"在所有地质时代的累积结果相比，人类所得的结果是非常稀少的。事实上，"自然"的产物比人类的产物所具有的"真实"性状要多得

异以及生命的整个机构发挥作用。人类只为自己的利益而进行选择，而"自然"则只为被它保护的生物本身的利益而进行选择，正如每种被选择的物种所展示出来的事实那样，这些性状都充分地经受着来自于自然的锻炼。人类把多种生长在不同气候下的生物养在同一个地方，而"自然"则很少用某种特殊的和适宜的方法来锻炼各个被选择出来的物种。它用同样的食物饲养长喙和短喙的鸽，它不用特别的方法去训练长背的或长脚的四足类动物。它把长毛的和短毛的绵羊养在同一种气候里，它不允许最强壮的雄性通过斗争来占有雌性。它不会非常严格地把所有的劣等物种都毁灭掉，而是在力之所及的范围内，在各个不同季节里，保护它的所有

多。这些产物能无限地适应极其复杂的生活条件，而且很明显的是，"自然"的产物所表现出来的技巧要比人类的产物的技巧更加高级。对此，有什么值得我们惊奇的呢？

　　我们可以用比喻的手法来说，在这个世界上，自然选择无时无刻都在仔细审查着最细微的变异，它将坏的清除掉，把好的保存下来并加以积累。无论何时何地，只要有机会，它就会静悄悄地进行着极度缓慢的工作，它改进着生物的有机生存条件和无机生存条件之间的关系。除非有时间流逝的标志，否则我们将永远无法察觉到这种缓慢进行的工作。然而，我们对于那些遥远的地质时代的认知极为有限，我们所知道的也只是现今的生物类型和从前的生物类型并

不相同而已。

　　假设一个物种想要实现大量的变异，那么它就必须在变种形成之后，经过很长一段时间，再次发生相同性质的有利变异或个体差异。而且这些变异还必须能够再次被保存下来。这样，该物种的变异就会一步一步地发展下去。由于相同类型的个体差异在现实中大量出现，因此，这种假设不能被看做是没有根据的。但这种假设是否正确，我们只能通过它是否符合并且是否能解释自然界的一般现象来进行判断。另一方面，普通相信变异量是有严格限度的，这种信念同样也是一种不折不扣的假设。

　　虽然自然选择只能通过并只会为了各种生物的利益而发挥其作用，但它也常常在那些对于我们而言极不重要的性状和构造上发挥其作用。当我们看见吃叶子的昆虫是绿色的，吃树皮的昆虫是斑灰色的，高山的松鸡在冬季是白色的，而红松鸡是石楠花色的，我们就会相信，这种颜色是为了保护这些鸟和昆虫免受危害。如果松鸡不在其生命周期中的某个时期被杀害，它就必然会无限增殖，我们还知道，绝大多数的松鸡是被食肉鸟所捕杀的。鹰依靠眼睛追捕猎物，鹰的眼睛十分锐利，以至于在欧洲大陆上的某些地方，人们都不敢饲养白色的鸽子，因为白色的鸽子极易被鹰捕杀。因此，自然选择便呈现出了以下效果，即给予各种松鸡以适当的颜色，一旦它们获得了这种颜色，自然选择就使这种颜色纯正而且永久地保存下来。不要以为偶然性地除掉一只颜色非常特别的动物所产生的作用很小，必须记住，在一个白色的绵羊群里，除掉一只略带黑色的羔羊是多么重要。我们在前面已经说过，吃"赤根"的维基尼亚的猪会通过其自身颜色来决定其生存或死亡。在植物方面，植物学者们把果实的茸毛和果肉的颜色看做是极不重要的性状，然而我们却从一位优秀的园艺学者唐宁那里听说，在美国，象鼻虫对那些没有果皮的果实有着极大的危害，而对于有茸毛的果实的危害却要小得多。某种疾病对紫色李子的危害要比对黄色李子的危害大得多，另外，黄色果肉的桃子比拥有其他颜色果肉的桃子更

遭鳄鱼攻击的野牛　马诺伊·沙　摄影

　　塞伦格提平原上的迁徙性野牛群每年都成为尼罗鳄的主要食物来源，在与尼罗鳄的长期斗争中，野牛变得十分警惕，不会轻易陷于鳄鱼之口。这幅图反映的就是尼罗鳄猎杀野牛屡试屡败的场景。

容易受到某种疾病的危害。如果借助于人工选择的所有方法，使一些变种在栽培时因一些细微差异而产生巨大差异，那么，在自然状况下，一种树必然会同另一种树以及大量敌害作斗争。这时，感染病害的难易程度就会有力地决定哪一个变种可以取得成功——不管是没有果皮的还是有毛的，果肉是黄色的还是紫色的。

当我们观察物种间的许多细微的差异时（以我们有限的知识来判断，这些差异似乎很不重要），我们也不能够忘记气候、食物等对它们所产生的某种直接的作用。同时我们还必须谨记，由于相关法则的作用，如果一部分物种发生了变异，并且这变异通过自然选择而被累积起来，那么其他的变异也将会随之发生，并且常常具有意料不到的性质。

众所周知，在家养状况下，物种在生命周期中的任何一个特殊时期所出现的变异，

胡桃　摄影　当代

胡桃，胡桃科，胡桃属，别名核桃，原产欧洲东南部及亚洲西部。胡桃喜温度温润环境，也较耐寒冷，生长范围极广。我国华北、西北、西南等地胡桃均有大量种植。

都会在其后代的相同时期中出现，比如蔬菜和农作物的变种的种子形状、大小及风味等。家蚕变种的幼虫期和蛹期，鸡蛋的颜色以及雏鸡的绒毛颜色，绵羊和牛在接近成年时的角的形状，都是如此。同样地，在自然状况下，自然选择也能在任何时期对生物发挥作用，并使其改变。之所以会这样，是因为自然选择可以把这一时期的有利变异保存并累积起来，并且还可以使这些有利变异遗传下去。如果一种植物的种子会因为被风吹得很远而得到利益，那么通过自然选择就会实现这一点，其困难程度并不比棉花种植者用选择的方法来增长和改进棉花的棉绒大。自然选择能使一种昆虫的幼虫发生变异从而使之适应其在成虫期所遇不到的许多偶然事故。通过相关作用，这些变异还能够影响到成虫的构造。反过来，成虫的变异也能影响幼虫的构造。但在所有的情况下，自然选择将保证那些变异都是有利的，因为如果这种变异是有害的话，那么这个物种早就绝灭了。

自然选择能使子体的构造根据亲体发生变异，也能使亲体的构造根据子体发生变异。在社会性的动物里，自然选择能使每个个体的构造适应群体的利益，那些被选择出来的变异都是有利于群体的。自然选择所不能做的是：改变一个物种的构造，使之为另一个物种带来利益，而不能为该物种本身带来任何利益。虽然在一些博物学著作中也曾谈到过这种效果，但我还没有找到任何一个值得研究的事例。如果动物一生中只用过一次的构造在生存上是高度重要的，那么自然选择就能使这种构造发生很大的变异。比如

某些昆虫专门用以破茧的大颚，或者某些还未孵化的雏鸟用以啄破蛋壳的坚硬喙端等都是如此。有人曾这样说过："死在蛋壳里的最好的短嘴翻飞鸽比能够破蛋而出的要多得多，养鸽者应在其孵化时给予帮助。"如果"自然"为了鸽子自身的利益，使那些能够充分成长的鸽子长有极短的嘴，那么这种变异过程大概是极为缓慢的，同时蛋内的雏鸽还要受到严格选择，被选择的将是那些具有最强大的喙的雏鸽，因为所有具有弱喙的雏鸽都已经死亡了。另外，那些蛋壳较脆弱而易破的鸽蛋也将会被选择，因为我们知道，蛋壳的厚度也和所有物种的构造一样，也是可以变异的。

尺蠖

在生物界中，常见一种生物在形态、行为等特征上模拟另一种生物，从而达到自己目的的现象。尺蠖就是这种"拟态"的代表。它们能模拟树枝的形态而使敌害不易发现。这种拟态的行为是因自然选择保存某种有利变异而形成的。

在这里，我还要对可能有好处的某一点进行说明，即所有生物都必然会遭遇到偶然的大量毁灭，但是，这种毁灭对自然选择的影响程度很小，甚至完全不存在任何的影响。比如，每年都有大量的蛋或种子被吃掉，但如果它们发生了某种变异后就能够避免被敌人吃掉，这些蛋或种子就能够通过自然选择发生改变。但是如果大量的这类蛋或种子不被吃掉并成为个体的话，它们也许比其他任何幸存下来的个体的生存适应性要好很多。还有，大多数处于成长期的动物或植物，无论是否能够适应它们的生存条件，它们必然会在每年的某个时期，由于一些偶然的原因而遭到毁灭。虽然它们在构造上和体质上发生了某些变异，这些变异在某些方面也有利于物种，但这种偶然的死亡也不会有

所减少。但即使成长期的生物被毁灭得再多，如果在所有地区内生存下来的个体数没有因这些偶然原因的毁灭而被全部淘汰掉的话——即使蛋或种子被毁灭得再多，只要有1%或0.1%能够发育，如果生存下来的适应性最强的个体向着任何一个有利的变异发展，那么它们在后代的繁育上就能比那些适应性较差的个体更多。如果所有的个体都因为上述的原因而被淘汰（这种情况在实际中也常常出现），那么自然选择对某些有利方向的变异也就无能为力了；但我们不能因此就反对自然选择在别的时期和别的方面的功效，因为我们根本没有任何理由去假设物种曾经在同一时期和同一区域内发生过什么样的变异，并因为变异而得到了怎样的改进。

性选择

由于在家养环境下时常会出现一些特性，而这些特性又只会发生在一种固定的性别之上，且只会遗传到同性的后代之上，那么，在自然环境下，同样的事实也是可能发生的。假如这样的话，性选择将会对一种性别与另一种性别的功能关系进行修改，或许，这种修改会涉及到两性的全部生活习惯。对于"性选择"一词，我要作一些说明。性选择并非为了生存而斗争，而是同性之间的斗争，通常情况下，这种斗争是雄性为了占有雌性而产生的。在斗争中，失败的竞争者并不会就此死亡，但是它的后代可能会很少，甚至没有后代。因此，就残酷程度而言，性选择没有自然选择那么残酷。在通常情况下，最健壮的雄性会在自然界中拥有最适合它们的位置，并能最大程度地留下它们的后代。但是在很多情况下，胜利并不是依靠强壮的身体，而是更多地依靠雄性所独有的特殊武器。一头无角的雄鹿或者一只无距的公鸡几乎没有留下后代的机会。由于性选择总是允许胜利者繁殖，因此，它确实可以增强不屈不挠的勇气、距的长度、翅膀拍击距脚的力量。残忍的斗鸡也是如此，斗鸡者知道他们可以通过仔细的选择来改善斗鸡的品种。我不知道，在自然界中，要降到何种等级，才会没有性选择？我看到过这样的描述，当美洲的雄性鳄鱼想要占有雌性鳄鱼时，它会战斗、咆哮、环走，就像印第安人的战争舞蹈一样。人们曾发现，雄性鲑鱼整天都在战斗。雄性锹形甲虫经常遍体鳞伤，这些伤口都是被别的雄性锹形甲虫的巨型大颚所咬的。举世无双的观察者法布尔经

每到春季，交配就成了公蟾蜍的首要任务。母蟾蜍在体形上比它的求婚者要大得多，公蟾蜍会一直附着在母蟾蜍身上，直到它产卵为止。

常看到某些膜翅类雄虫专为一只雌虫而战，而雌虫总是停留在旁边，好像漠不关心似的，当战斗结束后，它会和战胜者一同离开。最为激烈的战争也许会在多妻动物的雄性之间爆发，这些雄性动物都生有特殊武器。雄性食肉动物本来就拥有很好的武装，但在性选择的方式上，它们和别的动物还可以长出特殊的防御武器来，比如，狮子的鬃毛和雄性鲑鱼的钩曲颚就是这样。因为在获得胜利这一点上，盾牌的作用同剑和矛的作用同样重要。

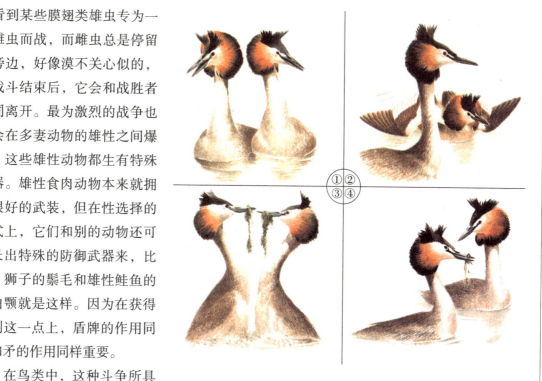

①②
③④

　　在鸟类中，这种斗争所具有的性质要和平得多。所有涉猎过这一问题的人都相信，雄鸟之间最严酷的竞争方式只不过是用歌唱来吸引雌鸟。圭亚那的岩鸫、极乐鸟以及其他一些鸟类，聚集在一处，雄鸟们接二连三地将它们华丽的羽毛展示出来，并在雌鸟面前做出许多怪异的动作，而雌鸟就像一个观众一样看着它们表演，最后，它会选择最有吸引力的一个来做自己的配偶。那些对鸟笼中的鸟作过严密观察的人都清楚地知道，这些鸟都有自己的好恶。赫伦爵士曾经讲述了这样一件事情，一只斑纹孔雀可以吸引全部雌性孔雀，这是一件极不寻常的事。在这里，我无法对其中的一些必要细节进行过多的讨论，但如果人类能在短期内，按照他们自己的审美标准，让矮鸡获得美丽而又优雅的姿态，我想我无法用更好的理由来怀疑雌鸟们的择偶标准。在无数的世代中，选择音调最为优美，或以它们的标准来看是最美丽的雄鸟，可能已经产生了显著的效果。关于雄鸟和雌鸟羽毛不同于雏鸟羽毛的某些著名法则，可用性选择对于不同时期内发生的，并且在相当时期内发生的，并且相当时期内单独遗传给雄性或遗传给雌雄两性的变异所起的作用作了部分解释，但我在这里没有篇幅来讨论这个问题了。

交配的螃蟹

　　螃蟹一般在秋冬之交开始交配。雌蟹会产很多的卵，数量可达数百万粒以上。这些卵在雌蟹腹部孵化后，成为脱离母体的幼体，随潮流到处浮游，经过几次退壳，成长为硬壳成蟹。

　　我相信，如果任何动物的雌雄两性都具有相同的生活习性，但在构造、颜色或装饰上有所不同，那么，产生这些不同的主要因素一定就是性选择。这也就是为什么一些雄性个体在它们的武器、防御手段或者美观方面比其他的雄性更具有优势，而这些具有优势的性状可以在以后的世代中又只遗传给自己的雄性后代。但我却不愿意把所有性的差异都归因于这种作用，因为我们在家养动物中，曾发现了有一些特性为雄性所专有，而这些特性显然不是通过人工选择而变得更加明显的。野生的雄性火鸡胸前有一块隆起的胸毛，这块胸毛没有任何的用处，至于这块胸毛是否是用来吸引雌火鸡的装饰，也尚属疑问。的确，如果这种胸毛是在家养的情况下出现的，那么这种胸毛就应该被称为"畸形"。

自然选择作用的例证

　　为了弄明白自然选择是否是像我所认为的那样发挥作用，请允许我举出一两个虚构的事例。让我们以一只捕食各种动物的狼为例，在捕食某些动物时，它需要靠自己的技巧；而在捕食另外一些动物时，它却需要靠自己的体力；还有一些则需要靠它那敏捷的速度。让我们作这样一个假设：以鹿这种最为敏捷的猎物为例，如果在狼最难捕捉到猎物的季节，这一地区的任意一种变化导致了鹿群数量的增加，或者是其他猎物数量的减少，那么，在这样的情况下，可以毋庸置疑地相信，只有速度最快和体重最轻的狼才会拥有最好的生存机会，并因此被保留或被选择下来。假若它们在捕食其他动物的这个或那个季节里，必须永远保持足以制伏猎物的力量，我也可以毋庸置疑地相信这种结果。这正如人类通过细致且有计划的选择，或者通过无意识的选择（人们尝试保存最优良的狗，但却根本没有想到去对这种品种的狗进行改变）就能够改进长躯猎狗的敏捷性是一样的。在这里，我要补充一点：皮尔斯先生还说过，在美国的卡茨基尔山生活着两种发生了变异的狼，一种体形像轻快的长躯猎狗那样，它们追捕鹿；另一种身体较庞大，腿较短，它们常常袭击牧人的羊群。

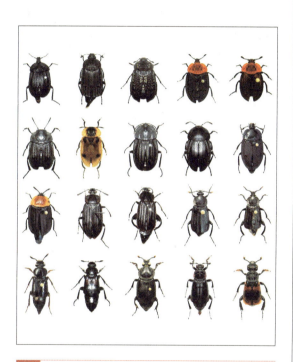

甲虫

　　甲虫是鞘翅目的通称，最早出现于古生代，在中生代逐渐发展成优势群种，繁衍至今。其前翅在演化过程中，角质肥厚成鞘翅，从而起到保护后翅及柔软腹部的功能。这也是鞘翅目物种的最典型特征之一。

　　请注意，在我刚才所列举的这一事例中，我所说的被保存下来的狼是个体体重最轻的那种，而不是说只要发生了单独且显著的变异都能被保存下来的狼。在本书以前的几个版本里，我曾提到，后者的出现次数也很多。我发现，个体差异具有十分突出的重

孟德尔

　　遗传问题作为进化论的一个方面，是生物将自己的特征遗留给后代的一种运行机制，可惜达尔文对它的理解从来就没有令自己满意过。奥地利神父、博物学家孟德尔，根据豌豆杂交实验，最终发现了从亲代到子代的遗传定律。他的这一研究成果，被称为"孟德尔遗传定律"。正是这一点，可以帮助我们更好地理解达尔文的"自然选择"和"适者生存"理论。

要性，这导致我要对人类无意识选择的结果作充分的讨论。人类的这种无意识选择的目的是要把具有一些价值的个体保存下来，并将最坏的个体销毁。我还发现，在自然状态下，一些偶然的构造偏差被保留了下来，比如畸形的保留就是不寻常的事（即使畸形是在最初就被保留下来了的，但在之后，也应该会因为与正常个体杂交而消失掉）。尽管按照常理来说应该如此，但当我读了在《北部英国评论》上刊登的一篇拥有有力证据和价值的论文后，我才知道无论是多么微细或显著，单独的变异能被长时间保留下来的事例是多么稀少。这篇论文的作者以一对动物为例，它们一生中共繁衍了200个后代，其中绝大多数的后代由于种种原因而遭到了毁灭，大约只有两个后代能够生存并繁殖它们的种类。诚然，对大部分的高等动物而言，这是一个非常高的估计，但对大量低等动物而言却并不是这样的。于是他指出，如果有一个独立的个体能够存活下来，同时，它又在某一方面发生了变异，而这一变异又导致它的生存概率是其他个体的两倍，但它也会因为死亡率太高以及其他一些原因，而致使它的生存受到严重的威胁。假设它能够生存而且繁殖下去，并且有一半的后代也遗传了这种有利的变异，那么，这种生物就会如本篇论文的作者所继续指出的那样：其后代的生存与繁殖的机会也只不过是稍微有所好转罢了。而且这种机会还会在之后的各世代中继续减少下去。我认为这种论点是完全正确的，是毋庸置疑的。假设某一种类的一只鸟，由于喙变得钩曲从而能够比较容易地获得食物，而且它的后代也遗传了它的这种变异并因此而繁盛起来，但这种单个个体将其他普通的类型排除掉，并使自己的种类继续被保留下去的机会还是非常低的。毫无疑问的是，从发生在家养状态下的一些情况来判断，在许多世代中，如果我们保存了一些具有钩曲喙的个体，并且毁灭了那些具有直喙的个体，那么，上述的那种机会极低的结果还是有可能出现的。

　　有这样一个问题不可被忽视，由于相似的体质会受到相似的作用，因此，某些非常显著的变异就会反复再现（没有人将这种变异当成个体差异来看）。对于这种事实，我们可以从家养生物中举出很多事例。在这种情况下，就算变异的个体不马上把才获得的新性状遗传给后代，但只要生存条件依旧如此，那么，毫无疑问，它早晚还是会把这种按同样方式变异，且更加强烈的倾向遗传给后代。同样，毫无疑问的是，按照同样方式进行变异的倾向总是那么强烈，以至于同一种类的所有个体都会在毫无选择余地的情况下发生相同的变异。可能只有1/3或1/5，甚至1/10的个体会受到这种影响，至于此类事例，我也可以举出不少。比如葛拉巴曾计算过，非罗群岛上有1/5的海鸠都具有相同的一种特征非常显著的变异，这种变异曾导致前人竟把它们列为一种独立的物种，并将它们称为Uria lacrymans。在这种情况下，如果变异是有利的，那么在最适者生存的法则下，原有的类型就会很快被发生了变异的新类型所代替。

对于杂交可消除所有种类变异的作用的问题，我将在以后进行讨论，这里，我要说一点：大多数的动物和植物都是固守在原有的疆土中的，不到万不得已之时，它们是不会在外活动的。甚至连候鸟也是这样，它们几乎是一定要回到原处的。所以，各个新的变种，在最初时，也通常是被限制在了一个地方，对自然状态的变种而言，这似乎是一条普遍的规律。因此，发生同样变异的个体会很快地聚集成一个小团体，它们常常聚在一起繁育。如果新的变种取得了生存斗争的胜利，那么它们便会以自己的聚集地为中心，缓缓地向周边扩张，它们的圈子将不断地扩大，并且在自己的边界上与那些未曾变化的个体进行斗争，并战胜这些个体。

再举出一个更为复杂的事例来证明自然选择的好处。有些植物分泌甜液，这些甜液的作用是为了将体液里的有害物质排泄出来。比如，某些荚果科植物的托叶基部的腺就分泌这种液汁，普通月桂树的叶背上的腺也分泌这种液汁。尽管这种液汁的分量很少，但昆虫却非常贪婪地去吸食。不过昆虫对这种汁液的吸食并没有让植物得到任何好处。现在，让我们作一个假设，假如在任何一种植物的部分个体中，会从内部分泌这种液汁或者说花蜜。而寻找花蜜的昆虫就会因吸食花蜜而沾上花粉，并把花粉从一朵花带到另一朵花上去。同种的两个不同个体的花也因此而杂交，那么这种杂交出来的幼苗就

康乃馨 克拉迪斯 水彩画 19世纪

　　康乃馨又名香石竹，原产于南欧、地中海北岸、法国到希腊一带，已被种植了将近2000年。现在的康乃馨已被培育成一个复杂的杂交种，在温室里可以连续不断地开花，且色彩丰富。

会非常强壮，这一点是得到了证实的，这些幼苗因此得到了繁盛和生存的最好机会。如果植物的花具有最大的腺体即蜜腺，那么，它们就一定能分泌出最多的蜜汁，从而也就会最受到昆虫的光顾，并且也会最频繁地发生杂交。如此，从长远的观点来看，它就占有优势，并成为一个地方变种。如果花的雄蕊和雌蕊的位置与前来访问的某一特定昆虫的身体大小和习性相适应，而且在任何程度上都有利于花粉的输送，那么这些花也会得到巨大的好处。我们用一个不是吸取花蜜而来往于花丛之间采集花粉的昆虫为例：花粉

冬青树叶 摄影

冬青树，冬青科，常绿乔木。树冠卵圆形，树皮平滑，呈青灰色，小枝浅绿色。叶互生，长椭圆形，薄草质，边缘疏生浅锯齿，这是适应自然选择的一种保护态。另外，冬青树在严冬结果，为大量鸟类提供了过冬的食物，使其顺利繁衍生息，可谓自然链条中重要的一环。

的形成只是为了受精，所以它的毁灭对于植物而言，是一种很显著的损失；但如果只有少量的花粉被吃花粉的昆虫吃掉，而还有一些花粉被这种昆虫从这朵花带到那朵花上去的话，那么，最初可能是偶然的，但在这之后就会成为一种惯例。如果植物因此而达到了杂交的目的，尽管有90%的花粉被吃掉，但这对于那些损失了大量花粉的植物而言，它们依旧获得了巨大的利益，于是那些能产出更多花粉的，且具有更大花粉囊的植物个体就会被选择保留下来。

当植物在很长一段时间内一直持续上述过程之后，它们就能够很容易地吸引昆虫，而昆虫也会在不知不觉间，按时地在这些植物的花与花之间传带花粉。由于有大量显著的事实存在，因此，我能很容易地解释清楚，为什么昆虫可以如此有效地从事这一工作。我只举一个例子，它可以说明植物在雌雄分化中的一个步骤。有些冬青树只生雄花，它们有四枚雄蕊，而且这四枚雄蕊只产生少量的花粉，同时它还有一个发育不全的雌蕊。另外还有一些冬青树只生雌花，这些雌蕊的个头都相当合适，可是它们的四枚雄蕊上的花粉囊却都萎缩了，这些花粉囊中没有一粒花粉。在距离一株有雄花的冬青树60码远的地方，我曾找到一株有雌花的冬青树，我在它们的枝条上各取了20朵花，并把这些花的柱头放在显微镜下观察，毫无例外的，我在所有柱头上都发现了几粒花粉，而且还有几个柱头上的花粉更多。在那几天里，风都是从雌树吹向雄树，因此花粉当然不是由风传带过来的。同时，当时的天气非常寒冷且不时有狂风暴雨，因此，这样的天

气对于蜂类也是很不利的。但即使是这样，我检查过的每一朵雌花，都因来往树间找寻花蜜的蜂而有效地受精了。现在回到我们的假设中来：当植物发展到能够高度吸引昆虫的时候，花粉便被昆虫按时地从这朵花传到那朵花，于是，一个新的过程就此开始了。没有一个博物学者会怀疑所谓生理分工的有利性。所以，我们可以相信，一朵花或全株植物只生雄蕊，而另一朵花或另一株植物只生雌蕊，对于一种植物是有利的。植物在栽培下或放在新的生活条件下，有时候是雄性器官，有时候是雌性器官，多少会变为不稔的。如果我们假设，在自然状态下也有这种情况发生，不论其程度多么轻微，那么，由于花粉已经按时从这朵花传到那朵花，并且按照分工的原则，植物的较为完全的雌雄分化是有利的，所以越来越有这种倾向的个体，就会继续得到利益而被选择下来，最终达到两性的完全分化。各种植物的性别，依据二型性和其他途径，正处于分离之中，不过，要说明性别分离所采取的步骤，未免要浪费太多篇幅。我可以补充说，北部美洲的某些冬青树，根据阿萨·格雷所说的，正好处于一种中间状态，多少是杂性异株的。

让我们把话题转回只吃花蜜的昆虫上来吧。如果继续选择使得花蜜慢慢增多的植物是一种普通植物，而且某些昆虫的主食便是它们的花蜜。对于这种假设，我们可以举出许多事例来证明蜂类是如何节省时间的。蜂类有一种习性，即在某些花的基部咬一个洞，并通过这个洞来吸食花蜜。尽管它们只需要克服一点点的麻烦就可以从花的口部进去。请记住这些事实，这样，你就可以相

翅膀长短一致

复眼

适合飞行

翼眼

蜻蜓的结构示意图

和许多节肢动物一样，蜻蜓是通过遍布它们肌体中的微型气管直接吸收氧气，而不是通过血液间接吸收氧气。所以，在古生代后期，大气中氧气浓度极高，曾催生了一种巨型的蜻蜓。它们的双翅展开可达70厘米左右，像鹰一样。

信，在某些环境条件下，就算吻的曲度和长度的差异微细到了我们根本无法觉察的地步，但是对于蜂或其他昆虫来说，这些差异都可能是有利的，这些差异将会使某些个体比其他个体获得食物的速度更快。这些差异也会导致它们所属的这一族群更加繁盛，并生出更多的具有相同遗传特性的后代。如果不仔细观察，那么你将无法察觉到普通红三叶草和肉色三叶草的管形花冠的长度之间所存在的差异，但是蜜蜂却能够很轻易地吸食到肉色三叶草的花蜜，而无法吸食普通红三叶草的花蜜，只有土蜂才有能力吸食普通红三叶草的花蜜。因此尽管普通红三叶草遍布整个田野，但它们却不能把珍贵的花蜜提供给蜜蜂。蜜蜂是非常喜欢普通红三叶草的花蜜的，我曾多次在秋季的时候看到，许多蜜蜂从土蜂在花管基部所咬破的小孔里去吸食花蜜。虽然这两种三叶草的花冠长度导致了蜜蜂的吸食和不吸食，但它们彼此之间的相差程度确是非常微细的。我曾听人说过，当普通红三叶草被收割后，第二茬的花会比第

一茬的要略微小些，于是，大量的蜜蜂就来吸食第二茬的花了。我不知道这一传闻是否真实，也不知道另外一种已经发表的记录是否可靠——据说意大利种的蜜蜂（学术界的普遍观点都认为这种蜜蜂是普通蜜蜂种的一个变种，它们的最大特点是彼此之间可以自由交配）能够飞到普通红三叶草的泌蜜处去

纯白百合　雷杜德　水彩画　19世纪

　　纯白百合又名波旁百合，为百合科，百合属。原产欧洲，是欧洲较古老的品种之一，约从公元前1500年起人工栽种，后随腓尼基人的商船到达西欧，随后即在整个欧洲大陆广为传播，至今全世界广泛种植。该花由野白百合杂种改良而成，仍保留了野白百合喜凉爽、湿润的习性。

吸食花蜜，因此，在长有此种红三叶草的地区，那些吻略微长一些的，即吻的构造略有差异的蜜蜂可以获得巨大的好处。另一方面，这种三叶草的受精也完全要依靠这种吻略微长一些的蜂类来吸食它的花蜜。在任何一个地区，如果当地的土蜂非常稀少，那么，那些花管较短或花管分裂较深的植物就将得到巨大的利益，因为这样的构造会吸引蜜蜂来吸取它的花蜜。通过这些事例，我能清楚地知道，通过持续保留具有微小构造偏差的且这种偏差能达到互利效果的所有个体，花和蜂同时或先后慢慢地发生了变异，最终两者以最完美的方式达到了彼此相适应。

　　我十分清楚地知道，如果仅用上述这些假设出来的例子来对自然选择学说进行解释，势必会遭到人们的反对，正如当初莱尔的"地球近代的变迁，可用作地质学的解说"这一宝贵意见所遭到的反对一样。但当人们用当今仍然存在的各种作用来解释深谷的出现或内陆长形崖壁的形成时，我很少听到有人说这是微不足道的或不重要的。自然选择的作用，只是把每种有利于生物的微小遗传变异保存并积累起来。就如同近代地质学否定"一次洪水就可以开凿出大山谷"的观点一样，自然选择就是要将连续创造新生物的信念，或生物的构造能发生任何巨大的或突然的变异的信念否定掉。

个体之间的杂交

在这里，我必须要对不属于本书的一些话题进行讨论。雌雄异体的动物和植物在每次生育时，两性之间都必须交配（除了那种奇特且至今仍让人无法理解的单性生殖），这是很显然的事。但在雌雄同体的情况下，这一点就不是那么明显了。但是，我们有理由相信，所有雌雄同体的两个个体会在偶然间或习惯性地结合在一起以繁殖它们的种类。在很久之前，斯普伦格尔、奈特及科尔路特就曾提出过这种观点，但他们当时表达得并不清楚。但在这之后不久，我们就发现了这种观点的重要性，尽管我手上的材料足以让我作充分的讨论，但是在这里，我必须把这个问题极度简略化：所有的脊椎动物、昆虫以及其他动物在每次生育时都必须交配。通过近代的研究，以前那些被认为是雌雄同体的生物如今已被认为是雌雄异体，雌雄同体生物的数量大大减少了。事实上，大多数真正的雌雄同体生物也必须交配，这就是说，两个个体会按时地相互进行交配以繁衍后代，这也就是我们所要讨论的问题，但是也有许多雌雄同体的动物并不是经常进行交配的，而且绝大多数的植物是雌雄同体的。于是就出现了一个问题：是什么样的原因使我们可以假设，在这种场合里两个个体

交尾 李元胜 摄影 当代

蜻蜓的交配姿势独特，如图所见，雄体用腹部末端的抱握器握住雌体的头或前胸，通过它的动作引诱雌体将其腹部前弯，接触到雄体腹部基部的交尾器，从而进行交配。

西番莲　克拉迪斯　水彩画　19世纪

　　西番莲又名鸡蛋果，为西番莲科，西番莲属。全属共有400余种，大多原产美洲热带地区。西番莲茎细长不能竖立，为了更好地吸收阳光，茎进化成缠绕或攀缘在支持物上生长的特点。其具有喜光、喜高温湿润气候、不耐寒的习性。

为了繁衍而进行交配的呢？在本书中，对这一问题进行详细讨论是不可能的，因此，我只能进行一般的考察。

　　第一，我曾搜集过大量事实，并且做过大量实验，以证明动物和植物的变种之间存在杂交，或者同一变种但不同品系的个体间存在杂交，这可以提高后代的体质和繁殖能力。与之相反，近亲交配则会使其体质和繁殖能力衰退，这一点与饲养家们的普遍观点是相同的。单独凭这样一个事实就足以使我

相信，一种生物为了本族群的永存，不会让自己的卵细胞接受自己的精子，这一法则是自然界的一般法则。与另一个体偶然性的或者相隔一个较长时间的交配，是必不可少的。

　　只有相信这是自然法则，我们才能理解下面所讲的几种事实。如果要用别的观点来解释这些事实，那么这些事实将无法被解答。众所周知，有一些花在杂交时是暴露在雨中的，那么，这对于花的受精是非常不利的，但是，那些将自己的花粉囊和柱头完全暴露的花却又是那么多！尽管植物自己的花粉囊和雌蕊生得这么近，几乎可以保证自花受精，如果偶然的杂交是不可缺少的，那么从其他花来的花粉可以充分自由地进入。这就可以解释，在雌雄蕊暴露的情况下也是可以受精的。另一方面，有许多花却不同，它们的结子器官是紧闭的，如蝶形花科即荚果科这一大科便是如此。但这些花对于昆虫而言，几乎必然拥有美味而奇妙的花蜜。蜂的来访对于许多蝶形花是如此必要，以致蜂的来访如果受到阻止，它们的能育性就会大大降低。昆虫从这花飞到那花，很少不带些花粉去的，这就给予植物以巨大利益。昆虫的作用有如一把驼毛刷子，这刷子只要先触着一花的花粉囊，随后再触到另一花的柱头，就足以保证受精的完成了。但不能假设，这样蜂就能产生出大量的种间杂种来。因为，假如植物自己的花粉和从另一物种带来的花粉落在同一个柱头上，前者的花粉占有的优势如此之大，以致它不可避免地要完全毁灭外来花粉的影响，盖特纳就曾指出过这一点。

当一朵花的雄蕊突然向雌蕊"跳去"，或者雄蕊所在的枝能够缓慢地向雌蕊弯曲，那么，这样的受精装置就非常适合自花受精。毫无疑问，这对于自花受精是有用处的。不过要使雄蕊向前弹跳，常常需要昆虫的助力，科尔路特所阐明的小蘗情况便是这样。在小蘗属里，似乎都有这种特别的装置以便利自花受精。众所周知，如果把极度类似的类型或变种栽培在很接近的地方，我们就几乎无法得到纯粹的幼苗。由此可见，植物之间进行着大量自然的杂交。在许多存在的事实中，自花受精一直是非常不便的，因为它们有着特殊的东西，这些东西能够有效地阻止自己的柱头接受自己的花粉，根据斯普伦格尔和别人的著作以及我自己的观察，我对这一点进行解释。比如，亮毛半边莲确有很美丽而精巧的装置，能够把花中相连的花粉囊里的无数花粉粒，在本花柱头还不能接受它们之前，全部扫除出去。因为从来没有昆虫来访这种花，至少在我的花园中是如此，所以它从不结子。然而我把一花的花粉放在另一花的柱头上却能结子，并由此培育成许多幼苗。我的花园中还有另一种半边莲，却有蜂来访问，它们就能够自由结子。在大多数的情况之下，就算没有其他特别的装置来阻止柱头

接受自己的花粉，事实上，花粉囊在柱头能受精以前便已开裂了，或者柱头在花粉未成熟以前已经成熟，所以这些叫做两蕊异熟的植物，雌雄已经分化了，并且它们一定经常地进行杂交。最近，斯普伦格尔、希尔德布兰德及其他人都指出了这一点，这和我所证实的事实是一致的。上述二形性和三形性交替植物的情况与此相同。这些事实是如此奇妙！同一花中的花粉位置和柱头位置是如此接近，好像专门为了自花受精似的，但在绝大多数情况下，这些根本就派不上用场，这同样是如此奇妙！如果我们用不同个体的偶然杂交是有利的或必须的来解释这些事实的话，我们很容易就能够明白了！

"东方魔稻"——杂交水稻　摄影

杂种优势是生物界的普遍现象，经过杂交的水稻每公顷每年可增产1.6吨，而完成这一世界壮举的，是一位中国人——袁隆平。杂交水稻的成功，为解决世界粮食问题发挥了重大作用。西方世界更是将杂交水稻称为"东方魔稻"。

　　如果让甘蓝、萝卜、洋葱以及其他一些植物的几个变种在相近的地方结子，那么，根据我的发现，通过这种方式培育出来的大多数实生苗都是杂交品种。比如，我把几个甘蓝的变种栽培在一起，并培育出了233株实生苗；在这233株实生苗中，能够纯粹地保留自身种类性状的只有78株；而且在这78株中，还有一些并非是完全纯粹的。然而，每一甘蓝花的雌蕊不但被自己的六个雄蕊所围绕，同时还被同株植物上的许多花的雄蕊所围绕。即使没有昆虫的助力，各花的花粉

杂交丹顶鹤　摄影　当代

　　人类很早就知道了杂交可以产生强壮后代的道理。为了保护一些濒危物种，人们通过将濒危物种的生殖细胞与同属物种的生殖细胞相互融合而得到杂交后代。图为我国国内首例雄丹顶鹤与雌白枕鹤的杂交后代。

也会容易地落在自己的柱头上，因为我曾发现，如果把花仔细保护起来，与昆虫隔离，它们也能结充分数量的种子。但这许多变为杂种的幼苗是从哪里来的呢？这必然是因为不同变种的花粉比自己的花粉更占优势的缘故。这是同种的不同个体互相杂交能够产生良好结果的一般法则。如果不同的物种进行杂交，其情况正相反，因为这时植物自己的花粉几乎往往要比外来的花粉占优势。关于这一问题，我们在以后的章节中要提到。

　　假设有一棵大树，树上开满了大量的花，那么，一定会有人说，这棵树的花粉几乎很难从自己这边传到另外一棵树去，最多只会在同一棵树上从一朵花传到另一朵花上去。不仅如此，这棵树上的花，只是狭义上的不同个体。我相信这种说法具有一定程度的可信性，但是，大自然对于这种可能的事却已经作好了充分的准备，它将一种强烈的倾向赐予了树木，这种倾向使树木生长出了雌雄分化的花。当雌雄分化了，虽然雄花和雌花仍然生在同一株树上，但花粉总会被按时传递，这样，雌雄分化的花就为花粉偶然从一棵树传送到其他树提供了较好的机会。属于一切"目"的树，在雌雄分化上比其他植物的雌雄分化更为普遍。至少在我对英国本土植物作了观察之后，所得到的结果就是这样。在我的请求下，胡克博士把新西兰的树列成了表，阿萨·格雷把美国的树列成了表，其结果都不出我所料。除此之外，胡克博士告诉我说，这一规律不适用于澳洲。但如果大多数的澳洲树木都是两蕊异熟的，那么，其结果就和它们具有雌雄分化的花的情况是一样的了。我对于树所

贝特斯的昆虫速写簿

英国人亨利·瓦特·贝特斯，在担任书记员的时候就对动植物的观察十分热衷。他和阿菲德·华莱士受洪堡和达尔文的著作的鼓舞，先后到南美洲作探险之旅。他把所发现的昆虫全部记录下来，绘制在速写本上，并对每种昆虫进行编号，然后贴上标签。图为他绘制的14000种昆虫标本的一部分。

进行的这些简略叙述，仅仅为了引起对这一问题的注意而已。

现在，我再对动物作一个简短的概述。许多陆生动物都是雌雄同体的，比如陆生的软体动物和蚯蚓，但它们仍然需要交配。直到现在，我还没有发现一种陆生动物是自体受精的。这一显著的事实，与陆生植物形成了鲜明的对比，但只要以偶然杂交是不可少的这一观点来看待的话，这一问题也是可以理解的。因为，精子的性质决定了它不可能像植物那样依靠昆虫或风作媒介，所以如果两个陆生动物的个体不进行交配的话，那么，偶然的杂交就无法实现。在水生动物中，许多雌雄同体的物种是可以进行自体受精的。显然，水的流动成为了它们偶然杂交的介质。我同这方面的最高权威即赫胥黎教授进行过讨论，希望能找到这样一种雌雄同体的动物，它的生殖器官被严严地封闭在了体内，而且通向外界的通道也被彻底阻绝，同时它还不能接受不同个体的偶然影响，结果就像上文所假设的花的情况一样，我失败了。于是，在这种观点影响之下，我在很长一段时间内感到蔓足类动物是很难被解释的物种。但现在，我幸运地碰到了一个机会，我居然能证明，就算它们的两个个体都是自体受精的雌雄同体，但有时也的确进行了杂交。

无论是在动物还是在植物中，同科中甚至同属中的物种虽然在整个体质上彼此一致，但仍然有些个体是雌雄同体的，还有一些是雌雄异体的。显然，这一现象使很多博物学者感到怪异无比。但如果所有雌雄同体的生物在现实中都存在偶然杂交的话，那么它们与雌雄异体的物种之间的差异就会非常小，当然，这仅是从机能的角度来看。

通过对这几个项目的观察，以及从我多方搜集但无法在此处一一列举的一些特殊事实来看，就算动物和植物的两个不同个体间的偶然杂交不是普遍的，但也至少是一条极为普通的自然法则。

自然选择所具备的
几大有利条件

这是一个让人十分难以理解并非常复杂的问题。毫无疑问，大量的变异（这些变异中还包含着许多个体差异）是有利的。如果个体数量极大，那么，在一定时间内所发生有利变异的机会也就相应地更多一些，就算每个个体的变异程度很低，也会因为庞大的数量而得到弥补。因此，我相信变异成功的关键就在于个体的数量必须庞大。尽管大自然给予了自然选择长久的时间让其进行工作，但大自然所给的时间并非是无限的，因为任何一种生物都拼命争夺自然组成中的位置。如果任何一种生物的竞争者发生一定程度的变异和改进，而该生物却没有发生相应的变异和改进，那么，这种生物就会绝灭。不管怎样，有利变异都会遗传给后代，就算不全部遗传，也会遗传一部分，这样自然选择才能发挥作用。返祖倾向可能会抑制或阻止自然选择的作用，但这种倾向却无法阻止人类用选择的方法来形成大量家养族，既然如此，返祖倾向又怎么可能战胜自然选择并使它无法发挥作用呢？

在有计划选择的情况下，饲养家会为了一定的目的而进行定向性的选择。在这种情况下，如果他允许这些个体自由杂交，那么，他的工作最终将以失败告终。有许多

自然界的保护专家——松鼠　摄影

自然界中有许许多多的动植物，它们既为世界增添了美丽多姿的色彩，又使整个地球大家庭处于一种非常和谐的状态。松鼠就是其中的典型。每年秋天来临之际，松鼠都会大量储存种子。科学家们估计，一只松鼠一个冬天平均要储存14000颗种子。这些种子只有很小的部分会被消耗，剩下的则会在来年春暖花开时发芽、抽叶，长成为参天大树。

人，他们尽管没有改变品种的意图，但他们对品种却有一个几乎相同的完善标准，他们一直想用最优良的动物来繁殖后代。虽然这种无意识的选择没有把选择下来的个体分离开，但势必也会缓慢地使品种得到改进。在自然状态下，情况也是这样，因为在一个局限的区域内，自然构成中还存在着一些没有被完全占据的位置。只要是在向正确方向发生变异的个体，就算它们的变异程度不同，却都可以被保留下来。但如果这个局限区域的幅员十分广阔，那么，这一区域中的几个片区就必然会出现不同的生活条件。在这种区域里，如果同一个物种在不同的片区内发生了变异，这些新的变种就需要在各自区域的边界上进行杂交。我将会在第六章里对这一问题进行说明，即生活在中间区域的中间变种，普遍会在一段很长的时间内被邻近的各类变种中的其中一种所代替。凡是每次生育必须交配的、流动性很大的而且繁育不十分快的动物，特别容易受到杂交的影响。所以，具有这种本性的动物，例如鸟，其变种一般仅局限于隔离的地区内，我看到的情况正是如此。仅仅偶然进行杂交的雌雄同体的动物，还有每次生育必须交配但很少迁移而增殖甚快的动物，就能在任何一处地方迅速形成新的和改良的变种，并且常常能在那里聚集成群，然后散布开去，所以这个新变种的个体常会互相交配。根据这一原理，园艺者常常喜欢从大群的植物中留存种子，因其杂交的机会就减少了。

除了上述植物外，就连在每次生育必须交配而繁殖不快的动物里，我们也不能认为自由杂交抵消掉自然选择的作用，因为我可

鸳鸯 山本熊一 摄影

鸳鸯是指亚洲的一种亮斑冠鸭，其中鸳指雄鸟，鸯指雌鸟，鸳鸯一般成对出现，象征夫妻恩爱。与同科的天鹅、雁等不同，鸳鸯的雌雄毛色相差悬殊，雄鸟羽毛鲜艳，雌鸟则暗淡。这种自然进化可便于它们识别、选择配偶。它们栖息于山地河谷、溪流、苇塘、湖泊、水田等处。

以举出很多的事实来说明这一点。在同一地区内，同种动物的两个变种，就算经过很长的时间，其区别依旧分明。之所以这样，是由于栖居的地点不同，或繁殖的季节存在着略微的差异，或者每一种变种的个体喜欢同发生了与自己相同变异的变种个体进行交配所致。

在自然界中，如果要使同一物种或同一变种的个体在性状上保持纯粹和一致，那么，不使之进行杂交就显得非常重要。而对于每次生育必须交配的动物，杂交作用显得更为明显。但我在这之前就已经说过，我们有理由相信，所有的动物和植物都会偶然地进行杂交，即使这种杂交的间隔时间很长，那么，在这种偶然杂交情况下所出生的幼体，在强壮和能育性方面都将远胜于长期连续自体受精生下来的后代，因此，它们会有更多的生存机会以及繁殖机会。在这种情况下，即使间隔的时间再长，杂交的影响也依然很大。至于那些最低等的生物，它们既非

哥伦比亚鹊　奥杜邦　水彩画　19世纪

　　哥伦比亚鹊主要栖息在哥伦比亚河流域。其外形漂亮，色彩艳丽，很像中国传说中的凤凰。另外，哥伦比亚鹊有着比其他鸟类进化得更为发达的大脑，因此即使它们的羽毛颜色复杂，也能准确地识别伙伴。

有性生殖，又不相互结合，因此，也就根本无杂交可言。在同一生活条件下，它们只能通过遗传和自然选择，把那些离开固有模式的个体消灭掉，以达到性状一致的目的。如果生活条件改变，类型也发生了变异，那么只有依靠自然选择对于相似的有利变异的保存，变异了的后代才能获得性状的一致性。

　　在自然选择所引起的物种变异中，隔离也起到了重要的作用。在一个局限的或者隔离的地区内，如果是在一个小范围内，那么有机的和无机的生存条件几乎是一致的，因

此自然选择也就趋向于使同种的所有个体按照同样方式进行变异，如此一来，杂交也会受到阻碍。最近，瓦格纳发表了一篇有关这一问题的论文，这篇论文很有趣。在文中，他认为隔离在新变种间的杂交起到了很好的阻碍作用，而且这种作用甚至比我设想的还要大。但根据上述理由，我决不能同意这位博物学者所说的迁徙和隔离是形成新种的必要因素。当气候、陆地高度等外界条件发生了物理变化之后，隔离在阻止那些适应性较好的生物的移入方面同样很重要。因为这一区域的自然组成里空出的新场所由于旧有生物的变异而被填充起来。最后，隔离能为新变种的缓慢改进提供时间，这一点有时是非常重要的。但是，如果隔离的地区很少，或者周围有障碍物，或者物理条件很特别，生物的总数就会很小。这样，有利变异发生的机会便会减少，因而通过自然选择产生新种就要受到阻碍。

　　时间变化没有什么作用，虽然它对自然选择不利，但也并不会对它产生妨碍。我之所以要对这一点进行说明，是因为有人曾对此产生过误会，他们认为，既然我曾假设过时间对物种的改变起着十分重要的作用，就好像所有的生物种类会因为某些内部法则而发生了必然的变化。但我要说的是，时间的重要性只是使有利于变异的发生、选择、累积和固定等能拥有更好的机会，只有在这一方面，时间才具有十分重要的作用。与之相同的是，时间还增强了物质生活条件对各种生物体质的直接作用。

　　让我们再把眼光转到自然界，并用同样的方式来检验我上述的说明是否正确，另

外，我们所研究的任意一个区域，都应该是一个被隔离的小区域，例如一个海洋中的岛屿，虽然生活在这种岛屿上的物种数目很少，就像我们在"地理分布"一章中所要讲到的那样，在那些地区，绝大部分的物种都具有极强的本地性质，换句话说，这些物种只会出现在那一地区，而且世界上的其他地方根本不会有这些物种。因此，在第一次看到这些物种时，我们会误以为海洋中的岛屿对产生新物种具有极大的好处。如果真是这样，我们就是自欺欺人了，我们必须要明确一点，我们到底是对一个隔离的小地区进行研究，还是对一个开放的大地区——比如一片大陆——进行研究。若要评价哪一种地区更有利于出现生物的新类型，我们就应该在同等的时间内，对两种地区进行比较，但我们根本不可能做到这一点。尽管隔离对新物种的产生具有极为重要的意义，但如果从全局来看，甚至于连我都更倾向于相信地区的广袤比隔离更加重要，特别是在产生能够经历长时间且能够广为分布的物种方面。在广袤而开放的地区，新的物种依靠土地的广袤即能维持同种的大量存在，因此，那里发生有利变异的机会更好。另外，广袤而开放的地区由于已经存在着大量的物种，因此，那里的外界条

件非常复杂。如果这些物种中的一部分已经变异或发生了改进，那么，其他物种必然会进行相应的变异或改进，如果不这样，它们就会灭亡。当每一个新的类型发生了极大程度的改进以后，它们就会向开放的、相连的地区扩展，因此，它们就会与许多其他类型的物种进行生存斗争。除此之外，面积广袤的地区就算现在是相互连接着的，但却因为原来的地面变动而呈现不连接的状态。所以隔离的优良效果在某种范围内一般是曾经发生过的。最后，我总结一下，即使小的隔离地区在某些方面对于新种的产生是高度有利的，然而变异的过程一般在大地区内要快得多。更重要的是，在大地区内产生出来的而且已经战胜过许多竞争者的新类型，是那些

雪豹　摄影　当代

　　雪豹因终年生活在雪线附近而得名，常年栖居在海拔2000～6000米以上的高山地区，也是仅有的生活在高海拔地区的大型猫科动物。它们有着一条长长的尾巴，这是其在进化过程中与其他相似物种最大的区别，这条尾巴不仅可以使它们在攀爬时保持平衡，而且还能盖住其口鼻以保暖，可以说是生存下来的最好武器。

　　铁线莲为毛茛科，铁线莲属，原产南欧、西亚。南欧铁线莲有文字记载的栽种历史可追溯到1569年的英国。它与后来由中国传入欧洲的毛叶铁线莲杂交，产生了许多大花品种。

分布得最广远而且产生出最多新变种和物种的类型。因此，它们在生物界的变迁史中便占有比较重要的位置。

　　从这一观点出发，我们对于"地理分布"一章里所提到的另外某些事实就会有一个大致的理解了。比如，在一个较小的大陆，如澳洲，此地的生物与如今的欧亚大陆上的生物相比较的话，是要低一个档次的。之所以会这样，是因为澳洲大陆的生物是在各自所处的岛屿上进行变异。在小岛上，生存斗争的剧烈性与大陆相比要小得多，因此，变异的机会也就要少得多，而且物种绝

灭的情况也很少发生。这样，我们就能理解希尔所说的，为什么马得拉的植物在一定程度上很像欧洲的已经灭亡的第三纪植物区系。如果将所有的淡水盆地与海洋或陆地作比较，它们则只是一个小小的地区。淡水生物之间的生存斗争没有其他地方那样剧烈，新类型的产生也就要缓慢得多，而且旧类型的灭亡也要缓慢些。硬鳞鱼类在古代是一个占有优势的目科，我们曾在淡水盆地找到了它遗留下来的七个属，而且我们还在淡水中找到几种当今世界上形状最为奇怪的动物——鸭嘴兽和肺鱼，这些动物就像化石一样，它们与当今自然界中的一些等级上相离很远的目有着联系。这些奇形怪状的动物还

交配的蚱蜢

　　蚱蜢通常生活在树叶、草丛中。雄性蚱蜢在求偶时会以摩擦翅膀发出独特的声音，雌性蚱蜢听到声音便会去选择雄蚱蜢进行交配。交配时雄蚱蜢将精子射入雌蚱蜢的受精囊储存，等到卵子成熟后受精，然后雌蚱蜢将产卵器插入土中产卵。

有一个称呼，叫做"活化石"，这是因为它们居住在有限的地区内，并且发生的变异比较少，同时，它们的生存斗争并不那么剧烈，因此，它们才能够一直被保留到今天。

现在，我会在这个异常复杂的问题所允许的范围内，对通过自然选择而产生的新物种的有利条件和不利条件下一个结论。我的结论是：对生活在陆地上的生物而言，地面发生过多次改变的广袤地区对产生大量的新生物类型是非常有利的，该地区既适合新生物的长期生存，也有利于它们在该地区的广泛分布。如果这一地区是一片大陆，那么这里的生物种类和个体就会有很多种，并且该地区生物的生存斗争会异常激烈。如果该地区的地面出现了下陷，并形成了若干个四面环水的大岛，而且每个岛上还存在着许多同种的个体，那么在新物种早期分布的边界上的所进行的杂交就要受到抑制。不管之后发生了怎样的物理变化，迁入都会受到妨碍，因此，每一个岛的自然组成中的新位置，就会由于原有生物的变异而得到补充。时间也能使各个岛上的变种发生足够的变异和改进。如果地面再次升高，又成为了大陆，那么，新一轮剧烈的生存斗争又会爆发，斗争的结果将使最有利的或最改进的变种的种群扩散到最大化，而改进较少的类型就会大量绝灭，之后，这个新大陆上的生物比例又会再次发生变化。最后，这里会再一次成为自然选择的绝佳场所，自然选择会在这里更加深入地对生物进行改进，并产生大量的新物种。

我必须毫无保留地承认，在一般情况下，自然选择的作用是极为缓慢的。而且，

自然选择只会在一个区域的自然组成中还有一些没被填满的位置时，用现存生物变种去占据。这些位置的出现与否，常常由物理变化来决定，而在一般情况下，物理变化也是很缓慢的。另外，如果一些能够很好地适应该区域生存条件的物种在迁入时受到了阻碍，那么，现存生物的变种才有机会去占据这些位置。一旦少数的旧有生物发生变异，

遗传学家——摩尔根

摩尔根（1866—1945年），美国生物学家和遗传学家。他发现了染色体的遗传机制，创立了染色体遗传理论，是现代实验生物学的奠基人。约在1910年，摩尔根把一只白眼雄果蝇与一只红眼雌果蝇进行交配，在下一代果蝇中产生了全是红眼的果蝇。后来摩尔根用一只白眼雌果蝇与一只红眼雄果蝇交配，却在其后代中得到一半是红眼、一半是白眼的雄果蝇，而雌果蝇中却没有白眼，全部雌性都长有正常的红眼睛。对此他解释说："眼睛的颜色基因与性别决定的基因是结合在一起的。"也就像我们现在所说的连锁，如果得到了一条带有白眼基因的X染色体，又有一条Y染色体的话，即发育为白眼雄果蝇。1933年，摩尔根获得了"诺贝尔生理医学奖"。

那么，其他生物之间所建立的关系就会因此而被打乱，在这种情况下，新的位置也就出现了，这些位置等待着那些具有良好适应能力的物种来填充。但这一切都进行得极为缓慢，尽管同种的个体所存在的差异微乎其微，但是如果要让生物体质的各部分都发生适当的变化，就需要大量的时间，这种结果常常会因自由杂交而显得非常迟缓。许多人会说，这些原因已经足以抵消自然选择了。但我不敢苟同，我坚定地相信，自然选择的作用基本上都是非常缓慢的，它必须经历很长的时间，同时始终只作用于同一地区的少数几种生物，它的作用才会显现出来。还有一点，我之所以会坚定地相信这种缓慢的、不连续的结果，是因为这和地质学告诉我们的这个世界生物变化的速度和方式十分吻合。

选择的过程虽然是缓慢的，但既然连力量薄弱的人类都可以在人工选择方面多有作为，那么，在很长的时间里，通过自然力量的选择，即通过最适者生存，我觉得生物的变异是没有终点的；所有的生物，彼此之间以及与它们的物理生存条件之间所存在的那种美妙而又复杂的相互适应关系，也是没有终点的。

自然选择所导致的绝灭

在"地质学"相关章节中，我对这个问题进行了深入的讨论，但由于该问题与自然选择有着密切的关系，所以，我必须提前在这里先谈谈它。自然选择的作用归根结底就是保留生物的在某些方面有利的变异，并引导生物一直存在下去。由于所有生物都是以几何比率高速增加，所以生物布满了世界上的每个地区。在这种情况下，发生有利变异的类型也在大量增加，这就使得那些较为不利的类型的数量大量减少，甚至变得稀有罕见。地质学使我们知道，稀有罕见就是种族灭亡的前兆。我们知道，那些只留下了少数几个个体的生物，一旦遇到季候性的大异常，或者其天敌数量突然增多，它们被完全绝灭的可能性就大大增加。我们甚至还可以说得更透彻点，既然新的物种类型已经产生，那么，我们除了承认具有物种性质的类型可以无限增加外，我们还不得不承认许多老的物种类型将要灭亡。地质学还清楚地使我们知道，任何一种具有物种性质的生物类型都没有出现过无限增加的事实。在这里，我们将对这样一个问题进行说明，即为什么全世界的物种数目没有无限增加过。

我们已经知道，在任意一个时间段内，个体数目最多的物种，拥有出现有利变异的最佳机会。这一点我们已经在前文中证明过

了，我在第二章中还明确地指出，普通的、广布的、占优势的物种，拥有见于记载的变种最多。所以个体数目稀少的物种在任意一个时间段内的变异或改进都是迟缓的。毫无疑问，这样的情况在残酷的生存斗争中只会有一个结局，那就是它们会遭遇到那些已经发生变异了的和对自己后代进行了改进的普通物种的攻击，并最终彻底灭亡。

我认为，通过上述的这些论点，我们就

红隼   鹬

角嘴海雀   蜂鸟

适应生存的鸟喙　佚名　水彩画　当代

"适者生存"是自然选择的一部分。达尔文指出，鸟喙的形状不同，所以鸟类可以吃不同的食物，适应不同的生存环境。这些改变是经过长期的适应累积才形成的。比如蜂鸟的喙和舌都很长，可伸进花中吸取花蜜；红隼喙呈钩状，可撕碎猎物；鹬的喙长而细，可深入泥中取食；角嘴海雀喙呈锯齿状，可一次衔数条鱼。

马来貘

　　马来貘又叫亚洲貘、印度貘，是貘类中最大的一种。最早的貘类出现在距今约五千多万年前，其进化过程比较简单，主要是身体的增大。马来貘主要分布于马来西亚、印度尼西亚等地。目前的野生数量极少，属世界濒危物种。

以及同属或近属的一些物种——由于具有近乎相同的构造、体质、习性，彼此间进行的斗争也最剧烈。每一个新变种或新物种在形成的过程中，一般都会直接感受到来自它最接近的那些近亲类型的压迫——这种压迫最强。不仅如此，它们的近亲还有着消灭它们的强烈倾向。我们也可以在家养生物里看到同样的消灭事实，那就是人类对家养生物的改良，这种改良常常是通过用一种生物去消灭它们的近亲来达到的。我们还

能毫无悬念地得到下列结果：经过很长的一段时间后，新物种将通过自然选择而形成，同时，其他物种就会相应地越来越少，最终彻底绝灭。那些与正在进行变异和改进的新物种作生存斗争的物种，其生存斗争是最剧烈的，同时也是牺牲最大的。在"生存竞争"一章中，我们已经知道，任何两种关系密切且近似的类型——即同种的一些变种，

可以举出许多奇怪的例子来说明牛、绵羊以及其他动物的新品种，还有花卉的变种，它们迅速地代替了那些古老的和低劣的品种。在约克郡，我们从历史中可以知道，古代的黑牛被长角牛所代替，长角牛"又被短角牛所扫除，好像被某种残酷的瘟疫所扫除一样"（这里我引用一位农学家的话）。

性状分歧

我之所以使用这个术语，是为了体现这一原理的重要性。我坚信可以用它来解释大量的重要事实。其一，即使各种变种的特征是那么明显，即使这些变种都或多或少地具有物种的性质，正如在许多情况下，人们很难对它们进行分类，但有一点可以肯定，它们彼此之间的差异与那些纯粹而明确的物种之间的差异相比要小得多。根据我的观点，所谓的变种就是物种在形成过程中的一种形态而已，因此我也曾将其称为初期的物种。那么，变种之间所存在的较小差异又是如何扩大为物种之间所存在的较大差异的呢？自然界中的无数物种都具有显著的差异，而变种作为这种在未来才会具有显著差异物种的假想原型和亲体，却只存在着极为微细而且模糊的差异。我们可以认为，这仅仅是一个偶然或者是一个能够致使一个变种在某些性状上与亲体有所差异的可能，这种变种的后代与其亲体在同一性状上具有非常大的差异。但如果只有这一点上的差异，还是不能说明同属异种间的差异是多么常见和巨大。

一直以来，我的实践都是通过对家养生物的探索之后再进行证明。在这里，我们也能够看到类似的情况。毫无疑问，两种性状相异的族群，比如短角牛和赫里福德牛，赛跑马和驾车马，以及鸽子的各种品种等，

绝不是在许多不间断的世代中任由相似变异的偶然发生、累积而产生的。比如，一个喙比较短的鸽子能够引起一个养鸽者的注意，而另一个喙比较长的鸽子却能够引起另一个养鸽者的注意。在"养鸽者不要也不喜欢中

罂粟与虞美人　雷杜德　水彩画　19世纪

罂粟和虞美人都同属罂粟科，该科共有近百个罂粟属，广泛分布于世界各地。从其花朵的丰富色彩中可以获知此类植物进化程度很高，因为只有进化高级的植物，其花的颜色才不会是原始花的绿色形态，而可以发展出多种色彩。

棕熊 摄影 2000年

棕熊是一种适应力比较强的动物，从荒漠边缘至高山森林，甚至冰原地带都能生活。熊科动物是目前世界最大的肉食动物，但在更新世的进化过程中，随着熊类体积的增大，它们的食性也开始变得杂化，棕熊就演化成以食植物为主的杂食性动物。由于人为因素，现在的棕熊已成为濒危物种。

间标准，只喜欢极端类型"这一熟知的原则下，他们就都选择和养育那些喙越来越长的，或越来越短的鸽子（翻飞鸽的亚品种实际就是这样产生的）。还有，我们可以设想，在历史的早期，一个民族或一个区域里的人们需要快捷的马，而别处的人却需要强壮的和粗笨的马。最初的差异可能是极微细的。但是随着时间的推移，一方面连续选择快捷的马，另一方面却连续选择强壮的马，差异就增大起来，因而便会形成两个亚品种。最后，经过若干世纪，这些亚品种就变为稳定的和不同的品种了。等到差异已大，具有中间性状的劣等马，即不那么快捷也不那么强壮的马，将不会用来育种，从此就逐渐被消灭了。这样，我们从人类的产物中看到了所谓分歧原理的作用。它引起了差异，最初仅仅是微小的，后来逐渐增大，于是品种之间及其与共同亲体之间，在性状上的分歧也就出现了。

但人们可能要问，怎样才能把类似的原理应用于自然界呢？我相信能够应用而且应用得很有效（虽然我许久以后才知道怎样应用）。因为简单地说，任何一个物种的后代如果在构造、体质、习性上越分歧，那么它在自然组成中，就越能占有各种不同的地方，而且它们在数量上也就越能够增多。

尤其是在生活习性不那么复杂的动物中，我们更是能够清楚地看到这种情况。以食肉性的四足类动物为例，在任意一个可以维持生活的地方，它们的数目早就达到了饱和的平均数。如果再允许它们的数量自然增加的话（在这个区域的条件没有任何变化的情况下），那么，它们就只有依靠变异的后代去取代其他动物目前所占据的位置，以达到它们数量增长的目的。在四足类动物中还有一些会变成以新物种为食物的捕猎者。还有一些四足类动物会住在一些新的地方，它们爬树、涉水，并且这些生活条件能减少它们的肉食习性。在这种情况下，这些食肉动物后代的习性、构造之间的差异也将越来越大，它们在生物构成中所占据的位置也会越来越多。能应用于一种动物的原理，也能应用于所有世代的所有动物——这是说如果它们发生变异的话。如果不发生变异，自然选择便不能发生任何作用。关于植物，也是如此。试验证明，如果在一块土地上仅播种一个草种，同时在另一块类似的土地上播种若干不同属的草种，那么在后一块土地上就比在前一块土地上能够生长更多的植物，收获更大重量的干草。如在两块同样大小的土地上，一块播种一个小麦变种，另一块混杂地播种几个小麦变种，也会发生同样的情况。

所以，如果任何一个草种正在继续进行着变异，并且如果各变种被连续选择着，则它们将像异种和异属的草那样彼此相区别，虽然区别程度很小，这个物种的大多数个体，包括它的变异了的后代在内，就能成功地在同一块土地上生活。我们知道，每一物种和每一变种的草每年都要散播无数种子，它们都在竭力增加数量。结果，在若干代以后，任何一个草种的最显著的变种都会有成功的以及增加数量的最好机会，这样就能排斥那些较不显著的变种。当变种发展到各自都有了明显的差异后，它们就不再是变种，而是物种了。

由于性状上的巨大分歧性，使得生物能够维持最大数量的生存，这一原理的正确性已在许多自然情况下得到了证实。在一块极度狭小的区域内，特别在该区域能允许其他外来物种自由迁入时，个体与个体之间的斗争将会上升到一个极其激烈的程度，我们常常能在该区域内看到生物的巨大分歧性。比如，我曾看见有这样一块草地，它的面积为12平方英尺，长年累月都暴露在完全同样的条件下，在这块草地之上生长有20种不同的植物，这20种植物属于18个属和8个目，由此可见，在一个这么小的区域内就能存在数量如此之多、性状差异如此之大的物种。另外，在具有相同情况的小岛上，植物和昆虫也是这样的，淡水池塘中的情况也是如此。农民们都知道，用所属的"目"完全不同的植物进行轮流种植，可以收获更多的粮食。在自然界中，物种所进行的这种繁殖，我们可以称之为"同时的轮种"。如果大量的动物和植物密集地生活在一片狭小的区域内，

而且其中的绝大多数物种都能生存下来（假设这片土地不具有特殊的性质），那么，它们之间就会充满剧烈的生存斗争。在这种斗争极为剧烈的地方，物种因性状上的分歧而获得的利益，以及与其相伴随的习性和体质的差异的利益，按照一般规律，决定了彼此争夺得最厉害的生物，是那些属于我们叫做异属和异目的生物。

同理，我们还能看到人类对植物所起到的异地归化作用。可能有人会这样想，那些可以在任意一块土地上发生异地归化的植物，一般都是和本土植物在亲缘上密切接近的种类，因为人们都认为，本土植物是专门被创造出来适应本土的。还有人可能会这样想，已经发生了归化的植物只是少数的几种而已，这些植物能够很快地适应新的环境。但事实却恰好相反，得康多尔在他的那部伟大著作里曾明确地说道，如果将已经发生了

海洋杀手——鲨鱼 摄影 当代

鲨鱼早在恐龙出现前三亿年就已经存在了，至今已超过四亿年，这种物种在近一亿年来几乎没有改变，其生性凶猛，是海洋鱼类中最为恐怖的"恶魔"。许多鲨鱼习惯于在黑暗的海底和浑浊的水中生活，如果遇到明亮的光线，它们就会把瞳孔收缩成一条窄缝，防止因过度刺激而失明。

白睡莲　雷杜德　水彩画　19世纪

　　生物对环境的刺激有着敏感的反应，植物受外界因素刺激后，会形成特殊的生长运动。比如白睡莲的花朵会随着太阳的落下而关闭，所以晚上的莲花都是关闭的，睡莲也因此而得名。

归化的植物与本土的属和物种的数目作比较，其新属和新种的数量要远远多于本土的。在阿萨·格雷博士的《美国北部植物志》的最后一版里，曾举出260种已经发生了归化的植物，这些植物分别归属于162个属。从这里，我们就可以发现，那些发生了归化的植物与本土植物大不相同，因为在162个归化的属中，非土生的就有100多个。如此一来，存在于美洲的属的数量就增加了很多。

　　对于在任何地区内与土著生物进行斗争而获得胜利的并且在那里归化了的植物或动物的本性加以考察，我们就可以大体认识到，某些土著生物必须怎样发生变异，才能胜过它们的同住者。我们至少可以推论出，性状的分歧化达到新属的差异，是于它们有利的。

　　事实上，同一地方的生物因性状分歧而产生的利益，与个体的各个器官因生理分工而产生的利益是相同的，对于这一点，米尔恩·爱德华兹已经详细论述过了。几乎所有的生理学家都相信，一个专门消化植物的胃或者专门消化肉类的胃，能够从植物或者肉类中吸收最大程度的养料。因此，在任意一块土地的一般系统中，如果动物和植物在生活习性上的分歧越大和越完善，那么，能够生活在这块土地上的个体数量就会越多。一群性状分歧很少的动物在与一群性状分歧多得多的动物进行生存竞争时，前者几乎无法战胜后者。比如，澳洲各类的有袋动物可以分成若干群，但彼此差异不大，正如沃特豪斯先生和很多人都已经指出来的那样，它们可以代表食肉的、反刍的、啮齿的哺乳类，但它们是否能成功地与那些发育良好的目相竞争，却很值得怀疑。我们所看到的澳洲的哺乳动物，它们还处于性状分歧过程之中，甚至还处于性状分歧的早期。

自然选择能够经由性状分歧和绝灭发生作用

　　根据上述的简要讨论，我们可以得出这样一个假设，即任何一个物种的后代，如果其构造上的分歧越大，那么成功的概率就越高，并且抢夺其他生物所占据位置的能力也越强。现在让我们看一看，生物是如何从性状分歧中得到这种利益的，其原理是什么，这一原理与自然选择原理和绝灭原理结合起来之后，又能起怎样的效果。

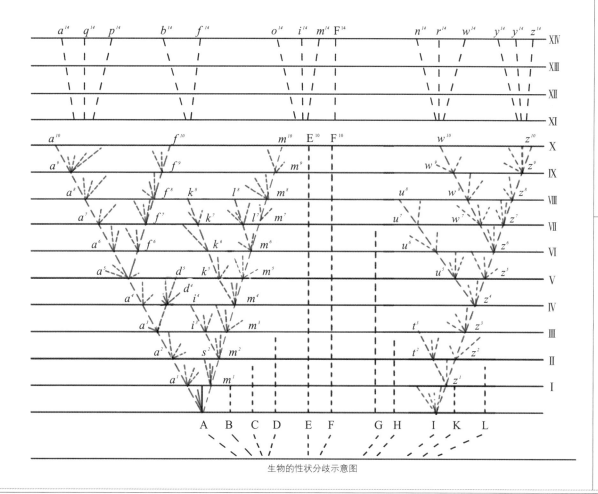

生物的性状分歧示意图

昆虫的终结者——绿蛉

绿蛉在凉爽潮湿的夜晚出来捕食昆虫，有时它们会跳进村庄，在街灯或其他招引昆虫的光源附近捕猎。其皮肤花绿，为捕食形成了很好的掩护。它们没有牙齿，只能将昆虫整个吞进肚子里。

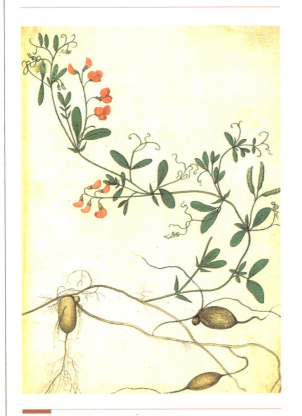

香豌豆　雷杜德　水彩画　19世纪

香豌豆原产于地中海的西西里及南欧，分布于北温带、非洲热带及南美高山区。目前根据香豌豆喜冬暖、夏无酷暑的生长习性，栽培的品种也在不断增加。根据花形可分出平瓣、卷瓣、皱瓣、重瓣四种，根据花期开放可分成夏花、冬花、春花三类。

我在本书中附带了一张图表，这张图表能够帮助我们理解上述所提的复杂问题。从A到L分别代表一个地域内一个大属中的各种物种。假设它们的相似程度并不一致，事实上，在自然界中也是如此。我要强调一下，我所说的是一个大属，因为我在第二章中就已经说过，大属中的物种比小属中的物种发生变异的平均概率要高得多，而且大属中的物种其变种的数目也较小属的多。我们还可以从这张图中发现，最普通且分布最广的物种所发生的变异要比罕见且分布狭小的物种更多。假设A是最普通、分布最广且变异性最大的物种，并且A物种属于本地的一个大属。那么，从A发出，我们看到了几条长度各有不同且呈分叉状的虚线，这些虚线就代表了A的变异后代。假设A的变异程度极为细微，但其变异后代在性质上的分歧很大，同时再假设这些后代并不是在同一时间段内发生变异，而常常是间隔一个长时间才发生，并且它们在发生变异以后，其存在的时间也各不相等。那么，只有那些具有某些利益的变异才会被保存下来，或自然地被选择下来。这里，由性状分歧能够得到利益的原理的重要性便出现了。因为，在一般情况下，这是会导致差异最大或分歧最大的变异（由外侧虚线表示）受到自然选择的保存和累积。当一条虚线遇到一条横线，在那里就用一小数目字标出，那是假设变异的数量已得到充分的积累，因而形成一个很显著的并在分类工作上被认为有记载价值的变种。

图表中横线之间的距离（即Ⅰ到Ⅱ，Ⅱ到Ⅲ之间的距离），代表1000或1000个以上的世代。在1000个世代之后，假设物种A

产生了两个差异极为显著的变种，我们暂且将之命名为a¹和m¹。在一般情况下，这两个变种所面临的情况与其亲代发生变异时所面临的情况是相同的，而且变异性的遗传倾向很高。在这种情况下，它们也同样具有极高的变异倾向，并且差不多也会像它们的亲代那样发生变异。另外，这两个变种只是发生了轻微变异的类型，因此，它们依旧会将A的优点遗传给它们的后代，因为，这些优点使A比本地生物在数量上更为繁盛。除此之外，它们还会将A所属的大属的一般优点遗传给自己的后代，因为正是这些优点才使得这个属在该地域内是一个大属。它们所面临的这些情况对于新变种的产生都极为有利。

如果这两个变种还能继续变异，那么，一般来说，它们在变异中所出现的所有最大分歧将在此后的1000个世代中被全部保存下来。经过了这1000个世代后，假设a¹产生了新的变种，即a²，那么根据分歧的原理，a²和A之间的差异性就要比a¹和A之间的差异性大。假设m¹与a¹不同，它一共产生了两个变种，即m²和s²，且m²和s²之间有明显的差异，那么，m²、s²和A之间的差异比a¹和A之间的差异更大。我们可以用同样的步骤把这一过程延长到任何久远的时期。有些变种，在每1000代之后，只产生一个变种，但在变异越来越大的条件下，有些会产生两个或三个变种，并且有些不能产生变种。因此变种，即共同亲代（A）的变异了的后代，一般会继续增加它们的数量，并且继续在性状上进行分歧。在图表中，这个过程表示到1万代为止，在压缩和简单化的形式下，则到1.4万代为止。

复眼
刚毛状的触角
单眼
膜质透明的双翅

蝉的构造图

蝉是昆虫类同翅目蝉科的典型物种，有两对膜翅，复眼突出，单眼三个，会鸣的是雄蝉，因为雄蝉的腹面有发声器，叫声很大，会发出三种不同的鸣声：集合声，受每日天气和其他雄蝉鸣声的影响；交配前的求偶声；被捉住或受惊飞走时的粗厉鸣声。

在这里，我必须要说明一点，我并不曾假设这种过程会如图表中所显示的那样是很规则地进行的（而且我在制作图表时，也将其本身制作得不那么规则），事实上，变异过程也不可能进行得很规则，也不是连续的。最有可能的情况是，每一类型在一个长时期内保持不变，然后才又发生变异。我也不曾假设，分歧最大的变种必然会被保存下来，一个中间类型也许能够长期存续，或者可能，或者不可能产生一个以上的变异了的后代。由于自然选择常常按照未被其他生物占据的，或未被完全占据的地位的性质而发生作用，而这一点又由极其复杂的关系来决定。但是，按照一般的规律，任何一个物种的后代，在构造上分歧越大越能占据更多的地方，它们的变异了的后代也越能增加。在我们的图表中，时间间隔是有规则的，而系统树在时间间隔内是中断的。其中的小写数字是代表连续的类型，由于这些类型与原始类型（即A到L）之间有着明显的不同，因此，它们完全可以被列为变种。但这些中断是想象的，只要时间间隔设置合适，就能使分歧得以积累，那么，这种中断就可以在表中的任何地方出现。

由于从一个普通、分布广且属于一个大属的物种中产生出来的变异后代能够将那些使亲代在生活中得以成功的优点全部继承下来，因此，在一般情况下，它们的总量不仅会增加，而且在性状分歧上也能继续加大。关于这点，我们从图表中用几条从A中分出的虚线来表示。从A产生的变异后代，以及系统树上的高处所出现的分支都是在变异上得到很大改进的分支，它们常常会占据那些

豪 猪

豪猪属于啮齿动物中的一类。绝大多数啮齿动物的毛发都是软毛，主要功能为保暖，而豪猪的毛发却很粗硬，这是因为豪猪的祖先始豪猪已经有着肥大的体形，时常成为猛兽的食物，为了更好地保护自己，始豪猪的软毛才慢慢变得粗硬，进化成现在的样子。

出现得比较早的分支或改进得比较少的分支的地位，换言之，就是将它们消灭掉。这在图表中，由几条较低的没有达到上面横线的分支来表明。在某些情况里，变异过程只限于一支系统线，这样，虽然分歧变异在量上扩大了，但变异了的后代在数量上并未增加。如果把图表里从A出发的各线都去掉，只留a^1到a^{10}那一支，便可表示出这种情况，英国的赛跑马和英国的向导狗与此相似，它们的性状显然从原种缓慢地分歧，既没有分出任何新支，也没有分出任何新族。

经过一万代后，假设A产生了a^{10}、f^{10}和m^{10}三个类型，由于它们经过历代性状的分歧，相互之间及与共同祖代之间的区别将会很大，但可能并不相等。如果我们假设图表中两条横线间的变化量极其微小，那么这三个类型也许还只是十分显著的变种。但我们只要假设这变化过程在步骤上较多或在量上较大，就可以把这三个类型变为可疑的物种或者至少变为明确的物种。因此，这张图表表明了由区别变种的较小差异，升至区别物种的较大差异的各个步骤。把同样过程延续更多世代（如压缩了的和简化了的图表所示），我们便得到了八个物种，系用小写字母a^{14}到m^{14}所表示，所有这些物种都是从A传衍下来的。因而如我所相信的，物种增多了，属便形成了。

在大属里，发生变异的物种至少有一个，甚至更多。在图表中，我假设第二个物种I以类似的步骤，经过一万个世代的变异，产生了两个具有明显差异的变种或物种（即w^{10}和z^{10}）。对于它们到底属于变种还是物种，就要根据横线之间所表示的假设变

化量来决定了。在1.4万个世代后，假设六个新物种（即从n^{14}到z^{14}）都产生了。那么，在任何一个属中，性状具有很大差异的物种，一般会产生出最大数量的变异后代。由于这些后代在自然组成中拥有更大的机会来占有新位置和更加广阔的地域，因此在图表中，我选择了最普通的物种A和物种I，作为变异最大的和已经产生了新变种和新物种的物种。原属中的其他物种（即除A和I之外的其他大写字母），在漫长但时间段各不相同的时期内，可能会出现不再发生任何变异的后代。在图表中，我用不等长的向上虚线作为表示。

但在变异过程中，正如图表中所显示的那样，绝灭原理也起到了举足轻重的作用。因为，但凡在有生物的地方，自然选择必然会使那些在生活斗争中比其他类型更为有利的类型获得更多的利益，任何一个物种的后代只要受到了自然选择的改进，该后代的后代必然就会有进一步改进的倾向。在每一阶段中，这些后代都会将它们的亲代以及祖先从同一个地区排挤出去或消灭掉。我们必须牢记，在习性、体质和构造等方面都非常近似的类型之间，生存斗争总是最为剧烈的。因此，处在较早的和较晚的状态之间的中间类型（也包括在同种中，处在改进较少和改良较多的状态之间的中间类型）和原始祖先本身，大都存在绝灭的倾向，正如图表中的大多数旁支一样，它们会被出现更晚且改进更多的分支所灭绝。但是，如果一个物种的变异后代并未在其祖先的生存地区生存，而是进入了其他地区，并且很快适应一个全新的地方，那么，后代与祖代之间的生存

麻雀

鸟类的求偶行为是由季节和性激素决定的。3—4月，麻雀释放出性激素，雄鸟特别活跃，发出独特的叫声，吸引雌鸟。配对成功后，雌雄鸟会共同营巢产卵。

斗争就不存在了，取而代之的则是两者并存的局面。

如果我们的图表所表示的变异量很大，那么物种A以及所有的早期变种都会灭亡，而被8个新物种（即从a^{14}到m^{14}）所取代，而且物种I将被6个新物种（即从n^{14}到z^{14}）所取代。

我们再进一步假设该属的那些原种之间的相似程度并不相等，且在真实的自然界中，情况也一般是如此。物种A与物种B、C、D之间的关系比它和其他物种（如物种G、H等）的关系要更加接近。物种I和G、H、K、L的关系比它和其他物种（如物种A、B）的关系要更加接近。假设A和I都是很普通而且分布很广的物种，而且它们本身就比同属中的大多数物种占有更多的优势。对于它们的变异后代而言，经过1.4万个世代以后，它们一共将产生14个物种，而且它们的一部分相同优点将遗传给这些后代。物种

羊 驼

羊驼别名美洲驼、无峰驼，体形颇似高大的绵羊，头较小，颈长而粗，体背平直，四肢细长。它是原驼和小羊驼杂交的后代，已经被人工驯养超过6000年。羊驼毛质价优，是受人们青睐的经济动物。

小羊驼

小羊驼是生活在南美洲的无峰骆驼，与羊驼有亲缘关系，体形和羊驼相似，只是比羊驼小些，腿也短些。它们生活在海拔较高的山上，因为身上有厚厚的毛和血液中有更多的携带氧气的红细胞，所以可以适应高海拔地带的寒冷天气。

A和I的变异后代们在每一阶段中还将以各种不同的方式进行变异和改进，于是，在它们居住地区的自然组成中，它们将抢夺或占据更多位置。因此，它们不但极有可能会取得亲种A和I的地位并把它们消灭掉，而且还会消灭某些与亲种最接近的原种（如物种B、G等）。在现实世界中，几乎没有一个原种能够传第1.4万个世代的。我们可以假设与其他9个原种关系最疏远的两个物种E与F中只有一个物种F，可以把它们的后代传到这一系统的最后阶段。

在图表中，我将第11个原种L传下来的新物种的数目设为15。之所以设为这个数字，是因为自然选择造成分歧的倾向，a^{14}与z^{14}之间在性状方面的极端差异量远比11个原种之间的最大差异量还大。还有，新种间的亲缘的远近也很不相同。从A传下来的8个后代中，a^{14}、q^{14}和p^{14}三者，由于都是新近从a^{10}分出来的，亲缘比较相近。b^{14}和f^{14}系在较早的时期从a^5分出来的，故与上述3个物种在某种程度上有所差别。最后o^{14}、i^{14}和m^{14}彼此在亲缘上是相近的，但是因为在变异过程的开端时期便有了分歧，所以与前面的5个物种大有差别，它们可以成为一个亚属或者成为一个明确的属。

从I传下去的6个后代，将会形成两个亚属或两个属。但是由于原种I与A之间的差异很大，而且I在原属里几乎是一个极端的物种，因此，从I分出来的6个后代，仅仅是因为遗传的原因，就能与A所分出来的8个后代有着巨大的不同。假设这两个物种的后代依旧保持着各自的方向继续加深分歧，而连接在原种A和I之间的所有中间种（这是一个很关键的论点），除F以外，也全部绝灭并且没有遗留下后代。那么，从I传下来的6个新种和从A传下来的8个新种必然会被归在完全不同的属中，甚至还有可能被列为完全不同的亚科。

综上所述，我认为，两个或两个以上的属几乎都是经过上述的变异遗传，从同一属中的两个或两个以上的物种产生而来的。另外，我们还可以假设两个或两个以上的亲种是从早期的某一个属中的某一物种传下来的。关于这点，我在这张表中用大写字母下方的虚线来表示，其分支向下收敛，趋集一点。这一点代表一个物种，它就是几个新亚属或几个属的假设祖先。新物种F^{14}的性状值得稍加考虑，它的性状假设未曾大事分歧，仍然保存F的体形，没有什么改变或仅稍有改变。在这种情况下，它和其他14个新种的亲缘关系，乃有奇特而疏远的性质。因为它系从现在假设已经灭亡而不为人所知的A和I两个亲种之间的类型传下来的，那么它的性状大概在某种程度上介于这两个物种所传下来的两群后代之间。但是，由于这两个群的性状已经与其亲种类型之间存在着巨大的分歧，因此，新物种F^{14}并不会直接介于亲种之间，而是介于两群的亲种类型之间。我想，这也应该是每个博物学者都能想到的情况。

前面我已经说过，这张图表中的各条横线都代表1000个世代，当然，它们也可以代表100万或更多的世代，它们甚至还可以代表包含有绝灭生物遗骸的地壳的连续地层的一部分。在后面的章节中，我还会再次使用到这张图表，并且，到时候我们还能从这张图表中找到对绝灭生物的亲缘关系的启示。这

驼鹿

　　驼鹿是鹿类中最大的一种。它有着粗壮的脖子、发达的鬃毛、宽长的吻鼻部及喉下皮肉垂。这些特征都是其进化过程中区别于同科其他鹿类的标识，也因此，驼鹿成为鹿科驼鹿属的唯一一个种。驼鹿多生活在湿润的森林里，无固定住所，但有一定的活动范围和路线。

些生物虽然常与现今生存的生物属于同目、同科或同属，但是常常在性状上多少介于现今生存的各群生物之间。我们是能够理解这种事实的，因为绝灭的物种生存在各个不同的辽远时代，那时系统线上的分支线还只有较小的分歧。

没有任何理由可以把我现在所讲解的变异过程只局限在属的形成中。在图表中，如果我们假设虚线上的各个连续的群所代表

猫头鹰

　　猫头鹰属夜行食肉动物。夜晚，它们主要靠听觉定位捕食，其左右耳不对称，左耳道比右耳道宽阔，且左耳拥有发达的耳鼓，能根据猎物移动时产生的响动，不断调整扑击方向。因此，猫头鹰依靠敏锐的听觉，即使在黑暗的环境中，也能捕捉到猎物。

的变异量是巨大的，那么标着a¹⁴到p¹⁴、b¹⁴和f¹⁴，以及o¹⁴到m¹⁴的类型，将形成三个完全不同的新属。而且物种I所传下来的两个后代也将形成两个极不相同的属，这与A的后代是完全不同的。根据图表所表示的分歧变异量，该属的两个群将形成两个不同的科，或者不同的目。这两个新科或新目，是从原属的两个物种传下来的，而这两个物种又假设是从某些更古老的和不为人所知的类型传下来的。

　　从上述的论述中，我们可以清楚地了解到，不论在什么地方，最常出现变种的物种几乎都是来自大属中的物种。当然，这是可以被预料到的一种情况。由于自然选择只会对那些在生存斗争中占优势的物种产生作用，因此，它主要作用于那些已经具有某种优势的类型，而大属的物种正是如此。任何一个大群都充分证明了该群的物种是从共同

祖先那里遗传了一些共通的优点。因此，产生新的、变异了的后代的斗争，主要发生在努力增加数目的所有大群之间。一个大群将慢慢战胜另一个大群，使它的数量减少，这样就使它继续变异和改进的机会减少；在同一个大群里，后起的和更高度完善的亚群，由于在自然组成中分歧出来并且占有许多新的地位，就经常有一种倾向，来排挤和消灭较早的且改进较少的亚群。小且衰弱的群及亚群迟早会彻底灭亡。对于未来的物种，我敢预言，现存的这些取得了巨大优势而且击败了其他种群，或者是在生存斗争中损失最少的种群，能够在未来的很长一个时间段内继续增加。但最后的胜利者会是谁呢？这个问题，谁也无法解答。由于我们知道许多种群在古代曾有过非常辉煌的历史，但现在却都绝灭了。因此，对于更遥远的未来，我敢预言，由于较大种群都有不断增多的倾向，而较小群都无法摆脱绝灭的命运，而且不会留下变异了的后代。因此，对于生活在任何一个时期内的物种而言，能把后代传到遥远未来的只是极少的一部分而已。关于这一点，我将在后面详细讨论，但我可以在这里再谈一谈，根据我的预言，由于只有极少数的古老物种能把后代传到今日，而且由于同一物种的所有后代能够形成一个新的纲，因此，我们能够从中明白下面这个道理，即为什么在动物界和植物界的每一主要大类里，现今存在的纲是如此之少。虽然古老物种只有少数留下变异后代，但在过去遥远的地质时代里，地球上也有许多属、科、目及纲的物种分布着，其繁盛差不多就和今天一样。

论生物体质倾向的进步及其程度

　　自然选择的作用归根到底就是对生物的各种变异进行保留和累积，在每种生物存活的时期内，在生物所处的有机和无机条件下，这些变异都是有利的。自然选择的结果就是使得各种生物与外界条件的关系发生改进，而这种改进的结果则是导致世界上绝大多数生物体质的进步。但在这里，我们又遇到了一个极为复杂的问题，因为，对于什么叫体质的进步，在博物学者之间还没有一个让所有人都认同的定义。在脊椎动物中，只要它们的智慧程度以及构造与人类相近，显然，这种脊椎动物的体质就是进步的。我们可以这样认为，任何一种生物，当它从胚胎发育到成熟时，我们似乎可以把其身上的各部位和各器官所产生的变化量作为一种比较的标准。但是，在某些情况之下，比如，某些寄生的甲壳动物，它身体上的各部分在发育时并不是完全发育良好的，所以，当这种动物发育成熟后，我们依旧不能说它比它的幼虫更为高等。我认为，冯贝尔所定的标准似乎可以被应用得最广而且最好，这个标准指的是同一生物的各部分的分化量。在这里，我应该再附带一句，分化量指的是成体

螽 斯　布莱恩・肯尼　摄影

　　螽斯体形类似蚂蚱，善于跳跃，一般以其他小动物为食。分布于除北极以外的世界各地，全世界已知的螽斯有7000多种，分布在我国境内的就有100种之多。

状态而言，同时还包括了它们身体上各种机能的专业化程度，这与米尔恩·爱德华所说的生理分工的完全程度是一样的。但如果我们再观察一下，我们就会发现，鱼类比人类更清楚这个问题的复杂性和模糊性。有些博物学者把鱼类中最接近两栖类的种类，比如鲨鱼列为最高等，同时，还有一些博物学者把普通的硬骨鱼列为最高等，因为这两种鱼在最严格的意义上呈现出了鱼类的形状，而且它们还和其他脊椎纲的动物最不相像。在植物方面，我们就更能够明确地发现这个问题的复杂性和模糊性。首先，我们必须要说明一点，植物是不包括智慧这个标准的。有些植物学家认为，任何一种植物，只要其花上的各个器官，如萼片、花瓣、雄蕊和雌蕊等发育充分的话，那么，这种植物就是最高

蝈蝈 摄影 当代

蝈蝈通常栖息于草丛、矮树、灌木丛中，是渐变态昆虫，即幼虫与成虫的形态和习性相似，只是翅和生殖器需要逐步发育成熟。其一生要经历卵、若虫和成虫三个阶段。卵多产于植物组织中，或成列产于叶边缘或茎秆上，一般不产在土中，若虫需蜕皮五六次才能变为成虫。

等的；还有一些植物学家却认为，任何一种植物，只要其花上的几种器官产生了极大的变异而数目减少了，那么这种植物就是最高等的，我比较倾向于后者的观点。

如果我们将已经发育成熟的生物身上的几种器官的分化量和专业化量（这里包括为了智慧目的而发生的脑的进步）作为体质高低的标准，那么，自然选择显然是倾向于这种标准的。所有的生物学者都承认这样一个事实，即器官的专业化程度对生物是有利的，这是因为器官的专业化可以使各种机能发挥得更好，所以，生物的各种器官向专业化方面进行变异积累是属于自然选择的范畴。另外，只要我们牢记所有生物都在尽全力地高速繁殖，并在自然组成中竭力占据所有还未被占据或还未被完全占据的位置，我们就能够发现，自然选择就能够使某种生物逐渐符合这种状况，那么，这种生物身上的几种器官就将会成为多余的，甚至是无用的。一旦如此，生物体质的进步就会发生改变，出现退化现象。从最遥远的地质时代到今天，生物整体体质的进步与否，我认为应放在"地质的演替"一章中来讨论，这样的话会更加方便。

但是我们必须对这样一种反对意见加以注意：如果所有生物在等级上都存在上升的倾向，那为什么世界上依然还有那么多的最低等的生物类型存在？在每个大的纲里，为什么有一些类型会比其他类型发达得多？为什么更高度发达的类型没有在世界各地取代那些低等类型的地位并消灭它们？拉马克相信，从所有生物的内在出发，它们都是倾向于更加完善的，因此，这个问题令他非常困

惑，以至于他不得不假设新的生物类型和简单的生物类型是可以连续不断地自然出现的。今天的科学还没有证明他的这种观点的正确性，至于将来如何，我们也就不知道了。根据我们的理论，低等生物能一直存在下去，是能够解释的，因为自然选择的一大基本原则就是"适者生存"，因此，生物体质

驯鹿

驯鹿头长而直，耳朵较短，额部凸出，颈较细长，肩稍隆起，尾巴短小，蹄大而宽阔，这是为了适于在雪地和崎岖不平的道路上行走而不断演化的结果。其主要栖息于寒带、亚寒带森林和冻土地带。

并不是一定要具有进步性才能存在，自然选择只对那些能使生物在复杂的生活关系中获得利益的变异产生作用。有人又会提出这样一个问题，既然如此，那么高等构造对于一种浸液小虫，以及对于一种肠寄生虫，甚至对于一种蚯蚓，又会带来什么样的利益呢？如果没有利益，这些生物类型就不会通过自然选择进行改进，或者很少进行改进，而且它们甚至还有可能保持它们现在的这种低等状态直到永远。地质学告诉我们，有些最低等类型，如浸液小虫和根足虫，已在很长的一段时期内几乎一直保持着今天的状态。但是，如果假设许多今日生存着的低等类型，大多数自生命的初期以来就丝毫没有进步，

也是极端轻率的。因为每一个曾经解剖过现今被列为最低等生物的博物学者们，没有不被它们奇异而美妙的体质所打动的。

如果我们再将眼光放进一个大群里，看看各级的不同体质，我们就可以知道同样的论点几乎也是可以应用在其中。比如，在脊椎动物中，出现了哺乳动物和鱼类并存的现象。而在哺乳动物中，人类又和鸭嘴兽并存。在鱼类中，鲨鱼和文昌鱼并存，请记住，文昌鱼是一种构造非常简单的动物，它们和无脊椎动物很接近。但是，哺乳动物和鱼类之间几乎没有任何的生存竞争。整个哺乳类动物这一纲都进步到了最高级，或者说该纲中的某些种类进步到了最高级，但它们

黑鹳

黑鹳的喙和腿脚为红色，全身羽毛多为黑褐色，只有胸部和腹部羽毛为白色，所以称黑鹳。黑鹳多在山区悬崖峭壁的凹处或浅洞处营巢，在鸟类的进化史里，这一特性得到保留，黑鹳成为了世界上唯一的一种生长、繁殖都在高原的鹳类。

并没有因此而取代鱼类的地位。生理学家相信，脑必须有热血的灌注才能高度活动，因此必须进行空气呼吸。因此，如果温血的哺乳动物进入水中生活，它们就必须经常到水面进行呼吸，这对它们而言是很不便的。至于鱼类，鲨鱼科的鱼类之所以不会取代文昌鱼，是因为我曾听弗里茨·米勒说过，文昌鱼在巴西南部荒芜沙岸旁的唯一伙伴和竞争者是一种奇异的环虫。哺乳类中三个最低等的目是有袋类、贫齿类和啮齿类，它们在南美洲与大量的猴子共同生活在一个地方，但

是它们彼此之间的冲突也许会很少。综上所述，全世界生物的体质虽然都进步了，而且现在依然还在进步着，但是在等级上将会永远呈现出不同程度的完善。因为某些纲，或每一纲中的某些成员的高度进步，并没使那些与它们没有直接生存竞争的类群绝灭。在某些情况中，我们还发现，体质低等的类型，由于栖息在局限的或者特别的区域内的关系，至今依然存在着，它们在这些区域内并没有遭遇到剧烈的生存竞争，而且由于在该区域内，它们的数量过于稀少，这使得发生有利变异的机会也大大减少，这些我们都将在以后的文章中谈到。

最后我还相信，许多体质低等的类型现在还生存在世界上，是有多种原因的。在某些情况中，有利的变异或个体差异从未发生，因而自然选择不能发生作用而加以积累。大概在所有情形中，人对于最大可能的发展量，没有足够的时间去认识。在某些少数情况中，体质出现了退化，但主要的原因是基于这样的事实，即在极简单的生活条件下，高等体质没有用处，或者说高等体质会带来害处；因为体质越纤细，就越不容易被调节，因而也会越容易受到破坏。

让我们再来看一下生命的最初期，我们可以相信，在那个时期，所有生物的构造都是最简单的。于是，就出现了这样一个问题：生物的各个器官的进步，也就是所谓的分化，其最初的一步是如何发生的？赫伯特·斯潘塞先生也许会这样说，当简单的单细胞生物因为生长或分裂的原因变成了多细胞生物时，或者附着在任何支持物体的表

面时，其法则"任何等级的同型单位，按照它们和自然力变化的关系，而比例地进行分化"，就发生作用了。但是，他的这番话没有事实根据，仅仅是一个空想而已，看不到什么值得留意的地方。但是，如果假设在许多类型产生之前，因没有生存竞争而没有自然选择，于是，这些生物类型就走入了歧途。生长在隔离地区的一个单独物种所发生的变异可能是有利的，因为，这种变异很有可能会使所有的个体都随之而发生变异，或者说，会产生两个不同类型的生物。但是，请注意，我在"绪论"的完结处曾说过，如果，人们无法对生活在其周围的许多生物之间的相互关系作出适当的估量，那么，就不应该有人对为什么物种和变种的起源至今仍无法被解答而感到奇怪了。

性状趋于相同

在H.C.沃森先生看来，我高估了性状分歧的重要性（尽管他坚信性状分歧所发挥的作用），并且他还认为性状趋于相同也发挥着一定的作用。如果所属的属不同，但又是属于密切相近的属的两个物种，都因性状分

趋同进化

鱼龙、海豚、企鹅等海洋动物与鲸一样，都具有流线型的身体，这也有利于它们在水中快速游泳。这是由于它们长期生活在同一环境（海洋）里，有相同的适应变化过程。生物学把这种现象称作"趋同进化"。

鱼龙是一种已经灭绝的爬行动物，它的鳍状前肢有很多小骨。

海豚是一种哺乳动物，它的鳍有典型的哺乳动物的臂和掌骨。

企鹅是一种不会飞的鸟，它的鳍有典型鸟翼的骨。

歧而产生了许多新类型，那么可以假设，在这些类型中，是可能出现彼此密切相近，甚至可以归为同一个属的物种的。如此，两个不同属的后代就又成为了同一个属的生物。就两个不同类型的后代而言，如果这两种类型的后代都发生了变异，那么，我们仅仅因为其后代的性状趋于相同，就把这些后代归为同一个属，这在大多数情况之下都是极为轻率的。结晶体的形态，仅由分子之间的作用力来决定，因此，有时候不同物质会呈现出相同的形态，这没有什么好奇怪的。但对于生物而言，我们就必须牢记，每种类型的生物都是通过无限复杂的关系来决定的。这就是说，每种类型的生物都是由已经发生了的变异来决定的，而变异产生的原因又复杂到了难以追根溯源的程度。这是因为变异产生的原因是由被保存的或被选择的变异的性质来决定的，而变异的性质则由周围的物理条件来决定，尤其重要的是由同它进行生存斗争的周围生物来决定。最后，还要通过无数来自祖先的遗传（遗传本身就是一种无法捉摸的因素）来决定，而所有祖先的类型也都是通过同样复杂的关系来决定。因此，我很难相信，来自两种不属于同一个属的生物后代可以如此密切地趋于相同，甚至连它们

的整个体质都近乎一致。如果真的发生过这种事情，那么在极为遥远的地层中，我们应该会看到不存在任何一点遗传联系的同一类型生物会反复地出现，但是我所掌握的证据和这种说法完全相反。

华生先生认为自然选择的不间断作用，再加上性状分歧，就可以产生无数物种类型的说法是错误的。如果单就无机条件来讲，也许很多物种都能很快地适应各种不同的热度和湿度。我必须承认，与这些无机条件相比，生物间的相互关系更为重要。随着物种的持续增加，有机条件会变得越来越复杂。其结果就是，在最初看来，性状的有利分歧量似乎是无限的，因此，可以出现的物种数量也应该是无限的，甚至连我们都不知道，在生物最繁盛的地区，是否已经充满了物种的类型？好望角和澳洲就是如此，那里物种的数量大得惊人，可是许多欧洲植物还是在那里归化了。但地质学告诉我们，从第三纪早期开始贝类的数量，以及从同一纪的中期开始哺乳类的数量并没有大量增加，或根本就没有增加。那么，抑制物种数量无限增加的因素又是什么呢？一个地区所能维持的生物数量（在这里我所指的不是物种的类型数量）必定是有一定限量的，这一限量是由该地的物理条件所决定的，因此，如果在一个地区内栖息了数量庞大的物种，那么所有物种或几乎所有物种的个体数量就会很少。这样一来，每个物种都会由于季节性质或敌害数量的偶然变化而出现灭绝的可能，在这种情况下，灭绝的可能是极其迅速的。而另一方面，新物种的产生永远是缓慢的。于是，

黑斑林莺

　　黑斑林莺具有莺类的共同特征——叫声清脆悦耳。雄性求偶时，就会充分发挥它的歌唱家本领，鸣唱出动听的恋曲，雌性的感官听觉接受到外来的刺激，就会产生性选择。

就可能出现一种非常极端的情况，假如在英国，物种和个体的数量都是一样多，那么，一个极度寒冷的冬季或一个极度干燥的夏季，就会导致无数物种绝灭。而在任何一个地方，如果物种的数量无限增加，那么每种物种的个体数量就会变得稀少，在这种情况下，物种在一定期间内所能产生的有利变异是很少的。如此一来，新物种的产生过程就会受到阻碍。当任何一种物种变为极其稀少时，它们就会进行近亲交配，而近亲交配的

结果也将导致物种的绝灭。很多博物学者认为立陶宛野牛、苏格兰赤鹿、挪威熊的衰颓，都是由于近亲交配所导致的。最后，我认为还有一个最重要的因素必须被提到，即一个具有优势的物种，一旦它在自己的故乡击败了它的竞争者们，它就会开始向周围散布，并取代周围其他物种在自然结构中的位置。得康多尔曾经这样阐述过，在一般情况下，散布广阔的物种还会散布得更广。这种散布的结果就是，它们在许多地方都能够取代众多物种的位置，从而导致这些物种的灭绝。这样一来，它们的存在就会抑制世界上许多物种类型的增加。胡克博士在最近曾说过，有许多入侵者从地球的不同地方入侵到了澳洲的东南角，这导致了当地的澳洲本土物种大量减少。至于这些论点到底具有多大的价值，我现在还说不清楚，但只要把这些论点归纳起来，我们就可以知道，这些入侵者一定会在很多地方抑制物种无限增加的倾向。

本章重点

不管生活条件如何变化，有一个事实却是无可争辩的，那就是生物体在其每一部分的构造上几乎都表现出了个体差异。另外还有一个无可争辩的事实，即由于生物是以几何比率的速度在增加，它们会在其年龄的某一阶段、某个季节或某个年代发生激烈的生存斗争。在这些情况之下，再结合所有生物之间以及生物与生活条件之间的极度复杂的关系，就会无限地产生生物在构造上、体质上、习性上发生对于它们有利的分歧，如果说，这个世界上从来没有发生过一起能够使任何一种生物种群繁荣的变异，就如同曾经多次发生在人类身上的有利变异那样，将是一件非常奇怪的事。但是，如果的确曾发生过有利于任何一种生物的变异，那么，这些具有有利变异性状的个体肯定能在生存斗争中拥有最佳的机会来保留自己，根据遗传原理，这些个体能产生具有同样性状的后代。我把这种保存原理，即"最适者生存"，称为"自然选择"。自然选择使得生物能根据有机的和无机的生活条件进行自我改进。我们必须承认，在大多数情况下，自然选择的结果会引起生物体质的进步。然而，对于那些低等的、简单的生物类型而言，由于它们所需要的生活条件过于简单，因此，它们可以长久地保持不变。

根据不同品质对应不同年龄期的遗传原理，自然选择能够对卵、种子、幼体进行改变，这和改变成熟体一样，都非常容易。在许多动物里，性选择对普通选择起到了帮助的作用，它确保了最强健的、适应力最好的雄性个体能最大化地产生后代。性选择还可以使雄体获得有利的性状，以便其能和其他的雄性个体进行斗争或对抗，这些性状将按照普遍进行的遗传形式传给某一固定的性别或雌雄两性。

要判断自然选择是否真能产生如此大的作用，使各种生物类型适应它们各自的生活条件和生活地点，我就必须对以下各章所举的证据有深刻的了解。但是，我们已经看到，自然选择是如何导致生物绝灭的。从世界史上和地质学上，我们已清楚地知道绝灭的作用是多么巨大。自然选择还能引发性状分歧。因为生物在构造、习性、体质上分歧越大，那么生物所处区域内所能存在的生物数量就越多，关于这一点，我们只需对任何一处小地方的生物以及外地归化的生物加以考察，就可以得到证明了。所以，在任何一个物种的后代的变异过程中，以及在所有物种为了自身族群个体数目的增长而不断进行

雉类 水彩

雉类，鸡形目雉科，全世界共有雉类16属51种，其中多数分布于中国。这种鸟由于习惯在陆地上生活，因而翅膀的飞行功能逐渐退化，变得不擅飞行。野生雉类以森林环境为主要栖息地，由于森林生态遭到人类的持续破坏，有些雉类已经濒临灭绝。

明显区别进行说明。这的确是一件奇特的事情，但由于我们常常见怪不怪，因此就把它的奇特性所忽视了。在所有时间、空间内的所有动物和植物，都以群来进行划分，这些群之间彼此联系着，正如我们到处所看到的情况那样——同种变种之间的关系最为密切，同属物种之间的关系则较为疏远而且不均等，于是属和亚属就形成了。异属物种之间的关系就更为疏远了，而且属与属之间的关系会因为不同的远近程度而形成亚科、科、目、亚纲及纲。任何一个纲中的几个次级类群都不能被列入单一行列，但它们都是围绕着几个点，而这些点又围绕着另外一些点。这样层层围绕，几乎就形成了一个无穷的环状集合。如果物种是独立创造的，那么，这种分类就无法被解释，但是根据遗传，以及根据引起绝灭和性状分歧的自然选择的复杂作用，这一点就可以得到解释。

的斗争中，如果物种后代的分歧越大，那么它们在生存斗争中所能获得成功的好机会就越多。如此一来，在同一物种中不同变种之间的微小差异就会逐渐增大，直到增大成同属物种之间的较大差异，甚至增大成异属间的较大差异。

在每一个纲中，能发生最大变异的，是每个大属中的那些最为普通的、四处分散的，以及分布范围广的物种。这些物种具有把它们的优越性——即在本土成为优势种的那种优越性——传给变化了的后代的倾向。就像上面所说的那样，自然选择能导致性状分歧，并使那些改进较少的中间类型大量绝灭。根据这些原理，我们就可以对全世界各纲中无数生物间的亲缘关系以及普遍存在的

同一纲中的所有生物，其亲缘关系常常可以用一株大树来表示。我相信这种描述方式在很大程度上能真实地表达所有情况。绿色的、生芽的小枝可以代表现存的物种，以往年代生长出来的枝条可以代表长期的、连续的绝灭物种。在每一生长期中，所有生长

着的小枝都试图向各方分枝，并且都有遮盖和扼杀周围新枝和枝条的倾向。同样地，物种和物种的群在巨大的生存斗争中，随时都在压倒其他物种。巨枝分为大枝，再逐步分为越来越小的枝，当树幼小时，它们都曾一度是生芽的小枝。这种旧芽和新芽由分枝来连接的情况，很可以代表所有绝灭物种和现存物种的分类，它们在群之下又分为群。当这树还仅仅是一株矮树时，在许多茂盛的小枝中，只有两三个小枝成长为大枝，生存至今，并且负荷着其他枝条。生存在久远地质时代中的物种也是这样，它们当中只有很少数遗下现存的变异了的后代，从这树开始生长以来，许多巨枝和大枝都已经枯萎而且脱落了。这些枯落了的、大小不等的枝条，可以代表那些没有留下生存的后代而仅处于化石状态的全目、全科及全属。正如我们在这里或那里看到的，一个细小的、孤立的枝条从树的下部分权处生出来，并且由于某种有利的机会，至今还在旺盛地生长着，正如有时我们看到如鸭嘴兽或肺鱼之类的动物，它们由亲缘关系把生物的两条大枝连接起来，并由于生活在有庇护的地点，乃从致命的竞争里得到幸免。芽由于生长而生出新芽，这些新芽如果健壮，就会分出枝条遮盖四周许多较弱枝条，所以我相信，这巨大的"生命之树"在其传代中也是这样，这株大树用它的枯落的枝条填充了地壳，并且用它的生生不息的美丽枝条遮盖了地面。

第五章 变异法则

　　生活在南美洲大陆笨重的鸵鸟，由于遗传变异的原因，体重不断增加；当出现紧急情况时，它已经不能用翅膀飞翔来逃离险境，但却能够像四足兽那样用腿来反击敌人的进攻而自救。胡克博士将采自中国喜马拉雅山的同种松树和杜鹃花种子带回英国栽培，结果这些引自亚洲的植物竟然长势良好。它们已然被欧洲的气候驯化了。从雏菊花蕊中射出的花瓣和中间小花，往往会凸显出较大的差异；射出花是用来勾引昆虫的，这种植物的受精繁殖需要昆虫的某些有利的物质。任何蔓足类动物都是由背甲、发达的头部和灵活的体节三个部分构造而成的，类似于人类，有高度发达的肌肉和复杂、灵敏的神经网络；而一些受保护的和寄生的蔓足类动物，由于不使用的缘故，它们的头部最后变得只剩下一点点儿……

　　自然界的一切动植物，都遵循着变异的基本法则。

长颈鹿　摄影　当代

　　长颈鹿性情温和，举止优雅，有"草原美女"的美誉，是百看不厌的动物。它的长颈是适应生存竞争的结果，并非天生就是长颈，这就是变异法则，是自然选择的一部分。

变异法则

从前，我曾把发生在家养状态下生物的变异程度说得是那样的普遍、多样，而又把发生在自然状态下生物的变异程度说成是比家养要差些，就好像自然状态下生物的变异是由于偶然的原因才发生的一样。在这里，我必须澄清一下，我的这种说法是完全不正确的，它明确地说明我们对各种特殊变异的原因无知。有的作者相信，生殖系统的机能是导致出现个体差异或轻微构造偏差的主要

林肯松雀　奥杜邦　水彩画　19世纪

林肯松雀生活在低矮的灌木丛中，喜欢在枝头鸣唱，这或许是它们占领领地的方式。为了确保自己的地盘，常见两只松雀在枝头争斗，直到一方疲劳逃走为止。这种情景也逐渐形成了松雀暴躁好斗的性格。

原因，这就如同使孩子长得像其父母那样。但是，在家养状态下，由于变异和畸形比在自然状态下更经常发生，而且分布广的物种其变异性比分布不广的物种大，于是，通过这些事实，我们就得出了一个结论，即在一般情况下，变异性的大小与生活条件有着密切的关系，而各个物种已经在这样的生活条件下生活了许多世代。在第一章中，我曾试图说明，已经发生了改变的外界条件是按照两种方式发生作用的，一种是直接地作用于整个身体或只作用于身体的某几个部分，另一种是间接地通过生殖系统产生作用。第一种情况中，含有两种因素，一是生物的本性，二是外界条件的性质，在这两种因素中，前者更为重要。已经发生了改变的外界条件的直接作用产生了一定的或不定的结果。在第二种情况中，身体构造似乎是具有可塑性的，而且我们看到了很大的模棱两可的变异性。在第一种情况中，生物的本性正是如此；如果处于一定的条件下，它们容易屈服，所有的个体或者几乎所有的个体都能以同样的方式发生变异。

要了解外界条件的改变——如气候、食物等的改变——在一定方式下曾经产生过如何巨大的作用，是很困难的。我们有理由相信，随着时间的推移，它们的效果一定是

大于人们已知的事实的。在这里，我们可以保守地断言，不能把构造上所出现的无数复杂的相互适应，如我们从自然界生物中所看到的那些相互适应，单纯归因于这种作用。在以下的几种情况中，外界条件似乎只产生了一些微小的效果。福布斯断言，生长在南方地区的贝类，如果是生活在浅水中的，其颜色比生活在北方的或深水中的同种贝类要鲜明，但事实并非完全如此。古尔德先生相信，对同种的鸟而言，生活在明朗大气中的，其颜色比生活在海边或岛上的要鲜明。沃拉斯顿相信，在海边生活，会影响昆虫的颜色。摩坤·丹顿曾列出一张植物表，这张表所举的植物证明，当生长在近海岸处时，叶在某种程度上多肉质，虽然在别处并不如此。这些轻微变异的生物是有趣的，因为它们所表现的性状，与局限在同样外界条件下的同一物种所具有的性状是相似的。

当一种变异对于任何生物只具有极其微小的作用时，我们就无法说出这种变异的成分中自然选择的累积作用占了多少，生活条件的作用又占了多少。比如，皮货商人非常清楚，同种动物，如果其生活的地方越往北，那么，它们的毛皮便越厚而且越好，但谁又能说清楚这其间的差异？毛皮最温暖的个体在许多世代中由于得到利益而被保存下来时所占了多少的比例，严寒气候的作用又占了多少比例？气候似乎对于我们家养兽类的毛皮具有某种直接作用。

一方面，处于两种完全不同的外界条件下的同一物种，有可能产生相似的变种；而另一方面，处于完全相同的外界条件下的同一物种，却可以产生不同的变种，在这里，

鸵鸟是现存体积最大不能飞行的鸟类，一般生活在非洲干旱的草原上，原本它们能用翅膀飞翔，但由于长期生活在陆地上，很少使用翅膀，久而久之翅膀就退化了。所以，即使鸵鸟在争夺配偶时，也不能像其他鸟类那样在空中追逐，而是竖起羽毛，用脚向对方踢去。

我们可以举出许多事例。除此之外，还有些物种，虽然它们所在地区的气候与它们本来的理想生活气候完全不同，但它们依旧可以保持其物种的纯粹性，或者说它们依旧保持完全不变，这样的事例不胜枚举，而且每一个博物学者对此都了如指掌。出于这种论点，我想周围条件的直接作用与由于我们完全不知道的原因所引起的变异倾向相比，其重要性似乎要轻一些。

从某种意义上来说，生活条件不但能直接或间接地引发变异，同样，它还能把自然选择揽入其中，因为生活条件决定了这个或那个变种能否生存。但当人类在充当选择的执行者时就可以看出，变化的两种要素差异是非常明显的：变异性以某种方式被激发起来，这是人的意志，它使变异朝着一定方向累积起来；而后者的作用则相当于在自然状况下最适者生存的作用。

使用与废止的效果

根据第一章中所提到的事实，在我们的家养动物中，有些动物的器官因为使用而得到加强并增大了，有些动物的器官则因为没有使用而缩小了。对于这类事实，我认为是无可辩驳的。而且我认为这种变化具有强烈的遗传倾向，在不受束缚的自然状态下，由于我们不清楚物种的祖先是什么类型，所以我们没有可作比较的标准来对长久连续使用和废止的效果进行判断，但是，许多动物所

鸭子

在生物进化的漫长过程中，用进废退的原则一直发挥着作用，具体表现在：当物种频繁使用某种器官时，这种器官的功能就会加强；反之，如果某个器官的利用率较低，则这个器官的功能就会退化。我们都知道家养的鸭子，其祖先是野鸭，因此鸭子在被驯养的早期是具有飞翔能力的，然而当其逐渐适应陆地生活，不再需要翅膀飞翔时，翅膀功能开始日益退化，最终导致鸭子失去了飞翔的能力。

具有的构造是能够依据废止的效果而来作出最佳解释的。正如欧文教授所说的那样，在自然界中，没有什么能比鸟不能飞行更为异常的了，但有一些鸟却正是如此。南美洲的大头鸭只能在水面上拍动它的翅膀，它的翅膀几乎和家养的艾尔斯伯里鸭的一样。还有一个值得一提的事实，据坎宁安先生说，大头鸭的幼鸟是可以飞行的，但当其成熟后就会失去这种能力。因为在陆地上觅食的大型鸟类，除了要逃避危险外，很少需要飞行，所以，现今栖息在或不久之前曾经栖息在无食肉兽出现的几个海岛上的几种鸟，几乎呈现出无翅膀状态，这也许正是由于废止的缘故。作为栖息在大陆上的大型鸟类，鸵鸟在无法用飞翔来逃脱危险时，它可以如四足类动物一般，利用自己的双腿有效地踢它的敌人，并以此来保护自己。我们可以相信，鸵鸟祖先的习性应该和野雁比较相似，但由于其身体大小和重量在连续的世代中不断地增加，于是，它就更多地使用它的腿，而更少地使用它的翅膀了，最终，使得今天的鸵鸟变得无法飞行。

科尔比曾描述过这样一个事实（我也曾亲眼见证了这一事实），即许多以粪便为食的雄性甲虫，其前趾节，或者说前足常常是断的。为此，他对采集到的16个标本做了

检查，检查的结果是，这些断处根本不存在任何痕迹。以阿佩勒蜣螂为例，在通常情况下，它的前足跗、节都是断的，这使得它在很多著作中都被描绘成了一种没有跗节的昆虫。其他属里的一些昆虫，尽管它们有跗节，但却以一种残留的现状存在。被埃及人奉为圣物的圣甲虫也没有完整的跗节。尽管现在对于偶然性缺损是否会被遗传的问题还没有一个结论，但布朗·税奎在对豚鼠观察中，却发现外科手术后的结果可以遗传。在抑制我们所不愿意看到的遗传倾向时，我们应对这一典型事例加倍小心。在看待圣甲虫没有前足跗节，以及其他属中的一些仅残存有跗节痕迹的昆虫的问题时，最稳妥的观点应该是不把它当做损伤的遗传，而把它当做是由于长期处于废止状态的结果。因为许多以粪便为食的甲虫，在它们的生命早期，一般都没有了跗节。所以，跗节对这类昆虫而言没有多大的意义，或者它们并没有过多地使用跗节。

在某些情况下，我们很容易将全部或主要由自然选择而引起的构造变异当做是由于废止作用而导致的。沃拉斯顿先生曾提出过这样一件值得注意的事实，生活在马德拉（葡萄牙的一个岛，位于非洲西海岸。——编译者）的550种甲虫（目前知道的数目比这更多）中，有200种甲虫因不具有完整的翅膀而无法飞行，而且在属于土著的29个属中，有至少23个属的昆虫都是这样！世界上许多地方的甲虫常常因风的原因而被吹到海中溺死，而据沃拉斯顿的观察，马德拉的甲虫在这方面做得很好，它们会一直等到大风过后才出来。在没有什么遮蔽物的德塞塔群岛，

鸵鸟 摄影 当代

鸵鸟在进化的前期，其生活习惯类似野雁，但随着环境条件的变化，鸵鸟的身体大小和重量日益增大，于是鸵鸟更多的时候是利用腿在奔跑而极少使用翅膀。最终，今天的鸵鸟腿长而有力，善于奔跑，但是没有了飞行的能力。

无翅甲虫的比例比马德拉的更大，在这里，还存在一种非常异常的现象，这些现象受到了沃拉斯顿的重视，那就是，尽管必须使用翅膀的大型甲虫在其他各地非常多，但在这里却几乎看不到。这几件事实使我相信，之所以有如此多的无翅马德拉甲虫，主要是因为自然选择与废止作用结合在了一起。两种作用的结合使得该地区的甲虫在连续世代中，或因翅膀发育问题而使得翅膀不完整，或因习性懒惰而很少飞翔，以至于它们不会被风吹到海里去，从而得到了最多的生存机会。相反的，那些喜欢飞行的甲虫则因为长时间地暴露在天空中而被风吹到了海里，从而最终走向了灭绝。

同样也在马德拉，还存在着不少不在地面上觅食的昆虫，比如，有的鞘翅类和鳞翅类昆虫就是在花朵中觅食的。为了获取食物，这些昆虫不得不经常使用它们的翅膀，沃拉斯顿先生猜测，这些昆虫的翅膀不但没

有缩小，反而变得更大了，这种变异是完全符合自然选择的作用的。因为当一种新类型最初来到这个岛上时，增大或者缩小它们翅膀大小的自然选择的倾向，将决定该类型中绝大多数个体的命运，要么在与风的战斗中获胜从而生存下来，要么彻底放弃和风的战斗，选择减少飞行次数甚至是从此不再飞行从而生存下来。这样好比一艘船，它在海岸线附近出现破损，对于船员来说，如果善于游泳的话，那么就跳下水中游回岸上；如果不善于游泳的话，那就只有紧紧地抓住船上的支架物或栏杆，等待救援才是上策。

鼹鼠以及其他一些穴居啮齿动物的眼睛有残迹，而且在某些情况下，它们的眼睛完全被皮毛所遮盖。之所以出现这种情况，大概是由于它们居住的地方太黑，眼睛派不上用场，以至于渐渐缩小，但这里面还是存在着自然选择的帮助。南美洲有一种叫做吐科吐科（即巴西梳鼠。——编译者）的穴居

马德拉岛

马德拉岛位于非洲西海岸外，由马德拉岛、桑塔岛和两个无人居住的小岛群（现为自然保护区）组成。该岛阳光充足，有丰富的昆虫物种。据达尔文描述，在这个岛上生活的500多种甲虫中，有近200多种无法飞行。

啮齿类动物，与鼹鼠相比，这种动物在地下的习性有过之而无不及。一位经常捕杀它们的西班牙人告诉我，一般来说，它们的眼睛是瞎的。我曾养过一只活的吐科吐科，它的眼睛的确是如那个西班牙人所说的一样，在对它的眼睛进行了解剖之后，我才知道导致它眼睛瞎的原因竟然是瞬膜发炎。对于任何动物而言，眼睛发炎都会造成极大的损害，但又由于眼睛对于穴居动物而言并不是那么重要，因此，在这种情况下，它们的形状缩小，上下眼睑粘连，而且有毛生在上面，甚至会给它们带来好处；如果是有利的话，那么自然选择就会对不使用的效果有所帮助。

众所周知，有几种完全不属于同一个纲的动物栖息在卡尔尼奥拉（斯洛文尼亚的一个省名。——编译者）及肯塔基（美国的一个州。——编译者）的洞穴里，它们的眼睛也都是瞎的。虽然某些蟹没有眼睛，但它们的眼柄却依然存在，就好像没有了透镜的望远镜一样，虽然没有透镜，但架子还是存在的。对于生活在黑暗中的动物而言，尽管我们知道眼睛对它们没有什么用，但我们并不知道彻底失去眼睛会给它们带来什么害处，所以我们只能将此归因为不使用眼睛。有一种叫洞鼠的穴居动物，西利曼教授曾经在距洞口半英里的地点捉到过两只，由此可见，它们并不是住在洞的深处，洞鼠的两只眼睛大而有光。西利曼教授告诉我说，只要将它们放在逐渐加强的光线下，只需要一个月的时间，它们就可以朦胧地辨认面前的东西了，可见并不是所有穴居动物的眼睛都是因不使用而完全瞎掉的。

我敢说没有什么生活条件能比在几乎

相似气候下的石灰岩洞更为相似的了。按照盲眼动物是美洲和欧洲的岩洞分别创造出来的旧观点，可以推断出它们的身体构造和亲缘是极其相似的。如果我们对于这两处的整个动物群加以观察，就可看出，事实并非如此；单是关于昆虫方面，希阿特曾说过："我们不能用纯粹地方性以外的眼光来观察全部现象，马摩斯洞穴（位于美国的肯塔基州。——编译者）和卡尔尼奥拉洞穴之间的少数类型的相似性，也不过是欧洲和北美洲的动物群之间所一般存在的类似性之明显表现而已。"在我看来，我们必须先假设美洲动物在大多数情况下具有正常的视力，然后，它们在以后的世代中，会慢慢地从外界移入肯塔基洞穴的越来越深的处所，就如同欧洲动物移入欧洲的洞穴里那样。我手上就掌握着这种习性是慢慢形成的证据，希阿特曾说："我们把地下动物群看做是从邻近地方受地理限制的动物的小分支，它们一经扩展到黑暗中去，便适应于周围的环境了。最初从光明转入到黑暗的动物，与普通类型相距并不远。接着，构造适于微光的类型继之而起；最后是适于全然的黑暗的那些类型，它们的形成是十分特别的。"在这里，我要强调一下，希阿特的这番话并不适用于同一物种，而是只适用于不同物种。在动物经过无数世代而进入了洞穴的最深处后，它们的眼睛因为不使用，差不多完全消失了，而自然选择常常会引起别的变化，如触角或触须的增长，作为盲眼的补偿。尽管有这种变异，我们还是能看出美洲的洞穴动物与美洲大陆别种动物的亲缘关系，以及欧洲的洞穴动物与欧洲大陆动物的亲缘关系。我听达纳

鼹鼠

鼹鼠的前脚大而向外翻，爪子有力，像两只铲子，头紧接肩膀，看起来像没有脖子，整个骨架矮而扁，如掘土机一样。这些特点是自然选择产生的变异，使它们非常适合在狭长的地下、隧道里自由生活。

獾

獾广泛分布于北半球的欧洲大陆和北美洲，常生活在丛林的阴暗僻静的土穴中。生存需要使得它们四肢粗壮，前爪比后爪发达，这样的形态特征对于掘土、挖穴更有利。

教授说过，美洲的某些洞穴动物确实是这样的，而欧洲的某些洞穴昆虫与其周围地方的昆虫也极其密切相似。如果按照它们是被独

立创造出来的普通观点来看，我们对于盲目的洞穴动物与欧洲和美洲大陆的其他动物之间的亲缘关系，就很难给予一个合理的解释。新旧两个世界的几种洞穴动物的亲缘应该是密切相关的，我们可以从这两个世界中的大多数已知的其他生物间的亲缘关系联想得到。因为埋葬虫属里的一个盲目的物种，就生活在离洞穴口外很远的阴暗的岩石下，该属洞穴物种基本上都已经成瞎子了，这大概与其黑暗生活不无关系。其实，这一切都很自然，既然一种昆虫失去了视觉器官，那么，它就容易适应黑暗的洞穴了。另一盲眼的盲步行虫属也具有这种显著的特性，据默里先生的观察，除了在洞穴里看到过这种生物外，其他地方根本找不到这些物种。然而栖息在欧洲和美洲的一些洞穴里的物种却不是这样，也许这些物种的祖先，在没有失去视觉之前，曾广布于这两个大陆之上，后来由于某些原因，使得除了那些隐居在洞穴里的之外，其他的都绝灭了。有些穴居动物十分特别，这是没有什么值得奇怪的，如阿加西斯曾谈到过的盲鳉，又如欧洲的爬虫类——盲目的盲螈，都是很奇特的，我所奇怪的只是这些古生物的后代存活下来的并不多，因为住在黑暗洞穴中的动物毕竟非常稀少，而且这里的生存竞争也并不激烈。

环境适应性

　　植物的习性具有遗传性，比如其开花的时间、休眠的时间、种子发芽时雨量的多寡等，在这里，我只略谈一下植物的环境适应性。在热带地区和寒带地区，存在同属不同种的植物是极为常见的现象。如果同属的所有物种都是由一个单一祖先所传下来的话，那么，环境适应性就会很轻易地在物种时代传承的过程中发生作用。众所周知，任何一种物种都是非常适应其本土气候的，在热带地区，那些来自寒带以及温带的物种都无法忍受炎热的气候，反之亦然。许多富含汁液的植物都无法忍受潮湿的气候。但物种对于其生活地区的气候适应能力，常常被高估了。关于我的这一观点，我们可从下列事实得到解答。对于一种外来植物，我们常常都无法对其是否能忍受我们这个地区的气候作出正确的评估，但是，大量的外来植物和动物都可以在这里健康地生活。因此，我们有理由相信，因为与其他生物竞争的原因，物种在自然状况下的分布会受到严格的限制，这一限制和物种对于特殊气候的适应能力十分相似，甚至这一限制的作用大于物种的适应能力。但是在大多数情况下，不管这种适应能力是否密切，我们都有证据证明：在某种程度上，某些植物已经习惯于在不同的气温环境下生活了，这就说明，它们已经被气候所驯化了。胡克博士从喜马拉雅山采集了许多同种的松树和杜鹃花属的种子，这些种子是从喜马拉雅山的几个地方采来的，这些地方都不在同一个海拔高度上。随后，他将它们栽培在英国，经过观察，他发现它们的抗寒力各有不同。思韦茨先生告诉我说，他在锡兰看到过相同的事实，H.C.沃森先生曾把欧洲种的植物从亚速尔群岛带到英国作过类似的观察，其结果和胡克博士的完全相同。除此之外，我还能举出很多别的例子来。至于动物，也有很多已经被证实的事例可以引证。可见，从有生命开始，物种一直都在最大限度地扩展其分布范围，它们从较

芙蓉　摄影

　　芙蓉，又名木芙蓉、拒霜花、三变花，锦葵科，木槿属。原产于我国黄河流域及华东、华南各地，喜温暖湿润的环境，宜配植水滨，花开时节，波光花影，相映益妍。

银杉 摄影

世界上松树种类有八十余种，每种松树的抗寒能力都不一样。银杉也是松树的一种，它只能生长在冬无严寒、夏无酷暑、降水丰富、空气十分潮湿的深山中，对环境要求十分苛刻。因此，银杉的引种栽培十分困难，至今仍为世界植物学界和园林界不可多得的树木珍品。

暖的纬度扩展到较冷的纬度，是一种反方向扩展。虽然在一般情况下，我们认为动物已经完全地适应了它们的本土气候，但我们却无法断定，它们是否真的完全适应了，我们也不知道它们后来对于它们的新家乡是否会变得比它们的本土更适应。

我们可以假设，家养动物最初是由还未开化的人类所选择出来的，由于它们有利用价值，同时当时选择它们是由于它们容易在封闭的状态下生育，而不是因为后来发现它们能够输送到遥远的地方去，因此，我们的家养动物不仅能够适应各种不同的气候，而且完全能够在那种气候下生育（这对它们来说是非常严格的考验）。根据这点，我们可以得到这样一个结论，即许多在今天仍生活在自然状态下的动物能够很轻易地抵抗各种不同的气候。但是，我们切不可把这一论点的范围假设得太远，因为我们的家养动物的

野生祖先可能不止一个。比如，在我们的家养品种中，可能混合有热带地区的狼和寒带地区的狼两种血统。鼠类和鼷鼠类也不能被视为家养动物，但是它们被人带到世界的许多地方去，现在分布之广，超过了其他任何一种啮齿类动物。在北方的寒冷气候下，在南方温暖的气候下，甚至在热带地区的岛屿上，我们都可以发现它们的踪迹。因此，对于任何特殊气候的适应性，可以看做是这样一种性质，它能够容易地移植于内在体质的广泛揉曲性里去，而这种性质是大多数动物所共有的。根据这种观点，人类自己和他们的家养动物对于极端不同气候的忍受能力，以及绝灭了的象和犀牛的忍受能力——它们以前能忍受冰河期的气候，而它们的现存种却具有热带和亚热带的习性，这些都不应被看做是异常的事情，而应看做是很普通的体质揉曲性在特殊环境条件下发生作用的一些例子。

物种对特殊气候的适应能力，单纯的习性占了多大比例，不同内在体质的变种的自然选择又占了多大比例，上述两者的结合又占了多大比例，关于这个问题，目前还没有一个确切的答案。以上面的述说为基础进行类推，再加上农业著作以及古代中国著作中所不断出现的忠告，由于自古以来，动物从一个地方运到另一个地方时都十分小心，因

此，我相信其习性或习惯对它们都有一定的影响。由于人类并不一定能成功地选择出那么多的品种及亚品种，并使所有的品种及亚品种都具有特别适于该地区的体质，因此，我认为，之所以会造成这样的结果，其原因一定是习性。另一方面，自然选择必然倾向于保存那样一些个体，它们生来就具有最适于它们居住地的体质。在许多种栽培植物的论文里，学者们说，某些变种比其他变种更能抵抗某种气候；美国出版的果树著作明确阐明，某些变种经常被推荐在北方种植，某些变种被推荐在南方种植；因为这些变种大多数都起源于近代，它们的体质差异不能归因于习性。在英国，菊芋从来不是用种子进行繁殖的，因此，它也没有产生过新变种，这个例子曾被提出来证明环境适应性是没有什么效果的，因为它至今还是像往昔一样的娇嫩。再比如菜豆，它也常常因相同的目的而被引证，并且更具有说服力。但我们不能假设菜豆的实生苗在体质上从来没有发生过变异，因为据某个报告说，某些菜豆的实生苗的确比其他实生苗具有更强的抗寒能力，而且我自己就曾看到过这种明显的例子。

菊芋

菊芋环境适应能力极强，拥有很好的抗寒、抗旱、抗风沙能力。并且，其采用块茎繁殖，不会产生变种，它的这种超常的环境适应能力会一直延续下去。

总之，我们可以得出这样的结论，即习性或者使用和不使用，在某些场合中，对于体质和构造的变异有着重要的作用，但这一效果，大都往往和内在变异的自然选择相结合，有时内在变异的自然选择作用还会支配这一效果。

与成长有关的变异

在这里，与成长有关的变异指的是，整个身体构造在物种的生长和发育中，与变异紧密地结合在了一起，以至于当任何一部分发生细微变异而被自然选择并产生累积时，其他部分也要发生相应的变异。这是一个至关重要的问题，但我们对于它的理解却极不充分，而且我们对于完全不同种类的事实也极容易产生混淆。在不久的将来，我们会看到，单纯的遗传常常会表现出相关作用的假相。最明显的真实例子之一，就是动物在幼年期或幼虫期其构造上所发生的变异，这种

六周时的胎儿

胎儿在子宫中发育时，总是双手抱头，并且双手的位置靠近下颚。某些学者相信，下颚和四肢是同源的，这种现象为其提供了有力的证据。

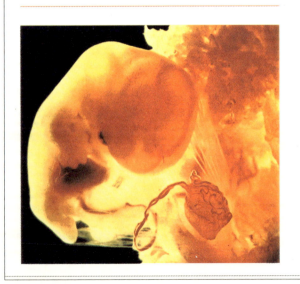

变异能直接影响到成年动物的构造。有着同源的、在胚胎早期具有相同构造的且处于相似外界条件下的物种，其身体的某些部分必然会有着按照同样方式进行变异的倾向。这些物种身体的右侧和左侧在按照同样方式进行变异时，其前脚和后脚甚至连颚和四肢也会同时进行变异。这是因为，某些解剖学者相信，下颚和四肢是同源的。我不怀疑，这些倾向或多或少地完全受自然选择的支配。比如，曾经存在过一群头上只长一只角的雄鹿，如果这一特点对于它们曾经有过很大的用处，那么自然选择也许就会让该物种永远地存活下去。

某些博物学者曾经认为，同源部位有合生的倾向。关于这一点，我们常常在畸形的植物里看到。比如，花瓣结合成管状是一种最普通的正常构造里同源器官的结合，坚硬的部分似乎能影响到柔软部分的外观。某些博物学者还认为，鸟类骨盘形状的分歧能使它们的肾的外形也发生明显的分歧。另外一些人相信，人类女性的骨盘形状会影响胎儿头部的形状。施莱格尔还认为，蛇类的身体形状和吞食食物的状态决定了其最重要的几大内脏的位置和形状。

至于物种的这种结合性质的起因，我们并不清楚。小圣·提雷尔先生曾强调，有

几种畸形可以共存，还有几种畸形则无法共存，但是，我们却无法举出任何一种理由来证明他所说的这番话。很多事实我们都无法解释，在猫类中，纯白毛色和眼睛的蓝色与耳聋之间的关系，毛色成龟壳色的猫与雌性的关系；在鸽类中，有羽毛的脚与外趾间蹼皮的关系，刚出生的幼鸽的绒毛数量与其成年后羽毛颜色的关系；土耳其裸狗的毛和牙之间的关系。虽然同源在这里起着无可置疑的作用，但它却无法解释这些奇特的关系。上述相关作用的最后一个事实是，哺乳动物中表皮最异常的二目，即鲸类和贫齿类（比如犰狳、穿山甲等），同样全部都有最异常的牙齿，我认为这应该不是偶然的现象。虽然这一规律也有很多例外，但就如米伐特先生曾说过的那样：那些例外的价值很小。

据我所知，阐明和使用与自然选择无关的相关和变异法则的重要性，没有任何事实比菊科和伞形科植物的内花和外花的差异更具有说服力了。众所周知，雏菊的中央小花和射出花是有差异的，这种差异往往伴随着生殖器官的部分退化或全部退化。但某些植物的种子在形状和刻纹上也有差异。有时候，人们把这些差异归因于花苞对花的压力，或者归因于两者彼此间的互相作用力，这一观念又恰好和某些菊科植物的种子是从花中射出来的情况相一致。但在伞形科植物中，胡克博士告诉我，其内花和外花差异最大的，决不是花序最密的那些物种。我们可以这样想象，射出花的花瓣的发育是靠着从生殖器官吸收养料，这就造成了生殖器官的发育不全；但这不见得是唯一的原因，因为在某些菊科植物里，花冠并无不同，而内外

孟加拉眼镜蛇　摄影

孟加拉眼镜蛇，又名单眼镜蛇、泰国眼镜蛇，有鳞目，眼镜蛇科，卵生。广泛分布于印度、尼泊尔及我国云南、四川等地，以蛙、鸟、蜥蜴等脊椎动物为食。施莱格尔认为：蛇类的身体形状和吞食食物的状态，决定了其最重要的几大内脏的位置和形状。

花的种子却有差异。也许养料在流向中心花和外围花时，由于流向的不同从而导致了种子之间的差异，至少我们知道，关于不整齐花，那些最接近花轴的最易变成化正花，即变为异常的相称花。关于这一事实，我再补充一个事例，亦可作为相关作用的一个显著例子，即在许多天竺葵属植物里，花序的中央花的上方两瓣常常失去浓色的斑点；如果发生这样的情况，其附着的蜜腺即十分退

天竺葵 摄影

天竺葵，别名洋绣球，牻牛儿猫科，天竺葵属，原产南非，是多年生的草本花卉。其喜温暖、温润和阳光充足的环境，耐寒性差，怕水湿和高温。达尔文认为如果天竺葵花序中央花的上方两瓣失去浓色的斑点，即表示其蜜腺十分退化。

有时候是直生的，中心花种子的胚珠却是倒生的情况时常出现，以至于得康多尔主要用这些性状对此类植物进行分类。分类学者们认为，价值程度越高的构造变异，几乎全是由变异和相关法则所导致的，但我在观察后却得出了这样一个结论，即这对于物种根本没有一点用处。

物种的整个群所共有的，并且确实单纯由于遗传而来的构造，常被错误地归因于相关变异；因为一个古代的祖先通过

化；因而中心花乃变为化正花即整齐花了。如果上方的两瓣中只有一瓣失去颜色，那么，蜜腺并没有出现严重的退化，只是大大地缩短了而已。

关于花冠的发育，斯普伦格尔曾提出过这样的假设，即花射种子的目的在于引诱昆虫，昆虫的媒介对于这些植物的受精是高度有利或者必需的。他的这一意见非常合理，如果真是如此，那么自然选择可能已经发生作用了。但是，种子的形状千奇百怪，并不经常和花冠的任何差异相关，因而似乎没有什么利益。在伞形科植物里，这种差异具有如此明显的重要性。由于外围花种子的胚珠

自然选择，可能已经获得了某一种构造上的变异，而且经过数千代以后，又获得了另一种与上述变异无关的变异；这两种变异如果遗传给习性分歧的全体后代，那么自然会使我们想到它们在某种方式上一定是相关的。此外，还有些其他相关情况，显然是由于自然选择的单独作用所致。例如，得康多尔曾经说过，有翅的种子从来不见于不裂开的果实。关于这一规律，我可以作这样的解释：除非蒴裂开，种子就不可能通过自然选择而渐次变成有翅的；因为只有在蒴开裂的情况下，稍微适于被风吹扬的种子，才能比那些较不适于广泛散布的种子占有优势。

与生长有关的补偿和节约

老圣·提雷尔先生与歌德几乎在同一时间提出了物种生长的补偿法则，也就是平衡法则。关于该法则，歌德曾这样说过："自然为了要在一边消费，因此，就被迫要在另一边节约。"我认为，这种说法在某种范围内也同样适用于我们的家养动物。如果养料过多地流向一个或少数几个器官，那么，至少可以说，流向其他器官的养料就不会充足了，因此，要获得一只产乳多的而又容易长胖的牛是很困难的。同理，属于同一变种的甘蓝，不会在产生茂盛且富含汁液的叶子的同时，又结出大量的含油种子。当我们的水果种子开始萎缩的同时，它们的果实本身体积不仅会发生明显的改进，就连品质也会大大改进。在一般情况下，家养鸡的头上有一大丛冠毛，同时还伴随着缩小的肉冠，如果是多须的，还会伴随着缩小的肉垂。对于自然状态下的物种而言，我们要将这一法则运用好非常困难，但许多优秀的观察者，特别是植物学者，都相信该法则的真实性。我不准备在这里列举过多例子来证明，因为我认为，如果要辨别以下的效果，用什么方法都很困难，也就是说，一方面，物种的一部分器官因为通过自然选择而大大地发达起来，而其连接部分却由于同样的作用或不使用的

雏 菊　雷杜德　水彩画　19世纪

雏菊又名春菊、延命菊、马兰头花，原产欧洲。这种两年生的草本植物在初春或春季开花，花期很长，其时，根叶将大量营养转移至花朵，以供给其所需。

原因缩小了；另一方面，由于连接部分的过分生长，大量的养料都被其剥夺了。

另外，根据我的推测，某些已被发现的补偿情况和某些其他事实，可以被归纳在一个更为一般的原则里，即自然选择不断地试图来节约身体构造的每一部分。在生活条

泡桐　弗朗斯·希鲍德　水彩画　19世纪

　　泡桐是一种喜光的速生树种，原产于中国，后传于亚洲各地。春季先叶开花，花呈不明显的唇形，略有香味，盛花时满树是花非常壮观，花落后营养转移长出大叶，叶密集，具有良好的遮阴效果。但泡桐不太耐寒，一般只分布在海河流域南部和黄河流域，是黄河故道上防风固沙的最好树种。此图为东印度公司的医生弗朗斯·希鲍德在其著作《日本植物志》中的插图。

件发生了改变的情况下，如果一种以前是有用的构造，现在却没多大用处了，那么，这种构造的缩小是有利的，因为这可以使个体不把养料白白浪费在建造一种无用的构造上去。当我在对蔓足类进行考察时，我对这方面的认识就更加深刻了。我还从中看到了一个事实，类似的事实也非常多，那就是：如果一种蔓足类寄生在另一种蔓足类体内并因此得到保护时，它的外壳（蔓足类的背甲）几乎就会消失。雄性四甲石砌属就是最好的例证，寄生石砌属的存在更加印证了这一事实的可信度。非寄生型的蔓足类的背甲都非常发达，其结构是由非常发达的头部前端的非常重要的三个体节所构成，并且具有巨大的神经和肌肉，但寄生型的和受保护的寄生石砌却恰好相反，它们的头前端发生了严重的退化，以至于只能附着在具有捕捉作用的触角基部，而且还缩小到仅留下一点非常小的残迹而已。一旦大且复杂的构造成为多余时，它就会自动将其省去。这一做法对于该物种的各代个体都具有决定性的作用和巨大的利益，因为各动物都处于生存竞争之中，它们借由节省养料和不浪费一点养料的做法，获得了使自己能更好生存的机会。

　　因此我相信，身体的任何一个部分，一旦由于习性的改变而成为多余部分时，自然选择就会使它缩小，但自然选择不会以下面的方式进行补偿，即使身体中的其他某个部分变得发达。

低等动物更容易变异

正如小圣·提雷尔所说的那样："在任意一种物种和变种中，同一个体的任何部分或器官只要被重复多次（如蛇的脊椎骨、多雄蕊花中的雄蕊），其数量就容易产生变异；相反地，还是这些部分或器官，如果数量较少，则容易保持稳定，这似乎已成了一条规律。"他和一些植物学家还进一步指出，只要是重复的器官，那么其构造上的变异就极容易发生。欧文教授把该现象称为"生长的重复"，这是低等身体构造的重要标志。众多博物学者一致认为，在自然状态下，低等级生物比高等级生物更容易发生变异。在这里，我所谓的低等指的是那些在身体构造上的分工不是很专业，以至于没有特殊机能器官的低等级生物。当同一器官不得不承担多种工作时，我们就应该可以理解，为什么如此容易产生变异，这是因为自然选择对这种器官形状上的偏差所做的保存或排斥都比较宽松，它不会像对专营一种功能的部分那样严格。这正如一把被用来切割各种东西的刀子，它以任何形状出现都是可以的，但反过来，若是专

海带 摄影

海带，海带科，海带属，典型的藻类植物。在进化过程中，除了藻类植物以外，其他的植物在生殖过程中都出现了胚，它们都属于高等植物。藻类却无胚，是低等植物。

门为某一特殊目的而出现的工具，那么就必须具有符合该特殊目的的特殊形状。永远不要忘记，自然选择只能通过和为了各生物的利益才能发生作用。

众所周知，残迹器官极易发生变异。关于这一问题，我还会在以后的文章中提到。在这里，我只补充一点，即它们的变异性似乎是由于它们毫无用处所引起的结果，因而也是由于自然选择无力抑制它们构造上的偏差所引起的结果。

物种某个部位出现
高度变异的原因

若干年以前，我被沃特豪斯先生的那篇有关上面标题的论点所打动。最近，欧文教授也似乎得出了类似的结论。如果不把我所搜集的一系列的事实举出来，那么想要使别人相信上述主张的真实性是根本不可能的，

蝙蝠

蝙蝠的肉翅在哺乳动物中异常少见。它虽然极其发达，但是长久以来未曾有所变异。按照达尔文的观点，如果某一种蝙蝠的翅膀比其他种类蝙蝠的翅膀明显发达得多，才会导致变异。

然而，我在这里又不可能把它们一一列举出来。我能说的是，我所相信的事实是一个极为普遍的规律。当然，我意识到有几种原因可能会导致错误，但我认为我已经对它们加以仔细的考虑了。在此之前，我们必须要认识到，这一规律无法被应用到身体的任何部位上，即使是异常发达的部位也不可能，除非在它和许多与它密切近似物种的同一部分相比较下，能明显地表现出它在一个物种或少数物种里异常发达时，才能应用这一规律。例如蝙蝠肉翅，在哺乳动物中，这一部位是一个最异常的构造，但是这一规律却无法在该部位上得到应用，这是因为所有的蝙蝠都有肉翅。如果某一物种的翅膀与同属其他物种的翅膀相比要明显发达得多，那么，在这种情况下，这一规律就能够被应用。当次级性征以一种极其异常方式出现时，这一规律就可以被应用了。次级性征这一名词，是由亨特先生提出来的，它是指属于雌雄两性的其中一方，但又与生殖作用没有直接关系的性征。这一规律适用于雌雄两性，但适用于雌性的时候要比适用于雄性的时候少，这是因为雌性很少具有显著的次级性征。这一规律之所以能被应用在次级性征上，可

能是因为这些性状总是具有巨大变异性，而无论这些形状是否以异常的方式出现。我认为，这一事实几乎不值得任何怀疑，但这一规律又并非仅仅局限在次级性征，在雌雄同体的蔓足类中，我们也能很清楚地看到这一规律的应用。在我研究这一目时，我特别留意了沃德豪斯的话，因为我有充足的理由去相信，这一规律几乎是能够被应用的。我将在以后的著作中把那些显著的事例列成一个表格，但在这里，我只能举一个事例以说明这一规律的最大的应用性。无柄蔓足类（即岩藤壶）的盖瓣，从各方面说，都是很重要的构造，甚至在不同的属里它们的差异也极小。但有一属，即在四甲藤壶属的若干物种里，这些瓣却呈现很大的分歧，这种同源的瓣的形状有时在异种之间竟完全不同，而且在同种个体里其变异量也非常之大，所以，如果我们说这些重要器官在同种各变种间所表现的特性差异大于异属间所表现的，这并不算夸张。

至于栖息在同一地方的属于同一物种的鸟类，其变异的可能性就极其微小。我曾特别留意过它们的变异，我发现这一规律的确是适用于它们的。在植物方面，我还没有发现这一规律的可适用性，要不是因为植物的巨大变异性使得它们的相对变异性变得特别难以比较的话，我就会对这一规律的真实性

停留在牛背上的牛背鹭

牛背鹭，鹳形目，鹭科。分布于欧洲、非洲和亚洲。多见于平原、山脚下的耕地、荒地及沼泽等处。栖息在同一地方的牛背鹭产生变异的可能性较小，故绝大部分的牛背鹭体貌特征相差无几。

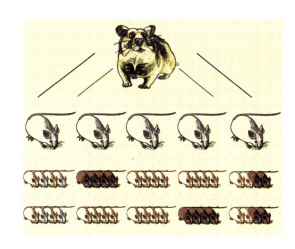

山鼠的变异规律　张鹏飞　线描　当代

发生变异的原因可能是基因突变，这是能遗传的变异；也有可能是因为环境的变化，这是不能遗传的变异。比如基因有时候会出现缺失、断裂等现象，但通过复制，就可以将变化了的结构遗传给后代，这样就会重新发生变异，山鼠的变异就遵循这一规律。生命之所以不断延续，就是遗传物质被物种不断地传递给后代的缘故。

产生怀疑。

当我们看到一个物种的任意部位或器

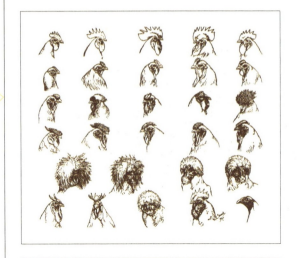

鸡冠的进化　张鹏飞　线描　当代

鸡冠的进化从大到小，从肥硕到瘦弱，是人工选择的结果。在纯自然的条件下，不会发生这样的变化。

胸骨上的龙骨突起

前肢骨

头盖骨

喙

肱骨

脊骨

肋骨

尾骨

胸骨

股骨

盆骨

胫骨

跗骨

鸽的骨骼构造解剖图

鸽属于鸟类，翅膀宽大，善于飞行，品种繁多，羽毛有白色、灰色、酱紫色等，以谷类植物的种子为食。从这只石板蓝鸽的骨骼构造和翅膀、羽毛、颈和尾部的颜色可以分辨出，这只鸽子是通过杂交产生的。

官是以明显的方式发达起来时，正常情况下，应假设它对于那一物种是高度重要的；然而正是在这种情况下，它是最容易发生变异的。为什么会出现这样的情况呢？如果按照各个物种是被独立创造出来的观点，那么物种的所有部位都应该像我们今天所看到的那样，而我也就找不出任何解释的理由了。但如果按照各个种群是从其他某些物种传下来，并且通过自然选择而发生了变异的观点，我们就能从中理解到一些问题的真相了。首先让我对其中的几个问题进行一下解释。如果我们对于家养动物的任何一个部位或整体不加以注意的话，我们是不会对其采取任何人工选择的，那么这些部位（比如多径鸡的肉冠）或整个品种，就不会像今天这样以一个相同的性状出现在我们眼前了。换言之，这一品种就退化了。关于残迹器官和具有特殊目的但却并不是专业化的器官，以及多形类群等，我们所看到的情况几乎是相同的。这是因为在这些情况下，自然选择并未发生充分的作用，甚至根本无法发生作用，因此身体构造就处于一种不稳定的状态。但是，在这里，有一点和我们有着特殊的关系，在我们的家养动物里，那些由于连续的选择作用而在当今发生着迅速变化的构造的物种也呈现出显著的变异，以同一品种的鸽子的不同个体为例，只要仔细观察一下翻飞鸽的嘴、信鸽的嘴和肉垂、扇尾鸽的姿态及尾羽等，我们就会发现其中的差异是多么巨大！这些差异正是如今英国养鸽家们主要注意的关键点。甚至在同一个亚品种里，以短面翻飞鸽这个亚品种为例，要培育一只近乎完全标准的鸽子几乎是不可能的，在现实中，绝大多数的鸽子都与标准存在着很大的差距。因此，可以毫不隐晦地说，在我下面所讲述的两方面之间一直存在着斗争：一方面是回到较不完全的状态上去的倾向，以及发生新变异的一种内在倾向；另一方面是保持品种纯真的不断选择的力量。最后获得胜利的是选择，因此我们不必担心会失败，以至于在优良的短面鸽品种中培育出如同普通翻飞鸽那样劣质的品种来。当选择作用正在迅速进行的时候，那些正发生着变异的部分将具有巨大的变异性，关于这一点，我们是可以预料到的。现在让我们将目光再次移到自然界，如果任何一个物种的一个部位与同属的其他物种的相同部位相比要发达得多，我们就可以断定，这一部位自从几个物种的共同祖先分出的时期以来，就已经发生了巨大的变异。一般来说，这一时期距今不会十分遥远，因为很少有一个物种能连续存在一个地质时代以上。这里所谓异常的变异量，是指非常巨大的且长期连续的变异性，这种变异性是物种为了自身利益，而由自然选择所不断累积起来的。既然异常发达的部位或器官的变异性如此巨大，且是在一段不是太长的时期内长久连续进行的，按照一般规律，我们可以预想，与这些器官相比，在更为长久的时期内，保持稳定的其他部分所具有的变异性是多么巨大。我相信这就是事实。一方面是自然选择，另一方面是返祖和变异的倾向，二者之间的斗争经过一个时期

白尾海雕

白尾海雕上体为暗褐色，下体为褐色，头和颈部则为淡褐色。这种鸟最奇特的地方在于尾巴为纯白色，它也因此而得名。白尾海雕常栖息在海滨或江河附近的沼泽地区。其在繁殖期性格有异，喜欢在森林地区、开阔湖泊及河流地带活动。

会停止下来；最异常发达的器官会成为稳定的器官，我觉得没有理由可以怀疑这一点。因此，一种器官不管怎样异常，既然以近于同一状态传递给许多变异了的后代，如蝙蝠的翅膀，按照我们的理论来讲，它一定在很长的时期内保持着差不多同样的状态；这样，它就不会比任何其他构造更易于变异。只有变异是在新近、异常巨大的情况下，我们才能发现所谓发育的变异性依然高度存在。因为在这种情况下，由于那些符合要求且程度发生了变异的个体能继续选择，同时又由于能返祖变异的状态比较少，并一直被排除着，因此，变异性很少能固定下来。

在性状方面
物种比属更容易发生变异

矢车菊　约翰·林立　水彩画　19世纪

　　矢车菊，别名蓝芙蓉，菊科，矢车菊属。原产欧洲东南部。它的原生种为蓝色，后来人们培育出了各种颜色的矢车菊，花较大，扁漏斗形，花期长。在这幅画中，画家描绘了矢车菊的粉色、白色、红紫色、暗紫色等品种。

　　上一节所讨论的规律，也可应用于本节的这个问题。我们都知道，物种的性状比属的性状更易变化。最简单的例子就是，在一个大属的植物里，有些物种开的是蓝花，有些物种开的是红花，这些颜色就是物种的一种性状。当开蓝花的物种变成开红花的物种时，任谁都会感到有些惊奇，反过来也是如此。但是，如果一个属里的所有物种开蓝花，那么，蓝色就成为该属的性状；而当所有的物种都变成开红花的物种时，这就是一件十分异常的事了。我之所以会举这个例子，是因为绝大多数博物学者所提出的解释都无法在这里应用，他们认为物种的性状之所以比属的性状更易变异，是因为物种的分类所根据的那些部分，其生理重要性小于属的分类所根据的那些部分。我认为，这种解释的正确性很片面。在后面的章节里，我还将对这一点进行讨论。事实上，通过证据来证明物种的一般性状比属的性状更易变异，是一件非常多余的事。一直以来，我都十分留意博物学著作里所提到的那些重要性状。曾经有一位博物学者惊奇地谈到某一重要器官或部位在物种的大群中是极其稳定的，但在有密切亲缘关系的物种中却不太稳定，且常常发生变异。通过这一事实，我们可以看到，一般来说，当某一性状从原来的由整个属都拥有变成了仅有某些物种才拥有时，就算它的生理重要性还是和从前一样，但它的变异性却由稳定变得不稳定了。也许，同样的情况也可以应用在畸形上，至少小圣·提雷尔就坚信，如果一种器官在同属的不同物种中，其差异性越是常见，那么，受畸形所支配的个体的数量就越多。

如果以各个物种是独立创造出来的理论为根据，那么，为什么在独立创造的同属各物种之间，其构造上的差异部位会比密切近似的部位更容易发生变异呢？在我看来，这种论调是无法对此作出任何解释的。但是，如果按照物种只是特征显著的和固定的变种的观点为根据，那么，我们就可以想象到，在最近一个时期内，发生了变异且彼此之间的构造出现了差异的部位还将继续变异。除此之外，我还可以用另一种方式来说明，即凡是一个属的一切物种的构造彼此相似，而与近缘属的构造相异的各点，就叫做属的性状。这些性状可以归因于共同祖先的遗传，因为自然选择很少能使若干不同的物种按照完全一样的方式进行变异，而这些不同的物种已经适应了不同的习性。事实上，属的性状其实是从物种最初的共同祖先分出来的，也就是说，这些性状是从很久之前就已经遗传下来了。从那以后，这些性状就再也没有发生过什么变异，或者说只出现了些许的变

花叶芋　达顿·胡克　水彩画　19世纪

　　花叶芋又名彩叶芋，多年生草本植物，原产西印度群岛及巴西。喜凉爽湿润的气候，适宜在20℃～28℃的温度下生长，不耐寒。人们曾大量对其盆栽引种，但其习性始终未产生明显变异。

异，所以，它们在今天，甚至是在将来大概也不会发生大的变异。另一方面，同属的某一物种与另一物种的某些部位上的不同，应该被叫做物种的性状。这是因为物种从一个共同祖先分出来以后，由于变异而出现了差异，因此，这些部位也许还会在某种程度上经常发生变异，至少与那些长时间保持稳定的部位相比，它们更容易发生变异。

第二性征更容易发生变异

在这里，我认为不用再详加讨论第二性征的高度变异性了，因为几乎所有的博物学者们都已经承认了这一点。除此之外，他们还承认，同属的物种间的第二性征的差异比身体的其他部位的差异更加广泛。比如，

条纹鹰　奥杜邦　水彩画　19世纪

条纹鹰上体呈银灰色，下体呈白色，有棕色斑纹。尾比较长，有黑横纹和白色的尖端。体长约为30厘米，是一类个体偏小的猛禽，时常袭击家禽。达尔文认为雄性条纹鹰第二性征差异要比雌性条纹鹰明显得多。

雄性鹑鸡类的第二性征差异要比雌性鹑鸡类的第二性征差异明显得多。这些性状的原始变异性的原因并不明显，但我们知道，它们之所以没有像其他性状那样表现出固定性和一致性的原因是什么，那就是它们是被性选择所积累起来的，而性选择的作用并不像自然选择作用那样严格，它不会导致生物的死亡，但会使那些比较不利的雄性在后代的数量上要比有利的少很多。不管是什么原因导致了第二性征的变异性，仅从事实来看，它们都具有高度变异性。因此，性选择就有了广阔的作用范围，从而也就成功地使同属物种在第二性征方面比在其他性状方面更容易展示出巨大的差异。

同种两性间的第二性征差异，一般都表现在同属各物种彼此差异所在的完全相同的部位，这一事实，非常值得我们去关注。关于这一点，我以两个事例来说明。由于在这两个事例中，差异所具有的性质非常普遍，因此，它们的关系绝不是偶然的。比如，甲虫足部跗节的同样的数目，是绝大部分甲虫类所共有的一种性状。但是韦斯特伍德认为，在木吸虫科里，跗节的数目变异很大，而且就算是在同种的两性间，这个数目也会出现差异。还有就是在掘地性膜翅类里，大

部分的物种都拥有翅脉这一性状，因此，翅脉在该属中是非常重要的性状。但在某些属里，翅脉却因物种的不同而产生差异，而且在同种的两性间，这种差异依然存在。卢伯克爵士在前不久就指出，一些小型甲壳类动物的第二性征就极好地证明了这一事实的正确性。例如，在角镖水蚤属里，第二性征主要体现在触角和第五对

大鸨，羽毛颈部为淡灰色，背部有黄褐色和黑色斑纹，腹面近白色。常群栖于草原和半荒漠地带，大鸨在雏鸟期为适应自然环境，发生着高度的变异，雌鸟较雄鸟先达到性成熟。图为繁殖季节的雌大鸨摆弄舞姿以讨雄鸟的欢心。

脚上，同时，物种的差异也主要表现在这些器官方面。对于这种关系，我的观点具有突出的代表意义。我认为，同属的所有物种必然是由一个共同祖先传下来的，这和任何一个物种的两性都是由一个共同祖先传下来的是一样的。因此，不管共同祖先或其早期后代的哪一部位发生变异，这一部位的变异极可能会被自然选择或性选择所利用，以便使一些物种在自然构成中能找到适于自己的位置。另外，这也使得同种的两性之间能够相互适应，或者说，能够使雄性在争夺对雌性的占有权时，能够较好地帮助它与其他雄性进行斗争。

最后，我要总结一下，物种的性状——即每个物种所拥有的独特性状，比属的性状——即同属物种所具有的共同性状，具有更大的变异性。当一个物种的任何部位比同属其他物种的同一部位要显得发达时，这一部位所具有的变异性常常是非常高的。不论

一个部位怎样发达，只要这一部位是同属的所有物种所共有的，那么，这一部位的变异性就是比较稳定的。第二性征的变异性是巨大的，并且在具有密切亲缘关系的物种之间，其差异也是巨大的。第二性征的差异和常见的物种差异，一般都会从身体构造的同一部位上表现出来，所有的这些原理彼此之间都是有密切关系的。同属的物种都是一个共同祖先的后代，这个共同祖先遗传给了它们许多共同的东西，导致这一切的主要原因是——在最近的一个时期内，发生巨大变异的部位与遗传已久但还未发生变异的部位相比，其持续变异性要高。随着时间的流逝，自然选择能够或多或少地完全克服返祖倾向和进一步变异的倾向，同时，性选择没有自然选择那样严格，同一部位的变异曾经被自然选择和性选择所积累。因此，在这些原因的作用下，它适应了第二性征的目的以及一般的目的。

物种变异的近似性

看看我们的家养物种吧，观察一下它们，我们就能够非常容易地理解这些观点了。有一些彼此之间离得非常遥远，而且品种之间的差异也非常巨大的鸽子品种，它们的头部生有逆毛和脚上也生有羽毛——这些性状并非岩鸽所具有。这些性状就是两个或两个以上的不同物种的相似变异。一般情况下，突胸鸽有14根或者16根尾羽，这一尾羽就可以被视为是一种变异，它代表了另一物种即扇尾鸽的正常构造。我想不会有人怀疑，所有这些相似变异，都是由于这几种不同的鸽子在相似且未知的影响下，从一个共同的祖先处遗传了相同的体质和变异倾向。

蝶瓣花　雷杜德　水彩画　19世纪

　　蝶瓣花为原产于澳大利亚的多年生植物。花为红色、紫色、紫罗兰色、粉色、白色等，花期多在10月至12月，花朵外形与蝴蝶相似，但这并非意味着蝶瓣花与蝴蝶具有某些变异的近似性。

在植物界里，我们也有一个相似变异的例子，比如瑞典芜菁和芜青甘蓝的肥大茎部（一般人将之视为根部）。一些植物学者把这些植物看成是由一个共同祖先所演变成的两个变种。如果不是这样，那么，这个例子便会成为两个不同物种相似变异的例子了。除这两种之外，还可加入第三种物种，即普通芜菁。如果按照每种物种都是被独立创造出来的这一流俗观点来看待这一现象，那么，我们必然不能把这三种植物的肥大茎部的相似性归因于它们拥有共同的祖先。尽管这是真实原因，也不能归因于它们是按照同样方式进行的变异，我们只能将之归因于三种分离的但又有着密切联系的创造结果。对于葫芦这一大科，诺丹和其他作家都曾在我们的谷类作物里观察到相似变异的相同事例。在自然状况下，昆虫也发生过同样的情况。最近，沃尔什先生就详细地讨论过这一问题，他已经把它们归纳在他的"均等变异性"法则里去了。

但在鸽子中，还有另外一种情况，即在所有的鸽子品种中偶尔会出现石板蓝色的鸽子。这种鸽子的翅膀上有两条黑带，腰部白色，尾端也有一条黑带，外羽近基部的外缘呈白色。由于这些颜色都属于岩鸽祖先的特性，因此，我将这假设为一种返祖现象，而不是出现在一些品种中的新的相似变异，我相信，不会有人怀疑我的这一假设。我认为，我们有充足的理由来作出这一结论，因为，正如我们所看到的那样，这些具有标志性的颜色非常容易地出现在两个不同的、颜色各异的品种的杂交后代中。在这种情况下，石板蓝色以及几种色斑的重现并不是由于外界生活条件的作用，而仅仅是受到了遗传法则中杂交作用的影响。

毋庸置疑的是，有些性状在消失了许多世代，甚至是数百个世代后还能重现，这样的事实的确让人感到无比震惊。但是，当一个品种和其他品种杂交后，就算只杂交了一次，它的后代们必然会在之后的许多世代里出现杂交的倾向。有些人说大约是12代或多至20代，会偶尔出现只有外来品种才具有的性状。以12个世代为例，从一个祖先得来的血（这是最通俗的说法），其比例为2048∶1。但是，正如我们所知道的，一般的观点认为，返祖倾向是被这种外来血液的残余部分所保持着的。在一个未曾杂交过，但其双亲却已经失去了祖代的某种性状的一个品种里，重现这种失去了的性状的倾向，无

芜菁

芜菁，别名圆菜头、圆根、盘菜，十字花科，芸薹属。原产欧洲，现欧洲、亚洲和美洲均有栽培，其茎部十分肥大。芜菁甘蓝是与芜菁亲缘关系密切的一种根用蔬菜，它和瑞典芜薹茎部都十分肥大，植物学家们因此将这两种植物看成一个共同祖先所演变成的两个变种。

论强或弱，如前面已经说过的，差不多可以传递给无数世代，即使我们可以看到相反的一面，也是如此。让我们来作一个最近情理的假设，当一个品种的某一种性状在消失很久后，又再次重复出现，这并不是一个个体突然又获得数百代以前的一个祖先所失去了的性状，而是这种性状在每个世代里都潜伏存在着，最后在未知的有利条件下再次重见天日。比如，很少出现蓝色鸽子的排字鸽。其实，该品种在每一世代中都有生长蓝色羽毛的潜在倾向。这种经过无数世代后所传递下来的倾向，比那些几乎没有一点用处的器官即残迹器官同样传递下来的倾向，在理论的不可能性上大不了多少，产生残迹器官的倾向有时的确是这样遗传下去的。

既然将同属的所有物种都假定为来自于同一个祖先，那么就可以预料到，它们偶尔会以相似的方式进行变异，所以，两个或两

葫芦龟

2008年，在安徽淮北发现一只外形酷似葫芦的乌龟。这只乌龟在生长过程中体态发生了变异，从而变成葫芦状的外形。

个以上物种的一些变种彼此之间会有一些相似，或者说某一物种的一个变种在某些性状上会与另一物种的某些性状相似。以我们的理解，这里所说的另一物种，只是一个性状明显且固定的变种罢了。也许，纯粹是因相似变异而产生的性状，其性质并不重要，因为所有关于机能上的重要性状的保存，都必须根据该物种的不同习性，通过自然选择的方式来决定。因此，我们可以进一步预料，同属物种必然会偶尔将已经失去很久的性状再次重现出来。但是，我们并不知道哪怕是一种自然种群的共同祖先是什么，因此，我们也就无法把重现的性状与相似的性状加以

区分。比如，如果我们不知道亲种岩鸽是否脚上有毛或是否有倒冠毛，那么，我们就不能说，当在家养品种中出现了这种性状时，我们究竟该把这一现象归为返祖现象还是相似变异。但是，从许多色斑上，我们可以得出这样一种结论，即蓝色是一种返祖现象，因为色斑和蓝色是有关联的，而这许多色斑并不会一起出现在一次简单的变异中。值得注意的是，当不同颜色的品种进行杂交时，蓝色和其他一些色斑常常会大量出现，因此，我们更有理由得出上述所讲的结论。在自然状况下，我们常常没有方法来判定什么性状是在很久以前就已经存在的，什么性状是新的或相似的变异。根据我的理论，我经常发现一个物种的变异后代具有同群的其他个体已经具有的相似性状。这一点是毋庸置疑的。

变异物种之所以难以区别，主要是由于变种好像在模仿同属中的其他物种。另外，介于两种物种之间的变种实在是数不胜数，而这两种物种本身是否可以列为物种还是一个疑问，除非我们把所有这些具有密切亲缘的类型都认为是被分别创造出来的物种，不然，上述所说的就只能证明，它们在变异中已经获得了其他物种的一些性状。但是，相似变异的最好证据还在于性状一般不变的部分或器官，不过这些部分或器官偶尔也发生变异，以致在某种程度上与一个近似物种的同一部分或同一器官相似。我搜集了一系列的关于这方面的事例，但在这里，我很难把它们列举出来，而原因也和以前一样。我只能重复地说，这种情况的确存在，同时，在我看来是很值得注意的。

在此，我要举一个奇特而又复杂的例子，这是一个任何重要性状都完全不受影响的例子，但是它却又出现在了同属的许多物种中——其中一些出现在了家养状态下，还有一些出现在了自然状态下，而且这个例子几乎可以被定为是返祖现象的典型事例。驴的腿上有时有明显的横条纹，这一点和斑马腿非常相似。有人认为，幼驴腿上的条纹最为明显，据我调查所得，我相信这是事实。有时候，驴的肩上的条纹是双重的，但是条纹的长度和轮廓却很容易发生变异。有一头白驴（它的白皮肤并非是由于变白症）被描述为脊上和肩上没有条纹，在深色的驴子里，这种条纹也不是很明显，甚至已经完全消失了。据说以帕拉斯的名字命名的野驴的肩上有双重的条纹，布莱斯先生曾经看见过一头帕拉斯野驴的标本，该标本的确具有明显的肩条纹，尽管它本来是不应该具有这种条纹的。普尔上校告诉我说，在一般情况下，这个物种的幼驹腿上都有条纹，而在肩上的条纹却是模糊的。虽然斑驴体部有斑马状的明显条纹，但在腿上却没有，但在格雷博士所绘制的标本中，斑驴的后脚踝关节处却有非常明显的斑马状条纹。

关于马，我在英国搜集了许多品种和颜色都完全不同的马，以这些马的脊上的条纹为例，暗褐色和鼠褐色的马在腿上生有横条纹的

并不罕见，在栗色马中也有过这样一个例子。暗褐色的马有时在肩上生有不明显的条纹，而且我在一匹赤褐色马的肩上也曾看到条纹的痕迹。我儿子为我仔细检查和描绘了双肩生有条纹的和腿部生有条纹的一匹暗褐色比利时驾车马，我亲眼见到过一匹暗褐色的德文郡矮种马在肩上生有三条平行条纹，还有人向我仔细描述过一匹小型的韦尔什矮种马，在它肩上也生有三条平行条纹。

普尔上校告诉我，印度西北部的凯体华马在一般情况下都是有条纹的。他曾为印度政府查验过这个品种，没有条纹的马会被认为不是纯种的凯体华马。它们的脊背上都生有条纹，腿上也生有条纹，肩上的条纹比较普通，但有时候会出现双重条纹，甚至是三

斑 驴

斑驴，又叫半身斑马、半身马，普通斑马的亚种。非洲最著名的灭绝动物之一。1788年，斑驴作为一个独立的物种被人进行了分类，被称为马科类斑驴。因为它的肉和皮的价值，斑驴被人类肆无忌惮地猎捕而导致灭绝，最后被人圈养的斑驴活标本也在1883年8月死于荷兰阿姆斯特丹的动物园里。

重条纹，它们有的脸部侧面也有条纹。一般情况下，幼小的凯体华马的条纹最明显，而老年的凯体华马的条纹有时会完全消失。普尔上校见过才出生的凯体华马，它们有的是灰色，有的是赤褐色，但它们都有条纹。从W.W.爱德华先生给我的材料中，我有理由得出这样的结论，即幼小的英国赛跑马在脊上的条纹比长成的马普遍得多。最近，我饲养了一匹小马，它是由赤褐色雌马（该马是东土耳其雄马和佛兰德雌马的后代）和赤褐色英国赛跑马交配后产下的。这幼驹在出生一周后，其臀部和前额产生了许多极狭的、暗色的、斑马状的条纹，腿部也生有极轻微的条纹，但所有这些条纹不久就全部消失了，具体是怎么回事，这里就不再详细说明了。我搜集了许多证据，这些证据都充分说明，产自不同地方的不同品种的马，其腿部和肩部都生有条纹，从英国到中国东部，并且从北方的挪威到南方的马来群岛，所有的马都

矮种马

美国矮种马享誉世界，它是1950年在美国由多种矮种马与阿帕路萨马杂交培育而来的，因其体形矮小，非常适合儿童骑坐，故深受孩子们的喜爱和欢迎。还有一些美洲矮种马被作为导育马使用。

是这样。在世界各地的马中，最常见的条纹是暗褐色和鼠褐色。"暗褐色"这一名词，包括的范围非常广，它涵盖了所有介于褐色和黑色之间的颜色，甚至还包括那些接近于淡黄色的颜色。

史密斯上校曾就这个问题写过论文，我知道，他相信马的某些品种是由一些原始品种传下来的，其中一个原始品种的肤色就是暗褐色，而且还生有条纹。他相信，马的这些外貌是在古代其他品种与暗褐色的原始品种杂交所导致的。但是，我们有一个比较稳妥的理由，这个理由足以驳斥这种意见，即强壮的比利时驾车马、韦尔什杂种马、挪威矮脚马、细长的凯体华马等，它们都各自生长在世界上的不同地方，而且这些地方彼此之间相距甚远，如果说它们都曾经与这个假设的原始品种杂交过，那么，这一假设显然是不成立的。

现在，让我们来讲一讲马属中几个物种的杂交效果。罗林先生曾断言，驴和马杂交所产生的普通骡子，其腿部特别容易出现条纹。根据戈斯先生的意见，在美国某些地方，那里的骡子有90%以上腿部都有条纹。我就曾见到过这样的骡子，它腿上的条纹非常多，以至于任何人以为它是由斑马杂交出来的。W.C.马丁先生有一篇关于马的卓越论文，该论文中绘制了一幅骡子的图画，我所看到的那匹骡子就和那幅画中的骡子非常相像。我曾见过四张驴和斑马的杂种彩色图，它们的腿部都有着极明显的条纹，这些条纹远比它们身上其他部分的条纹明显，而且其中有一匹的肩上生有双重条纹。莫顿爵士有一匹著名的杂种骡子，它是由栗色雌马和雄

斑驴杂交而成的，这匹杂种以及后来同样由这匹栗色雌马和黑色亚拉伯马所生的纯种后代，在腿部都长有比纯种斑驴更为明显的横条纹。最后，还有另一个极其值得注意的事例，格雷博士曾绘制过一幅画，这幅画上的杂种是由驴和野驴交配所生下的（他还告诉我说，他还知道第二个事例）。尽管驴的腿部条纹只是偶尔才有，而野驴的腿部并没有条纹，甚至连肩部也没有条纹，但这幅画中的杂种在四条腿上都生有条纹，而且这种条纹和暗褐色的德文郡马以及韦尔什马的杂种一样；另外，它的肩部还生有三条短条纹，甚至在脸的两侧也生有一些斑马状的条纹。关于最后这个事实，我完全相信，这些条纹绝不是像我们通常所说的那样是偶然出现的。因此，由驴和野驴杂交出的杂种，其脸部条纹的事实导致我不得不去请教普尔上校这样一个问题，即条纹显著的凯体华马的脸上是否也曾出现过条纹？结果他的回答和我想的一样，凯体华马的脸部也曾出现过条纹。

对于这些事实，我们现在怎样说明呢？我们所见过的几个不同的马属品种，通过简单的变异，就像斑马似的在腿上生有条纹，或者像驴似的在肩上生有条纹。至于马，我们看到，当暗褐色这种颜色以接近于该属其他物种的一般颜色的方式出现时，这种倾向就会变得更加强烈。条纹的出现，并不会导致形态上出现任何变化或出现任何其他新性状。我们看到，在所有出现条纹的倾向中，最为强烈的倾向是来自于那些几乎是不同的物种之间所产生的杂种。看一看几个鸽品种的情况吧，它们是从具有某些条纹和其他标

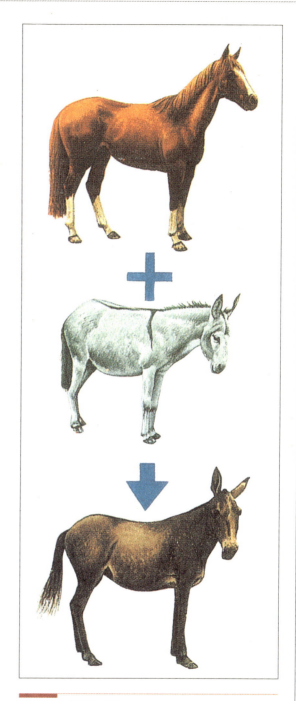

马驴杂交 水彩画 现代

骡子是马和驴杂交的产物，其中驴生的叫驴骡，马生的叫马骡。然而，摩洛哥菲斯地区的一头灰白驴骡居然产下一个"似驴非骡"的"小精灵"，并用母乳喂养自己的孩子。英国科学家通过采集这对"神奇母子"和同群其他牲畜的血样，进行了多次的DNA测验，最终确认了它们之间的母子关系，并测定出"父亲"是一头黑色毛驴。

老虎斑纹　素描

老虎以身上的斑纹作为伪装道具。它们喜欢隐藏在茂密的草丛里，而这种斑纹可以与草丛的颜色混杂在一起，让其他动物无法及时发现它的踪迹。

志的一种浅蓝色的鸽子（包含两个或三个亚种或地方族）传下来的。如果任何一个品种因为简单的变异而产生浅蓝色时，这种条纹和其他标志必然会再次出现，但这些鸽子的形态以及其他性状却不会有任何变化。当最古老的和最纯粹的各种不同颜色的品种进行杂交时，我们看到，这些杂种就有重现蓝色和条纹以及其他标志的强烈倾向。我曾说过，对于这种古老性状的重现，最合理的解释是，在每一连续世代的幼鸽里，都有重现久已失去的性状的倾向，这种倾向会由于未知的原因而占有优势。我们刚才谈到，在马属的若干物种里，幼马的条纹比老马更明显或表现得更普遍，如果把鸽的品种，其中有些是在若干世纪中纯正地繁殖下来的称为物

种，那么这种情形与马属的若干物种的情形是何等一致！至于我自己，我敢于自信地回顾到成千成万代以前，有一种动物具有斑马状的条纹，其构造大概很不相同，这就是家养马（不论它们是从一个或数个野生原种传下来的）、驴、亚洲野驴、斑驴以及斑马的共同祖先。

我曾作过这样的一种假设，如果根据那些相信马属的各个物种是独立创造出来的人的主张，每一个物种被创造出来就被赋有一种倾向，在自然状况下和在家养状况下都按照这种特别方式进行变异，使得它常常像该属其他物种那样变得具有条纹。同时，每一个物种被创造出来时就被赋予了一种强烈的倾向，当它和栖息在同一个星球但却相隔遥远的物种进行杂交时，所产生出的杂种在条纹方面不像它们自己的双亲，而像该属的其他物种。我认为，接受这种观点，就是否认了一个真实的原因，取而代之的则是一个不真实或至少是不可知的原因。这种观点使得上帝的工作成为仅仅是模仿和欺骗了，如果接受这一观点，我几乎就要和那些昏庸无知的天地创造论者们一道，坚信那些已经成为化石的贝类从来就不曾在地球上出现过，它们只不过是在石头里被创造出来的一些模仿生活在海边的贝类的东西而已。

本章重点

对于变异法则的理解程度，我们依然是那么无知。我们所能解释的部分或者说已经了解的导致变异的原因，还不到问题的1%。但是，当我们使用比较法时，我们可以看到，同种变种之间的差异比较小，而同属物种之间的差异比较大，它们同样都受到相同法则的支配。外界条件的变化一般只会使变异变得摇摆不定，不会向某一个固定方向一直发展下去，但有时也会引起一定且直接的效果。这些效果将随着时间的推移而变得日益强烈、日益显著。关于这一点，目前，我的手上还没有充分的证据。习性可以使经常使用的器官强化，也可以使那些不怎么使用的器官削弱和缩小。在许多情况下，习性

都表现出强有力的效果。同源的部位有着按照同一方式进行变异的倾向，除此之外，还有合生的倾向。坚硬部位和外在部位的改变有时能影响较柔软的内在部位。当一个部位特别发达时，它也许就有向邻近部位吸取养料的倾向；在构造上，某一部位如果在被节省后不会受到任何的损害，那么它就会被节省掉。早期构造的变化可以影响后来发育起来的部位。在许多相关变异的例子中，虽然我们还不能理解它们的性质，但毫无疑问的

食物链

食肉动物和杂食性动物以食草动物为主要食物，食草动物以植物为主要食物，植物依靠太阳的能量而生长，生物的这一系列关系，就组成了食物链。

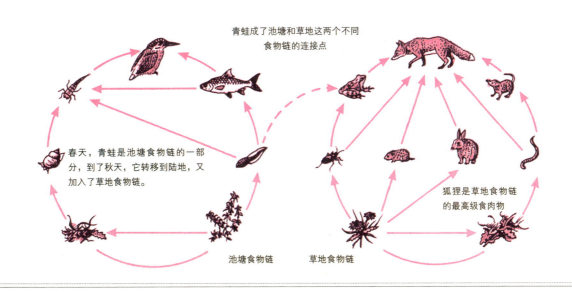

青蛙成了池塘和草地这两个不同食物链的连接点

春天，青蛙是池塘食物链的一部分，到了秋天，它转移到陆地，又加入了草地食物链。

狐狸是草地食物链的最高级食肉物

池塘食物链　　　草地食物链

是，这些变异一定是有道理的。重复部位在数量上和构造上都更容易发生变异，这也许是由于这些部位没有任何特殊机能而无法密切专业化的原故，所以它们的变异没有受到自然选择的严格节制。也许由于同样的原因，低等生物比高等生物更容易发生变异，这是因为高等生物的整个身体构造更加专业化。残迹器官，由于没有用处，不受自然选择的支配，所以易于变异。物种的性状——即一些物种从一个共同祖先分出来以后所发生的不同性状——比属的性状更容易发生变异，属的性状遗传比其他遗传要更加久远，而且在这一时期内其变异性要更为稳定。这

些是指现今还在变异的特殊部分或器官而言，因为它们在近代发生了变异并且由此而有所区别，但我们在第二章里看到，同样的原理也可以应用于所有的个体。因为，如果在一个地区发现了一个属的许多物种，即在那里以前曾经有过许多变异和分化，或者说，在那里，新的物种类型的制造曾经活跃地进行过，那么，在那个地区和在这些物种内，从平均程度上来看，我们现在可以发现极多的变种。次级性征是高度变异的，这种性征在同群的物种里彼此差异很大。身体构造中同一部分的变异性，一般曾被利用以产生同一物种中两性间的次级性征的差异，

北美山羊

　　北美山羊是欧洲羚羊的近亲，但变异明显。它们全身长着白色长毛，且雌雄都有角。北美山羊也比欧洲羚羊更肥壮，前者的体重甚至是后者的三倍多。

以及同属的若干物种中的种间差异。任何部位或器官，与其近缘物种的同一部分或器官相比较，如果已经发达到相当的大小或异常的状态，那么，自该属产生以来，这些部位或器官必然已经经历了异常大量的变异；我们也可以从中理解到，为什么它至今还会比其他部分具有更大的变异性，这是因为变异是一种长久的、持续的和缓慢的过程，而自然选择在上述情况中并没有充分的时间来克服更深程度变异的倾向，以及克服再现较少变异状态的倾向。但是，如果一个具有任何异常发达器官的物种成为了许多已发生变异了的后代的祖先，我认为，这一定是一个很缓慢的过程，这需要经过极其漫长的时间才可能出现。在这种情况下，无论这个器官是以何种异常的方式发达起来，自然选择必然会成功地使这个器官以固定的性状出现。当把由一个共同祖先所传下来的几乎同样体质的物种放入相似的影响之中时，这些物种就会自然而然地拥有产生相似变异的倾向。另外，这些相同的物种偶尔也会再现它们共同

河狸

河狸又名海狸，是一种生存能力极强的物种。早在200万年前的第四纪早更新世就广泛分布于北方大部分区域的河边，从早更新世生存至今的物种很少，河狸以强大的适应能力幸存了下来。现存的河狸与当时的河狸在形态特征和生活习性上基本相通，它们喜伴水而居。

祖先的某些性状。虽然新而重要的变异不是由于返祖和相似变异而发生的，但这些变异也会增加自然界的美妙且和谐的多样性。

不论任何一种导致后代和亲代之间出现轻微差异的原因是什么，就算每一个差异都有一个原因，我们还是有理由相信，这些有利的差异会被逐渐且缓慢地积累起来，它将引起物种构造上的所有比较重要的变异，而物种的构造与习性有着密不可分的联系。

白垩纪的欧洲动植物 佚名 石版画 19世纪

白垩纪位于侏罗纪和古近纪之间，是中生代最后一个纪。白垩纪的气候暖和，海平面变化大，陆生动物有恐龙，海洋生存着海生爬行动物、菊石以及厚壳蛤；同时也出现了新的哺乳动物和开花植物。画中，马斯河爬虫从水中伸出头来；一只会飞的爬虫攀附在岸边的岩石上；岸上有苏铁等植物；岸上的三种恐龙为：斑龙、禽龙、雨蛙龙。

第六章
自然选择学说的难点与异议

丘陵地区的绵羊，如果其数量极少，最终会被山地绵羊或者平原绵羊取代。习惯夜游的猫，没有固定的配偶，其过渡类型难以长存。但过渡类型肯定存在，在广博的地壳里，它们的标本不易发现或采集不完全。几维鸟的翅膀毫无用处，大斗鸭用它来击水，企鹅当鳍，鸵鸟用它当风篷，大雁用它来飞翔，翅膀以这样的级进发展而来。花之所以美丽，果实之所以鲜美，并不是为了迎合人的审美。长颈鹿为了能吃到更高的枝叶，获得了最初的长颈、长足、高前腿。昆虫偶然获得一片枯叶、一朵花、一节枯枝的特征，这有助于逃避敌害，于是这些昆虫的后代越来越多……生物最初的结构，完全是有利于自身的生存而被选择。

学说上的难点

读者诸君，想必各位早在读到本书的这一章节之前，就已经遇到过许许多多的难点了。有些难点极其严重，以至于时至今日，当我回想起它们时还不免有些犯难。但是，以我的能力来判断，大多数的难点还仅仅只是停留在表面而已。但在我看来，就算那些是真实的难点，也无法对我的这一学说产生致命的威胁。

这些难点和异议可以被分为以下几点：第一，如果我们现在所看到的物种是由其他物种逐渐演化而来的，那么，为什么我们没有看到无数的还处在变异过程中的物种类型呢？为什么物种正好像我们所看到的那样有明显的区别，而且整个自然界并没有一点混乱的痕迹呢？

第二，一种动物，比如说，一种有着蝙蝠那样构造和习性的动物，它能否是由另外一种习性和构造都与蝙蝠完全不同的动物演化而成的呢？我们一方面相信自然选择能够产生出毫无意义的器官，比如，只能用作驱赶蝇的长颈鹿的尾巴；另一方面，我们能否相信自然选择能够产生出如眼睛那样的奇妙器官？

第三，本能是否也能从自然选择获得？自然选择能否改变它？我们应当如何解释，引导蜜蜂营造蜂房的本能实际上出现在学识渊博的数学家的发现之前？

第四，物种在杂交时，为什么会出现不育或者其后代为什么会出现不育，而当变种杂交时，为什么其能育，性却不受损害，我们应如何解释？

第一、二个问题，我将在这里进行讨论，后面两个问题我将在后面的章节中继续讨论。

白尾雷鸟

白尾雷鸟是松鸡家族中最小的鸟，仅分布在北美洲。该鸟最善于根据环境的不同更换体毛。冬天时，其羽毛为白色，与周围的雪景融为一色；而夏天的时候，其羽毛又变为棕色，与杂草颜色混合在一起。

关于变异过程中变种的不存在或稀有的问题

由于自然选择的作用仅仅是保存有利变异，所以，在充满生物的区域内，每种类型都有一种倾向，即代替并且最后消灭比自己改进较少的亲类型以及与它竞争生存机会但受益却很少的类型，也就是说，绝灭和自然选择是同时在进行的。所以，假设我们认为每一物种都是从某些未知类型传下来的，那么，一般情况下，它的亲种和所有的变异过程中的变种，早已在这个新类型的形成和完善的过程中被消灭了。

但是，如果根据这样的学说，那么无数的变异过程中的类型一定是曾经存在过的，但为什么我们至今没有找到大量埋存它们的地层呢？我将在"论地质纪录的不完全"一章中来讨论这一问题，这样会更加便利一点。在这里，我只说明一点，我相信关于这一问题的答案主要在于地质纪录的不完全性实非一般人所能想象到的。地质层是一个巨大的博物馆，但自然界所采集的样品并不完全，而且这种采集在长久的间隔时期中进行。但是，我们可以断言，当一些有着密切亲缘关系的物种栖息在同一地域内时，我们的确应该在今天看到许多变异过程中的类型才对。举一个简单的例子，当我们在大

交喙鸟育雏　奥杜邦　水彩画

交喙鸟是树栖性鸟，栖息于针叶树林中，喜欢在树冠上活动。多数鸟会在天气晴朗的春天繁殖后代，交喙鸟却在寒冬季节生儿育女，这是因为它们吃松子的缘故，冬天正好是松果丰收的季节。图中上为雌性鸟，中为雄性鸟。

陆上从北往南旅行时，我们一般会在各个地区看到有着密切亲缘关系的或具有代表性的物种。很明显的是，这些物种在自然组成里

欢乐的锦鲤　佐腾正雄　摄影　1990年

锦鲤生性温和，喜群游，易饲养，水温适应性强。可生活于5℃～30℃水温环境，生长水温为21℃～27℃。属杂食性动物。锦鲤是风靡世界的高档观赏鱼，日本经过细心培育，创造出了许多优良品种。

在过，并且可能以化石状态在那里埋存着。但在具有中间生活条件的中间地带，为什么我们现在没有看到密切连接的中间变种呢？这一难点在长久时间里颇使我迷惑，但是我想，它大体是能够解释的。

第一，如果我们只看到一处现在还是连续的地方，就妄自得出它在一个长久的时期内也是连续的结论，这是非常荒谬的，对此我们应当十分慎重才是。地质学使我们相信，大多数的大陆在第三纪末期也

占据着几乎相同的地位。这些具有代表性的物种常常会相遇而且相互混合，当某一物种逐渐少下去的时候，另一物种就会逐渐多起来，终于一个代替了另一个。但如果我们在这些物种相混合的地方来比较它们，那么，我们可以看出它们在构造上的一些细微之处必然都是各不相同的，这就如同从各种物种的中心栖息地点采集来的标本一样。按照我的学说，这些亲缘物种是从一个共同亲种传下来的；在变异的过程中，各种物种都已适应了自己区域里的生活条件，并已排斥了和消灭了原来的亲类型以及所有连接过去和现在的变异过程中的变种。因此，我们不应该希望今天还能在世界各地都遇到无数的变异过程中的变种，虽然它们必定曾经在那里存

还是分裂的岛屿，在这些岛屿的中间地带不可能存在中间变种生存的可能性，因为不同的物种也许是分别形成的。由于陆地的形状和气候的变迁，现在连续的海面在最近的地质时代以前，一定不可能达到今日这样的连续和一致。但是，我将不需要以这样的方式来逃避困难，因为我相信许多界限十分明确的物种是在本来严格连续的地面上形成的。虽然我并不怀疑现今连续地面的以前断离状态，对于新种形成，特别对于自由杂交而漫游的动物的新种形成，有着重要作用。

让我们来看一下分布在一个广阔地域内的物种，一般情况下，我们会看到，它们在一个大的地域内是相当多的，但一到了边界处，它们就会突然或多或少地逐渐减少，

并且最终消失掉。因此，一般来说，两个代表物种之间的中间地带比每个物种的独占地带要狭小得多。在登山时，我们也可以发现这样的事实，正如得康多尔所发现的那样，如果一种普通的高山植物突然消失了，那么这一事件就非常值得留意。当福布斯用捞网探查深海时，也曾注意到这样的事实。由于不少人把气候和物理生活条件当成是影响物种分布的最重要因素，因此，上述事实应该引起这些人的惊异，因为气候、高度以及深度都在不知不觉中发生着改变。如果我们没记错的话，每一物种在它分布的中心地方，假若没有与它竞争的物种，那么，它的个体数目几乎将增加到数不胜数的程度。如果我们没有记错的话，任何一种物种要么是吃别的物种，要么便是被别的物种所吃。总而言之，只要我们记得每种物种都与别的物种之间必有着直接或间接的关系，那么我们就能理解，任何地方的物种分布范围决不是完全取决于那个在不知不觉中发生变化的物理条件，大部分要取决于其他物种的存在。或者说，任何一种物种要么依赖于其他物种才能存活，要么被其他物种所毁灭，要么与其他物种进行生存斗争。之所以这样，是因为这些物种都已经是区别分明的实物，不存在与任何无法被觉察的级进类型混淆在一起。于是，任何一种物种的分布范围，由于要依存于其他物种的分布范围，其界限就会有十分明显的倾向。还有，各种物种，在其个体数目生存较少的分布范围的边缘上，由于它的敌害，或它的猎物数量的变动，或季候性的变动，将会极其容易地遭到完全的毁灭。因此，它的地理分布范围

的界限就愈加明显了。

由于当近似的或具有代表性的物种生存在一个连续的地域内时，各种物种都有广阔的分布范围，它们之间会存在着一个比较狭小的中间地带。在这个地带里，它们会比较突然地逐渐变得稀少，又因为变种和物种之间并不存在本质上的区别，所以同样的法则也应该可以应用于二者。如果我们以一个栖息在广阔区域内的正在发生变异的物种为例，那么，必然会存在这样两个变种，即适应于两个大区域，而且有第三个变种存在，这一变种适合生长在狭小的中间地带。结果，中间的变种由于栖息在一个狭小地带内，因此，它的个体数目就较少。事实上，以我的理解程度而言，这一规律只适合于自然状态下的变种。在我看来，藤壶属中的位于两种变种之间的中间变种是最适合这一规

软体动物化石

软体动物分布广泛，从寒带、温带到热带，从海洋到河川、湖泊，从平原到高原，到处都有。它们身体柔软，体不分节，大多数进化生出了外壳，可以保护柔软的身体。这块软体动物化石，可能是因为海洋生物被突如其来的泥崩掩埋后形成的。科学家在加拿大的伯吉斯页岩中发现了它。

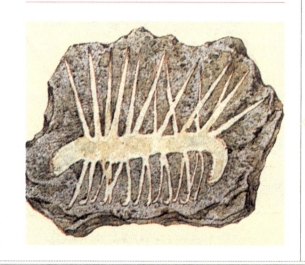

律的明显例子。在沃森先生、阿萨·格雷博士和沃拉斯顿先生给我的材料中，我看到，当两个变种之间存在着中间变种的时候，这个中间变种的个体数目一般比那两个变种的数目要少得多。现在，如果我们可以相信这些事实和推论，并且断定介于两个变种之间的中间变种的个体数目，在一般情况下比那两种变种的个体数目要少得多的话，那么，我们就能够理解为什么中间变种无法长时间地存续下去。因为按照这种一般规律，中间变种会比它们原来所连接的那两种变种绝灭或消失得早。

正如前面所讲的那样，由于任何一种个体数目较少的变种在灭绝的可能性上要远远高于个体数目较多的变种，因此，在这种特殊情况下，中间类型极容易被两边存在着

惊诧的达尔文　佚名　油画　20世纪

在进化论者为之欢呼时，达尔文却十分清楚，化石证据中间类型的缺失，对他的理论是致命伤。始祖鸟化石是在达尔文发表《物种起源》不久后发现的，它兼具爬行动物和鸟类的特征，被认为是由爬行类进化到鸟类的中间类型。

的具有密切亲缘关系的类型所侵犯。但是，还有更加重要的理由，那就是在假定两个变种变成两个完全不同物种的变异过程中，个体数目较多的那个变种，由于栖息在比较广阔的地域内，因此它们比那些栖息在狭小中间地带内的个体数目较少的中间变种占有的优势要大得多。这是因为个体数目较多的变种，比个体数目较少的变种，在任何时期内，都有更多的机会来加强更有利的变异，而这些变异则会被自然选择所利用。由于非普通的变种在改变和改良上要相对的缓慢一些，因此，普通的变种在生存斗争中对非普通的变种有着压倒性的倾向和代替的倾向。我相信，正如第二章中所指出的那样，这一相同的原理也可以被用来解释为什么每个地区的普通物种与该地区的稀少物种相比，其呈现出的特征反而要多一些。在这里，我要举一个例子来说明我的意思，假设有三种绵羊变种，第一个适合在山区生存，第二个适合在比较狭小的丘陵地带生存，第三个适合在广阔的平原生存。再假设这三处的居民都有同样的决心和技巧，他们都在利用选择来改良绵羊的品种。那么，在这种情况下，拥有多数羊的山区或平原饲养者将有更多的成功机会，他们比拥有少数羊的狭小中间丘陵地带饲养者在改良品种上要快些。结果，改良的山地品种或平原品种就会很快地代替改良较少的丘陵品种。这样，本来个体数目

较多的这两个品种，彼此之间的联系就会越来越紧密，而没有被代替的丘陵地带的中间变种就会被夹在山区和平原这两大变种之间。

总而言之，我们相信物种永远是有着明显界限的实物，在任何一个时期内，它们不会因为无数正在发生变异着的中间连锁的存在而出现不可分解的混乱。我这样说的理由有以下几点：第一，由于变异就是一个缓慢的过程，因此，新变种的形成也就非常缓慢，如果没有有利的个体差异或变异发生，自然选择就无法发挥其作用。同时在这个地区的自然结构中，如果没有多余的位置可以让一个或更多正在发生变异的生物来占据，自然选择也无法发挥其作用。这样的新位置是由气候的缓慢变化或者新生物的偶然移入来决定的，并且更重要的是，某些旧有生物的缓慢变异也会决定这些新位置。由于旧生物所产生出来的新类型，会和旧有生物互相发生作用和反作用，因此，在任何地方、任何时候，我们都会看到只有少数物种在构造上表现出较为稳定的轻微变异，而且这确实是我们常看到的情况。

第二，现在连续的地域，在最近之前的一个地质时期内常常是隔离的部分，在这些地方，有许多变种，特别是那些每次生育时都需要进行交配且漫游范围极广的变种，已经变得十分不同了，这些变种足以被列为具有代表性的物种。在这种情况下，一些代表物种和它们的共同祖先之间的中间变种，一定曾在这个地区的各种隔离部分中存在过。但是这些连锁形态在自然选择的过程中都已被排除而且被绝灭了，所以现今，我们已经

居维叶　佚名　水粉画　当代

居维叶，法国动物学家、古生物学家，比较解剖学和古生物学的开创者。他使记述解剖学发展成为比较解剖学并成为动物分类的根据，其将动物界分为脊椎动物、节肢动物、软体动物与辐射动物四大支。提出器官相互关联和主次隶属的规律，并指出器官构造同生活条件的关系。其巨著《骨化石》，记载描绘了巴黎盆地进行过的发掘，并对脊椎动物的化石进行了鉴定和分类。

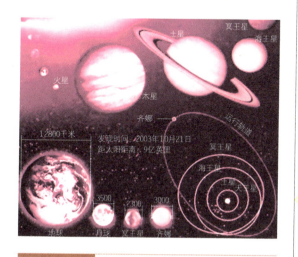

太阳系行星示意图

由于地球和太阳的距离恰到好处，使得大气层和臭氧层得以存在，地球上的温度既不太热，又不太冷，加上自转周期合理，这就为生命的形成奠定了基础。

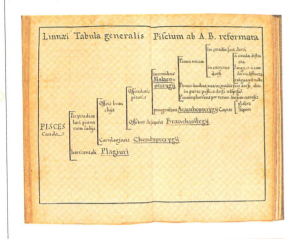

林奈《系统分类学》书影

林奈为各种动植物命名时，分别赋予两个拉丁名字，以说明其特性：先是一个属名，然后是一个种名。比如巨嘴鸟属可分37种，其中一种是居维叶大嘴鸟。

看不到它们的存在了。

第三，如果两个或两个以上的变种是在一个严格连续的地域中的不同部分形成的，那么，在中间地带应该会出现中间变种。但是，一般情况下，这些中间变种的存在时间不长，因为这些中间变种，由于已经说过的那些理由（即由于我们所知道的亲缘密切的物种或代表物种的实际分布情况，以及公认的变种的实际分布情况），使得其个体数量比与它们有连接的两个变种的个体数量要少得多。单从这种原因来看，中间变种就难逃被绝灭的命运。在进一步发生变异的过程中，由于自然选择的原因，它们几乎一定会被那些与它们有连接的变种所压倒和代替。由于这些与之有连接的变种的个体数量较多，因此，就整体而言，这些变种发生变异的机会也就越多，自然选择对它们的进一步改进也越多。最终，它们的优势会变得越来越大。

第四，不从已经经过的任何一个时期来看，而是从所有经过的时期来看，如果我的学说是正确的，那么，无数的中间变种肯定曾经存在过，它们把同属的所有物种都密切联系在了一起。但正如前面已经多次提到的那样，自然选择常常具有使亲类型和中间变种绝灭的倾向。因此，最终它们曾经存在的证明只能见诸于化石，而这些化石的保存，就如我们在后面的一章里所要提到的那样，是极不完全且断断续续的。

对生物变异过程的讨论

对我的观点持反对意见的人曾提出这样一些问题："比如说，一种陆生的食肉动物是如何变成一种具有水生习性的食肉动物的？这种动物在其变异过程中的状态是如何生存的？"其实，这些问题很好解释，从严格意义上看，现今有许多食肉动物都有着陆生习性和水生习性，二者之间有着密切连接的中间级进。由于各种动物之间必须为了生存而斗争，所以，它们一定要很好地适应其在自然界中所处的位置，这一点是非常明显的。看看北美洲的水貂吧，它的脚有蹼，它的毛皮、短腿以及尾的形状都像水獭。在夏季时，这种动物是以捕鱼为生的，为了捕鱼，它能在水中游泳，但到了冬季，它就会离开冰冻的水面，开始像其他鼬鼠一样，以鼷鼠和别的陆生动物为食。如果用另一个例子来问："一种以昆虫为食物的四足类动物是如何转变成能飞的蝙蝠的？"这个问题的解释就要比前一个要难得多。但是在我看来，这一难题的重要性并不大。

在这里，和在其他一些情况中一样，我都处于极为不利的局面，因为从我搜集的许多明显事例里，我只能举出一两个例子来说明近似物种的变异过程中的习性和构造，以及同一物种中无论恒久的或暂时的多种习性。在我看来，诸如蝙蝠这样的特殊情况，

一定要把变异过程中的状态的事例列成一张长表，否则就无法减少其中的困难。

让我们再来看一下松鼠科吧，有的松鼠种类的尾巴仅仅是稍微扁平了一些，但还有一些种类，却如理查森爵士所论述过的那样，它们的身体背部非常宽阔、两胁的皮膜张开得相当充满。从这些种类开始，一直到所谓飞鼠，中间又被分别划分成了几个极其细微的等级。飞鼠的四肢甚至是尾巴的基

北美水貂

水貂有美洲水貂和欧洲水貂两种，现在世界各国人工饲养的均为美欧水貂的后代。水貂主要栖息在河边、湖畔和小溪，利用天然洞穴营巢，巢洞长约1.5米，巢内铺有鸟兽羽毛和干草，洞口设有草木遮掩的岸边。水貂以捕捉小型啮齿类、鸟类、两栖类、鱼类、以及鸟蛋和某些昆虫为食。它们听觉、嗅觉灵敏，活动敏捷，善于游泳和潜水，常在夜间以偷袭的方式猎取食物，性情凶残。除交配和哺育崽貂期间外，均单独散居。

飞鼠

　　飞鼠，体型中等的一种鼯鼠，体背面淡褐色，耳被以细小黑毛，体和皮翼的腹面均为白色。分布于尼泊尔往东到我国部分地区及印度支那地区。生活于海拔150～3500m的山林，在树洞中营巢，巢底垫以苔藓或细草，喜食榕树果、芒果、核桃、麻栗、玉蜀黍等。

部，有大量的皮膜连接着；皮膜的作用与降落伞的原理是一样的，是让飞鼠在空中从一棵树上滑翔到另一棵树上，而且其滑翔距离之远，让人惊叹。毫无疑问，每一种构造对于每一种松鼠所在的栖息地区而言都有着各自的独到之处。有的构造可以使松鼠逃避食肉鸟或食肉兽，有的构造使松鼠较快地采集食物，或者可以使它们减少偶然跌落的危险。关于最后这一点，我们是有充足的理由去相信的。然而我们还是无法从这些事实就轻易地下出这样一个结论，即在所有可能条件下，每种松鼠的构造都是我们可能想象到的最好的构造。一旦气候和植物发生了变化，一旦与松鼠竞争的其他啮齿类或新的食肉动物迁移进来了，一旦旧有的食肉动物发生了变异，如此类推下去，我们就有理由相信，至少某些

松鼠的数量会减少，甚至是绝灭，除非它们的构造能以相应的方式进行变异和改进。所以，特别是在变化着的生活条件下，那些使皮膜越张越大的个体将被继续保存下来，在这个问题上，我看是没有什么难点的，它的每一变异都是有用的，都会繁衍下去，因为这种自然选择过程的累积效果，终究会有一种完全的所谓飞鼠产生出来。

　　接下来再看一下猫猴类，即所谓的飞狐猴。起初，博物学者曾将它归为蝙蝠类，而现在，人们又相信它属于食虫类。它有着极大的皮膜，这种皮膜的额角一直延伸到了尾巴，就连长有长指的四肢也被囊括在了其中，而且在这种皮膜上还长有扩张肌。现在，虽然我们还没有把适合于在空中滑翔的猫猴类的级进与其他食虫类联结起来，但是不难想象，在此之前，必然存在着这样的连锁，而且它们必然是由各类具有不完全滑翔能力的飞鼠发展起来的。对于各类物种而言，其身体上的各种构造必然都是曾经有用的。我认为，不存在任何一种极其困难的难点，致使我不能相信，连接猫猴类的指头与前臂的膜，因为自然选择而大大地增长了。以飞翔器官而论，仅此一点就可以使猫猴类动物变成蝙蝠了。在某些蝙蝠里，翼膜从肩端起一直延伸到尾巴，并且把后腿都也囊括在内。也许，我们可以从其中看到一种曾经适合于滑翔但却不适合于飞翔的构造痕迹。

　　如果已经有大约12个属的鸟类绝灭了，那么，谁敢大胆地推测下列几种鸟类曾经存在过呢？如：只把翅膀用来击水的鸟类，如大头鸭等；在水中把翅膀当鳍使用，在陆地上把翅膀当前脚来使用的鸟类，如企鹅；把

翅膀当风篷使用的鸟类，如鸵鸟；翅膀已经不存在任何功能作用的鸟类，如几维鸟等。然而上面所列举的每一种鸟的构造，在它所处的生活条件下，都是有用处的。这是因为每一种鸟都必须在竞争中求生存，但这些翅膀的作用是在所有可能条件下都是最好的。因此，绝对不能从这些话中就妄下结论说翅膀的构造（它们大概都由于不使用的结果）都表示鸟类实际获得完全飞翔能力所经过的历程，但表示它们变异过程中的方式至少是可能的。

如果当我们看到如甲壳动物和软体动物等少数种类的生物，它们既可以在水中呼吸又可以适应陆地生活；再如果，当我们看到飞鸟、飞兽，各种各样的飞虫，以及在很久之前曾经存在过的飞行爬虫，那么，我们可以想象那些依靠鳍的拍击而稍稍上升、旋转，并且能在空中滑翔很远的飞鱼，也许是能够变成有翅膀的完全能够飞行的动物的。如果这种事情真的曾经发生过，那么谁会想象得到，它们在早先的变异过程中是大洋中的居民呢？而且，使它们具有初步飞翔能力的器官，最初的作用只是专门用来逃脱被其他鱼类所吞食的命运（据我们所知，它真的就是这样）呢？

如果我们看到的那些构造已经适合于任何特殊习性而且已经达到高度

完善的程度，比如鸟类的翅膀。那么，我们就必须记住，构造上具有早期级进的变异性质的动物很少能够一直存活到今天，因为它们会被后继者消灭掉，而这些后继者正是通过自然选择才逐渐变得越来越完善的。更深一步讲，我们可以断言，在早期的时候，很少有一种构造能适合不同的生活习性，这种构造的变异状态很少能大量发展。当然也很少有许多从属的类型。因此，让我们再一次回到假想的飞鱼例子中来。真正会飞的鱼，也许并非是为了在陆上和水中以多种方法来捕捉食物，它们仅仅是许多从属的类型中的一种而已。但是，当它们的飞翔器官达到高度完善，并在生存斗争中掌握了超过其他动物的决定性优势时，它们就真正地发展起来了。因此，在化石状态下，能发现具有处于变异过程中的级进的构造的机会总是少的，因为它们的个体数目少于那些在构造上充分

南极绅士 摄影

企鹅为企鹅目，分布于南极的岛屿，以及非洲、澳大利亚、新西兰和南美洲的寒冷海滨。它们在水里把翅膀当鳍使用，在陆地上则把翅膀当做前脚。这是特殊的自然气候、地理环境发生作用的结果。

发达的物种的个体数目。

现在，我再举两三个事例来说明同种的不同个体之间的习性分歧和习性改变。在这两种情况中的任意一种情况下，自然选择都能轻易地使动物的构造适应其他已经发生改变的习性，或者专门适应许多习性中的一种习性。然而难以决定的是，究竟是习性发生了变化从而导致构造随之也发生变化，还是构造先发生轻微的变化从而引起了习性变

化呢？事实上，对于我们而言，这些都不重要。这也许是因为两者总是同时发生的缘故。关于改变了的习性的情况，只要举出现在专吃外来植物或人造食物的许多英国昆虫就足够了。关于分歧了的习性，有无数例子可以举出来。我在南美洲常常观察一种暴戾的鹟，它像一只茶隼似地翱翔，从一处飞到另外一处，此外的时间它静静地立在水边，于是像翠鸟似地冲入水中扑鱼。在英国，有时可以看到大䳭雀几乎像旋木雀似地攀行枝上，它有时又像伯劳鸟似地啄小鸟的头部，把它们弄死，我好多次看见并且听到，它们像鸭似地在枝上啄食紫杉的种子。赫恩在北美洲看到黑熊大张其嘴在水里游泳数小时，几乎像鲸鱼似地捕捉水中的昆虫。

既然我们有时候能偶然看到一些个体具有不同于同种，以及同属异种所固有的习性，那么我们就可以预料到，这些个体也许也能偶尔产生新种，这些新种必然具有异常的习性。而且它们的构造会发生轻微的或者显著的改变，这些改变能够对它们的构造模式产生明显的影响。在自然界里，这类事例也非常多。我们能够举出比啄木鸟用爪子抓住树干并从树皮的裂缝中捉捕昆虫更能说明适应性的贴切事例吗？然而就在北美洲，却存在着一些以果实为主要食物的啄木鸟。另外，还存在着一些啄木鸟，它们靠着翅膀在天空中飞行，并捕捉那些没有藏在树木中的昆虫。拉普拉他平原是一个几乎没有什么树存在的平原，在那里，有一种被称为平原䴕的啄木鸟，它两趾向前，另两趾向后，舌长而尖，尾羽尖细而坚硬。这样的构造使得它能在树干上保持直立的姿势，但是却不如最典

猫头鹰 佚名 水彩画

猫头鹰眼周的羽毛呈辐射状，细羽的排列形成脸盘，因面形似猫而得名。猫头鹰喜欢夜间捕食，它的猎物都是一些自然界的小动物，如家鼠和田鼠等。

型的啄木鸟的尾羽那样坚硬。另外，它还有直而强的嘴，但是它的嘴却不如最典型的啄木鸟的嘴那样直而强。不过，这一构造也能够让它在树上打孔了。因此，这种鸟在构造的所有主要部位都具有啄木鸟的明显特征。甚至连那些不重要的性状，如羽色、粗糙的音调、波动式的飞翔方式，都明确地表明了它们与英国普通啄木鸟之间有着密切的血缘关系。根据我的长期观察，以及根据亚莎拉的精确观察，我可以断定，在某些大的地区内，它是不会抓树的，而且它的筑巢地点一般是在堤岸的穴洞中。然而据赫德森先生说，在其他的一些地方，同样还是这种啄木鸟却常常来往于树木间，并在树干上凿孔做巢。根据得沙苏尔的描述，我还可以举出另一个例子来说明这一属的习性发生了改变的情况。有一种墨西哥的啄木鸟，它在坚硬的树木上打孔，以储藏橡果。

海燕是所有鸟类中最具海洋习性的鸟，但是在火地岛的恬静海峡间有一种名叫水雉鸟的海燕，它有一种一般习性，即惊人的潜水力。当它在游泳和起飞时，其飞行姿势会使人们把它误认为是海乌或水壶卢。尽管在本质上它还是一种海燕，但它在身体构造中的许多部分已经在新的生活习性的关系中发生了明显的变异，而拉普拉他的啄木鸟在构造上仅有轻微的变异。关于河乌，如果仅根据它的尸体检验报告的话，那么，就算是最敏锐的观察者也无法想象到它有半水生的习性。然而这种与鸫科近似的鸟却以潜水为生，它在水中使用翅膀，用两脚抓握石子。膜翅类这一大目的所有昆虫，除了卵蜂属，都是陆生性的，卢伯克爵士曾发现卵蜂属有

森林医生——啄木鸟

啄木鸟以在树皮中探寻昆虫和在枯木中凿洞为巢而著称，约有180种，除澳大利亚和新几内亚，几乎遍布全世界，以南美洲和东南亚数量最多。多数啄木鸟为留鸟，但少数如北美的黄腹吸汁啄木鸟及扑动啄木鸟有迁徙习性。

水生的习性；它常常进入水中，不用脚而用翅膀，到处潜游，它在水面下能逗留四小时之久；然而它的构造并不随着这种变常的习性而发生变化。

有些人相信，从生物被创造出来的那一天，它们的样子就和今天所看到的是一样的。但如果当他们遇到一种动物的习性与构造不一致时，一定常常会感到奇怪。鸭和鹅的蹼脚之所以呈这种形态，是为了游泳，还有什么比这一事例更为明显的呢？然而产于高地的鹅，虽然也长着蹼脚，但它却很少走近水边，除了奥杜邦鸟之外，没有人看见过四趾都有蹼的军舰鸟会降落在海面上的。另一方面，水壶卢和水姑丁都明显是水生鸟，

海燕，鹱形目，海燕科，生活在世界各大洋中的小岛上，南极地区数量最多。海燕有搏击风浪的特性，故其翅膀进化得十分强健有力。

虽然它们的趾仅在边缘上生着膜。涉禽类的长而无膜的趾的形成，是为了便于在沼泽地和浮草上行走，还有比此事更为明显的吗？鹬和陆秧鸡都属于这一目。然而前者几乎和水姑丁一样是水生性的，后者几乎和鹌鹑或鹧鸪一样是陆生性的。在这些例子以及其他能够举出的例子里，都是习性已经变化而构造并不相应地发生变化。高地鹅的蹼脚在功能上可以说已经变得几乎是残迹的了，虽然在其构造上并非如此。军舰鸟的趾间深凹的膜，表明它的构造已开始变化了。

认为生物曾是无数次地被创造出来的人会认为，之所以有上述所说的事例，是由于造物主喜欢用一种模式的生物去代替别种模式的生物。但在我看来，这只是用神圣庄严的语言把事实重新说了一遍而已。而相信生存斗争和自然选择原理的人，则认为各种生物都在不断努力地增加本物种的个体数目。而且他们还认为，不管是什么生物，只要习性上或构造上发生了很小的变异，那么，它们就能在同一地方比其他物种更具有优势。不管那个位置与其原来的位置有多大的不同，这些物种都能够进一步地掌握本物种在自然构造中的位置。只要它们对上述的事实有所了解的话，那么他们就不会对下面的事实感到奇怪了：具有蹼脚的鹅和军舰鸟，一般都生活在干燥的陆地上，而且它们很少降落在水面上；具有长趾的秧鸡，一般都生活于草地上，而不会生活于湿地上；啄木鸟一般生活在几乎没有树的地方；潜水的鹬、潜水的膜翅类动物以及海燕都具有海鸟的水生和陆生习性。

完善且复杂的器官

眼睛是一种无法模仿的器官，它可以根据距离的不同调节其焦点，容纳不同量的光和校正球面的、色彩的像差和色差。坦白地说，如果认为眼睛是由于自然选择的原因而形成的，那么，这种观点听起来似乎是非常荒谬的。这就如当初曾有人说太阳是静止的，而地球环绕着太阳旋转的时候一样，人类的常识曾经把这一观点当成是一种谬论。但是，正如哲学家们所知道的"民声即天声"这句古谚语一样，在科学里，这句话也是无法被相信的。理性告诉我们，如果能够明确地指出从不完善且简单的眼睛到完善且复杂的眼睛之间有着许多个等级的存在的话，那么，每一级对于它的所有者都是有用的。我们可以假设，如果眼睛也像实际情况那样，曾经发生过变异，而且这些变异是能够遗传的；同时再假设，如果这些变异对于身处不断变化着的外界条件下的所有动物是有用的。那么，我们就有理由去相信，完善且复杂的眼睛是由于自然选择的原因而形成的。虽然这一观点很难被我们的想象力所接受，但它却无法对我的学说造成颠覆性的威胁。神经的感光问题，就如同生命的起源问题一样，都不属于我们的研究范围。但我可以说明一点就是，在一些最低级的生物体内，并不存在任何的神经，但是它们同样也能够感光。因此，在它们原生质里必然存在这一些感觉的元素。这些元素聚集起来，从而发展成为了一种具有特殊感觉特性的神经，而且这些假说似乎并不是没有可能的。

在探求任何一个物种的器官所赖以完善化的级进时，我们应当专门观察它的直系祖先，但这几乎是不可能的。于是我们便不得不去观察同群中的别的物种和别的属，即去观察共同始祖的旁系，以便看出在完善化过程中有哪些级是可能的，也许还有机会看出遗传下来的没有改变或仅有小小改变的某些级。但是，不同纲里的同一器官的状态，对

鹦鹉螺化石

该化石距今3.6亿～3.25亿年，直径约2.5厘米。鹦鹉螺与章鱼是近亲，它们生活在旋蜷的壳中，靠壳室内的空气漂浮在水中，以喷水来游动。现存的种类不多，都是暖水性动物。

于它达到完善化所经过的步骤有时也会提供一些说明。

最简单的眼睛必须具备下列一些条件，即由一条视神经构成，其周围环绕着色素细胞，外面有一层半透明的皮膜所遮盖；同时，眼睛中不含有任何形态的晶状体或其他折射体。然而根据乔丹先生的研究，我们甚至可以再往下降一步，把它看做是色素细胞的集合体。它分明是用作视觉器官的，但是没任何神经，只是着生在肉胶质的组织上面。上述这种简单性质的眼睛，是无法清晰看见物体的，它只能够用来辨别明暗。另

视神经解剖图

左右视神经在视神经交叉处相会合。在这里，从视网膜右侧传来的信号携带了视野左侧的信息，经丘脑到达大脑的左侧；而从左侧视网膜传来的信号与此相反。这就是说，从视野左侧传递来的信息最终被支配右手的左侧大脑所处理。

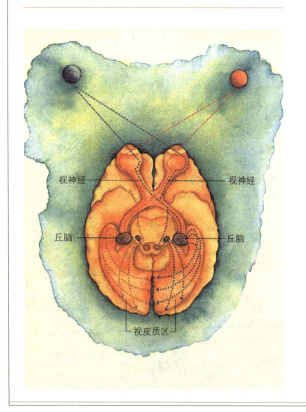

外，乔丹先生还曾经描述某些星鱼的眼睛，在这些鱼眼睛的神经色素层周围有许多小的凹陷，这些凹陷里面充满着透明的胶质，其表面凸起，就如同高等动物的眼角膜。他认为这些东西的作用并非用来反映形象，而是用来集中光线，使它对周围光线的感觉变得更加敏感一些而已。在这种情况下，我们获得了导致眼睛能够形成且反映实像的最初并且是最重要的步骤。因为只要把视神经的裸露端（在低等动物中，视神经的这一端的位置是无法固定的，有的被埋在了体内，而有的则接近于体表）安放在一个与集光器官的距离非常适当的地方，那么，眼睛上便会形成影像。

在关节动物这个大纲里，我们可以看到最原始的视神经，它是单纯由色素层所包围着的，这种色素层有时形成一个瞳孔，但没有晶状体或其他光学装置。在昆虫方面，我们现在已经知道，在巨大的复眼的角膜上有着无数的小眼，它们形成了真正的晶状体，并且这种晶状体中含有奇特的发生了变异的神经纤维。但是在关节动物里，视觉器官具有十分大的分歧性，这些分歧性曾使米勒先生在最初的时候把它分为三个主要的大类和七个小类。除此之外，还有第四种主要的大类，它被称为聚生单眼。

如果我们再想一下，这些已经讲过的且很简单的情况，即关于低等动物的眼睛构造具有广阔性、分歧性、逐渐分级性。而且，如果我们还记得所有的现存类型在数量上绝对要比所有已经绝灭的类型的数量要少得多，那么我们就能很容易理解，自然选择是可以把被色素层包围且被半透明的皮膜遮盖

玉 兰　奥杜邦　水彩画　19世纪

　　玉兰又名木兰、白玉兰、望春花等，木兰科。花先叶开放，顶生、朵大、白色，直径12～15厘米。花被9片，钟状。果穗圆筒形，褐色；蓇葖果，成熟后开裂，种红色。三月开花，花期为十天左右，六七月果熟。原产于中国中部各省，现北京及黄河流域以南均有栽培。其繁殖方式多为人工嫁接。

种情况下，各位读者并不知道雕是如何经历其变异过程中的状态，甚至会有人出来反对说，如果为了能使眼睛发生变化，而且还能够被当做一种完善的器官被保存下来，雕的眼睛必须同时发生许多的变化。如果真是如此的话，那么如此的变化是不可能由自然选择来完成。但正如我在论家养动物的变异时曾竭力说明的那样，如果变异是极其微细而且是逐渐的，那么就没有必要认为所有变异都是在同一时间内发生的。同时，各种各样的变异也可能是为了同一个目的服务，这就如同华莱士先生所说的那样："如果一个晶状体的焦点太短或者太长，那么它就可以通过改变曲度或改变密度来进行调整。如果曲度不规则，就会导致光线不能聚集于一点，这时只需要增加曲度的规则性，就可以使光线更加聚集在一点，而这种改变就是一种改进。因此，虹膜的收缩和眼睛肌肉的运动，对于视觉来说并不是必要的，这些动作只不过是使这一器官的构造在任何阶段中被添加

有"羽毛"的恐龙　化石

　　新的发现显示，一些小型肉食性恐龙看起来具有像绒毛或羽毛的结构。它们生活在始祖鸟之后下一个恐龙时期的白垩纪，它们不能飞，皮肤表面的类似羽毛的衍生物，主要是用来保暖，而不是为了飞行。

着的那条简单的视神经装置，改变成任何关节动物都具备的那样完善的视觉器官。

　　从头开始一直读到此处的读者，如果你们继续读完本书，那么，你们就会发现，其中的大量事实是无法用别的方法进行解释的，它们只能用自然选择中的变异学说来加以解释。因此，各位就应该毫不犹豫地再向前深入一点，各位应该承认，不管是什么样的眼睛，甚至如鹰的眼睛那样完善的构造也是由于自然选择的原因才形成的。虽然在这

肉豆蔻解剖图　佚名　水彩画

　　植物解剖学为植物学的分支学科，其研究已持续了数百年。它运用显微技术，研究维管植物内部构造及其发育规律。图为1795年绘制的肉豆蔻解剖图。

至连人类的这种完善透明晶状体在胚胎期也是由袋状皮褶中的表皮细胞的堆积而形成的，而玻璃体是由胚胎的皮下组织形成的，这个事实有重要的意义。尽管如此，关于这种奇异但却绝非完善的眼睛是如何形成的，目前尚无定论，但是理性最终会战胜想象。因为我深深地知道这件事情非常困难，所以当我看到不少人认为，将自然选择原理应用到这样一个艰深的问题中，似乎有所不妥时，我并没有感到奇怪。

　　关于眼睛和望远镜之间的比较，几乎是一件无法回避的事。我们知道，望远镜这种东西是人类的最高智慧的结晶，是人类长期努力的成果。正因为如此，我们才会自然而然地认为，眼睛也能通过某种类似于望远镜的制造方式而形成。但是，这种推论是否太过蛮横

了进去，从而使眼睛的完善化程度更进一步而已。"在动物界中，处于最高等地位的是脊椎动物，它们的眼睛在最开始时也是非常简单的。比如文昌鱼，它的眼睛只不过是一个由透明皮膜所构成的小囊而已，在小囊上长着神经，而神经周围布有色素，除此之外，再无其他装置了。关于鱼类和爬行类，欧文教授曾经说过："折光构造的诸级范围是很大的。"根据微尔卓先生的高明观点，甚

了？我们有什么理由去认为"造物主"也是拥有人类一样的智慧，而且还是以人类的方式来工作？如果我们一定要把眼睛和光学器具拿来对比的话，我们就应当预料到，它有一厚层的透明组织，而且其空隙中还充满了液体。它的下面具有能够感光的神经，而且我们还应该假设，这个厚层内的各种部分的密度一直在缓缓且不断地发生着变化。因为只有这样，才能分离出密度和厚度都不同的

各层。这些层之间的距离是各不相同的，每层的表面都在缓慢地改变着形状。在这些假设的基础上，我们还必须假设，这个世界上存在着一种力量，这种力量就是自然选择，即最适者生存，它对这个透明层的每个细微变化都倾注了全部的注意力。在外部条件不断变化的情况下，它都会以所有能够做到的方式或所有能够达到的程度来产生较为明确的变异，每一个变异都会被仔细地保存下来。我们还必须假设，这一器官的每种新状态都是以百万倍的速度在增长着，每种新状态会一直被保存下去，直到更好的新状态出现时，前者才会被完全毁灭。在生物体里，变异会引起一些轻微的改变，生殖作用会使这些改变几乎无限地倍增着，而自然选择乃以准确的技巧把每一次的改进都挑选出来。我认为，"造物主"的"工作"方式是这样的：即让这种变异的过程在百万年间一直进行下去，在这种作用下，每年都能够产生数以百万计的新个体。这种生物体上的"光学器具"比用玻璃制造的望远镜要好得多，因此，"造物主"的工作比人的工作要做得好得多，难道我们对这一点存在怀疑吗？

变异的方式

只要能够证明，任何一种复杂器官并不是必须经过无数的、连续的、轻微的变异才能形成，那么我的学说就会被彻底地颠覆，但我至今尚未发现这种情况。毫无疑问，我们并不知道如今所存在的许多器官，它们在变异的过程中曾经存在着多少的中间等级。如果仅仅只对那些十分孤立的物种进行观察，情况就更是如此了。因为根据我的学说，这些与孤立物种有联系的物种基本上都已绝灭了。或者，如果我们以一个纲内的所有成员都共有的一种器官为论题，情况也是如此。因为在这种情况下，在最遥远的时代，共有器官就已经形成了，而且本纲内的所有成员都是在共有器官出现之后才发展起来的。为了找到共有器官在最初的变异过程中所存在的级进，我们对极为古老的始祖类型进行观察，但是这些类型早就绝灭了。

当我们断定某一种器官可以不通过某一种类的变异的级进就能够形成时，我们必须对此加倍小心。因为在低等动物中，无数的事例已经向我们证明，同样的器官是可以同时拥有截然不同的功能的。比如蜻蜓的幼虫和泥鳅，它们的消化管还具有呼吸的功能；再比如水螅，它可以把自己的内部翻到外面来，这样，外层就具有了消化功能，而原来是负责消化的内层则具有了呼吸功能。在这些情况中，自然选择可能使本来拥有两种功能的器官的全部或一部分变成专门负责一种功能的器官。如果通过这些手段可以使生物获得

水螅 摄影

水螅，体小型，肉眼可见，呈管状，上端有口，周围生6～8条小触手，满布刺细胞，用以捕获食饵。达尔文认为同一器官能拥有不同功能，水螅负责消化的内层翻到外面，便成了呼吸器官，这种情况就是明证。

利益的话，那么，在经过了许多不知不觉的步骤后，器官的性质就会发生大变化。我们知道，许多种植物在正常情况下能够同时产生构造各异的花，如果这些植物只产生一类花的话，那么这一物种的性质就会发生大变化。但是，如果同一株植物产生了两类花的话，那么也许这两类花是由原来的一类花在经过了分级极细的步骤后分化出来的。至于这些步骤，可能在今天的某些少数植物中还在进行着。

另外，两种不同的器官，或两种形态完全不同的同类器官，可以同时在同一个个体里发挥相同的功能，而且这种方式在变异的过程中是一种极为重要的方式。鱼类的例子是最能对此加以说明的，鱼类用鳃呼吸溶解在水中的空气，同时用鳔呼吸游离的空气，鳔被富有血管的隔膜分开，鱼通过鳔管获得空气。在植物中，能对此加以说明的例子是，植物的三种攀缘方法中的螺旋状卷绕，用有感觉的卷须卷住一个支持物，或用发出的根。通常是不同的植物群只使用其中的一种方法，但有几种植物兼用两种方法，甚至也有同一个个体同时使用三种方法的。在所有这种情况里，两种器官当中的一个可能容易被改变和完善化，以担当全部的工作，它在变异的进行中，曾经受到了另一种器官的帮助。于是另一种器官可能会被完全不同的另一个目的所改变，或者可能整个被消灭掉。

鱼类的鳔是一个好的例证，因为它明确地向我们解释了一个极为重要的事实，即本来为了一种目的——漂浮——构成的器官，转变成了目的极其不同的——呼吸——器

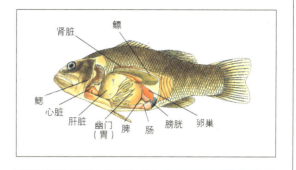

鱼的内脏构造示意图

鱼的大部分内脏器官都在鱼的身体下半部（见图中所示的欧洲鲈鱼）。鱼的身体和其他部分由叫做肌节的几大肌肉组成。这些肌肉的活动使鱼尾摆动，鱼就能在水里活动了。鱼鳔的作用则是在活动中控制起伏。

官。在某些鱼类里，鳔又为听觉器官的一种补助器。所有生理学者都承认鳔在位置和构造上都与高等脊椎动物的肺是同源的或是理想地相似的。因此，没有理由可以怀疑鳔实际上已经变成了肺，即变成一种专门用于呼吸的器官。

根据这个观点，我们可以得到这样一个结论，即所有具有真肺的脊椎动物是由一种古代生物传下来的，该生物具有未知的漂浮器，即鳔。这一结论是我根据欧文教授在关于这些器官的有趣文章所推断出来的。通过这一结论，我们可以知道，为什么咽下去的食物和饮料都必须经过气管上的小孔。尽管在那里有一种奇妙的装置可以使声门紧闭，但还是有落入肺部的危险。高等脊椎动物的鳃已经完全消失，但在它们的胚胎里，我们可以清楚地看到其颈部的两旁有裂缝和弯弓形的动脉，这些东西都仍然清楚地告诉我们，这些地方曾经都是鳃部。有这样一种可能存在，即如今已经完全消失的鳃，也许被自然选择利用在了某一不同的目的，这是可

海中活电站——电鳐 摄影 当代

　　鳐又名平鲨，由鲨的同类进化而来，和鲨有亲缘关系。分布于温暖的咸水中，它身长10～670厘米，每胎产1～60子。有些鳐类在头及胸鳍之间有成对的大型发电器，可以放射出50安培的电流，电压可达60～80伏，被称为"海中活电站"。

恐龙的表兄弟——鱼龙 霍金斯 石版画 1840年 私人收藏

　　这是英国收藏家霍金斯的石版画《鱼龙和蛇颈龙的搏斗》。此图延续了人们对恐龙世界的梦魇。鱼龙是三迭纪时期一种性情凶恶的海生爬行动物，被称为"恐龙的表兄弟"。由于它的生活环境、游泳方式及食物来源与鲨鱼相同，故称为鱼龙。

以想象的。兰陀意斯曾经这样说过，昆虫的翅膀是由气管发展成的，因此，在这个大的纲里，曾经的呼吸器官很可能已经变成了飞翔器官。

　　在对器官的变异过程进行研究时，应记住一种功能有转变成另一种功能的可能性，这一点是非常重要的，所以我要在这里再多举一些例子。所有的有柄蔓足类都有两个很小的皮褶，我将其称为"保卵系带"，它的作用是用分泌黏液的方法来把卵保持在一起，直到卵在袋中孵化。这类生物没有鳃，其表皮和卵袋表皮以及小保卵系带，都具有呼吸器。藤壶科又称无柄蔓足类，这一类与有柄蔓足类不同，它没有保卵系带，卵松散地置于袋底，外面包以紧闭的壳，但在相当于系带的位置上却生有巨大的、极其褶皱的膜，它与系带和身体的循环小孔自由相通，所有博物学者都认为它有鳃的作用。我认为，现在没有人会否认这一科里的保卵系带与别科里的鳃是严格意义上的同源，事实上，它们是逐渐在相互转化的。因此，毋庸置疑，原来作为系带，同时也能够在最低程度上帮助呼吸的那两个小皮褶，是由于自然选择才出现的。如果要转变成鳃，它们所需要做的仅仅只是增大皮褶，并使那些黏液腺消失就可以了。如果所有的有柄蔓足类都已经绝灭了（有柄蔓足类所遭到的绝灭的时间比无柄蔓足类要早得多），那么，谁能想到无柄蔓足类的鳃的作用仅仅只是用来防止卵被冲出袋外？

　　还有一种在变异过程中可能出现的方式，就是通过生殖时期的提前或延迟。这一观点是最近由美国的科普教授和其他一些人提出来的。据我们所知，有些动物在还没有获得完整的性状之前就能够生殖了。当这种能力在一个物种里得到彻底地发展时，成体的发育阶段就可能会消失掉。在这种情况下，特别是当幼体和成体有着明显的不同时，该物种的性状出现了大的改变甚至是退化。有不少的动物在成熟以后，其性状仍然或多或少地还处于它整个生命期中的发育阶段。例如哺乳动物，它们的头骨形状会随着年龄的增长而发生

古生物复原图　水粉画　1880年

图中的蛇颈龙、鱼龙、翼手龙、始祖鸟等史前灭绝动物各显身手，构成一个令人不可企及的梦幻世界。侏罗纪属于中生代中期，是爬行动物和裸子植物的时代。

很大的改变。关于这一点，穆里博士曾经以海豹为例子进行了生动说明。另外，每个人都知道，越是老的鹿，其角的分支也越多；越是老的鸟，其羽毛也发展得越美丽。科普教授说，有些蜥蜴的牙齿形状随着年龄的增长而有很大的变化。根据弗里茨·米勒的记载，在甲壳类动物中，不仅有许多微小的部位在成熟以后会显露出新的性状，就连一些重要的部位，在成熟以后也会显露出新的性状。在所有这种例子里，还有许多例子可以举出。比如说，如果生殖的年龄被延迟了，物种的性状，至少是成年期的性状，就要发生变异。在某些情况下，前期的和早期的发育阶段会很快结束，进而最终消失掉，这也并不是不可能的。至于物种是否常常经过或曾经经过这种比较突然的变异方式，我还没有成熟的意见，但是如果这种情况曾经发生过，那么幼体和成体之间的差异，以及成体和老体之间的差异，也许在最初仍然是逐渐获得的。

自然选择学说所面临的
一些大难题

对器官，虽然我们无法用连续、细小、变异的级进产生的观点来下定论，虽然我们已经非常小心了，但毫无疑问地，自然选择学说还面临着许多大难题。

最大的难点之一是关于中性昆虫。一般来说，这些昆虫的构造与通常的雄虫和具有生育能力的雌虫的构造都不同。关于这一情况，我将在下章进行讨论。鱼的发电器官

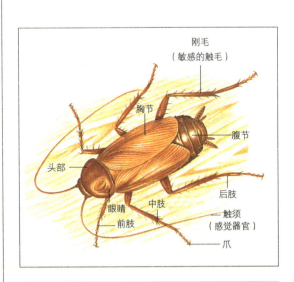

蟑螂的器官结构图

一只典型的昆虫，就如常见的蟑螂，身体分为三个主要部分。在前边是头部，包容着脑，长有触须、口部和眼睛；中间为胸节，六条腿长在这儿；后边是腹节，包含消化和生殖器官。坚硬的外骨骼主要是由一种叫做角质的物质所构成。

也是一个最大的难题，因为我们至今都无法想象这种奇异的器官是如何产生的。但这也没有什么值得奇怪的，因为我甚至连这些器官到底有什么用处都还不知道。在电鳗和电鲼里，这些器官毫无疑问地是强有力的防御手段，或者是捕食手段。但鹞鱼的发电器官却有所不同，按照玛德希的观察，鹞鱼的发电器官在尾巴上，当它受到强烈的刺激时，发电器官也只能发出极少的电量，这些电量根本不足以完成上述所说的任何一种目的。除了这个发电器官之外，麦克唐纳博士也曾经描述过，在鹞鱼的头部附近还有另一个器官，虽然经过观察发现这个器官并不带电，但它似乎是电鲼发电器官的同源器官。一般来说，博物学者都承认，在内部构造上、神经分布上和对各种试药的反应状态上，这些器官和普通肌肉之间都存在着巨大的相似。其次，当这些鱼的肌肉发生收缩时，它们一定会放电，这一点也应该引起高度重视。正如拉德克利夫博士所主张的那样："电鲼的发电器官在静止时的充电似乎与肌肉和神经在静止时的充电极其相像，电鲼的放电，并没有什么特别，大概只是肌肉和运动神经在活动时放电的另一种形式而已。"除此以外，

我们现在还没有找到能够更好地解释这一难题的答案。但由于我们对这种器官的用处知道的这样少，更由于我们对于电鱼始祖的习性和构造并不清楚。所以，如果现在就断定电鱼的这些器官不可能是由有用的变异的级进逐渐发展而来的，那么，我们的这一断定就未免太过于武断了。

在最开始时，这些器官似乎会被认为向自然选择学说提出了另一种更加困难的问题，因为有发电器官的鱼大约有12个种类，其中有几个类在亲缘关系上更是相距甚远。如果同样的器官出现在同一纲中的一些成员中，特别是当这些成员具有几乎不同的生活习性时，我们一般会把这器官存在的原因归为共同祖先的遗传，而且还可以把这一纲中不具有这一器官的成员所存在的原因归为不使用或因自然选择而导致了器官的消失。所以，如果发电器官是从某一古代祖先遗传下来的，那么，我们基本上能预料到，所有的电鱼都应该存在着特殊的亲缘关系，但事实并非如此。地质学上的发现也无法使人们完全相信，大多数的鱼类在很久之前曾经有发电器官，而它们在变异之后，其后代直到当今这个地质时代才将这些发电器官丢失掉。但当我们更深入地观察这一问题时，就会发现在拥有发电器官的一些鱼类里，发电器官在身体上的位置也是不同的。首先，它们在构造上是不同的，例如电板的排列法的不同。据巴西尼说，发电的过程或方法也是不同的。其次，通到发电器官的神经来源也是不同的，这大概是所有不同中的最重要的一种了。因此，并不是所有具有发电器官的鱼类其发电器官都是同源器官，这些器官只不

水中高压电——电鲶

电鲶，原产非洲刚果河。它体内的发电器官由许多电板组成，这些电板分布在皮肤和肌肉之间，头部为正极，尾部为负极，电流是从头部流向尾部。电鲶放出的电一般在150伏左右，最高电压为200多伏，有效范围的半径为6米左右。电鲶释放出的强大电流不仅能击死小的动物，甚至能击死比它大得多的水生动物。现在已知本身能发电的鱼还有象鼻鱼、电鳊鱼、电鲟鱼、电鳗鱼、胆量鱼等。

过在功能上是相同的。最终的结果就是，我们没有任何理由去假设它们是从共同祖先遗传下来的，因为如果它们有共同祖先的话，它们就应该在各方面都应该表现得非常相似才对。如此一来，最大的难题之一，即关于表面上相同，实际上却是从几个亲缘相距很远的物种发展起来的器官，就已经不再是难题了。现在只剩下一个相对不太难但依然非常重要的难题，即在各种不同群的鱼类里，这种器官是经历了怎样的分级步骤才发展起来的？

在分别属于完全不同的科的几种昆虫中，我们所看到的发光器官在身体上的位置也是不同的。目前，在我们缺乏知识的情况下，这是一个新的与发电器官差不多同样难的难题。还有一些其他类似的情况，比如在植物中，就存在一种奇特的装置，即花粉块生在具有黏液腺的柄上。很明显，这种装置

的样子在红门兰属和马利属中是相同的。在显花植物中，这两个属的关系相距甚远，即使在这里，这些器官也并非同源器官。我们可以看到，在身体构造系统相距甚远且生有相似的器官和特别器官的所有生物中，这些器官的一般形态和功能虽然是相同的，但它们之间的根本差异却也是十分常见的。比如，属于头足类的乌贼，其眼睛和脊椎动物的眼睛在外观上极其相似。但是，两个类群在系统上的间隔却非常远，因此，这种相似不能被归于共同祖先的遗传。米法特先生曾经将这种情况作为最大的难点之一提了出来，但我却并不认为他的论点具有多么充足

美洲火烈鸟　奥杜邦　水彩画　19世纪

　　美洲火烈鸟又名红鹤，其巢一般都选择筑在三面环水的半岛上，有的筑于泥滩，也有的筑于水边。以小虾、蛤蜊、昆虫、藻类等为食。性怯懦，喜群居，常万余只结群，队伍庞大。

的理由。视觉器官必须是由透明组织形成的，而且必须含有某种晶状体，这种晶状体的作用是使影像能投射到暗室的后方。除了这种表象的东西外，乌贼的眼睛和脊椎动物的眼睛几乎不存在任何真正的相同之处，参考一下汉生先生有关于头足类的眼睛的报告吧！这份报告写得非常精彩，我们可以从中知道这一点。高等乌贼的晶状体由两个部分组成，它们就好像两个透镜一样前后排列着，两者的构造和位置与脊椎动物的有所不同。乌贼的视网膜和脊椎动物的视网膜是完全不同的，两者的主要部分也是完全颠倒的。另外，乌贼的眼膜内含有一个大形的神经节。除此之外，两者的肌肉之间的关系大不相同，而其他部分也是这样。因此，在描述头足类和脊椎动物的眼睛时，对于同样一个术语在应用程度上的使用也必须格外小心，可见，这个问题的难度其实比较大。诚然，任何人都有权利否认二者的眼睛是通过连续的、轻微的、变异的自然选择而发展成的。但是，如果承认这个形成的过程是多种情况中的一种，那么在另一种情况中，我们也能清楚地知道，这种可能是存在的。如果以它们的确是以这样的方法形成的观点来探究的话，那么，这两个种群在视觉器官构造上的基本差异，是可以预料得到的，这如同两个人有时会独立地得到同一个发明一样。在上述的几种情况中，自然选择为了每种生物的利益而工作着，而且它利用着所有可利用的有利变异，在不同的生物中，产生出了功能相同的器官，但这仅仅是就功能而言。如果要将这些器官的共同构造归因于共同祖先的遗传，那是很武断的。

弗里茨·米勒为了证明本书中所得出的这些结论，曾经非常慎重地进行了一次相同的讨论。他以甲壳动物的几个科中少数物种为对象，这些动物具有呼吸空气的器官，适于在水外生活。米勒十分仔细地研究了其中的两个科，这两个科的关系很接近，属于这两个科的物种的所有重要性状也都极其一致，比如它们的感觉器官、循环系统、胃中的丛毛位置、用于在水中呼吸的鳃的构造；甚至还有用来清洁鳃的细微小钩，这些也都极其一致。由于其他所有的重要器官要么十分相似、要么几乎相同。因此，我们理所当然地认为，在属于这两个科中的只生活在陆地上的少数物种里，作为重要器官之一的呼吸器官也应当是相同或者相似的。但是为什么这个为了同一目的而出现的器官却并不是如我们所想象的那样相似呢？甚至这些器官几乎是不同的呢？

米勒根据我的观点，主张构造上存在着如此密切相似的器官的物种，必然是由一个共同祖先的遗传来的，而且也应该用这个理由来进行解释。但是，由于上述两个科的大多数物种和大多数其他甲壳动物一样，都是水生习性的。所以，如果说它们的共同祖先曾经适于呼吸空气，当然是极不可能的。因此，米勒在呼吸空气的物种里仔细地检查了这种器官，他发现，各种物种的这种器官在一些重要点上，比如呼吸孔的位置、开闭的方法，以及其他若干附属构造，都存在着差异。只要假设属于不同科的物种慢慢地变得日益适应水外生活和呼吸空气的话，那么，这种差异就可以理解了，甚至还可以被大致地预料出来。由于这些物种属于不同

海洋生物游泳冠军——乌贼

乌贼的游泳速度非常快，与一般鱼靠鳍游泳不同，它是靠肚皮上的漏斗管喷水的反作用力飞速前进，其喷射原理就像火箭发射一样，它可以使乌贼从深海中跃起，跳出水面高7米到10米。乌贼的身体就像炮弹一样，能够在空中飞行50米左右。乌贼在海水中游泳的速度通常可达到每秒15米以上，最大时速可以达到150公里。

的科，因此，它们必然在某种程度上是存在着差异，并根据变异的性质，它依靠两种要素——即生物的本性和环境的性质——的原理，它们的变异性必定不会完全相同。最终我们得到的结果是：自然选择为了取得功能上的同一结果，就不得不在不同的变异上下功夫。这样，获得的构造必然是各不相同的。根据分别创造作用的假说，全部情况就不能理解了。这样讨论的路线使米勒接受我在本书里所主张的观点，似乎有很大的分量。

另一位已故的杰出动物学家克莱巴里得教授曾作过相同的讨论，并得到了同样的结果。他的解释是，属于不同亚科和科的寄生性螨虫都生有毛钩。这些器官必然是分别发展出来的，之所以这样，是因为它们并不是

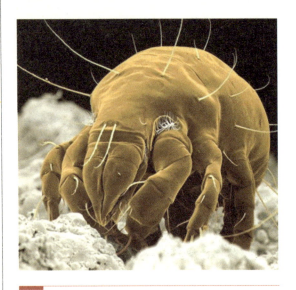

螨 虫

螨虫，节肢动物门，蛛形纲，蜱螨亚纲，身体大小一般在0.5毫米左右。世界上已发现螨虫50000多种，仅次于昆虫。广义上螨虫无处不在，遍及地上、地下、高山、水中和生物体内外，繁殖快，数量多。我们家中地板、地毯中的尘螨则可引起人的许多过敏性疾病（如哮喘）。寄生在人体的螨虫主要分为两种，一种是毛囊螨，也叫人蠕形螨；另一种叫皮脂腺螨，寄生在人面部的皮脂腺中。

从一个共同祖先遗传下来。在其他的一些属里，这些器官是通过前腿的变异，或后腿的变异，或下颚、唇的变异，以及身体下面附肢的变异形成的。

　　从上述的情况中，我们看到，在完全没有亲缘关系或者亲缘关系非常疏远的生物里，那些发展程度不同但外观却十分相似的器官，最终都达到了同样结果和功能。另一方面，使用各种各样的方法，也可以达到同样的结果，甚至在亲缘关系十分密切的生物里，有时也是这样的，可见，这一共同规律始终贯穿在整个自然界中。鸟类的翅膀长有羽毛，蝙蝠的翅膀长有皮膜，两者在构造上是完全不同的，但其功能却是一样的；蝴蝶长有四个翅膀，苍蝇长有两个，甲虫也有两

个鞘翅，它们在构造上就更加不同了，但其功能依旧是一样的。双壳类的两壳在构造上是能开能闭的，但从胡桃蛤的综错复杂的齿到贻贝的简单的韧带，两壳铰合的样式是多么的繁多！植物种子在传播的方式上，有的是靠自身生得细小来传播；有的是靠自身的蒴变成轻的气球状被膜来传播；有的是靠把自己埋在由种种不同的部分形成的、含有养分的，以及具有鲜明色泽的果肉内，以吸引鸟类来吃它们而传播；有的是靠长着许多种类的钩或锚等性状的物体以及锯齿状的芒，以便附着在走兽的毛皮上来传播的；有的靠长着各式各样精巧的翅和毛，一遇微风就能飞扬来传播。再举一个例子，由于生物是采用了许多各式各样的方法才得到了相同的结果，因此，这一问题本身就是非常值得注意的。有些博物学者认为，生物就如同商店里的玩具一样，它们之所以是通过大量的方法形成，仅仅只是为了玩出一些新花样来，这种自然观是完全不可取的。雌雄异株的植物和一些尽管是雌雄同株但花粉却无法落在柱头上的植物，是需要借助某些外界因素才能完成受精的。据我所知，有这样几类受精是如此完成的：花粉粒轻而松散，被风吹荡，单靠机会散落在柱头上，这可能是我所能想象到的最简单的方法；还有一种方法，它差不多同样简单但手法却极不相同，这种方法在许多植物中也经常出现。一般来说，采用这种方法的植物会在对称花上分泌少数几滴花蜜，然后招引昆虫来访，接着就可以借助昆虫把花粉带到柱头上去。

　　从这种简单的阶段出发，我们可以依次地看到许多各式各样的装置，这些装置都

有着相同的目的，并且以本质相同的方法发挥着作用，但是它们却导致了花的各部分都在发生变化。花蜜可储藏在各种形状的花托内，它们的雄蕊和雌蕊也可以以许多方式发生变化。有时候它们能够生成陷阱似的装置，有时它们会因为刺激性或弹性而进行巧妙的适应运动。这样的变化可以从这样的构造开始，一直到克鲁格博士最近描述过的盔兰属那样异常适应的例子。这种兰科植物的唇瓣，也就是它的下唇，有一部分是向内凹陷的，如此一来它就变成了一个大水桶，在它上面有两个角状体，分泌近乎纯粹的水滴，不断地降落在桶内。当这个水桶达到半满的程度时，水就会从一边的出口中流出。唇瓣的基部其实是水桶的上方，它也凹陷成了一种腔室，其两侧有出入口，其内部有奇特的肉质棱。如果没有亲自看到这些是如何发生的，即使是最聪明的人，也永远无法想到这些部分居然有这样的用处。但是克鲁格博士看见成群的大形土蜂去访问这种兰科植物的巨型花朵，而且最奇异的是，它们不是为了吸食花蜜，而是为了咬食腔室内的肉质棱。当土蜂咬食肉质棱的时候，它们彼此之间常常会发生冲撞，以至于跌进水桶里；当它们的翅膀被水浸湿后，就无法再飞起来，最后它们不得不被迫从那个出水口或由于溢水而形成的通道中爬出来。克鲁格博士曾亲眼看到大量的蜂在经过"非自愿"的洗澡后就如此地爬了出来。那两条通道都是非常狭隘的，而且其上盖着雌雄合蕊的柱状体。当蜂用力爬出来时，它的背部会在第一时间里和这些柱状体的柱头发生摩擦。如此一来，附着在黏腺上的花粉就会因为摩擦而落在蜂

的背部，并随着蜂飞到其他的花上去。克鲁格博士曾寄给我一朵浸在酒精里的巨型花朵和一只蜂，蜂是在没有完全爬出去的时候被弄死的，它的背部还黏着明显的花粉块。可以想象，当带着花粉的蜂访问另一朵花时，或者第二次再访问同一朵花时，它再次被同伴挤落到水桶里，然后从那条路爬出去。这时，花粉块必然首先与胶黏的柱头相接触，并且黏在这上面，于是花的受精便完成了。现在我们已经看到了花的各部分所展现出的用处了，分泌水的角状体的用处、半满水桶的用处是防止蜂飞去，强迫它们从出口爬出去，并且使它们擦着生在适当位置上的胶黏的花粉块和胶黏的柱头。

还有一种叫做须蕊柱兰科植物，它与

雌蕊与雄蕊　库普卡　油画　20世纪

花朵的雄蕊、雌蕊和花瓣，与女性生殖器官有着异曲同工之妙。除此之外，花朵中也有卵巢和卵子——叫做子房和花卵。这个花卵在受粉后形成胚芽，之后结成果实。这是一幅展现艺术家对女性性器官的迷恋为主题的作品。

盔兰属兰科植物有着密切的亲缘关系。它的花的构造，虽然为了同一个目的，却十分不同，花的构造也是同样奇妙的。蜂来访问它的花，也像来访盔唇花的花一样，是为着咬吃唇瓣的；当它们这样做的时候，就不免要接触一条长的、细尖的、有感觉的突出物，我把这突出物叫做触角。这触角一被触到，就传达出一种感觉即振动到一种皮膜上，那皮膜便立刻裂开；由此放出一种弹力，使花粉块像箭一样地射出去，方向正好使胶黏的一端黏在蜂背上。这种兰科植物是雌雄异株

墨兰 摄影

墨兰又名中国兰，常生于山地林下溪边，也见于常绿阔叶林或混交林下草丛中。其叶片丛生，狭长剑形，花期2~3月，花序直立，花朵较多，可达20朵左右，香气浓郁，花色多变。墨兰是许多珍贵的观赏兰花的培育母体。

的，雄株的花粉块就这样被带到雌株的花上，在那里碰到柱头，柱头是黏的，其黏力足以裂断弹性丝而把花粉留下，于是便行受精了。

有这样一个问题一直存在着，即在上述所讲的以及其他无数的例子中，我们如何才能够理解这种复杂且逐渐分级的步骤，以及物种究竟是如何用各式各样的方法来达到同样的目的呢？正如前面已经说过的那样，彼此之间已经稍微有所差异的两个物种在发生变异时，它们的变异性质不会是完全相同的，所以就算是为了同样的目的，它们在通过自然选择后所得到的结果也不会是相同的。我们还应牢记，各种高度发达的生物都已经经过了许多的变异，而且在每一次的变异后，其变异了的构造都具有遗传倾向，所以每一个变异都不会轻易地消失，反而会一次又一次地深化。无论每个物种的每部分构造是出于什么样的目的，它们都是大量遗传变异的综合产物，是物种为了适应新的习性和生活条件而不断连续变化后所得到的。

最后，虽然在许多情况下，我们还要胡乱猜测器官是通过什么样的变异方式才达到了今天的状态，而且这种猜测也是非常困难的。但是，考虑到存在的和已知的类型与绝灭的和未知的类型相比，前者的数量总是要少得多。最让我感到惊异的是，我很难举出这样一个器官，它没有经过变异就直接形成了。有一点是肯定的，这种器官似乎是为了特别的目的而被创造出来的，但它在任何一种生物中都几乎没有或者一直就未出现过。这就如同自然史里那句古老但却夸张的格言"自然界里没有飞跃"是一个道理。几乎所

有有经验的博物学者在其著作中都承认这句格言。正如米尔恩·爱德华曾经精辟地说过，"自然界"在变化方面是奢侈的，但在革新方面却是吝啬的。如果根据特创论的观点，我就不知道如何解释这样一个问题了：为什么变异如此之多，而真正新奇的东西却如此之少？既然许多独立生物是被分别创造出来，而且它们在出现之后就在自然界中找到了属于自己的位置。那么，为什么它们的所有部位和器官却这样被逐渐分级的各种步骤所连接在一起？而且这种现象又如此的普遍呢？为什么在从一个构造到另一个构造的问题上，"自然界"不采取突然的飞跃呢？如果根据自然选择的学说，我们就能够搞清楚，为什么"自然界"不是这样的，因为自然选择只是利用微细的、连续的变异而发生作用。它从来就不具有使物种产生巨大且突

蝴蝶兰　摄影

　　蝴蝶兰是在1750年发现的，在自然进化中保持了七十多个原生种，大多数产于潮湿的亚洲地区；其自然分布于阿隆姆、缅甸、印度洋各岛、南洋群岛、菲律宾以及中国台湾。台东的武森永一带森林及绿岛所产的蝴蝶兰最著名。

然飞跃的能力，它只能以一定的、短的、确实的、缓慢的步骤前进。

自然选择作用而导致的
不太重要的器官

由于自然选择采用的是生死存亡的淘汰方式来发挥作用，即让适者生存，不适者灭亡。因此，当我们在对不是很重要的器官的起源或形成进行研究时，我时常会感到非常困难。虽然是一种很不相同的困难，但我还是觉得其研究难度几乎和研究最完善、最复杂的器官的情况是一样的。

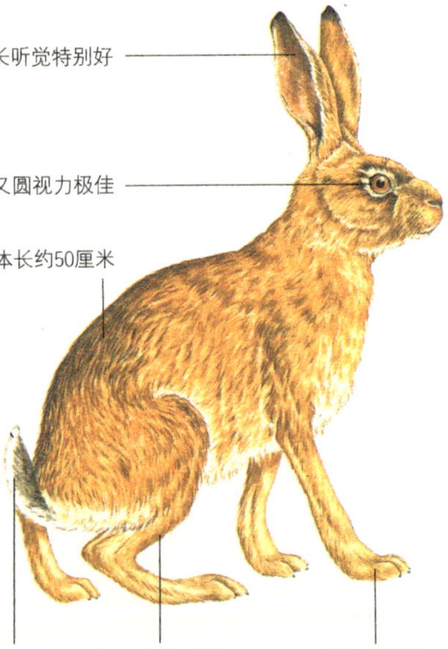

第一，对我们而言，对任何一种生物的构造的知识我们都太缺乏了，这直接导致我们无法说明什么样的轻微变异是重要的，什么样的轻微变异是不重要的。在之前的章节里，我曾举过一些微细性状的事例，比如，果实上的茸毛、果肉的颜色、四足类动物的皮和毛的颜色，它们的这些性状要么与体质的差异相关，要么与是否抵挡昆虫的攻击有关，这些性状的形成确实是由于自然选择的原因。长颈鹿的尾巴就是一个人造的拂尘，如果从一开始我们就说它的用途仅仅只是为了赶走苍蝇，而且为了这一用途，它经过了连续且微细的变异后才形成，其每次变异的目的都是为了更适合于赶走苍蝇的话，似乎谁都不会相信。但就算在这种情况下，在作出肯定的回答之前，我们也必须要认真考虑一番。因为我们知道，在南美洲，牛和其他动物的分布范围以及生存状况完全取决于对昆虫攻击的抵抗能力。可见，无论用什么方法，只要能抵抗这些故害个体的进攻，动物们就可以到达新的生存地，获得巨大的优势。我说这些并不是想说大型食草兽会被苍

耳朵很长听觉特别好

眼睛又大又圆视力极佳

身体长约50厘米

白尾巴　　长而有的后腿　　瘦长的前腿

长耳大野兔的器官结构

北美的长耳大野兔跑得很快，有些每小时可跑80公里以上；在炎热的沙漠里，长耳大野兔的长耳极为重要，它们靠其散掉多余的热量。

蝇所消灭（除了一些很少的个例外），而是由于它们为了抵抗苍蝇的攻击，会浪费大量的体力，如此一来，它们就比较容易得病，或者在饥荒到来的时候不能有效地找寻食物，或者逃避食肉动物的攻击。

现在不是很重要的器官，在某些情况下，对于该生物的早期祖先却有可能是非常重要的。在之前的一个时期逐渐被完善了后，虽然这些器官现在的用处已经不大了，但它仍会用几乎相同的状态遗传给现存的生物以及这些生物的后代。它们在构造上任何的有害偏差，也会因自然选择的原因而受到抑止。请看看，尾巴对于大多数水生动物而言是多么重要的一种运动器官。这也许可以被用来解释为什么它在多数陆生动物（从肺或鳔的变异中我们可以知道它们的祖先也是水生动物）里都存在着，而且用途还是那么的广泛。一条尾巴非常发达的水生动物，它的尾巴可能会在将来演变出各种各样的用途，例如作为拂尘，作为握持器官，或者像狗尾那样地帮助转弯。虽然尾巴在帮助转弯上用处很小，比如山兔，它几乎没有尾巴，但却能非常迅速地转弯。

第二，我们很容易对某些性状的重要性产生误解，并且很容易误以为它们是通过自然选择而发展起来的。我们千万不可忽视，变化了的生活条件的作用所产生的效果，还有那些似乎与外界条件少有关系的所谓自发变异所产生的效果，以及复现久已消失的性状的倾向所产生的效果，甚至还包括诸如相关作用、补偿作用、一部分压迫另一部分等复杂的生长法则所产生的效果。最后，还有性选择所产生的效果。通过这一选择，常常

棕鸟的内脏系统示意图

大多数鸟的身体是由肌肉、心、肺和消化系统组成。鸟类有两个胃，就如图中的这只棕鸟，第一个胃即嗉囊，用来储藏食物；第二个胃即砂囊，将食物磨成浆状。

获得对某一性的有用性状，并能把它们完全地传递给另一性，虽然这些性状对于另一性毫无用处。这样间接获得的构造，虽然在起初对于一个物种并没有什么利益，但此后却会被它的变异了的后代在新的生活条件下和新获得的习性里所利用。

假设我们只发现了绿色的啄木鸟，再假设我们并不知道还有其他许多种黑色的和杂色的啄木鸟存在。那么，我敢说我们一定会以为之所以是绿色，是为了适应周围的生存条件，是为了使这种频繁往来于树木之间的鸟得以在敌害面前隐蔽自己。这样认识的结果是让我们以为绿色是一种重要的性状，而且是通过自然选择而获得的。但事实上，这一颜色的获得途径主要是通过性选择。在马来群岛上，有一种藤棕榈，它依靠生长在枝端的钩，能很好地攀缘那些高大的树木，这

种装置结构十分精致，对于这种植物而言，它无疑是极有用处的。但是我在许多非攀缘性的植物上也看到过极为类似的钩，而且从非洲和南美洲的生刺物种的分布看来，我有理由相信，这些钩的最初作用是用来防御草食兽的。所以，藤棕榈的刺最初可能也是为着这种目的而发展的，后来当这种植物进一步发生了变异并且变成攀缘植物后，刺就被改良和利用了。秃鹫的头上有一块裸露的皮，一般观点认为，这是为了能适应腐败物而产生的。也许是这样，或者也可能是由于腐败物质的直接作用导致出现了这样的一块皮。但当我们看到吃清洁食物的雄火鸡的头皮也是如此裸露在外面的时候，如果我们要对雄火鸡的这块皮的作用或者是出现原因下结论，就必须很小心了。在幼小的哺乳动物的头骨上有一道缝，这道缝曾被认为是为了能使其可以被更顺利地产出而出现的。毫无疑问，这道缝的确使哺乳动物的生育变得容易了很多，也许这道缝真的就是生育所必须

的东西。但我也知道，幼小的鸟和爬虫都是从破裂的蛋壳里爬出来的，而它们的头骨上也有缝。所以，我们可以认为这种构造与生长法之间有关，只不过高等动物已经把它利用在生育上了。

我们对每一个轻微变异或个体差异的原因都表现得极其无知。只要对各地家养动物品种间的差异进行一番仔细研究，特别是对那些生活文明程度较低的国家里品种研究后，我们会发现，那里的家养品种极少被进行有计划的选择。由世界各地的尚未开化的人所饲养的动物还必须常常为了生存而进行斗争，而且在某种程度上，它们是完全受自然选择作用的影响的。同时，彼此之间体质不同的个体，在不同的气候下最能得到成

虾的体内器官结构示意图

复杂的无脊椎动物，如图中的斑节虾，有和脊椎动物相似的体内器官。斑节虾和昆虫、蜘蛛同属庞大的节肢动物门。当斑节虾脱掉它的骨架时，甚至触角和眼睛的细致外壳也会脱落。

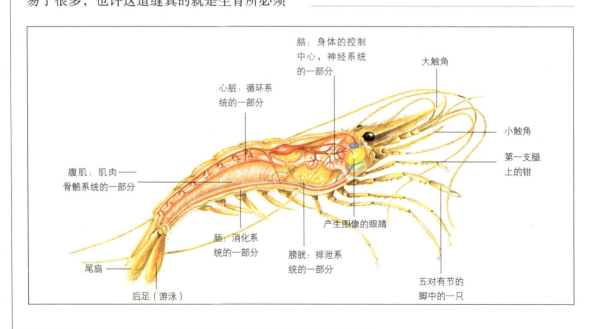

脑：身体的控制中心，神经系统的一部分

大触角

心脏：循环系统的一部分

小触角

第一支腿上的钳

腹肌：肌肉——骨骼系统的一部分

产生图像的眼睛

肠：消化系统的一部分

膀胱：排泄系统的一部分

尾扇

后足（游泳）

五对有节的脚中的一只

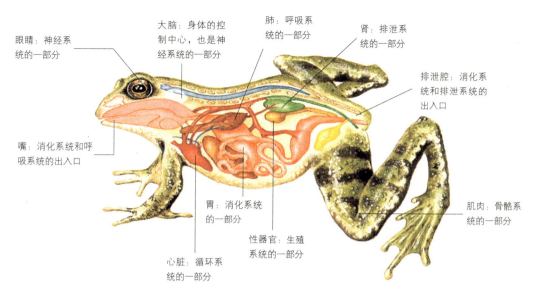

眼睛：神经系统的一部分

大脑：身体的控制中心，也是神经系统的一部分

肺：呼吸系统的一部分

肾：排泄系统的一部分

排泄腔：消化系统和排泄系统的出入口

嘴：消化系统和呼吸系统的出入口

胃：消化系统的一部分

性器官：生殖系统的一部分

心脏：循环系统的一部分

肌肉：骨骼系统的一部分

功。牛对于蝇的攻击的感受性，与它对某些具有毒性的植物的感受性是一样的，该感受性与体色有关。所以，就连颜色也是要服从自然选择作用的。某些博物学者认为，潮湿的气候会影响毛的生长，而角又与毛有关。高山品种与低地品种之间常常存在着差异，在多山的地方，后腿可能受到的影响更大一些。由于高山品种在这些地区常常要用到后腿，因此就连它们的骨盘形状也可能受到影响。在这种情况下，根据同源变异法则，前肢和头部也有可能受到影响。另外，骨盘的形状可能会因压力而影响还处于子宫里的幼体的某些部分的形状。在高地地区，所有生物都必须费力呼吸，许多确凿的证据使我们相信，费力呼吸会导致胸部产生增大的倾向，而且相关作用在这里又发生了效力。少量的运动和丰富的食物对于生物的整个身体构造的影响应该要重要得多。H．冯·纳修西亚斯在前不久曾发表了一篇优秀的论文，

脊椎动物的内部器官

动物体内有各种不同的器官（如上图青蛙）。这些器官的形状和大小都不相同，每个器官都有它的作用。好几种器官组成身体的一个系统，如消化系统、循环系统和生殖系统等。神经系统和内分泌系统操纵和调节体内的其他系统。

在论文里他这样解释道，少量的运动和丰富的食物显然是导致猪的品种发生巨大变异的一个主要原因。但由于我们的极度无知，使得我们对一些已知的变异原因和未知的变异原因的相对重要性都无法进行思考。我这样说只是为了证明一点，即尽管绝大多数博物学者都承认，一些家养品种的变异是一个或几个亲种在经历了许多个平常的世代后才发生的，但是如果我们不能解释是什么原因导致了它们彼此之间出现性状差异，那么，我们对于物种之间的细微差异的真实原因也就无法知晓了。也正因为如此，我们对此也就不必看得太严重。

"功利说"的真实程度
有多大——美是如何得到的

孔雀开屏　摄影　1998年摄于昆明世博园

　　孔雀是世界上有名的观赏鸟。孔雀为鸡形目，雉科，因它美丽的尾屏而受世人喜爱。主要分布在东南亚、印度、斯里兰卡和中国等地。它的身长为90~130厘米，尾长150厘米，产卵数量每窝4~8枚。孔雀的种类可以分成3种：生活在中国云南南部和东南亚的绿孔雀；生活在印度和斯里兰卡的蓝孔雀，以及数量稀少的由蓝孔雀变种的白孔雀。孔雀的羽毛像传说中的凤凰一样美丽，因此，被世人称做"天使的羽毛"。

　　近来，有博物学者反对"功利说"中的一个主张，即生物构造中的每一个细微点都是为了其所有者的利益而产生的。由于我在前面的章节中引用了"功利说"中的这一论点，因此，我在这里有必要谈一谈这些反对观点。绝大多数的反对者都相信，许多生物的构造是被创造出来的，产生这些细微点的目的仅仅是为了美，为了使人或"造物主"喜欢（但"造物主"是属于科学范畴之外的存在），或者仅仅是为了增添一些新花样才被创造出来的。关于这些观点，我已经在前面讨论过了，如果这些观点是正确的，那么我的学说就会被彻底颠覆了。我毫无保留地承认，有大量的生物构造对于现在的它们而言没有任何的直接用处，而且这些构造甚至对它们的祖先也不曾有过任何用处。但是，并不能因为如此，就可以证明它们的形成原因仅仅只是为了美或者是为了增添一点新花样。毫无疑问，处于变化之中的外界条件对于构造而言一直发挥着作用。在此之前，我曾列举过变异的各种原因，不管生物是否通过这些变异获得利益，我们都能肯定一点，那就是：这些变异都曾产生过效果，甚至是很大的效果。但更为重要的理由是，各种生物在其身体构造上的主要部分都是由遗传而得到的。虽然遗传使得每种生物都能更好地在自然界中找到它所适合的位置，但由于许多的构造部分和生物现今的生活习性并没有十分密切的和直接的关系，因此我们很难相信高地鹅和军舰鸟的蹼脚对它们有什么特别之处，也无法使我们相信，在猴子的臂内、马的前腿内、蝙蝠的翅膀内、海豹的鳍脚内，相似的骨对于这些动物有什么特别的用处。我们可以很稳妥地把这些构造归因于遗传。但蹼脚对于高地鹅和军舰鸟的祖先无疑是有用的，这就如同蹼脚对于大多数现存的水鸟而言都是有用的一样。所以我们完全可以相信，海豹的祖先并没有长鳍脚，而是长着五个趾的脚，这种脚更适合于行走或抓握。我们甚至还可以更进一步地去大胆相信，猴子、马、蝙蝠的四肢上所长的那几根骨头，也许是从这个全纲的某些古代鱼形祖先的鳍内的多数骨头经过减少而发展成的，其形成的原因也许是由于功利原则。不过，对于另外一些变化的原因，比如外界条件的作用、自发变异，以及生长的复杂法则等，究竟应当如何去衡量，这就是无法决定的问题了。但撇开这些重要的例外不说，我们还是可以断言，不管是在过去还是现在，每种生物的构造对于其所有者而言，总是有一些直接或间接的用处。

对于反对者们所认为的生物是为了使人喜欢才被创造得美观的观点（这一观点曾被认为是可以颠覆我的全部学说），我首先要指出的是美的感觉。显然，这一问题完全是取决于人类的心理因素，它与生物的任何真实性质无关，而且人类的审美观并不是天

进化的指猴　水粉画　当代

指猴的中指不但细长，而且坚如铁钳，指猴还能运用其奇指抠树干中的虫卵、掏椰壳中的果肉，是捉虫的能手。约3000万年前，一些灵长动物进化成了最早的猴和猿。即使是最早的猴也是爬树的好手。1780年法国探险家见到指猴时，把它当做松鼠的一种，但到1860年，分类学家解剖后发现它是一种灵长类动物。

生的或者是无法改变的。以人类为例，不同种族的男性对于女性的审美标准是完全不同的。如果美这种东西只是为了供人欣赏才被创造出来的话，那么我们就应该知道，在人类出现以前，地球上的美应该比不上人类出现之后。难道说，在始新世时期出现的美丽的螺旋形和圆锥形贝壳，以及第三纪时期的精致刻纹的鹦鹉螺化石，是为了让人类在多年之后可以在博物馆中欣赏它们而被创造出

虎皮鹦鹉 摄影

　　虎皮鹦鹉，又名娇凤、彩凤、阿苏儿、鹦哥，鸟纲，鹦形目，鹦鹉科。虎皮鹦鹉原产大洋洲，广泛分布于澳大利亚内陆地区，东部、西南部、北省的沿海地区，约克角半岛、塔斯尼亚岛也有少数分布。虎皮鹦鹉平均寿命7年。一般成长到3个月左右即可繁殖，后代分淡蓝色、绿色、蓝色、白色、黄色、杂色等，异彩纷呈。

来的吗？没有什么东西能比矽藻的细小矽壳更美丽，难道它们就只是为了让人类能在高倍显微镜下观察和欣赏它们而被创造出来的吗？包括矽藻在内的其他许多的生物之所以美，完全是因为它们的生长对称才导致的。花是自然界的最美丽的产物，在绿叶的衬托下，它们显得格外引人注目，同时也使得它们看上去非常美观，因此，它们能够更好地被昆虫发现。我之所以作出这种结论，是因为我看到了这样一个不变的规律，即风媒花从来没有华丽的花冠。一般来说，植物所开的花可以分为两种：一种是盛开的且彩色艳丽的，这种花可以更好地吸引昆虫；一种是闭合且没有什么彩色的，这些花一般都没有花蜜，很少有昆虫来接近它。从上述事实中，我可以断定，如果地球上没有出现过昆虫，我们的植物就不会刻意地开出美丽的

花，它们只会开一些不美丽的花。正如我们在枞树、栎树、胡桃树、桦树、茅草、菠菜、酸模、荨麻里所看到的那样，由于它们都属于风媒花，因此，它们所开的花并不美。同样的论点也完全适用于果实，成熟的草莓或樱桃既好看而又可口，而且所有人都承认，桃叶卫矛的果实和枸骨叶冬青树的猩红色浆果都是十分美丽的东西。但是，这种美只是为了能引来鸟兽的食用，当这些果实被吞食后，会随着鸟兽的粪便被排泄到其他的地方，如此一来，这些植物就会散布开来。我之所以断定这些事例是真实的，是因为我们不曾看到过下面的法则出现过例外，这一法则就是：对于被包裹在任何一种果实里的种子（即生长在果肉里或柔软的瓤囊里的种子）而言，果实一般都有着鲜艳颜色或者是能引起动物注意的黑色或白色，因为只有这样，种子才能散布得更广。

　　另一方面，我承认大多数的雄性动物，比如所有最美丽的鸟类，某些鱼类、爬行类和哺乳类，以及华丽彩色的蝴蝶，都是为了美而变得美的。但这些都是通过性选择所获得，也就是说，那些比较美的雄性个体曾经连续数代都被雌性个体所选中，因此，其后代也就变得越来越美了，而不是它们有意在取悦雌性。鸟类的鸣叫声也是如此，我们可以从所有这些情况中得出这样一个推论，即在动物界中，大部分对于颜色和音乐的偏爱，都是极为相似的。当雌性个体也拥有了如雄性个体那样的美丽颜色时（这种情况在鸟类和蝴蝶中比较常见，其原因是其后代都是通过性选择获得颜色的，这种遗传并不限于雄性个体，而是可以遗传给两性），最简

单形态的美的感觉，就是从某种颜色、形态和声音所得到一种独特的快乐。对于美是如何在人类和低于人类的动物心理发展起来的，这是一个非常难以解释的问题。如果我们要对诸如为什么某种香和味可以给予快感，而别的却给予不快感等问题刨根问底时，我们也会遇到同样的困难。在所有这些情形中，在某种程度上，习性似乎发挥了一定的作用，但是我认为，在每个物种的神经系统里，一定还存在着某种基本的还未被我们所发现的原因。

尽管在整个自然界中，一个物种经常会利用其他物种的构造来获得利益，但自然选择不可能只使一个物种产生出对另一个物种利益的变异。诚然，自然选择常常能够产生出直接对其他动物有害的构造，比如我们所看到的蝮蛇的毒牙、姬蜂的产卵管（姬蜂依靠产卵管能够把卵产在其他有生命的昆虫的体内）等。如果我们能够证明任何一个物种的任何一部分构造完全只是为了另一物种的利益而形成的，那么我的学说就会被彻底推翻了，因为这些有利于其他物种的构造是不可能通过自然选择而产生的。尽管在许多博物学著作里都存在着关于这种成果的大量描述，但我却没有找到一种描述是有意义的。众所周知，响尾蛇的毒牙是用来自卫和捕杀猎物的，但某些博物学者却认为它的响器是不利于它自己的，这种响器会预先发出警告，使猎物警戒起来。起初，我也曾相信猫在准备跳跃时卷动尾端，只是为了让已经被它视为食物的鼠警戒起来。但根据研究，我发现响尾蛇使用响器的最令人信服的观点是：眼镜蛇膨胀它的颈部皱皮以发出响声，

就如同蝮蛇在发出很响而粗糙的嘶声时会把身体胀大，其目的只是为了恐吓许多甚至对最毒的蛇也会进行攻击的鸟和兽。蛇的这种行为和母鸡看见狗在接近它的小鸡时就会竖起羽毛、张开双翼的道理是一样的。为了赶走它们的敌害，动物会采用各式各样的方法，但在这里，由于篇幅所限，我就无法详细描述了。

自然选择向来会让一种生物产生对于自己害多利少的构造，因为自然选择只会根据各种生物的利益，而且只会为了它们的利益而起作用。正如帕利曾经说过的，没有一种器官的形成是为了给予它的所有者以苦痛或损害。如果公平地衡量由各种部分所引起的利和害，那么我们可以看到，从整体来说，各种部分都是有利的。经过时间的推

鲜红的草莓 摄影

草莓，蔷薇科，草莓属，多年生草本植物，花白色。原产南美、欧洲等地，现在我国各地都有草莓栽培，也有野生的。每年6～7月间果实成熟时采摘，鲜用。

移，生活条件的改变，如果任何部分都变为有害的，那么它就要改变；如不改变，这种生物就要绝灭，正如无数已经绝灭了的生物一样。

自然选择只会使每一种生物与栖息在同一地方的、和它竞争的其他生物一起进化得更为完善，或者稍微地更加完善一些。我会举一些事例来让大家看到，什么是在自然状况下所得到的完善化的标准。新西兰的土著生物都是相对比较完善的，但是，当它们面对来自欧洲的植物和动物时，它们就迅速地屈服了。自然选择不会产生绝对的完善，就我所能判断的而言，我们也不曾在自然界

长颈鹿　蒙提曾伯爵　摄影　1854年　摄于西班牙

从这幅长颈鹿肖像，便知伯爵拍摄动物的高超技艺。1855年，他的父亲图谋继承王位未遂，伯爵于是永久地移居美国。照片中这头长颈鹿屈膝坐地的姿态极其优雅，宛如在公园草地上小憩片刻的高贵的淑女。腼腆的神情依稀可见。

里遇见过如此高的完善的标准。米勒曾经说过，光线色差的校正，甚至在最完善的器官如人类的眼睛里，也不是完全的。赫姆霍尔兹曾在强调了人类的眼睛具有奇异的能力之后，又说了以下一番所有人都无法怀疑的话："我们发现在这种光学器具里和视网膜上的影像里有不正确和不完善的情况，这种情况不能与我们刚刚遇到的感觉领域内的各种不调和相比较。有一种理论认为，外界与内部之间预存了协调，而自然界为了要否定这一理论的所有基础，是喜欢积累矛盾的。如果我们的理性能使我们热烈地赞美自然界里有无数不能模仿的装置，那么这一理性也会告诉我们（就算我们在两方面都容易犯错误），其中的某些装置是不完善的。我们能够认为蜜蜂的刺针是完善的吗？当它用刺针刺多种敌害的时候，常常不能把它拔出来，因为这些刺上都生有倒长的小锯齿，这样，它们在拉出来时常常会把自己的内脏也拉出来，结果，这一行为会导致自己的死亡。

如果我们假设蜜蜂的刺在其遥远的祖先时代时就已经存在了，而且这个刺的最初作用仅仅是被用作穿孔的锯齿状器具，就如这个大目里的许多成员的情况那样，只是随着时间的推移，其作用才发生了改变，但这种改变并非是完全的。它的毒素原本只适用其他的一些地方，例如产生树瘿。这样一来，我们也许就能够理解为什么蜜蜂在使用它的刺针后就会导致自己的死亡。因为，如果从整体来看，刺针的能力对于蜜蜂的社会生活是有用处的，虽然它常常引起少数成员的死

亡，但却可以满足自然选择的所有要求。如果我们惊叹于许多昆虫中的雄虫依靠自身的奇特嗅觉能力能找到它们的雌虫，那么，只为了生殖目的而出现的雄蜂，对于蜜蜂的整个群体而言就没有一点其他用处了。正因为如此，它们在交配结束后就会被那些只能劳动但却无法生育的姊妹所弄死，难道我们就不应该对此发出惊叹吗？我们也许不会为这一事实惊叹，但是我们却会惊叹于蜂后的野蛮本能，这一本能就是恨，这种恨导致它在面对幼小的蜂后时，就会把它们弄死，或者自己死在这场战斗中。毫无疑问，这种做法对于整个蜜蜂群而言是有好处的，母爱或母恨（幸而后者很少），对于自然选择的坚定原则都是一样的。如果我们惊叹于兰科植物和其他许多植物的几种巧妙装置，能引导昆虫来帮助其受精时，那么我们在看待枞树所产生出来的如同密云一般的花粉，而只有其中的少数几粒能够碰巧吹到胚珠上去时，我们是否就会认为它们也是同样比较完善呢？

统一法则和生存条件法则

在本章中，我们已经把可以用来反对自然选择学说的一些难点和异议几乎都讨论过了。在这些难点和异议中，仍有许多是极为严重的，但是，我想通过本章的讨论来对一些事实进行说明。如果依照特创论的观点，这些事实是完全无法被解释清楚的。我们已经看到，物种在任何一个时期的变异都不是无限的，也不是必然由无数的中间级所联系起来的。造成这一结果的一部分原因是自然选择的过程永远是极为缓慢的，在任何一个

美洲狮 摄影 当代

美洲狮是最凶猛的食肉动物，主要以兔子、羊、鹿为食，美洲狮在饥饿的时候，甚至也会偷袭家禽家畜。容易食物短缺的自然界教会了美洲狮储存食物的本领，如果捕获的食物比较多，它们就把剩余的食物放在树上，等以后食物短缺时再来吞食。

时期，自然选择只对少数的类型产生作用；另一部分原因是，由于自然选择的本身就包含了对早期中间级的不断排斥和绝灭。如今，生存在连续地域上的具有密切亲缘关系的物种，必然是在该地域还没有连续起来，且生活条件还没有从这一处逐渐变化到另一处的时候，就已经形成了的。当两个变种在一个连续地域的两个不同地方形成时，在这两个不同地方的中间地带一定会产生一个中间变种。根据上述的理由，中间变种的个体数量通常要比其两边所连接的变种的数量要少得多。而最终的结果是，两个变种在进一步变异的过程中，由于个体数量较多，因此它们比个体数量较少的中间变种更具有优势。一般来说，这两个变种通常就会成功地把中间变种排斥或消灭掉。

在本章里，我们已经看到，如果要对极其不同的两种生活习性下不能逐渐彼此转化的断言，比如断言蝙蝠不能通过自然选择从一种最初只在空中滑翔的动物而形成，我们必须要非常谨慎。

我们已经看到，一个物种在新的生活条件下是可以改变自己的生活习性的，或者说，它可以产生多样的生活习性，其中有些习性会大大异于它最近的同类的习性。因此，我们只要牢记，各种生物都在努力使自

已能够生活在所有可以
生活的地方，那么，我
们就能理解脚上有蹼的
高地鹅、栖居地上的啄
木鸟、潜水的䴘和具有
海鸟习性的海燕是怎样
发生的了。

如果要将自然选
择学说应用于眼睛这种
完善器官的形成上，我
相信，任何人都会对此
产生犹豫。但是，不论
是什么样的器官，只要
我们知道该部分都有着
逐渐、复杂的过渡级，
且级进对于其所有者都

濒危野生动物——猞猁　卡雷拉·摄影　当代

猞猁，别称猞猁狲。栖息于多岩石的森林中，夜行性，以小型哺乳类为食。分布于中国
东北、山西、四川、新疆、西藏、青海等地，欧洲和美洲也有，为世界濒危野生动物。猞
猁体态特征似猫，曾被怀疑是猫的祖先，后来证明猫的祖先是古猫兽。

是有利的，那么，在生活条件不断变化的情
况下，任何部分都可以通过自然选择达到一
种我们可以想象得到的完善程度。至少在逻
辑上，我认为这是可能的。在我们还不知道
中间状态或过渡状态存在的情况下，如果要
断言这些状态不曾存在过，我们必须极为慎
重。因为许多器官变态的存在使我们知道，
机能上的奇异变化至少是可能的，比如，鳔
显然已经转变成呼吸空气的肺了。同时进行
多种不同机能的运作且后来有一部分或全部
都变为专门的一种机能的相同器官，以及两
种同时进行同种机能运作的不同器官，而且
其中的一种器官受到另一种器官的帮助变得
更为完善，上述这些情况常常会促使变异的
产生。

我们已经看到，在自然系统中彼此相
距甚远的两种生物里，会出现具有相同用途

且外表也十分相近的器官，而这样的器官是
各自独立形成的。当我们对这些器官仔细检
查时，我们常常可以看到，它们的构造在本
质上有所不同。根据自然选择的原理，这一
结果的出现是理所当然的。另一方面，为了
达到同一个目的，生物的构造可以无限多样
化，这是整个自然界的普遍规律，如果根据
同样的伟大原理，这也是理所当然的。

在许多情况下，我们实在太无知了，以
至于会提出这样的主张，即由于一个部位或
器官对物种而言没有多大的利益，所以它的
构造发生变异时，自然选择也不会对其进行
累积。在许多情况下，变异也许是变异法则
或生长法则的直接结果，且与因此而获得的
任何利益无关。但是，甚至就算是这些不太
重要的构造，也会在将来新的生活条件下，
为了物种的利益而常常被利用，并且还要进

鳄鱼 波肯 摄影

鳄鱼为鳄目动物的统称，目前全世界共有20多种。其性情大都凶猛暴戾，喜食鱼类和蛙类等小动物，甚至噬杀人畜。绝大多数分布于非洲、美洲和亚洲的热带地区的河川、湖泊、海岸中。鳄鱼是现存生物与史前恐龙时代的爬虫类动物相联结的最后纽带。

一步变异下去，我认为这一观点是可信的。我们还可以相信，从前曾经是极为重要的部分，就算它在现在变得不重要了，甚至在目前的状态下，它已经不再通过自然选择继续发生有利变异，但这些部位或器官还是会被一直保留下去（比如水生动物的尾巴仍然保留在它的陆生后代里）。

自然选择不能在一个物种里产生出完全为着另一个物种的利益或为着损害另一物种的任何东西，虽然它能够有效地产生出对于另一物种极其有用或者不可缺少的东西，或者对于另一物种极其有害的器官和分泌物，但在所有情形里，同时也是对它们的所有者有用的。在生物繁生的各种地方，自然选择通过生物的竞争而发生作用。结果，只是依照这个地方的标准，在生活竞争中产生出成功者。因此，一个地方——通常是较小地方

的生物，常常屈服于另一个地方——通常是较大地方的生物。因为在大的地方里，有比较多的个体和比较多样的类型存在，所以竞争比较剧烈。这样，完善化的标准也就比较高。自然选择不一定能导致绝对的完善化，依照我们的有限才能来判断，绝对的完善化不是随处可以断定的。

根据自然选择学说，我们能理解博物学里"自然界里没有飞跃"这个古代格言的充分意义。如果我们只看到世界上的现存生物，这句格言并不是严格正确的；但如果我们把过去的所有生物都包括在内，无论已知或未知的生物，这句格言按照这个学说一定是正确的。

一般来说，我们承认所有生物都是根据"统一"和"生存条件"这两大法则形成的。统一法则是指在同纲生物中，那些与生活习性并无重大关系的构造，基本上是一致的。根据我所提出的**学**说，统一法则可以用祖先的统一来解释。曾被居维叶所经常坚持的生存条件的说法，完全可以被包括在自然选择的原理之内。由于自然选择的作用，使各种生物的变异部分能够适应于今天的有机和无机的生存条件，或者使它们在之前的时代里能够适应这些生存条件。因此，在许多情况下，物种的构造都会受器官使用频率的影响，受外界生活条件的直接作用的影响，并且在所有情况下，还会受到一些生长法则和变异法则的支配。因此，事实上"生存条件法则"是一个比较高级的法则，因为通过以前的变异和遗传，它把统一法则包括在了其中。

关于物种寿命的异议

最近有一位批评家常常在世人面前炫耀数学的精确性，由于他坚决主张长寿对于所有物种都有着巨大的利益，因此，所有相信自然选择的人都应该根据他所制定的"系统树"，并依照所有后代都比它们的祖先更长寿的原理进行排列。如果把一种两年生植物或者一种低等动物放到寒冷的地方去，那么，我相信它们一到冬季就会死去。但由于生物可以通过自然选择获得利益，因此，它们可以利用种子或卵将自己的种群一直延续下去。难道我们的这位批评家就没有考虑到这种情况吗？最近，E.雷蒙德·兰克斯特先生曾就此问题进行过讨论。他在最后总结出了这样一个结论：就一般情况而言，在这个问题的极端复杂性所许可的范围内，长寿与各种物种在身体构造的等级中的标准是有关联的，与在生殖和普通活动中的消耗量也是有关联的。这些条件可能大部分是通过自然选择来决定的。

曾经有过这样一场讨论，话题是关于埃及的动物和植物。有一种观点认为，在过去的三四千年里，这里的动物和植物，就我们所知道的情况来看，没有发生过任何变化。由此可知，世界上任何一处地方的生物也许都不曾发生过变化。但是，正如刘易斯先生所说的，这种观点未免极端了一些，因为那些被刻在埃及的纪念碑上的或是被制成木乃伊的古代家养动物，虽与现今生存的家养动物极为相像，甚至相同，但所有博物学者都承认，这些家养动物是通过它们的原始类型的变异而产生出来的。从冰河时期以来，也许就存在着仍然不少保持不变的动物，而且它们都可以作为非常有力的例子来证明这一

人工养殖的辐射龟

乌龟是公认的最长寿的动物，科学家通过研究发现，乌龟长寿的原因是由于其细胞的分裂代数要比其他动物细胞分裂代数多得多，人一般只有50代左右，而乌龟可达110代。照片中是一只辐射龟。辐射龟产于马达加斯加岛南部，栖息于近似热带草原的干燥森林中。每胎约可产12颗卵。目前，在毛里求斯岛及留尼汪岛有专业的人工繁殖场。

纸莎草

纸莎草，尼罗河三角洲生长的一种类似芦苇的水生莎草科植物，属多年生绿色长秆草本；切茎繁殖，叶呈三角，茎中心有髓，白色疏松。茎端为细长的针叶，四散如蒲公英。古埃及人对纸莎草十分崇拜，曾借助这种植物航行于尼罗河上，传播他们伟大的文明。后来，纸莎草被当做北方王国的标志。

点，因为它们曾经暴露在气候的巨大变化下，而且曾经迁移到很遥远的地方。恰好相反，据我们所知，在埃及这个地方，过去的数千年里，生活条件是完全相同的。也许用自冰河时期以来很少发生、甚至没有发生变化的事实，来反对那些相信内在的和必然的发展法则的人们，是有一些效果的。但如果将之用来反对自然选择、即最适者生存学说的话，就不会收到任何的效果了，因为自然选择学说的主要思想就是：只有当有利性质的变异或个体差异发生的时候，它们才会被保存下来，但这只有在某种有利的环境条件下才能实现。

勃龙的几个异议

著名的古生物学者勃龙将本书翻译成了德文。在德文版的最后，他曾这样问道："按照自然选择的原理，一个变种怎么能够和亲种并肩生存呢？"在这里，我要解释一下，如果两者都能够适应略有不同的生活习性或生活条件，那么，它们也许就能够生存在一起。但如果我们撇开多形物种（它的变异性似乎具有某些特殊性），以及暂时的变异，比如大小、皮肤变白症等不谈，只看其他那些较为稳定的变种，事实就如我所发现的那样，这些物种一般都是生息于不同地点的，比如高地或低地，干燥地区或潮湿地区。另外，那些喜欢四处游走以及自由交配的动物的变种，似乎一般都不会被局限在同一个地区。

勃龙还主张，从古到今，不同的物种不仅是在一种性状上存在差异，而且在许多部位上都有差异。他曾这样问道："身体构造中的许多部位是如何因为变异和自然选择的原因而常常同时发生变异的呢？"我认为，没有必要去想象任何生物的所有部分都同时发生变化。最能适应某种目的的最显著变异，如以前所说的，大概经过连续的变异过程，即使是轻微的，起初是在某一部分然后在另一部分而被获得的。因为这些变异都

中国藏獒

藏獒，又名藏狗、番狗、蕃狗、羌狗，产于雪峰。藏獒是仅存于世的极古老的原始超大型犬种，原始发源地青藏高原至甘肃甘南藏族自治州河曲地区。根据考古学家对其古化石的鉴定，证实其历史已超过五千年；国外有关文献对其有详细记载，证明圣伯纳、大丹、匈牙利牧羊犬、纽芬兰犬及世界多种马士迪夫犬均含有中国藏獒的血统。

是一起传递下来的，所以我们看起来好像是同时发展的。有些家养族主要是由于人类选择的力量，然后向着某种特殊目的进行变异，这些家养族对于上述异议提供了最好的回答。看一看赛跑马和驾车马，或者长躯猎狗和獒吧，它们的整个身体，甚至连心理特性都已经被改变了。但是，如果我们查一下它们的变化史中的每一阶段，尤其是最近的几个阶段，我们就可以发现，事实上我们是无法看到巨大且同时发生的变化的。我们所能看到的，只是首先发生的那一部分，而随后进行的另一部分轻微变异和改进我们是看不到的。当人类只对某一种性状进行选择时（栽培植物在这方面可以提供最好的例子），我们就会看到，无论它是花、果实或叶子，虽然它们的某一部分被大大地改变了，但是，与此同时，几乎所有的其他部分也会稍微被进行相应的改变。关于其中的原

李 子　摄影　当代

李子是李树的果实，人们对这部分性状进行选择时，按照达尔文的观点，李子的性状发生了明显的改变。李树的花叶其实也随之发生了改变，只是并不那么显而易见。

因，一部分可以被归为相关生长的原理，另一部分可以被归于所谓的自发变异。

近来，勃龙和布诺卡提出了一个比上述两个观点更为严重的异议，他们认为，由于有许多对于性状所有者而言并没有什么用处的性状存在，因此，这些性状不能受自然选择的影响。在例证方面，勃龙以不同种的山兔和鼠的耳朵以及尾巴的长度、动物牙齿上的珐琅质的复杂皱褶，还有许多类似的情况为例进行了论证。关于植物，内格利曾写了一篇优秀的论文，在文中，他对此进行了一番讨论。他承认，自然选择具有很大的影响力，但他却坚持认为各科植物之间的主要差异仍旧是形态上的性状差异，而这些性状对于物种的繁盛与否并没有起到至关重要的作用。最终，他相信生物有一种内在倾向，该倾向使得生物永远会朝着进步且完善的方向发展。他以细胞在组织中的排列以及叶子在茎轴上的排列为例，来解释为什么自然选择没有发挥作用。我想，除此之外，还可以加上花的各种部位的数目、胚珠的位置，以及种子的形状（尽管种子的形状在传播时没有起到任何的作用）等。

上述这一反对观点对我的学说颇具威胁。但尽管如此，我还是能从以下三点进行反驳。第一，当我们决定什么构造对各种物种现在有用或从前曾经有用时，还应十分小心。第二，必须经常记住，某一部分发生变化时，其他部分也会发生变化，这是由于某些不大明白的原因。比如，流到一部分去的养料的增加或减少，各部分之间的互相压迫，先发育的一部分影响到后发育的一部分及其他原因等。此外，还有一些我们尚不清

楚的其他原因，它们导致了许多相关作用的神秘事例。这些作用，为求简便起见，都可以包括在生长法则这一个用语里。第三，我们必须考虑到改变了的生活条件有直接的作用，并且必须考虑到所谓的自发变异，在自发变异里生活条件的性质显然起着一个次要的作用。在芽的变异方面，例如在普通蔷薇上生长出苔蔷薇，或者在桃树上生长出油桃，便是自发变异的好例子。但在这些情况里，如果我们记得虫类的一小滴毒液在产生复杂的树瘿上的力量，我们就不应十分确信，上述变异不是由于生活条件的某些变化所引起的。树液性质的局部变化的结果，对于每一个细微的个体差异，以及对于偶然发生的更显著的变异，必有其某种有力的原因。并且如果这种未知的原因不间断地发生作用，那么这个物种的所有个体几乎一定要发生相似的变异。

在本书的前几个版本中，我曾低估了自发变异性的频度和其重要性，但在现在看来，自发变异性的频度非常高且对生物而言也是非常重要的。但就算如此，我们也绝不能说，物种的构造之所以能如此好地适应于外界的生存条件是因为自发变异，就我本人而言，也是无法相信这一点。对适应力较好的赛跑马或长躯猎狗而言，在人工选择原理还没有被了解之前，曾有一些老一辈的博物学者对此惊叹不已，而我也不相信我们可以用自发变异的原因来进行解释。

在这里，我可以举出一个例证对上述的一些论点进行阐明。我们假定所有的物种都有一些部位和器官是无用的，甚至在我们最熟知的高等动物里，仍然有许多这样的无

油 桃　摄影　当代

　　油桃是普通桃的变种，又名"李光桃"，在我国是跨世纪的新兴果品。华光、曙光、艳光三种杂交油桃，对土壤、气候的适应性和栽培技术跟普通桃基本一样，它们的育成使我国的油桃品种跃上了一个新台阶。

用构造存在着。这些无用构造是如此的发达，以至于所有人都认为它们不可能是不重要的，然而它们的用处至今还没有被确定下来，或者说只是在最近才被确定下来。关于这一点，已经没有必要再说了。既然勃龙以一些鼠类的耳朵和尾巴的长度为例子，认为这些性状差异并不存在任何的特殊用途。虽然这不是很重要的例子，但我要指出，根据薛布尔博士的观点，普通鼠的外耳具有很多以特殊方式分布的神经，它们无疑是当做触觉器官用的，因此耳朵的长度就不会是不十分重要了。还有，我们就会看到，尾巴对于某些物种是一种高度有用的把握器官，因而它的用处就要大受它的长短所影响。

关于植物的一些异议

在植物方面，由于已经有内格利的论文存在，因此，我在此仅作一点说明。众所周知，兰科植物的花存在着大量的奇异构造。几年前，这些构造还仅仅是被看做形态上的差异，并没有任何特别的功能，但现在我们已经知道，在昆虫的帮助下，这些构造对于兰科植物的受精是极为重要的，它们也许就是通过自然选择才获得了这些构造。直到最近，也没有人会想象到，在二型性或三型性的植物里，雄蕊和雌蕊的不同长度以及它们的排列方法究竟能否起到作用，但现在我们却知道这的确是有用的。在某些植物的整个群里，胚珠直立，而在其他群里胚珠则倒挂；也有少数植物，在同一个子房中，一个胚珠直立，而另一个则倒挂。这些位置当初一看好像纯粹是一种形态，或者并不具有生理学的意义。但胡克博士告诉我说，在同一个子房里，有些只有上方的胚珠受精，有些只有下方的胚珠受精。他认为这大概是因为花粉管进入子房的方向不同所致。如果是这样的话，那么胚珠的位置，甚至在同一个子房里一个直立一个倒挂的时候，大概是位置上的任何轻微偏差的选择结果，由此受精和产生种子得到了利益。

一般来说，不同"目"的植物，常常会产生两种花：一种是开放且具有普通构造的花，另一种是关闭且不完全的花。有时候，这两种花在构造上也是完全不同的，然而我们却发现，在同一株植物上，这两种花是相互演变的。第一种花可以通过接受其他

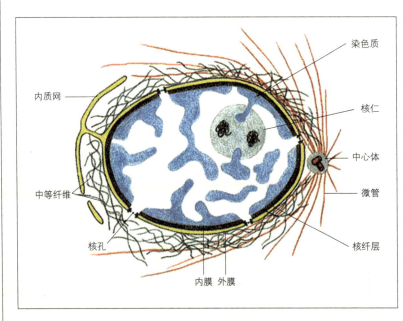

内质网

染色质

核仁

中心体

中等纤维

微管

核孔

核纤层

内膜 外膜

植物细胞核结构

细胞核是细胞内最大的细胞器。它由核膜、染色质、核仁和核液等几部分组成。细胞核是细胞的控制中心，在细胞的代谢、生长和分化中起着重要作用，是遗传物质的主要存在部位。

花的花粉而达到异花受精，并且由此确保能确实得到异花受精的利益。然而，第二类花显然也是非常重要的，因为它们只需耗费极少的花粉便可以稳定地产出大量的种子。刚才我就已经说过了，这两种花在构造上常常是不同的。关闭的花的花瓣几乎总是由残迹物构成的，花粉的直径也比前者的花粉要小不少。在一种柱芒柄花里，五本互生雄蕊是残迹的；在堇菜属的一些物种里，三本雄蕊是残迹的，其余的二本雄蕊虽然保持着正常的功能，但已大大地缩小。在一种印度堇菜里（我并不知道这种花叫什么名字，因为我从来没有真正看到过这种植物开出完全的花来），三十朵关闭的花中，有六朵花的萼片从五片的正常数目退化为三片。根据Ａ．得朱西厄的观点，在金虎尾科里的某一类中，关闭的花发生的变异更加深刻，在那种植物上，五个和萼片对生的雄蕊全都退化了，只有和花瓣对生的第六个雄蕊依旧是那么的发达。而在该种植物的普通花上，第六个雄蕊是不存在的，而且普通花的花柱发育也不完全，子房也从三个退化为了两个。尽管自然选择有足够的力量去阻止某些花的开放，并且可以通过使花闭合起来，以达到减少过剩花粉数量的目的。然而，在上述所说的各种特别变异中，没有一种变异是可以达到减少过剩花粉数量的目的的，这就是所谓的"必须认为这是依照生长法则的结果。在花粉减少和花闭合起来的过程中，某些部分在功能上的不活动，亦可纳入生长法则之内"。

生长法则的效果是如此的重要，以至于我们必须对其有足够的重视。在这里，我必须再多举一些例子来说明同样的部分或器官

由于在同一植株上的相对位置的不同而有所差异。沙赫特曾经发现，西班牙栗树和某些枞树的叶子，分出的角度在近于水平的和直立的肢条上有所不同。在普通芸香和某些其他植物中，中央或顶端的花一般会先开放，花朵由五个萼片和五个花瓣，以及五室子房组成。在这些植物中，其他的花都是四个。英国有一种五福花，其最顶上的花一般只有两个萼片，而其他的花也是四朵，而且这些花一般有三个萼片，其他部分都是五个。许多聚合花科和伞形花科（还有一些其他类型的植物）的植物，其外围的花比中央的花具

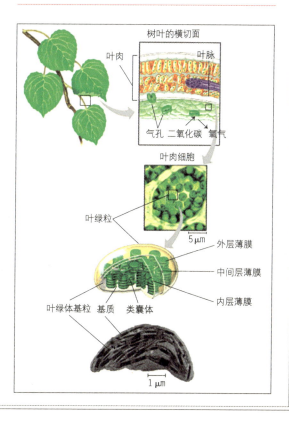

有发达得多的花冠，这似乎与生殖器官的发育不全有关联。还有一个非常奇妙的事实，

蒸腾作用

蒸腾作用是水分从以植物叶子为主体的表面以水蒸气状态散失到大气中的过程，是植物吸收和运输水分的主要动力。蒸腾作用能降低植物体和叶片表面的温度，避免高温灼伤。

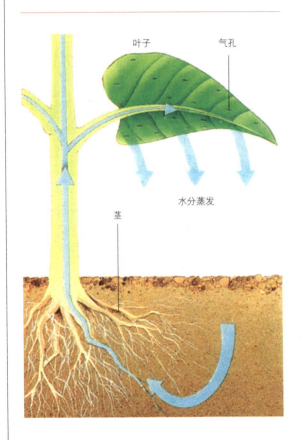

叶子　气孔

水分蒸发

茎

这个事实在前面已经提过了，即外围的和中央的瘦果或种子常常在形状、颜色以及其他性状上都大不相同。在红花属和某些其他聚合花科的植物里，只有中央的瘦果才具有冠毛。而在猪菊苣属里，同一个头状花序上生有三种不同形状的瘦果。根据陶施的观点，在某些伞形花科的植物里，长在外面的种子都是直着生长的，而长在中央的种子则是倒着生长的。得康多尔认为，在其他的物种里，这种性状具有分类学上的重要性。布劳恩教授列举了延胡索科中的一个属，在该属的穗状花序的下部能结出一个呈卵形且有棱的类似于小坚果的种子。而在穗状花序的上部则能结出一个呈披针形且有两个蒴片的长角果种子，而且这样的种子一般有两个。在这几种情况里，除了为吸引昆虫注意的射出类花外，根据我的判断，自然选择在其中并没有起到什么作用，或者只能起一些次要的作用。所有的这些变异，都是物种各部位的相对位置及其相互作用的结果，毫无疑问的是，如果是同一个植株上的所有的花和叶，那么当它们与其他部位上的花和叶都遭受了相同的内外条件的影响时，它们就都会按照同样方式被改变。

一些被分类学认为是高度重要的性状

在其他的许多种情况中，我们可以看到被植物学者们认为是具有高度重要性的构造变异，这种变异一般只发生在同一个植株上的几种特定的花之上，或者发生在受同样外界条件影响、且密接生长的不同植株上。由于这些变异似乎对于植物没有什么特别的用处，因此，它们不受自然选择的影响。到目前为止，我依然不知道造成这一切的原因是什么，甚至不能像上述所讲的最后一类例子，把它们归因于相对位置的任何近似作用。在这里，我只能举出少数的几个事例来。比如，在同一株植物上的花，它们常常以四朵或五朵的数目出现，这是一件很平常的事，对此我不再多举事实了。但是，由于有这样一种情况存在（即在某些部分上的数目很少），这些部分的变异相对地要少一些。得康多尔曾说过，在大红罂粟的花中，有的是两个萼片和四个花瓣（这是罂粟属的常见形式），还有的是三个萼片和六个花瓣。花瓣位于花蕾中，而且用的是折叠方式。从形态学的角度看，在大多数的植物中，这种性状都是一种极其稳定的性状。但阿萨·格雷教授却发现，在沟酸浆属的某些物种中，它们的花尽管也是采用的折

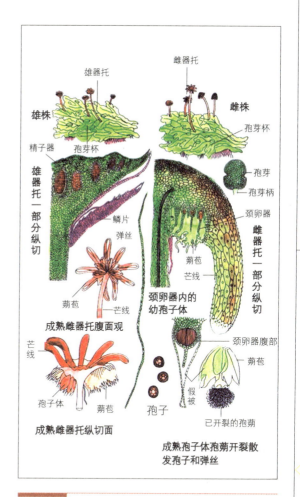

苔藓的生殖

苔藓植物的雌、雄生殖器官都是由多细胞组成的。苔藓植物的受精必须借助于水，精子与卵结合后形成合子，分裂形成胚。胚在颈卵器内发育成为孢子体。孢子在适宜的生活环境中萌发成丝状体，形如丝状绿藻类，称原丝体。原丝体生长一个时期后，在原丝体上再生成配子体。

叠方式，但几乎常常既像犀爵床族，又像金鱼草族（沟酸浆属是属于金鱼草族的）。圣提雷尔曾说过这样一个事实，芸香科的植物都具有单一的子房，在这一科中有一个类花椒属，该属的几个物种的花在同一植株上或甚至同一个圆锥花序上，却有可能产生两个子房。在半日花属的蒴果中，有的具有一室的，而有的却具有三室，但变形半日花则"有一个稍微宽广的薄隔，隔在果皮和胎座之间"。根据马斯特斯博士的观察，肥皂草的花具有缘边胎座和游离的中央胎座。最后，圣提雷尔曾在一个分布着油连木的区域的南端附近，发现了两种类型。一开始时，他毫不怀疑地认为这是两个不同的物种，但后来他却发现它们生长在同一种灌木之上。于是他对自己的观点进行了补充："在同一个个体中，子房和花柱，有时生在直立的茎轴上，有时生在雌蕊的基部。"

由此我们可以知道，许多植物的形态变化是可以被归因于生长法则和各部分的相互作用的，这些都与自然选择无关。但是内格利却坚持认为，生物有朝着完善或进步发展的内在倾向。如果根据他的这一学说，那么我们是否就一定可以说，在这些显著变异的情况下，植物一定就会朝着高度的发达状态发展呢？事实恰好与他的学说相反，我只需要根据我在上述所说的各部分在同一植株上的差异或产生巨大变异的这一事实，就可以得到这样一个结论，即不管这些变异分类学上有多大的重要性，对于植物本身而言，这些变异根本就是不重要的。可见，如果植物仅仅只是获得了一个没有用处的部分，那么，我可以断言，没有一个人能够确切地说明这种植物在自然界中的地位是否真的提高了。至于前面曾描述过的那种不完全且关闭的花，如果必须引用什么新原理来解释的话，那唯一能引用的就是退化原理，而不是进化原理。许多寄生动物也都是退化了的，关于这一点，植物也一定是这样的。是什么原因导致了上述特殊变异的发生？我们对此一无所知。但是，如果这种未知的原因几乎是一致地在很长的时期内产生作用，那么，我们就可以断定，其结果几乎也会是一致的。在这种情况下，物种的所有个体会以同样的方式发生变异。

上述所说的各性状对于物种的安全并不重要。由此可以看出，这些性状所发生的任何轻微变异都不会通过自然选择而被累积以及被增大。当一种通过长久且持续的选择而被发展起来的构造失去了对物种的作用时，在一般情况下，是很容易发生变异的，就像我们在残迹器官中所看到的那样，这是因为这些器官已经不再受同样的选择力量的支配

裸子植物

裸子植物是植物中较低级的一类。有颈卵器，又属颈卵器植物，是能产生种子的种子植物。但它们的胚珠外面没有子房壁包被，不形成果皮，种子是裸露的，故称裸子植物。图为裸子植物银杏。

了。但由于生物的本性和外界条件的性质，因此，如果发生了对物种的安全而言并非不重要的变异，那么，它们可以，而且常常以同样的状态传递给许多在其他方面已经变异了的后代。对于哺乳类、鸟类或爬行类而言，是否一定要长有毛、羽或鳞，并不是最重要的。然而几乎所有的哺乳类都将毛传递给了后代，几乎所有的鸟类都将羽传递给了后代，几乎所有的真正的爬行类都将鳞传递给了后代。任何一种构造，无论它是什么构造，只要是许多近似类型所共有的，那么，分类学就一定会让我们认为该性状具有高度重要性，然而结果却常常相反，这种在分类学上被描述为对物种而言具有生死攸关的重要性，几乎都是不重要的。因此，我更倾向于相信，我们所认为的重要形态上的差异（比如叶的排列、花和子房的区分、胚珠的位置等），在最开始的许多情况下是以不稳定的变异形式出现的。到了后来，随着生物本性和周围条件的变化，以及不同个体的杂交的原因，这些性状逐渐趋于稳定，但造成其稳定的原因并不是自然选择。因为这些形态上的性状并不影响物种的安全，所以它们的任何轻微偏差都不受自然选择作用的支配或累积。由此一来，我得到了一个怪异的结论，即那些对物种生活极不重要的性状而对分类学家而言却是非常重要的。当我们以后

被子植物

　　被子植物又称显花植物，是种子植物的一种，最早出现在白垩纪早期。其受精作用可由风当传媒，昆虫等其他动物的传导，使其能广泛散布。目前已知的被子植物共一万多属，约20多万种。和裸子植物比较起来，被子植物有真正的花。图为被子植物广玉兰。

讨论到分类的系统原理时，将会看到这决不像初看时那样矛盾。

　　虽然我们没有更好的证据来证明生物体内有一种向着进步发展的内在倾向，然而如我在第四章里曾经试图指出的，通过自然选择的连续作用，必然会产生出向前发展的倾向。关于生物的高等标准，最恰当的定义是器官专一化或分化所达到的程度：自然选择有完成这个目的的倾向，因为器官愈专一化或分化，它们的功能就愈加有效。

米伐特先生所搜集的异议
以及我的解释

最近，杰出的动物学家米伐特先生将我与别人就华莱斯先生以及我所主张的自然选择学说所提出来的异议搜集起来，并以高超的技巧和强有力的力量进行了解说。在他的搜集和排列下，这些异议变得十分强大，且颇具威胁性。但是，由于米伐特先生并没有打算列举那些与他的结论相符合的事实和论点，所以读者诸君如果要亲自对双方的证据进行一番衡量，就必须在推理和记忆上付出极大的努力。当讨论到一些特殊情况时，比

家养牦牛　摄影

　　牦牛被称做高原之舟，是西藏高山草原特有的牛种，主要分布在喜马拉雅山脉和青藏高原。牦牛生长在海拔3000米～5000米的高寒地区，能耐零下30℃～40℃的严寒，而上6400米处的冰川则是牦牛登高的极限，牦牛是世界上生活在海拔最高处的哺乳动物。图为家养牦牛，家养牦牛各种性能都不如野生牦牛。

如身体各部分的增强使用和不使用的效果，米伐特先生都避而不谈，而我经常主张这是高度重要的，而且我相信我比其他任何一个博物学者都更加详细地讨论了这个问题。同时，他还常常认为，我没有估计到与自然选择无关的变异。相反，在刚才所讲的著作里，我搜集了很多十分确切的例子，超过了我所知道的任何其他著作。我的判断并不一定可靠，但是仔细读过了米伐特先生的书，并且逐段把他所讲的与我在同一题目下所讲的加以比较，于是，我从未这样强烈地相信本书所得出的诸结论具有普遍的真实性。当然，在这样错综复杂的问题里，许多局部的错误是在所难免的。

　　本书将对米伐特先生的所有异议进行讨论，或许有的异议已经在前面就讨论过了。其中最能使读者感兴趣的一个新论点是：自然选择不能说明有用构造的初期各阶段。这一问题和常常伴随着功能变化的各性状的级进变化密切相关。例如，已在前章的两个题目下讨论过的鳔变为肺等功能的变化。尽管如此，我还是愿在这里从米伐特先生所提出来的例子中选出几个最有代表性的，并对之加以详细的讨论。

长颈鹿是一种身材极高的动物，它的颈部、前腿和舌都很长，这一美妙的构造使得它非常适合啃吃树木的较高枝条，也使得它能在同一个地方获取到其他有蹄动物所获得的食物，这为它带来了极为重大的利益，特别是在发生饥荒的时候。南美洲的尼亚太牛向我们表明，即使是构造上的最细微的差异，在饥荒时期，也能极大地影响到动物的生命安全。这种牛和其他牛一样，都在草地上吃草，但是由于它的下颚比其他的牛更为突出，因此，在干旱季节里，它无法像普通的牛和马那样，可以被迫地去吃树枝和芦苇等。如果主人在这一时期内不去喂饲它们的话，它们就会死亡。在讨论米伐特先生的异议以前，我有必要再一次说明自然选择是如何在所有普通情况里发生作用的。人类已经使某些动物发生了改变，但人类并没有注意到构造上的特殊之处，比如在赛跑马和长躯猎狗的情况里，单从最快速的个体中进行选择而加以保存和繁育，如在斗鸡的情况里，单从斗胜的鸡里进行选择而加以繁育。在自然状态下，刚出生不久的长颈鹿也是如此，它能在树的最高处寻找食物，在饥荒时，它甚至能比其他个体高一英寸或二英寸的地方找到食物，正因为如此，长颈鹿常常能度过饥荒时期。同种的每个个体，其身体各部分的比例长度总是略有不同的，关于这一点，许多博物学者都曾描述过，并且很多人都列出了详细的数据。这些细微的差异，是由于生长法则和变异法则而造成的。对于许多物种而言，这些差异并没有什么用处，或者不重要。但是对于刚出生的长颈鹿而言，如果

斗鸡游戏　摄影　当代

斗鸡是以善打善斗而著称的珍禽，又名打鸡、咬鸡、军鸡，两雄相遇或为争食，或为夺偶相互打斗时，可把生死置之度外，战斗到最后一口气。斗鸡游戏起源于亚洲，约于公元前5世纪传入欧洲，后传至世界其他地方。

考虑到它们当时可能的生活习性，情况就有所不同。因为身体的某一部分或几个部分如果比普通个体要长一点，那么一般情况下，它的生存几率就会更高一点。而当这些有着细微身体差异的个体进行杂交之后，所留下的后代便会遗传有相同的身体特性，或者具有倾向于按照同样方式再进行变异的特性。相反，那些不具备长得更高一点的遗传特性的个体，就更容易走向灭亡。

我们从这里看出，自然界无须像人类有计划改良品种那样地分出一对一对的个体。自然选择保存并由此分出所有优良的个体，任它们自由杂交，并把所有劣等的个体毁灭掉。根据这种过程——完全相当于我所谓的人类无意识选择长久继续下去，无疑会以极重要的方式与器官增强使用的遗传效果结合在一起，一种寻常的有蹄兽类，在我看来，肯定是可以转变为长颈鹿的。

米伐特先生
的两个异议

关于上述结论，米伐特先生曾提出两点异议，一种异议认为，随着身体的增大，其所需的食物量也会增多。"由此所产生的弊端会在食物缺乏的时候出现，那么，这一弊端是否也会抵消它所带来的利益，这是一个值得思考的问题。"但事实上，由于南非洲的确存在着大量的长颈鹿，而且这里还存

警惕的长颈鹿　摄影　当代

长颈鹿天性胆小警觉，因此即使在进食时也要随时运用那双可以环顾360°的眼睛四处张望。一旦发现敌情，长颈鹿先不动声色，依然保持镇定的姿态；一旦敌人靠近自己，长颈鹿就立即拔腿飞奔。

在着一种比牛还高的世界上最大的羚羊，因此，仅就身体的大小而言，我们为什么要怀疑那些像今天一样遭遇到严重饥荒的中间的级进，它们之前曾在那里存在过呢？如果在身体增大的各种阶段，都能获得当地其他有蹄兽类因触碰不到而被留下来的食物，这对于刚出生的长颈鹿而言肯定是有利的。同时，我们也不应该忽视另一个事实，即身体的增大可以防御除狮子以外的几乎所有的肉食动物了。而且在靠近狮子时，正如昌西·赖特先生所说的那样，它的颈一定要越长越好，因为在这时，颈部可以充当瞭望台的作用。正因为这个缘故，所以按照贝克尔爵士的观点，要想偷袭长颈鹿，比偷袭任何一种动物都更加困难。长颈鹿猛烈地摇动它那生有断桩形角的头部，而把它的长颈作为一种既可以攻击又可以防御的工具。任何一种被保存下来的物种很少只具有一种有利条件，它们能存活下来必然是联合了所有大小不一的有利条件。

米伐特先生的第二种异议是，如果自然选择有这样大的力量，如果这种能吃到高处树叶的特性能带来如此巨大的利益，那么为什么除了长颈鹿以及颈项稍短的骆驼、原驼

和长头驼以外，其他的有蹄兽类却没有长颈或高大的身体呢？或者说，为什么这一群的任何成员没有获得长的喙呢？我认为，这是因为从前的南美洲曾经生息着大量的长颈鹿，这一点对于上述问题的解答并不困难，而且我还能用一个事实来对此进行极好的回答。在英格兰的任何一片草地上，只要这片草地有树木生长，那么，我们必然会看到它的低枝条，会因为马或牛啃吃，而被剪断成同等的高度。再比如说，草地上饲养的是绵羊，对于绵羊而言，获得稍微长些的颈项对它们来说是有利还是有弊呢？在每一个地区内，某些种类的动物几乎肯定是能比别的动物吃到较高位置的树叶，同样的，我可以肯定地说，只有这一种类能够通过自然选择和增强使用的效果，使得它的颈部变得越来越长。在南非

饮水的长颈鹿 摄影 当代

长颈鹿很少饮水，因为它腿部长，所以在饮水时需要叉开前肢伸向两侧，或者跪在地上。它的这种身体构造决定了其饮水时非常吃力，而且这时的长颈鹿最容易受到猛兽的袭击，所以长颈鹿很少饮水。

洲，为了能吃到金合欢以及其他树木的高枝条上的叶子所进行的生存斗争，一定是在长颈鹿之间进行，而不是在长颈鹿和其他有蹄动物之间进行。

导致长颈鹿能有利发展的原因

在世界其他地方，为什么属于长颈鹿这个"目"的其他动物没有得到如此长的颈或喙呢？关于这一问题的答案，并不是那么的明确。但是，我们对于能够得到这一问题的明确答案的希望，就如同希望能知道：为什么在人类历史上，某些事情不发生在这个国家却发生在那个国家呢？提出这个问题，同样是合理的。是什么条件决定了物种的数量和分布范围呢？我们对此一无所知。我们甚至推测不出是什么样的构造变化对于它的个体数量在某一新地区的增加是有利的。然

奔跑的长颈鹿

长颈鹿虽惯于行走，遇到敌害攻击时，能以60公里的时速进行短距离奔跑，奔跑时前后肢交替着地，姿态十分笨拙。长颈鹿的心脏过小，使得它无法进行长距离奔跑。

而，我们大体上能够看出，导致长颈或长喙发展的各种原因。要吃到高处的树叶（在不采用攀登的手段下，有蹄动物的构造决定了它们根本无法攀登树木），就意味着身体必须变得更大。我们知道，在某些地区内，例如在南美洲，尽管那里的草木繁茂，但却几乎没有什么大型四足类动物存在。而在南部非洲，大型四足类动物却多得让人瞠目结舌，是什么原因导致这种情况出现的呢？我们不知道。为什么第三纪末期比现在更适合于它们的生存呢？我们也不知道。不论其中的原因是什么，我们都能够看出一点，即在某些地方和某些时期，会比其他地方和其他时期，大大有利于像长颈鹿这样的大型四足类动物的发展。

一种动物为了在某种构造上获得特别巨大的利益，其身体的某些部分几乎不可避免地也要发生变异，以达到相互适应的目的。虽然身体的各部分都轻微地发生了变异，但是必要的部分并不一定常常向着适当的方面和按照适当的程度发生变异。我们的家养动物的不同物种，它们身体的各部分是按照不同方式和不同程度发生变异的，并且我们知道，某些物种比别的物种更容易变异，甚至适宜的变异已经发生了。自然选择并不一定

能对这些变异发生作用，从而产生一种显然
对于物种有利的构造。比如，在一处地方生
存的个体的数量，如果主要是由食肉兽的
侵害来决定，或者是由外部的和内部的寄生
虫等的侵害来决定（这些情况似乎是最常见
的），那么，在使任何特别构造发生变化以
便取得食物方面，自然选择所起的作用就很
小了，或者要大受阻碍。最后，自然选择是
一种缓慢的过程，所以，为了产生任何显著
的效果，同样有利的条件必须长期持续。除
了提出这些一般的和含糊的理由以外，我们
实在无法解释为什么有蹄类动物在世界上的
许多地方无法获得如长颈鹿那般很长的颈项
或其他高大的器官。

赤斑羚　摄影　当代

　　赤斑羚为典型的林栖动物，终年栖息于海拔1500～4000
米之间的高山、亚高山常绿阔叶林和针阔叶混交林内。喜欢
在山势险峻、水急林密、巨岩陡坡的深山峡谷地区活动，它
的这种习性使它的蹄子变得异常宽大，非常适合攀登。

　　曾经有许多博物学者提出过与上述异
议具有同样性质的观点。在一种情况下，除
了上面所说的一般原因外，还有多种原因会
在自然选择的影响下获得想象中的有利于该
物种的构造。有一位博物学者这样问道，为
什么鸵鸟没有飞翔的能力呢？事实上，只要
稍微想想便可以知道，要让这种生活在沙漠
之中的鸟具有在空中飞行的能力，它们那巨
大的身体需要多么大的力量，而要具备这样
大的力量又需要多少的食物呢？在一个海洋
中的岛上生存有大量的蝙蝠和海豹，但却没
有陆生的哺乳类动物。这是因为，这些蝙蝠
都是特别的物种，它们已经在这岛上住了很
久了。莱尔爵士曾这样问道，既然这个岛上
有海豹和蝙蝠，那为什么这个岛上就没有产
出适于在这里生存的陆生肉食动物呢？他举
出一些理由来答复这个问题。我认为，如果
周围条件发生了变化，那么，海豹一定是最

先走向大型陆生食肉动物转变的物种，而蝙
蝠则一定会转成陆生食虫动物。对于海豹而
言，这个岛上没有当做食物的动物。而对于
蝙蝠，虽然地上的昆虫可以被作为食物，但
它们大部分都是来自其他岛上，这些昆虫中
的绝大多数都会被爬行类和鸟类吃掉。如果
构造上的任何一个变化，在每一阶段对于一
个变化着的物种都有利，只有在某种特别的
条件下才会发生。一种严格意义上的陆生动
物，会因为常常在浅水中猎取食物，进而变
得经常在溪或湖里猎取食物，最后这种动物
有可能会变成一种如此彻头彻尾的水生动
物，甚至于能在大洋中生存。但海豹在海洋
岛上找不到有利于它们逐步再变为陆生类型
的条件。至于蝙蝠，前面已说过，为了逃避
敌害或避免跌落，大概最初像所谓飞鼠那
样，由这棵树从空中滑翔到那棵树，从而获
得了它们的翅膀。但真正的飞翔能力一旦获

得之后，至少为了上述的目的，绝不会再变为效力较小的空中滑翔能力。蝙蝠的确像许多鸟类一样，由于不使用，导致了翅膀退化缩小，或者完全失去。但在这种情况下，它们必须先获得单凭后腿的帮助就能在地上跑得很快的本领，以便能够与鸟类或别的地上动物相竞争，蝙蝠似乎非常不适应这种变化。我之所以提出上述这些假设，无非是要说明，在每一阶段上，生物在构造上都会出现有利的变异，当然这是一个极其复杂的事情。并且在没有发生任何特殊情况的变异状态下，上述事实根本不值得奇怪。

最后，不止一个作者问道，既然智力的发展对所有动物都有利，为什么有些动物的智力比别的动物有高度的发展呢？为什么猿类没有获得人类的智力呢？对此也可以举出各种各样的原因来，但都是推想的，并且不能衡量它们的相对可能性，举出来也是没有用处的。对于后面的一个问题，不能够希望有确切的解答，因为还没有人能够解答比这更简单的问题——即在两族未开化人中，为什么一族的文化水平会比另一族高呢？文化提高显然意味着脑力的增加。

米伐特先生的其他异议

让我们再来看看米伐特先生的其他异议。昆虫常常为了保护自己而模仿成其他的物体，比如绿叶、枯叶、枯枝、地衣、花、棘刺、鸟粪以及其他种类的昆虫。关于最后一种情况，我将留在以后再讲。这种模仿常常是非常逼真，而且并不限于颜色和形状，甚至连被模仿物的姿态都被完全地模仿了。在灌木上取食的尺蠖，常常把身子翘起，一动也不动地像一条枯枝，就是这一模仿的最好事例。模仿鸟粪一类物体的情况是非常少的。关于这一问题，米伐特先生曾说："按照达尔文的学说，有一种稳定的倾向趋于不定变异，而且因为微小的初期变异是朝向所有方面的。所以，这些微小变异会彼此中和，进而形成一种极不稳定的变异，对此很难理解。要不是因为这样的原因，这种无限微小发端的不定变异，怎么能够被自然选择所掌握而且存续下来，终于形成对一片叶子、一个竹枝或其他东西的充分类似性呢？"但在上述的所有情况下，昆虫的原有状态与经常被它访问的地方所存在的一种普通物体之间的关系，无疑是具有一些类似性的。只要这样一想，即昆虫周围的物体在数量上几乎是无限的，而且昆虫的形状和颜色也是各式各样的，就能明白这并不是完全不可能的事。某些类似性对于最初的发端是必要的，这样，我们就能够理解，为什么较大的和较高等的动物（据我所知，有一种

变色龙变色的原因

变色龙皮肤中具有有色细胞，当碰到外部环境变化或者受到干扰的时候，变色龙的皮下细胞就利用一种伸缩过程，使皮肤发生相应的变化来适应外部环境的颜色。

竹节虫　摄影　当代

　　竹节虫是动物界最著名的伪装大师，当它栖息在树枝或竹枝上时，可完美地与一支枯枝或枯竹混为一体，非常难以辨认。竹节虫的这种以假乱真的本领，生物学上称之为拟态。

鱼是例外）不会为了保护自己而与一种特殊的物体相类似，只是与周围的表面相类似，而且主要的类似点是颜色。假设有这样一种昆虫，它本来就和枯枝、枯叶有着一定程度的类似，而且它在许多方面有着轻微的变异。那么，使昆虫更像这些物体的所有变异就被保存下来了，因为这些变异有利于昆虫逃避敌害。而另一方面，其他那些变异就被忽略并最终消失了。还有一种假设，如果这些变异使得昆虫完全不像被模仿物，那么，它们也已经彻底灭绝了。如果我们不根据自然选择而只根据极不稳定的变异来说明上述类似性的话，很显然，米伐特先生的异议是极具说服力的，但事实却并非如此。

　　华莱斯先生曾以竹节虫为例，他将其描述成"一枝满生鳞苔的杖"。这一形容非常贴切，以至于大亚克人竟然认为种叶状瘤就是真正的苔。米伐特先生认为，要达到这种"拟态的最完全且最高级的技巧"是非常

困难的，但我却并没有看出这种拟态有什么力量。昆虫是鸟类的食物，鸟类的视觉比人类的还要敏锐，因此，那些能够帮助昆虫不被鸟类注意或发觉的各种类似性就会被昆虫保存下来，且遗传给后代。这种类似性越完全，对这种昆虫的利益就越大。想一想竹节虫所属的这一群里的物种之间的差异性质，我们就能理解为什么这种昆虫可以将自己的身体表面弄得极不规则，而且呈绿色。我在之前就曾说过，在各种群里，物种之间的不同性状是最容易产生变异的，而在另一方面，属的性状，即所有物种所共有的性状最为稳定。

　　格林兰岛海域的鲸鱼是世界上最奇特的动物之一，鲸须、鲸骨是它的最大特征。鲸须生长在鲸鱼的上颚两侧，各有一行，每行约有300片，这些鲸须以嘴为对称轴，紧密地上下横排着，在主排之内还有一些副排。所有须片的末端和内缘都被磨成刚毛，刚毛遮盖了整个颚，其作用是滤水，这些以微生物为食的鲸鱼可以通过鲸须获得食物。在格林兰鲸鱼所有须片中，中间的须片最长，可以达到10英尺、12英尺甚至15英尺。但是，在鲸类的不同物种中，它的长度也被分为几个级。斯科斯比曾说，中间的那个须片在某个物种里只有4英尺长，而在另一个物种里只有3英尺长，还有一种物种的须片只有18英寸长，甚至在长吻鰛鲸的身上，这个须片的长度仅为9英寸左右。同理，鲸骨的性质也随物种的不同而有所差异。

　　关于鲸须，米伐特先生曾这样说过："当它一旦达到任何有用程度的大小并发展之后，自然选择才会在有用的范围内促进它

的保存和增大。但是在最初，它怎样获得这种有用的发展呢？"那么，我想请问一下，为什么这些具有鲸须的鲸鱼的早期祖先，它们的嘴不像鸭的嘴那样呈栉状片呢？鸭和鲸鱼一样，依靠嘴巴来过滤泥和水，并获取食物。因此这一科有时被称为滤水类。我希望读者们不要误解我所说的话，我说的是，鲸鱼祖先的嘴的确曾具有像鸭的薄片喙那样的嘴。我只是想说明，这一假设并不是不可信的，格林兰鲸鱼的巨大鲸须板也许在最初就是从微小的级进逐步发展到这种巨大的栉状片级的。在进化的过程中，每一级进都对这动物本身有用。

琵琶嘴鸭的喙构造上比鲸鱼的嘴要更巧妙更复杂。我曾亲自对其喙做过检查，发现其上颚两侧各有188枚极具弹性的薄栉片一行，这些栉片以喙为对称轴，横向生长，斜列成尖角形。这些薄栉片都是从颚上生出来的，并通过一种具有韧性的膜附着在颚的两侧，位于中央附近的栉片最长，约为1/3英寸，突出边缘下方达0.14英寸长，在它们的基部有斜着横排的栉片构成短的副列。这几点都和鲸鱼口内的鲸须板相类似。但在嘴的前端，它们的差异就突显出来了，因为鸭嘴的栉片是向内倾斜，而不是向下垂直的。琵琶嘴鸭的整个头部，虽然不能和鲸相比，但和须片仅9英寸长的、中等大的长吻鳁鲸比较起来，约为其头长的1/18。所以，如果把琵琶嘴鸭的头放大到这种鲸鱼的头那么长，则它们的栉片就应当有6英寸长，即等于这种鲸须的2/3长。琵琶嘴鸭的下颚上也长栉片，其长度和上颚相等，但在宽度上要细小些。由于这种构造的存在，使它明显不同于不生鲸须的鲸鱼下颚。另一方面，它的下颚的栉片顶端具有被磨成针尖形的刚毛，这和鲸须又极为类似。锯海燕属是海燕科中的一个属，这种鸟的嘴和鲸鱼的嘴有一个类似点，那就是它只在上颚生有很发达的栉片。

琵琶嘴鸭的喙是一种高度发达的构造（我是从沙尔文先生送给我的标本和报告中才知道的）。仅就适于滤水这一点而言，我们可以从湍鸭的喙，并在某些方面从鸳鸯的喙，一直追

虎鲸 摄影 当代

虎鲸通常群居，从2~3只的小群到40~50只的大群不等，每天总有2~3个小时静静地待在水的表层。因为肺部充满了足够的空气，所以它们能够安然地漂浮在海面上，露出巨大的背鳍。它们在一起旅行、用食、以种群为社会组织，互相依靠着生存。

踪到普通家鸭的喙，在追踪的过程中，我们可以发现这些喙之间并没有什么大的断层。家鸭喙内的栉片比琵琶嘴鸭喙内的栉片粗糙得多，并且是牢固地附在颚的两侧。每侧上大约只有50枚，且没有延伸到嘴的下方；其顶端呈方形，且镶着透明而坚硬的结构组织，其作用似乎是碾碎食物。下颚边缘上横向生长着大量细小且略微突出的凸起线。仅就一个滤水器而言，尽管这种喙与琵琶嘴鸭的喙相比要差很多，但几乎每个人都知道，家鸭常用它来滤水。沙尔文先生还告诉我，还有一些物种，它们的栉片还没有家鸭的栉片发达。但我不知道它们的栉片是否具有滤水的作用。

现在让我们再来说一下同科的埃及鹅。埃及鹅的喙与家鸭的喙极相类似，但是它的

埃及鹅　壁画

埃及鹅原产于埃及，属非洲类鹅品种。这类鹅的体形非常小，成年公鹅的体重约为3800克，母鹅体重通常为3000克。母鹅产蛋很少，平均年产蛋6~8个。埃及鹅大多数为灰色、黑色，并点缀一些白色、微红色和淡黄色羽，属于观赏用的种类。

栉片比家鸭的要少得多，而且泾渭分明，同时其向内突出的特征也没有家鸭那么明显。然而，巴利特先生告诉我说："这种鹅和家鸭一样，用它的嘴把水从喙角排出来。"但是，它的主要食物是草并不是水生物，而且它们也像家鹅一样，是用嘴咬吃草的。家鹅上颚的栉片比家鸭的要粗糙得多，它们几乎是混生在一起，每侧约有27枚，末端形成齿状的结节，就连颚部也布满了坚硬的圆形结节。在下颚边缘，是锯齿状的牙齿，这一点与鸭喙相比更突出、粗糙和锐利。家鹅不用喙滤水，而完全用喙去撕裂或切断草类，它们的喙十分适合于做这种事。在将靠近根部草切断的本事上，没有任何动物比得上它。巴利特先生还告诉我，另外还有一些鹅，它们的栉片没有家鹅的发达。由此我们看到，生有像家鹅喙那样的喙、而且仅供咬草之用的鸭科的一个成员，或者甚至生有栉片较不发达的喙的一个成员。由于微小的变异，大概会变成为像埃及鹅那样的物种（由此更演变成像家鸭那样的物种），最后再演变成像琵琶嘴鸭那样的物种，而生有一个差不多完全适于滤水的喙。因为这种鸟除去使用喙部的带钩先端外，并不使用喙的任何其他部分以捉取坚硬的食物和撕裂它们。我还可补充地说，鹅的喙也可以由微小的变异变成为生有突出的、向后弯曲的牙齿的喙，就像同科的一个成员秋沙鸭的喙那样，这种喙的使用目的大不相同，是用作捕捉活鱼的。

让我们再次将目光转移到鲸鱼身上。无须鲸的身上没有具有有效状态的真牙齿，但是，拉塞丕特却发现，它的颚散乱地生有小形的、不等的角质粒点。因此，我们可以

假设在某些原始类型的鲸鱼的颚上也长有相似、排列得更为整齐的角质粒点，而其作用就如同家鹅的喙上的那些结节一样能够帮助它捕获以及撕裂食物，我认为这是有可能的。如果真是那样的话，那就几乎不能否认一个问题，即这些粒点可以通过变异和自然选择，演变成像埃及鹅那样的十分发达的栉片，这种栉片是用以滤水和捉取食物的。然后又演变成像家鸭那样的栉片。这种变异的结果是，最终出现如同琵琶嘴鸭那样的专门用来滤水的栉片。从如此小的栉片长到长吻鳁鲸须片的2/3的这一个阶段，是一个极其漫长的过程，在现存的鲸鱼的须片中，属于这个过程的鲸鱼须片只有格林兰鲸鱼的巨大须片。鲸鱼的嘴在这个漫长变异的每一个步骤，与鸭科的现存成员的喙部的变异是不同的。但是，每一个步骤都对那个时期的鲸鱼

秋沙鸭 摄影 当代

　　秋沙鸭是一种深色食鱼鸭，其嘴部细长而带钩。雄性秋沙鸭的颜色为黑白色，两侧多具蠕虫状细纹，雌性秋沙鸭的颜色比较暗，通常呈褐色。此鸟已被列为中国国家一级保护动物。

是有用的，对此，我们不该有任何的怀疑。我们必须记住，每一个鸭科物种都是处在剧烈的生存斗争中，它们身体上的每一部分都必须做到十分适应它的生活条件。

关于比目鱼科的不对称性

比目鱼科物种的最著名特点是身体不对称。它们将身体卧在一侧，其中多数是卧在左侧，还有一些卧在右侧。与此相反的成鱼也经常出现，它们卧着的那一侧，在最初看来和普通鱼类的腹部非常类似，都是呈白色。但是在许多方面，卧着的那一侧不如没有卧着的那一侧发达；另外，它们的侧鳍也比较小。眼睛的特征非常突出，都生在头部上侧。在幼年的时候，它们的眼睛本来是分别生在两侧的。在那时，它们的整个身体也很对称，两侧的颜色也是相同的。可是过不了多久，它们下侧的眼睛就会沿着头部慢慢移动到上侧。这种移动并非是像我们从前所想象的那样是直接穿过头骨的。显然，除非下侧的眼睛移到上侧，否则一旦当身体以习惯的姿势卧在一侧时，那么，下侧的眼睛就没有任何用处了。还有一种可能，那就是下侧的那一只眼容易被磨损。比目鱼科的那种扁平且不对称的构造对它们的生活习性极为有利。这种情况，在另外一些物种里，比如鳎、鲽中也是极为常见的。这种构造所带来的主要好处似乎是在躲避敌害，并能更容易地在海底捕捉食物。然而希阿特却发现，该科中的不同成员可以"列为一个长系列的类型，这系列表示了它们的逐渐过渡，从孵化后在形状上没有多大改变的庸鲽起，一直到完全卧倒在一侧的鳎鱼为止"。

米伐特先生曾经就此产生过异议，他认为，在眼睛的位置上出现突然的、自发的转变是难

比目鱼 摄影 当代

比目鱼又叫鲽鱼，主要生活在浅海的沙质海底，以小鱼虾为主食。比目鱼的身体特征为：双眼同在身体朝上的一侧，身体的朝下一侧为白色；身体表面有极细密的鳞片，且只有一条背鳍，这条背鳍从头部几乎延伸到尾鳍。

以相信的，我也十分赞同他的这种说法。但是，他下面所说的这番异议却在1867年被马尔姆先生所反驳了，这个异议是这样的："如果这种变异过程是缓慢渐进的，那么这种一只眼睛移向头的另一侧的过程中的变异是如何使个体受益的呢？我实在是无法理解这一问题。这种转变在初期与其说是有利，还不如说是有害。"马尔姆先生通过观察发现，比目鱼科的鱼在极幼小和对称的时候，它们的眼睛分生在头的两侧，但因为身体过高，侧鳍过小，又因为没有鳔，所以不能长久保持直立的姿势。不久它疲倦了，便向一侧倒在水底。根据马尔姆先生的观察，当它们卧倒时，它那只位于下方的眼睛总是会转到上方来，也就是说总是看着上面。这种眼睛转动得如此有力，以致眼球总是紧紧地抵在眼眶的上边。结果造成了两眼之间的额部的宽度会暂时缩小，这一点是可以很清楚地看到的。马尔姆先生曾说，曾经有一次，他看见一条幼鱼抬起下面的眼睛，两个眼睛之间的角度甚至成了一个锐角，大约70°的样子。

有一点我们要牢记，那就是：在这种动物早期时，它们的骨头具有软骨性，而且还具有可弯曲性，因此，它能够很轻易地顺从肌肉的牵引。我们还知道，早期的高等动物在度过了自己的幼年以后，如果它们的皮肤或肌肉因病变或其他的某种意外而长期收缩的话，那么，它们头骨的形状也会随之发生改变。如果长耳兔的一只耳朵向前和向下垂下，那么，它的重量就能牵动垂下的那一边的所有头骨向前移动，我也曾画过这样的一张图。马尔姆先生发现，鲈鱼、大马哈鱼以及其他几种对称鱼才孵化出来的幼鱼，常

鲈鱼 摄影 当代

鲈鱼的身体延长而扁平，口比较大，下颌长于上颌。吻尖，牙细小，在两颌、犁骨及腭骨上排列成绒毛状牙带。前鳃的盖骨后端有细锯齿，隅角及下缘有钝棘。其身体背侧为青灰色，腹侧为灰白色，体侧及背鳍鳍棘部散布着黑色斑点。喜栖息于淡咸水的地方，也能生活于淡水。

常也有将身体的一侧卧在水底的习性。他还发现，在卧着的时候，这些幼鱼常常会将位于下方的眼睛向上牵动，因此，它们的头骨会变得有些歪；但过不了多久，这些幼鱼就能保持直立的姿势。因此，那种出现在比目鱼科身上的效果是永远不会出现在对称鱼身上的。与对称鱼不同，比目鱼科的鱼会由于身体的日益扁平，所以会变得越来越大，而这种越来越扁平、且越来越大的身体又会使得它们卧在一侧的习性更为加深。因此，那些对头部形状和眼睛位置所产生的效果也将变成永久性的。我们可以用类推法作出以下判断：即这种骨骼歪曲的倾向在遗传的作用下，毫无疑问地会被加强。但是，希阿特先生的观点和其他一些博物学者的观点正好相反，他认为比目鱼科的鱼在还是胚胎时就已经不十分对称了。如果真是这样的话，我们就能理解，为什么有些鱼类在幼年时就习惯

卧在左侧，而还有一些习惯卧在右侧。马尔姆先生在证实他的这个观点时曾这样说过，当不属于比目鱼科的北粗鳍鱼的成年个体位于水底时，也是向左侧卧着的，而且其游泳的方式是斜的。据说，这种鱼头部的两侧并不是相同的。著名的鱼类学权威京特博士看过了马尔姆先生的论文后，这样评论道："作者对比目鱼科的异常

白鲸 摄影 当代

　　白鲸大致呈环北极区分布，主要集中于北纬50°至80°之间。白鲸有高度的恋出生地情节，有每年回到当初母鲸生产的地方去的习惯，在雌鲸身上尤其明显。白鲸具高度群居性，会形成个体间联系极为紧密的群体，通常由同一性别与年龄层的白鲸所组成，另外也有规模较小的母子白鲸族群。

状态做了一个很简单的解释。"

　　前面我们已经提到过，米伐特先生认为，当眼睛处在从头的一侧移向另一侧的最初阶段时，这个阶段对物种而言是有害的，但这种转移可以归因于侧卧在水底时两眼努力朝上看的习性，而这种习性对于个体和物种无疑都是有利的。还有几种比目鱼的嘴是向下弯曲的，而且正如特拉奎尔博士所假设的那样，没有眼睛的那一侧的头部腭骨，由于能很轻松地从水底捕获到食物。因此，这一侧比另一侧的腭骨要更加的强而有力，关于这一点，我们可以将其归因于遗传的原因。另一方面，鱼的整个下半身并不发达，

当然这也包括侧鳍在内，这种情况可以以不经常使用的理论来加以解答。尽管耶雷尔先生曾假设这些鳍的缩小，对于比目鱼是有利的，因为"比起上面的大形鳍，下面的鳍只有极小的空间来活动。"星鲽的上颚长有4至7颗牙齿，下颚长有25至30颗牙齿，这种上、下颚牙齿数目的比例同样也可以用不经常使用的理论来解答。由于大多数鱼类以及许多其他动物的腹部都是没有颜色的，因此，我们可以合理地假设，比目鱼科的物种，其下面一侧，无论是右侧或左侧，都没有颜色，这是由于没有光线照射的缘故。但是我们不能假定，鳎鱼的上侧身体的特殊斑点很像沙质海底，或者如普谢最近指出的那样，某些

物种具有随着周围表面而改变颜色的能力。或者说，欧洲大菱鲆的上侧身体具有骨质结节，都是由于光线的作用。在这里，自然选择也许会发生作用，就像自然选择使这些鱼类的身体在形状上以及其他特性上都能更好地适应它们的生活习性一样。我们必须牢记，正如我以前所主张的那样，器官的增强使用或者不使用的遗传效果会因自然选择的原因而加深。这是因为，所有朝着正确方向产生的自发变异都会被保存下来。这和由于任何部分的增强使用和有利使用所获得的最大遗传效果的那些个体能够被保存下来是一样的。至于在各种特殊的情况下，多少遗传可以被归于增强使用的效果，多少可以被归因自然选择，我们似乎就无法作出判断了。

独角鲸　摄影　当代

　　独角鲸是群居动物，主要生活在大西洋的北端和北冰洋海域。它的繁殖率很低，通常三年才产一仔，且要孕育15个月。在胚胎中的独角鲸原本有16枚牙齿，但都不发达，到它们出生时，多数牙齿都退化消失了，仅上颌的两枚保留下来。而雌鲸的牙齿始终隐于上颌之中，只有雄鲸上颌左侧的一枚会破唇而出，形成长长的一根长角。这个长角也成了独角鲸最显著的特征。

决定哺乳类构造的因素

这里，我要再举一例来证明构造的起源完全是由于使用或习性的作用。某些美洲猴的尾部可以用来抓紧东西，而且这一器官已经变成一种极为完善的器官，甚至被当成第五只手来使用。一位完全赞同米伐特先生观点的评论者，曾就这种构造发表评论说："不可能相信，在悠久的年代中，那个把握最初的微小倾向，能够保存具有这些倾向的个体生命，能够惠予它们以生育后代的机会。"但任何观点都是不必要的。我认为，也许仅仅只是习性就足以使尾部从事这种工作了，因为习性几乎意味着能够由此得到一些或大或小的利益。布雷姆先生在观察一只非洲猴的幼猴时，发现它用手抓住母猴的腹部，同时还用尾巴钩住母猴的尾巴。亨斯洛教授饲养了几只仓鼠，这些仓鼠的尾巴并不能抓住任何东西，但他却常常发现它们用尾巴卷住放在笼内的树枝，并借此来帮助攀缘。京特博士也曾给过我一个类似的报告，他曾看到一只仓鼠用尾巴把自己倒挂起。如果仓鼠具有严格的树生习性，那么，它的尾巴或者就会和同一目中的某些成员的情况是一样的。在考察了非洲猴幼时的这种习性后，很多人会问，为什么它们在成年后就失去了这种习性呢？这个问题非常难以解答。

金丝猴母子

金丝猴是典型的森林树栖动物，常年栖息于海拔1500~3300m的森林中，以树叶、嫩树枝、昆虫、鸟和鸟蛋为食。它们不向水平方向迁移，只在栖息的环境中作垂直移动。据调查，目前只有我国和越南境内有金丝猴活动。

母 狼　古罗马雕塑

狼是典型的哺乳动物，在西方神话中，正是它的乳汁，喂养了罗马的缔造者——罗慕洛和瑞穆斯。图为古罗马青铜雕塑作品《母狼》。

这种猴的长尾可能在巨大的跳跃动作时被当做平衡器官。对于他们来说，这比当做把握器官的尾巴更有用处吧。

乳腺是哺乳类动物全纲所共有的，而且该器官对于哺乳类的生存是不可缺少的。因此，乳腺必然在非常遥远的古代时期就已经出现并开始发展了。关于乳腺的发展经过，我们肯定是一无所知的。米伐特先生曾问道："能够设想任何动物的幼体偶然从母亲胀大的皮腺吸了一滴不大滋养的液体，就能避免死亡吗？即使有过一次这种情况，那么，有什么机会能使这样的变异永续下去呢？"我认为，他的这个例子举得不太合适。大多数进化论者都承认，哺乳动物是从有袋动物传下来的。如果是这样的话，那么乳腺最初一定是在育儿袋内发展起来的。在海马属的一种鱼中，卵就是从这种性质的袋里孵出来的，并且这种鱼在幼鱼期的一段时间内也必须一直待在其中被养育。美国博物学者

洛克·伍德先生，根据自己对幼鱼发育的观察，提出了自己的观点，他认为，它们是靠吸收袋内皮腺的分泌物存活的。关于哺乳动物的早期祖先（*差不多在它们可以适用这个名称之前*）的幼体，是否也是按照同样的方法被养育的呢，我认为，这至少是可能的。在这种情况下，那些分泌物必然具有乳汁的性质，而且在某种程度或方式上是最营养的，因为与那些分泌的汁液较差的个体相比，这种方式能养育数目更多、营养更好、更强壮的后代。在这种情况下，这种与乳腺同源的皮腺就会被改进，或者变得更为有效；分布在袋内一定位置上的腺，会比其余的变得格外发达，这是与广泛应用的专业化

红袋鼠

红袋鼠，又名大赤袋鼠。这类袋鼠是袋鼠科中体型最大的一种，产于澳大利亚及其附近岛屿，是澳大利亚的特产动物之一。红袋鼠其实只有雄性体色是红色或红棕色，其雌性体色都呈蓝灰色。

原理相符合的。它们于是变为乳房，但起初没有乳头，就像我们在哺乳类中最下级的鸭嘴兽里所看到的那样。我还不敢断定，分布在一定位置上的乳腺，是通过什么样的作用才变得如此专一化的，是由于生长的补偿作用，使用的效果，还是自然选择的作用？

除非幼体能够同时吸食这种分泌物，否则即使乳腺再发达也不会有用处，而且也不会受自然选择的影响。要了解哺乳动物的幼体是如何懂得本能地吸食乳汁是一件十分困难的事，这并不比了解未孵化的小鸡是如何在蛋壳内就懂得用嘴去击破蛋壳，或者如何在离开蛋壳的数小时以后就懂得啄取谷粒简单，甚至要更加困难。在这种情况下，最可能的解释似乎是：在最初时，这种习性是由年龄较大的个体通过实践而获得，其后才传给了年龄较小的后代。但是，据说幼小的袋鼠并不吸食乳汁，而是紧紧地含住母兽的乳头，母兽会把乳汁射入她那软弱且还未成形的后代的嘴里。对于这个问题，米伐特先生这样解释道：“如果没有特别的设备，小袋鼠一定会因乳汁侵入气管而窒息，但是，特别的设备是有的。它的喉头生得如此之长，上面一直通到鼻管的后端，这样就能够让空气自由进入到肺里，而乳汁可以无害地经过这种延长了的喉头两侧，安全地到达位于后面的食管。”随后，他又问道：“自然选择是如何从成年袋鼠以及大多数其他哺乳类（在此，我假设哺乳类是从有袋类传下来的）中，把这种至少是完全无辜的和无害的构造除去呢？”我的回答是：“对许多动物而言，发出声音的能力具有高度的重要性，但只要用喉头进入鼻管，就不能大力发声了。弗莱尔教授曾告诉我，这种构造会极大地妨碍动物吞食固体食物。”

米伐特先生关于低等物种身体上的器官的异议

现在让我们将话题转移到动物界中较为低等的生物。棘皮动物（如星鱼、海胆等）的身上有一种引人注目的器官，即叉棘。这种器官在很发达的情况下，能成为三叉状的钳（即由三个锯齿状的钳臂形成）。三个钳臂之间有着密切的配合，并处在一只依靠有弹性的肌肉来运动的柄的顶端，这种钳能够牢牢地挟住任何东西。亚历山大·阿加西斯先生曾看到这样一种海胆，它能够快速地将自己的排泄物从一个钳上传递到另一个钳上，这些颗粒会沿着其体表上的几条固定线路落下去，以免弄污它的壳。但这些钳除了能用作移除各种污物外，毫无疑问，还有其他的功用。显然，防御正是其中之一。

对于这些器官，米伐特先生又像以前许多次的情况那样问道："这种构造在最初时并没有发育，那么在不发育时，这些器官的作用是什么呢？这种器官的不发育状态又是如何保存一个海胆的生命呢？就算这种钳住物体的能力是突然发展起来的，但如果没有那个能够自由运动的柄的话，显然，这种器官对于海胆而言也是有害的。同时，如果没有能够钳住物体的钳，这种柄也不会有任何用处。但仅仅只是一些细微且不定的变异，也

无法使身体上的这些复杂结构能够在相互协调的同时还能进化。如果否认了这一点，似乎无异就等于肯定了一种惊人的自相矛盾的奇论。"虽然在米伐特先生看来，这种构造似乎是自相矛盾的，但是，基部固定不动却还长着能钳住任何东西的三叉棘的鱼是的确存在的，某些星鱼就是如此。事实上，这些东西都在可以理解的范畴之内，它们至少部分地把它当做防御手段来使用。我非常感谢在这个问题上供给我很多材料的阿加西斯先生，他告诉我，还有其他种类的星鱼，在它

棘皮动物

棘皮动物为海洋无脊椎动物。外表坚硬多刺，一般生活在海底，从潮汐带到深水区均有分布。棘皮动物幼虫时期左右对称，成体辐射对称。海胆、海星、海参、海百合等都是棘皮动物。图为海胆。

们的三只钳臂中，有一只已经退化成其他二只的支柱。还有其他属的物种，它们的第三只钳臂已经完全消失了。根据柏利耶先生的描述，斜海胆的壳上长着两种叉棘，一种叉棘像刺海胆的，一种叉棘像心形海胆属的。这些情况总是最有趣的，因为这些动物通过使一个器官的两种状态中的其中一种消失，向我们明确地指出了它们是如何进行突然过渡的。

关于这些奇异器官的进化步骤，阿加西斯先生根据他自己的研究以及米勒的研究，作出如下推论，即星鱼和海胆的叉棘应当被看做是普通棘的变形。这可以从它们个体的发育方式中推论出来，也可以从不同物种和不同属所具有的一条长而完备的级进变化中推论出来，这个变化过程就是由简单的颗粒到普通的棘，再到完善的三叉棘。这种逐渐演变的过程，甚至还出现在普通的棘或具有石灰质支柱的叉棘与壳的连接方式中。在星

海 星

海星，棘皮动物，广泛分布于世界各地的浅海中，俗称"星鱼"。海星是一种贪婪的食肉动物，它主要分布在世界各地的浅海沙地或礁石上，以捕食一些行动迟缓的海洋生物，如贝类、海葵等为生。它是海洋食物链中不可缺少的一环。

鱼的某些属里，我们还能够经常看到那种连接，这种连接清楚地向我们表明了叉棘不过是变异了的分肢叉棘罢了。如此一来，我们就可以看到固定的棘，具有三个等长的、锯齿状的、能动的、在它们的近基部处相连接的肢。再上去，在同一个棘上，还有三个另外可以动的肢。如果后者是从一个棘的顶端长出来的，那么就能够形成一个粗大的三叉棘，这样的情况在具有三个下面的分肢的同一棘上是可以看到。毫无疑问，叉棘的钳臂和能动的肢的性质是相同的。众所周知，普通的棘有着防御的作用，如果这样的话，那就没有理由怀疑那些长着锯齿和能动分肢的棘也是用于同样的目的了。一旦它们被作为抓握或钳住的器具时，它们的功能就更加有效了。因此，从普通且固定的棘到特殊且固定的叉棘所经过的级进都是有用处的。

在某些星鱼的属里，这些器官并不是固定的，换句话说，这些器官并不是生长在一个不动的支柱上，而是生长在能绕曲且具有肌肉的短柄上。在这种情况下，除了防御之外，它们应该还有另外一些附加的功能。在海胆类里，由固定的棘变成连接于壳上并因此而成为能动的棘的过程，是可以追踪的。但是，由于篇幅不足，我无法把阿加西斯先生关于叉棘发展的有趣观察做一个更详细的摘要。根据阿加西斯先生的观点，在星鱼的叉棘和棘皮动物中的另一大类，即阳遂足的钩刺之间，都能够找到所有可能存在的级进。而且，我们还可以在海胆的叉棘和棘皮纲的海参类的锚状针骨之间找到所有可能存在的级进。

米伐特先生
关于复合动物的异议

还有一些在以前被称为植虫，现在称为群生虫类的复合动物，它们同样长着奇妙的被称为鸟嘴体的器官。这些器官的构造因物种的不同而各有千秋。在最完整的状态下，这种器官与秃鹫的头和嘴奇妙地相类似，它们长在所有者的颈部上方，可以运动，下颚也是如此。我曾观察到一个物种，它的鸟嘴体长在同一肢上，而且常常能够一齐向前或向后运动；它的下颚张得很大，甚至能够与上颚形成90°的直角，且能够维持五秒钟的时间。它们的运动使得整个群生虫体都会跟着颤动起来了。如果用一支针去刺它的颚的话，它们就会把针牢牢地咬住，甚至连它所在的一肢也会跟着发生相应的运动。

米伐特先生之所以要举这个例子，主要是因为他认为群生虫类的鸟嘴体和棘皮动物的叉棘在本质上是"相似"的器官，而且在动物界的两个相去甚远的不同动物种类中，这些器官也是很难通过自然选择而获得发展的。但仅就构造而言，我实在看不出三叉棘和鸟嘴体之间的相似性，在我看来，鸟嘴体倒有点类似于甲壳类动物的钳。也许米伐特先生能够以相同且妥当的方式举出两者之间的相似性来，甚至它们与鸟类的头和喙的相

似性成为一个特别的难点。巴斯克先生、斯密特博士和尼采博士都曾对此有过非常详细的研究。对于研究这一类群的博物学者而

言，他们都相信鸟嘴体与单虫体是同源的，而且这种器官还与组成植虫的虫房是同源的。有运动能力的唇（即虫房的盖）与鸟嘴体的下颚是类似的。然而，由于巴斯克先生并不知道现今存在于单虫体和鸟嘴体之间的级进，所以他不可能知道什么样的级是有用的。当然，我们也不能因此就说这些级从未存在过。

由于在某种程度上甲壳类的钳与群生虫类的鸟嘴体具有相似性，即二者都被作为钳子使用，因此我在这里必须指出一点，那就是甲壳类的钳至今还存在着一个有着超长系列且非常有用的级进。在最初、最简单的阶段中，当肢的末节处于闭合状态时，会抵住宽阔的第二节的方形顶端，或者抵住整个第二节。这样，甲壳类动物就能把物体夹住。另外，这个肢还能被当做一种移动器官来使用。而且第二节的一角稍微突起，有的甲壳类的第二节上还长着不整齐的牙齿，当肢的末节处于闭合状态时，这些牙齿就会被抵住。同时，随着这种突出物增大，它的形状以及末节的形状也都稍有变异和改进，于是钳就会变得愈加完善，直到最后变成为龙虾钳那样的有效工具，实际上所有这些级进都是可以追踪出来的。

除鸟嘴体外，群栖虫类还有一种被称为震毛的器官。这些器官一般是由能移动且易受刺激的毛所组成，而且这些毛都是才长出来的新毛。我曾检查过一个长有震毛的物种，它的震毛有一些弯曲，而且外缘成锯齿状。一般情况下，同一群栖虫体上的所有震毛都是同时在运动的，它们像长桨似地运动着，使一肢群体迅速地在我的显微镜的物镜下穿过。如果把群体虫的一肢向下放着，它的震毛便会缠绕在一起，这时群体虫就会猛力把自己弄开。由此可见，震毛还具有防御作用。巴斯克先生曾这样描述震毛："它们慢慢地、静静地在群体的表面上扫动，把那些对于它们有害的东西扫去。"鸟嘴体的作用与震毛相似，也具有防御作用，但它们除了防御之外，还具有捕捉和猎杀小动物的能力；当小动物被捉到之后，单虫体会用水将它们冲到单虫体的触手所能达

麻鹬的嘴
长而细的嘴可以伸入海边的泥里找寻虫和贝类。

海鸥的嘴
这种嘴形有多种用途，可以探挖、切割、撕扯食物，也可以将湿滑的鱼叼住。

鹦鹉的嘴
有钩的喙尖，用于咬紧和撕开嫩果子，强而有力的喙基，用于咬开种子和果仁。

金刚鹦鹉的嘴
金刚鹦鹉大而重的喙，可以咬开坚果和果仁。金刚鹦鹉，已变得越来越稀少了，因为它们生活的热带雨林不断遭到破坏。

鸟嘴　化石/标本

鸟嘴也称鸟喙，这是鸟类做所有工作的工具，喙是由称为角质素的坚硬物质构成的。可用来觅食、整理羽毛、筑巢，也是逐走入侵者的武器。从鸟嘴的形状可以看出其属于吃哪一类食物的鸟。

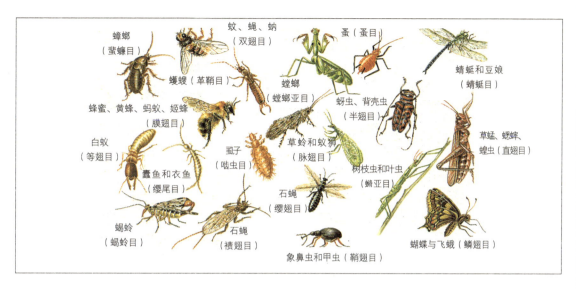

蟑螂（蜚蠊目）
蚊、蝇、蚋（双翅目）
蚤（蚤目）
蠼螋（革鞘目）
螳螂（螳螂亚目）
蜻蜓和豆娘（蜻蜓目）
蜂蜜、黄蜂、蚂蚁、姬蜂（膜翅目）
蚜虫、背壳虫（半翅目）
白蚁（等翅目）
草蛉和蚁狮（脉翅目）
草蜢、螽斯、蝗虫（直翅目）
蠹鱼和衣鱼（缨尾目）
虱子（啮虫目）
树枝虫和叶虫（螳亚目）
蝎蛉（蝎蛉目）
石蝇（缨翅目）
石蝇（襀翅目）
蝴蝶与飞蛾（鳞翅目）
象鼻虫和甲虫（鞘翅目）

昆虫的类属

　　大多数昆虫在生命发育成长的过程中，某个阶段长有翅膀，而衣鱼、蠹鱼、小灶衣鱼就没有。跳蚤也是没有翅膀的，它们的翅膀在演化中已经消失。昆虫大约有20种主要族群。甲虫构成了最大的单一昆虫族群，据昆虫学家统计，目前已超过30万种。

到的范围之内。有些物种既具有鸟嘴体又具有震毛，而有些物种只有鸟嘴体，还有少数的物种只有震毛。

　　我们实在难以想象出还有什么东西在外观上能比震毛和类似鸟头的鸟嘴体之间的差异更大的了。几乎所有人都肯定，这两种东西是同源的，而且是从同一个共同的根源（即单虫体及其虫房）发展出来的。因此，我们也能够理解巴斯克先生对我说的一番话："这些器官在某些情况里，怎样从这种样子逐渐变化成另一种样子。这样，膜胞苔虫属有一种物种，能运动的颚十分突出，而且有类似的较硬的刚毛，以致只能根据上侧固定的嘴才可以决定它的鸟嘴体的性质。震毛可能直接从虫房的唇片发展而来，并没有经过鸟嘴体的阶段。它们经过这一阶段的可能性似乎更大些，因为在转变的早期，包藏着单虫体的虫房的其他部分，很难立刻消失。"在许多情况中，震毛的基部有一个带沟的支柱，这支柱类似于固定的鸟嘴状构造，但并不是所有的这类物种都有这种支柱。如果巴斯克先生的这种震毛的观点是正确的，我认为这将非常有趣。因为，如果所有具有鸟嘴体构造的物种都已灭绝了，那么就算是最富有想象力的人也无法想到震毛原来是属于一种类似于鸟头式的器官的一部分，或是属于一种类似于不规则形状的盒子或兜帽的器官的一部分。看到如此完全相同的两种器官竟然是从同一个根源发展而来，实在是非常有趣的。另外，由于虫房上的可运动的唇片具有保护单虫的作用，我们可以作出这样一个假设：在唇片变成鸟嘴体的下颚或变成了震毛的过程中所经历的所有的级进，同样可以在不同方式和不同环境下产生保护作用。

米伐特先生关于植物的异议

米伐特先生关于植物的异议只有两个，一个是兰科植物的花的构造，另一个是攀缘植物的运动。关于兰科植物的花，他说道："对于其起源的解释根本无法令人满意。对于其构造初期的最细微的发端，所进行的解释也不充分。这些构造只有在相当发展时才有效用。"在我的另一著作中，这个问题已经被我详细地讨论过了，因此，在这里，我只对兰科植物的花的最显著特性，即它们的花粉块进行讨论。这些极为发达的花粉块是

紫纹兜兰

达尔文认为，兰科植物最显著的特征在于它们的花粉块。这些花粉块由一团花粉粒组成，附着在弹性的花粉柄上，花粉柄则附着在一小块极具黏性的物质上。花粉块的形成依靠昆虫的运输——从一朵花运到另一朵花的柱头上。图为兰科植物中最原始的类群——紫纹兜兰。

由一团花粉粒组成，附着在一条具有弹性的柄，即花粉块柄上，而这个柄则附着在一小块极具黏性的物质上。花粉块的形成过程是花粉依靠昆虫从一朵花运送到另一朵花的柱头上去。有一些兰科植物的花粉块没有附着在柄上，而是被一种细丝串联在了一起。但由于这种情况并不只限于兰科植物，因此我不在这里作过多的讨论。在此，我只提醒各位注意一下处于兰科植物系统中最低等的杓兰属植物，从该属植物身上，我们也许就能看出这些细丝是如何从最初状态下发达起来的。在其他兰科植物中，这些细丝与花粉块的另一端是相互粘连在一起的，这就是花粉块柄的最初状态。即使是相当长且高度发达的柄也是由这一形态发展而来，我们还能从中央坚硬部分找到那些依然埋藏在其中的发育不全的花粉粒，这些花粉粒也能为我们提供证据。

关于花粉块的第二个主要特性，即附着在柄端的那一小块具有黏性的物质，我可以举出一长列的级进变化例子，每一个级都对这种植物有着明显的用处，其他"目"的大多数花的柱头却分泌很少的黏性物质。某些兰科植物也要分泌类似的黏性物质，但在其三个柱头中，必然只有一个柱头分泌得特别多，也许是这个柱头分泌过盛的原因，在

一般情况下，这个柱头多为不育的。当昆虫访问了这类花之后，它的身体上多半都会带上一些这种黏性物质，同时，一些花粉粒也会黏在它的身上。从与大多数普通花的差异极为细微的简单情况算起，再到花粉块附着在很短的和游离的花粉块柄上的物种，再到附着在花粉块柄上的黏性物质，最后到带有不育柱头且存在极大变异的其他物种，在这期间，存在着无数的级进。在最后的那种情况下，即使柱头是不育的，但是花粉块却也是最发达而且最完全的。所有亲自研究过兰科植物花的人，都会承认上述一系列的级进是存在的，即有的花粉粒仅由细丝连接在一起，其柱头和普通花的柱头几乎没有差异，从这种情况算起，一直到高度复杂的花粉块，它们都非常适合于昆虫的运送。任何一个研究者都会承认，这几个物种的所有变异都非常适合于各种花的一般构造，即方便许多种昆虫来为其授粉。在其他所有相似的情况下，我们还可以更进一步的探索。我们可以去探索这样一个问题，即普通花的柱头是如何变得具有黏性的？但在这里，由于我们并不知道哪怕是一种生物的全部历史，所以这样的探索是毫无意义的。

我们再来谈一下攀缘植物。首先，我先谈一下那种单纯地缠绕在一个支柱上的攀缘植物，最后再来谈那种被我称为叶攀缘植物和生有卷须的攀缘植物。在我首先谈的攀缘植物到最后谈的攀缘植物之间，存在着一个很长的系列。尽管最后两类植物的茎依旧保持着旋转的能力，但它们多半都已失去了缠绕能力。从叶攀缘植物到卷须攀缘植物的级进是密切相近的，有好几种植物既可以被

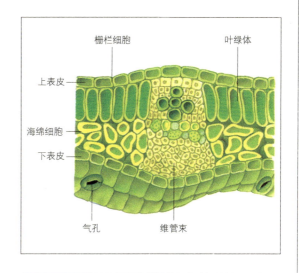

树叶的内部结构

图为树叶的剖面图。栅栏组织为1～2层细胞，分布在上表皮。上表皮下面，分布着进行光合作用的叶绿体。发达的海绵组织常与分布在叶下的不规则形的气孔相连。

归为叶攀缘植物，也可以被归为卷须攀缘植物。但是，要从单纯的缠绕植物或复杂的卷须攀缘植物变异成叶攀缘植物，却必须具备一种重要性质，即接触感应能力。依靠这种感应性，缠绕植物或卷须攀缘植物的叶柄、花梗由于受刺激而变得弯曲，并紧紧地缠绕在接触物的周围。所有读过我所写的关于这些植物的研究报告的人都会承认，在单纯的缠绕植物和卷须攀缘植物之间，其功能和构造上的所有级进变化对物种而言都是极为有利的。比如，从缠绕植物变成叶攀缘植物，显然是大为有利的。如果具有长叶柄的缠绕植物，其叶柄梢具有必需的接触感应能力，那么，它也许就能发展成为叶攀缘植物。

缠绕是沿着支柱上升的最简单方法，而且只具有缠绕能力的攀缘植物在所有攀缘植物中处于最低级的地位。因此，一个很自

然的问题就出现了："植物在最初时是如何得到这种能力的，在得到这种能力后，又是如何通过自然选择对缠绕能力进行改进和增大的？"我认为：第一，依赖茎在幼小时的极度可绕性（这是许多非攀缘植物所共有的性状）；第二，依赖茎会按照同一顺序逐次沿着圆周各点不断弯曲。茎依赖这种运动，才能朝着各种方向旋转，茎的下部一旦碰上任何物体而停止缠绕，它的上部仍能继续弯曲、旋转，这样必然会缠绕着支柱上升，在每一个新梢的早期生长之后，这种旋转运动即停止。在构造系统相去甚远的许多不同科植物中，几乎所有单独的物种或单独的属都

植物的叶

叶的功能是在阳光照射下，将外界吸收来的二氧化碳和水分，利用光能制造出以碳水化合物为主的有机物，将光能转化成化学能储藏在有机物之中。每种植物的叶片常有一定的形状，但所有植物的叶从外形上都可分为叶片、叶柄和叶托三部分。

主叶脉

叶片

小叶脉

叶柄

叶脉

掌状复叶　　掌状叶　　羽状复叶　　简单羽状针叶

盾状叶　　杂色叶　　针叶　　针形平行叶

具有这种旋转的能力，并因此而变成缠绕植物。因此，我能肯定，它们一定是独立地获得了这种能力，而不是从共同祖先那里遗传来的。我可以作出这样一个推断，在非攀缘植物中，几乎没有一种植物具有这种运动的倾向，哪怕是稍微具有这种运动倾向的都不存在，这种特殊性为自然选择提供了改进和增大的基础。当我作出这一推断时，我手上所掌握的资料仅仅是一个不完全的事实而已，这个事实是关于毛籽草的幼小花梗的。这种植物的幼小花梗能够做出轻微且不规则的旋转运动，这种运动与缠绕植物的茎的运动十分类似，但毛籽草并未对这一特点加以利用。在我掌握了这一事实后不久，米勒就发现了一种泽泻属植物和一种亚麻属植物幼苗的茎也是旋转的，尽管它们的旋转并不规则，但也充分说明这两种植物也能够进行缠绕。值得一提的是，这两种植物并不是攀缘植物，而且在构造系统上也和攀缘植物相去甚远。米勒还认为，其他许多植物也存在这种情况，只不过这些旋转的运动并没有给这些植物带来什么利益。不管怎么说，它们对于我们所讨论的攀缘作用也是毫无用处的。但尽管如此，我们还是能从中看到，如果这些植物的茎本来就是可弯曲的，并且如果这些茎的旋转升高能给植物带来利益的话，那么，这些轻微且不规则的旋转习性便会通过自然选择而被利用和增大，直到它们变成十分发达的缠绕物种为止。

至于叶柄、花柄以及卷须的接触感应能力，我也可以用缠绕植物的旋转运动来进行说明。许多属于不同种群的物种都拥有这种能力，因此，在许多还未变成攀缘植物的物

种里，我们也能找到具有这种能力的植物。事实也是如此，我曾对毛籽草的幼小花梗进行过仔细观察，发现这种花梗具有向接触面微微弯曲的能力。莫伦发现在酢酱草属的一些物种里，如果叶和叶柄被轻微且反复地触碰，或者整个植株都被摇动，那么叶和叶柄就会发生弯曲；如果在烈日之下，对该植物进行上述行为的话，那么该植物的弯曲反应就会更加剧烈。我也曾对酢酱草属的一些物种做过多次实验，其结果都是一样的。其中有几个物种的反应非常明显，而且越是幼苗，情况越明显。另外还有几个物种的反应就非常轻微了。据权威霍夫迈斯特所说，所有植物的茎和叶子，在被摇动之后，都会做出运动，这是一个极其重要的事实。据我所知，攀缘植物只是在其生长的早期，其叶柄和卷须才是敏感的。

对于植物的幼小器官和正在成长的器官而言，因触碰或者被摇动所发生的运动，对它们功能几乎起不到任何的重要性。但是植物对各种刺激所做出的反应能力，却对它们极为重要。例如向光的运动能力以及比较罕见的背光的运动能力，还有，对地球引力所产生的背性和比较罕见的向性。如果说当动物的神经和肌肉受到电流的刺激时，或者当吸收了木鳖子精而受到刺激时，会产生剧烈的反应运动是偶然性所造成的，因为神经和肌肉对于这些刺激并不具有特别的敏感；那么，植物也许也是这样，它们因为具有对所有突然性的刺激做出反应的能力，所以当遇到被突然地触碰或者被摇动时，便会做出反应运动。因此，我们必须承认，在叶攀缘植物和卷须植物中，被自然选择所利用和增大

攀缘植物

在植物学分类中，其实并没有"攀缘植物"这一门类，这个称呼是一种形象的叫法，通俗地讲，就是指能抓着东西往上攀爬的植物，比如爬山虎、常春藤、牵牛花等。按茎的质地，攀缘植物可分为木本和草本两大类；按攀缘的习性可分为缠绕类、吸附类、卷须或叶攀类。人们栽培攀缘植物，用来美化环境、生产瓜果等。图为我们常说的爬山虎。

金鱼藻

金鱼藻为沉水性多年生水草，全株深绿色。该植物从种子发芽到成熟都没有根，叶轮生。群生于淡水池塘、水沟、小河、温泉流水及水库中。金鱼藻的野生族群在自然进程中消失殆尽，现在几乎已经灭绝了。

的就是这种受刺激后的反应。但是如果从我的研究报告中的各项理由来看，只有那些已经获得了旋转能力并且因此而变成了缠绕植物的植物才会发生这种情况。

我已经尽力解释了植物怎样由于轻微的和不规则的、最初对于它们并无用处的旋转运动这种倾向的增大而变为缠绕植物。这种运动以及由于触碰或摇动而起的运动，是运动能力的偶然结果，并且是为了其他有利的目的而被获得的。在攀缘植物逐步发展的过程中，自然选择是否得到使用的遗传效果之助，我还不敢断定。但是我们知道，某种周期的运动，如植物的所谓睡眠运动是受习性支配的。

一位练达的博物学者仔细挑选了一些例子来证明自然选择不足以解释有用构造的初期阶段，现在我对他提出的异议已作了足够的讨论，或者已经讨论得过多了。并且我已阐明，如我所希望的，在这个问题上并没有什么大的难点。这样，就提供了一个好机会，来稍微多讨论一点有关构造的级进变化，这些级进变化往往伴随着功能的改变——这是一个重要的问题，而在本书的以前几版里没有作过详细的讨论，现在我把上述情况再扼要地重述一遍。

本章重点

关于那些有着长颈长腿的反刍类动物，我认为，凡是长有最长的颈或腿等，并且吃到比平均高度稍微高一点的树叶的个体都能被保存下来。相反，凡是无法在平均高度取食的个体就会遭到毁灭。如此一来，这类反刍类既得到了保存又能进一步地变异。但即使这些生物的所有有用器官都处于长期使用的状态下，且再加上遗传作用，充其量也最多能使这些生物身体构造上的各部分相互协调而已。关于各种模拟周围物体的昆虫，我们完全可以相信，它们的模仿能力仅仅只是与某一普通物体存在着偶然的类似。在许多情况中，这些偶然原因常常充当着导致自然选择发生作用的基础因素。而且这些拟态还需要经过长时间的使用，才能发生更为细微的变化，从而由仅仅是类似变成更加相像，只有不断地发生细微的变异，拟态才能逐渐趋于完善。只要昆虫继续发生变异，并且使其类似性变得越来越完善，它才能更好地逃脱敌害的视觉范围。与此同时，这种变异所产生的作用也就会更加地深化。某些鲸鱼的颚上长有不规则的角质粒点，这些角质粒点最终会变异为栉片状的突起或齿，这些物质与鹅喙上所生的物质是一样的。紧接着这些物质又会变异成短的栉片，这些栉片的形状与家鸭喙上的栉片形状非常相像。之后，这些栉片变成的短栉片会变成真正完善的栉片，就如同琵琶嘴鸭的一样。最后，栉片会变成鲸须，就如同格林兰鲸鱼的鲸须一般。所有这些有利变异的保存，似乎完全都处在自然选择的范围内。在鸭科中，这些栉片的最初作用与人的牙齿相同；随着时间的推移，它们的作用进一步扩大，其中一部分作

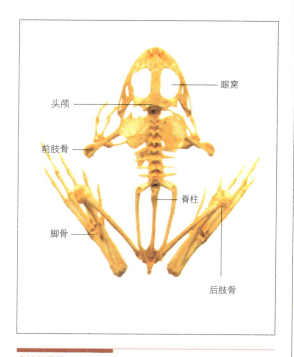

青蛙的骨骼结构示意图

每一种脊椎动物骨骼的形状都不同，这是由它们的大小和生活方式决定的，例如青蛙有长而结实的后腿供其跳跃。

红 藻

红藻门植物种类多，数量大，是海洋藻类植物的主要组成部分。植物体多为丝状体、叶状体或枝状体，多数为多细胞体，少数为单细胞或群体。藻体常有一定的组织分化，如某些种类分化有"皮层"和髓。细胞壁分两层，内层由纤维素组成，外层为果胶质组成，红藻的繁殖方式分无性和有性两种。

用仍然是牙齿，而还有一部分的作用是作为过滤器，到了最后，这些东西的作用就仅仅只是过滤器了。

以我所掌握的知识来看，在上述所说的这些构造中，习性或使用几乎很少，甚至没有对它们的发展产生什么作用。相反，比目鱼下侧的眼睛向头的上侧转移，以及一个具有抓握能力的尾的形成却几乎完全可以归因于连续的使用以及遗传作用。关于高等动物的乳房，众所周知，它最有可能来源于有袋类动物，关于具体的形成过程，我认为最有

可能的假设是：最初，有袋类动物的袋是一个全表面的皮腺，整个皮腺都在分泌一种具有营养的液体。后来，这些皮腺通过自然选择，在功能上得到了改进，并且开始向一定的部位集中，于是就形成了乳房。关于个别古代棘皮动物的具有防御作用的分肢棘刺是如何通过自然选择而发展成三叉棘的，这个问题的解释并不难。同样，要解释甲壳动物的钳是如何通过细微且有用的变异，才从最初的只是专门用来行动的肢的末端二节发展到现在的样子，也不困难。在群生虫类的鸟嘴体和震毛中，我们看到了由同源器官发展成外观上大不相同的两类器官。另外，我们还知道，在那些连续的级进变化中震毛所起到的用处。关于兰科植物的花粉块，我们知道，该科的最低级植物用某种细丝将花粉粒串联在了一起，而在该科的高级植物中，则逐渐出现了将花粉粒黏合成花粉块的柄。还有，在该科所有植物的普通花柱头上，都会分泌出一种具有黏性的物质，这种物质的作用也是大同小异的。至于这种黏性物质究竟是如何附着在花粉块柄的末端上的问题，我们也是可以追根溯源的。显然，所有这些级进变化对于该科的植物都是有利的。至于攀缘植物，我不必重复刚才已经讲过的那些了。

经常有人问道："既然自然选择拥有如此强大的力量，为什么那些对某些物种而言明显具有巨大利益的构造，反而没有为物种

所获得呢？"我认为，由于我们对各种生物的过去历史以及对决定它们今日的数量和分布范围的条件是极度无知的。因此，要想对这个问题作出确切答复，是不合理的。在许多情况下，我们所能举出的理由都是一些泛泛而谈的事实，只有在少数情况下，我们才能列举出具体的理由。要使一个物种去适应新的生活环境，许多和新的生活环境有关的变异几乎是不可少的，并且物种必然也常常会遇到以下的情况：比如，那些在旧有的生活环境中是必要的部分在新的生活环境中就变得不是那么必需了。但这些旧有的部分并不会立刻按照新的、正确的方式进行变异。又有不可抗拒的破坏作用存在，许多物种的数量受到了抑制，尽管有时候我们会认为这种作用和某些构造对物种而言是有利的，并想当然地认为它们是通过自然选择而获得的，但事实并非如此。因为在这种情况下，物种在进行生存斗争时根本不会依赖这些构造。所以，我认为，这些构造不是通过自然选择而被获得。在许多情况下，一种构造的形成需要复杂、持续、长久，以及十分特殊的条件。对物种而言，上述

条件缺一不可，但这些条件一起出现的概率很小。我们常常误以为对于物种有利的任何一种构造，可以在任何一种环境条件下通过自然选择而获得，这种观念与我们所能理解的自然选择的活动方式是完全相对立的。米伐特先生并不否认自然选择的部分效果，但是他认为，我用它的作用来解说这些现象例证还不够充分。关于他的主要论点，我已在本章中进行了讨论，至于他的其他论点，我会在以后进行讨论。在我看来，这些论点似乎很少可以举出例证来。因此，其分量远不如我的论点。我认为自然选择是有力量的，而且许多其他的作用常常对其起到帮助的作用。在这里，我必须补充一点以加强我的论点的分量。那就是，在最近出版的《医学外

盘羊 摄影 当代

　　盘羊是最大的野生羊类，其身体强壮，四肢短粗，尾巴细小。其最重要的外部特征为头部拥有一个硕大而弯曲的角。它们喜在半开矿的高山裸岩带和起伏的山间丘陵生活，且会有季节性的迁徙。

安康羊

　　普通羊群中出现短腿的安康羊，是基因突变的结果。1791年，美国出现安康羊，达尔文对此十分关注，并记录在作品《动物和植物在家养下的变异》中。图中为安康羊。

科评论》中有一篇优秀的论文，出于同样的目的，该论文也使用了一部分我在本章中所用的事实和论点。

　　时至今日，几乎所有的博物学者都承认，地球上的物种正在以某种形式发生着进化。米伐特先生相信物种是因为"内在的力量或倾向"而变化的，那么，这种"内在的力量或倾向"究竟是什么呢？他本人对此也是一无所知的。所有进化论者都承认，物种具有变化能力。但是，在我看来，除了普通的变异性倾向外，似乎并不存在任何形式的"内在的力量或倾向"。普通的变异性可以通过人工选择来达到，最佳的证明就是那些已经存在于这个世界上的大量家养族了。而且在进行人工选择的同时，这些家养族也能通过自然选择，产生同样好的自然族，即物种。我认为，在一般情况下，最终的结果是：物种的身体构造发生了重大的进步，但也不排除少数物种出现身体退化。

　　米伐特先生进而相信新物种"是突然出现的，而且是通过突然变异而形成"，还有一些博物学者对他的这种观点持赞同态度。他曾认为已经灭绝了的三趾马和普通马之间所存在的差异是在突然之间才出现的。他认为，鸟类的翅膀"除了由于具有显著而重要性质的、比较突然的变异而发展起来的以外，其他方法都是难于相信的。"同时，他还把他的这种观点推广到了蝙蝠和翼手龙的翅膀上。这就意味着，在进化系列里存在着巨大的断层或不连续的区域。在我看来，他的这一假设，是最不可能出现的。

　　任何一个人，只要他相信进化是缓慢而逐渐的，那么，他也会承认物种的变化可能会是突然且巨大的。正如在自然状态或者在家养状态下我们所看到的那些单独变异一样。但如果物种受到饲养或栽培，那么它的可变异性就会比在自然状态下更为容易。所以，就如同在家养状态下常常会发生巨大而突然的变异一样，自然状态下是不可能常常发生巨大而突然的变异的。家养状态中的某些变异可以被归因于返祖遗传，即已经消失的性状再次重新出现。但在大多数情况下，性状都是逐渐获得的。还有很多的情况只能被归为畸形，比如六个指头的人、多毛的人、安康羊、尼亚太牛等。之所以称之为畸形，是因为它们在性状上与自然的物种大不相同，所以它们对于我们的问题所能提供的解释是很少的。除了这些突然的变异之外，少数剩下来的变异，如果在自然状态下发生，充其量只能构成与亲种类型仍有密切相联的可疑物种。

我也曾怀疑，物种在自然状态下也会如家养族那样发生突然的变化，我完全不相信米伐特先生所说的："自然状态下的物种会以奇特的方式进行变化。"我的理由是这样的，根据我的经验，突然而显著的变异都是单独发生的，且其间的间隔时间比较长。最关键的一点

就是，这种变异一般都只发生在家养生物里。如果这种变异在自然状态下发生，就如前面所说的，发生变异的个体也将会由于偶然的毁灭以及后来的相互杂交而使得其后代再次失去这些变异的性状。在家养状态下，除非这类突然变异受到了人的照顾、被隔离开使之无法发生杂交，否则也无法被保存下来，我们所知道的事实也正是如此。因此，如果所有的新种都像米伐特先生所假设的那样是突然出现的，那么，我们就必须要相信这样一个事实的存在，即一些发生了奇异变化的个体会同时在同一个地区内出现，然而

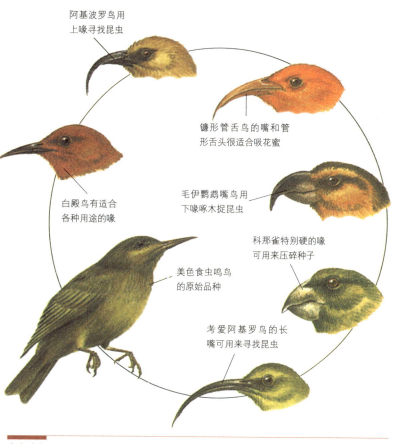

阿基波罗鸟用上喙寻找昆虫

镰形管舌鸟的嘴和管形舌头很适合吸花蜜

白殿鸟有适合各种用途的喙

毛伊鹦鹉嘴鸟用下喙啄木捉昆虫

科那雀特别硬的喙可用来压碎种子

美色食虫鸣鸟的原始品种

考爱阿基罗鸟的长嘴可用来寻找昆虫

食虫鸣鸟

夏威夷群岛上生活着多种食虫鸣鸟，它们外形都长得非常相似，科学家们分析认为这些鸣鸟都应是由同一种食虫鸣鸟进化而来的。

这一事实与所有推理都是相对立的。就好比在人类的无意识选择的情况中那样，这种难点只有根据逐渐进化的学说才可以避免。所谓逐渐进化，是通过朝着有利方向变化的大多数个体的保存和朝相反方向变化的大多数个体的毁灭来实现的。

许多物种以极其缓慢的方式发生着进化，关于这一点，几乎不存在任何疑问。许多属于自然界中的大科的物种甚至属，其彼此之间也都有着密切的亲缘关系，这种关系甚至会导致人们难以对其进行分辨。在各个大陆上，不管是南还是北，不管是低地还是高地，我们都可以看到许多有着密切亲缘关系或极具代表性的物种。我们有理由相信，在不同的大陆上，所有的物种在从前都曾经有着连续的级进。但是，在对此作叙述前，我不得不先提一个我们将在后面章节中所要讨论的问题，请看一下吧，在那些环绕着一个大陆的许多岛屿上，到底存在着多少只能升到可疑物种地位的生物呢？让我们回顾一下过去，并且以刚刚消逝的物种与今天还在同一个地域内生存的物种做一番比较；或者拿埋存在同一地质层的各亚层内的化石物种相比较，我相信情况也是如此。显

进化树

现代生物界普遍认为，所有的生物之间都是亲属关系，因为它们是由相同的祖先、经过长达几百万年的时间演化而来的。这个进化树就详细地描绘了生物进化的景象。

然，许多物种与现今依然生存的或近代曾经生存过的其他物种的关系是极其密切的。我们根本没有任何证据可以证明这些物种是以突然的方式发展起来的。同时请各位不要忘记，当我们在对近似物种（不是不同物种）的特殊部分进行观察时，我们会发现，这期间存在着大量极为细微的无数级进，而且这些级进都是可以被追踪出来的，这些级进可以将许多大不相同的构造串联起来。

在很多情况下，大量事实只能根据物种由极细微的步骤发展起来的原理才可以得到解释。比如，大属的物种比小属的物种在彼

此关系上更密切，而且变种的数目也较多。大属的物种又像变种环绕着物种那样地集成小群。它们还有类似变种的其他方面，我在第二章里已经说明过了。根据同一个原则，我们能够理解为什么物种的性状比属的性状更多变异，为什么以异常的程度或方式发展起来的部分比同一物种的其他部分更多变异。关于这一方面，我还可以举出大量类似的事实。

虽然要产生一种物种需要历经许多步骤，但我们几乎肯定，这些步骤并不比产生那些微小变种的步骤多多少。但我们还是可以认为，有些物种是以不同的和突然的方式发展起来的。不过，在作出这样的承认之前，我们必须要找到强大且无法被推翻的证据。昌西·赖特先生曾举出过一些模糊且在某些方面存在着错误的事实来支持突然进化的观点，比如无机物质突然结晶，或具有小顶的椭圆体从一小面陷落至另一小面。然而在我看来，这些事实几乎是没有讨论的价值，因为这些事实中所提及的物体都是无机物。然而有一类事实，比如在地层里突然出现了一种全新且不同的生物类型化石。乍一看，这些化石似乎可以支持突然发展的观

青蛙的进化过程示意图

此图是科学家根据达尔文的进化论推断的青蛙进化历程。青蛙属于两栖类动物，最原始的青蛙在三叠纪早期开始进化。因为其以昆虫和其他无脊椎动物为主食，所以必须栖息于水边。一些绿色的青蛙在绿色的环境里生长、繁殖，绿色的皮肤源自于遗传，在草丛里，可以起到很好的伪装作用，使猎食者不容易发现它们。而对于黄色青蛙来说，在绿色的环境中就比较容易被发现，因此它们会为了生存而去适应另外一种黄色、有沙的环境。

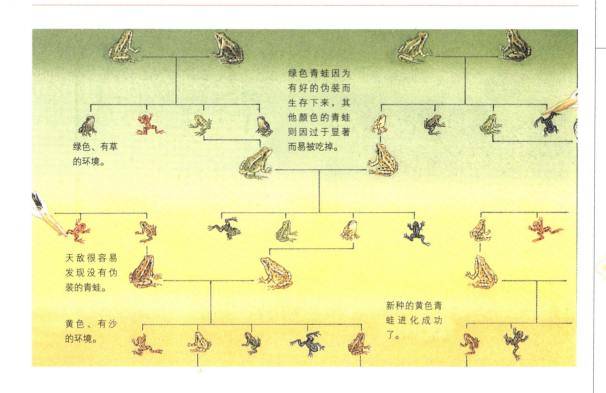

绿色青蛙因为有好的伪装而生存下来，其他颜色的青蛙则因过于显著而易被吃掉。

绿色、有草的环境。

天敌很容易发现没有伪装的青蛙。

黄色、有沙的环境。

新种的黄色青蛙进化成功了。

　　燕鸥是海鸥的一种，常结群在海滨或河流活动，主要以新鲜的鱼虾为食物。喜在岛屿的地上筑巢，一般每次产2～3枚卵。

　　臭鼬体形大小如家猫，长着一身醒目的黑白相间的毛皮。臭鼬适应能力较强，既可以在树林、平原中生活，也可以在沙漠地区生活。白天的时候，臭鼬通常在地洞中休息，只有到了黄昏和夜晚时才会出来觅食或交配。

念。但是，这种证据的价值全然决定于与地球史的辽远时代有关的地质记录是否完全。如果那个记录真的像许多地质学者所坚决主张的那样，仅仅只是片断而已，那么，这一全新类型是突然出现的说法就不值得奇怪了。

　　我认为，除非我们承认所有的进化都像米伐特先生所主张的那样是巨大的。比如鸟类或蝙蝠的翅膀是突然发展出来的，或者说三趾马消失的原因是因为它们在突然间全都变成了普通马。否则，突然变异的观点将得不到任何证据的支持，正如上面所说的那样。许多地质学者都认为，地层里所记录的东西仅仅是片断而已，不足以成为充足的证据。在所有反对这种突然变异的观点中，胚胎学的反对最为强而有力。众所周知，鸟类和蝙蝠的翅膀、马和其他陆生动物的腿在其早期的胚胎中几乎是没有区别的，它们的变化是在胚胎后期以不可觉察的细微步骤进行变异的。正如我们在后面还要提到的那样，胚胎学上的所有种类的相似性可作如下的解释：即现存物种的祖先在幼小的早期以后发生了变异，并且把新获得的性状传递给相当年龄的后代。这样，胚胎几乎是不受影响的，并且可作为那个物种的过去情况的一种记录。因此，现存物种在发育的最初阶段里，与属于同一纲的古代已灭绝类型的胚胎是极其相似的。按照这种胚胎相似的观点，不能相信一种动物会经过上述那样巨大而突然的转变。何况，在它的胚胎的状态下，一点也找不到任何突然变异的痕迹。它的构造的每一个细微之点，都是以不可觉察的细微步骤发展起来的。

如果相信米伐特先生的某种古代生物类型通过一种内在力量或内在倾向而突然转变成正如有翅膀的动物，那么他就几乎要被迫进行假设，地球上的许多个体是在同一时间内甚至在同一地域内发生了突然性的变异，这与所有的类推都是相对立的。我们不能否认，这些构造上的突然且巨大的变化，与大多数物种所明显进行的变化是大不相同的。

不仅如此，相信米伐特先生观点的人还必须被迫相信，与该生物的所有部位都能有着完美的适应的构造，与周围条件有着完美的适应的许多构造也都是突然产生的。对于这样复杂而奇异的相互适应，他就不能举出丝毫的解释来了。最后，他还必须被迫承认，这些巨大且突然的变化没有在胚胎上留下一丁点的痕迹。但在我看来，要是谁将这一切都全部承认了的话，那他就完全进入了一个奇迹的领域，一个完全脱离了科学的领域。

第七章　本　能

　　物种的许多本能是不可思议的，这就引出一个问题，在读者看来，它们的发达似乎足以推翻我的全部学说。在这里，我首先声明一点，我不准备讨论智力的起源，就像我未曾讨论生命的起源一样。这里要讨论的是，同纲动物中本能的多样性及精神能力的多样性的问题。

巨嘴鸟

　　巨嘴鸟是世界上嘴长得最大的鸟。它的嘴边缘呈锯齿状，翅膀短而圆，尾长，全身披满了彩虹般艳丽的羽毛，其身体的颜色能帮助它们辨认同类，并找到如意的配偶。它们以一种独特的本能捕获食物，延续生命。

本能与习性的对比

首先，我不打算给本能下任何定义。"本能"这个名词一般来说包含着一些不同的精神活动。例如，当我们说，"本能"使杜鹃迁徙，并使它们把蛋下在其他鸟的巢里，人们都知道这句话的意思。就人类自身来说，我们需要经验才能完成的某种活动，而被那些没有经验的动物，特别是被幼小动物所完成时，而且它们在完成这些活动时并不知道为了什么目的，但却按照同一方式去完成时，我们就把这种行为称为本能。但需

苍头燕雀

从东刚果至南非洲的热带稀树草原，常常可以见到一种叫苍头燕雀的织布鸟，它们天性喜欢筑巢，总是用草和许多不同韧度的纤维筑成巢穴，像一粒粒奇异的果实，悬挂在树枝上，十分美丽结实。

要阐明的是，这些性状没有一个是普遍的。如于贝尔所说，在自然系统中，甚至那些低级的动物也具有某种理性，而这种理性常常发生作用。

弗·居维叶及一些过去擅长抽象思维的学者们，他们曾把本能与习性加以比较。应该说，这种比较，对于完成本能活动时的心理状态，提供了一个精确的观念，但不一定涉及到它的起源。事实上，许多习惯性活动是在无意识下进行的，它们不少与我们有意识的意志相反！然而，意志和理性可以使它们改变。习性容易与其他习性相联系，也与一定时期的身体状态相联系。习性一旦形成，常常会终生保持不变。本能和习性之间有类似之处，就像反复唱一支熟悉的歌，本能也是一种具有节奏的活动，这种节奏伴随着另一活动；如果一个人在唱歌时歌声被打断了，或者他在反复背诵某种东西时被打断了，一般来说，他就要被迫重新去背诵，以此来恢复已经形成的习惯。胡伯尔观察到，那些能够制造很复杂茧床的青虫就是如此。在它完成构造第六个阶段时，如果把它取出，放在一个只完成构造第三个阶段的茧床里，这个青虫就只重筑第四、五、六个阶段的构造；但如果把完成构造第三个阶段的青

虫，放在已完成构造第六个阶段的茧床里，虽然它已经完成了大部分工作，但它并没有从中得到任何好处；于是，我们看到青虫感到不知所措。为了完成构造茧床的任务，它不得不从构造第三个阶段开始，实际上，青虫是去完成已经完成了的任务。

如果我们假定任何习惯性的活动能够遗传，应该说，这种情形有时的确发生过。那么，我们可以看到，习性和本能之间，二者的关系是如此密切相似，人们甚至无法将它们加以区别。如果莫扎特不是在三岁时就经过练习而学会了弹奏钢琴，而是完全没有经过练习就能弹奏钢琴，那么，我们可以说他的弹奏是出于一种本能。如果认为大多数本能是由世代相传的习性而来的，然后遗传给了后代，那么，这种认识就是一个严重的错误。事实清楚地表明，人们熟知的最奇异的本能，如蜜蜂和许多蚁的本能，不可能是由习性而来的。

栗胸斑山鹑

栗胸斑山鹑为了适应生存的需要，逐渐形成了酷似小鸡的外形，且头小尾秃。通常雄鸟体长近20厘米，而雌鸟略小。

承认本能，这对于处在现在生活条件下的各个物种的安全，犹如肉体构造一样重要。在已经改变了的生活条件下，本能的微小变异大概有利于物种。应该指出，本能虽然很少发生变异，但的确曾经发生过变异。自然选择把本能的变异保存下来，并累积到有利的程度是没有什么难处的。我相信，一切最复杂、奇异的本能就是这样起源的：经常使用或某种习性引起肉体构造的变异，在这一过程中它们得以增强；反之，如果不使用，它们就会缩小或消失。我不怀疑，本能也是这样形成的。但我认为，在许多情况下，习性的效果同本能自发变异的自然选择的效果相比，习性是次要的。身体构造会出

美洲翠鸟　奥杜邦　水彩画　19世纪

　　翠鸟俗称"钓鱼郎"，主要分布于热带地区，现存约92个种类。翠鸟喜欢栖息于灌丛或小河、溪涧、湖泊等旁边，完全依靠食鱼为生。以鱼为食的习性催生了它们高超的捕鱼技巧，它们又有鱼虎、鱼狗之称。

是一无所知；然而，使我感到惊异的是，那些复杂本能所赖以完成的诸般等级能够被人们广泛地发现。同一物种在生命的不同时期，或者在一年中的不同季节被放置在不同的环境条件下，因而具有不同的本能，这些，都会促进本能的变化；在这种情形下，自然选择大现一些微小偏差，这其中有一些未知的因素，同样，本能在自发变异中也是由未知原因引起的。概会把这种或那种本能保存下来，因此，同一物种中本能的多样性在自然界中也是存在的。

　　除非经过许多微小、有益的变异，并缓慢、逐渐地积累，任何复杂的本能大概都不可能通过自然选择而产生。因此，就如同身体构造的情形一样，我们在自然界中所寻求的，不应该是获得每一种复杂本能的实际过渡的诸般等级，因为这些诸般等级只能在各个物种的直系祖先那里才能找到。不过，我们应该可以从它们的旁系系统里寻找到这些诸般等级的一些证据；或者至少能够指出某一种类的诸般等级，这应该是可能的，我们也肯定能够做到这一点。然而，除了欧洲和北美洲以外，我们还极少观察过动物的本能，而有关灭绝物种的本能，我们更

　　如同身体构造的情形一样，各个物种的本能都是为了自己的利益而产生的。据我们判断，任何一个物种，从来没有完全为了其他物种的利益而产生，这种情形与我的学说也是吻合的。有一个非常有说服力的事例可以说明这一点，从表面上看，一种动物的活动完全是为了别种动物的利益，如于贝尔最初观察到：蚜虫自愿把甜的分泌物供给蚂蚁。它们这样做是出于自愿，可以由下列事实来说明：我把一株酸模植物上的所有蚂蚁全部捕去，并且在数小时内不让它们回来，此外留下了约12只蚜虫。过了一段时间，我感到蚜虫要进行分泌了，于是，我用放大镜

进行观察，却没有一只蚜虫分泌。于是，我模仿蚂蚁用触角去触动它们。我用一根毛轻轻地触动它们，但还是没有一只蚜虫分泌。后来，我用一只蚂蚁去接近它们，蚂蚁开始不停地慌忙跑动，它似乎立刻发现了丰富的食物，于是，它用触角去拨蚜虫的腹部，一只又一只地拨。那些蚜虫一旦感觉到蚂蚁的触角时，立刻就举起腹部，分泌出一滴滴清澈的甜液，于是，蚂蚁便急急忙忙地把这些甜液吞食了。这个反应甚至十分幼小的蚜虫也会出现，可见这种活动是出自本能的，而不是出自经验。根据于贝尔的观察，蚜虫对于蚂蚁的动作绝对不会感到厌恶；因为如果没有蚂蚁做出这一动作，它们只好被迫排出其分泌物。然而，由于蚜虫的排泄物非常黏，如果被取走，这对蚜虫来说当然是便利的，因此，它们的分泌大概不是专门为了对蚂蚁有利。虽然我们不能证明，所有动物的活动会完全为了其他物种的利益，但各个物种却都试图利用其他物种的本能为自己获得益处，这一点是毫无疑问的，正像它们利用其他物种的较弱的身体构造一样。从这个角度来看，某些物种的本能就不能被看做是绝对完全的。详细讨论这一点及其类似问题，并不是必不可少的，这里就省略了。

本能在自然状态下会发生某种程度的变异，而在这些变异的遗传中，自然选择的作用是不可缺少的。既然如此，那就应该举出大量事例来进行论证。但由于篇幅的限制，我在这里不能详谈。我只能断言，本能确实是变异的。例如物种迁徙的本能，不但在范围和方向上会发生变异，而且也会完全消失。如鸟巢，它的变异一方面依存于选定的位置以及居住地方的性质和气候；另一方面，它常常由于我们完全不知的原因而发生变异。奥杜邦曾举出一些非常典型的例子，证明美国北部和南部的同一物种的鸟巢的不同之处。曾经有人质问：如果本能是变异的，为什么当蜡质缺乏的时候，蜂没有被赋予使用其他材料的能力呢？我们要问：除了蜡质外，蜂还能够使用什么样的其他材料呢？我曾看到，它们会使用加过朱砂而变硬了的蜡，或者用加过猪脂而变软了的蜡来进行工作。安德鲁·奈特观察到：他饲养的蜜蜂采集树蜡并不积极，但它却使用封闭树皮剥落部分的蜡和松节油的黏合物。最近，有人报告说，蜂不搜寻花粉，却喜欢使用一种叫燕麦粉的物质。物种对于来自那些特种敌害的恐惧，必然是出自一种本能的反应，这从未离巢的雏鸟身上可以看出来。这种恐

蚂蚁与蚜虫

通常来看，蚜虫与蚂蚁的关系是一种共生关系——蚂蚁喜欢取食蚜虫腹部末端尾毛分泌的含有糖分的汁液，所以蚂蚁常常保护蚜虫，把蚜虫的天敌瓢虫驱散甚至杀掉；当蚜虫缺乏食物时，蚂蚁则会把蚜虫搬到有食物的地方。

北嘲鸟　奥杜邦　水彩画　19世纪

　　北嘲鸟喜欢把巢建在常绿青藤上，用藤上的花朵来装饰它们的家，所以它们的巢总是充满芳香。不幸的是，它们的巢经常遭到蛇的袭击。蛇并非对其芳香着迷，而是出于取食鸟蛋的本能。

惧一方面来自经验，另一方面是因为看见其他动物对于同一敌害的恐惧而被强化。栖息在荒岛上的各种动物对于人类的接近极为恐惧，这种特征是慢慢获得的。在英格兰，我们甚至看到这样的事例：所有的大形鸟比小形鸟更害怕人，因为大形鸟更多地遭受过人们的迫害。英国的大形鸟十分害怕人，可以说就是这个原因。然而，在无人岛上，大形鸟并不比小形鸟更怕人；喜鹊在英格兰很警惕，但在挪威却很驯顺，埃及的羽冠乌鸦也是不怕人的。

　　大量事实表明，在自然状态下产生的同类动物，它们的能力变异很大。还有一些事例可以表明，野生动物中存在偶然的、奇特的习性，如果这一习性对这个物种有利，就会通过自然选择产生新的本能。我深知，如果对此只进行一般性的叙述而没有详细的事实，在读者的心目中不会产生多大的效果。这里，我再一次说明，我保证我不会说没有可靠证据的话。

家养动物的本能

如果粗略地考察一下家养状态下的生物，我们就会发现，在自然状态下，本能的遗传变异的可能性和确实性都被加强了。由此，我们可以看到习性和所谓自发变异的选择，在改变家养动物精神能力上所发生的作用。大家知道，家养动物的精神能力的变异非常大。例如猫，有的喜欢捉大老鼠，有的喜欢捉小老鼠，这种倾向发自自然，是遗传的。据圣约翰先生说，他发现有一只猫常捕捉猎鸟回家，而另一只猫则喜欢捕捉山兔或兔，还有一只猫喜欢在沼泽地上行猎，它几乎每晚都要捕捉一些山鹬或沙锥。在现实生活中，有许多奇异、真实的例子可以证明：动物与某种心理状态、某一时期有关的各种

不同癖性，甚至怪癖都是遗传的。让我们看看大家熟知的狗的品种的例子，可能更能说明问题。毫无疑问，把幼小的向导狗第一次带出去时，它有时确实能够找到猎物所在的位置，甚至能够援助别的狗（我曾亲自看见过这种动人的情形）；在某种程度上，拾物猎犬可以把衔物持来的特性遗传下去；牧羊犬并不跑在绵羊群之内，而有在羊群周围环

猫抓老鼠　水粉画　现代

捕鼠是猫的本能，几乎所有的猫都是捕鼠高手，它们有敏锐的嗅觉器官——鼻子，很容易嗅出老鼠的气味。当一只猫迫近它的猎物时，它的眼睛和耳朵也同时派上用场。在它静悄悄缓慢地潜近猎物时，会迅疾张开利爪，突然一跃而上，一举抓住猎物，通常一口咬住其头部靠后一点，将其脖子咬断，然后怡然自得地享用美味。

跑的倾向。幼小动物在进行这些活动时并不依靠经验，各个个体几乎以同样的方式在进行这些活动，并且它们都十分兴奋地在进行这些活动，虽然它们在进行这些活动时并没有，也不知道其目的。例如，那些幼小的向导狗并不知道，它在指示方向时是在帮助它的主人，就像白蝴蝶并不知道为什么要在甘蓝的叶子上产卵一样。根据这些事实，我看不出这些活动在本质上与真正的本能有什么区别。又例如我们看见一种狼，在它们年幼并且没有受过任何训练时，一旦嗅出猎物，它先站着不动，像座雕像一样，然后用一种

澳洲牧羊犬

澳洲牧羊犬是一种具有很强的畜牧能力和护卫本能的工作犬。它们是忠诚的伙伴，而且能够全天候工作。雄性理想的肩高为20~23英寸；雌性为18~21英寸，颜色多变而有个性。它们专注且活泼，柔韧而敏捷，肌肉发达但不笨重。被毛中等长度，粗硬。断尾或自然的短尾巴。

特别的步子慢慢爬过去；而另一种狼则环绕鹿群追逐，却不直接冲过去，把它们赶到远处。这时，我们必然会把狼的这些行为称为本能。那些被称为家养状态下的动物本能，确实远远不及自然的本能那么固定。家养状态下的动物本能所承受的选择作用没有自然状态下那么严格，它们的本能是在不固定的生活条件下、在短暂的时间内被传递下来的。

如果使用不同品种的狗来进行杂交，我们就能很好地观察到，这些家养状态下的动物本能、习性、癖性的遗传是十分强烈的，它们混合得是如此奇妙。我们知道，长躯猎狗与逗牛狗杂交，可以在很多世代里影响前者的勇敢性和顽强性；牧羊狗与长躯猎狗杂交，能使前者家族都遗传到捕捉山兔的倾向。这些家养状态下形成的本能，如用杂交方法来进行试验，是与自然的本能相类似的。如果自然的本能也按照同样的方式奇异地混合在一起，它们也会在长时间内表现出它们的祖代中任何一方的本能的痕迹。例如，勒鲁瓦描述过一只狗，它的曾祖父是一只狼；它只有一点表示了它的野生祖先的痕迹：当人们呼唤它时，它并不是直线地走向它的主人。

家养状态下动物的本能，有时被人们认为是完全由长期的强迫性所形成的习性遗传下来的动作，但这种说法是不准确的。例如，从来不会有人去教飞鸽如何翻飞。我曾经见到这样一只幼鸽，它从来没有见过鸽的翻飞，但是它却会翻飞。我们相信，曾经有过这样一只鸽子，它表现出了这一奇怪习性的倾向，以后，在连续的世代更替中，经过

对那些最好的个体的长期选择，于是形成了今日那样的翻飞鸽。布伦特先生曾告诉我说，格拉斯哥附近的家养翻飞鸽，只要飞到18英寸高就要翻筋斗。如果从来没有过一只狗能够自然具有指示方向的倾向，是否会有人想到训练一只狗去指示方向，这是值得怀疑的。人们对狗的这种倾向的了解，一般是通过对纯种狗的行为而得知的。我就曾亲眼看见过狗指示方向的行为，就如大家都认识到的，这种指示方向的行为只不过是一个动物准备扑击它的猎物之前所停留的一段时间的延长而已。当这种指示方向的最初倾向出现后，在每一世代里，有计划地选择和强迫训练的遗传就会将这种倾向继承延伸下去，并能很快地完成这个工作。这一无意识的选择直到今天仍在继续进行，因为每一个饲养者的本意虽然不是为了改良品种，但他总是想得到那些最善于指示方向的狩猎犬。从另一方面来看，在某种情形下，其实仅仅需要具备这种习性就已经足够了。没有一种动物比野兔更难以驯服，也没有一种动物比那些驯服的幼小家兔更驯顺了。但很难想象，家兔仅仅是因为驯服性才被人们选择。由此可见，从极具野性到极其驯服，动物本能的遗传变化，大部分原因应该是归因于习性和长久、持续的严格圈养。

在家养状况下，自然的本能可能消失，一个显著的例子是：那些很少孵蛋的，或从不孵蛋的某些鸡的品种。就是说，它们从一出生就不喜欢孵蛋。由于习惯的看法，妨碍了我们的眼睛，使我们没有看出家养动物的心理曾经经历过巨大而持久的变化。现在，亲近人类已经变成了狗的本能，很少有人怀

拉布拉多猎犬　摄影　当代

拉布拉多猎犬属单猎犬，是纽芬兰渔民拉网上岸的好帮手。19世纪初，拉布拉多猎犬从纽芬兰搭乘运盐船远渡英国，成为被最早介绍到欧洲的犬只。现今拉布拉多猎犬除了作为猎犬外，还可训练为引导犬，用于侦察毒品爆炸物，其嗅觉灵敏度令其他犬种望尘莫及。

疑这一点。而狼、狐、胡狼以及猫属的物种，几十年被人驯养后，它们也要锐意去攻击鸡、绵羊和猪；火地和澳洲的未开化的人不驯养狗，他们把小狗放到野外，人们发现，他们形成的这种倾向是不能矫正的。而那些经过文明社会驯服了的狗，它们即使在十分幼小的时候，人们也很少去教它们不要攻击鸡、绵羊和猪。当然，它们有时会偶尔攻击一下，换来的就是主人的鞭打；如果它们这一习性还得不到矫正，主人就会把它们弄死。这样，通过遗传、习性和某种程度的选择，狗也开始文明化了。从小鸡方面来看，完全由于习性，它已经消失了对狗和猫的惧怕本能，而这种本能是它们原来曾经有过的。赫顿上尉曾经告诉我，原种鸡（印度野生鸡）还是小鸡时，由一只母鸡抚养，这时它的野性非常大。在英格兰，由一只母鸡抚养的小雏鸡也是如此。举这个例子，并不

母鸡

　　延续后代的主要任务由母鸡来完成。它们既要生蛋和孵蛋，还要精心照顾雏鸡的成长。在雏鸡遇到危险时，母鸡为了保护雏鸡，会奋不顾身，敢于面对一切危险。

是说小鸡失去了对一切事物的惧怕，而只是失去了对狗和猫的惧怕。我们可以看到，如果母鸡发出一声表示有危险的鸣叫，小鸡便会从母鸡的翼下跑开（小火鸡尤其如此），然后躲到周围的草地或丛林里去。这显然是小鸡的本能动作，目的是便于母鸡飞走。现在，我们在野生的陆栖鸟类里能看到这种情形。小鸡目前还保留着这种在家养状况下已经变得没有用处的本能，然而，由于母鸡不使用飞的动作，它们几乎已经丧失了飞翔的能力。

　　根据以上分析，我们可以断定，动物在家养下可以获得新的本能，从而失去它们的自然本能。其中的原因，一方面是由于习性，另一方面是由于人类在连续的世代更替中选择、积累了特殊的精神习性和精神活动，而最初发生的这些习性和活动，是由于偶然的原因。这个"偶然的原因"究竟是什么，我们至今无法得知。在某些情形下，只是强制的习性这一点，就足以产生遗传的心理变化；但在另外一些情形下，强制的习性就不能发生作用，一切都是计划选择和无意识选择的结果。但是在大多数情形下，习性和选择大概是同时发生作用的。

天 性

我们只需要对部分事例进行考察，一般来说，就能理解本能在自然状态下是如何因为选择的作用而被改变的。这里，我选择三个例子：一、杜鹃有在其他种类的鸟巢下蛋的本能；二、一些蚂蚁有养奴隶的本能；三、蜜蜂有造蜂房的本能。对于后两种本能，博物学者们已经把它们恰如其分地列入了人类已知的物种最奇异的本能中了。

杜 鹃

杜鹃孵卵寄生的特性对提高小杜鹃的生存能力十分有益。而那些自己养育子女的杜鹃则用树枝把窝筑在低矮的灌木丛中，蛋由父母轮流孵化，等小杜鹃孵出来以后，雌雄杜鹃共同喂养这个小生命。

杜鹃的本能

某些博物学者假定，杜鹃不是每天下蛋，而是间隔两天或三天下蛋，这是造成它具有这种本能的一个直接原因。因为如果杜鹃自己筑巢，自己孵蛋，那么最先下的蛋就需要经过一段时间才能得到孵化，而且还会出现在同一个巢里有不同龄期的蛋和小鸟的情况。如果出现这种情况，下蛋和孵蛋的过程就会延长，而且很不方便，特别是雌鸟，必须雏鸟尚在幼小时就要迁徙，而最初孵化的小鸟势必就要由雄鸟来单独哺养。与上述情形不同的是，美洲杜鹃就是自己筑巢，并在同一个时期内产蛋和照顾相继孵化的幼鸟。有人说，美洲杜鹃有时也在别种鸟巢里下蛋，对这一说法，有人赞同，有人不赞同。我最近从衣阿华的梅里尔博士那里听到这样一个事例：一次，他在伊里诺斯看到，在一个蓝色松鸦的巢里住着一只小杜鹃和一只小松鸦。这两只小鸟都已经生满羽毛了，因此很容易对它们进行区别鉴定，而不会发生错误。同样的例子我还可以举出许多，它们都可以证明：各种不同的鸟常常在别种鸟巢里下蛋这一事实。现在，我们假定欧洲杜鹃的古代祖先也有美洲杜鹃的习性，它们也偶尔会在别种鸟巢里下蛋。如果这种习性能使老鸟早日迁徙或者因为其他原因而对老鸟有利；如果小鸟因为利用了其他物种的误养的本能，比起由母鸟来哺养更加健壮（因为母鸟必须同时照顾不同龄期的蛋和小鸟，这样效果自然就差一些），那么，老鸟及那些被错误哺养的小鸟都会得到利益。以此类推，我们可以说，这些被"错误哺养"成长起来的小鸟，由于遗传原因，一般会具备母鸟的那种奇特的习性，当它们开始下蛋时，也就会把蛋下在别种鸟的巢里，它们也就能够更成功地哺养它们的幼鸟了。我相信，杜鹃的奇异本能就是因为这个过程而产生出来的。最近，米勒以充分的证据证明：杜鹃偶尔会在空地上下蛋、孵抱，并且哺养它的幼鸟。这种情形十分少见，可能是杜鹃对已经失去了的原始造巢本能的一种再现。

有人反对我的上述观点，他们认为，我在对杜鹃进行观察时，没有注意到有关的本能和构造的适应问题，他们认为，这些因素一定是相互关联的。应该说，在所有情形下，空谈我们所知道的一个单独物种的一种本能是没有用的，因为直到现在，还没有任何事实可以指引我们认识到这一点。直到现在为止，我们所了解的，只有欧洲杜鹃和非寄生性美洲杜鹃的本能；现在，由于拉姆齐先生的观察，我们知道了澳洲杜鹃的三个物种是在别种鸟的巢里下蛋的。这里有三个要点：一、普通杜鹃除了极少的例外，它们只在一个巢里下一个蛋，这样，那些贪吃的幼鸟就能够得到丰富的食物了。二、蛋很小，还没有云雀的蛋大，而云雀的体积只有杜鹃1/4那么大。从非寄生性美洲杜鹃所下的大蛋，我们可以推断，小蛋是为了真正地适应环境。三、小杜鹃孵出后不久，它就开始出现了把其他兄弟排出巢外的本能。这时小杜鹃已经很有力气，它利用背部发力将其他小鸟挤出巢外，结果那些被排挤出巢外的小鸟因冻饿而死亡了。小杜鹃的这一动作，曾经被人们大胆地称为是"仁慈的安排"，因为这可使小杜鹃得到充足的食物。而且，它这时将其他兄弟排挤出巢外使它们在没有感觉以前就死去，因而没有什么痛苦。

现在讲一讲澳洲杜鹃。在一般情形下，澳洲杜鹃虽然只在一个巢里下一个蛋，但在同一个巢里下两个甚至三个蛋的情形也不少见。青铜色杜鹃的蛋在大小上变化很大，其长度从八英分至十英分不等。为了欺骗某些

寄养的杜鹃　摄影　当代

杜鹃以怪异的繁殖方式为人们所熟知，母杜鹃在其他鸟的巢穴里产蛋，靠养父母孵化和育雏。当蛋孵出后，杜鹃幼雏会本能地将所有其他的蛋推出鸟巢。因此小杜鹃从来就不知道自己的双亲是谁，但是当杜鹃长大，它的行为会像它的亲生父母而不像它的义父母。这表明杜鹃的行为是与生俱来的，因为它们没有学习的对象。

养亲，更确切地说，为了在较短期间内得到孵化（据说蛋的大小和孵化期之间有某种关联），它们产下来的蛋非常小。如果这种情况对于这个物种有利，那么就不难相信这一说法：由于小型的蛋能够比较安全地被孵化和哺养，这样，就逐渐形成了一个下蛋愈来愈小的族或物种。拉姆齐先生说，有两种澳洲杜鹃，当它们在没有掩蔽的巢里下蛋时，它们会特别选择鸟巢，巢中蛋的颜色和自己的相似。在本能上，欧洲杜鹃的物种明显地表现了与此相似的倾向。当然，相反的例子也不少，例如，它把灰暗颜色的蛋下在篱莺巢中，与其中的亮蓝绿色的蛋相混淆。如果欧洲杜鹃总是不变地表现上述本能，那么，在一切被假定共同获得的本能上，必须还加上这种本能。根据拉姆齐先生的说法，在颜色上，澳洲青铜色杜鹃的蛋有明显的变化，这说明在蛋的颜色和大小方面，自然选择大概保留、固定了所有的有利的变异。

在欧洲杜鹃的生活环境中，幼杜鹃孵出后的三天内，会处于一种极其无力的状态中，因而，那些养亲的后代一般都被母杜鹃驱逐出了巢外。过去，古尔得先生曾相信这种驱逐的行为是出自养亲的后代，但现在古尔得先生又有了新的发现，这是一个关于小杜鹃的可靠记载：在这个小杜鹃眼睛还闭着、甚至连头还抬不起来时，它却把其他兄弟驱逐出巢外。这一情形是人们亲眼看见的。观察者把那些被逐出巢外的一只拾起来又放回巢里，但又被小杜鹃驱逐出去了。了解小杜鹃获得这种奇异的本能的途径是很有意思的。我们设想，如果小杜鹃在刚刚孵化后就能得到充足的食物（这一点对它们非常

松鸦 摄影 当代

松鸦，雀形目，鸦科，松鸦属。特征为翼上具黑色及蓝色镶嵌图案，腰白。髭纹黑色，两翼黑色具白色块斑。飞行时两翼显得宽圆，飞行沉重，振翼无规律。松鸦在有人饲养的情况下，能和鹦鹉一样具备一点语言能力。

重要），那么，它们在连续世代中逐渐获得为驱逐行动所必需的欲望、力量以及身体构造，是不会有什么特别困难的；因为具有这种发达的习性和构造的小杜鹃，将会得到最安全的养育。获得这种独特本能的最初行为，可能仅仅是那些年龄稍大、力量较强的小杜鹃的无意识的乱动。后来，这种习性得到了改进，并且传递给了那些幼小的杜鹃。我看不出这比下述情形更令人难以理解：其他鸟类的幼鸟在未孵化时就获得了啄破自己蛋壳的本能。就如欧文所说，小蛇为了切破强韧的蛋壳，它们在其上颚获得了锐齿。这说明，如果身体的各部分在一切龄期中都易于发生个体变异，而且这种变异在相当龄期或较早龄期中有被遗传的倾向，那么我们可以说，幼体的本能和构造，的确和成体的一样，是能够慢慢发生改变的。这两种情形与自然选择的全部学说是相互印证的。

牛鸟属在美洲鸟类中是很特别的一属，与欧洲椋鸟相似，它的某些物种就像杜鹃，具有寄生的习性；有趣的是，牛鸟属在完成它们的本能上表现了很有意思的级进。赫得森先生，一个很优秀的观察家，他曾这样说：褐牛鸟有时群居，进行乱交，有时则过着配偶的生活。它们有时自己造巢，有时夺取别种鸟的巢，它们偶尔也会把其他种鸟的幼鸟逐出巢外。它们有时在这个据为己有的巢内下蛋，有时在这个巢的顶上造一个新巢。一般来讲，它们只是孵自己的蛋和哺养自己的小鸟，它们偶尔也是寄生的。但据赫

云雀 摄影 当代

云雀，别名告天子、朝天柱、 叫天子，雀形目，百灵科，云雀属。云雀是鸣禽，全世界大约有75种，主要分布在旧大陆地区，只有角云雀原产于新大陆。所有的云雀都有高昂悦耳的声音，在求爱的时候，雄鸟会唱着动听的歌曲在空中飞翔，或者响亮地拍动翅膀，以吸引雌鸟的注意。

得森先生说，他曾看到这个物种的小鸟追随着不同种类的老鸟，而且鸣叫着，要它们哺喂。牛鸟属的另一物种多卵牛鸟，它的寄生习性比上述物种更强。据一些了解这种鸟的人说，它一定要在其他种鸟的巢里下蛋。但有一个情况值得注意，这种鸟有时候会合造一个不规则、不整洁的巢自己居住，而且这种巢也被造在人们通常并不去的地方，如在大蓟的叶子上。赫得森先生很确定地说，这种鸟从来不会完成自己的巢，它们经常在其他种鸟的巢里下很多蛋，大约15到20个，这些蛋很少被孵化，甚至完全不孵化。它们还有在蛋上啄孔的奇特习性，无论是自己下的蛋还是所占据的巢里的养亲的蛋，都被它们啄掉。它们还有在空地上下蛋的习性，当然，那些蛋下了后就被遗弃了。第三个物种是北美洲的单卵牛鸟，它们已经获得了和杜鹃一样的本能，这种鸟虽然也在别种鸟巢里下蛋，但它们从来不会下一个以上的蛋，这样，小鸟的哺育就能够得到保障。赫得森先生是一点不相信进化的人，而且态度十分坚定；但他亲眼目睹了多卵牛鸟的不完全本能，因而大受感动，于是引用了我的话，并且说："我们是否应该不仅仅认为这些习性是一种特别赋予的本能，而认为这是向一个普遍的法则过渡的小小结果呢？"

如上所述，各种不同的鸟，它们偶尔会把蛋下在别种鸟的巢里。这种习性，在鸡科里并非不普通，并且对鸵鸟的奇特本能提供了若干解说。在鸵鸟科中，有这样一种现象：几只母鸟先共同住在一个巢里，然后在另一个巢里下少数的蛋，再由雄鸟去孵抱这

些蛋。这种本能或者可以用下述事实来解释：雌鸟下蛋虽然很多，但就像杜鹃一样，每隔两天或三天才下一次。然而，美洲鸵鸟的这种本能与牛鸟的情形一样，还没有达到完全化，它们下的很多蛋都散布在地上。有一次，我游猎了一天就拾到了不下20个散失的蛋。

蜂也有许多是寄生的，它们经常把卵产在别种蜂的巢里，这种情形比杜鹃更应该引起人们的注意。蜂因为它们的寄生习性，不但改变了它们的本能，而且改变了它们的构造。它们不具有采集花粉的器具，但如果它们为幼蜂储蓄食料，这种器具就是必不可少的。泥蜂科的某些物种同样也是寄生的。最近，法布尔曾提出了一个很好的理由，它使我们相信：一种小唇沙蜂，它们虽然在一般情况下是自己造巢，并为自己的幼虫储蓄食物，但它如果发现别种泥蜂所造的巢中有储蓄的食物，它也会变成一个临时的寄生者，对这个巢加以利用，这种情形和牛鸟或杜鹃的情形是一样的。根据以上观察到的事实，我认为，如果一种临时的习性对于物种有

大力士　摄影　当代

　　蚂蚁，全球广泛分布，以热带更为常见。身长为0.2～2.5厘米，每窝可产卵30000枚。蚂蚁虽然小巧，但却算得上是动物界的大力士。有人曾做过试验，一只无翅的工蚁可以举起相当于自身重量10倍的物体；而体重为3吨重的大象，才仅仅能卷起重量为1吨的大树。

利，同时被害的蜂类也不会因巢和储蓄的食物被夺取而遭到绝灭。那么，自然选择就很容易把这种临时的习性变成为永久的习性。

养奴隶的本能

　　这是一种奇妙的本能。它是由于贝尔最初在红褐蚁身上发现的。于贝尔的父亲是一位著名的观察家，而他本人作为一个观察家，甚至比他的父亲更为优秀。红褐蚁是一种只能依靠奴隶而生活的物种，如果失去了奴隶的帮助，它在一年之内就一定会灭绝。雄蚁和能够生育的雌蚁不捕捉奴隶，而工蚁，即那些不育的雌蚁，它们只是努力捕捉奴隶，除此外，并不做其他任何事情。它们不会建造自己住的巢，也不会哺喂自己的幼虫。如

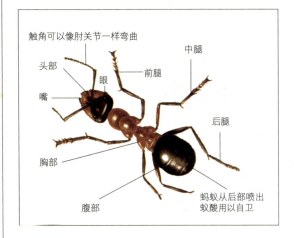

触角可以像肘关节一样弯曲

头部　　　　　　　中腿

眼　　　前腿

嘴

后腿

胸部

腹部

蚂蚁从后部喷出
蚁酸用以自卫

蚂蚁的结构示意图

　　工蚁没有翼，和蚁后、雄蚁不一样。所有的工蚁都是雌性的，它们的腿很长，上面有爪，所以跑得很快，并善于攀沿爬行。工蚁收集食物并反刍出来喂其他蚂蚁，还负责照顾蚁蛋、小蚁及清洗蚁巢。亚洲树居蚁的嘴部比较简单，它们吃软体昆虫。其他蚂蚁和白蚁要嚼木头和植物的茎，所以它们的嘴部比较坚硬有力。

果原有的老巢已经不能用了，必须迁徙，在决定是否迁徙上，则由奴蚁做主。在迁徙中，它们把主人们衔在颚间搬走。于贝尔还做了个实验，这个实验证明，这些蚂蚁主人们是如何的不中用。于贝尔捉了30只蚂蚁，并把它们关起来，在里面放了很多它们最喜爱的食物，当然，里面没有一个奴蚁。为了刺激它们工作，于贝尔还放入了它们自己的幼虫和蛹，但这些蚂蚁还是一点也不愿工作；它们甚至不会吃东西，就这样，许多蚂蚁因为饥饿而死去了。于是，于贝尔将一个奴蚁——黑蚁放了进去。这个奴蚁进去后立刻开始了工作，它马上对那些生存者进行哺喂，随即建造了几间虫房来照料幼虫，一切都收拾得井井有条，这个事实令人十分奇异。如果我们不知道其他养奴隶的蚁类，对如此奇异的本能究竟是怎样形成的恐怕是难以想象的。

血蚁

　　现在谈谈血蚁，它也是养奴隶的蚁，它的发现者也是于贝尔先生。这个物种是在英格兰南部发现的，英国博物馆史密斯先生曾经仔细研究过它的习性，在这个问题上我深深感激他的帮助。虽然我非常相信于贝尔和史密斯两位先生的叙述，但当我面对这个问题时，心中仍充满怀疑。我想，任何人对于养奴隶的这种极其异常本能的存在都有所怀疑，人们大概都会理解的。这里，我想详细谈谈我对这一现象的观察。我曾掘开14个血蚁的巢，并且在所有的巢中都发现了少数的奴蚁。奴种（黑蚁）的雄蚁和能生育的雌蚁，只生活在它们自己固有的群中，我在血蚁的巢中从来没有见过它们。黑色奴蚁和红色主人在外貌上差异很大，前者不及后者的一半大。当巢受到外力的干扰，发生轻微的扰动时，奴蚁偶尔会跑到外面来，像它们的主人一样表现得很激动，并且奋力保卫它们的巢；当巢被扰动得很厉害，幼虫和蛹暴露出来时，奴蚁和主人就会一起行动，努力把它们运送到安全的地方去。通过这一观察，我们发现，奴蚁显然是很安于现在的生存状态。连续三年时间，我在每年的六月和七月，在萨立和萨塞克斯，曾对几个巢观察了几个小时，从来没有看到一个奴蚁从一个巢中走出或走进。我原想，可能因为每年的六月和七月奴蚁的数目很少，所以才这样，当它们数目多的时候，行动大概就不同了。然而，史密斯先生却告诉我，在萨立和汉普郡，每年的五月、六月、八月，他曾经在不同的时间里观察它们的巢，虽然在八月份奴蚁的数目很多，但也没有看到它们在巢中走出走进。根据这些观察，他认为这些奴蚁应该是严格意义上的家内奴隶。但它的主人的表现却相反，我经常看到它们不断地搬运着造巢材料和各种食物。但有时也会出现这样的情景：1860年7月，我观察到一个奴蚁特别多的蚁群，我看到有少数奴蚁和主人混在一起离巢出去，沿着同一条路向大约25码远的一株高苏格兰冷杉前进，它们一起爬到树上，可能是为了找寻蚜虫或胭脂虫。于贝尔也多次观察到这一现象。他告诉我，瑞士的奴蚁在造巢的时候常常和主人一起工作，但在早晨和晚间，它们则单独看管门户。他非常确定地说，奴蚁的主要任务是搜寻蚜虫。生活在两个国家里的主奴两蚁的习性如此不同，这真是令人难以置信。这大概是因为在瑞士被捕捉的奴蚁数目比在英格兰多的原因吧。

有一次，我幸运地看到血蚁迁徙，从一个巢搬到另一个巢里去，和红褐蚁相反，主人们谨慎地把奴蚁带在颚间，而不像红褐蚁那样，由奴隶带着主人走，这个情景看上去极为有趣。还有一次，我看见大约有20个养奴隶的蚁在同一地点寻找什么东西，明显不是在找寻食物，这群蚂蚁引起了我的注意。我看见它们走近奴蚁，这群奴蚁是独立的黑蚁群，双方逼近后，血蚁遭到了激烈的抵抗，甚至三个奴蚁咬住血蚁的腿不放。血蚁也不示弱，它们残忍地弄死了这些小小的抵抗者，然后把它们的尸体拖到29码远的巢中作为美食。然而，这些养奴隶的蚁不能将一个蛹培养为奴隶。我从另一个巢里挖出一小团黑蚁的蛹，放在距离刚才发生战斗不远的

空地上，这群暴君急忙把它们捉住，然后拖走，它们大概认为这是最后一战了，它们非常兴奋，以为自己是一个胜利者。

在这次观察中，我在同一个场所放了黄蚁的一小团蛹，在它们上面，有几只攀附在巢的破片上的小黄蚁。正如史密斯先生所说，这个物种有时也会被用作奴隶，虽然这种情形很少见。这种蚁虽然很小，但非常勇敢，我曾看到它们对其他种蚁进行凶猛的攻击。还有一个令人惊奇的事例：我看见在养奴隶的血蚁巢下有一块石头，石头下有一个独立的黄蚁群；当我偶然地扰动了这两个巢的时候，令人惊奇的一幕发生了，这些小蚂蚁竟然非常勇敢地去攻击它们的大邻居。当时，我十分希望能够确定：血蚁是否能够辨别经常被捉来当做奴隶的黑蚁的蛹与很少被捉的小而猛烈的黄蚁的蛹。事实证明，它们确实能够马上辨别出它们之间的不同。我看

血 蚁

血蚁是蚂蚁的一种，根据达尔文记载，血蚁主要产自英格兰南部。它们靠吸血液为生，属群居动物。这种蚂蚁内部社会分工非常明确，不同的蚁种有不同的职责。

到，当血蚁遇到黑蚁的蛹时，立刻非常兴奋地去捕捉；而当它们遇到黄蚁的蛹，甚至踏到它的巢的泥土时，便惊惶失措，赶紧跑开。大约经过一刻钟，当这种小黄蚁离开后，它们才敢靠近，把蛹搬走。

一天傍晚，我看见一群血蚁拖着黑蚁的尸体和很多蛹回到它们的巢去，可以肯定，它们决不是在迁徙。我跟着一队长长的、背着战利品的蚁后面，走了大约40码之后，来到一处茂密的石楠科灌木丛中，我看到最后一个拖着一个蛹的血蚁，但我没有在密丛中找到它们的巢。可以肯定，巢一定就在附近，因为我看见有两三只黑蚁非常慌张地冲出来，其中的一只嘴里还衔着一个自己的蛹，一动不动地停在石楠的小枝顶上。从它的神情看，它对被毁去的巢十分绝望。

毫无疑问，这里记载的，都是有关养奴隶的奇异本能的事实。这里，我们可以对比一下血蚁本能的习性和欧洲大陆上的红褐蚁的习性有什么不同。红褐蚁不会造巢，不会

交流　摄影　当代　摄于长白山原始森林

　　蚂蚁头上的触角是它们交流的重要器官，蚂蚁会分泌出一种易于挥发的化学物质，便于彼此之间辨识与交流。它们还有一些特有的肢体语言，比如高举腹部站立，表示发现了很多食物；用腹部敲击地面，表示前方有危险。

决定是否迁徙，不会采集食物，甚至不会吃东西；它们完全依赖那些无数的奴蚁。而血蚁则不同，它们只有很少的奴蚁，而且在初夏奴蚁是极少的，无论什么时候迁徙或营造新巢，都由主人决定。在迁徙的时候，由主人带着奴蚁走。在瑞士和英格兰，奴蚁专门照顾幼蚁，主人则单独去捕捉奴蚁；瑞士的奴蚁和主人一起工作，搬运材料回去造巢；照顾蚜虫的工作主要由奴蚁承担，但主人也要协助；而且，奴蚁还要挤乳，主奴都采集食物。在英格兰，一般情况下是主人单独出去寻找造巢的材料及搜寻食物。和瑞士的奴蚁相比，英格兰的奴蚁为主人所服的劳役非常少。

血蚁的本能是依赖什么产生的，在这里，我不想妄加猜测。但是，有一个现象值得注意：我亲眼看到，如果有其他物种的蛹散落在那些不养奴隶的蚁的巢附近，它们也会把这些蛹拖走；这些用来储作食物的蛹，可能就这样发育起来了。这些被无意识地养育起来的外来蚁，在这个过程中它们恢复了自己固有的本能，并且做它们该做的工作。如果这些外来蚁的存在，证明对捕捉它们的物种有用，也就是说，如果这个物种感到捕捉工蚁比自己生育工蚁更有利，那么，本是采集蚁蛹供作食用的这种习性，可能就会因自然选择而被强化，并且变为永久的习性，以达到不同寻常的养奴隶的目的。它们一旦获得这种本能，即使它在应用范围上远远不及英国的血蚁（英国的血蚁与瑞士的相比，前者在依赖奴蚁的帮助上要比后者少得多），自然选择也会强化和改变这种本能。我们经常假定，每一个变异对于物种都有用

处，直到形成一种像红褐蚁那样无耻地依赖
奴隶来生活的蚁类。

蜜蜂营造蜂房的本能

这里，我不想对这个问题详加讨论，只是简单把我所得到的结论谈一下。凡是考察过蜂巢的人，无不为它的精巧构造所折服，它是如此美妙，与建造它的目的是如此地适应。如果不热情赞赏，这个人一定是个愚钝的人。我们常常听到数学家说，蜜蜂在建造蜂房时已经解决了深奥的问题，蜂房的形状可以最大程度地容纳蜂蜜；在建造中，它们只使用了最小限度的贵重蜡质。有人曾经说，即使一个熟练的工人，用非常合适的工具和计算器，也难造出这种形状的蜡质蜂房来。然而，一群蜜蜂却在黑暗的蜂箱内把它造成了，你说，这是什么本能？最初看到蜂房，给人的感觉似乎是不可思议的，我们不知道蜜蜂是如何造出蜂房的角和面的，甚至很难觉察出它们如何在最后正确地完成了蜂房的建造。经过考察后，其中的难点并不像最初看来那样大。可以明确地说，这些都是来自几种简单的本能。

我研究这个问题，是受了沃特豪斯先生的启发和引导。他阐明了，蜂房的形状和紧邻蜂房的物体的存在有密切关系。下面阐述的观点就是他的理论，当然，只能看做是一种简介和修正。"级进原理"非常伟大，让我们看看"自然"是否向我们披露了什么工作方法。如果我们把它看成一个"简短系列"，那么，其中的一端有土蜂，它们用自己的旧茧来储蜜，有时候在茧壳上添加一些

蚂蚁的战争　摄影　当代

蚂蚁这种渺小的生物是地球上最令人着迷的物种之一。蚂蚁是社会性动物，一大群生活在一个叫做"群体"的集体中，在那里每一只蚂蚁或白蚁都有特定的工作。蚁后（雌蚁）跟一只雄蚁进行一次交配产卵后，就终身不再产卵；工蚁群负责寻找食物和养育小蚁等工作，并将食物反刍出来，给蚁后、蚁王和自己吃；兵蚁和守卫蚁保卫蚁巢和向工蚁收集食物；宫廷蚁喂蚁后、蚁王并清洁它们的身体。但奴蚁为了争夺所必需的食物常发生残暴的战争。

蜡质短管。它们同样会将蜂房做成分隔的、很不规则的圆形蜡质形状。在这个"简短系列"的另一端，是蜜蜂的蜂房，成两层排列。大家知道，它的每一个蜂房，都是六面柱体，六边的底边倾斜，相互联合成三个菱形所组成的倒角锥体。这种菱形在蜂窠的一面，都有一定的角度；蜂房的角锥形底部的三条边，正好构成了反面的三个连接蜂房的底部。在这个系列里，墨西哥蜂的蜂房，处在极完全的蜜蜂蜂房和简单的土蜂蜂房之间。于贝尔曾经仔细地描述过蜂房的形状，并将它绘制成图。墨西哥蜂的身体构造介于蜜蜂和土蜂之间，但与土蜂的关系更接近；它能建造近乎规则的蜡质蜂窠，蜂房成圆柱形，它在其中孵化幼蜂；除此外，还有一些用来储蜜的大型蜡质蜂房。这些大型的蜂房接近球状，大小几乎相等，聚集成不规则的一堆。值得注意的是，这些蜂房一般建造得

十分靠近，并不是完全的球状形，因为如果那样，蜡壁就会交切或穿通；当然，这种情况从来没有发生过，因为它们在建造中，会在球状蜂房之间出现交切倾向时，把蜡壁造成平面形。因此，每个蜂房都是由外方的球状部分和一些平面构成；究竟有多少平面，要看这个蜂房与多少个蜂房相连接来决定。当一个蜂房连接其他三个蜂房时，由于其球形的大小差不多，因而必然是三个平面连接成为一个角锥体。据于贝尔说，这种角锥体与蜜蜂蜂房的三边角锥形底部十分相像。和蜜蜂蜂房一样，每个蜂房的三个平面必然成为它连接的三个蜂房的构成部分。墨西哥蜂使用这种方法建造蜂房，既可以节省蜡，也可以节省劳力；后一点可能更重要。我们看到，连接蜂房之间的平面壁并不是双层的，它的厚薄与外面的球状部分相同，每一个平面壁都构成了两个蜂房的共同部分。

根据以上情形，我认为，如果墨西哥

蚁后

蚁后是指具有繁殖能力的雌性蚁，因此也称为母蚁。蚁后的体形巨大，通常为工蚁的三到四倍。此外，蚁后的生殖器官发达，触角短，胸足小，有翅、脱翅或无翅。在蚂蚁社会中，蚁后的主要职责是产卵、繁殖后代和统管蚂蚁这个大家庭。

蜂在一定的距离之间建造同样大小的球状蜂房，并且把它们对称地排列成双层，那这一构造就与蜜蜂的蜂窠一样非常完美了。我将我的想法写信告诉了剑桥的米勒教授，米勒教授是位几何学家，他认真地读了我给他的信，然后回信告诉我说，这种建造是完全正确的。根据他的复信，我写出了以下的叙述。

现在，假定我们画若干大小相等的球，球心都在两个平行层上；每一个球的球心与同层中围绕它的六个球的球心相距等于或稍小于半径；其他的平行层中连接的球的球心相距也是这样。我们会看到，如果把这个双层球的每两个球的交接面都画出来，就会形成一个双层六面柱体；这个柱体互相衔接的面都是由三个菱形组成的角锥形底部连接而成的；这个角锥形与六面柱体的边所成的角，与经过精密测量的蜜蜂蜂房的角完全相等。怀曼教授告诉我，他曾反复作过仔细的测量，发现蜜蜂建造蜂房的精确度被人们过分地夸大了。怀曼教授认为，无论蜂房的典型形状怎样，它的实现纵使可能，但也是很少见的。

由此，我们可以有把握地说，如果我们能把墨西哥蜂已有的本能稍微改变一下（它的本能并不十分奇异），这种蜂便能造出像蜜蜂那样十分完美的蜂房。我们假定，墨西哥蜂有能力来建造一个真正球状的、大小相等的蜂房。看看以下的情形，我们就不会感到奇怪了。例如：在一定程度上，墨西哥蜂已经能够做到这点；同时我们看到，许多昆虫也能够在树木上建造完全的圆柱形孔穴，这说明它们是依据一个固定的点旋转而成的。假定墨西哥蜂能把蜂房排列在水平层上，就如它的圆柱形蜂房那样排列，我们可以进一步假定（当然，这是最困难的一件事），当几只工蜂建造球状蜂房时，它有能力正确判断彼此应当保持多远的距离。现在，它已经能够判断距离了，所以我们看到，它能使球状蜂房有某种程度的交切，再把交切点用完全的平面连接起来。这个本能本来并不十分奇异，至少没有比指导鸟类造巢的本能更奇异。然而，经过变异之后，我相信蜜蜂通过自然选择就获得了它的难以模仿的建造能力。

我们可以用实验来证明这一理论。仿照特盖特迈耶那先生的实例，我把两个蜂巢分开，在它们中间放一块既长又厚的长方形蜡板，于是，这样一个情景出现了：蜜蜂马上就开始在蜡板上凿掘圆形的小凹穴；不久，就向蜡板深处凿掘小穴，这些小穴逐渐向周围扩展，最后变成了基本上有蜂房直径大小的浅盆形，看上去就像一个真正的球状或者球状的一部分。再下面发生的事更有趣：当几只蜂彼此靠近开始凿掘盆形凹穴时，它们之间的距离刚好使盆形凹穴达到了相当于一个普通蜂房的宽度，在深度上也达到这些盆形凹穴所构成的球体直径的1/6。这时，盆形凹穴的边便交切，相互穿通。这时，蜂立即停止了往深处凿掘，并开始在盆边之间的交切处建造平面的蜡壁。由此我们看到，每一个六面柱体并不像普通蜂房那样，是建筑在三边角锥体的直边上面的，而是建造在一个平滑盆形的扇形边上面的。

随后，我把一块朱红色的、其边如刃的又薄又狭的蜡片放进蜂箱里去，以代替以前

滚花球　汤姆·凯奇　摄影

蜜蜂分布于除南北极以外的世界各地，身长可达6厘米，蜂王在巢室内产卵，每次产卵约1000枚。图中的工蜂正将采集的花粉用唾沫滚成花球，朝家中推去。

用的那块长方形厚蜡板。这时，蜜蜂就像前面我们看到的那样，立即在蜡片的两面开始凿掘一些相互接近的盆形小穴。由于蜡片很薄，如果把盆形小穴的底掘得像前面实验那样深，两面便要相互穿通。然而，这些蜜蜂十分聪明，它们不会让这种情形出现，凿掘到一定程度，它们便停了下来。这些盆形小穴，只要被掘得深一点，便出现了平的底。由一个朱红色蜡小薄片所形成的平底，我们用眼睛就能判断，它正好位于蜡片反面的盆形小穴之间的交切面处。在它的反面，盆形小穴之间遗留下来的菱形板大小不等，原因是这种蜡片不是自然状态的东西，所以它们不能将其凿掘得十分精巧。虽然如此，蜜蜂在朱红色蜡片的两面，能将蜡质咬去而形成浑圆形，并加深盆形，其工作速度几乎是一样的，目的是为了能够成功地在交切面处停止工作，而在盆形小穴之间留下平的面。

因为薄蜡片十分柔软，我想，当蜂在

蜡片的两面工作时，它们觉察到咬到什么程度的薄度并不是什么困难的事，于是就停止了工作。在一个普通蜂窠里，蜂在它的两面的工作速度，并不永远完全相等。我曾观察过一个刚开始建造的蜂房底部上的半完成的菱形板，这个菱形板的一面稍为凹进，我想，这可能是蜂在这一面掘得太快的缘故；它的另一面则凸出，这可能是蜂在这面工作的速度比较慢的缘故。这里有一个显著的事例，我把这蜂窠放入蜂箱里，让它继续工作一段较短时间，然后再检查蜂房。这时，我发现菱形板已经完成，并且已经变成完全平的了。这块蜡片非常薄，绝对不可能是从凸的一面把蜡咬去，然后做成上述样子；我猜测，可能是站在反面的蜂，把这块带有一点温度、可塑的蜡正好推压到它的中间板处，蜡发生弯曲，于是它就变平了。

从上面的实验里，我们可以看到，如

蜂巢

蜂巢是蜂群活动以及繁殖后代的场所，由不同的巢脾构成。在一个蜂巢内，各个巢脾之间相互平行，且垂直于地面，每个巢脾之间的间距为7~10毫米，这些大大小小的巢脾共同组成一个完整的蜂巢。

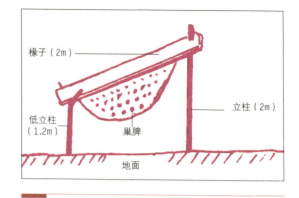

巢脾

图为巢脾的构造示意图。

果蜜蜂必须为自己建造一堵蜡质的薄壁时，它们就会相互之间站在一定距离内，以相同的速度进行凿掘，建造成同等大小的球状空室，而这些空室彼此之间是永远不会穿通的；而适当形状的蜂房就是这样造成的。如果检查一下正在建造的蜂窠边缘，我们就可以发现，首先，蜜蜂在蜂巢的周围建造了一堵粗糙的围墙或缘边。在这个过程中，它们像营造它们的蜂房那样工作着，然后从两面咬围墙。它们不在同一个时间建造蜂房的三边角锥形的整个底部，最先营造的是位于正在建造的极端边缘的一块菱形板，或者先造两块菱形板。当然，这要看具体情形而定。在没有建造六面壁之前，它们绝不完成菱形板上部的边。这些叙述的某些部分是享有盛誉的老于贝尔说的，虽然内容有所不同，但我相信这些叙述是正确的。如果篇幅允许，我将阐明以上的实地观察与我的学说的一致性。

于贝尔说，在建造第一个蜂房时，蜜蜂是从侧面向平行的蜡质小壁凿掘的，这与我所看到的有所不同，我认为，于贝尔的这一叙述并不十分准确，蜜蜂最初着手的常常是一个小蜡兜。在这里我不打算详加讨论这一问题。我们知道，在蜂房的构造里，凿掘工作是十分重要的；设想一下，如果蜜蜂不能在适当的位置，也就是沿着两个连接的球形体之间的交切面建造粗糙的蜡壁的话，可能要犯一个极大的错误。我手中有几件标本，可以证明它们是能够这样做的；甚至在环绕着建造中的蜂窠周围的粗糙边缘，也就是蜡壁上，我们有时也能观察到弯曲的情形。这个弯曲所在的位置，相当于未来蜂房的菱形底面所在的位置。但在我们看到的所有场景中，这些粗糙的蜡壁是因为蜜蜂咬掉两面的大部分蜡而建成的。蜜蜂的这种建造方法十分奇妙，如果我们把最初的粗糙墙壁与建成后的蜂房的极薄的壁进行对比，我们会发现，最初的粗糙墙壁比建成后的蜂房的极薄的壁要厚10至30倍。看看下面的情形，我们就会理解它们是怎样工作的。首先我们假定，建筑工人用水泥堆起一堵宽阔的基墙，然后开始在接近地面的两侧，按上面的方式把水泥削去，这时，在中央部分就形成了一堵光滑而极薄的墙壁；我们在生活中常常看到，建筑工人常常把削去的水泥堆在墙壁的顶上，然后再加入一些新水泥，薄壁就不断地升高，再在上面盖一个厚大的顶盖。再看蜂房，无论是刚开始建造的或是已经完成的，上面都有这样一个坚固的蜡盖。有了它，蜜蜂就能够聚集在蜂窠上爬来爬去，而不会把薄的六面壁损坏。米勒教授曾经亲自为我测量过，这些壁在厚度上有很大的不同。他在接近蜂窠的边缘曾作的12次测量，结果表明，平均厚度为1/352英寸；菱形底片

蜂王

　　蜂王也称"母蜂""蜂后"，是蜜蜂群体中唯一能正常产卵的雌性蜂。然而，蜂王本来和普通的工蜂无分别，普通的工蜂幼虫孵出后，这些幼虫可以食用几天的蜂王浆，但只有一只被安排住到王台，然后终生享受蜂王浆，这只幼虫就是后来的蜂王。

工蜂

　　工蜂是一个蜂群中数量最多的蜂种，它体形较小，头部有膝状触角一对、复眼一对和单眼三个，胸部有膜翅两对，足三对。工蜂除了负责采集花蜜和花粉外，还要侍奉蜂王和幼虫，以及分泌蜂王浆，建造蜂房及守卫御敌等。

较厚些，差不多是3∶2。根据21次的测量，其平均厚度为1/229英寸。使用上面所说的特别建造方法，可以非常经济地使用蜡，而且建造的蜂窠也很坚固。

由于许多蜜蜂都聚集在一起筑窠，因而刚开始很难理解蜂房是怎样建成的。通常是一只蜂在一个蜂房里工作一个短时间后，便到另一个蜂房里去，所以于贝尔说，在第一个蜂房开始建造时就有20只蜂在里面工作。我可以用下面实际观察到的情形来阐明这个事实：观察者用朱红色的熔蜡在一个蜂房的六面壁的边上薄薄地涂上一层，或者在一个扩大了的蜂窠围墙的极端边缘上薄薄地涂上一层，我们看到，蜜蜂把颜色非常细致地分布开去，就像画家用刷子刷的一样。这时，这些带有颜色的蜡从涂抹的地方被蜜蜂一点一点地拿走了，把它们放到了周围蜂房扩大了的边缘上去。在进行这一建造工作时，在众多的蜜蜂之间似乎存在着一种平均分配的方法，蜜蜂们彼此都本能地站在同一比例的距离内，它们都试图凿掘相等的球形，于是，我们就看到了这些建造起来的没有咬的球形之间的交切面。在建造蜂窠中，有时它们也会遇到困难，举一个非常奇异的例子：当两个蜂窠在一个角相遇时，它们往往把已经建成的蜂房拆掉，然后用不同的方法进行重造，而重造后的蜂窠的形状常常和拆去的一样。

蜜蜂如果爬到某个地方，发现在这个地方可以站在一个适当的位置进行工作时——比如，它们站在一块木片上，而这块木片恰好适合往上建造蜂巢，那么，蜂窠就必然会建造在这木片的上面。遇到这种情况，蜜蜂就会筑起新的六面体的一堵壁的基部，而这个基部则明显在其他已经完成的蜂房之外，它们会把它放在一个非常适当的位置。只要蜜蜂站在能让彼此之间保持适当距离的地方，并与完成后的蜂房墙壁保持适当的距离，由于它们先想象了掘造后的球形体，它们就能在两个邻接的球形体之间建造起一堵中间蜡壁来。根据我看到的实际情形，不到蜂房和邻接的几个蜂房基本建成，它们绝不会咬去和修光蜂房的角。在一定环境条件下，蜜蜂能够把一堵粗糙的壁建立在两个刚开始建造的蜂房中间，并且会把它们安放在一个适当的位置上。毫无疑问，这种能力十分重要，它与一项事实有关。上述理论，看起来似乎可以推翻；但事实是：我们看到的黄蜂的最外边缘上的蜂房也常常是严格的六边形。这里，因为篇幅的限制，我不详细讨论这个问题。事实上，单独一个昆虫，如黄

雄蜂 摄影 当代

雄蜂是由未受精卵发育而成的蜜蜂，雄蜂的体形粗壮，头部圆形，翅膀宽大，腿粗短。在一个蜂群中，雄蜂的数量从几百至上千只不等，专门负责与女蜂王交配，以繁殖雌性后代。

蜂的后蜂，在建造六边形的蜂房时是没有什么大的困难的。当然，这需要一些前提，如它必须在同时开始了的两个或三个巢房的内侧和外侧交互工作，并与刚开始建造的蜂房各部分保持适当的距离，掘造球形或圆筒形，并建造起中间的平壁。把这些工作做好了，要做到上面所说的就一点也不困难。

经过对构造或本能的微小变异的长期积累，自然选择才能发挥作用，而变异都对个体的生存条件是有利的。我们可以这样发问：蜜蜂变异了的建筑本能，在它们经历了漫长而级进的连续阶段后，都开始趋向于现今这样的完善状态；这种变异对于它们的祖先，曾起过怎样有利的作用呢？我认为，这样发问是合理的。应该说，解答这个问题并不困难。像蜜蜂或黄蜂那样建造起来的蜂房，不但坚固，而且还节省了很多劳力、空间以及建造材料。为了制造蜡，必须采集足够的花蜜，因而蜜蜂是十分辛苦的。特盖特迈耶那先生告诉我，实验证明，蜜蜂分泌一磅蜡需要消耗12磅到15磅干糖。为了分泌营造蜂窠所必需的蜡，一个蜂箱里的蜜蜂必须采集并消耗大量的液状花蜜。它们在分泌的过程中，很多天不能工作，因而必须储藏大量的蜂蜜，以维持蜂群的冬季生活，这是必不可少的。我们知道，蜂群的安全主要决定于是否有大量的蜂蜜得以维持。节省了蜡，就大量节省了蜂蜜，也就节省了采集蜂蜜的时间，这是任何一个蜂群能成功的重要原因。当然一个物种的成功并不是单一的，还可能决定于它面对敌害或寄生物的数量，或者其他十分特殊的因素，这些和蜜蜂采集的蜜量全无关系。但是，蜜蜂采集蜜量的能力

寻找蜜源　摄影

工蜂经常飞到几千米之外的地方采集花蜜，而寻找蜜源的工作则归侦察工蜂。当侦察工蜂找到蜜源后，就会吸取部分花粉回来向蜂群报告，然后大批的蜜蜂就根据侦察工蜂的指引前去采蜜。

仍十分重要。假定蜜蜂采集蜜量的能力能够决定一种近似于英国土蜂的蜂类能否在任何一处地方大量存在（实际上，这是曾经常常决定了的）。我们进一步设想，蜂群必须度过冬季，那么它们就需要储藏蜂蜜。在这种情况下，如果它的本能发生了微小的变异，它把蜡房造得靠近些，与壁略微相切。这样，一堵公共的壁就连接两个蜂房，当然就节省了少许劳力和蜡，这无疑对土蜂的生存有利。以此推论，如果它们把蜂房造得整齐、靠近，像墨西哥蜂的蜂房那样聚集在一起，这种状况就会越来越对土蜂有利。因为各个蜂房的大部分蜡壁都会用作邻接蜂房的壁，这样就大大节省了劳力和蜡。同样，如果墨西哥蜂能把蜂房造得比现在的更接近些，并且各方面都更规则些，对它也是有利的。就如我们看到的那样，蜂房的球形面将

最初的简单的本能，在多次连续发生的微小变异中，缓慢地引导它们在双层上掘造彼此保持一定距离的、同等大小的球形体，并且沿着交切面筑起和凿掘蜡壁；最后，这一本能日益完善。当然，在这一过程中，蜜蜂并不知道自己在相互保持一定距离地掘造球形体，就像它们不会知道六面柱体的角以及底部的菱形板的角有若干度一样。自然选择过程的动力使蜂房的建造具备了适当的强度、容积、形状，以便于容纳幼虫，非常经济地使用劳力和蜡来完成建造任务。每个蜂群如果都能以最小的劳力、消耗最少的蜜制成蜡来建造最好的蜂房，它们就能得到最大的成功，并且把这种新获得的节约本能传递给后代的新蜂群；在它们那一代，这些新蜂群就能在生存斗争中获得最大的成功机会。

酿蜜

蜜蜂在酿蜜时，首先把花蜜吐到一个空的蜂房中，晚上再把花蜜吸收到自己的蜜胃里进行加工，然后再吐出去。如此持续200多次之后，才能酿造成新鲜的蜂蜜。

完全消失，而由平面代替。这样，墨西哥蜂所造的蜂窠大概就会达到蜜蜂窠那样完善的程度。如果在窠的建造上超越了这一完善的阶段，自然选择便不能发挥作用了。据我们所知，蜜蜂的蜂窠，在如何节省使用劳力和蜡这点上已经非常完善了。

根据以上所述，我相信，我们对一切已知本能中最奇异的本能——蜜蜂的本能，可以作这样的解释：自然选择曾经利用蜜蜂

硕大的蜜蜂　摄影　当代

人类养殖蜜蜂的历史十分悠久，在古罗马神话中，阿里斯泰俄斯教会了人类养殖蜜蜂的方法。图为养殖场外墙上巨大的蜜蜂模型。

关于中性或不育昆虫

对我提出的上述本能起源的观点，一些人曾经表示反对。他们认为，"构造的和本能的变异必须是同时发生的，而且它们之间是相互密切协调的。如果在一方面发生变异，而另一方面没有发生相应的变化，这种变异将是致命的。"从以上说法我们可以看出，他们把异议的基础全都建立在本能和构造是突然发生变化的这一假设上。这里，我们可以从前面讨论过的大䴓雀的一个实例，来说明这个问题。大䴓雀常常在树枝上用脚挟住紫杉类的种子，用喙去啄，直到把它的仁啄出来为止。在这个过程中，自然选择便把喙的本能的微小变异保存了下来，使之越来越适合啄破这种种子，一直到特别适于这种目的喙的形成；同时，习性、某种强制或嗜好的自发变异也导致了它日益变为吃种子的鸟。以此解释这种现象，应该是没有什么特别困难的。在上述实例中，我们设想最初是习性或嗜好发生了缓慢变化，然后通过自然选择，喙才慢慢地发生改变，而这种改变与嗜好或习性的改变是一致的。换一个角度，我们假定䴓雀的脚与喙相关，或者由于其他未知的原因发生了变异，脚增大了，这种增大的脚开始引导这种鸟变得愈来愈善于攀爬，最后它获得了像五十雀那样显著的攀爬本能和力量。这个例子是假定构造的逐渐变化引起了本能、习性的变化。再举一个实例：东方诸岛的雨燕完全用浓化的唾液来造巢，这种本能非常奇异罕见。有些鸟使用泥土造巢，我们可以相信泥土里混合着唾液。我曾看到北美洲的一种雨燕，它们用小枝沾上唾液来造巢，甚至用它的屑片沾上唾液来造巢。于是，经过长期的自然选择，这种分泌唾液越来越多的雨燕就会产生出一个物种，这个物种具有专用浓化唾液来造巢的本能，而对其他材料不屑一顾，这难道说不可能吗？在其他的物种中，也有这类情形。当然，我们必须承认，在这些众多的事例里，

骆驼

骆驼分为单峰和双峰两种。单峰骆驼体形高大、毛短，主要生活在北非洲和西亚洲、印度等热带地域，为沙漠地区的人们搬运货物。双峰骆驼四肢粗短、毛长，具有很强的耐寒性，主要生活在中亚和中国西北、蒙古地区。

鹰

　　鹰有敏锐的视觉，能在高空飞翔时看到地面上的猎物，它上喙尖锐弯曲，下喙较短，四趾具有锐利的钩爪，这些特征都是自然选择的结果，以适于抓捕猎物。其性情凶猛，为肉食性动物，以鸟、鼠其他小型动物为食；两翼发达，善于飞翔，一般多在昼间活动，多栖息于山林或平原地带。

我们仍然无法推测，物种最初发生的变异究竟是本能还是构造。

　　当然，我们可以用很多人们难以解释的本能来反对自然选择学说。如有些本能，人们不知道它是如何起源的；有些本能，人们不知道它是否有中间级进存在；有些本能没有丝毫重要性，因而自然选择对它不发生作用；有些本能，如果放在自然系统中看，在相距遥远的动物中几乎相同，因而我们不能用共同祖先的遗传来证明它们之间的相似性，最后只好定为这些本能是通过自然选择而独立获得的。这里，我不准备讨论这些例子，但我准备讨论一个特别的难点，这个难点，最初我认为是难以解释的，实际上，它

对于我的全部学说是致命的。这个难点就是昆虫社会里的中性，即不育的雌虫。在本能和构造上，这些中性虫与雄虫及能育的雌虫有很大的差异；由于不育，它们不能繁殖其种类。

　　这个问题值得我们详细讨论。这里，我只举一个例子，即不育的工蚁的例子。工蚁怎么会变为不育的个体？这是研究中的一个难点。实际上，解释这一现象，并不比解释在构造上任何别种的显著变异更困难。我们可以明确指出，在自然状态下，某些昆虫以及别种节足动物在偶然情况下也会变为不育的；如果这等昆虫具有社会性，如果它们每年生下一些能工作但不能生殖的个体对于这个群体有利，那我认为这就是自然选择发生的作用。这里，我们先避开这些简单的难点，其实，最大的难点是工蚁与雄蚁、能育的雌蚁在构造上有巨大差异。比如，工蚁的胸部具有不同的形状，有的没有翅膀，有的没有眼睛，并且本能也不尽相同。只从本能来说，蜜蜂就能充分证明，工蜂与完全的雌蜂之间存在着非常惊人的差异。如果工蚁或别种中性虫本来是一种正常的动物，那我就会毫不犹豫地假定：它的一切性状都是通过自然选择慢慢获得的。就是说，由于这些个体出生时已经具有微小的有利变异，后来它们把这些变异又都遗传给了自己的后代；这些后代又发生变异，又被选择；而这种变异和选择仍在持续不断地演进下去。有一点要注意，工蚁和双亲之间的差异很大，是绝对不育的，它们绝不可能把历代获得的构造上或本能上的变异遗传给后代。于是人们要问：这种情形符合自然选择的学说吗？

要回答这个问题，我们首先要记住，在家养和自然状态下的生物中，其遗传的构造差异与一定年龄或性别有关，而这种构造是多种多样的，有无数的事例可以证明这一点。这些差异不但与某种性相关，而且与生殖系统活动的那一短暂时期相关。例如，许多种雄鸟的求婚羽、雄马哈鱼的钩曲的颚，都是这种情形。经人工去势后的公牛，它们的不同品种的角甚至也表现了微小的差异。因为把某些品种的去势公牛，在与同一品种的公牝双方的角长进行比较上，比其他一些品种的去势公牛有更长的角。由此，我认为要理解昆虫社会里的某些成员的性状变化与其不育状态相关并不困难，困难之处是，它们的这种构造上的相关变异是怎样因为自然选择的作用而慢慢累积起来的。

表面上看，这个难点是很难克服的，但是，我们只要记住选择作用不但可以应用于个体，也可以应用于全族，并可以得到人们所需要的结果。理解了这一点，这个难点就不成其为难点了，我甚至深信它会消除。养牛者喜欢肉和脂肪交织成大理石纹样子的牛，成年后，有这种特性的牛便拉到屠场杀了。然而，养牛者有信心继续培育同样的牛，并且取得了成功。养牛者的这一信念来源于这样的选择力量：仔细观察什么样的公牛和牝牛交配才能产生最长角的去势公牛。这样，就能得到经常产生异常长角的去势

公牛的一个品种，虽然没有一只去势的牛曾经繁殖过它的种类。这里还有一个更确切也更有说服力的例证：据佛尔洛特说，由于长期被选择，而这种选择十分仔细并适当，那么重瓣的一年生紫罗兰的某些变种，便会经常产生大量实生苗，开放重瓣的、完全不育的花；但它们也产生一些单瓣的、能育的植株。只有这等单瓣植株才能繁殖这个变种，与能育的雄蚁和雌蚁相比，重瓣而不育的植株与蚁群中的中性虫相当。无论是紫罗兰这一品种，或是社会性的昆虫，为了达到有利的目的，选择不是作用于个体，而是作用于全族。因此，可以断言，与同群中某些成员的不育状态相关的构造或本能上的微小变异，被证明是有利的。最好的结果是：那些能育的雄体和雌体得到了繁生，并把这种倾

白虎 摄影 当代

　　白虎其实是孟加拉虎的白色变种，它与孟加拉虎唯一的区别在于肤色不同。而且白虎多来源于人工饲养和繁殖，野生的白虎极其少见。图为动物园中的白虎。

争夺配偶 摄影 麦克唐纳 当代

动物界中，为争取繁殖权而展开的斗争数不胜数。在达尔文看来，动物为交配而展开的斗争，完全是为了保持优良的基因。

向——产生具有同样变异的不育的成员，遗传给了能育的后代。这一过程，一定重复过很多次，直到同一物种——能育的雌体和不育的雌体之间产生了巨大的差异量为止。这种情形，就像我们在很多种社会性昆虫里见到的那样。

到现在为止，我们还没有接触到难点的最高峰。这个难点就是：我们在观察中发现，有几种蚁的中性虫不但与能育的雌虫和雄虫有差异，而且它们相互之间也有差异，有的差异甚至到了令人难以置信的程度。由于这一差异，它们被分作两个级，甚至三个级；它们之间并不相互逐渐取代，但却区别得很清晰。其清晰的程度有如同属或同科的任何两个物种，如埃西顿蚁的中性的工蚁和兵蚁，它们具有与其他蚁完全不同的颚和本能；隐角蚁只有一个级的工蚁，它们的头上长着一种奇异的盾，人们至今对它的用途茫然无知；墨西哥的蜜蚁有一个级的工蚁，其特殊之处是永远不离开窠穴，腹部非常肥大，能分泌出一种蜜汁，以代替蚜虫的排泄物。就蚜虫的功能而言，它可以被称为蚁的乳牛，欧洲的蚁常把它们圈禁看守着。

以上叙述的是自然界存在的既奇异又确切的事实，如果我不承认这种现象会迅速颠覆这一学说，人们必然会认为我对自然选择的原理太过于自负了。如果中性虫只有一个级，我相信它与能育的雄虫和雌虫之间的差异是通过自然选择获得的。当然，这种情况比较简单。根据对正常变异进行类推，可以断言，这种连续、微小、有利的变异，最初并非发生在同一级的所有中性虫中，它们仅仅发生在某些少数的中性虫中。在这样的群中，雌体能够产生非常多的有利于变异的中性虫，并生存下去，最后，所有的一切中性虫都具有了这种特性。根据以上观点，我们应该在同一级中发现那些具有各级构造的中性虫，事实上我们也确实发现了。当然，这种情况可以说并不罕见，因为人们对欧洲以外的中性昆虫很少仔细观察。史密斯先生曾经阐明过这一现象：有几种英国蚁的中性虫，它们在大小方面，有时在颜色方面，相互之间呈现出惊人的差异，并且可由同级中的一些个体将两个极端的类型连接起来。我曾经亲自比较过这一种类的完全级进情形，发现有时或者大型的工蚁数目最多，或者小型的工蚁数目最多，或者两者都多，但中间型的数目却很少。黄蚁有大型和小型的工蚁，中间型的工蚁就很少。史密斯先生曾经观察到，在这个物种中，单眼发育完全的是种大型的工蚁，虽然很小，但还是能够将它们清楚地辨别出来，而小型工蚁的单眼则是残迹的。我曾仔细地解剖过几只这等工蚁，根据它们的大小比例，我确定小形工蚁的眼睛还远远地没有发育完全。我相信，但还不敢下定论：这种中间型工蚁的单眼应该处在中间的状态。由上所述，一个级内的两群不育的工蚁，它们不但在大小上，并且在视觉器官上都呈现了差异，一些处于中间状态的少数成员将它们连接了起来。这里，我再补充几句题外话，如果小型的工蚁对于蚁群最有利，那么，这种能产生越来越多的小型工蚁的雄蚁和雌蚁将不断地被选择，直到所有的工蚁都具有那种形态为止。这样，就形成了一个蚁种，它们的中性虫几乎就如褐蚁属的工蚁。我们知道，这个属的雄蚁和雌蚁虽然都生有很发达的单眼，但褐蚁属的工蚁甚至连残迹的单眼都没有。

我非常有信心并且期望在同一个物种的不同级的中性虫之间偶尔能找到重要构造的中间诸级。我再举一个实例，这是史密斯先生提供的取自西非洲驱逐蚁的同窠中的标本，我很高兴能够利用它。这里，我不举实际的测量数字，只是作一个严格的、精确的说明，这样，读者大概就能很好地了解这等工蚁之间的差异量了。这种差异就如我们经常看到的以下的情形：有一群建筑工人，他们有的是五英尺四英寸高，有的是十六英尺高。我们假定：其中大个子工人的头比小个子工人的头大约要大四倍，而颚要大五倍。事实上，这几种大小不同的工蚁的颚存在惊人的差异，而且牙齿的形状和数目也相差悬殊。一个重要的事实是，虽然这些工蚁根据大小不同而分为不同的级，但它们却缓慢地相互之间逐渐推移，如它们的颚就是如此。关于后面一点，我确信是事实。这里有一个证据，芦伯克爵士曾用描图器把我所解剖的

几种大小不同的工蚁的颚逐一作图。贝茨先生曾写过一本书，名叫《亚马逊河上的博物学者》，这是一本很有趣的著作，他在里面

复眼

复眼是昆虫的主要视觉器官，具体来说，复眼是昆虫特有的组织机构，它是由许多六角形的小眼组成的，每个小眼与单眼的基本构造相同。一般来说，复眼的体积越大，小眼的数量就越多，昆虫看东西的视力也就越好。

斑马与牛掠鸟　摄影　托姆　当代

斑马会在泥泞中打滚以清除身上的寄生虫，然而这种方法并不能驱走所有的寄生虫，于是就需要牛掠鸟来帮忙。牛掠鸟与斑马之间的这种关系，在生物学上称为互利共生关系。

曾描述过与上述内容类似的情形。

　　根据摆在我面前的上述事实，我相信自然选择的作用。由于自然选择作用于能育的蚁，于是就形成了一个物种。这个物种专门产生两种中性虫，一种是体形大但具有某一形状的颚的中性虫，一种是体形小但颚大不相同的中性虫，它们的双亲就是这个能育的蚁。最后，还有一个最难解释的地方：那些具有某种大小和构造的一群工蚁和具有不同大小和构造的另一群工蚁，二者是同时存在的；它们就像驱逐蚁的情形那样，最先形成的是一个级进的系列，之后，由于生育，它们的双亲得以生存。于是，我们看到，这个系列上的两个极端类型产生得越来越多，而那些中间构造的个体就不再产生了。

　　对这种复杂的事实，华莱斯和米勒两位先生曾提出过类似的解释。华莱斯举出的例子是，某种马来西亚产的蝴蝶，它的雌体很规则地表现了两种或三种不同的形态。米勒的例子是，某种巴西的甲壳类，它的雄体同样地也表现了两种大不相同的形态。这里，我们不讨论这个问题。

　　我对于这些问题已经进行了解释，我相信：那些在同一巢里生存的、特征分明的工蚁两级，它们之间不但大不相同，而且它们的双亲之间也大不相同。这一令人惊异的事实究竟是怎样发生的呢？从人类历史来看，分工对文明是有益的。根据这个原理，工蚁的生成对蚁的社会也是有益的。两者相比，蚁是用遗传的本能和遗传的器官进行工作，而人类则是用知识和人造的器具来工作。这里，我坦白承认，我完全相信自然选择。我的这一理念，是因为对中性虫的考察引导我得出的这个结论，在这以前，我并没有料到这一原理有如此大的效力。由于这一原因，为了阐明自然选择的力量，还因为它是我的学说遇到的最大难点，我对这种情形作了较多讨论，当然，这种讨论还远远不够。应该说，上述情形十分有趣，它证明在动物里，就如同在植物里一样，由于把无数微小的自发变异——只要是一种稍微有利的变异累积下来，在这个过程中，即使没有锻炼或习性参加作用，量的变异都能产生效果。这是因为，那些工蚁，即不育的雌蚁所独有的习性，即使长期保留下去，也不会给专门具有遗传后代的雄体和能育的雌体的功能带来影响。这种中性虫的例子非常明显，但使我感到奇怪的是，为什么至今没有人用它对人们熟知的拉马克"习性遗传"学说进行反驳？

求　生

　　动物皆有求生的本能。图为在印度北部城市勒克瑙的洪水中，一只老鼠趴在蛙背上以求生。在自然灾害发生时，此类情形并不少见。

本章重点

在这一章中，我尽我自己的努力阐明了两个问题：一、简要说明了家养动物的精神能力具有变异性，而且它是能够遗传的；二、简要说明了在自然状态下，本能在轻微地变异着的事实。关于本能对各种动物都具有特别的重要性，我想没有人会否定。应该承认，在改变了的生活条件下，任何稍微有用的本能上的微小变异，经过自然选择的累积，不论达到什么程度，这中间不存在什么难点。在很多情形下，习性的使用和不使用，可能也起了一定的作用。我不敢说本章列举出的事实能够把我的学说强化到很大的程度，但是根据我的判断，没有一个例子，哪怕是十分难解的例子可以颠覆我的学说。相反，本能并不常常是绝对完全的，它往往很容易导致错误。虽然有些动物可以利用其他动物的本能，但可以说，没有一种本能是为了其他动物的利益而产生的。"自然界里没有飞跃"，这是自然史上的一句格言，它同样可以应用在本能上，就像应用在身体的构造上一样。并且，这个观点可以用来清楚地解释本能的利己性；反之，它就不能解释了。上述事实都有力地巩固了自然选择学说。

自然选择学说还因为其他几种关于本能的事实而被加强。例如，那些十分近似的、但又不相同的物种，它们栖息在世界上，相互距离十分遥远，并且生活在环境完全不同的条件之下，即使这样，它们也保持了几乎同样的本能。例如，根据遗传原理，我们就能理解，为什么非洲和印度的犀鸟具有同样的异常本能，它们都用泥把树洞封住，并把雌鸟关闭在里面，只在封口处留一个小孔，以便雄鸟对雌鸟和幼鸟进行哺喂；为什么北美洲的雄性鹪鹩和英国的雄性猫形鹪鹩一样建造"雄鸟巢"，以便在那里栖息。这种习性与我们所知的其他鸟类的习性完全不同。这只有一种解释，它可能是不合逻辑的演绎。然而，据我的想象，这种说法最能令人满意，那就是：这一切都是本能造成的。例如，一只小杜鹃把义兄弟逐出巢外，蚁养奴隶，姬蜂科幼虫寄生在活的青虫体内等。我们不要把它们看成是自然界特别赋予的或特别创造的，本能只是引导一切生物通过繁殖、变异，达到强者生存、弱者死亡这一进化目的。也就是说，这些情形只不过是这一法则的小小结果。

第八章 杂交和杂种

物种杂交后产生的不育性不是一成不变的，比如中国鹅和欧洲普通鹅之间；以及卡特勒法热先生所说的，两种蚕蛾之间的相互杂交，都能产生能育性的后代。

动植物第一次杂交的不育性普遍存在着一些怪异奇妙的规律。物种杂交后代的不育性和能育性处于一种相对平衡的变异法则中。同属类型的某些物种进行的非法交配，其后代具有完全的不育性。变种与混种具有完全能育性。杂种与混种具有高度变异性。

第一次杂交后的不育性和
杂种后代不育性的区别

在博物学家中，普遍存在着一种观念，他们认为，在物种中一些物种互相杂交，被特别赋予了不育性，因而阻止了它们的混杂。初看起来，这个观点似乎有道理，具有高度的真实性。我们看到的事实是，一些物种生活在一起，如果可以自由杂交，它们之间很少能保证不会混杂。从很多方面看，这一问题对我们都是重要的，特别是第一次杂交时的不育性及它们的杂种后代的不育性。这里，我将阐明，不育性只是亲种生殖系统中发生的一些差异的偶然结果，它并不会因为各种不同程度的、连续的、有利的不育性的保存而获得。

在讨论这一问题时，有两类基本的、完全不同的事实，人们常常将它们混淆在一起。这两个事实就是：物种在第一次杂交时的不育性和由它们产生出来的杂种的不育性。

纯粹的物种具有完善的生殖器官，这是无须质疑的。然而，当它们相互杂交时，它们很少产生后代，或者根本就不产生后代。另一方面，很明显，

橡树种子　摄影　1992年摄于海南岛

种子的种类很多，其大小、颜色、形状、构造各异，千奇百怪。以颜色来说，一般豆类的种子就有红、白、绿、黄、黑等；以形状来说，菜豆的种子是肾脏形的，豌豆的种子是圆球形的，桃的种子是心脏形的。有的种子表面光滑发亮，有的种子很粗糙，有的表面有花纹，有的上面长着钩刺……图为颜色艳丽的橡树种子，它是栎属树种橡树的果实，即栎实。

无论从动物或植物的雄性生殖质都可以看出，在机能上，杂种的生殖器官已经失去了效能；虽然我们在显微镜下看，它们的生殖器官本身的构造仍是完善的。虽然在上述第一种情形中形成胚体的雌雄性生殖质是完善的，但在上述第二种情形中，雌雄性生殖质就出现了两种情况：一是完全不发育，二是即使发育了也不完备。当必须考虑上述两种情形所共有的不育性的原因时，这种区别是重要的。他们把上述两种情形下的不育性都看做是我们的理解能力不能掌控的一种特别禀赋，于是，就忽略了这两者之间的区别。

物种的变种，即我们知道或是相信杂交的能育性是从物种的共同祖先传下来的类型，包括这些杂种后代的能育性。对于我的学说来说，它与物种杂交时的不育性，有着同等重要的意义，因为它在物种和变种之间划出了一个明确而清楚的界限。

玫 瑰　克拉迪斯　水彩画　19世纪

　　玫瑰主要分布于北半球的温带和亚热带，是世界上古老的栽培花卉之一。经过多年的人工杂交培育，玫瑰已具有四季开花性、花色多样性、芳香性和抗寒性等特性。图中分别为白玫瑰（左上）、淡红玫瑰（右上）、法国玫瑰（左下）、法兰克福玫瑰（右下）。

物种不育性的差异

我们首先要谈到有关物种杂交时的不育性以及它们的杂种后代的不育性。关于这个问题，科尔路特和盖特纳几乎用了一生时间来进行研究，应该说，他们是谨慎和值得称道的观察者。凡是读过他们这几篇研究报告和著作的读者，都会深深感到，物种的某种程度的不育性是极其普遍的，科尔路特通过观察，把这个规律普遍化了。在这十个实例中，他发现存在着两个类型，虽然大多数人把它们看做是不同的物种，但它们在杂交时的育种能力却很强。于是，他果断地把它

海鹦鹉　奥杜邦　水彩画　19世纪

海鹦鹉也称大西洋海鸭，这种鸟多栖息于沿海岛屿和海边的岩崖上。主要以海洋生物为食，特别喜欢食鲱鱼和沙丁鱼，它们的这种食性催生了其高超的游泳技巧，海鹦鹉甚至能够潜水。

们列为了变种。盖特纳也和科尔路特一样，把这个规律普遍化了；不同的是，他对科尔路特所举的十个实例有不尽相同的看法，两人在物种的完全能育性上存在着争论。盖特纳是一个十分谨慎的观察者，他将这些实例集中起来，仔细地去数种子的数目，以便指出其中存在着何种程度的不育性；他统计了三个数目：一、两个物种第一次杂交时所产生的种子的最高数目；二、它们的杂种后代所产生的种子的最高数目；三、双方纯粹的亲种在自然状态下所产生的种子的平均数目。他根据统计得来的数字，经常进行相互比较。然而，一个严重的错误在这时开始了，因为进行杂交的一种植物必须去势，而且必须隔离，以防止昆虫带来的其他植物的花粉。我们看到，盖特纳用来试验的植物，几乎都是盆栽的，它们被放置在他住宅的一间屋子里。毫无疑问，这些做法常常会损害一些植物的能育性。再有，盖特纳在表中举出的大约20个例子的植物都被去势了，并且以它们自己的花粉进行人工授粉（除了荚果植物，其他的很难实施手术）。这20种植物的一半，在能育性上都受到了某种程度的损害。另外，盖特纳反复用普通的红花海绿和蓝花海绿进行杂交，它们都曾被优秀的植物学家们列为变种，它们是绝对不育的。据上

述情形，我们可以提出质疑，结论是否如盖特纳所说，在许多物种互相杂交时，的确是不育的。

实际情形应该是这样的：一方面，各个不同物种杂交时的不育性，在程度上是不相同的，这种差异不容易觉察，并逐渐消失；另一方面，纯粹物种的能育性很容易受各种环境条件的影响，从实践的目的推论，人们很难指出物种的完全能育性是在何处终止的，它的不育性又是在何处开始的。在这个问题上，我想，科尔路特和盖特纳两位最有经验的观察者所提出的证据是十分可靠的，他们对于某些完全一样的类型曾得出与之相反的结论。关于把某些可疑类型究竟应列为物种或变种的问题，我们把优秀的植物学家们提出的证据、不同的杂交工作者从能育性推论出来的证据、同一观察者从不同年代的试验中推论出来的证据加以比较，是非常有意义的。这里，限于篇幅，不能详细加以说明。根据以上情况，可以阐明，无论不育性或能育性，在物种和变种之间，都不能提供任何确定的区别。从这个来源得出的证据正逐渐开始减弱，其可疑的程度与从其他体质、构造上的差异所得出的证据相似。

杂种在连续世代中存在着不育性。对这个问题，盖特纳十分谨慎，他小心翼翼地防止一些杂种和纯种的父母相杂交，把它们培育到六代至七代，其中有一个例子甚至培育到超过十代。但结果

是，它们的能育性从没有增高，盖特纳曾非常肯定地证明了这一点。除此外，一般物种的能育性都突然大幅度降低了。如何看待这种降低呢？首先我们要注意，当双亲在构造上或体质上都出现偏差时，它就常常会以扩增的程度传递给后代；这时，杂种植物的雌雄生殖质在某种程度上也受到了影响。我相信，在几乎所有的情形下，它们的能育性的减低都是由于一个独立的原因，即过于接近的近亲交配造成的。在这个问题上，我曾做过许多试验，并搜集到许多事实。这些试验或事实，既阐明了与一个不同的个体或变种进行偶然的杂交，可以增高后代的生活力和能育性，也阐明了过于接近的近亲交配可以减低它们的生活力和能育性，这个结论无疑是正确的。在试验中出现错误的一个重要原因是，试验者们培育出的杂种很少，而且因

红树发芽　佚名　摄影　1991年

胎生，本是哺乳动物特殊的生殖方式。但就某种意义上来说，植物也有胎生的，红树就是一例。红树于每年春秋两季开花，结很多果实。其种子在没有离开果实之前就已经萌发，形成20~40厘米的根棒状"角果"。其实，这就是由种子萌发的幼苗。这些幼苗生长在母树上，像胎儿一样吸取母树的营养。

硫黄蔷薇　约翰·林立　水彩画　19世纪

　　硫黄蔷薇因近似硫黄色的重瓣花朵而得名，为蔷薇属，灌木植物，原产亚洲西南部地区。现主产于中东和美洲西南部，十分娇贵，园艺师喜欢将其杂交以得到新的品种。

月蛾的警告　科思达·黛米　摄影　当代

　　月蛾是异角亚目昆虫的通称，触角形状因种而异，有鞭状、丝状、羽状、栉齿状及纺锤状等。幼虫多以植物为食，很多为农林害虫。图片中，这只生于印度的漂亮月蛾，身上的艳丽颜色是在警告天敌：我是有毒或不好吃的。它让有分辨能力的雀鸟，看到它就会扫兴地离开。

为亲种，或者其他近缘杂种一般都生长在同一个园圃内，所以在开花季节容易遭受昆虫的传粉，对这一点必须谨慎，要防止昆虫的传粉侵入。杂种如果独自生长，在每一世代中，它们一般会由自花的花粉受精。本来，它们的能育性就因为杂种的缘故而降低，如果遭受昆虫的传粉，就更容易受到损害。盖特纳对此曾反复进行过叙述，这项叙述值得大家注意，也强化了我的这一信念。他说，对那些能育性较低的杂种，如果用同类杂种的花粉进行人工授精，即使因为手术会带来一些不良影响，它们的能育性还是提高了，以后还会继续不断地提高。现在，在人工授粉的过程中，从另一朵花的花药上采取花粉，就像经常从那些准备用来被受精的花的花药上采取花粉一样，是一件非常普通的事情（根据我的经验，这是事实）。因而人们大概经常用同一植株上的两朵花进行杂交。另外，无论什么时候进行试验，哪怕是复杂的试验，作为一个谨慎的观察者，盖特纳都要把杂种的雄蕊去掉，这就可以保证在每一世代中用异花的花粉进行杂交。异花或者来自同一植株，或者来自同一杂种性质的另一植株。采取这种方法受精，我相信，它与自发的自花受精的效果相反，人工授精的杂种在连续世代中必定能够提高它的能育性，这一奇异的事实说明，避开了过于接近的近亲交配就能提高物种的能育性。

　　现在我们来看看第三位杂交工作者赫伯特牧师所得到的结果。他是一位极有经验的观察者。就像科尔路特和盖特纳强调不同物种之间存在着某种程度的不育性是普遍的自然法则一样，赫伯特在结论中强调，某些

胚珠 水粉画 当代

可以选择不同品种的花朵，一朵为雌花，一朵为雄花。把雄花蕾切开（将茎保留一点儿）放在水中。把雌花中的雄蕊去掉，将雌蕊保护好，使其带有花粉。用雄花的花蕊摩擦雌花的雌蕊，让花粉附着在雌蕊顶上。在一星期内把雌花保护起来。花的圆形底部开始长大，它所包含的胚珠即将成熟，这些胚珠可用来播种。

杂种与纯粹亲种一样具有能育性。他对盖特纳曾经试验过的同样的物种进行了试验，得出的结果完全不同。我想，他们之所以得出不同的结果，一是由于赫伯特的园艺技能超群，二是由于他有温室的缘故。在这方面，他有很多重要记载。这里，我只举一个例子。他关于长叶文殊兰的记载说："在长叶文殊兰的蒴中的各个胚珠上授以卷叶文殊兰的花粉，就会产生一个在它的自然受精情形下我从未看见过的植株。"在这里，我们看到，两个不同物种的第一次杂交，是能够获得非常完全的能育性的。

文殊兰属的例子使我想起了另一个奇妙的例子。半边莲属、毛蕊花属、西番莲属，它们的某些物种的个体植物，很容易用不同物种的花粉进行受精，但不易用同一物种的花粉来受精。虽然事实证明，把这种花粉用在其他植物或物种的受精上是完全正常的。如希尔德布兰德教授，斯科特、米勒两位先生都曾阐明，在朱顶红属和紫堇属及各种兰科植物里，一切个体都有这种特殊的情形。实际上，对某些物种的一些异常的个体及其他物种的一切个体，比用同一个体植株的花粉来授精更容易产生杂种！这里再举一个例子。赫伯特种植有朱顶红，它的一个鳞茎上开了四朵花，赫伯特在其中的三朵花上授以它们自己的花粉，使其受精，而在第四朵花上授以从三个不同物种传下来的杂种花粉，使其受精。最后的结果是："授以它们自己的花粉的那三朵花的子房很快就停止生长了，几天后竟完全枯萎了。第四朵花上因授以杂种花粉而受精的蒴则生长旺盛，很快就成熟了，结下了自由生长的优良种子。"多年来，赫伯特先生曾重复过同一试验，得到的结果一直如此。这些例子说明，决定一个物种能育性的高低的原因，常常令人感到是如此细微，如此不可思议。

虽然园艺家的试验缺少科学的精密性，但仍然值得我们给予关注。大家知道，在天竺葵属、吊金钟属、蒲包花属、矮牵牛属、

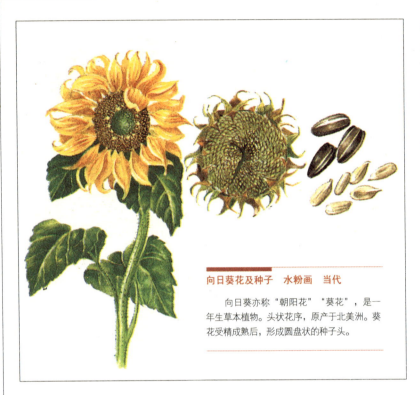

向日葵花及种子　水粉画　当代

向日葵亦称"朝阳花""葵花"，是一年生草本植物。头状花序，原产于北美洲。葵花受精成熟后，形成圆盘状的种子头。

园地上，园艺家们就是这样做的。其中的原因是：由于昆虫的媒介作用，个体之间可以相互自由地进行杂交，这就阻止了近亲之间交配的有害影响。只要对杜鹃花属杂种的能育性差的花进行检查，就不难理解这一点，人们都会很容易地相信，这是昆虫作为媒介发挥的效力。它们虽然不产生花粉，但人们在它们的柱头上却发现来自异花的大量花粉。

杜鹃花属等物种之间，曾经进行过的杂交方式是何等复杂，但这些杂种却都能自由地结籽。例如，赫伯特曾从绉叶蒲包花和车前叶蒲包花这两个习性完全不同的物种中得到一个杂种，他断言："它们自己就能够繁殖，就好像是来自智利山中的一个自然物种。"我曾经费尽心思探索杜鹃花属这一物种的杂交的能育性程度，我可以肯定地说，它们中大多数是完全能生育的。诺布尔先生告诉我说，他曾把小亚细亚杜鹃和北美山杜鹃之间的一个杂种嫁接在某些砧木上，结果是，这个杂种"有我们所能想象的自由结籽的能力"。在正确的管理下，如果杂种的能育性在每一连续世代中出现经常性的、不间断的减低现象，如盖特纳所说，如果出现这个事实，园艺家一定早就注意到了。对物种的正确管理是：必须把同一个杂种培育在广大

与对植物的试验相比，人们对动物所进行的试验远远少于前者。如果动物各属彼此之间的区别程度就像植物各属彼此之间的一样分明，我们就可以推论出这样的结论：在系统上（如果这个系统是可靠的），对较大的动物进行区别，比植物易于杂交，但是杂种本身则更不能生育。但应记住，由于能够在栏养中自由生育的动物极少，因而这样的试验也进行得很少。例如，人们曾将金丝雀和九个不同的碛种在栏养中进行杂交，但它们没有一个能在栏养状态下生育。基于这一现实，我们没有理由期望碛种和金丝雀之间的第一次杂交就达到完全能育，或者期望它们的杂种达到完全能育。再有，即使那些比较能生育的动物杂种，就它们在连续世代中的能育性而言，几乎没有一个事例可以证明，从不同父母同时培育出同一杂种的两个

家族，可以避免近亲交配的恶劣影响。与此相反，在通常情况下，动物中的兄弟姊妹却在每一个连续世代中进行杂交，虽然这种行为与饲养者反复不断提出的告诫背道而驰。在这种情形下，杂种固有的不育性将会继续得到提高，这是显而易见，不足为奇的。

这里，我虽然不能举出非常可靠的例子，证明动物的杂种是完全能育的，但是我有理由相信凡季那利斯羌鹿和列外西羌鹿，东亚雉和环雉，它们之间的杂种是完全能育的。卡特勒法热说，有两种蚕蛾，柞蚕和阿林地亚蚕的杂种在巴黎被证明，它们之间的自相交配已经达到了八代，现在仍能生育。最近他还确切地说，两个不同的物种，如山兔和家兔，它们相互杂交也能产生后代，而它们的后代与任何一个亲种进行杂交，都能高度生育。欧洲的普通鹅和中国鹅是两种不同的物种，它们被列为不同的属，它们的杂种与任何一个纯粹亲种杂交，一般都是能育的；即使在一个仅有的例子里，杂种互相交配也是能育的。艾顿先生曾从同一父母中培育出了两只杂种鹅，但不是同时孵的。他从这两只杂种鹅中又育出了八个杂种（已经是最初两只纯种鹅的孙代了）。艾顿先生在这一试验中取得了伟大的成就。在印度，这些杂种鹅更能生育。布莱斯先生和赫顿大尉告诉我，印度到处都饲育着这样的杂种鹅群。在那里，纯粹的亲种已经没有了，人们饲养它们纯粹是为了谋利，因为这个原因，它们必须是完全能育的。

家养动物经过不同的族互相杂交，都是非常能育的。在多数情形下，这些家养动物是从两个或两个以上的野生物种传下来的。

根据这一事实，我们可以断言，它们的能育性只有两种情形：一、原始的亲种一开头就产生了完全能育的杂种；二、杂种在此后的

硕果累累　摄影

苹果为落叶乔木，伞房花序，有花3~7朵。嫁接繁殖的"中国苹果"原产于我国，"西洋苹果"原产于欧洲、中亚细亚等夏季干燥地区。生活中，我们所吃的苹果肉是由苹果花的花托生长出来的，因此它是假果。苹果果核则是由子房形成，里面的子就是种子。目前，杂交苹果的种类也十分繁多。

蕨类植物　摄影

蕨类植物，蕨科，多年生草本。根壮茎长而横走，密被黑褐色茸毛。叶大，三或四回羽裂，侧脉两叉。孢子囊群生于叶背边缘，囊群盖条形，膜质，蕨类植物依靠其做无性繁殖。

家养状况下变为能育的。后一种情形，最初是由帕拉斯提出的。从实际情况来看，这种可能性似乎最大，确实难以提出质疑。例如，人们家养的狗是从几种野生祖先那里传下来的，这已经是常识了。根据考察，除了南美洲的某些原产的家狗，几乎所有的家狗的互相杂交，都具有非常好的能育性。如果进行类推，我十分怀疑，就是这几个原始的物种最初是否也曾经互相杂交，并产生了十分能育的杂种？我的这个想法最近再一次得到了肯定性的证明，根据最新材料，印度瘤牛与普通牛的杂交后代，它们之间互相交配是完全能育的。再有，根据卢特梅耶对它们

骨骼差异的观察，根据布莱斯先生对它们的习性、声音、体质的差异的观察，这两个类型被认作是完全不同的物种。这个观点也可以应用到猪的两个主要的族。这些事实给我们提出了一个问题：如果我们不放弃物种在杂交时的普遍不育性的信念，那么，就应该承认动物的这种不育性是可以在家养状况下被消除的一种特性。

根据植物、动物的互相杂交的确定事实，我们可以得出这样的结论：第一次杂交及其杂种具有某种程度的不育性，这是一个很普遍的结果；然而，根据我们现有的知识水平，却不能把它认为是一种绝对普遍的现象。

对第一次杂交不育性和杂种不育性起支配作用的法则

　　对应支配第一次杂交不育性和杂种不育性的法则，我们现在可以进行更详细的讨论。我们的主要目的是，审视这些法则是否显示了物种曾被特别赋予了一种不育的性质，而这一性质可以阻止物种之间的杂交。盖特纳曾为此进行了值得称道的工作，下面的结论主要就是从他的植物杂交实践中得出来的。我曾费尽心思，想确定这些法则在动物方面究竟能应用到什么程度。在我们关于杂种动物的知识极其贫乏的情况下，我惊奇地发现这些规律是如此普遍地在动物界和植物界里得到了应用。

　　前面已经谈到，物种的第一次杂交能育性和杂种能育性的发展程度，是从完全不育逐渐级进到完全能育的。令人惊奇的是，这种级进可以由很多奇妙的方式表现出来。然而，这里我只能就这个事实提出一个极其简略的概括。我们如果把某一科植物的花粉放在另一科植物的柱头上，与无机的灰尘相比，其产生的影响并不比后者大。从这种绝对不育开始，把不同物种的花粉放在同属的某一物种的柱头上，可以产生数量不同的种子，从而形成一个具有完全系列的级进，最后达到几乎完全能育甚或十分完全能育；在某些异常的情形下，甚至达到了过度能育的状态，大大超过用自己的花粉所产生的能育性。杂种也有这种特性。有些杂种，人们用一个纯粹亲种的花粉来受精，它也从来没有

食肉植物——狸藻

　　在自然的进化中有一种神奇的物种，即食肉植物。食肉植物大多生长在长期被雨水冲洗或缺乏矿物质的地区，它们能够捕捉昆虫，并以此作为美食，如猪笼草和狸藻类都有这种功能。狸藻是生活在水中的食肉植物，它长着许多小口袋，袋口有个只能向内开的盖子。如果水中的小虫游到袋口附近，只要一触碰，盖子就自然地打开了，这样小虫就掉入陷阱无法脱身。

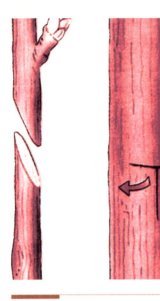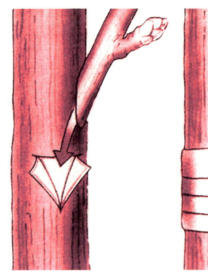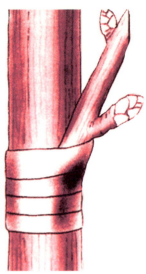

嫁接示意图

　　同属物种的嫁接能保持植物原有的某些特性，是常用的改良品种的方法，它通常用来培育新品种或更强壮的植物。方法是剪下植物的幼枝，与另一株植物的茎相接。但要注意两株植物必须同科，比如柠檬树可以嫁接到柑橘树上，但是不能嫁接到榆木上。如果将番茄嫁接到马铃薯茎上，新植物会长出番茄，根部会继续长出马铃薯。

产生出一粒能育的种子。然而，在某些例子里，我们可以看出物种能育性的最早痕迹，这个痕迹就是：用一个纯粹亲种的花粉来受精，它可以使杂种的花比不这样受粉的花更早地凋谢。大家知道，花的早谢是物种初期受精的一种征兆。从这种极度的不育性开始，我们有了自交能育的杂种，它可以产生出越来越多的种子，最后达到完全的能育性。

　　一般来说，杂交及杂交后很少产生后代的第二个物种，它们所产生的杂种是不育的。人们往往将第一次杂交的困难及产生出来的杂种的不育性之间的平行现象混淆在一起，其实这是两类不同的情况，把它们混淆在一起决不是严肃的科学态度。在很多情况下，两个纯粹物种能够非常容易地杂交，并产生无数的杂种后代，如毛蕊花属，但这些

杂种明显是不育的。从另一方面看，有些物种很少能够杂交或者极难杂交，但它们产生出来的杂种却都有很强的能育性。我们看到，甚至在同一个属中，例如在石竹属里也存在着两种完全相反的情形。

　　与纯粹物种的能育性相比，第一次杂交的能育性和杂种的能育性更容易受不良条件的影响。不过，从物种的内在特性来看，第一次杂交的能育性十分容易变异，原因是：同样的两个物种，在同样的环境条件下进行杂交，它们的能育性的程度并不永远一致。其中，部分原因是被偶然地选作试验用的个体的体质。杂种也是这样，虽然它们是从同一个蒴里的种子培育出来的，而且都是处在同等条件下的一些个体，但它们的能育性在程度上常常有很大的差异。

　　亲缘关系是分类系统上的一个名词，它

的意思是说，物种之间在构造及体质上具有相似性。物种第一次杂交的能育性以及由此产生的杂种的能育性，多数原因是由它们的分类系统的亲缘关系所决定的；被分类学家列为不同科的物种之间从没有产生过杂种。而那些关系非常近似的物种一般比较容易杂交，这就清楚地证明了上述观点。然而，分类系统上的亲缘关系和杂交难易之间并不具有严格的相应性。大量的实例说明，那些非常密切、近似的物种并不能杂交，或者即使能杂交也非常困难；另一方面，那些不同的物种之间却能很容易地杂交。一般来说，在同一个科里会有一个属，如石竹属，在这个属中，很多物种能够非常容易地杂交；而在另一个属，如麦瓶草属，在这个属中，人们经过很大努力，促使两个十分接近的物种进行了杂交，但却不能产生一个杂种；甚至在同一个属中，也会遇到这样的不同情形，如烟草属，与其他属的物种相比，它的很多物种似乎更容易杂交。然而，盖特纳发现，那些并不具有特别不同的物种，比如智利的尖叶烟草，这个物种曾与至少八个烟草属的其他物种进行过杂交，但它却一直不能受精，也不能使其他物种受精。类似的例子还可以举出很多。

没有人能够说明，从所有的可以辨识的性状来看，究竟是什么种类、什么数量的差异足以阻止两个物种的杂交。事实证明，物种的习性和外形明显不同，花的每一部分，甚至花粉、果实、子叶都存在着非常显著差异的植物也能够杂交。一年生植物和多年生植物、落叶树和常绿树，以及生长在不同地点、适应极其不同气候的植物，也通常能够很容易地杂交。

所谓两个物种的互交，说的是这样一种情形：先以母驴和公马杂交，然后再用母马和公驴杂交，这就是两个物种的互交了。在互交的难易上，存在着非常广泛的、可能的差异。了解这一点是很重要的，因为这一

植物的块根

植物的根长得很快。在发芽时，根是最先发育的器官。根分为突起根、块根、空中根和攀缘根四种，各具特性。如大丽花和某些如同红门兰那样的广适性兰科植物在齐根之处长有充满储备的隆起，人们称此为块根，为了繁殖植物，还可以把块根分开；又如常春藤的空中根可当做钩子抓住其支撑，根的力量很大，可钻入石头或砖头的缝隙中，这是一种攀缘性的根系。

屋顶长生花　雷杜德　水彩画　19世纪

　　屋顶长生花又名蜘蛛万代草、卷娟，长生草属，原产中南欧、北非和小亚细亚。屋顶长生花多为观赏用，也可作食用和药用。原种仅40余种，现在经杂交繁殖已有250多种。

　　事实证明了所有的两个物种的杂交能力，通常与它们的分类系统的亲缘关系完全无关，也就是说，与它们在生殖系统以外的构造和体质的差异完全无关。很早以前，科尔路特就观察到了相同的两个物种之间在互交结果上的多样性。这里举一个实例。紫茉莉，是一种能够很容易地由长筒紫茉莉的花粉来受精的物种，它们产生的杂种的能育性是很强的。但如果用紫茉莉的花粉使长筒紫茉莉受精则完全不可能，科尔路特曾经试图这样做，他在八年时间中接连进行了200次以上这种试验，结果都失败了。我们还可以举出若

干这样显著的例子说明这一点，如特莱在某些海藻，即墨角藻属里观察过同样的事实。盖特纳发现，物种互交的难易不同是一个非常普遍的事实。在被植物学家们列为变种的一些亲缘接近的类型中，如一年生紫罗兰和无毛紫罗兰之间，盖特纳就曾观察到这种情形。还有一个值得注意的事实，那些从完全相同的两个物种混合而来的，也就是从互交中产生出来的杂种，它们不过是同一个物种分别用作父本或用作母本。虽然二者在外部性状上差异很小，一般情况下能育性也稍有不同，但有时也呈现出很大的差异。

　　从盖特纳的著述里，我们还发现了物种的一些其他的奇妙规律。例如：某些物种特别能和其他物种杂交，同属的其他物种特别能使它们的杂种后代类似自己。然而，物种的这两种能力并不一定同时存在。有一些杂种，没有像通常情况下那样，具有双亲之间的中间性状，它们只是与双亲的某一方十分相似。虽然在外观上杂种很像纯粹亲种的一方，但除了极个别外，它们都是不育的。一些具有双亲之间的中间构造的杂种，有时会出现例外或异常的个体，它们与纯粹亲种的一方很相似，这些杂种也几乎是不育的，即使用同一个蒴里的种子培育出来的其他杂种具有能育性，它们也不育。这些事实说明，一个杂种的能育性和它在外观上与纯粹亲种的相似性，可以完全无关。

　　以上我们考察了支配第一次杂交的和杂种的能育性的几个规律，可以看出，那些必须看成是真正不同物种的类型，当它们进行杂交时，其能育性是从完全不育逐渐向完全能育过渡的；在某些条件下，它们甚至非

常具有能育性。它们的这种能育性，除了明显表现出很容易受良好条件和不良条件的影响外，本质上是易于变异的。第一次杂交的能育性以及由此产生出来的杂种的能育性，二者在程度上决不是永远一样的；而杂种的能育性与任何一个亲种在外观上的相似性是无关的。再有，两个物种之间的第一次杂交的难易程度，并不永远由分类系统的亲缘关系，即它们彼此相似的程度所决定。这一点，已被上述所举例证，即同样的两个物种，在互交结果中呈现出的差异性证实。一般来说，某一个物种被用作父本或母本时，它们杂交的难易程度存在着某些差异，有时，这种差异还极其广泛。另外，从互交中产生出来的杂种，也通常在能育性上存在着差异。

那么，这些复杂的和奇妙的规律，难道仅仅是为了阻止物种在自然状况中的混淆，才被赋予了不育性呢？我认为实际情况并不如此。首先，我们必须假定：对于各个不同的物种来说，避免混淆都是同等重要的。这就提出一个问题：为什么当各个不同的物种进行杂交时，它们的不育性程度会有这么大的差异呢？为什么在同一物种中，它们的一些个体中的不育性程度会在本质上易于变异呢？为什么某些物种很容易杂交，但却产生不育的杂种；而其他物种非常难以杂交，但产生能育的杂种呢？在同样的两个物种的互交结果中，为什么常常会有如此巨大的差异呢？我们还可以问：为什么会允许杂种的产生呢？既然自然界赋予了物种产生杂种的特别能力，为什么又以不同程度的不育性来阻止它们进一步繁殖呢？而这种不育程度又和

面包果　西德尼·帕金森　19世纪

　　18世纪探险家库克到达火地岛时，岛上的奇花异草和野生动物令所有博物学家欣喜万分。画面为库克在岛上发现的面包果（一种白色的纤维质果实，味道并不像面包，但可以作为主食），他让画家西德尼·帕金森绘制了这幅植物图。面包果原产马来群岛，自古就有栽培，其中的无籽类型采用根出条或根插条方式繁殖。

花开扁平茎上　摄影　当代

　　仙人掌的扁平茎被称做"球拍"。它们渐渐失去了圆盘形状而变成圆筒形状。图中这块扁平茎上面开放着鲜艳的花朵。仙人掌属于脂肪性植物（人称它们为多汁的），小球状茎是带有水分的储备库，使这些植物能更好地保存水分，抵御沙漠的恶劣条件，而且也保护自己不受过于强烈日照的侵袭和伤害。

第一次结合的难易程度并无十分严格的关系。这些，令人感到似乎都是一种奇妙的安排。

与之相反，在我看来，上述的规律和事实很明显地显示了第一次杂交和杂种的不育性。这种不育性与决定它们的生殖系统中未知的差异性伴随在一起；这些差异具有特殊、严格的性质。它造成了这样一种情形：在同样的两个物种的互交中，一个物种的雄性生殖质虽然常常能自由地作用于另一物种的雌性生殖质，但不能翻转过来起作用。这里，可以用一个例子来解释我所说的不育性

智利喇叭花　达顿·胡克　水彩画　19世纪

　　智利喇叭花，又名朝颜烟草、美人襟，一年生草本植物，原产智利和秘鲁，性喜凉爽，耐寒，喜光，要求疏松、湿润的砂质土壤。播种繁殖，其种子发芽适温为20℃，栽培管理粗放。

并不是被特别赋予的一种性质，而是伴随其他差异而发生的这一观点。例如，一种植物嫁接或芽接在其他植物之上的能力，对于它们在自然状态下的利益并不重要。由此，我认为不会有人会假定这种能力是被特别赋予的，但他们会承认，这种能力是随着两种植物的生长法则中的差异而产生的。有时，我们可以从树木生长速度的差异、木质硬度的差异、树液流动期间的差异、树液性质的差异等，发现某一种树之所以不能嫁接在另一种树上的缘由，但是在多数情形下，却看不出任何缘由来。然而，无论两种植物在大小上的差异如何巨大，或者它们一个是木本的，一个是草本的，或者一个是常绿的，一个是落叶的；也无论它们面对不同气候的适应性如何，这些都不会阻止它们常常能够进行嫁接。我们知道，物种的杂交能力是受分类系统的亲缘关系所制约的，嫁接也是这样，至今还没有人能把属于完全不同科的树嫁接在一起。然而，与此相反，那些密切近似的物种及同一物种的变种，它们在通常情况下却能够容易地嫁接在一起，虽然这并不绝对。它们的这种能力，和在杂交中一样，是肯定要受分类系统的亲缘关系所支配的。在同一科里，虽然许多不同的属可以嫁接在一起，但是在另外一些情形中，同一属的一些物种却不能相互嫁接。梨和木李被列为不同的属，梨和苹果被列为同属。事实上，把梨嫁接在木李上远比把梨嫁接在苹果上更容易。还有，不同的梨变种与木李嫁接，它们的难易程度也有所不同。将不同的杏变种和桃变种在某些李变种上进行嫁接，结果也是这样。

盖特纳发现了同样的两个物种的不同个体在杂交中往往存在内在的差异。萨哥瑞特相信，在嫁接中，同样的两个物种的不同个体也是如此。我们看到，物种在互交中，其结合的难易程度往往是不同的，在嫁接中也是如此。例如，普通醋栗不能嫁接在穗状醋栗上，然而，虽然困难，穗状醋栗却能够嫁接在普通醋栗上。

我们知道，具有不完全生殖器官的杂种的不育性，和具有完全生殖器官的两个纯粹物种的结合困难是两回事，但它们在很大程度上是平行的。从嫁接来看，也存在类似的情形。杜因发现，刺槐属的三个物种在本根上可以自由结籽，而花楸属的某些物种，当它们被嫁接到其他物种上时，所结的果实要比在本根上多一倍。这个事实让我们想起了朱顶红属、西番莲属等物种的特别之处，如果由不同物种的花粉来受精比由本株的花粉来受精，能产生更多的种子。

由以上原因，我们可以看出，虽然嫁接植物的单纯愈合和雌雄性生殖质在生殖中的结合，二者之间存在着明显的巨大差异，但从最后的结果来看，不同物种的嫁接和杂交还是有着基本的平行现象。前面所述，支配树木嫁接难易的奇异而复杂的法则，是伴随营养系统中一些未知差异而发生的，而支配第一次杂交难易的更为复杂的法则，一定是伴随生殖系统中一些未知的差异而发生的。正如我们所预料到的，这两方面的差异，在一定范围内是遵循着分类系统的亲缘关系的。这种亲缘关系，是试图说明生物之间的各种相似、相异情况的一个分类系统。这些事实似乎并没有指明各个不同物种在嫁接或

交配的黄守瓜　李元胜　摄影

昆虫的求爱、交配，是传递生命种子的一个必要途径，同时，也是昆虫生命之舞中的华彩乐章。黄守瓜即叶甲，它们交配的姿势非常优美，整个过程充满浪漫甜蜜的色彩，雌虫在交尾后1～2天开始产卵。它们常在瓜叶、花朵里飞来飞去，表现其热恋的情景。

扶桑　达顿·胡克　水彩画　19世纪

扶桑又名桑槿、佛槿、朱槿，原产中国和印度。在中国华南地区现已普遍栽培。其花期长，几乎终年开花，花色艳丽，有红、黄、青、白等色。一般花朵的雌蕊和雄蕊分开生长，大多数花朵为雄蕊在外，雌蕊在内。

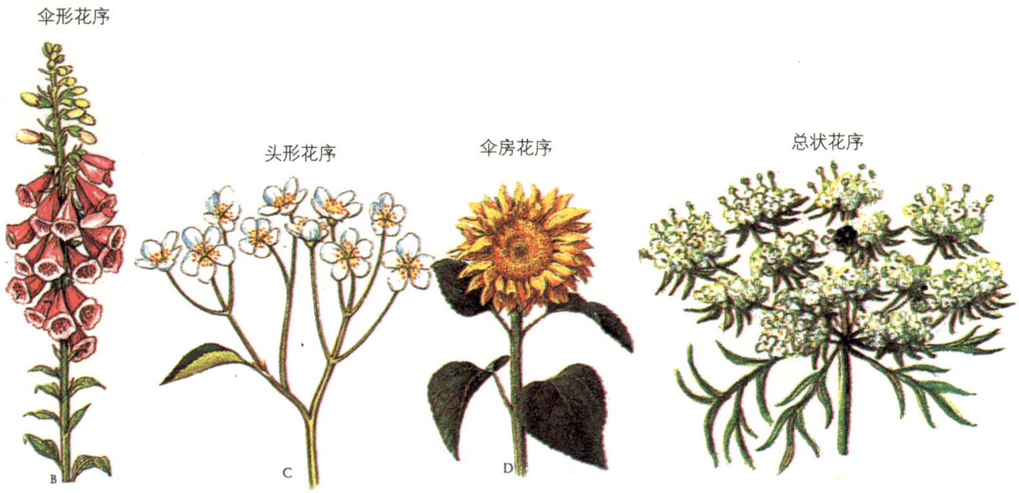

伞形花序

头形花序　　　伞房花序　　　　　总状花序

B　　　　　C　　　　　　　D

花序的类型　水粉画　当代

　　在所有开花类植物中，只有一个花葶支撑的单生花很罕见，豆菜属植物、郁金香、雏菊等属于这种情况。但是我们常见的花序是好几朵花紧密地长在一起，按照特有的结构附生在茎上。这类花序主要有以下几种类型：总状花序、头状花序、伞房花序和复合伞形花序。此图从左至右依次为复合伞形花序、头状花序、伞房花序、总状花序。

杂交上存在着困难的大小，而只是表明了一种特别的禀赋。在杂交的场合，这种困难对于物种类型的存续和稳定是重要的，但在嫁接的场合，它对植物的利益并不重要。

导致第一次杂交不育性和
杂种不育性的原因

曾经有一段时期，我和一些植物学家一样，以为第一次杂交的不育性和杂种的不育性可能是因为自然选择，物种的能育性程度开始逐渐减弱，因而产生了这种状况。并且还认为，稍稍减弱的能育性与其他变异一样，是一个变种的某些个体和另一变种的某些个体杂交时，自发地产生的。当人类同时对两个变种进行选择时，就有必要把它们隔离开了。根据这个原则，如果能够避免混淆两个变种甚至初期的物种，对于它们显然是有利的。首先，那些栖息在不同地带的物种在杂交时一般具有可育性；如果采取这样的措施，使隔离的物种相互不育，这对它们显然谈不上什么利益，当然，这种情形就不能通过自然选择发生。然而，或者可以这样说，如果一个物种和同一地域的某一物种杂交，从而变成不育的物种，那么它和其他物种杂交大概也会不育。其次，在物种的互交中，第一个类型的雄性生殖质完全不能使第二个类型受精，但第二个类型的雄性生殖质却能使第一个类型自由地受精，这种现象与违反特创论一样，也是违反自然选择学说的。因为对任何一个物种，生殖系统的这种奇异状态都不会为它们带来什么利益。

自然选择对物种互

小麦的胚芽解剖图

小麦和其他禾本科植物的种子，在温暖、湿润和有空气的条件下才会发芽。在播种后，一些热带植物的种子一般几天内就开始发芽，其他大多数植物的种子会保持休眠状态，直到环境条件适宜才开始生长发育。

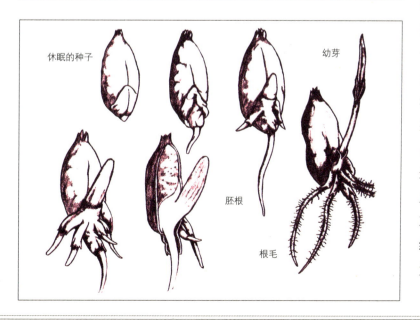

休眠的种子

幼芽

胚根

根毛

相不育是否有作用的争论，最大的难点在于从稍微减弱的不育性到绝对的不育性之间，存在着许多级进的阶段。当一个最初的物种和它的亲种，或某一个其他变种进行杂交时，如果呈现了某种轻微程度的不育性，我们可以认为，这种现象对这个初期的物种是有利益的；它可以少产生一些劣等的和退化的后代，从而避开了其血统与正在形成过程中

谷类植物　摄影

　　麦子、稻米和玉米是最重要的谷类。全世界有半数以上的人口以大米为主食。在小麦和稻米缺乏的地区，人们以大麦、燕麦和玉米为主食。谷类被人们种植了大约一万年，早期只是每年采用那些生长得最大最好的种子播种，这样逐渐改变了颗粒的大小和品质。然而，随着科学技术的不断发展，到上个世纪八九十年代，一些植物种植专家大胆改良品种，使之进化为优良的植物。

的新种的血统互相混合。然而，谁要不怕麻烦来对这些级进阶段进行考察，也就是说，从最初程度的不育性，通过自然选择而得到增进，最后达到很多物种共同具有的，包括那些已经分化为不同属、不同科的物种所普遍具有的高度不育性，在这个过程中，他会发现，这个问题的复杂程度是惊人的。经过反复考虑，我感到这种结果大概不是经过自然选择而得来的。如果以两个物种在杂交时产生的少数不育的后代为例，而因为偶然因素获得的稍微高一些程度的相互不育性，最后向前走出一小步而达到完全不育性，这对那些个体的生存会有什么利益呢？如果自然选择的学说可以在这方面进行应用，那么，许多物种都必然会持续发生这种性质的增进，因为大多数的物种是完全相互不育的。至于不育的中性昆虫，我们有理由相信，它们的构造和不育性的变异，是在自然选择中缓慢地积累起来的；这样，它们所属的这一

群与同一物种的另一群相比，就可以间接地占据优势。然而，那些在不育群体中生活的动物，如果某一个个体与其他某一变种进行杂交，而被给予了稍微的不育性，它们是不会得到任何利益的，也不会间接地给予同一变种的其他个体什么利益，从而把这些个体保存下来。

　　这里，我们没有必要对这个问题进行详细讨论，如果那样将是多余的。关于植物，我们已经有确实的证据证明，杂交物种的不育性一定是由和自然选择完全无关的某个原理决定的。盖特纳和科尔路特曾经证明，在包含有非常多的物种的属里，从杂交时开始产生越来越少的种子的物种，一直到不产生一粒种子的物种为止（受某些其他物种的花粉影响，由胚珠的胀大可以看出来），这个过程中可以形成一个系列。选择那些已经停止产生种子的物种，当然，这些个体更不可能生育。所以，仅仅是胚珠受到影响时，并

不能通过选择而具有高度的不育性。还有，支配各级不育性的法则在动物界和植物界里具有很强的一致性，由此我们可以推论，这其中的原因无论是什么，它们在所有情形下应该都是相同的，或者近于相同的。

引起第一次杂交的和杂种的不育性的物种，它们之间是有差异的。这里，我们来对这些差异的性质进行深入的考察。在第一次杂交时，显然有几种不同的因素，对它们的结合和获得后代的困难程度具有决定性影响。由于生理的关系，有时雄性生殖质不能到达胚珠，例如有些雌蕊过长，造成花粉管不能到达子房的植物等。我们曾经观察到，把一个物种的花粉放在另一个远缘物种的柱头上时，虽然花粉管伸出来了，但它们并不能穿入柱头的表面。还有一些雄性生殖质虽然到达了雌性生殖质，但不能引起胚胎的形成。特莱对于墨角藻所做的一些试验似乎也说明了这一点。目前，人们对这些事实还无法进行解释，这就像人们对某些树为什么不能嫁接在其他树上不能给予解释一样。最后，也许胚胎可以发育，但大部分在早期即死去，人们对这一点还没有引起充分的重视。休伊特先生是一位在山鸡和家鸡的杂交工作上具有丰富经验的人，他曾写信给我，介绍他所进行的观察；这使我相信，胚胎的早期死亡在第一次杂交不育性中是一个最常见的因素。索尔特先生曾检查过500个蛋，它们都是由鸡属的三个物种和它们杂种之间的各种杂交产生出来的。他在发表的报告中披露了这一检查结果，证明这500个蛋中大多数蛋都受精了，在大多数的受精蛋中，胚胎有些曾部分地发育，但不久就死去了；有些虽

异型接合的良种玉米

玉米的根系强大，有支柱根，秆粗壮。现代玉米品种产量的惊人成果来自于杂交。人们发现，通过杂交得到的植物在第一代就显得更加茁壮和多产，例如某些玉米品种增长的产量可达25%。孟德尔在他的有关遗传的著作中，对这种称之为"异型接合"的杂交现象进行了详细的阐述。

快成熟了，但雏鸡不能啄破蛋壳。在孵出的雏鸡中，会有4/5，在前几天内，或者在几个星期内死去。最后的结论是："其中看不出任何明显的原因，可能仅仅是由于缺乏生存的能力而导致了死亡。"最后他只养活了12只小鸡。由此推论，大多数植物，杂种的胚体也是以同样的方式死去的。我们知道，从那些有极大差别的物种中培育出来的杂种非常低矮，其生命力常常是衰弱的，一般在早期就死了。对这类现象，最近，马克思·维丘拉在他的研究论文中列举了一些关于杂种柳的显著事例。值得注意的是，在单性生殖中，那些没有受精的蚕蛾卵的胚胎，经过早期发育后，就像从不同物种杂交中产生出来的胚胎一样死去了，在没有透彻了解这些事实之前，我过去是不相信杂种的胚胎会在早期死去的。原因是：杂种一旦产生，一般来

莺歌凤梨 雷杜德 水彩画 19世纪 柏林国家图书馆藏

莺歌凤梨,原产南美洲热带地区,属地生草本植物。叶长约20厘米,颜色鲜绿,叶丛中央抽出花梗,花梗上生出羽状红花。这幅插图出自19世纪早期,奥地利国王弗朗西斯一世时期编纂的画集。

有性生殖 翟洵 摄影 当代

在有性生殖中,双亲的基因混在一起,会产生独特的后代。照片中,一只母鹿正舐着新生小鹿的毛,这只小鹿生下来才11分钟,是有性繁殖的结果。

说是健康长命的,正如我们所看到的骡的情形一样。然而,有一个问题值得大家注意:杂种在其产生的前后时间内,它们生活在不同的环境条件之下。一般来说,如果它们产生之后生活在双亲所生活的地方,它们是处在适宜的生存条件之下的。然而,如果一个杂种只承继了母体的本性和体质的一半,那么,在它产生之前,当它在母体的子宫内,或在由母体所产生的蛋或种子内的时候,它可能已经处在某种程度的不适宜条件之下了。如果是这个原因,杂种就很容易在早期死去;特别是那些非常幼小的生物,它们对有害的、不自然的生活条件是极其敏感的。虽然导致杂种死亡的因素很多,但总的来看,根本原因可能是原始受精存在着某种缺陷,这些缺陷导致了胚胎不能得到完全发育。这个因素可能比它此后所处的环境更为重要。

由于两性生殖质发育的不完全而导致的杂种的不育性,这类情况似乎有些不同。我曾经多次举出大量事实说明:无论动物和植物,它们一旦离开它们生存的自然条件,其生殖系统就会非常容易受到破坏,这也是动物家养化的重大障碍。在上述情况诱发的不育性和杂种的不育性之间,有许多相似之点。在这两种情形里,会出现下列问题:一、不育性和健康无关,而且那些不育的个体往往身体肥大或异常茂盛;二、不育性呈现出不同的程度,雄性生殖质往往最容易受到影响,当然,有时雌性生殖质比雄性生殖质受影响的程度更深;三、物种不育的倾向在某种范围内和分类系统的亲缘关系是一致的。原因是:动物和植物的全群不孕,都是由于处在同样的不自然条件下而形成的，而全群的物种都有产生不育杂种的倾向。另一方面，一群中的一个物种常常有能力抵抗环境条件的巨大变化，并且它的能育性毫无损伤，它们中的某些物种还会产生异常能育的杂种。如果没有经过试验，没有人能下结论说，任何特别的动物能否在栏养中生育，或者说任何外来植物能否在栽培下自由结籽。他也不能下结论说，一属中的任何两个物种究竟能否产生不育的杂种，不论是多或少。最后一点，如果植物在几个世代内都处在不适合它们生存的自然条件下，它们就很容易发生变异。变异的原因，可能部分是由于生殖系统受到特别的影响，虽然与引起不育性发生时的那种影响要小。杂种的情形和上述原因相同，这是每一个试验者都曾观察到的：在连续的世代中，杂种的后代也是很容易发生变异的。

由以上情况我们可以看出，当生物处于新的和不自然的条件之下，或当杂种从两个物种的不自然杂交中产生出来时，生殖系统都受到一种很相似的方式影响，而与物种的一般健康状态无关。毫无疑问，在前一种情形下，物种的生存条件受到了影响，由于这种影响十分轻微，因而我们常常觉察不到。但在杂种的情形下，虽然外界的条件一样，然而，由于是两种不同的构造和体质（包括生殖系统）混合在一起，杂种的内部结构便受到扰乱。这是因为，在两种结构混为一种结构时，杂种的发育、周期性的活动、不同器官的彼此相互关联以及不同器官与生存条件的相互关系方面，几乎都会发生某种扰乱，不发生扰乱几乎是不可能的。如果杂种

杂交狗　摄影　当代

图为家犬，是杂交犬。此类犬会向陌生人吠叫，或在睡觉前转圈子不停地走动，这些行为和它几千年前的近亲——野狼是一样的。

能够互相杂交并生育，它们就会把这种混成结构一代一代地遗传给它们的后代。虽然它们的不育性存在着某种程度的变异，但不会消失。关于这一点，是不令人感到惊奇的，甚至杂种的不育性还会提高。如上所述，出现这种现象，一般情况下是由于过分接近的近亲交配的结果。维丘拉曾十分赞同上述观点，即杂种的不育性是两种体质混合在一起的结果。

应该说，根据上述观点或其他说法，我们对于杂种不育性的事实很难理解。例如，从互交中产生的杂种，它们的能育性并不相等。又如，与一个纯粹亲种密切类似的杂种，它们的不育性可以偶然地有所增强。我不敢说我的观点已经接触到事物的本源。为什么把一种生物放置在不自然的条件下就会变为不育的，至今人们对此还不能作出任何解释。我仅仅试图阐明，在两种情形下，只要物种的某些方面存在相似之处，就有可能引起不育的结果。前一种情形是因为物种的

生存条件受到了影响，后一种情形则是因为两种体质混合在一起而受到了扰乱。

这种平行现象也适用于类似的但又很不相同的一些事实。对于所有生物来说，生活条件的微小变化都是有利的，这是一个古老而普遍的观念，我曾在很多地方举出了大量证据，以证明这种观念的存在。我们看到农民和园艺者常常从不同土壤和不同气候的地方交换种子、块根等，然后再换回来。在动物病后复元期间，在生活习性上发生的任何变化，对它们都是好的。总之，无论植物或动物，都已经非常明确地证实了，同一物种的不同个体之间的杂交会增强它们后代的生存能力和能育性，但非常接近的亲属之间的近亲交配，如果连续几代如此，而生活条件保持不变，几乎都要造成物种身体的矮小、衰弱或不育现象的发生。

根据以上判断，我们看到，物种生活条件的微小变化对于所有生物都是有利的，而物种轻微程度的杂交，也就是说，那些处于有微小差别的生活条件之下，或已经发生微小变异的同一物种之间的杂交，会增强后代的生存能力和能育性。然而，我们也曾经看到，在自然状态下，那些长久习惯于某种同一条件的生物，当它们处于一个较大变化的环境中（如在栏养中），常常会出现不育现象。再有，物种的两个类型如果相差很远，或者根本不同，这种杂交也会经常产生某种程度不育的杂种。我有理由相信，这种双重的平行现象绝不是偶然的，也不是人的错觉。生活在野外的大象和其他动物，为什么仅仅处在部分栏养下就不能生育了？一个人

杂交茶花 摄影

茶花原产于中国，有品种名称的茶花原来只有500余种，18世纪传入欧美，经过杂交改良，目前茶花的流行品种已经有上千种。

杂交惠兰 摄影

杂交惠兰为多年杂交选育出来的优良品种，其花大、花多，花型规整丰满，色泽艳丽，花茎直立，花期长，生长健壮，栽培容易，近年来极为流行。

如果能够对这一现象进行解释，他就能解释杂种一般不能生育的主要原因了。他还能解释这种现象：为什么那些处于新的、不一致

条件下的某些家养动物在杂交时完全能够生育？要知道，它们是从不同的物种遗传下来的，而这些物种在最初杂交时基本上是不育的。这两组平行发展的事实中，似乎存在着一个共同的、不明的纽带，将二者连接在一起，从本质上看，它是和生命的原则相联系的。根据赫伯特·斯潘塞先生的说法，这个原则是：生命决定于或者存在于各种不同力量的不断作用和不断反作用之中。在自然界里，它们永远倾向于平衡状态，而当这种倾向性被任何变化稍微扰乱时，生命的力量就会增强起来。

杂交蓖麻

蓖麻，别名红麻、草麻、八麻子、牛蓖，大戟科，一年生草本，原产于埃及、埃塞俄比亚和印度。蓖麻是重要的经济作物，但常规品种产量较低，现在广泛种植的几乎都是高产量的杂交蓖麻。

二型性和三型性的杂交

在这里，我们将对这个问题进行简单的讨论，并对杂种的性质问题进行一些说明。我们知道，属于不同科目的若干植物呈现出了两个类型，它们的数目大约相等。经过观察，除了它们的生殖器官以外，其他地方没有任何差异。其中，一个类型的雌蕊长、雄蕊短，另一个类型的雌蕊短、雄蕊长，它们都有大小不同的花粉粒。三型性的植物存在三个类型，同样，它们在雌蕊和雄蕊的长短上、花粉粒的大小、颜色上，以及在其他方面都有所不同。这三个类型中，每一个类型都有两组雄蕊，三个类型共有六组雄蕊和三类雌蕊。在长度上，这些器官相互之间十分相称，甚至其中两个类型的一半雄蕊与第三个类型的柱头的高度都一致。我曾经说过，为了使植物获得充分的能育性，有必要用一个类型的高度相当的雄蕊的花粉，使另一个类型的柱头受精。这种结果已被其他观察者所证实了。因此，在二型性的物种里，有两个结合是合法的，是充分能育的；另有两个结合是不合法的，存在一定的不育性的。在三型性的物种里，有六个结合是合法的，充分能育的；有十二个结合是不合法的，存在一定的不育性的。

在各种不同的二型性植物和三型性植物被不合法受精状态下，也就是说，当我们用与雌蕊高度不相等的雄蕊的花粉来受精时，就能观察到它们的不育性，这与不同物种的杂交时所发生的情形一样，都表现出了很大的差异，这种差异一直发展到绝对性的不育。很明显，不同物种杂交的不育性程度决定于它们生活条件是否适宜，而且那些不合法的结合也是这样。大家知道，如果将一个不同物种的花粉放在一朵花的柱头上，然后将它自己的花粉，也放在同一个柱头上，即使在一个相当长的期间这样做，它自己的花粉仍然占有巨大的优势。一般情况下，它

杂交睡莲

古埃及早在2000多年前就已栽培睡莲，视其为神圣之花。热带睡莲分为两种，一种白天开花，一种夜间开花。2008年，英国皇家植物园首次成功将两种睡莲进行杂交，形成了新的品种。

可以将外来花粉的效果消除，同一物种的若干类型的花粉也是如此。当合法的花粉和不合法的花粉被放在同一柱头上时，前者比后者占有巨大的优势。经过对若干花的受精情形的观察，这一点可以完全肯定。我的实验是：首先，我在若干花上进行了不合法的受精，24小时后，我再用一个具有特殊颜色的变种花粉对它进行合法的受精，这时，所有的幼苗都具有了同样的颜色。这个试验表明：虽然在24小时后才施用，但只要是合法的花粉，仍能破坏或阻止最先施用的不合法的花粉产生的作用。再有，两个同样物种之间的互交，常常会产生完全不同的结果，三型性的植物也是这样。例如：紫色千屈菜的中花柱类型，如果用短花柱类型的长雄蕊的花粉来进行不合法的受精，是非常容易的，而且能产生许多种子；但如果用中花柱类型的长雄蕊的花粉对短花柱类型进行受精时，却不能产生一粒种子。

在以上情形及观察者补充的其他情形中，如果将同一个物种的一些类型进行不合法的结合，它呈现出来的状况正好与两个不同物种在杂交时完全一样。这一现象引导我对从几个不合法的结合中培育出来的幼苗进行了仔细观察，时间长达四年之久。观察的结果是：这些称为不合法的植物都不是充分能育的。从二型性的植物中，能培育出长花柱和短花柱的不合法植物；从三型性的植物中，能够培育出三个不合法类型。这些植物都能以合法的形式结合起来。虽然完成了这些步骤，但为什么这些植物所产生的种子不能像它们双亲在合法受精时所产生的那么多呢？应该说，这是没有充分理由的。然而实际情况并不是这样。这些植物都没有可育性，只是程度有所不同。其中一部分完全不育，而且是无法矫正的，它们在四年的时间里没有产生过一粒种子或一个种子蒴。我们可以用杂种在互相杂交产生时的不育性与这些不合法植物在合法形式下的结合产生的不育性进行严格对比。从另一方面看，如果一个杂种和纯粹亲种的任何一方进行杂交，通常情况下，它们的不育性会大大

葫芦藓

在葫芦藓的叶片内，除中部外，都是由一层细胞构成的，污染物可以从叶片两面直接侵入叶的细胞，所以该植物体对有毒的气体十分敏感，在污染严重的地方很难生存。葫芦藓的这个特点，使它成为监测空气污染程度的指示植物。

褐黏褶菌

　　褐黏褶菌，菌盖呈半圆形或扇形，无柄，木栓质，常覆盖成瓦状，边沿薄而锐。菌肉茶色至锈褐色，多生于冷杉、铁杉、松、云杉的腐木上。其容易导致针叶林木材、原木、木质桥梁、枕木木材腐朽。

白皮松

　　白皮松，原名巧家五针松，是中国特有树种之一，东亚唯一的三叶松。其叶子为针状，三针一束，这种三针一束的松树比较能耐干旱。白皮松以种子繁育为主，各季需要层积催芽，即将精选种子与湿润物（如河沙）分层放置，用以解除种子休眠促进种子萌发。

减弱；而一个不合法植株由一个合法植株来受精时，其情形也是这样。然而，杂种的不育性和两个亲种之间第一次杂交时的困难情况并不是永远平行的，有些不合法植物虽然是不育的，但是产生它们的那一种结合的不育性并不大。从同一种子荬中培育出来的杂种的不育性，其程度存在内在的变异，不合法的植物更加如此。再有，许多杂种开花多而且时间长，但那些不育性较大的杂种则开花少，而且体质衰弱、矮小。各种二型性和三型性植物的不合法后代，其情形也完全一样。

　　总的来说，在性状和习性上，不合法植物和杂种有着密切的同一性。也就是说，不合法植物就是杂种；只是它们是在同一物种范围内，由某些类型的不适当结合产生出来的，而普通的杂种则是从不同物种之间的不适当结合产生出来的，二者的区别就是这样，一点也不夸张。我们观察到，物种的第一次不合法结合和不同物种的第一次杂交反映在各个方面，它们都具有非常密切的相似性。这里，可以举一个例证来进行说明，或者会更清楚一些：假设一位植物学家通过观察发现，三型性紫色千屈菜的长花柱类型有两个明显的变种实际上是存在的，于是，他决定用杂交形式来进行试验，看它们是否是不同的物种。如果这样做，他会发现，这些物种产生的种子数目可能仅仅是正常情况下的1/5，而且它们会呈现出似乎是两个不同物种的情形。为了肯定这种现象，这位植物学家用他假设的杂种种子来培育植物，这时他会发现，这些幼苗是如此矮小，并完全不育；它们在其他各方面和普通杂种一样。于是，这位植物学家向大众宣称，他按照一般的观点，确实证明了这两个变种是真实的和不同的物种，它们和世界上任何物种一样。然而，如果这样，他就完全错了。

上面，我们叙述了有关二型性和三型性植物的一些事实，毫无疑问这些事实是十分重要的。首先，它阐明了对第一次杂交能育性和杂种能育性减弱所进行的生理测验，不是区别物种的安全标准。第二，可以断定，物种中存在着某一未知的纽带，它连接着两个东西：1.物种不合法结合的不育性；2.它们的不合法后代的不育性。这一情景引导人们把这个观点引申到第一次杂交和杂种上面去。第三，我们发现，同一个物种可能存在着两个或三个类型，在与外界条件有关的构造或体质上，它们与其他物种并没有任何不同之处。然而，当它们在某种方式下结合起来时，就产生了不育性。在我看来，这一点特别重要。我们必须记住，正是同一类型的两个个体的雌雄生殖质的结合，才产生了不育性，如两个长花柱类型的雌雄生殖质的结合。另一方面，正是两个不同类型的物种本身固有的雌雄生殖质的结合，才产生了能育性。从最初来看，同一物种的个体普通结合以及不同物种的杂交与这一情形正好相反。但实际情形是否真的如此，这是值得怀疑的。这是个暧昧的问题，这里我不想详细讨论它。

不管怎样，我们大致可以从二型性和

鹿角蕨

鹿角蕨又名麋角蕨、蝙蝠蕨、鹿角羊齿，原产澳大利亚。常附生在树干的分支上，树皮干裂处或生长于浅薄的腐叶土和石块上。喜温度阴湿的自然环境。常用分株繁殖。

三型性植物的考察中，对不同物种杂交的不育性以及杂种后代的不育性进行推论，结论是：它们完全决定于雌雄性生殖质的性质，而与物种的构造、体质的差异没有关系。通过对物种互交的考察，我们也可以得出同样的结论。在物种的互交中，一个物种的雄体不能够和第二个物种的雌体相结合，即使能够结合，也是非常困难的；但一个物种的雌体和第二个物种的雄体进行杂交却是十分容易的。盖特纳——一位优秀的观察者，他作出的推论也一样：物种杂交的不育性仅仅是由于它们的生殖系统存在着差异。

杂交变种的能育性及其后代的能育性不是普遍的现象

这是一个非常有根据的论点，论者可以主张，在物种与变种之间，一定存在着某种本质上的区别。原因是：变种与变种之间，无论在外观上有多大差异，但仍很容易进行杂交，并且能产生完全能育的后代。除了下面要谈到的例外，我完全承认这是规律。然而，关于这个问题还存在着许多难点。当植物学家探求它们在自然状况下所产生的变种时，如果有两个类型，一般来说就被认为是变种，但在杂交中却发现它们有不同程度的不育性，这时，多数博物学家就会马上将它们列为物种。例如，被大多数植物学者认为是变种的蓝繁缕和红繁缕，就是如此。盖特纳说，它们在杂交中是高度不育的。因为这个原因，他把它们列在了物种中。如果用这样的循环法进行辩论，我们就必然承认，在自然状况下产生出来的一切变种都具有能育性。

如果我们回过头来看一看在家养状况下产生的一些变种，或者人们假定产生的一些变种，我们仍然要被卷入疑惑之中。举一个例子，当我们说某些南美洲的土著家养狗与欧洲狗的结合很困难时，在每一个人心中都会出现一种解释，而且这可能是一种正确的解释，即：这些狗因为是不同物种的遗传，所以二者不容易结合。然而，从外观上看，差异很大的家养族，如鸽子或甘蓝，它们都有完全的能育性，这是一

罗汉果

罗汉果为多年生草质藤本，生长于海拔300~500米的山区。按照达尔文的观点，不同种的罗汉果杂交，产生的变种能育性是有很大差别的。

个值得引起注意的事实，特别是那些众多的物种，它们虽然相互密切近似，但杂交时却完全不育。这个事实更应引起人们的关注。关于家养变种的能育性，通过以下几点，我们就知道这并不令人感到意外。首先，通过观察可以发现，两个物种之间的外在差异量并不是判断它们的相互不育性程度的标准。在变种的情形下，外在差异也不是判断的标准。关于物种的不育性，原因完全在于它们的生殖系统；对家养动物和栽培植物来说，变化了的生存条件，很少能改变它们的生殖系统，从而引起互相不育的结果。所以，我们有充分的根据承认帕拉斯的直接相反的学说，即：在家养条件下，通常可以消除物种的不育倾向。因此，可以说，物种在自然状态下杂交时，可能存在某种程度的不育性，但它们的家养后代杂交时就会变成完全能育的了。在植物里，没有因为栽培而在不同的物种之间造成不育性的倾向，然而，在前面所举的若干确实有据的例子中，我们看到，某些植物却受到了相反的影响；虽然它们变成了自交不育的物种，但同时仍保持能够使其他物种受精及由其他物种受精的能力。帕拉斯曾说，不育性通过长久持续的家养可以消除，如果我们接受这一学说（对此很难加以反驳），那么，那些长久持续地处于同一生活条件下的物种也会诱发不育性就非常不可能了；即使在某些情形里，具有特别体质的物种偶尔会发生不育性。这样，我们就可以理解，为什么家养动物不会产生互相不育的变种，为什么除了少数情形外，植物不会产生不育的变种。

我认为，目前讨论的问题中的真正难

瓢虫

瓢虫是鞘翅目、瓢虫科，有圆形突起的甲虫的通称。通常来说，瓢虫的体色比较鲜艳，体形比较小，身体常常有红色、黑色或黄色的斑点。每年夏季是它们大量繁殖的时期。

点，并不是家养品种为什么在杂交时没有变成为互相不育，而是为什么自然的变种在经历了长期的变化，当它们获得了物种的等级时，就发生了不育性。关于这个问题，我们还远远没有精确地认识到导致它发生这一变化的原因。只要我们看一看，人类对于生殖系统的正常作用和异常作用是何等的无知，发生这种情况也就不足为奇了。但我们知道，由于物种与它们的无数竞争者展开的生存竞争，它们与家养的变种相比，更是长时期地暴露在一致的生活条件之下，于是就难免产生了很不相同的结果。我们知道，如果把野生动物和植物从自然条件下带回，进行家养或栽培，它们就会变为不育的，这是一个普遍常识。一直生活在自然条件下的生物的生殖机能，对于在不自然状态下的杂交的影响，同样是非常敏感的。从另一方面看，家养生物，仅仅从它们受家养这一事实看来，它们对于自己生活条件的变化从来就不是非常敏感的。直到今天，它们通常也能够抵抗生活条件的反复变化而不减低其能育性。根据这一现实，我们可以预料：由家养生物产生的品种，如与同样来源的其他变种进行杂交，它们也极少会在生殖机能上受到这一杂交行为的有害影响。

我曾经说过，同一物种的变种进行杂交，似乎都应该是能育的。然而，我下面要简要地介绍少数事例，证明它们具有一定程度的不育性。这些证据与我们所相信的多数物种的不育性的证据，至少是有同等价值的。这个证据也是从反对说坚持者那里得来的，他们在任何情形下都把能育性和不育性作为区别物种的安全标准。盖特纳曾在他的花园内培育了一个矮型黄子的玉米品种，同时在它的旁边培育了一个高型红子的品种，这一试验持续了数年时间。这两个品种虽然都是雌雄异花，但没有进行自然杂交。盖特

狮虎兽

狮子和老虎同属猫科，但却是两个水火不容的物种群，它们在人工饲养的环境下，交配受孕。雄狮和雌虎交配后生出的叫狮虎兽。它们的寿命都不太长，而且大多数免疫力比较低，也不具有繁殖能力。

纳用一类玉米的花粉在另一类的十三个花穗上进行受精，但是仅有一个花穗结了五粒种子。由于这些植物是雌雄异花，所以对它们进行人工授精不会发生有害的作用。我相信，没有人会怀疑这些玉米变种属于不同物种。值得注意的是，这样育成的杂种植物是完全能育的。由于这一原因，甚至盖特纳也不敢说这两个变种是不同的物种。

吉鲁·得·别沙连格对三个葫芦变种进行了杂交，和玉米一样，它们也是雌雄异花。他断言，它们之间的差异愈大，相互受精就愈不容易。我不了解这一试验有多大的可靠性。萨哥瑞特把它们列为变种，他采用的分类法的主要根据是不育性试验，诺丹的结论也与此相同。

下面要介绍的情形更值得我们关注。最初看到这些，实在令人难以置信。然而，它确实是盖特纳多年来对毛蕊花属的九个物种所进行的无数试验的结果，那就是：黄色变种和白色变种的杂交，比同一物种的同色变种的杂交，产生的种子要少。要知道，盖特纳是一个非常优秀的观察者和反对说坚持者。对于他的观察，我们当然应该给予重视。接着，他进一步断言，当一个物种的黄色变种和白色变种与另一物种的黄色变种和白色变种杂交时，同色变种之间的杂交比异色变种之间的杂交，能够产生更多的种子。除了盖特纳外，斯科特先生也曾对毛蕊花属的物种和变种进行过试验。他从另一个角度证实了盖特纳关于不同物种杂交结果的判断。他发现，同一物种的异色变种比同色变种所产生的种子要少，其比例为86：100。这些变种除了花的颜色以外，其他方面并没有

什么不同之处，这个变种有时还可从另一个变种的种子中培育出来。

科尔路特试验的准确性是大家公认的，在他之后的每一位观察者的观察都证实了他的判断。他曾对一个事实进行了证明，而这是值得我们注意的，即：普通烟草的一个特别变种如与一个大小相同的物种进行杂交，比其他变种更能生育。他对一般被人们称为变种的五个类型进行非常严格的试验，即互交试验，证明它们的杂种后代都是完全能育的。但这五个变种中的一个变种，无论将它用作父本或母本，只要与黏性烟草进行杂交，其产生的杂种，不像其他四个变种与黏性烟草杂交时所产生的杂种那样不育。可以肯定，这个变种的生殖系统一定以某种方式在某种程度上变异了。

根据这些事实，我们就不能一直坚持认为，变种进行杂交就一定是高度能育的。在确定的自然状态下，变种具有不育性。一个假定的变种，如果被证明有某种程度的不

蝗 虫

蝗虫是一种群居性的短角蚱蜢，是蝗科直翅目昆虫。无论是热带、温带的草地，还是沙漠地区，蝗虫都能生存。据统计，地球上的蝗虫种类超过一万多种。每年夏秋季节为蝗虫的大量繁殖期。

育性，人们几乎普遍把它们列为物种。事实上，人们一般只关注家养变种的外在性状，而且，家畜变种并没有长期地处于一致的生活条件下。根据这几方面的考察，我们可以作出这样的结论：杂交时的能育与否并不能作为变种和物种之间的基本区别。关于杂交物种的不育性，我们不应将它们看做是一种先天具有的禀赋，而应该将它们看做是伴随雌雄性生殖质中一种未知性质的变化而发生的。这样的结论应该是比较稳妥的。

杂种与混种在非能育性方面的比较

新型杂交葡萄

葡萄，别名蒲桃、草龙珠、山葫芦、李桃等，葡萄属葡萄科，落叶藤本植物，是世界最古老的植物之一。葡萄原产于欧洲、西亚和北非一带，汉代时张骞引入我国，开始广泛种植。图中是新型杂交葡萄，果实饱满、鲜红水嫩，令人垂涎。

除了能育性外，对杂交物种的后代和杂交变种的后代，还可以从其他几个方面进行比较。盖特纳曾经很强烈地希望在物种和变种之间划出一条明确界限。然而，在我看来，在纯种间杂种后代和变种间混种后代之间，只能找出很少而且并不重要的差异。另一方面，它们在许多重要方面的关系却是十分密切的，并具有高度的一致性。

这里，我可以简要地谈谈这一问题。杂种与混种最重要的区别是：在第一代中，混种比杂种更容易变异。但盖特纳却持相反的看法，他认为，在第一代中，那些经过长期培育的物种所产生的杂种更容易产生变异。当然，我也曾见过这一事实。盖特纳进而认为，非常密切、近似的物种之间的杂种与差别很大的不同物种之间的杂种比较，前者更易于变异。这说明，物种变异性的差异程度是逐步消失的。众所周知，当混种和比较能育的杂种已经繁殖了数代时，它们后代的变异性是非常大的。我们还能举出一些例子，说明杂种或混种长久保持着不同的性状。总的来说，在连续世代里的变异性中，混种一般比杂种的变异性大。

但这不足为奇。其原因是，混种的双

亲是变种，并且大都是家养变种（人们只做过很少的自然变种试验）。这个事实至少说明了两点：一、在其中发生的变异性是最近才出现的；二、它意味着由杂交行为所产生的变异性不但继续发展着，而且会增大。在第一代时，杂种的变异性比较微小，在以后的世代中，其变异性逐渐加大，这一事实很奇妙，值得我们注意，它和我提出的普通变异性的原因中的一个观点有关。这个观点就是：由于生殖系统对于变化了的生活条件非常敏感，因而，上述情况下，生殖系统本身所有的固有机能就不能产生在所有方面都和双亲类型密切相似的后代。第一代杂种是从生殖系统未曾受到任何影响的物种遗传的（经过长期培育的物种除外），所以它们不容易发生变异。然而，杂种本身的生殖系统却已受到了严重影响，所以它们的后代具有高度的变异性。

现在谈谈混种和杂种的比较。盖特纳说，混种与杂种相比，前者更容易重现任何一个双亲类型的性状。如果盖特纳的说法是正确的，我认为这不过是程度上存在差别而已。盖特纳明确地说，长期栽培的植物产生出来的杂种和自然状态下的物种产生出来的杂种相比，前者更容易出现返祖现象。关于这一点，不同的观察者得到的结果差别很大。大概可以这样解释：维丘拉曾对杨树的野生种进行过试验，他怀疑杂种是否会重现双亲类型的性状；但诺丹的看法却相反，他坚持认为杂种的返祖现象具有普遍性。他主要是对栽培植物进行的试验。盖特纳又说，任何两个物种虽然彼此密切近似，但如果与第三个物种进行杂交，其杂种彼此差

雌细胞受精，胚珠开始在子房中发育成种子。

子房发育成成熟的果实

果实的循环过程

此图呈现了果实的整个循环过程。首先，盛花期时，植物完成授粉、受精的过程。然后子房内16个芝麻大小的白色胚珠中有一个开始膨大，比其他胚珠都大，呈心脏形。而后这个胚珠向子房下端发展，幼胚形成明显的胚根和子叶。其他不发育的胚珠呈褐色，残留在子房的上部。再过几天，为幼果增大期，光合作用产物主要供应坚果的生长。果实成熟后又可以进行播种培育了。

异就很大；但如果一个物种的两个不相同的变种与另一物种进行杂交，其杂种彼此差异就不大。然而，据我所知，这个结论是建立在某一次试验上的，并和科尔路特所做的几个试验的结果正相反。

以上就是盖特纳所说的杂种植物和混种植物之间的不重要的差异。另一方面，根据盖特纳的说法，杂种和混种，特别是从近缘物种产生出来的那些杂种，也是依据同一法则的。当两个物种杂交时，其中一个具有优势的物种，有时会迫使杂种像它自己。我相信植物的变种也是如此。至于

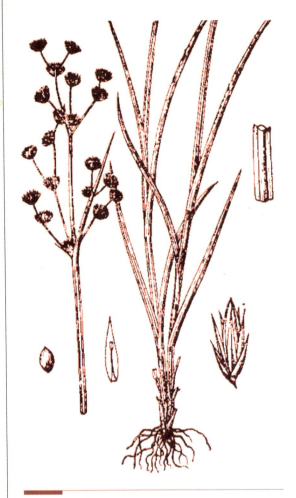

茎的结构 插图

　　植物的茎如同人体的脊椎骨一样，起到串联植物各个部分的作用。在上图植物的茎中，最顶端的是顶芽，其次是侧芽，中间的部位叫做节，最上端的则是节间。

更加复杂。特别在物种间杂交和变种间杂交里，由于某一性比另一性具有强烈的优势传递力量，使这个问题的复杂性更加得到强化。例如，我认为那些认为驴与马相比，前者更具有优势传递力量的作者们是对的，所以我们看到，无论骡或驴骡，它们都更像驴而很少像马。但公驴与母驴相比，前者更具有强烈的优势传承力量；所以由公驴和母马所产生的后代——骡，比由母驴和公马所产生的后代——驴骡，更像驴。

　　下述的假定事实受到某些作者的重视，即：只有混种后代不具有中间性状，它们与双亲中的一方密切相似。应该说，这种情形在杂种里也曾经发生，当然，我承认这比在混种里发生的少得多。下面是我所搜集到的事实：由杂交育成的动物，凡是与双亲中的一方密切相似的，它们的相似之点主要局限在性状上几乎畸形或突然出现的那些性状上，如皮肤白变症、黑变症、无尾或无角、多指和多趾等，它们与通过选择慢慢获得的那些性状无关。突然重现双亲中任何一方的完全性状，这种倾向在混种里远比在杂种里更容易发生。混种是由变种传下来的，而变种常常具有突发性，而且在性状上是半畸形的；杂种是由物种传下来的，它们是慢慢地自然产生的。我完全同意普罗斯珀·卢卡斯博士的见解，他搜集了有关动物的大量事实后，曾得出了以下结论：不论双亲彼此之间的差异多大，在同一变种的个体结合中，在不同变种的个体结合中，或在不同物种的个体结合中，子代类似亲代的法则都是一样的。

　　物种除了能育性和不育性外，杂交的后代和变种杂交的后代，在所有方面似乎都存

动物，可以肯定地说，也是一个变种常常比另一变种更具有优势的传递力量。从互交中产生出来的杂种植物，一般来说是彼此密切相似的，混种植物也是如此。无论杂种或混种，如果在连续世代里反复地和任何一个亲本进行杂交，它们都会重现任何一个纯粹双亲类型的性状。

　　这些看法显然也适用于动物。动物由于次级性征的部分存在，使得上述问题变得

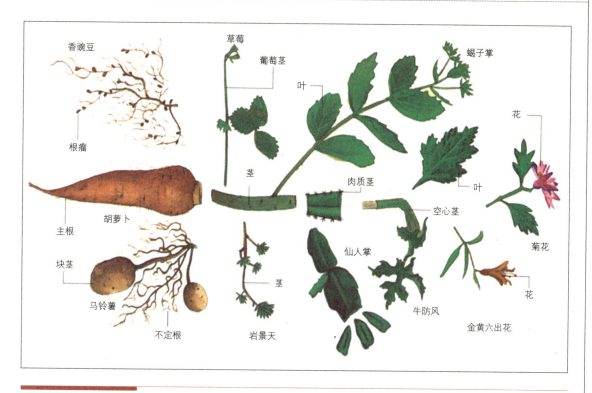

不同被子植物的结构示意图

　　被子植物的种子被心皮包被，这点与裸子植物不同；被子植物的叶脉多为网状脉序和分叉脉序（天南星科植物独有平行脉序），这也和裸子植物叶脉的平行脉序相异。

　　在普遍的密切相似性。如果我们把物种看做是特别创造出来的，而把变种看做是根据次级法则产生出来的，那么，这种相似性便会使人大吃一惊。但这个事实和物种与变种之间并没有本质区别的观点并不冲突。

第八章 杂交和杂种

337

物种起源

本章重点

物种从完全不同到能够列为物种的类型，这二者之间的第一次杂交以及它们的杂种，并不是普遍不育。不育性具有各种不同的程度，而且往往相差十分微小，即使一个最谨慎的试验者，如果根据这一标准进行判断，也会在类型的排列上得出完全相反的结论。在同一物种的个体内，不育性是内在地容易变异的，并且对适宜和不适宜的生活条件都十分敏感。不育性就其程度来说，它并不严格遵循分类系统的亲缘关系，只是被一些奇妙、复杂的法则所支配。在同样的两个

物种的互交里，一般来说，不育性是不同的，有时甚至是很大的不同。在第一次杂交以及由此产生出来的杂种里，物种不育性的程度并非是永远一致的。

在树的嫁接中，某一物种或变种所具有的嫁接在其他树上的能力，是伴随着营养系统的差异而发生的，而我们对这些差异的性质至今还是未知的。同样的道理，在杂交中，一个物种和另一物种在结合上的难易，是伴随着生殖系统里的未知差异而发生的。人们想象，为了防止物种在自然状况下的杂交和混淆，于是，它们便被特别赋予了各种程度的不育性，这和人们想象的关于树木嫁接的理由很相似。为了防止树木在森林中的接合，于是，树木便被特别赋予了各种不同而又近似的难以嫁接的性质，虽然这是没有任何理由的。

第一次杂交和它的杂种后代的不育性不是通过自然选择而获得的。在第一次杂交时，不育

嫁接的三角梅

从生物学上来讲，嫁接是一种人工栽培植物的繁殖方法；具体来讲，即人们把一种植物的枝或芽，嫁接到另一种植物的茎或根上，使接在一起的两个部分长成一个完整的植株。图为嫁接的三角梅，花分三瓣，簇拥成苞，艳丽动人。

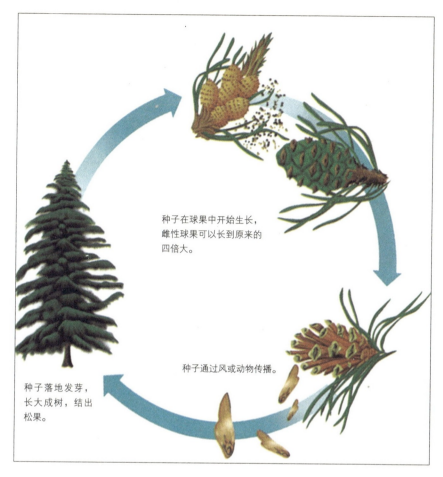

种子在球果中开始生长，雌性球果可以长到原来的四倍大。

种子通过风或动物传播。

种子落地发芽，长大成树，结出松果。

松树的生命循环

通常，松树的雌雄松塔都生长在同一植株上，当花粉进入雌性松果后立即开始发芽，并生长出一个含有精子且能接触到卵球的茎精子来使卵球受精；之后产生出受精卵，最后受精卵发育成一个能够随风传播的种子，此图以上就是松树的完整生命过程。

性决定于以下几个条件：在一些例子里，主要决定于胚胎的早期死亡；在有杂种的情况下，不育性显然决定于整个体制被两个不同类型的混合扰乱了。这种不育性和暴露在新的、不自然的生活条件下的纯粹物种所经常发生的不育性是密切近似的。如果对上述情形能够作出解释，那么就能够解释杂种的不育性。有一种平行现象，有力地支持着这个观点，这就是生活条件的微小变化可以增加所有生物的生存能力及能育性。再有，那些暴露在略有差别的生活条件下的、已经变异了的物种类型，它们之间的杂交，对后代的

大小、生存能力及能育性是有利的。对二型性和三型性植物的不合法的结合，并由此产生的不育性，以及它们的不合法后代的不育性所提供的事实，我们大概可以这样确定：有某种未知的纽带在所有情形里连结着第一次杂交的不育性程度和它们的后代的不育性程度。对于二型性植物的这些事实的考察，以及对于互交结果的考察，非常明显地引出了以下结论：杂交物种不育的主要原因仅仅在于雌雄生殖质中的差异。但应该承认，在不同物种的情形下，为什么在雌雄生殖质发生了或多或少的变异后，就会引起这种相互

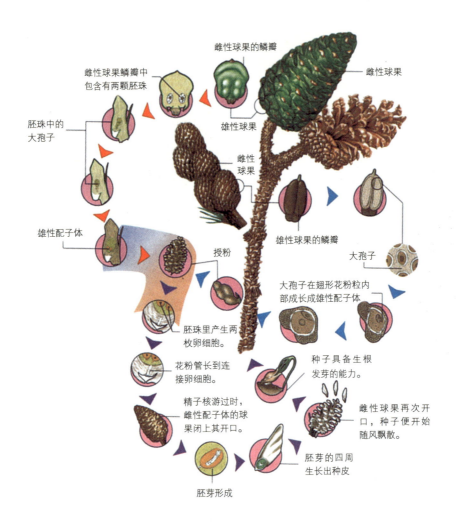

雌性球果的鳞瓣

雌性球果

雌性球果鳞瓣中
包含有两颗胚珠

雄性球果

胚珠中的
大孢子

雌性
球果

雄性球果的鳞瓣

大孢子

雄性配子体

授粉

大孢子在翅形花粉粒内
部成长成雄性配子体

胚珠里产生两
枚卵细胞。

种子具备生根
发芽的能力。

花粉管长到连
接卵细胞。

精子核游过时，
雌性配子体的球
果闭上其开口。

雌性球果再次开
口，种子便开始
随风飘散。

胚芽的四周
生长出种皮

胚芽形成

不育性？对此，我们并不清楚。我们只能说，这和物种长期暴露在近于一致的生活条件下，似乎存在着某种密切的关联。

任何两个物种出现的难以杂交和它们的杂种后代的不育性，即使原因不同，但在多数情形下应当是相应的，这似乎毫不为奇。其原因是，二者都决定于杂交的物种之间的差异量。第一次杂交的容易程度及由此产生的杂种的能育性、嫁接能力取决于多种因素，比如它决定于不同的条件，在一定范围

美洲黄松的繁殖

图为一株美洲黄松的繁殖过程。美洲黄松苗木根系十分发达，垂直根生长能力强，其植苗的成活率高。其繁殖过程为雄性配子体向雌性配子体受粉，在胚珠果内产生两枚卵细胞，与精子核结合形成胚芽，然后长成种子。

内与被试验类型的分类系统的亲缘关系相平行等，而分类系统的亲缘关系则包括了所有种类的相似性。

变种类型之间的第一次杂交，或者一种十分相似的、足以被认为是变种类型之间

的第一次杂交，以及由此产生的混种后代，一般来说都是能育的，但不一定必然能育。如果我们记得以下的事实，就不值得奇怪了：我们是那么容易地用循环法来辩论自然状态下的变种，辩论大多数变种是在家养状况下，仅仅依据外在差异的选择而产生出来的，而且它们并没有长期暴露在一致的生活条件之下，变种具有几乎普遍而完全的能育性等。我们应当特别记住，长期、持续的家养具有削弱不育的可能，它似乎很少能诱发

不育性。除了物种的能育性外，在其他所有方面，杂种和混种之间还有非常密切的相似性。它们的变异性、在反复杂交中彼此结合的能力，以及在遗传双亲类型的性状方面都是如此。最后要说的是，虽然我们至今还不知道物种的第一次杂交和杂种的不育性的真实原因是什么，也不知道动物和植物离开其自然条件后为什么会变为不育的，但就我而言，本章所举出的一些事实，似乎与物种原系变种这一信念并不矛盾。

神奇的对拱门　摄影　当代

　　此照片拍摄于美国著名的国家拱门公园，展现了奇特的自然沙岩拱门。此拱门的石头上有着颜色对比非常清晰的纹理，其成因是三亿年前这里曾是一片汪洋，海水消失以后又经过了很多年，盐床和其他碎片挤压成岩石并且越来越厚，盐床底部不敌上方的压力而破碎，复经地壳隆起变动，再加上风化侵蚀，一个个拱形石头就得已形成。

第九章
关于地质记录的不完全性

　　马和貘是两个不同类型的物种,但它们有一个共同的祖先。

　　经过观察，我们发现：在当今世界里能完全用标本将两个类型和中间变种有机紧密地连接在一起的事实，确属罕见。新的类型将按照截然不同的形式发生变化。比如，养鸽者可培育出与已经灭绝了的扇尾鸽极为相近的新品种；同时，处于劣势的类型是无法逃避灭绝这一残酷现实的。赫胥黎教授指出：爬行类和鸟类之间的巨大间隔，差不多是由细颚恐龙的一种或灭绝了的始祖鸟和驼鸟等不同类型的物种连接着——灭绝类型在地质层的演替过程中，同现存类型胚胎发育的级进是平行的。物种在同一地域进行相同模式的演替，遵循的是自然选择的法则。

消失的中间变种

我在第六章列举了对于本书所持论点的主要异议。对这些异议，大部分我们已经进行了讨论。异议之一：关于物种类型的明显区分以及物种没有无数的过渡连锁，这二者被混淆在了一起，这是一个明显的难点。对这一问题，我曾提出论点进行说明：今天，在很明显的有利于它们存在的环境条件下，在具有渐变的物理条件的广大地域，为什么这些连锁通常并不存在？我曾竭力说明，每一个物种的生活对今天还存在着的生物类型的依存，比对气候的依存要强烈得多。所以，那些真正具有支配力量的生活条件并不像热度或温度那样，会在不知不觉中逐渐消失。我也曾竭力说明，由于中间变种的存在数量比它们所联系的类型少，所以中间变种在进一步的变异和改进的过程中，一般要被淘汰和消灭。应该看到，今天，无数的中间连锁在整个自然界中没有到处发生，其主要原因是由于自然选择这一过程。通过这一过程，新的变种不断地代替、排挤了它们的双亲类型。毫无疑问，这种灭绝过程曾经大规模地发生了作用。根据比例，过去曾经生存的中间变种一定有很大的规模。既然如此，人们要问，为什么在各地质层和各地层中没有充满这些中间连锁呢？应该说，地质学的确没有揭示这些微细级进的连

美人鱼引领哥伦布到美洲　版画　19世纪　马德里美洲博物馆藏

在加勒比海岸有一个十分有趣的文学性传说，认为是美人鱼的歌声把哥伦布引向美洲的，哥伦布也曾在他的报告中说他看见3条美人鱼。其实哥伦布发现的是海牛，是海中的大型哺乳动物。

　　狮子是大型猫科动物里的一种。其体形庞大，习性凶猛，通常捕食比较大的猎物，如野牛、斑马等。当它们受到人类的猎捕时，也会给予有力的回击。这幅猎狮图生动地刻画了亚述国王与雄狮搏斗的场面，显然狮子处于上风。

锁；这大概是反对自然选择学说的最重要的异议。我认为，这主要是由于地质纪录的极度不完整。我相信，这个理由可以解释这一疑点。

　　首先，根据自然选择学说，我们应当永远记住，什么种类的中间类型是在过去生存过的。在我们观察任何两个物种时，我发现，我们的思维很容易在想象中直接进入物种之间的那些类型。但这是完全错误的。正确的是，我们应当经常追寻进入各个物种和它们共同的，但未知的祖先之间的那些类型；而一般来说，这个祖先在某些方面已经

与变异了的后代大相径庭了。这里，可以举一个简单的例证：扇尾鸽和突胸鸽都是由岩鸽传下来的，如果我们掌握了所有曾经生存过的中间变种，我们就能掌握这两个品种和岩鸽之间的关系，事实上，它们各有一个极其密切的系列。没有任何变种是直接介于扇尾鸽和突胸鸽之间的。例如，具有这两个品种的特征——稍微扩张的尾部和稍微增大的嗉囊——的变种实际上是没有的。再有，这两个品种已经发生了很大变化，是如此不相同，如果我们不了解它们起源的历史和其他间接证据，只是根据它们和岩鸽在构造上的对比，就不可能进行这样的判断：它们究竟是从岩鸽传下来的呢，还是从其他某一近似类型如皇宫鸽传下来的？

　　自然物种也是这样。设想一下，如果我们观察到差别很大的类型，如马和貘，我们就没有任何理由可以假定，那些直接介于

它们之间的连锁曾经存在过；但可以假定马或貘和一个未知的共同祖先，它们之间曾有过中间连锁的存在。在物种的整个链条上，它们的共同祖先与马和貘通常具有很大的相似性，但在某些个别构造上二者可能存在很大的差异，这种差异甚至比它们之间的彼此差异还要大。根据这个例子，我们可以这样说，在这种情形下，除非我们同时掌握了一条近于完全的中间连锁，否则，即使我们将祖先的构造和它变异了的后代加以严密的比较，也不能辨识出两个物种或两个物种以上的双亲类型。

根据自然选择学说，在两个现存的类型中，一个来自另一个的可能性是比较大的，如马来自貘。在这种情形下，在二者之间，应该存在着直接的中间连锁。如果这个看法成立，就意味着在一个很长期间里，某个类型保持不变，而它的子孙却在这期间发生了大量的变异。事实上，生物与生物的子与亲之间是存在竞争的，这个原理使上述情形发生的可能性极低。因为，在所有这些情形里，新的、改进的物种类型有压制旧的、不进行改进的物种类型的倾向。

根据自然选择学说，一切现存物种都曾经和本属的亲种存在着联系，它们之间的差异，并不比今天我们看到的同一物种的自然变种和家养变种之间的差异大。这些目前已经灭绝了的亲种，它们同样与古老的类型有所联系；如果我们向上回溯，常常会把它们归到每个物种大纲的共同祖先上去。由此可以认定，在现今的现存物种和灭绝物种之间，它们中间的过渡连锁数量一定非常大，甚至难以胜数。如果说自然选择学说是正确的，那么，这些无数的中间连锁也一定曾在地球上生存过。

已经流逝的漫长岁月

当然，除了我们没有发现这些无限数量的中间连锁的化石遗骸以外，还有一种反对意见。他们认为，既然一切变化的成果都是缓慢地达到的，那么，就没有充分的时间来完成如此大量的有机变化。如果读者不是一位从事实际工作的地质学者，我很难使他理解某些事实，从而对"时间"这个概念有所了解。莱尔爵士著有《地质学原理》一书，我深信，他一定会被后世历史家承认在自然科学中曾掀起了一场革命。凡是读过这部伟大著作的人，如果不承认过去时代曾是那样的久远，那他最好立刻把我的这本书合起来不要读了。然而，如果只是研究《地质学原理》和阅读不同观察者关于各个地质层的论文，或注意到这些作者怎样试图对于各个地质层的时间提出来的并不确切的观念，还远远不够。如果我们对发生作用的各项动力有所了解，并对地面剥蚀的深度、沉积物沉积的情况都进行了研究，我们才能对过去古老的时间获得一些概念。莱尔曾非常明白地说，沉积层的广度和厚度是剥蚀作用的结果，同时也是地壳别的场所被剥蚀的尺度。因此，一个人应当亲自考察层层相叠的所有地层的巨大沉积物，仔细观察小河如何带走泥沙，波浪如何将海岸岩崖侵蚀。只有这样，才能对已经逝去的时代的时间有所认识，而留有时间的痕迹在我们的周围到处都能见到。

宇 宙　何塞·库内奥　油画　19世纪

画作以恢弘的宇宙景观衬托出人类的渺小，是人和自然关系的史诗作品，它反映了时间的变化以及万物的不断演化。

海岸是由并不坚硬的岩石形成的，沿着岸边走走，注意看被自然力侵蚀剥落的岩石是有好处的。在多数情况下，每天有两次海潮到达海岸的岩崖，而且时间很短。一般情况下，只有当波浪挟带着细沙或小砾石冲击海岸时，岩崖才会被侵蚀；有证据证明，清水对岩石的侵蚀是没有任何效果的。经过这样反复冲刷，海岸岩崖的基部终于被掏空了，巨大的岩石碎块落了下来。岩石碎块落下后，就固定在了倾落的地方，然后一点一点地被海水所侵蚀，最后体积缩得很小，在波浪的旋转下，又被磨碎成小砾石、沙或泥。我们常常看到这样的情景：海岸在不断后退，岩崖基部的圆形巨砾生长着海产生物。这说明，这些海产生物很少被磨损，很

少被波浪转动。另外，如果我们沿着正在被自然力侵蚀剥落的海岸岩崖行走几英里，就会发现这些正在被剥落的崖岸，只不过是很短的一段，它们环绕着海角零零星星地存在着。然而，地表和植被的外貌在告诉人们，从它们的基部被水冲刷以来，它们已经经过很多年代了。

近来，我们从朱克斯、盖基、克罗尔以及先驱者拉姆齐等许多优秀的观察者的观察里，知道了大气所具有的侵蚀剥落力量；它们是一种比波浪冲击海岸的力量更为重要的动力。我们看到，整个陆地表面都暴露在空气和溶有碳酸的雨水的化学作用之下；在寒冷的地方，它们则暴露在霜的作用之下。那些被逐渐分解的物质，即使在平缓的斜面

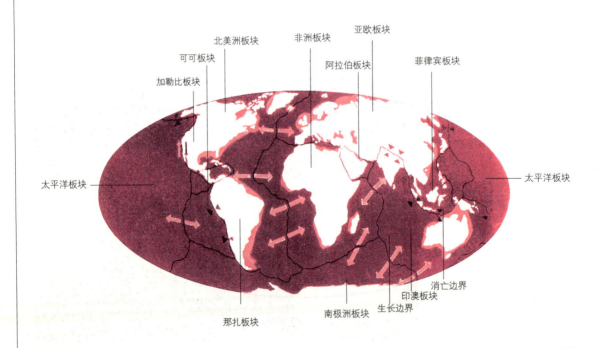

地球板块分布

地球表面有8个大板块和10个左右小板块。这些板块位于岩石圈上，如同浮冰一样处于不断运动之中。与人类的历史相比，这些板块的移动速度非常缓慢，但从地质角度来看却是非常快的。亚欧板块和北美洲板块目前正以每年大约20毫米的速度分离，这使得大西洋洋面越来越宽广。

上，也会被大雨冲走；在干燥的地方，则被风刮走；其力量超出了人们的想象。物质便被河川冲走了，急流加深了河道，河中的碎石被磨成碎片。遇到下雨的时候，即使在平缓倾斜的地方，我们也能从斜面流下来的泥水里看到大气侵蚀剥落下的效果。拉姆齐和惠特克曾经说，这是一个极为动人的观察。维尔顿区的巨大崖坡线，以及曾被看做是古代海岸的横穿英格兰的崖坡线，都不是如此形成的。原因是，各崖坡线都是由一种相同的地质层构成的，而海岸岩崖则是由各种不同的地质层交织而成的。如果这种情形是真实的，我们就应该认定，这些崖坡的形成，其原因是由于构成它的岩石比周围的表面更能够抵抗大气的剥蚀作用。于是，崖坡的表面便逐渐陷下去了，留下了比较坚硬的岩石所形成的线路。从表面上看，大气动力的力量是微小的，它们的工作进度似乎也很缓慢，谁料到它曾经产生过如此伟大的结果。从我们的时间观点来说，还有什么比这种信念更能使我们强烈地感到时间的久远无边呢？

　　我们体验了陆地通过大气作用和海岸作用而缓慢被侵蚀了的这一事实；如果还要了解过去时间的久远，一方面，最好去考察广大地域上被移去的岩石；另一方面，应去考察沉积层的厚度。我记得，当我看到火山岛被波浪冲蚀，并将四面削去，最后形成了高达1000或2000英尺的直立悬崖时，曾经非常感动，因为，熔岩流以前是液体状态，将它凝成平缓的斜面，这说明了坚硬的岩层曾经一度在大洋里伸展得十分遥远。断层说明了这一切。沿着断层，也就是那些巨大的裂

高地沙漠上的岩石景观　摄影

　　发生侵蚀作用时，岩石逐渐磨损消失，陆地渐渐被夷平。由于侵蚀和堆积的双重影响，对地表地形造成极大的改变。图中这个拱形物是在美国的犹他州国家公园发现的，它是几百万年前由于风和雨对岩石的侵蚀作用而形成。

隙，地层在这一边隆起，在那一边陷下，它的高度或深度竟达数千英尺。自从地壳裂破以来，无论地面的隆起是突然发生的或是如多数地质学者所阐明的，它们是缓慢地由许多隆起运动而形成的，这其中并没有多大的差别。现在，地表已经变得非常平坦了，我们在外观上已经看不出它曾出现过如此巨大转位的任何痕迹，如克拉文断层上升了30英里，沿着这一线路，地层的垂直总变位从600到3000英尺不等。盎格尔西也曾陷落达2300英尺。关于这个问题，拉姆齐教授曾发表过一篇报告。他告诉我，他相信在梅里奥尼斯郡，有一个地方陷落竟达12000英尺。当出现这些情况时，地表上已没有任何东西可以表现如此巨大的运动了；裂隙两边的石堆已被夷为了平地。

　　从世界各处的情况来看，沉积层的叠积都是非常厚的。我曾在科迪勒拉山测量过一片砾岩，它有10000英尺厚。砾岩的堆积速度虽然比密集的沉积岩快些，但从构成砾岩的

金雕　奥杜邦　水彩画　19世纪

　　金雕为鸟纲，鹰科，雌鸟体长约1米，雌雄同色。金雕现存数量稀少，处于濒危状态。金雕性情凶猛，经常袭击羊群，所以遭到牧人的捕杀。金雕的窝巢筑在悬崖峭壁的洞穴里，或者筑在一棵孤零零的大树上。它们每窝产卵1~4个，雄雕和雌雕轮流孵化。

沙岩磐石　摄影　当代　摄于美国犹他州

　　坐落于犹他州错综复杂的峡谷之间的中心岩石地带，是大自然最美丽动人的表现：红色的沙岩磐石与圆顶，犹如吸引人们的宗教寺庙。照片反映的是大自然剥蚀的效果。

小砾石磨成圆形需花费的时间来看，积成一块砾岩还是十分缓慢的。拉姆齐教授根据他在很多地方的实际测量，计算出了英国不同部分的连续地质层的最大厚度，结论如下：

　　古生代层（不包括火成岩）：57154英尺

　　第二纪层：13190英尺

　　第三纪层：2240英尺

　　全部加起来是72584英尺。如果将它们折合成英里，几乎有13.75英里。在英格兰，有些地质层只是很薄的一层，而在欧洲大陆上却厚达数千英尺。再有，在每一个连续的地质层之间，按照大多数地质学者的意见，空白时期也非常久远。由此可以看出，英国的沉积岩出现的高耸叠积层，只是对其经过的堆积时间，给人一个不确切的概念。对这类事实的考察，给我们的印象是：似乎就像在白费力气去掌握"永恒"这个概念一样。

　　人们对此产生的印象有些是错误的。克罗尔先生在一篇有趣的论文里写到："我们对于地质时期的长度形成了一种过大的概念，这是不会犯错误的，但如果用年数来计算，就要犯错误了。"面对自然界的巨大而复杂的现象，看到表示着几百万年的这个数字时，这二者在地质学者思想上会产生完全不同的印象，内心立即感到这个数字太小了。对大气的剥蚀作用，克罗尔先生根据某些河流每年冲下来的沉积物的已知量与其流域相比较，得出了如下数字：

　　如果把1000英尺的坚硬岩石逐渐进行粉碎，需要花费600万年的时间，才能将它从整个面积的平均水平线上移去。这个数字看上去令人感到吃惊，人们怀疑这个数字是否太大了，把这个数字缩减到1/2甚至1/4，依然是惊人的。之所以出现这种想法，与人们不了解100万的真实意义是什么有关。克罗尔先生用下面的比喻来进行说明：用一张83英尺4英寸长的狭条纸，沿着一间大厅的墙壁伸延出去；我们在1/10英寸处做一记号，这个"1/10英寸"代表100年，全纸条代表100万年。要记住，在这个大厅里，被毫无意义的尺度所代表的100年，对于本书提出的问题具有极其重要的意义。一些优秀的饲养者，他们仅仅在自己短短的一生中，就极大地改变了某些高等动物，而这些高等动物在繁殖它们的种类上，与大多数下等动物相比要缓慢得多。就这样，这些优秀的饲养者育成了新的亚品种。很少有人用半世纪以上的时间对物种的一个品系进行仔细的观察。所以我们说，两个饲养者的连续性工作可用100年来表示。我们不能假定，那些在自然状态下生存的物种，能够像处于有计划、选择指导之下的家养动物那样，短时期内发生迅速的变化。无意识的选择，即只保存最有用、最美丽的动物，但这种选择并无意于改变那个品种。如果将其效果与家养动物相比较，也许比较公平些。通过这种无意识的选择，在两个世纪或三个世纪的时间里，各个品种就将发生明显的改变。

然而，物种的变化大概要缓慢得多，一般来说，在同一地方，只有少数的物种同时发生变化。物种之所以出现这种缓慢性变化，原因是同一地方内的所有生物相互之间已经非常适应了。要改变这种状况，除非经过一个很长的时间，由于某种物理变化的发生，或者由于新类型的移入，否则，在这个自然机构中是不会出现新的位置的。再有，具有正当性质的变异或个体差异，即出现了某些生物能够在改变了的环境条件下适应新地位的变异，也不会马上就发生。遗憾的是，我们没有办法根据时间来决定，一个物种的改变需要经过多长时间。关于这个问题，以后还要进一步讨论。

古生物学标本的匮乏

现在让我们到馆藏最丰富的地质博物馆去看一看，我们会发现，即使在那里，其陈列品也是非常贫乏的。人们都承认，博物馆所搜集的标本是不完全的。我们永远不应

杨树叶化石 摄影 当代

每一种类生物延续的时间是200～1000万年。化石的存在或许更说明问题，几种种类的结合，可以确定植物形成的确切年代，即使使用的化石是属于生物界未知的群体。这是一张生长在2500万年前的杨树叶子的矿化化石。

忘记可敬的古生物学者爱德华·福布斯说的下面这段话：大多数的化石物种都是根据单个的而且常常是破碎的标本来制作的，有些是根据某一个地点发现的少数标本来命名的。到目前为止，人们只对地球表面上的很少一部分作过地质学上的发掘。考察每年欧洲的所有重要发现，可以说，没有一处地方曾被十分仔细地发掘过，那些柔软的生物没有一种能够被保存下来。散落在海底的贝壳和骨骼，如果没有沉积物的掩盖，就会很快腐朽，从而永远消失掉。我们现在的看法可能是十分错误的，认为几乎整个海底的沉积物正在进行堆积，它们的堆积速度足够埋藏和保存化石的遗骸。海洋中，大部分面积都呈现蓝色，这说明水是纯净的。许多记载证明，经过一个长时期的间隔后，一个地质层往往会被另一个后生的地质层遮盖起来；在这个间隔期内，处在下面的那一层并未遭受到任何磨损。对这种情形要有一个前提才能解释，那就是海底必须很多年没有发生过变化，否则无法解释这一现象。我们知道，埋藏在沙子或砾层里的遗骸，遇到岩床上升的时候，一般会由于溶有碳酸的雨水的渗入而被分解。那些生长在海边高潮与低潮之间的许多种动物，似乎很难被保存下来。例如，

有几种藤壶亚科（无柄蔓足类的亚科）的物种，数量巨大，我们几乎在全世界的海岸岩石上都能找到它们，这些都是严格意义上的海岸动物。人们曾经在西西里发现过一个在深海中生存的地中海物种的化石，除此以外，至今还没有在任何第三纪地质层里发现过其他的物种，虽然我们知道藤壶亚科曾经生存于白垩纪。有一个问题值得我们注意，必须经过很长时间才能堆积起来的巨大沉积物中，竟然完全没有生物的遗骸。直到今天，我们对此仍不能作出任何解释。一个最显著的例子是：弗里希地质层由页岩和沙岩构成，厚度达数千英尺，有的甚至达6000英尺，从维也纳绵延到瑞士，其长度至少300英里。地质学家虽然对它进行过非常仔细的考察，但除了发现少数的植物遗骸之外，没有发现任何化石。

对那些生活在中生代和古生代的陆栖生物，我们所搜集的证据是非常片面的。这里就不多谈了，只举一个例子：最近，除了莱尔爵士和道森博士在北美洲的石炭纪地层中发现了一种陆地贝壳外，在中生代和古生代这两个极其广阔的时代里，人们还没有发现过其他陆地贝壳。值得庆幸的是，前不久在黑侏罗纪地层中已经发现了陆地贝壳。关于哺乳动物的遗骸，莱尔的《手册》里所登载的历史表可以看一看。《手册》充满了真理，读这个《手册》比读文字还能更好地了解对物种的保存是如何稀少、如何偶然。事实上，第三纪哺乳动物的骨骼大部分是在洞穴或湖沼的沉积物里发现的，没有一个洞穴或真正的湖成层是属于第二纪或古生代的地质层的。如果我们了解了这一点，对它们的

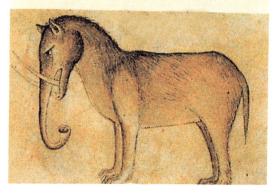

大象 佚名 油画 18世纪

原古时大象都分布于非洲和北美洲，西方人在中世纪对大象印象不深，画家们只会想起它们的长鼻和长牙，其他部位就大相径庭了。

稀少也就不会感到惊奇了。

除了上述任何原因外，地质记录的不完全还有一个更重要的原因：很多地质层相互之间被一个很长的间隔时期隔开了。很多

地质学家都赞同这一观点，甚至像福布斯那样完全不相信物种变化的古生物学者也赞同此说。当我们在一些著作中看到地质层的表格时，当我们在从事实地考察时，我们就不得不相信它们之间是密切相连的。例如，默奇森爵士写了一部关于俄罗斯的巨著，由此我们知道了，在那个国家重叠的地质层之间有着十分广阔的间隙；这种情形在北美洲、在世界的许多地方都是如此。如果一个最熟练的地质学家只把他的注意力局限在他的国家，那么他绝不会想到，在他的祖国还处在一个空白时期时，巨大的沉积物已在世界的其他地方堆积起来了，它们中含有新的、十分特别的生物类型。我可以这样认为：如果在各个分离的地域内，对连续地质层之间所经过的时间长度不能形成一个正确的观念，那么可以设想，我们在任何地方都不能确立这种观念。如果连续地质层的矿物构成常常发生巨大变化，那就意味着周围的地质发生了巨大变化，由此就必然产生沉积物。这种情形与在各个地质层之间曾有过很长的间隔时期的看法是一致的。

我们能够理解各个地区的地质层几乎都是间断的这一事实。这里要问的是：它们为什么不是彼此密切相连接的呢？我曾在南美洲进行过调查，近期，那里的数千英里海岸升高了几百英尺。最打动我的是，竟没有发现一点近代的沉积物。那里有足够的广度，可以持续保留哪怕是一个很短的地质时代，而不至于将其磨灭。它的西海岸栖息着一些特别的海产动物。然而，那里的第三纪层很不发达，可能一些连续存在的、特别的海产动物的记录不会在那里长久地保存，直到遥远的古代。稍微想一下，我们就能根据海岸岩石的大量剥落和注入到海洋里去的泥流进行解释：为什么我们没有在沿着南美洲西边升起的海岸发现含有近代的，即第三纪遗骸的巨大地质层？可以想象，在遥远的古代，那里的沉积物一定是丰富的。毫无疑问，我们应当这样进行解释：当海岸沉积物和近海岸沉积物一旦被逐渐升高的陆地带到海岸，在波浪的磨损下，就会不断地被侵蚀掉。

红岩之乡　摄影　当代　摄于美国科罗拉多峡谷

　　科罗拉多河现在仍流经科罗拉多大峡谷中心，它是这个伟大景观的主要孕育者。如果要了解河流，就必须了解峡谷。从科罗拉多雪山流出的雪水与怀俄明绿河汇聚，然后以冷列清澈的水流冲向犹他州的红岩之乡。

可以断言，沉积物只有形成非常厚的、坚实的、面积很大的巨块，才能在升高时和水平面连续变动时，抵抗住波浪的不断冲刷以及后来的大气侵蚀作用。这样厚重、巨大的沉积物，是由两种方式的堆积来完成的。其一，在深海底部进行堆积。深海底不像浅海那样，栖息着许多变异了的生物类型。当大块的沉积物上升之后，在它的堆积期内生活的附近的生物所提供的记录是不完全的。其二，在浅海底进行堆积。如果浅海底不间断地慢慢沉陷，沉积物就能在那里任意堆积，其厚度和广度都十分巨大。在后一种情形里，只要海底沉陷的速度与沉积物的供给保持大致平衡，海水就一直是浅的，这就有利于多数的生物类型得到保存，包括那些变异了的生物类型。于是，一个富含化石的地质层便形成了；即使它开始上升，并变为陆地时，它的厚度也足以抵抗大气的剥蚀作用。

我相信，凡是层内厚度的大部分富含化石的古代地质层（几乎所有的古代地质层），它们都如上所述，是在海底沉陷期间形成的。我在1845年发表了关于这个问题的看法，之后，我就十分注意地质学的进展情况。使我感到惊奇的是，当作者们讨论到各种各样不同的巨大地质层时，他们先后都得出了同样的结论，即这些巨大的地质层都是在海底沉陷期间堆积起来的。对此，我可以补充一点，南美洲西岸唯一存在的古代第三纪地质层就是在水平面向下沉陷期间堆积起来的，并达到了相当的厚度。它虽然有巨大的厚度，并能够抵抗住大气的侵蚀，但它仍然难以持续到一个久远的地质时代，仍然难

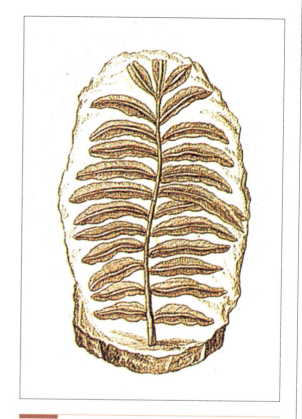

叶片化石

这块叶片化石在地质层中保持得十分完整，叶片没有丝毫损坏，叶脉走向清晰可见。地质学家认为，它应该是早期的蕨类植物叶片化石。

逃被磨灭的命运。

地质史所呈现出来的事实很明白地告诉我们，每个地域都曾发生过无数次缓慢的水平面振动，振动的影响范围无疑是很大的。结果，在沉陷期间，那些富含化石、广度和厚度都足以抵抗随之而来的大气侵蚀作用的地质层，就在广大的范围内形成了。然而，它的形成只局限于在以下地方：那里，沉积物的供给能够保持海水的浅度，能够在遗骸未腐化前把它们埋藏和保存起来。相比较而言，在海底维持静止的时期，厚重的沉积物是不能在最适于生物生存的浅海部分堆积起

三叶虫化石　摄影　现代

　　地质年代是通过成千上万种生物的出现和消亡来表示的。各生代以主要生物群为标志，例如古生代是三叶虫，中生代是恐龙。三叶虫是最具古生代特征的节肢动物，它们的出现标志着古生代的开始。三叶虫有1500个种类，但至今无一幸存。图中是一种生长在海里的古生代三叶虫的化石。我们也把三叶虫化石称为燕子石或蝙蝠石，其种类繁多，大小不一，从1厘米至1米都出现过。

来的。在上升的交替期间，这种情形就更少发生；更确切些说，那时堆积起来的海床，由于处在升起和进入海岸作用的界限之内，也常常被毁坏了。

　　以上谈的，主要是海岸沉积物和近海岸沉积物。在广阔的浅海，例如，在马来群岛30、40、60英寻（海洋测量中的深度单位，1英寻＝1852米。——编译者）深的大部分海域，它的幅员广阔的地质层大约都是在其上升期间形成的。在它缓慢的上升时期，并没有遭受到强烈的侵蚀。由于上升运动，地质层的厚度比海的深度小，因而地质层的厚度应该不会很大。也因为这个原因，堆积物不会凝固得很坚硬，它的上面也不会覆盖着各种地质层。所以，在以后的水平面振动期

间，这种地质层就非常容易被大气、海水所侵蚀。根据霍普金斯先生的意见，如果地面的一部分在上升后及未被剥蚀之前就自行沉陷，那么，在上升运动中所形成的沉积物，就有可能受到新堆积物的保护，虽然它不厚，也可以保存一个很长的时期。

　　霍普金斯先生相信，水平面广阔的沉积层很少会完全毁坏。然而，除了少数相信现存的变质片岩和深成岩曾一度形成地球的原核外，其他的地质学家都认为，深成岩外层的很大范围都已经被剥蚀。原因是，在没有表被的时候，这些岩石被凝固和结晶的可能性极小。但如果变质作用发生在海洋深处，那么，岩石以前的保护性表被就不会很厚。所以，如果我们承认片麻岩、云母片岩、花岗岩、闪长岩等曾经一度被覆盖，那么，对

蝴蝶化石　摄影　现代

　　蝴蝶是完全变态昆虫。不呈现变态的动物被称为是"直接发育"的，这种情况存在于海螺蜗牛、头足纲软体动物、蜘蛛、蝎子等身上。确实，在孵化时，小墨鱼、小蜗牛、新生蜘蛛已经像是微型的成年动物。大多数脊椎动物也没有变态：小鸟和小哺乳动物已经具有最终形态，几乎所有两栖动物都有变态的倾向，还有些鱼类也有变态现象，如鳗鱼。人们称这些动物为"间接发育"。青蛙的蝌蚪、鳗鱼的幼体是些幼虫；而鱼的幼体并非幼虫，而是小鱼。

古生代
海洋　想象图

中生代
恐龙　想象图

新生代
哺乳类

于世界很多地方的这种大面积的、裸露在外
的岩石，我们除了它们的被覆层已被完全剥
蚀了的信念，还能有什么解释呢？我们必须
承认，在一个广大面积上，都有这种岩石的
存在。如巴赖姆的花岗岩地区，据洪堡说，
其面积至少比瑞士大19倍。布埃曾在亚马逊
河的南面划出一块由花岗岩构成的地区，其
面积相当于西班牙、法国、意大利、德国的
一部分以及英国诸岛面积的总和。人们还未
曾对这个地区进行过仔细调查，这里，我们
只能根据旅行家们所提出的证据证明，它的
花岗岩的面积是十分巨大的。冯埃虚维格曾
经详细地绘制了这种岩石的区域图，它的面
积成一条直线，从里约热内卢一直延伸到内
地，长达260英里。我曾在这个地区的另一方
向旅行过150英里，眼中看到的全是花岗岩。
在沿着从里约热内卢到普拉他河口的全部海
岸（全程1100英里），我搜集了很多标本。

地质年代

　　目前所发现的生物化石，大多生存于6亿年前以后，地质
学上将此后的时间分为三个地质年代：古生代、中生代和新
生代。古生代开始时间为6亿年前，那时海洋中有无脊椎动
物，陆地上尚没有动物和植物，代表性生物为三叶虫；中生
代开始时间为2.3亿年前，那时海洋中出现脊椎动物，陆地上
有了动物和植物，代表性生物为蕨类和恐龙；新生代开始时
间为6500万年前，出现了开花植物和哺乳类动物，以及鸟类
和昆虫等。

经过检查，证明都属于这一类岩石。在整个
普拉他河北岸地区，除了近代的第三纪层
外，只有一小部分是属于轻度变质岩的。我
想，这大概是形成花岗岩系的原始被覆物所
留下的唯一岩石了。美国和加拿大是大家所
熟悉的地区，我曾根据罗杰斯教授的精美地
图的标记把它剪下来，并根据它记载的重量
进行计算，发现变质岩（不包含半变质岩）
和花岗岩的比例是19：12.5。如果将二者的
面积相加，总和超过了全部较新的古生代地

质层。在很多地区，如果我们把那些覆在变质岩和花岗岩上面的沉积层除去，那么，变质岩和花岗岩的面积比我们表面上所见到的还要伸延得更广、更远。我们知道，沉积层是不能形成结晶花岗岩的原始被覆物的，由此看来，在世界上的某些地方，其整个地质层可能已经完全被磨灭了，使我们没有看到一点遗迹。

有一个问题值得我们注意。在上升期间，陆地面积及它连接的海的浅滩面积会不断增大，从而形成新的生物生活场所。上面我们说过，在那里，这种新的环境条件对于新变种和新种的形成是很有利的。遗憾的是，这一时期在地质记录上一般是空白的。从另一方面看，在沉陷期间，除最初分裂为群岛的大陆海岸外，生物在分布面积和数量上会减少，其结果是带来生物的大量绝灭。当然，少数新变种或新物种却在这时开始形成了；在这样一个沉陷时期，堆积起了很多富含化石的沉积物。

所有地质层中都缺少大量的中间变种

根据上述考察，从整体来看，我们可知的地质记载无疑是非常不完整的。然而，我们如果把注意力仅仅局限在某一种地质层上，就很难理解：为什么人们没有发现，那些始终生活在这一地质层中的近似物种之间密切级进的诸变种？根据记载，同一个物种在同一地质层的上部和下部一般呈现着一些变种。特劳希勒得曾经举的菊石的许多事例就是这种情况。喜干道夫也曾描述过一种十分奇异的物种类型：在瑞士，淡水沉积物的连续诸层中存在复形扁卷螺的十个级进的类型。毫无疑问，各地质层的沉积需经过非常久远的年代才能形成，人们甚至还可以举出许多理由，说明在各个地质层中为什么一般不包含一个级进的连锁系列，存在于一直生活在那里的物种之间，但我对下述理由还是不能给予适当的评价。

我们知道，每个地质层都可以将一个久远的时间过程显示出来。然而，这与一个物种变为另外一个物种所需要的时间相比，可能还是显得短了些。勃龙和伍德沃德都是古生物学者，他们曾断言，各地质层的平均存续期比物种类型的平均存续期要长二至三倍。我尊重他们的意见，然而在我看来，这其中似乎存在着很多难以克服的困难，妨碍我们对这种意见作出恰当的评论。当我们看到一个物种刚开始在地质层的中央部分出现

菊石的传说　摄影　现代

据说巫师利用菊石能使沉睡的神灵显现。英国人把菊石称为"蛇石"。在英国约克郡的一个小城，一直流传着菊石是被七世纪的圣女希尔达砍了头的古代小蛇的故事，因而这个城的城徽上绘有3个蛇头菊石。事实上菊石并不是石，而是已经灭绝的海生无脊椎动物。

石炭纪的植物繁殖　水粉画　20世纪

在35000万年前，植物已经能够自然繁殖了，有胚珠和花粉。胚珠受粉后变成种子，种子脱离后再在其他地方生长出新的植物。在最原始的系统中，植物已有雌雄之分。同一棵针叶树就有雌雄枝。

石炭纪植物茂盛，主要是蕨类。煤里的蕨类植物化石很多，因为这类植物在腐败分解，受到极大压力后，陷入地下转化成煤。

下初次迁移到这个区域去的。如大家所熟知的，一些物种在北美洲古生代层中出现的时间比在欧洲同样地层中出现的时间要早，这明显是物种从美洲的海中迁移到欧洲的海中所需要花费的时间。在考察世界各地的最近沉积物时，我们到处可看见少数至今依然生存的某些物种，它们在沉积物中虽然很普通，但在周围相邻的海中则已经灭绝了。也有与之相反的情形：一些物种现在在周围邻接的海中虽然很繁盛，但在这一特殊的沉积物中却是绝无仅有的。考察欧洲冰期内（它只是全地质学时期的一部分）的生物的准确迁徙数量和冰期内的海陆沧桑、气候的巨大变化，再结合生物经过的悠久时间，这为我们上了最好的一课。然而，在世界的任何地方，含有化石遗骸的沉积层是否曾在这一冰期的整个期间在同一区域内进行连续堆积，

时，一般会非常轻率地去推论，在这之前，这个物种不曾在其他地方存在过。还有一种情况，当我们看到一个物种在一个沉积层最后部分形成以前就消失时，我们也会非常轻率地去推定，这个物种在那时已经灭绝了。事实上，我们忘记了，欧洲的面积和世界的其他部分相比是相当的小，而全欧洲的同一地质层的几个阶段也不是完全相关的。

根据以上情形，我们可以有把握地推论：由于气候变化及其他因素，所有种类的海产动物都曾作过大规模的迁徙。当我们看到一个物种最初在某个地质层中出现时，可能就是这个物种在气候发生变化或其他因素

贝壳化石

这个贝壳化石上的贝壳图案仅遗留下一丝原有颜色的痕迹，而贝壳本身的色彩则随时光的流逝变为阴影。碳碳双键被破坏，可能是导致其褪色的原因。但只要结晶体内染色体结构没有发生破坏性的变化，人类就能依此推论出几亿年前贝壳化石的本色。

这是值得怀疑的。例如，在密西西比河河口的附近，在海产动物繁殖的深度范围以内，我想，沉积物恐怕不是在冰期内连续堆积起来的。我们知道，在这个期间，美洲的其他地方曾经发生过巨大的地理变迁。像在密西西比河河口附近浅水中沉积起来的这种地层，它们是在冰期的某一个时期内沉积起来的；在上升的过程中，由于物种的迁徙和地理变化，生物的遗骸大概会最初出现和消失在不同的水平面中。在未来的某个时候，如果有一位地质学家调查这些地层，他大概会得出这样的结论：看起来那里埋藏的化石生物的平均持续过程比冰期的时间短，而实际上却比冰期要长得多；也就是说，它们从冰期以前一直延续到了现在。

如果沉积物能在一个很长时间内连续进行堆积，其时间长度足够它发生缓慢的变异过程，那么满足了这一条件，沉积物才能在同一个地质层的上部和下部得到介于两个类型之间的完全级进的系列。由此可知，这个堆积物一定非常厚，而且在其中发生变异的物种一定是在整个期间都生活在同一区域中。我们知道，一个非常厚而且全部含有化石的地质层，只有在沉陷期间才能堆积起来；在这个过程中，沉积物的供给必须与沉陷量接近平衡状态，这样才能使海水深度保持一致，才能使同一种海产物种在同一地域内生存。另一方面，这种沉陷运动有可能导致沉积物的地面沉没在水中；这样，在沉陷运动连续进行的时期，沉积物的供给便会减少。事实上，很难保证沉积物的供给和沉陷量之间达到完全的平衡，这无疑具有偶然性。不少古生物学者都观察到，在厚厚的沉

丽蟾化石

丽蟾是我国已知的最早蛙类，生活在距今约1.25亿年前的白垩纪早期，与恐龙同时,它的发现大大提前了蛙类在中国的进化历史。

积物中，除了它们的上部和下部附近，一般是不存在其他生物遗骸的。

各个单独的地质层，和任何地方的整个地质层相似，它的堆积过程一般是间断的。我们常常看到，当一个地质层由许多非常不同的矿物层构成时，我们可以对此进行合理的推论，它们的沉积过程或多或少是曾经间断过的。人们虽然非常精密地对某个地质层进行了考察，然而，关于这个地质层的沉积过程所需要的时间，我们仍没有十分准确的概念。已经发现的众多事例证明，那些厚度仅仅只有数英尺的岩层，却反映了其他地方厚度达数千英尺的地层情况，可以想象，它们在堆积上需要花费何等长的时间。有人忽视了这个事实，他们甚至会怀疑，如此浅薄的地质层，怎么会反映了长时间的沉积过程。事实上，一个地质层的下层在升高后被剥蚀，然后再沉没，最后又被同一地质层的上层所覆盖，这方面的例子非常多。这些事实说明，沉积物巨大的广阔面在堆积期间，很容易被人忽视其存在的间隔时期。我们还看到另外一些情形，那些巨大的化石树

依然像当时生长时那样直立着，这也明显地证明，在沉积过程中，存在着很长的间隔期以及水平面发生的变化。我们设想，如果这些巨大的化石树没有保存下来，人们大概不会想象出时间的间隔和水平面的变化的。例如，莱尔爵士和道森博士曾在新斯科舍发现了一个达1400英尺厚的石炭纪层，它的内部含有古代树根的层次并相互重叠，不少于68个不同的水平面。如果在一个地质层的下部、中部和上部出现同一个物种，我们就可以推论，这个物种可能在沉积的全部期间没有生活在同一地点，它可能在同一个地质时代内，曾经经过几度的绝迹和重现。因此，如果这个物种在任何一个地质层的沉积期间内发生了显著的变异，那么，这个地质层的某一部分就不会有理论上一定存在的微细的中间级进，它只是具有突发性的变化类型，虽然这种变化可能是很轻微的。

有一个重要问题需要记住，在如何区别物种和变种上，博物学者们并没有金科玉

狼鳍鱼化石

狼鳍鱼是一种东亚特有的中生代鱼类，根据出土的化石来推断，狼鳍鱼的体长不会超过20厘米。尽管这种鱼类体形较小，但是它是目前已知最早的真骨鱼类。

律。学者们承认各个物种都有细微的变异性，但当他们遇到两个类型之间存在着比较大的差异量，而又没有密切的中间级进把二者相连时，他们就要把这两个类型列为物种。根据以上理由，事实上，不可能在任何一个地质的断面中都看到这种连接，我们也不抱这一奢望。假定B和C是两个物种，并且假定在下面较古的地层中发现了第三个物种A。在这种情形下，即使A严格地介于B和C之间，除非有一些非常密切的中间变种把它与上述任何一个类型或两个类型同时连接起来，否则A就会被简单地列为第三个不同的物种。记住，就像前面所解释的那样，A也许是B和C的真正原始祖先，而且在各方面并不一定严格地介于它们二者之间。所以，我们可能从同一个地质层的下层和上层中得到亲种和它的若干变异了的后代。然而，如果我们没有同时得到无数的过渡级进，我们就无法辨识它们的血统关系，因而就会把它们列为不同的物种。

大家知道，很多古生物学者是根据非常微小的差异来区别物种的。如果这些标本来自同一个地质层的不同层次，他们便会毫不犹豫地把它们列为不同的物种。现在，一些富有经验的贝类学者，已经把多比内及其他学者认定的很多非常完全的物种降为变种了。根据这一学说，我们的确能够看到那类变化的证据。关于第三纪末期的沉积物，大多数博物学者都相信，它们所含有的许多贝壳和现在还生存着的物种是相同的，但也存在一些不同的看法。例如，一些卓越的博物学者，如阿加西斯和皮克推特，他们认为，所有这种第三纪物种和现在还生存着的物种

是完全不同的，虽然它们之间只存在着微小的差别。这些博物学者给我们提出了两难选择。我们或者相信这些著名的博物学者，承认第三纪后期的物种的确与它们的现在生存的代表完全相同；或者我们与大多数博物学者的判断相反，承认这种第三纪的物种的确与近代的物种完全不同。我们选择了其中一种，都能在这里获得我们所需要的那类微细变异屡屡发生的证据。如果我们观察一下它们广阔的间隔时期，也就是说，观察一下同一个巨大地质层中的不同但连续的层次，我们就会看到，那些埋藏的化石，虽然一般被列为不同的物种，但它们相互之间的关系与相隔遥远的地质层中的物种相比，无疑要密切得多。根据以上所述，关于这个学说所指向的方向发生的变化，这里又提供了很多无可怀疑的证据。对这个问题，我将在下章再加讨论。

对那些繁殖较快且移动不大的动物和植物，如前面所说，我们有理由推测，它们最初的变种通常具有区域性。这种区域性的变种，只有当它们相当程度地改变和完成了自己的使命，才会在一个大的区域广为分布，并排除它们的双亲类型。根据这一观点，我们要在任何地方的一个地质层中发现两个类型之间的早期过渡阶段的机会，无疑是很小的。原因是，人们将连续的变化假定为区域性的，也就是说，将它们局限在某一地点。事实上，大多数海产动物的分布范围都是很广的。我们看到，凡是在植物里分布范围最广的，也最容易呈现变种。根据这一观点，贝类以及其他海产动物中具有最广大分布范围的、已经远远超过我们已知的欧洲地质

被子植物化石

被子植物最早的化石，是在英国和以色列发现的，它们都是白垩纪早期的花粉颗粒化石；而发现于中国辽西地区的被子植物化石则是白垩纪中期的花粉颗粒化石。

层界限以外的物种，一般最先产生地方变种，并产生新物种。基于此，我们在地质层中查出过渡诸阶段的机会无疑在很大程度上减少了。

最近，福尔克纳博士提出了一种重要的观点，导致了同样的结果，即虽然人们用年代计算，各个物种进行变化的时期是很长久的，但与它们没有进行变化的时期相比，可能还是很短的。

我们应该知道，今天，能用中间变种把两个类型连接起来的完全标本是非常稀少的。除非我们能够从很多地方采集众多的标本，否则，我们很难证明它们是同一个物种。而在化石物种上一般很难做到这一点。对这个问题，我们只需要问一问就明白了。例如，在某一个未来时代，地质学家能否证

明我们的牛、绵羊、马、狗的各品种是从一个或几个原始祖先传下来的呢？那些栖息在北美洲海岸的某些海贝，它们是变种还是所谓的不同物种呢？一些贝类学家将它们列为物种，但又不同于它们的欧洲代表物种；而有一些贝类学家仅仅将它们列为变种。经过这样的提问后，我们就明白了，用无数微细的、中间的化石连锁来连接物种是不可能的。除非未来的地质学者发现了化石状态的无数中间级进之后，否则他们不能证明这一点，而要取得这样的成功几乎是不可能的。

相信物种的不变性的作者们反复地强调，地质学没有提供任何连锁的类型。下章我们将谈到这一点。毫无疑问，这种主张肯定是错误的。卢伯克爵士曾指出："各个物种都是其他的近似类型之间的连锁。"如果我们以一个具有20个现存的和灭绝的物种的属为例，假定它的4/5被灭绝了，难道还有人会怀疑残余的物种之间会显得格外不同吗？

猛犸象化石 摄影 当代

　　猛犸象生活在北半球的第四纪大冰川时期，距今300万年至1万年前，身高一般5米，体重10吨左右，以草和灌木叶子为生。猛犸象身躯高大，体披长毛，最显著的外貌特征是长着一对长而粗壮的象牙，而且象牙向上向后弯曲并旋卷。

我想大概没有人会这样想。如果这个属的两个极端类型是偶然被毁灭的，那么，这个属和其他的近似属应该更不相同。遗憾的是，地质学研究对下列问题都没有揭示：在过去的时代，曾经有无数的中间级进存在过，就如现存的变种那样细微，它们几乎将所有现存的和灭绝的物种都连结在了一起。当然，我们不能期望可以做到这一点。但这个问题却被人反复地提出，作为反对我的观点的一个最重要的主张。

应该说，用一个想象的例证把上述地质记录不完全的原因进行总结还是值得的。马来群岛的面积大约相当于从北角到地中海，或从英国到俄罗斯的欧洲面积。除美国的地质层外，它的面积与那些经过或多或少精确调查过的地质层的全部面积不相上下。我完全同意戈德温·奥斯汀先生的意见，他认为马来群岛的现实状况（它的很多大的岛屿已被广阔的浅海隔开），大概可以代表过去欧洲的大多数地质层正在进行堆积的状况。在生物方面，马来群岛是最丰富的区域之一，即使这样，如果我们把所有的曾经生活在那里的物种都搜集起来，就会发现，它们在代表世界自然史上同样是非常不完整的。

我们有很多理由相信，在马来群岛假定堆积的地质层中，陆栖生物的保存一定很不完全。严格意义上的海岸动物，或生活在海底裸露岩石上的动物，被埋藏在地质层中的，一般不会很多。即使有，那些被埋藏在砾石和沙中的生物也不会保存到遥远的时代。在海底没有沉积物堆积，或堆积的速率太慢，不足以覆盖死亡的生物体的地方，生物的遗骸就不可能被保存下来。

那些富含各类化石，而且有相当的厚度，在未来足以延续到就像第二纪层那样悠久时间的地质层，一般来说，它们在群岛中只能形成于沉陷期间。在沉陷期间，它们相互之间要被一个很长的间隔期分开；在这个间隔期间，地面一般会出现两种情形，或者保持静止，或者继续上升。在继续上升时，处在峻峭海岸上的含化石的地质层，会因不间断的海岸作用而遭受毁坏，毁坏的速度和堆积速度几乎相等。这和我们今天在南美洲海岸上见到的情形比较相似，在上升期间，在群岛间的广阔浅海中，沉积层也很难堆积得很厚，也就是说，它很难被后来的沉积物覆盖起来，从而到达保护的目的；因此，它没有机会存续到遥远的未来。在沉陷期间，大多数生物都会绝灭。在上升期间，可能会出现大量的生物变异，遗憾的是，关于这一时期的地质记录更加不完整。

关于群岛全部或一部分发生沉陷，以及同时发生的沉积物堆积，这些事件所经过的漫长时间，是否会超过同一物种类型的平均持续时间，对这个问题是提出质疑的。这种偶然事件，对两个或两个以上物种之间的一切过渡级进的保存是不可缺少的。如果这些级进不能全部保存下来，那些过渡的变种看上去就好像是许多新的密切近似的物种。另一方面，沉陷的漫长时期还可能被水平面的振动所间断，同时，在这个漫长的时期，还可能发生轻微的气候变化；处于这种情形下，群岛的生物就会迁移，于是，在任何一个地质层里，要完整保存有关它们变异的密切连续的记录无疑是很困难的。

群岛的多数海产生物，它们已超越了自己的生活界限，广泛分布到数千英里以外去了。由此类推，我们可以明确地说，这些广泛分布的物种，即使它们中只有一部分能够广泛分布，并经常产生新变种（这类变种最初是地方性的），然而，一旦它们取得了决定性的优势，也就是说，当它们进一步发生变异和改进时，它们就会慢慢地散布开去，并且把亲缘类型排斥掉。当这等变种重返故乡时，它们已和原来的状态大不相同了。虽然这种变化究其程度来说是非常轻微的，并且它们都是埋藏在同一地质层的稍微不同的亚层中，然而，根据众多古生物学者所遵循的原理，这些变种大概也会被列为新的不同的物种。

如果这种看法具有某种程度的真实性，我们就没有权利期望，在那里的地质层中找到无数的、差别微小的过渡类型。根据我们的学说，这些类型曾经把一切同群的过去物种和现在物种连接在一条长而分枝的生物连锁中。我们应该寻找存在的少数连锁。事实上，我们已经找到了它们。它们之间的关系有的远些，有的近些。这些连锁，即使曾经是非常密切的，但如果在同一地质层的不同层次被发现，也会被许多生物学者列为不同的物种。毫不讳言，就因为在每一个地质层的初期和末期生存的物种之间缺少无数过渡的连锁，从而对我的学说构成了严重的威胁，所以我对这些保存得最好的地质断面进行了考察，遗憾的是，它的记录竟然是如此贫乏。

在某些地质层中发现的全群近似物种突然出现现象

物种全群在某些地质层中突然出现这一事件，曾被阿加西斯、匹克推特和塞奇威克等古生物学者看做是反对物种能够变迁这一学说的致命根据。如果属于同属或同科的无数物种真的会同时产生出来，那么，这一事实对进化学说确实是致命的，因为自然选择学说是以此为依据的。依据自然选择，所有从某一个祖先传下来的一群类型的发展，一定是一个非常缓慢的过程；而它们的祖先一定在它们变异了的后代出现很久以前就已经存在了。然而，人们常常过高地估计了地质记录的完整性，而且，由于某属某科没有出现在某一阶段，就错误地推论它们以前没有在那个阶段存在过。在这种情形下，只有积极性的古生物证据才可以完全信赖。而消极性的证据，经验告诉我们，那是没有价值的。然而，我们忘记了，那些被调查过的地质层的面积与我们生活的整个世界相比，它们是何等的渺小。我们可能还忘记了，在侵入欧洲的古代群岛和美国以前，物种群也许在其他地方已经存在很久，而且已经开始慢慢地繁衍起来了。我们对那些连续地质层之间所经过的间隔时间，也没有进行恰如其当的考虑。在许多情形下，它可能比各个地质层堆积起来所需要的时间还要长。这些间隔时间给予了物种

追杀无齿海牛　油画　19世纪

画面反映的是白令海域的水手们正在追杀无齿海牛的情景。无齿海牛的灭绝是人类的一次自我亵渎。无齿海牛的身躯庞大，喜在浅水处脊背露出水外，以海藻等海洋植物为食，群居生活。

充分的机会，使它们从某一个双亲类型繁生起来，它给人们的感觉是，在以后生成的地质层中，这些物种好像是被突然创造出来的一样。

这里，我仍要再一次强调一个问题，即一种生物对于某种新的、特殊的生活方式的适应，一般来说要经过长久连续的年代，如鸟在空中飞翔。它们的过渡类型常常会在某一区域内保留很长时间。然而，这种适应一旦成功，并且少数物种由于经过这种适应过程，比别的物种获得了更大的优势，那么，只要短短的时间，它们中就会产生出许多有分歧的类型来，而这些类型便会迅速、广泛地在全世界传播开来。匹克推特教授曾对本书写了一篇优秀书评，其中以鸟类作为例证，评论了早期的过渡类型。他没有看出假想的原始型的前肢，在连续性的变异中可能带来什么利益。然而，看看"南方海洋"上的企鹅，它的前肢，难道不是正处于"既非真的臂，也非真的翼"这一真正的中间状态下吗？这种鸟在生存斗争中占据了对它们有利的地位，不但它们的个体数目无限多，而且种类也很多。这里，我并不是假定我见到的就是鸟翅曾经经过的真实的过渡级进，但翅膀对企鹅的变异了的后代应该是有利的。首先，它可以使其变为像大头鸭那样，能够在海面上自由飞行，最后从海面飞起，在空中滑翔。相信这一切应该没有什么特别的困难。

我现在举几个例子来证明前面的话，并说明我们在假定全群物种曾经突然产生这一问题上是多么容易犯错误。甚至在匹克推特关于古生物学的伟大著作的第一版（出版

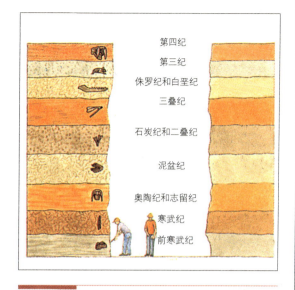

地质年代图表

古生物学家根据化石周围岩石的年龄，确定化石的年代，这叫"相对定年法"。他们还测定岩石和化石里所含的放射性化学物质，来确定它们形成的年代，这叫"绝对定年法"。

史前时期分为不同的阶段，叫"代"，每个代又分为若干"纪"，每一个阶段最长达几百万年。如果你从地球表面深深地挖下去，就会找到各个存活在不同时期的动、植物化石。

于1844至1846年）和第二版（出版于1853至1857年）之间，在这样一个短暂的时期，对于几个动物群的出现和消灭的结论就发生了很大的改变。到这部著作出版第三版时，可能还要发生更大的改变。我再说一件大家熟知的事实。不久前，人们发表的一些地质学论文，其中都说哺乳动物是在第三纪初期才突然出现的。现在，我们已知的富含化石哺乳动物的堆积物则属于第二纪层的中央部分，并且在接近这个纪的初期，在新红沙岩中发现了真的哺乳动物。居维叶一贯主张，在第三纪层中没有猴子出现；然而，目前在印度、南美洲和欧洲更古的第三纪的新世层中却发现了它的灭绝种。如果不是在美国

的新红沙岩中偶然保存了它们的足迹，谁敢设想在那个时代，至少有不下30种不同的鸟形动物曾经存在过呢？它们中，有些甚至是非常巨大的，而在这些岩层中，却没有发现这些动物遗骨的任何一块碎片。不久以前，一些古生物学者提出，整个鸟纲都是在始新世突然产生的。然而我们知道，根据欧文教授的权威意见，在上部绿沙岩的沉积期间，的确已经存在着一种鸟了；更近些，在索伦何芬的鲕状板岩中，人们发现了一种奇怪的鸟，现在我们将它称为始祖鸟。这种鸟有着蜥蜴状的长尾，尾上每节都有一对羽毛；它的翅膀上长着两个发达的爪。据我所知，任何近代的发现都没有比这一发现更有说服力，它有力地证明了，我们对这个世界以前的生物的知识是何等的贫乏。

蛇化石 摄影 现代

这是在美国得克萨斯州的岩石中发现的化石。它们是生活在大约260万年前的原始爬虫。从这些化石中观察发现，这些动物的身体构造已相当精巧和完善，如一些古代的贝壳石，曾被早期的博物学家认为是蛇的遗骸。

这里，我再举一个我亲眼看到的、使我十分感动的例子。我曾在一篇论无柄蔓足类化石的报告中列举了以下事实：1.现存和灭绝的第三纪物种存在的大量数目；2.全世界从北极到赤道，栖息在从高潮线到50英寻各种不同深度中的许多物种异常繁多的个体数目；3.那些最古的第三纪层中被保存下来的完整标本；4.遗留下来的一个很容易辨识的壳瓣的碎片。根据这些，我推论，如果无柄蔓足类曾经生存在第二纪，它们肯定会被保存下来，并被人们发现。然而，因为人们没有在这个时代的岩层中发现过它们的一个物种，所以我曾经断言，这一大群物种是在第三纪的初期突然出现的。这个结论使我十分痛苦。我当时想，这会给一个大群的物种突然出现增加一个事例。然而，就在我的著作将要出版时，一位经验非常丰富的古生物学家波斯开先生给我寄来一张完整的标本图。毫无疑问，图中的物种是一种无柄蔓足类，这个化石是波斯开先生亲自从比利时的白垩纪中采集到的。似乎是为了使这一情形更加动人，这个物种是藤壶属，是一个很普通、很巨大，到处都存在的一属。在这一属中，人们还没有在第三纪层中发现它们之后的一个物种。更近的时候，伍德沃德曾在白垩纪上部发现了无柄蔓足类的另外一个亚科的成员，即四甲藤壶。根据以上的发现所提供的证据，我们现在可以有把握地说，这群动物在第二纪时曾经存在过。

全群物种突然出现的一个明确现象，就是古生物学者常常提到的硬骨鱼类。阿加西斯说，它们是在白垩纪下部出现的。这一鱼类包含了现存物种的大部分。但是，人们普遍将侏罗纪和三叠纪的某些类型看做是硬骨鱼类，甚至一位权威学者也将某些古生代的类型分在这一类里。如果硬骨鱼类确实是在北半球的白垩纪初期时突然出现的，这当然值得我们的高度重视。然而，除非有事实证明，这一物种在世界其他地方，并在同一时期内突然同时发展起来，否则，它并没有对我们现有的认识造成不可克服的困难。我们知道，在赤道以南并没有发现过任何化石鱼类，对此，这里就不多说了。读了匹克推特的古生物学，我们知道在欧洲的几个地质层也仅仅发现过很少的物种。今天，少数鱼科的分布范围也是有限的；硬骨鱼类的情形大概与此相似，它们先前的分布范围也是受到限制的；它们仅仅在某一个海里经过很大的发展后，才开始广泛地分布开去。同时，我们也没有任何权利来进行这样的假定：从南到北，世界上的海永远是自由开放的，今天的情形也说明了这一点。今天，如果马来群岛变为陆地，那么，印度洋的热带部分大概就会形成一个完全封锁的巨大盆地；在那里，海产动物的任何大群都可能繁衍起来。然后，它们中的某些物种开始适应了这种较冷的气候，能够绕过非洲或澳洲的南方的角，并由此到达其他遥远的海洋；这时，这一动物大概就会被局限在那一个地区了。

根据以上考察，说明我们对欧洲和美国以外地方的地质学是何等的无知。近十余年来，新的发现掀起了古生物学界的一场革

大自然的奇迹——腹足纲化石　克诺尔　水彩画18世纪

这幅腹足纲化石图，是克诺尔为自己的著作《大自然的奇迹和地球古物的收藏，含石化物》一书绘制的插图。克诺尔和瓦尔希估计，地球上曾出现过一段长达几千年之久的地质灾难期，他们下结论说，并非所有的化石都属于同一年代，因而化石的起源可能有不同的原因。

命，人们的知识发生了很大变化。由此，我认为，如果我们对全世界生物类型的演替问题轻易地下断论，就像一个博物学者在澳洲的一个不毛之地待了5分钟后就来讨论那里生物的数量和分布范围一样，这确实是太轻率了。

近似物种群在已知化石层的最底层突然出现

还有一个与上述问题相似的难点更加严重。这里说的是动物界的几个主要类属的物种，它们在人们已知的最下层化石岩层中突然出现的情形。通过大家的讨论，我相信，同群的一切现存物种都是从一个单一的祖先传下来的，这个观点也同样适用于最早的既知物种。例如，所有寒武纪和志留纪的三叶

虫类，它们都是从某一种甲壳动物传下来的；而这种 甲壳类一定早在寒武纪以前就已经存在了，可能它和我们所知的所有动物都有很大的不同。某些最古的动物，如鹦鹉螺、海豆芽等，它们与现存物种并没有太大区别；根据我的学说，我们不能假定，这些古老的物种是其后出现的同群的所有物种的原始祖先，原因在于这些物种不具有任何的中间性状。

如果我的学说是真实的，那么，在寒武纪最下层沉

洪 水　油画　19世纪

洪荒时代，洪水几乎覆盖整个地表，它们铲低山峰、冲塌高地、冲断山脉。之后洪水沉积到地下，浸塌地下的洞穴，产生深渊，大地表面的水位才逐渐降低。但洪水并没有就此停息，人类诞生后，它仍然经常侵袭人类的家园。图为19世纪油画，描绘了洪水如猛兽般吞噬人类家园，人们纷纷爬到高处避难的情景。

积之前，必然经过了一个很长的时期。如果把从寒武纪到今天这一时间长度相比，这一时期大概与此一样久远，甚至还要更长一些。在这样一个长久的时期，世界上必然已经到处是生物。谈到这个问题，我们又遇到了不同的、有力的反对意见。对于地球在适于生物居住的状态下是否确实经历了那么长时期，人们对此提出了质疑。汤普森爵士曾经断言，地壳形成目前的凝固状态，时间不会在2000万年以下或4亿万年以上。他认为，这段时间大概在9800万年以下或2亿万年以上。时间差距如此之大，说明这些数据本身是值得怀疑的。另外，以后其他要素还可能被引入到这个问题上来。克罗尔先生曾计算，从寒武纪开始，至今大约已经经过了6000万年。然而，根据从冰期开始以来生物的微小变化量进行判断，自从寒武纪以来，生物确实曾经发生过非常大的多次变化。与这种变化相比，6000万年时间似乎太短了，甚至这以前的1.4亿年对于在寒武纪中已经存在的各种生物的发展来说，其时间长度也不够。当然，汤普森爵士还提出了另一个主张，他认为，在非常遥远的时代，由于世界所处的物理条件不同，物种的变化可能比今天更急促、更激烈，而这一变化显然有助于促使生物以相应的速度发生变化。

为什么人们没有在寒武纪以前这个假定的最早时期内发现富含化石的沉积物呢？关于这个问题，我目前还不能给予一个满意的解答。以默奇森爵士为首的几位地质学者，应该说是很卓越的。他们直到现在仍然相信，人类在志留纪最下层所看到的生物遗骸

即将爆发的火山

地壳之下100至150千米处，有一个"液态区"，区内存在着高温、高压下含有气体的熔融状硅酸盐物质，即岩浆。岩浆沿着山脉隆起造成的裂痕上升，当熔岩的压力大于岩石顶盖的压力时，便向外迸发成为火山。火山在地球上分布很不均匀，它们一般都出现在地壳中的断裂带。就世界范围而言，火山主要集中在环太平洋一带和印度尼西亚向北经缅甸、喜马拉雅山脉、中亚细亚到地中海一带。

火山爆发

火山爆发时喷出的大量火山灰和火山气体，对气候造成极大的影响，也极大地改变了当地地质情况。

是生命的最初曙光。另外一些享有盛名的鉴定者，如莱尔和福布斯，则对这一结论持反对意见。应该记住，我们对这个世界的认识

地质图　巴克兰　水彩画　19世纪

化石学家巴克兰的地质学和矿物学著作《布里奇沃特论集》，以布里奇沃特伯爵的名字命名，以此纪念这位伯爵对他的科考工作的支持。这两幅地质图反映了"地壳的一部分"，其中植物和动物布置与地层相对应。此图是巴克兰亲手绘制的。

达到精确的，只是其中的一小部分。就在不久之前，巴兰得在人们已知的志留纪的下面又发现了一个更下方的地层，在里面发现了特别的新物种，而希克斯先生则在南威尔士的下寒武纪层中发现了三叶虫及含有各种软体动物和环虫类的岩层。现在我们知道，甚至在某些最低等的无生岩中也有磷质小块初沥青物质存在。这些发现，可能是对这一时期存在生命的暗示。加拿大的劳伦纪层中存在着始生虫，这个事实已经被大家所承认。在加拿大的志留系存在着三大系列的地层，地质学者曾在最下面的地层中发现过始生虫。洛根爵士说："如果将这三大系列地层的厚度加起来，可能远远超过从古生代基部到现在的所有岩石的厚度。这样，人类就被带回到一个非常遥远的时代。相比之下，巴兰得所谓的原始动物的出现，可能会被某些人看做是比较近代的事情。"我们知道，始生虫的等级在所有动物的纲中是最低等的，然而，在它所属的这一纲中，它的等级却是高级的；它的数量曾经非常大。道森博士曾这样描述这些始生虫：它们肯定以其他的微小生物为食饵，而这些微小生物的数量一定非常大。我在1859年曾说过，有关生物远在寒武纪以前就已经存在。这个观点与以后洛根爵士所说的几乎相同，而且被证明是正确的了。尽管人们的认识已经有了很大的进展，但要对寒武系以下为什么没有叠积富含化石的巨大地层举出有说服力的理由，仍然是很困难的。如果说其中的原因是那些古老的岩层已经因为剥蚀作用而完全消失，或者说化石因为变质作用而整个泯灭了，这似乎是不可能的。如果事实真是这样，我们一定会在它们之后的地质层中发现哪怕微小的残余物；一般来说，这种残余物常常是以部分变质状态存在的。然而，我们在现今的关于俄罗斯和北美洲的范围广大的志留纪沉积物的描述中并没有发现它们，当然也没有支持这种观点的描述：一个地质层越古老，就越容易遭受强度极大的剥蚀作用和变质作用。

对于这种情形，目前还无法作出解释，因此，有人把它作为一种有力的论据，对本书所持的观点进行反驳。为了对以后可能得到的某种解释提出一个思路，这里，我愿提出以下假说：根据在欧洲和美国的若干地质层中发现的生物遗骸的性质（这些遗骸似乎没有在深海中栖息过），并根据构成地质层的厚达数英里的沉积物的量，我们可以进行这样的推论：产生沉积物的大岛屿或陆地，它们一直处在现在的欧洲和北美洲的大陆附近。这个观点得到了阿加西斯和其他一些人的赞同。然而，我们仍不知道，在一些连续地质层之间的间隔期内，事物的状态究竟如何。在这个间隔期内，欧洲和美国究竟是干燥的陆地，还是没有任何沉积物沉积的近陆海底，甚至是一片广阔的、深不可测的海底？这些，我们都不知道。

博尔卡峰的鱼化石

人们可以通过化石来探索古代生物的形状和它们生活的情况。这些生物死亡后，遗体中的有机质分解殆尽，坚硬的部分如外壳、骨骼、枝叶等与包围在周围的沉积物一起经过石化变成石头，但它们依然保留着原来的形态、结构，同样，它们生活时留下的痕迹也可以这样保留下来。

珊瑚礁

珊瑚从古生代初期开始繁衍，一直延续至今，可作为划分地层，判断古气候、古地理的重要标志。达尔文根据珊瑚礁礁体与岸线的关系，将珊瑚礁划分为岸礁、堡礁和环礁；根据形态将珊瑚礁划分为台礁和点礁等类型。

今天的海洋是陆地的三倍，散布着众多的岛屿。然而，我们知道，除新西兰以外，几乎不存在着一个真正的海洋岛，如果新西兰还算一个海洋岛的话。它们没有提供过一件古生代或第二纪地质层的残余物。根据这

地球的发展　合成图

　　该图形象地描绘了地球从距今两亿年前到距今6500万年前的发展轨迹。画面清晰地展现了地球板块的变化，以及由此引发的地质情况的明显改变。

一事实，我们大概可以推论：在古生代和第二纪期间，大陆和大陆岛屿不是存在于现在海洋的范围内。因为，如果它们曾经在现在海洋的范围内存在过，那么，古生代层和第二纪层就应该有它们消灭、崩溃了的沉积物的堆积层。这一地层，由于时间非常久远，在这个期间内，一定会发生水平面的振动，于是，就形成了至少某一部分的隆起现象。如果我们从这个事实中可以推论任何事情，那我们同样可以这样推论：在现在的海洋范围内，从人类有记录的远古时代以来，就一直存在着海洋；同样，在现在大陆存在的地方，也曾有过大片陆地的存在，而且，从寒武纪以来，它们无疑蒙受了水平面的巨大振动。我在《论珊瑚礁》一书中，曾附有一些彩色地图，它们帮助我作出了如下结论：直到今天，各大海洋仍然是沉陷的主要区域；大群岛仍然是水平面振动的区域；大陆仍然是上升的区域。当然，我们没有任何理由说，自从世界开始以来，事情一直就是这样的，没有任何变化。大陆的形成，可能是由于在多次水平面发生振动时所形成的上升力量占优势造成的。但我们要问：这种占优势运动的地域，难道在长时期的推移中没有发生任何变化吗？可以推想，远在寒武纪以前的某一个时期，今天是海洋的地方，也许曾经是一片大陆；而现在是大陆的地方，也许曾经是一片广阔的海洋。现在，如果太平洋海底变为一片大陆，即使那里有比寒武纪层还古的沉积层沉积下来，我们也不应假定我能够辨识它们的形态。原因是，由于这些地层沉陷到更接近地球中心数英里的地方，加

之上面有水的巨大压力，它们可能比接近地球表面的地层所蒙受的变质作用更为严重。世界上有裸露变质岩的广大区域，如南美洲，这些区域一定曾经在巨大的压力下遭受过灼热的作用。对于这些区域，我总觉得应该进行特别的解释。在这些广大区域里，我们大概可以看到，有很多远在寒武纪以前的地质层，它们一直处在完全变质、完全剥蚀了的状态之下的。

这里所讨论的几个难点是：一、虽然我们在地质层中看到了许多介于今天的物种和过去的物种之间的连锁，但没有看见把二者紧密连接起来的无数微细的过渡类型；二、在欧洲的地质层中，一些物种群突然出现。而据我们现在所知，在寒武纪层以下，几乎完全没有富含化石的地质层。这些难点，就其性质来说，无疑是极其严重的。居维叶、阿加西斯、巴兰得、匹克推特、福尔克纳、福布斯等，可以称得上是卓越的古生物学者，而莱尔、默奇森、塞奇威克等，称得上是最伟大的地质学者，他们都曾经非常一致且强烈坚持物种的不变性。由此，我们可以感受到上述难点的严重程度。但现在莱尔爵士开始支持相反的一面，这是一种最高权威的支持。与此同时，大多数的地质学者和古生物学者对于他们以前的信念也开始动摇了。那些相信地质记录基本上是完整的人，肯定会毫不犹豫地反对这个学说。至于我自己，我比较喜欢莱尔的比喻并遵循它，即地质的记录是一部已经散失不全并且经常用变化的方言写成的世界历史。在这部历史中，我们只有最后的一卷，而且它只与两三个国家有关系。在这一卷中，又仅仅在这里或那里保存了一个短章；卷中每页只有寥寥几行字。这些慢慢变化着的语言，在每一章中又呈现出不同的情形。这些文字可能代表埋藏在连续地质层中的被错认为突然出现的诸生物类型。根据这一观点，前面所讨论的难点就大大地缩小，甚至消失了。

第十章
关于生物的地质演替

同纲的各成员在长久而相等的时期内的平均变化量近乎相同，但是由于富含化石的、持续久远的地质层的堆积有赖于沉积物在沉陷地域的大量沉积，所以现在的地质层几乎必须在广大的、不规则的间歇期间内堆积起来。结果，埋藏在连续地质层内的化石所显示的有机变化量就不相等了。按照这一观点，每个地质层并不标志着一种新而完全的创造作用，而不过是在徐徐变化着的戏剧里随便出现的偶然一幕罢了。

大峡谷　摄影　当代

大峡谷是世界地质史上最为生动的范本，两岸的绝壁上呈现出被侵蚀后的各时代地层，是地质学家的历史书，也是万千游客眼中最独特壮观的景色。照片摄于美国科罗拉多州的西部高原。

关于生物的地质演替

现在让我们来了解一下与生物在地质学上的传承有关的一些事实和法则，我希望我们能通过此次的了解彻底弄清楚一个问题：这些事实和法则究竟是与物种不变的普通观点相一致，还是与物种通过变异和自然选择从而发生缓慢且逐渐变化的观点相一致。无论是在陆地还是水中，新型物种都是以极为缓慢的速度陆续出现的。莱尔先生对此曾这样解释道："在第三纪的某些阶段中存在着这方面的证据，关于这一点，几乎是无法加以反驳的，而且每年至少会有一种倾向把各阶段间的空隙填充起来。在某些最近代的岩层中（如果用年来计算，这些底层所存在的时代属于极为悠远的远古时代，但在地质年代中却是最年轻的），其中不过仅一两个物种是灭绝了的，并且其中只有一两个新的物种是第一次出现的，这些新的物种或者是地方性的，或者据我们所知，是遍布于地球表面的。"第二纪地质层是相对间断的，但据勃龙说，埋藏在各层里的许多物种的出现和消灭都不是同时的。

不同纲或不同属的物种，在变化的速度

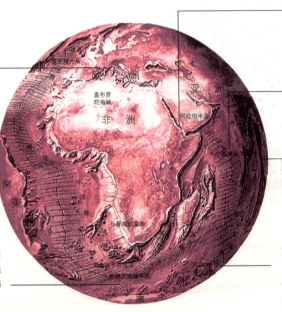

地球的结构

大陆架

西北欧大不列颠岛周围和挪威海沿岸大陆架较宽广，最宽处近1000千米。大陆架区的海水都很浅。

威德尔深海平原

环绕着南极洲的南大洋洋底，主要是辽阔而毫无起伏变化的深海平原。这是海底平坦或坡度很小的地区。

红 海

红海是世界上最年轻、咸度最高的海之一。它是在阿拉伯半岛脱离非洲时形成的。

卡尔斯博格洋脊

印度洋的洋脊体系，形状似一个巨大的倒"Y"字形，卡尔斯博格洋脊位于最北边。

九十度东脊

这个洋脊绵延2735公里，因位于东经90°而得名。

克尔格伦海底高原

荒凉的克尔格伦岛就位于这个海底高原的顶部。这里一度是捕鲸业的中心，现在则变成海岛和其他野生动植物的家园。

和程度上是不同的。在较为古老的第三纪地层里，还埋藏着一些就现今而言是极为稀有的贝类的化石，甚至还可以找到大量已灭绝的贝类的化石。福尔克纳先生曾就上述的这一事实举出过一个明显的例子，他说："在喜马拉雅山下的沉积物中，人们发现了一种现存鳄鱼的化石，而与其埋在一起的还有许多已经灭绝的哺乳类和爬行类的化石。"志留纪时期的海豆芽与本属的现存物种之间的差异很小，然而志留纪时期的大多数软体动物和所有甲壳类与现存物种之间的差异却非常巨大。在变化的速度上，陆生生物比水生生物要快得多，人们曾经在瑞士找到了能证明这一论断的明显事实。有理由可以使我们相信，高等生物比低等生物的变化要快得多，但这一规律也有例外的时候。根据匹克推特先生的理论，生物的变化量在各个连续的地质层里也不是相同的。然而，如果我们把这些连续的地质层作一番比较，我们便会发现一个惊人的事实，即所有物种都曾经发生过变化，尽管它们彼此之间的变化各不相同。如果一个物种的确已经从地球表面上消失了，那么我们就没有任何理由去相信这一物种会再出现。但是，有一种情况例外，那就是由巴兰得先生所提出的"殖民团体"，这些生物曾在某个时期"侵入"（即它们的化石被埋在了比它们所在地质年代还要古老的地层中）到了较古的地质层中，于是这种被人们认为是已经灭绝的生物就有可能重新被人们发现。但莱尔先生的解释是，这是从一个断然不同的地理区域暂时移入的一种情况，这种解释似乎可以令人满意。

这些事实与我的学说很一致，同时我要

树懒　摄影　当代

　　树懒是一种古老的动物，栖于热带森林中，平时动作迟缓，有气无力，是世界上走得最慢的哺乳动物。每迈一步约需12秒钟，比爬行的乌龟还要慢。即使在躲避食肉动物捕捉时，也是宁愿蜷缩不动也不逃跑。

指出的是，我的学说中并不包括那些僵硬的发展规律，即不会存在一个地域内所有生物都突然地，或者同时地、或者同等程度地发生变化，这类观点是不会出现在我的学说中的。在我的学说中，变异的过程一定是缓慢的，而且一般只能同时影响少数物种，因为各个物种的变异性与其他物种的变异性之间没有任何的关联。至于这些个体差异是否能通过自然选择而被全部或部分地积累下来，并最终产生一定量的永久变异量，则必须取决于许多复杂的临时事件，即取决于具有有利性质的变异、自由的交配、当地一直处于缓慢变化中的物理条件、新"移民"的迁入情况及其他生存竞争者的性质等。因此，当我们发现某一个物种在形态上的保持时间比其他物种要长很多，或者即使出现了变化，但变化后的差异也不是很大时，我们没有必要对这些事情感到奇怪。在世界各地，现存生物之间也同样存在着我在上面所说的那些关系。比如，马德拉的陆生贝类和鞘翅类，就算与欧洲大陆上的关系最亲近的物种相比，它们彼此之间的差异依然很大，而水生贝类和鸟类之间的差异却要小得多。根据前章所说的，由于高等生物与其所生活区域的有机及无机的生活条件之间有着极为复杂的关系，因此，我们也许就能知道，为什么陆生生物和高等生物比水生生物和低等生物的变化速度要快得多。当任何一个地区的绝大多数生物已经发生了变异并进化时，我们可以根据生存斗争的原理以及上述所提到的生物与生物在生存斗争时的几个重要的临时事件，知道为什么那些没有发生一定程度变异和进化的类型是多么容易出现灭绝了。因此，我们如果真的对这些事情给予了足够长时间的关注的话，我们就可以明白，为什么同一个地方的所有物种终究都要变异，因为不变异的就要归于灭绝。

同纲的各成员在长久而相等的时期内的平均变化量大概近乎相同。但是，因为富含化石的、持续久远的地质层的堆积有赖于沉积物在沉陷地域的大量沉积，所以现在的地质层几乎必须在广大的、不规则的间歇期间内堆积起来。结果，埋藏在连续地质层内的化石所显示的有机变化量就不相等了。按照这一观点，每个地质层并不标志着一种新而完全的创造作用，而不过是在徐徐变化着的戏剧里随便出现的偶然一幕罢了。

我们能够清楚地知道，为什么当一个物种灭亡后，即使再一次出现与该物种存在时完全相同的有机和无机生活条件，这种物种也绝不可能再次出现了。因为，虽然一个物种的后代可以在自然界的组成中占据另一物种的位置（这种情况无疑曾在无数事例中发生）而把另一物种排挤掉，但是旧的类型和新的类型之间是绝不可能完全相同的。因为，新旧两者之间几乎一定都有各自不同的祖先，而它们又从这些各自不同的祖先身上得到了不同的性状，进而它们会以不同的方式进行变异。例如，如果扇尾鸽都被毁灭了，养鸽者可能育出一个和现有品种很难区别的新品种来。但原种岩鸽如果也同样被毁灭了（我在前面的章节中已经说过了，在自然情况下，物种常常会被它的亲缘类型或发生了变异的后代所代替和消灭），在这种情况下，我实在很难相信，一个与现存品种相同的扇尾鸽能从任何其他的鸽种中，甚至从任何其他十分稳定的家鸽族中再度被培育出

捕鲸日志 插图

在北极海域谋生的欧洲人是最早的捕鲸者和捕猎海豹的人。他们每天都把在本区域的发现写在航海日志上。这些欧洲人的捕猎行为，恶化了鲸鱼的生存环境，鲸鱼的数量急速减少。按照达尔文的观点，如果鲸鱼灭绝了，即使再一次出现和它们以前完全相同的生存环境，这个物种也不可能再次出现。

来。因为在某种程度上，要将连续的变异再度重现是根本可能的。因此，被培育出来的新的类型与旧的类型一定是不同的，并且新的类型也必然会从它的祖先那里遗传到某些与旧的类型所不同的性状。

物种群，即属和科，在出现和消灭上所遵循的规律与单一物种相同，它的变化有缓急，也有大小。一个群，一经消灭就永不再现；这就是说，它的生存无论延续到多久，总是连续的。我知道对于这一规律有几个显著的例外，但是例外是惊人的少，少到连福布斯、匹克推特和伍德沃德（虽然他们都坚决反对我们所持的这种观点）都承认这个规律的正确性，而且这一规律与自然选择学说是严格一致的。因为同群的所有物种无论延续到多久，都是其他物种的变异了的后代，都是从一个共同祖先传下来的。例如，在海豆芽属里，连续出现于所有时代的物种，从下志留纪地层到今天，一定都被一条连绵不断的世代系列连接在一起。

在前面的章节里，我们已经说过，物种所在的整个群类有时会呈现出一种假象，这一假象使人们以为它们好像是突然发展起来的一样。对于这一事实，我已经提出过一种解释了，即这种事实如果是真实的话，对于我的观点将会是致命伤。但是这些情况确实是例外。根据一般规律，物种的群类会慢慢地增加它的数目，一旦当整个群类的数目增加到了最大的上限时，物种的数目又会开始逐渐地减少。如果将一个属里的物种的数目，一个科里的属的数目，用粗细不同的垂直线来表示，并且使这些粗细不同的线通过

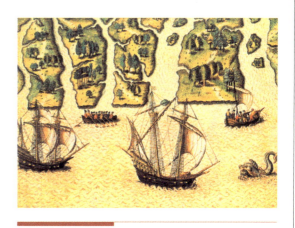

白狼灭绝地——纽芬兰　水粉画　当代

当西班牙人和葡萄牙人入侵时，英国人也意识到，必须在他们发现的土地上建立殖民地，才能获得最大利益。英国人在纽芬兰建立了殖民地后，先征服了贝奥图克人，继而制伏了贝奥图克人的伙伴——白狼。由此，白狼消失殆尽。

那些物种在其中发现的连续的地质层向上升起。我们会发现，在有的时候，这些线在最下端的起始处会表现得并不是那么的尖锐，而是平截的，可是越到后来，这些线会随着上升而逐渐变粗。此后，这些线会在达到某一个粗度时，以这个粗度继续上升一段距离，最后在上层岩床中又开始逐渐变得细小直到彻底消失为止。线的变细代表着这类物种由盛转衰，并最终灭绝。一个群的物种数目的这种逐渐增加，与自然选择学说是严格一致的，因为同属的物种和同科的属只能缓慢地、累进地增加起来。变异的过程和一些近似类型的产生必然是一个缓慢的、逐渐的过程。一个物种先产生两个或三个变种，这些变种慢慢地转变成物种，它又以同样缓慢的步骤产生别的变种和物种。如此下去，就像一株大树从一条树干上抽出许多分枝一样，直到变成大群。

关于物种灭绝

从本书的一开始，我们就经常谈及物种和物种群的灭绝，但在本节之前，我们却并未对物种灭绝进行过深入的讨论。根据自然选择学说，旧类型的灭绝与新类型的产生是有密切关系的。旧观念认为，所谓物种灭绝就是指地球上的所有生物在一个连续的时期内因各种灾害的原因而统统灭绝了。但科学证明，这一观点是荒谬的。因此，埃利·德博蒙、默奇森、巴兰得等著名地质学者都毫不犹豫地摒弃了这种观念。根据对第三纪地质层的研究，我们有各种理由相信，物种和物种群并不是在一个连续的时期内因各种灾害的原因被统统灭绝的，而是先从一个地方开始，然后紧接着又在另一个地方，最终发展到在世界范围内一个接一个地、逐步地灭绝的。然而，在一些极少数的情况下，由于一些地峡的断落，使得大群的新生物入侵到了邻近的海里；又或者由于一个岛屿的沉没，导致灭绝过程的加速。不管是单一的某类物种，还是一个大的物种群，它们的延续时间并不相同。比如说，有些物种群从已知的生命的黎明时代起一直延续到今天，而有些物种群却在古生代结束之前就已经灭绝。在决定一个物种或一个属所能够延续的时间上，似乎不存在任何一条固定的法则。我们有理由相信，物种群的灭绝过程要比它们的产生过程慢得多。如果我们仍继续沿用在上

捕杀狮子　版画　现代

图为霍屯督人捕杀狮子的场景。霍屯督人主要分布在纳米比亚、博克瓦纳和南非，他们是一个见猎心喜的民族，尤其喜好猎杀狮子。然而正是他们，首先发现了斑驴，并赋予了斑驴更多的恩宠。

一节中所使用的粗细不同的垂直线来表示它们的出现和消灭的话，我们就可发现，这条表示灭绝进程的线的上端的变细，要比表示初次出现和早期物种数目增多的下端来得缓慢。然而，在某些情况下，物种群的灭绝速度比其产生速度要快，菊石就是一个很好的例证，在接近第二纪末，这一物种群就奇怪地突然灭绝了。

物种灭绝曾经被人为地变成了一种神秘的现象。有些博物学者甚至假设，物种就像所有的个体一样，也有一定的寿命年限，它们只能在固定的时间内存在下去，时间一到就会自然灭绝。我想，这个世界上不会再有一个人像我一样对物种的灭绝感到万分惊奇。在拉普拉他，我曾从柱牙象、大懒兽、弓齿兽以及其他已经灭绝的物种的遗骸中发现了一颗马的牙齿（这些物种所生活的年代是在最近的一个地质时代，与它们同一时代的贝类至今仍然还存活着），这一发现使我惊奇不已。我之所以感到惊奇，是因为自从马被西班牙人引进南美洲以后，它们就在全南美洲由家养变成了野生，而且它们的增长速度极为惊人。我曾这样想，在这种分明是极为有利的生活条件下，究竟是什么东西使得以前的马灭绝了？但是我的惊奇是没有根据的。欧文教授在看了这颗牙齿后，立刻向我指出，尽管这颗牙齿与现存的马齿非常相像，但它却属于一个已经灭绝了的马种，如果这种马至今依然存在，那么其数量必定是非常稀少的，任何一个博物学者对于它们那稀少的数目都不会感到惊奇。因为稀少现象是所有地方的所有纲里的大多数物种的属性。如果我们这样问道："为什么这一个物

种或那一个物种会稀少呢？"答案是，它的生活条件有些不利。但是，新的问题又来了："哪些条件是不利的呢？"关于这个问题，我们却无法作出解答。假设那种已经灭绝的马种至今还有后代存在，而且后代的数目极其稀少，我们就可以根据它与其他哺乳动物（甚至包括繁殖率极低的象）的类比，以及根据家养马在南美洲的历史而清楚地发现，如果是在更有利的条件下，这种马的后代一定会在短短的几年内遍布整个大陆，但我们无法说出是什么因素抑制了这种马的增长。是由于一次偶然的事故吗？是由于几次偶然的事故吗？谁也无法说出在马一生中的什么时候、在怎样程度上，这些因素又是如何发生作用的。如果这些不利因素变本加厉的话，不管增加的速度是多么的缓慢（而我

柱牙象

达尔文在柱牙象和其他已经灭绝的物种遗骸中发现了一颗马的牙齿，这让他万分惊奇，他很疑惑，在有利的生存条件下，到底是什么让这种马灭绝了？

灭绝的霸王龙

对于恐龙灭亡的原因，许多人认为是造山运动引起的：在白垩纪末期发生的造山运动使得沼泽干涸，许多以沼泽为家的恐龙因此无法再生活下去。由于气候变化，植物也改变了，食草性的恐龙因不能适应新的食物而相继灭绝；食草性恐龙灭绝后，食肉性恐龙也失去了依存，结果也灭绝了。图为灭绝的霸王龙。

颚龙

颚龙的体形比较小，大小和现在的鸡差不多，出现在侏罗纪时期。这种恐龙的特征是：结构轻巧的头颅上长有后弯，牙齿具有锯齿边；肢骨细长而且中间是空心的，公共骨面朝前。

们也完全不会觉察出其增加的速度），这种马的数量必定会越来越稀少，最终完全灭绝，于是它的地位就会被那些更成功的竞争者取而代之。

我们经常会忘却这样一个事实，即物种的增长永远要受不能觉察的敌对作用的抑制。而且这些不能觉察的敌对作用完全能够使其变得稀少，并最终使其灭绝。但是，我们对于这个问题的了解却非常的少，以至于我曾听到有些人对柱牙象以及更古老的恐龙的灭绝表示出惊异（这些人都认为只要有强大的身体就必然能在斗争中生存）。恰恰相反，光身体大是没有用的，正如欧文教授所解释的那样，在某些情况下，巨大的身体会消耗大量的食物，这反而会导致其灭绝速度加快。象还没有居住在印度或非洲之前，我相信，在那些地方必然存在着某种抑制因素，这一因素抑制了现存象种的继续增加。极富才能的鉴定者福尔克纳博士相信，抑制印度象增加的原因，主要是昆虫不断地折磨、削弱了它们。布鲁斯对于阿比西尼亚的非洲象也作过同样的结论。昆虫和吸血蝙蝠的确决定了南美洲几处地方的大型四足兽类的生存。

在更近的第三纪地质层里，我们看到许多先稀少而后灭绝的情况。我们知道，通过人为的作用，一些动物的局部或全部的灭绝过程也是一样的。我愿意重复地说一下我在1845年发表的文章，那篇文章认为物种一般是先稀少，然后灭绝，这就好像病是死的前兆一样。但是，如果对于物种的稀少并不感到奇怪，而当物种灭绝的时候却大感惊异，这就好像对于病并不感到奇怪，而当病人死去的时候却感到惊异，以致怀疑他是死于某种暴行一样。

自然选择学说是把以下观念作为基础的：各个新变种，都是以称为新物种为目标的，由于它拥有比自己的竞争队友更大的优势，因而被产生和保持下来；而那些处于劣势的类型必然会灭绝，这几乎是不可避免的结果。在我们的家养生物中也存在同样的情况，如果一个新的变种（即使只被稍微地改进了一下）被培育出来，它首先就要把它附近的那些与它相比改进得要少的变种排挤掉。当它发生了大的改进时，它就会如我们的短角牛那样被运送到许多地方去，并在那里取代其他物种的地位。这样，新类型的出现和旧类型的消失，不论是自然产生的或人工产生的，都会被紧密地联系在一起。在繁盛的群里，一定时间内产生的新物种的数目，在某些时期大概要比已经灭绝的旧物种类型的数目多。但我们必须了解，物种并不能够无限增加，至少从最近的地质时代的化石中所表现出来的情况就是如此。所以，如果注意一下晚近的时代，我们就可以相信，新类型的产生曾经引起差不多同样数目的旧类型的灭绝。

就如前面所解释过和用实例说明过的那样，在各方面彼此最相像的类型之间，它们之间的生存斗争也是很剧烈的。一个改进和变异了的后代一般会招致亲种的灭绝，如果许多新类型是由一个物种发展起来的，那么与这个物种有着最近亲缘关系，即同属的物种，最容易灭绝。我坚信，从一个物种

秃鹰

密西西比鳄鱼

海豹

老虎

濒危动物　水彩画　现代

目前，在世界各地有数百种动物和植物濒临灭绝，这些濒危物种的数目已经非常少，活动的空间也愈来愈小，而任何外来的干扰都可能加速其灭亡。这些生物目前面临的最大威胁是其生存空间不断遭到破坏。人们不断地砍伐森林树木、填平沼泽地，以增加可耕种的农田面积。当这些自然生态环境被破坏后，在这些环境中生活的动、植物也会消失。狩猎活动威胁了某些动物的生存，而河川及海洋的污染也威胁了水生生物的生存。

世界野生动物基金会的调查资料表明，黑犀牛是目前大型动物中最濒危的动物之一。由于人类不断地猎杀，目前它们的数量大约只有3000只。菲律宾老鹰因其栖息的雨林由于人类的破坏正在逐渐消失。

目前约有超过350种的水陆两栖生物、爬虫类生物、鸟类以及哺乳动物面临灭绝的危险。

传下来的一些新物种，即新属，终于会排挤掉同科中的一个旧属。但也常常出现这样的

大叶掌花　摄影　当代

　　马达加斯加的大叶掌花是目前最珍贵的植物。它是由一群植物学家在1982年发现的，现在它所赖以生存的沼泽地已有一些被开辟成稻田。目前它们仅有约50种。

情况，即某个科中的一个新物种夺取了其他科中的一个物种的地位，并导致其灭绝。如果说大量近似类型是由成功的侵入者所发展起来的话，那么必然有许多其他类型要让出它们的地位。然而，被消灭最多的通常也是近似类型，因为它们由于共同地遗传了某种劣性而受到损害。但是，让位给其他发生了变异和改进的物种的那些物种，无论属于同纲或异纲，总会有极少一部分可以被保存一段很长的时间；这是因为它们能够适应一些特别的生活方式，或者是因为它们生活在偏远且孤立的地方，从而避免被卷入剧烈的生存斗争中。比如三角蛤属的贝类，该属是第二纪地质层里的一个贝类大属，它的某些物种至今还残留在澳洲的海里。又比如硬鳞鱼类，这种鱼类中的绝大部分已经灭绝了，然

而还有极少数的成员至今还栖息在我们的淡水里。所以，如同我们看到的，一个群的全部灭绝过程要比它的产生过程缓慢些。

　　关于全科或全目的明显突然灭绝，如古生代末的三叶虫和第二纪末的菊石，我们必须记住前面已经说过的情况，即在连续的地质层之间大概间隔着广阔的时间，而在这些间隔时间内，灭绝是很缓慢的。还有，如果一个新群的物种，由于突然的移入，或者由于异常迅速地发展而占据了一个地区，那么，多数的旧物种就会以相应快的速度灭绝；这样让出自己地位的类型普遍都是那些近似类型，因为它们具有同样的劣性。

　　因此，在我看来，单一物种以及物种群的灭绝方式与自然选择学说十分一致。对于物种的灭绝，我们没有必要大惊小怪，如果一定要奇怪的话，应对我们的自以为是，居然自大到认为我们已经理解了决定各个物种生存的许多复杂的偶然事情表示奇怪。各个物种都有过度增加的倾向，有我们很少觉察得出的某种抑制作用在活动着。如果我们忘记了这一点，我们就根本无法弄清楚整个自然界的组成。不论何时，我们要能肯定地说明，某一物种的个体为什么会比另一物种的个体多，为什么这个物种能在某一地方归化而不是那个物种。当我们能肯定地回答这一切时，才能对我们为什么不能说明一个特殊物种或者物种群的灭绝表示惊异。

所有的物种几乎都在同时发生变化

没有任何古生物学上的发现能比发现全世界所有的生物类型几乎在同时发生变化更让人激动的了。比如，在气候截然相反的情况下，尽管在北美洲、在南美洲的赤道地带、在火地岛、在好望角、在南亚次大陆上，人们还没有发现一块白垩纪时期的矿物碎块，但我们却在欧洲的白垩纪地层中将其辨识出来了。尽管在上述所说的这些地方的某些岩层中，人们发现其中的生物遗骸与白垩纪中的生物遗骸十分类似，但我们并不能就此断定这些生物是同一物种。在某些情况下，就算是再类似的物种，它们彼此之间也必然存在着差异。比如，它们是属于同科的，或者是同属的，或者是同属之下的亚属的。在有的时候，所谓的相似也仅仅是指在一些十分细微的点上极其相似，比如两种生物的体表斑条具有相似的特性。此外，还有一些物种的遗骸并不是在欧洲的白垩纪地层中发现的，这些遗骸出现在了白垩纪地层的上部或下部地质层中，及上述所说的那些地方的相同地层中。一些博物学者曾在俄罗斯、西欧、北美一些具有连续性的古生代层中发现这些生物类型具有类似的平行变化现

半边莲　维托利奥·塞拉　摄影　1906年　摄于乌干达

图中是一种生长在乌干达山谷的半边莲属植物，乌干达的干燥气候，已经让它的茎叶发生了变化，犹如仙人掌般坚硬扎人了，它的花茎也层层托起，仿佛雄伟的宝塔。

象（在两个或两个以上的完全不同地方，生物发生相同的变异或进化）。根据莱尔的发

现，欧洲和北美洲的第三纪沉积物也是这样的。就算我们完全忽视少数几种既存在于"旧世界"（欧洲大陆）又存在于"新世界"（美洲大陆）的化石物种，但是古生代和第三纪时期的生物类型的一般平行变化的现象依旧十分明显。而且，在一些地质层中，某些物种彼此之间的相互关系也是可以很容易确定下来的。

必须注意的是，我在上一段所说的生物都是指的水生生物，我们还没有充分的证据证明，那些地方的陆生生物和淡水生物也同样出现过平行变化现象。对于陆生生物和淡水生物是否曾经发生过这样的变化，我们应该持怀疑态度。如果把大懒兽、磨齿兽、长头驼和弓齿兽从拉普拉他带到欧洲，而不说明它们的地质学上的意义，那么我相信，没有人会想到它们和如今仍然现存的水生贝类曾同时存在于这个世界上。但是，由于这些异常的生物曾和柱牙象、马共同生存过，所以我们至少可以推断，它们曾经在第三纪中的一个最近时期内存在于这个世界上。

海洋动植物遗骸

　　动、植物的遗骸如果被沉积物覆盖，将随着沉积物转化为岩石而形成化石。动物死亡以后，尸体沉到湖底或海底。尸体中柔软的部分（表皮和肌肉）腐烂，留下的骨骸，被泥沙埋住，之后这些沉积的泥沙慢慢化为岩石。

当我们说水生生物曾经在世界范围内同时发生变化时，我们绝不能作出这种变化是在同一年内，或者同一世纪内发生的假设，甚至不能作出这一变化具有很严格的地质学意义的假设。因为，一旦把现在仍生存在欧洲的以及曾经在更新世（如果用地质年代学来解释，那么这一时期即是整个冰河时期）生存在欧洲的所有水生动物与现今生存在南美洲或澳洲的水生动物加以比较，就算是最熟练的博物学者也很难指出，这些与南半球动物极为类似的生物到底是属于欧洲的现存动物还是欧洲更新世动物。还有几位优秀的观察者认为，美国的一些现存生物与曾经在第三纪后期的某些时期内遍布于欧洲的一些生物之间存在着密切的关系，这种关系与其和欧洲的现存生物之间的关系相比，更加密切。如果真是这样的话，那么现在沉积在北美洲海岸的化石层，显然应当与欧洲较古的化石层归为一类。尽管如此，如果我再将目光放到遥远的将来，我可以肯定，所有属于较为近代的海岸化石层，不管是欧洲的、南北美洲的、澳洲的上新世的上层、整个更新世层以及严格意义上的近代层，都会因为它们含有或多或少的类似化石遗骸，以及在这些地质层中并不含有只见于较古地质时代中的一些具有代表性的生物类型，而被地质学家们以地质学上的意义为由列为同时代的生物。

在上述的广义范围里，所有生物在世界范围内，不管它们相隔多远，它们仍然同时发生变化的事实，曾经使得这些优秀的观察者们发出大大的惊叹，这些观察者中最著名的当属德韦纳伊和达尔夏克。当谈到欧洲各地方的古生代生物类型存在平行变化的现象时，他们说道："我们如果被这种奇异的程序所打动，而把注意力转向北美洲，并且在那里发现一系列的类似现象；那么可以肯定，所有这些物种的变异，它们的灭绝，以及新物种的出现，显然绝不能仅仅是由于洋流的变化或其他局部的和暂时的原因，而是依据支配全动物界的一般法则。"巴兰得先生也曾经以极为坚定的语气说出了大意完全相同的话。但我认为，如果只把洋流、气候以及其他物理条件的变化看成是使处于极其不同气候情况下的全世界生物类型发生大变化的主要原因，则是十分轻率的。正如巴兰得先生所指出的那样，我们必须去找到其所依据的特殊法则。当我们在讨论生物的现有分布格局，并看到各地的物理条件与生物本性之间的关系是多么的微不足道时，我们将会更加清楚地知道上述的那一点。

全世界的所有生物类型的平行变化是一个非常重要的事实，它可以用来为自然选择学说进行辩护。新物种的形成原因之一就是在与旧物种的生存斗争中占有优势，这些在自己的栖息地区居于统治地位，或者比其他类型更具有某种优势的类型，将会产生最大数目的新变种，即初期的物种。在植物中，我们就能够找到支持上述说法的明确证据。

屠杀渡渡鸟归来 油画

渡渡鸟生性十分温驯，毫无躲避人类及其他动物袭击的能力。渡渡鸟早在2000万年前的中新世就已经出现了，它的历史比人类要早得多。该鸟仅产于印度洋里毛里求斯岛上，在人们发现此鸟200年的时间内，就因人类的捕杀而彻底灭绝。

占有优势的植物，同时必然也是最普通、分散最广的植物，它们会产生最大数目的新变种。占有优势的，且正发生着有利变异，分布极为辽阔，在某种程度上已经入侵到其他植物领域的植物，必然拥有最好的机会，并能够进一步扩大分布且能在新地区产生新变种和新物种。需要注意的是，分散的过程通常都是非常缓慢的，因为这一过程与气候以及地理变化密切相关，同时，一些偶然事件也是必须要有的，除此之外，新物种还必须逐步地适应各种气候环境。随着时间的推移，这些占有优势的物种一般都能在分布上得到成功，并最终取得胜利。在彼此被海洋所隔离的大陆上，陆生生物的分散过程应该会比海洋中的水生生物的分散过程要缓慢一些，因为这个世界上的海洋是相互连接的。综上所述，我可以预料到，陆生生物的平行变化现象，不会像水生生物那样严密，而且事实也证明，我的预料是正确的。

这样，在我看来，全世界生物类型的平行演替与新物种的形成，是与优势物种的广为分布和变异这一原理相符合的。这样产生的新物种本身就具有优势，因为它们已经比曾占优势的亲种和其他物种具有某种优越性，并且将进一步地分布、变异和产生新类型，被击败的物种将让位给新的胜利者。由于共同地遗传了某种劣性，群一般都是近似的。所以，当新的且改进了的群分布于全世界时，老的群就会从世界上消失。各地类型的演替，在最初出现和最后消失方面都倾向于一致。

还有一个问题同样值得注意，这个问题与上面的那个问题是密切相关的。我已经提出了我之所以会相信的理由，即在大多数富含化石的巨大地质层中，有一些化石是在沉降的时候沉积下来的，由于这些化石不具备化石应具有的空白且长久的间隔，因此，它们应该是在海底静止时，或者隆起时，或者是当沉积物的沉积速度不足以掩埋和保存生物的遗骸时才出现的。而在这些空白且长久的间隔时期内，我认为世界各地的生物可能都曾经历了多次的变异，甚至灭绝；在此期间，还有大量生物从世界各地迁徙到此。我之所以有理由相信这些，是因为地表的绝大部分曾受到同一运动的影响。在这一运动的作用下，也许这个严格意义上的同一时代地质层，是在世界同一部分中的广阔空间内堆积起来的。但我们绝没有任何权利来断定这是一成不变的情况，更没有权利来断定地表的绝大部分总是一直受同一运动的影响。当两个地质层在地球的两处地方，在几乎相同的期间内沉积下来时，根据前节所讲的理由，我们应该可以在这两种情况中看到相同的生物平行变化过程。但就算是极为相似的两种物种也不会是完全一致的原因，以及变异、灭绝和迁徙等原因，我们常常会看到一个地方的平行变化过程总要比另一个地方的多费一些时间。

我猜想，这种情况在欧洲也是有的。普雷斯特维奇先生在关于英法两国始新世沉

原始章鱼化石

从这幅章鱼化石标本来看，章鱼的内脏、鳍和吸盘的印痕都保存了下来，是化石中旷古罕见的。已知世界上最古老的章鱼化石，发现于法国的侏罗纪沉积物中，距今约1.5亿年。

积物的那篇优秀论文中曾明确表示，他已经在两国的连续地质层之间找出了严密的平行变化现象。但当他把英国的某些层与法国的某些层进行比较时，却发现，尽管在两国的地质层中同属物种的数目非常一致，但物种本身却存在着明显的差异；他还认为，除非假设有一条海峡将海一分为二，而且在两片海域里栖息着同时代但却属于不同类型的动物群，否则以两国之间最为接近地方的地质层来看，这些差异实在是无法解释的。对于一些第三纪后期的地质层，莱尔先生也曾作过类似的观察。巴兰得也指出，波希米亚和斯堪的纳维亚半岛的志留纪地质层是连续性的，通过对这一个地质层中沉积物的观察，他发现平行变化现象非常明显。尽管如此，他还是发现这一地质层中的物种与物种之间存在着巨大的差异。如果两个地方的地质层不是在完全相同的时期内沉积下来的（假设一个地方的地质层的厚度与另一地方的空白间隔相等），而且两个地方的物种是在地质层的堆积期间与空白间隔期之间发生变化

豪 猪

　　不同物种在生存竞争中都有保护自己的独特武器。豪猪以背上和尾部长满尖锐的刺闻名，这些刺都是由毛进化而成的。刺的末端有倒钩，因此刺入敌人身体时，敌人越动刺得越深，故很少有食肉性动物主动捕捉豪猪。

的，那么，在这种情况下，两个地方的地质层中就有可能会出现这样一种现象：即同一类型生物的变化过程会在两地的地质层中交替出现。这一现象也许应该可以被排列在一个序列中，而不应该被归为平行现象。我还认为，即便如此，这两处的地质层，也不见得在每一层都是完全相同的。

灭绝物种与现存物种的起源关系

　　现在，让我们对灭绝物种与现存物种之间的亲缘关系作一番比较吧。所有物种都可以被归入少数几个大纲内，关于这一点，我可以根据生物由来的原理进行解释。不管是什么物种，越是古老的，那么根据一般规律，它与现存物种之间的差异就越大。但

地质考古比例尺　摄影　当代

　　用一根地质学家的铁锤作比例尺，可以看出这块化石的大小。这块化石是一只体形类似狗的哺乳动物头骨的一部分，但由牙齿来看，这只动物可能是草食性动物。

是，巴克兰德先生在很久之前就已经认为，所有的灭绝物种都可以被分在至今还存在的群里，或者被分在这些现存的群与群之间。有一种观点认为，这些灭绝物种的一大作用就是将现存的属、科以及目之间的间隔填满，事实证明的确是这样的。但是，由于这种观点经常被忽视，甚至被否认，所以，我认为要证明这一观点的正确性的最好方式就是列举一些事例。如果我们只把注意力局限在同一个纲里的现存物种或灭绝物种上，我敢说，这一纲的现存物种的完整性与将二者结合在一起的纲的完整性相比，要差很多。在欧文教授的文章中，我们经常会遇到这样一个术语，即概括的类型。他总是把这一术语用在灭绝物种的身上，而在阿加西斯的文章中，他常常用预示型或综合型等术语来描述这些类型，但事实上这些类型都是中间的连锁。著名的古生物学者高得利曾以最激动人心的方式向人们解释他在阿提卡所发现的许多哺乳类的化石，这些化石打破了现存的属与属之间的隔膜。居维叶曾把反刍类和厚皮类列为哺乳动物中最不相同的两个目，但当大量的属于中间连锁的化石被发掘出来

后，不仅是他，就连欧文教授也不得不对所有的分类法进行一次大改革。在这次改革中，某些厚皮类与反刍类被放在了同一个亚目中。比如，根据中间级进，他取消了猪与骆驼之间所存在的明显且广大的隔膜。有蹄类即长有蹄的四足兽，现在分为双蹄和单蹄两种，但是在一定程度上，南美洲的长头驼又将这两种类型的有蹄类连在了一起。另外，没有人会否认三趾马是介于现存的马和某些较古的有蹄类之间的物种。由热尔韦教授所命名的南美洲印齿兽在哺乳动物的链条中是一个非常奇特的存在，它无法被归入任何一个现存的目里。海牛类也是哺乳动物中的一个特殊群体，在现存的海牛类的物种中，最具代表性的是儒艮和泣海牛，它们的最显著特征之一就是完全没有后肢，甚至连一点残余的痕迹也没有留下。但根据弗劳尔教授的观点，已经灭绝的海豕拥有一个已经骨化的大腿骨，这根骨头与骨盘内的很发达的杯状窝连接在一起，这种身体构造就使它非常接近于有蹄的四足兽，而海牛类的物种则在其他方面与有蹄类相近似。鲸鱼类与其他所有的哺乳类都有着很大的区别，但是，生活在第三纪的械齿鲸和鲛齿鲸却曾被某些博物学者归成单独的一目，然而赫胥黎教授却认为它们属于鲸类，"而且对水生食肉兽构成连锁"。

上述所列举的博物学者们都认为，尽管鸟类和爬行类之间有着巨大的隔膜，但是它们却被鸵鸟、已灭绝的始祖鸟以及恐龙中的细颚龙部分地连接在了一起。在无脊椎动物方面，该领域的权威巴兰得先生曾指出："虽然的确可以把古生代的动物分类在现存

代	纪	世	百万年前
新生代	第四纪	全新世	—0.01—
		更新世	—2—
	第三纪	上新世	—5—
		中新世	—25—
		渐新世	—35—
		始新世	—60—
		古新世	—65—
中生代	白垩纪		—145—
	侏罗纪		—210—
	三叠纪		—245—
古生代	二叠纪		—285—
	石炭纪		—360—
	泥盆纪		—410—
	志留纪		—440—
	奥陶纪		—505—
	寒武纪		—507—
前寒武纪 年代上推到46亿年前 地球形成时			

岩层的年龄

岩层的年龄可利用散布在岩石中的放射性元素测定。利用这一方法以及其他推估岩层形成年代的相应方法可以推测出各个地质年代的长短。

地球发展史的秘密就藏在组成它的岩石之中，地质学家勘探大地并且发掘地壳的岩石。岩石和化石的年龄和种类能够帮助地质学家了解地球活动的情况，地质学家也会协助寻找煤、石油和其他有用矿物的矿石。

的群里，但在这样古老的时代，各群并不像今天一样区别得那么清楚。"

有些博物学者反对把任何一种灭绝物种或物种群看做是任何两个现存物种或物种群之间的中间连锁。如果连锁这个名词的意思是指一个灭绝类型在它的所有性状上都是直接介于两个现存类型或群之间的话，这种反对或许是正当的。但在自然界的分类中，许

多已经称为化石的物种确实处在两个现存物种的中间，而且某些灭绝属也确实处在两个现存的属中间，甚至还处在两个属于不同科的属的中间。最普通的情况似乎是（特别是差异很大的群，如鱼类和爬行类）：假设两个现存物种之间存在着20个不同的性状，在一般情况下，其古代成员的不同性状会少于20个，所以这两个群在以前多少要比在今日更为接近些。

目前，大多数的观点认为，越是古老的物种，其某些性状就越能将现如今彼此之间有着巨大差异的群连接在一起。显然，这种观点只能应用于在地质时代中曾经发生过巨大变化的那些群；但如果要对这一主张的正确性加以证明却极为困难，因为，各种现存物种，如肺鱼，已经被证明它们与另外一个有着巨大差异的群存在着亲缘关系。然而，如果我们把古代的爬行纲和两栖纲、鱼纲、头足纲以及始新世的哺乳纲，与各该纲的较近代成员加以比较时，我们一定会承认这种观点具有一定的

甲胄鱼

甲胄鱼的外形结构与鱼比较类似，但是它并不是鱼，有人说它是现存圆口纲动物如七鳃鳗的祖先。这类物种有着复杂的类群，包括头甲鱼类、缺甲鱼类、杯甲鱼类以及鳍甲鱼类等。

真实性。

让我们看看下列几种事实及推论与伴随着变异的生物由来学说之间的契合度有多高。由于这个问题有些复杂，因此，我希望读者们再去看看第四章的"生物的性状分歧示意图"。图表中用阿拉伯数字书写的斜体字代表属，从其中分出来的虚线代表每一属的物种。我必须再次提醒读者们，这图表过于简单，列出来的属和物种太少，不能真实地反映现实情况，但这对于我们的研究并不能构成障碍。假设横线代表连续的地质层，并且把最顶端那根横线以下的所有类型都看做是已经绝灭了的。三个现存属，a^{14}、q^{14}、p^{14}就形成一个小科，b^{14}、f^{14}是一个密切近似的科或亚科，o^{14}、i^{14}、m^{14}是第三个科。这三个科和从亲类型A分出来的几条系统线上的许多绝灭属合起来成为一个目，因为它们都从古代原始祖先那里共同遗传了某些东西。在第四章中，我曾以这个图表来解释性状分歧的原理，即不论任何类型，越是近代的，一般情况下与古代原始祖先越不同。因此，我们就能理解，为什么最古老的类型与现存类型之间的差异如此大。我们绝不假设性状分歧是一个必然会发生的事件，因为它完全取决于一个物种的后代能否因为性状分歧而在自然组成中抢夺或占据大量且不同的位置。一个物种会随着生活条件的改变而改变，并且在很长的时间内一直保持相同的一般特性，这与我们所见的某些志留纪生物类型是一致的，而且这种情况的可能性也是最高的。在图表中，这种情况是用F^{14}来表示的。

就如前面所说的那样，所有从A传下来的类型，无论是绝灭的和现存的，都将形成一个新的目。由于这一个目受到绝灭和性状分歧的

持续影响，因此，在这个目之下又有多个科和亚科存在。在我的假设中，其中的一些亚科或科已经在不同的阶段内灭亡了，有的则一直存续到今天。

只要认真研究一下图表，我们就能发现以下问题。如果假设埋藏在连续地质层中的绝灭类型是在这个系列的下方几个点上发现的，那么最顶端的三个现存科在差异上就应该比其他位置的要少。比如，如果a^1、a^5、a^{10}、f^8、m^3、m^8、m^9等属已被发掘出来，那三个科就会如此密切地联结在一起，也许它们必然会形成一个大科，这与反刍类和某些厚皮类曾经发生过的情形几乎是一样的。有人反对把已经绝灭的属看做是联结起三个科的现存属的中间物，也许这种意见在一定程度上是对的。因为它们之所以成为中间物，并不是直接的，而是通过许多大不相同的类型，经过长而迂回的路程。如果许多绝灭类型是处在中间的那些横线之上，即地质层之上，比如是在V^1横线上被发现的，而且在这条线的下面什么也没有发现，那么各科中只有两个科（在左边的a^{14}等和b^{14}等两个科）必然会合成一个科，而留下的这两个科在相互差异上要比它们的化石被发现以前少些。另外，对于处在最顶端的那三个由八个属（a^{14}到m^{14}）所构成的科，如果以六种主要的性状而彼此区别，那么曾经在V^1横线那个时代生存过的各科，在进行区别时，能使用到的性状要少很多。因为在进化的早期阶段，从共同祖先分歧的程度没有后期那样大。古老而绝灭的属在性状上便多少介于它们的变异了的后代之间，或介于它们的旁系亲族之间。

在自然情况下，这个过程要比在图表中所展示的复杂得多。之所以如此，是因为群

紫 貂

　　紫貂全身长满一层漂亮厚实的毛皮，因此从外观上就可以看出紫貂与其他貂的区别。它喜栖于海拔800～1600米的针叶阔叶混交林和亚寒带针叶林，主要以田鼠等小型动物为食，有时也以鱼、昆虫、坚果和浆果等为食。

的数目比图表中的要多得多，而且每个群存在的时间也各有不同，同时它们变异的程度也极不相同。由于我们所掌握的不过是地质记录的最后一卷，而且还是很不完全的，除了一些极个别的情况外，我们几乎没有权利去期望把自然系统中的广大间隔填充起来，从而把不同的科或目联结起来。

我们所能期望的一切，只是那些在既知地质时期中曾经发生过巨大变异的群，应该在较古的地质层里彼此稍微接近些，所以较古的成员要比同群的现存成员在某些性状上的彼此差异少些。根据我们最优秀的古生物学者们的一致证明，情形常常是这样。

这样，根据伴随着变异的生物由来学说，有关绝灭生物类型彼此之间，及其与现存类型之间的相互亲缘关系的主要事实便可圆满地得到解释，而用其他任何观点是完全不能解释这等事实的。

根据同一学说，我们可以清楚地发现，在地球历史上的任何一个大时期内所存在的动物群，在一般性状上几乎都是介于该时期以前和以后的动物之间的。也就是说，生存在图表上第六个大时期的物种，是生存在第五个时期的物种的变异后代，而且是第七个时期的更加变异的物种的祖先。它们在性状上几乎一定是介于前后两个时期的生物类型之间的。但是，我们必须承认，某些以前的类型已经全部绝灭，必须承认在任何地方都会有新的非本地生物入侵，最后必须承认在连续地质层之间的长久空白间隔时期中曾发生过大量变化。只有在承认这些事实的基础上，我们才能说每一个地质时代的动物群在性状上必然是介于前后动物群之间的。在此，我举一个事例来证明上述观点：当泥盆纪刚被发现时，该纪的动物立刻被古生物学者们认为其性状是介于上层的石炭纪和下层的志留纪之间的。但是，每一个动物群并不

花尾松鸡

花尾松鸡是欧亚大陆泰加林带的代表性动物。它的飞行肌肉非常发达，而且这些肌肉也可以作为食物的储备库：当其因食物匮乏而身体变冷时，储备在这些飞行肌肉中的能量就可以发挥作用。

一定完全介于前后动物群中间，因为在连续的地质层中有不等的间隔时间。

就整体而言，每个时代、每个属的动物在性状上几乎都是介于以前的和以后的属之间；但总会有一些属处在这一规律之外，但它们却不足以构成异议，更无法撼动这一规律的真实性。比如柱牙象和象类，福尔克纳博士曾把这两类动物按照两种分类法进行排列，第一种排列法是按照它们彼此之间的亲缘关系，第二种排列法是按照它们所生存的时代。排列的结果是，这两类动物之间并不相符。由此可见，具有极端性状的物种不是最古老的或最近代的，具有中间性状的物种也不是属于中间时代的。但是在这种以及在其他类似的情况中，如果暂时假设有关物种的首次出现和最后灭绝的记录是完整的（事实上，并不存在这种事），我们就没有理由去相信，连续产生的各种类型必然会拥有相等的存续时间。一个极古的类型可能比一个在其他地方产生的后续类型的存续时间要长得多。另外，栖息在隔离区域内的陆生生物也是如此。让我们用一件小事情来与一件大事情做比较：如果把现存的家鸽主要族和灭绝族按照亲缘关系加以排列，我们就会发现，在这种排列下所产生的顺序并不是那么的密切且一致，而且那些灭绝族的顺序就更不一致了。因为，亲种岩鸽至今还生存着，但许多介于岩鸽和传书鸽之间的变种已经灭绝了。传书鸽的喙十分长，在这一主要性状上它是非常极端的，这种鸽子的出现时间，比有着最短喙的短嘴翻飞鸽早得多。

那些来自于中间地质层的生物遗骸在某

种程度上也具有中间性状，关于这种说法，我可以举出一个事实来加以证明，而且这一事实是被所有古生物学者所认同的，即两个连续地质层的化石彼此之间的关系比两个远隔的地质层的化石彼此之间的关系要密切得多。匹克推特教授曾发现了一个为后世所熟知的事实，即在一般情况下，虽然各个阶段中的物种有所不同，但来自于白垩纪几个阶段的生物遗骸普遍都是类似的。尽管只是一个事实，但由于它的一般性，所以匹克推特教授在这一事实出现之后，就彻底推翻了自己之前所认为的物种不变的观念。凡是对地球上现存物种分布情况有相当程度了解的人，在解释有关密切且连续的地质层中不同物种之间所存在的密切类似性的问题时，都不会用古代地域的物理条件保持近乎一样的说法。我们必须牢记，栖息在海里的物种曾经在世界各地几乎同时发生变化，而且这些变化是在极其不同的气候和条件下发生的。我们知道，在包含了整个冰期的更新世中，气候的变化非常大，看一下我们的水生生物吧，这些物种所受到的影响非常的小。

那些被埋在密切且连续的地质层中的化石遗骸，虽然被排列为不同的物种，但由于彼此之间具有极高程度的相似性；因此，就生物由来学说而言，其意义是很明显的。因为各地质层的累积往往中断，并且因为连

黑杰克兔

如何躲避天敌是所有物种的重要一课。黑杰克兔的后腿强壮有力，因此它奔跑时的速度可以达到每小时56千米，这种速度可以使其摆脱天敌的追捕。而且，黑杰克兔的耳朵非常大，既能听到细微的声音，又能起到散热的作用。

续地质层之间存在着长久的空白间隔。正如我在前面所说的那样，我们当然不能期望在任何一个或两个地质层中，找到在这些时期开始和终了时出现的物种之间的所有中间变种。但我们在间隔的时间（如用年来计量这是很长久的，如用地质年代来计量则并不长久）之后，应该找到密切近似的类型，即某些作者所谓的代表种，而且我们确曾找到了。总之，正如我们有权利期望的那样，我们已经找到证据来证明物种类型的缓慢的、难被觉察的变异。

古代生物类型与现存生物类型的对比

在第四章里，我说过，检验一个生物是否发育成熟，最标准的方法就是检查其器官的分化程度、专业化程度、完善化程度以及高等化程度。既然我们已经知道，器官的专业化程度越高，对生物的利益就越大；而自然选择的作用正是使各生物的器官进一步的专业化和完善化。在某种意义上，自然选择的作用越巨大，那么器官的分化程度、专业化程度、完善化程度以及高等化程度也就越高。但在有的时候，自然选择也会听任生物保持着简单且不改进的器官，以适应简单的生活条件。在某些情况下，甚至还会使其器官出现退化或简单化的倾向，让这些器官能够更好地适应新的生活条件。在一般情况下，新物种会变得比它们的祖先更为优秀，因为它们在生存斗争中必须打败所有与自己进行竞争的较老类型。因此，我可以断言，如果始新世的生物与现存的生物在几乎相似的气候下进行竞争，前者就会被后者打败或消灭，正如第二纪的生物要被始新世的生物，以及古生代的生物要被第二纪的生物所打败一样。根据生存斗争中的通常惯例、器官专业化的标准以及自然选择学说，我敢说，近代类型比古代类型要高等得多。但事实果真是这样的吗？大多数古生物学者都会作出肯定的回答，而这种回答虽然很难被证实，但我们至少必须把这种观点当做是正确的。

早在极为久远的地质年代，某些腕足类就已经发生了轻微的变异；而某些生活在海

中生代出现的脊椎动物群

哺乳动物和鸟类这两大脊椎动物群在中生代已经出现，它们的种类多样化标志着新生代的到来。与我们所拥有的大量哺乳动物文献相比，鸟类化石很少。这可能是因为与鸟类骨骼空心结构以及脆弱性有关。中生代生物大多数逐渐灭绝，现代的鸟类群在新生代后半期出现。中生代的初期出现了第一批哺乳动物，它们体形小，习惯于夜间生活，而新生代哺乳动物有不少体形巨大的种类，最大的可能是俾路支兽，与犀牛相近，可惜这些巨型哺乳类都已灭绝。

洋和淡水中的贝类，却从我们所能知道的它们初次出现的时候开始，就几乎保持着同从前一样的状态，然而这些事实对于上述的结论并不具有多大的威胁。卡彭特博士曾这样主张道："自从劳伦纪以后，有孔类的身体构造就再也没有出现过什么进步了。但是，这对于博物学者而言并不是不能克服的难点，因为有的生物必须一直适应简单的生活条件，在这种生活条件下，没有任何一种生物比低等的原生动物做得更好了。"我想，如果说在我的观点中，身体构造的进步是一种必不可少的条件，那么上述的异议对于我的观点则是致命的打击。再举一个例子，还是以有孔类为例，如果有孔类动物被证实是在劳伦纪开始才出现的，或者上述腕足类是在寒武纪开始存在的，那么上述的异议对于我的观点也是致命的打击。因为在这种情况下，物种不可能有足够的时间发展到当时的标准。当物种进化到一定的高度时，根据自然选择学说的观点，它已经没有再继续进化的必要了。虽然在任何一个时代，它们都必须要做出一些必要的改变，以便与它们的生活条件的微细变化相适应，从而保持它们的地位，但这些改变也是很细微的。当然，必须要指出的是，这个异议的先决条件是：我们是否确实知道这个世界曾经历过多么长远的年代？各种生物类型是在什么时候第一次出现的？我不得不承认，要将这个问题说清楚是非常困难的。

关于身体构造是否进步的问题，无论是从整体上还是从局部来思考，这都是一个异常错综复杂的问题。由于地质记录不可能将

珍贵的鸭嘴兽

鸭嘴兽体肥，雄体长约60厘米，雌体长约46厘米。鸭嘴兽主要生活在澳大利亚，它们经常在河边挖洞，洞深约30米。雌鸭嘴兽在里面产卵、孵卵和哺育小鸭嘴兽。每次鸭嘴兽走进走出寻找食物喂养小兽时，就会掘开一条地道，然后又用泥巴做成许多道门封起来，以避免幼兽遭到外来兽类的袭击。

任何一个时代完全记录下来，因此，它无法追溯到非常遥远的远古地质时代，并指出在什么地质时代中，身体构造曾经发生了突飞猛进的进步。就算是在今天，甚至是在同纲的成员中（请注意，我说的是同纲），博物学者们还在为哪些类型应当被排列为最高一级的而争论不休。比如，有些人认为，板鳃类，即鲨鱼类的某些构造更加接近爬行类，因此，它们应属于最高等的鱼类；但另外有一些人却认为，硬骨鱼类应该是最高等的鱼类。还有一种鱼类，它们是介于板鳃类和硬骨鱼类之间的硬鳞鱼类。尽管硬骨鱼类在数量上占有优势，但在从前，整个鱼类中却只存在板鳃类和硬鳞鱼类。在这种情况下，人们只会根据自己所选择的高低标准，来评点鱼类是进化了还是退化了，根本就没有一个

始祖鸟

　　始祖鸟生活在距今1亿多年前的草原上，科学家根据化石来推断，始祖鸟具有羽毛、尾羽等，这些特征与现代鸟比较类似，同时还具有一些类似爬行类动物的特征，所以科学家们至今仍然不能确定，始祖鸟是否是现代鸟的祖先。

始祖马

　　始祖马是目前已知最古老的奇蹄动物，其生活的时期是在始新世的最早期，它的体形只有小狗一样大小，高约30厘米。始祖马的身体轻巧灵活，前脚4个趾头、后脚3个趾头，有小蹄，但前脚起作用的只有3个趾头，所以始祖马属于奇蹄类动物；它的四肢细长，适合于奔跑，腕部和踝部离开地面抬起，因此趾骨的位置几乎是垂直的；它的背较弯曲，尾巴较短，长而低的头骨相当原始；它的牙齿是低冠的，具有圆锥形的齿尖，但前臼齿的结构还没有变得与臼齿相似。

统一的说法。因此，要想比较两种不同身体构造的成员在等级上的高低，似乎是不可能的，这就像谁也无法判断决定乌贼与蜜蜂之间谁更高等一样。伟大的冯贝尔相信，蜜蜂的身体构造"事实上要比鱼类的体制更为高等，虽然这种昆虫属于另一种模式"。在复杂的生存斗争中，我们完全有理由相信，甲壳类并不是其所在的那一纲中的高等存在，但它却能打败软体动物中最高等的头足类。这些甲壳类虽然没有高度的发展，但如果拿所有考验中最有决定性的竞争法则来判断，它在无脊椎动物的系统里会占有很高的地位。当决定哪些类型的物种在身体构造方面比其他类型的物种要更早进化时，除了要面对一些固有的困难外，我们不应只拿任何两个不同时代中的一个纲的最高等成员来比较（虽然这无疑是决定高低程度的一种要素，也许是最重要的要素），而应该拿两个不同时代的属于同一纲的成员来比较。在古远时代的软体动物中，不管是最高等的还是最低等的，不管是头足类还是腕足类，它们的数量都非常多。尽管这两大类的数量已今非昔比，但是中间类型种类的数量却大大增加了。有些博物学者认为，在从前，软体动物的器官功能要比现在发达得多，但也有许多博物学者对此持反对意见，而且这些反对者们手中掌握着强有力的例证，那就是腕足类的大量减少，以及现存头足类虽在数量上是少的，但在身体构造方面却比古代的要高很多。我们还应该对任何两个时代高等、低等各纲在世界范围内的相对比例进行比较。比如，今天如果有五万种脊椎动物生存着，如果我们知道在以前的某一时代中，只存在着一万种脊椎动物，那么，我们就应该把两个时代中的那些高等纲的物种的数量增加（这意味着较低等类型大量被排斥）看做是全世界生物构造的决定性进步。我们可以知道，在这样极端复杂的关系下，要想对历代不完全知道的动物群的体制标准进行完全公平的比较，是多么的困难。

只要看看某些现存的动物群和植物群，我们就更能明白地理解这种困难了。欧洲的生物近年来以非常之势扩张到新西兰，并且夺取了那里许多土著动植物先前占据的地方。由此我们必须相信，如果把大不列颠的所有动物和植物放到新西兰去，许多英国的生物随着时间的推移大概可以在那里彻底归化，而且会消灭许多土著的类型。另一方面，从前很少有一种南半球的生物曾在欧洲的任何地方变为野生的。根据这种事实，如果把新西兰的所有生物放到大不列颠去，我们很可能怀疑它们之中是否会有很多数目能够夺取现在被英国植物和动物占据着的地方。从这种观点来看，大不列颠的生物在等级上要比新西兰的生物高得多了。然而，最资深的博物学者，根据两地物种的调查，也并不一定能预见到这种结果。

阿加西斯和其他一些有高度能力的观察者都坚信，古代动物的胚胎与同纲的近代动物的胚胎在某种程度上是类似的，而且那些灭绝类型的胚胎在地质记录上所留下的演替过程，与现存类型的胚胎发育过程也几乎是平行的。这种观点与我的学说有着惊人的一致。我将在后面的章节中，对成体和胚胎

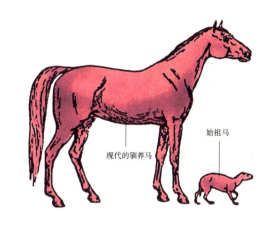

现代马与始祖马

始祖马是最早的马，生活在距今约5000多万年前的森林地区。始祖马的身高只有60多厘米，经过漫长的时间演化，马的体形逐渐变大，最终发展成现代马的模样。

的差异进行说明，这里，我只能简单地告诉大家，这种差异是由于变异在一个不算太早的时期发生的，而且这种变异与物种在相应年龄时所得到的相应的遗传有关。在这个过程中，胚胎几乎保持不变，同时使成体在连续的世代中继续不断地增加差异。因此，胚胎好像是被自然界保留下来的一幅图画，它所描绘的是物种未曾变化过的状态，即最初状态。我认为，这种观点是正确的，然而也许永远不能得到证明。比如，最古的已知哺乳类、爬行类和鱼类都严格地属于它们的本纲。虽然其中的一些古老类型之间的差异比今天哪怕是同属的典型成员之间的差异要少，但是，如果想要从其中找到具有脊椎动物所共有的胚胎特性的动物，恐怕只有在寒武纪地层的最下部岩床中才能发现了。我想，这种事情几乎是不可能的，因为发现寒武纪地层的机会太少了。

第三纪末期所出现的同一地域内的相同模式的演替

许多年前，克里福特先生曾提出这样一种主张，即在澳洲的洞穴内所找到的哺乳动物化石与该洲现存的有袋类之间有着高度的相似。在南美洲拉普拉他发现的类似犰狳甲片的巨大甲片中，这种关系也显得十分明显，其明显程度已经达到就算是未接受过专业训练的眼睛也可以分辨得出来。欧文教授曾用最能打动人的方式来对此进行了说明，他说："在拉普拉他的地层中埋藏着无数的哺乳动物化石，是拉普拉他在南美洲发现演替模式。"从伦德先生和克劳森先生在巴西

黄河石林

第三纪是新生代最古老的一个纪，始于距今6500万年前，大约延续6300万年，延续至距今180万年。图为形成于第三纪末期的黄河石林。

的洞穴中所采集到的化石来看，这种关系的明显程度非常高，这一事实给我留下了非常深刻的印象。在1839年到1845年这几年间，我曾坚决主张"模式演替的法则"和"同一大陆上死亡者和生存者之间的奇妙关系"。后来，欧文教授又将这两种观念扩展到了"旧世界"的哺乳动物上去。在他所复制的已经灭绝的新西兰巨型鸟中，我也看到了同样的法则，那些从巴西洞穴被发掘出来的鸟类化石具有同样的法则。伍德沃德教授在通过长期的观察之后发现，这一法则也适用于水生贝类中。但是，由于大多数软体动物分布较广，所以它们无法很好地表现出这种法则。我还可以举出其他的例子来证明这一关系的真实性，比如马德拉的灭绝陆生贝类与现存陆生贝类之间的关系，以及亚拉尔里海中已灭绝的碱水贝类与现存碱水贝类之间的关系。

我为什么要将同一地域内的相同模式的演替法则弄得如此显眼呢，这一法则究竟意味着什么呢？如果有人把今天位于同一纬度下的澳洲和南美洲的一些地方的气候加以比较的话，我相信，必然有人会试图用不同

的物理条件来解释为什么这两个大陆上的生物会如此不同；而另一方面又以相同的物理条件来解释第三纪末期内各个大陆上同一模式的演替是如此一致。要真是那样的话，这人可算是相当大胆了。我不敢断言有袋类动物主要或仅仅产于澳洲，贫齿类以及其他的一些动物仅仅只产于南美洲，没有任何证据显示这是一种不变的法则。我们知道，在欧洲的地质层中人们已经发现了有袋类动物曾经存在的事实。我自己也曾经说过，整个美洲大陆的陆生哺乳动物的分布法则与时间有关，古代和现在的分布法则是不同的。在古代，整个北美洲在分布法则上，几乎是非常相似的。也就是说，该大陆的南北两部分在分布法则上没有多大的差别。根据福尔克纳和考特利的发现，我们知道，印度北部的哺乳动物与非洲哺乳动物在近似性上，也是从前的比今天的更为密切近似。关于水生动物的分布，也可以举出类似的事实来。

按照伴随着变异的生物由来学说，同一地域内，同样的模式持久但并非不变地演替着这一伟大法则。世界各地的生物在以后连续的时间内，显然都倾向于把密切近似而又有某种程度变异的后代遗留在该地，如果一个大陆上的生物从前曾与另一大陆上的生物差异很大，那么它们的变异了的后代将会按照近乎同样的方式和程度发生更大的差异。经过了很长的间隔时间以后，同时经过了大量互相迁徙的巨大地理变化以后，较弱的类型会让位给更占优势的类型，而生物的分布就完全不会一成不变了。

也许有人会嘲笑我，并问道："你是否曾假设从前生活在南美洲的大懒兽以及其他近似的大怪物曾遗留下树懒、犰狳和食蚁兽作为它们的退化了的后代？"我并不承认我曾提出过这种假设，因为这些巨大动物曾全部灭绝，没留下后代。但是在巴西的洞穴内，人们却发现了大量已灭绝的物种的化石，从化石的大小和性状上来看，这些物种与南美洲的现存物种之间存在着高度的近似，这些化石中的某些物种也许是现存物种

第三纪沉积物

图中显示的地质时代第三纪，克里海岸风力形成的横切的沉积物。沉积物呈墨色，位于一道纵深的巨大沟槽之中，和周围的岩层迥然不同。

被子植物化石

第三纪是被子植物极度繁盛的时期。裸子植物除松柏类尚占重要地位外，其余的均趋衰退。蕨类植物也大大减少，且分布多限于温暖地区。

褶皱地质

这是地质第三纪时期，构造力形成的水波褶皱。整个地形呈歪斜状，植被稀少，地质分层明显。

的真实祖先。请一定要牢记，根据我的学说，同属的所有物种都是某一物种的后代，所以，如果有八个物种，它们分属六个属，又如果它们出现在同一个地质层中，而且有六个其他近似的或具有代表性的属也在连续的地层中被发现，同时每个属下所拥有的物种个数也是相同的，那么，我就能断言，在一般情况下，各个较为古老的属只有一个物种会留下变异了的后代，这些变异的后代会构成一些新物种的新属，而各个老属中的另外七个物种则会全部灭亡，并且不会有任何后代留下。还有更普通的情况，即六个老属中只有两三个属的两三个物种是新属的双亲，而其他的物种和其他的老属将全部灭绝。在已经濒临灭绝的目里，比如南美洲的贫齿类，属和物种的数目都在减少，在这种情况下，能留下变异了的嫡系后代的属和物种的数目将会更少。

本章重点

我曾打算向人们证明一个事实，那就是，没有一个地质记录是完全的，我们所发现的那些地质记录，仅仅只是地质学家们对地球所作的很微不足道的一部分地质学调查而已，只有某些纲的少数生物才有机会以化石的形态再次出现在人们面前。即使是把所有保存在博物馆里的标本和物种的数量加起来，其数量与一个地质层中所经历的世代数目相比，其比例值也几乎接近于零。对于富含许多类化石物种而且厚到足以经受未来陵削作用的沉积物而言，沉陷累积的作用是显而易见的。在大多数的连续地质层之间必然存在着极为漫长的间隔空白期，甚至在沉积物处于沉陷的时候，更多的物种已经灭绝了；而当沉积物再次上升时，就算地质层

可以再次记录和保存一些变异，但我认为，这样的记录和保存应该是非常不完全的。各个单一的地质层并非是通过继续不断的沉积而形成的，各个地质层的持续时间要比物种的平均寿命短一些。在任何一个地域内或地质层中，新物种的初次出现通常与迁徙有着

三尖叉齿兽

三尖叉齿兽是种犬齿兽类，其体形与现代的猫类似。三尖叉齿兽的骨骼具有爬虫类的多项特征，但是其牙齿却具有典型哺乳动物的特征，如犬齿、臼齿与门齿。此外，从出土的化石来看，这种生物的身体覆盖着皮毛，这是哺乳动物的另一项特征。三尖叉齿兽几乎是爬行动物和哺乳动物之间的完美过渡，在揭示哺乳动物的进化方面具有重要作用。

阿尔卑斯山 摄影 当代

　　到了第三纪末期，地球上的气候开始转凉。第四纪的初期，寒冷气候带开始向南转移，高纬度和高山地区进入冰期，并广泛生成冰盖或冰川。这次大冰期直接导致全球大陆32%的面积为冰川所覆盖，欧洲的阿尔卑斯山脉就是在这个时期形成的。

密切的关联，因此，迁徙的作用非常重要。物种的分布越广，其变异的频率也就越高，而且那些能够经常产生新变种的物种，其变种在最初时候具有明显的地方性。最后，请记住，虽然各个物种的形成必然要经过无数阶段，如果用年代来计算各个物种的出现、变化时，这个时间是非常长的。但是这些岁月与各个物种处于停滞不变时的岁月相比，要短很多。如果把这些原因结合起来看，我们大致就可以知道为什么中间变种（虽然我们确曾发现过许多连锁）没有用最细微的级进把所有灭绝的和现存的物种连接起来。另外，还有一个必须时刻牢记的问题，那就是，在两个类型之间的任何连接变种，也许会被发现，但若不是整个连锁全部被发现，就会被排列为新的、界限分明的物种。因为不能说我们已经有了任何切实的标准，可以用来辨别物种和变种。

　　可以肯定的是，那些认为地质记录是完全的人，也会理所当然地反对我的全部学说。因为他们会问："虽然在地质层中没有发现，但是真的就不存在把同一个连续地质层中发现的那些具有密切类似性质的物种或代表物种连接起来的中间物种吗？"他们不相信在连续的地质层之间存在着如此漫长的间隔空白期。当他们对任何一个大区域的地质层（比如欧洲的地质层）进行观察时，他们就会忽略迁徙在其中所起到的重要作用。他们坚信各个物种群都是（但常常是假象的）突然出现的。他们会这样问道："在寒武纪之前，地球上必然就已经存在着无数物种了，但这些物种的遗骸在哪里呢？"现在我们知道，在寒武纪之前，至少存在着一种动物。但是，我仅能根据以下的假设来回答这最后的问题，即在今天的地球上，凡是被海洋所覆盖的地方，已经存在了很长久的时间了，今天我们所生活的大陆也是自寒武纪以来就已经存在了。然而在寒武纪之前，这个世界的景象却是完全不同的，寒武纪之前的大陆是由更古老的地质层所形成的古大陆。时至今天，古大陆的残骸仅仅只是以变质状态出现在人们眼前，或者被深埋在海洋之下。

如果我们解决了这些难题，那么其他古生物学的主要重大事实便与根据变异和自然选择的生物由来学说变得十分一致了。如此一来，我们就可以进一步理解，为什么新物种总是缓慢且连续地产生；为什么不同纲的物种不会同时发生变化，或者以相同的速度、相同的程度发生变化，然后所有生物都在一定程度上发生了某种变异。毫无疑问几乎所有导致老的物种类型灭绝的原因是由于

新的物种类型的产生。我们能够理解，为什么一旦物种灭绝了就永远不会再次出现。物种群在数目上的增加是缓慢的，它们的存续时期也各不相等。因为变异的过程必然是十分缓慢的，而且许多导致变异发生的复杂且偶然的事件必须全部具备。在生存斗争中占据优势的属以及物种必然会有留下许多已经

科罗拉多大峡谷　摄影　当代

科罗拉多大峡谷是世界上最长的峡谷之一，峡谷顶宽6～28千米，最深处1800米。从峡谷的底部至顶部沿壁露出从前寒武纪到新生代各期的系列岩系，水平层次清晰，岩层色调各异；并含有各地质时期代表性的生物化石，所以有"活的地质史教科书"的称谓。

陆行鲸

陆行鲸，是一种早期的鲸鱼，既可以在陆地行走，也可以在水中游泳。陆行鲸的外表像鳄鱼，约有3米长，它的后肢较适合游泳，可像水獭及鲸鱼般靠摆动背部来游泳。它那强大的双腭和锋利的牙齿，可以捕捉相当大型的猎物，其发达的尾巴可帮助其像水獭般快速游动，以迅速接近猎物。

发生了变异的后代的倾向，这些后代又会形成新的亚属和亚种，并最终形成新属和新物种。当这些新属和新物种形成之后，那些从一个共同祖先那里遗传的低劣性质而导致在生存斗争中处于劣势的属和物种，便会全部灭绝，而且再也不能在地面上留下变异了的后代。物种全群的完全灭绝常常是一个缓慢的过程，因为有少数后代会在被保护的和孤立的场所残存下来。一个群如果一旦完全灭绝，就不再出现，因为世代的连锁已经断了。

我们能够理解为什么分布广的和产生最大数目的变种的优势类型，以近似的但变异了的后代分布于世界的倾向；这些后代一般都能够成功地压倒那些在生存斗争中较为低劣的群。经过长久的间隔时间之后，世界上的生物便呈现出曾经同时发生变化的光景。

剑齿虎

剑齿虎是大型猫科动物进化过程的一个旁支，生活在距今300万年至1.5万年前的全新世时期，它与进化中的人类祖先共同度过了近300万年的时间。剑齿虎的体形与现代虎差不多，但是它的上犬齿却比现代虎的犬齿大得多，甚至比野猪的獠牙还要大，如同两柄倒插的短剑一般。

我们能够理解，为什么任何时代的所有生物类型汇合起来只能成为为数极少的几个大纲。我们还能够理解，在性状分歧的连续倾向下，为什么物种的类型越古老，它们与现存类型之间的差异也就越大。为什么已灭绝的古代生物常有把现存物种之间的空隙填充起来的现象，它们往往把先前被分作两个不同的群合而为一，但更多的是只把它们稍微拉近一些。越是古老的物种类型，在某种程度上越是处在与现在不同的属之间；这是因为物种类型越古老，它们与性状分歧非常大的现存物种的共同祖先越接近，结果也越

类似。已灭绝的物种类型很少直接存在于现存类型的中间，而仅是通过其他不同的灭绝类型所构成的长而迂曲的路介于现存类型之间。现在，我们终于知道，为什么在密切且连续的地质层中，生物遗骸也是如此的密切且类似了，因为它们被世代密切地连结在了一起。我们同时还知道，为什么中间地质层的生物遗骸具有中间性状。

在历史上的各个连续的时代中，世界上的所有生物都在进行着生存斗争，在这些斗争中，它们打倒了自己的祖先，并使自己的生物等级也相应地提高了，它们的身体构造

也变得更加专业化了。这一事实体现出了很多古生物学者的普遍观点，即就整体而言，生物的身体构造总是在进步的。已灭绝的古代动物在某种程度上都与属于同一纲的近代动物的胚胎相类似。根据我的观点，这种惊人的事实便得到了简单的解释。在最接近今天的地质时代中，同一地域内的相同模式的演替已不再神秘了，根据遗传原理，它是可以理解的。

如果地质记录像许多人所相信的那样是不完全的，或者说，如果地质记录能够被证明是不完全的，那么，对于自然选择学说的主要异议就会大大减少或者消失。另一方面，我认为，所有古生物学的主要法则都很清楚地告诉我们，物种都是通过普通的生殖繁育而产生的。老的物种类型被新的且改进的物种类型所取替，新且改进的物种类型是"变异"和"最适者生存"的产物。

顶级消费者

次级消费者

蛇

初级消费者

老鼠

蚱蜢

蜘蛛

初级生产者

土壤微生物

分解者

虎

狐

猫头鹰

鸟

兔

植物

第十一章　地理分布

　　在知道地球表面曾经发生过剧烈的气候变化以及陆地水平变化之后，再来理解地球上的生物分布特点时，我们就有充分的理由相信：许多生物都有一个共同的祖先，并且是从它的原产地逐渐分散开去的。生物的传播方式非常奇特，有的是通过偶然的方式被带到别处去的；有的则是在长期的进化过程中，产生出了一套对自己非常有利的机制。这主要是由于它们移入新的地区以后，因环境而发生了变异。

　　我们同时发现，某些生物大大地变异了，某些生物只是轻微地变异了，这样的情况在世界各大洲都可以看到。海洋岛上的生物也有它的分布规律，这里的生物数量少，变异程度也不是很高，许多迹象表明：它们的祖先与陆生动物具有明显的亲缘关系。

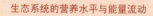

生态系统的营养水平与能量流动

　　在一个陆生生态系统中，食肉猛兽以狐类为食；狐类又以鼠、鸟、兔等小动物为食；小动物又以昆虫、植物为食。生物间的一切能量流动都以这种食物链为基础。

对生物分布情况的解释

我们在对地球表面的生物分布进行考察时，触动我们的第一件大事，就是各地生物无论相似或不相似，都不能全部用气候和其他地理条件进行解释，这是最近几乎每个研究这一问题的作者的共同结论。仅仅从美洲的情况来看，就可以证明这一结论的正确性了。在地质学者看来，除了北极和北方的温带地区不计算在内，大家都赞同"新世界"和"旧世界"之间的区分是地理分布的最基本分界之一。但如果我们在广袤的美洲大陆上旅行，从美国的中央地区到它的最南端，我们将会遇到非常复杂多样的物理条件：潮湿的地区、干燥的沙漠、巍巍的高山以及草原、森林、泽地、湖泊、大河等。我们所经

猴面包树　摄影　当代

猴面包树为木棉科，常绿乔木。其树干较短，直径可达9米，原产热带非洲。树龄可达5000余年，为最长寿树木之一。猴面包树依靠扎入深层地底的根吸取水分，从而在酷热的环境中得以生存。

过的这些地方都处在不同的温度之下。"旧世界"所呈现出来的各种气候条件，几乎都能与"新世界"相平行，至少有同一物种所需要的那种密切的平行。毫无疑问，"旧世界"里有些小块地方比"新世界"的所有地方都热，但就是在这些地方，生活在这里的动物群和周围地方的动物群并没有什么不同。毕竟，一群生物局限在条件特殊的小区域里的现象还很少见。虽然"旧世界"和"新世界"的条件呈现出一般的平行状态，然而，生活在其中的生物却大不相同。

如果我们把南半球处在纬度25°和35°之间的澳洲、南非洲和南美洲西部的广袤陆地进行比较，我们会看到，虽然其中一些地区在所有条件上都非常相似，但要如大陆上的动物群和植物群那样，严格区分不同的三种动物群和植物群，大概是不可能的。我们还可以把南美洲的南纬35°以南的生物和南纬25°以北的生物进行比较，虽然两地之间纬度相差10°，并且处于完全不同的条件之下。但两地生物之间的相互关系与气候相近的澳洲、非洲的生物之间的关系相比还要密切。关于海栖生物，我们也可举出一些类似的事实。

壁垒的重要性

在我们的观察中，触动我们的第二件大事是：阻碍自由迁徙的所有种类的障碍物，都与各地生物的差异存在着密切而重要的关系。关于这一点，可以从新旧两个世界的几乎所有陆栖生物的重大差异中看出来。北部地方是个例外，因为那里的陆地几乎都是连接的，气候的差别也非常微小。北部温带地区的类型，与北极生物目前能够自由迁徙的类型一样，大概也可以进行自由迁徙。在同一纬度下的澳洲、非洲和南美洲，生物之间存在着重大的差异，呈现出同样的事实：这些地方的相互隔离几乎达到了顶点。在各个大陆上，我们也看到同样的事实：在巍峨延绵的山脉、大沙漠、大河的两边，我们可以看到不同的生物。由于山脉、沙漠等不像隔离大陆的海洋那样不能越过，也不像海洋持续的时间那么长久，因而，即使生活在同一个大陆上的生物，它们之间的差异与生活在不同大陆上的生物之间的差异相比，在程度上二者仍然相差很大。

对海洋的观察中，我们也看到了同样的法则：生活在南美洲东海岸和西海岸的海栖

沙漠之舟——骆驼　摄影　当代

骆驼为偶蹄目，骆驼科。分布于北非、中东、亚洲中部，身长为3米左右，妊娠期为360~420天，每胎产1仔。骆驼不怕风沙，这缘于它们特殊的鼻子、眼睛和耳。它们的嗅觉十分灵敏，不仅能察觉远处的水源，还能预知风暴。

生物，除了非常少的贝类、甲壳类和棘皮类是相同的以外，它们差别都很大。然而，最

豹皮花　约翰·林立　水彩画　19世纪

豹皮花又名犀角花，多年生肉质草本，原产南非，性喜温暖向阳，是典型的耐旱植物，在潮湿地区，根部会腐烂，无法生存。

近京特博士指出，在巴拿马地峡的两边，大约有30%的鱼类是相同的。这一事实使博物学者们相信，在若干年以前，这个地峡曾经是海洋。在美洲海岸的西面，放眼望去，是一片广阔无边的海洋，没有留给迁徙者一个可以休息的岛屿。这里，我们看到另一种类的障碍物。越过这里，就是太平洋的东部诸岛，在那里，我们遇到了一种完全不同的动物群。在相同的气候下，三种海栖动物群形成了相距不远的平行线，分布在遥远的北方和南方。然而，由于它们被不可逾越的障碍物——陆地或大海所隔开，因而这三种动物群几乎是完全不同的。如果我们从太平洋热带地方的东部诸岛再向西行，就不会再遇到那些不可越过的障碍物了；那里还有提供给迁徙者休息的无数岛屿和连续的海岸。经过一个半球的旅程后，就到达了非洲海岸。在这个广阔的空间，我们不会遇到完全不同的海栖动物群。

上面，我们介绍了美洲东部、美洲西部和太平洋东部诸岛的三种相近动物群，它们中间只有少数的海栖动物是共同的，并有很多鱼类从太平洋分布到印度洋。在同一子午线上几乎完全背对的太平洋东部诸岛和非洲东部海岸，还生活着很多共同的贝类。

处于同一大陆上的生物的亲缘关系

第三件大事，其中一部分前面已经叙述了，即生活在同一大陆上或同一海洋里的生物都具有亲缘关系，虽然物种在不同的地点是不相同的。这是一个普遍性的法则，对此，每个大陆都提供了很多事例说明这一点。当一个博物学者从北到南旅行时，他会看到那些亲缘关系密切但物种不同且呈现连续生物群的逐次更替的情形，而这种情形一定会打动他。他会听到那些关系密切相似、但种类不同的鸟唱着几乎相似的声调；他会看到这些鸟儿的巢虽然不完全相同，但在构造上都十分相似；它们的卵的颜色也基本相同。在麦哲伦海峡附近的平原上，栖息着一种称为"美洲鸵鸟"的物种，而在拉普拉他平原以北，则栖息着同属的另一物种；但却没有如同纬度下非洲和澳洲那样的鸵鸟或鸸鹋。也是在这个平原上，我们见到了刺鼠和绒鼠。这些动物和欧洲的山兔、家兔的习性几乎一样，都属于啮齿类的同一个目，只是它们的构造具有美洲的模式。我们登上高耸的科迪勒拉峰，看到绒鼠的一个高山种；我们注视河川，却看不到海狸或麝香鼠，但可以看到河鼠和水豚，这些都属于南美洲模式

的啮齿目。除此之外，我们还可以举出无数的例子。对远离美洲海岸的岛屿的考察告诉我们，无论它们的地质构造存在着多么大的

地峡图

地峡是指两个海洋之间连接两个大陆的狭窄陆地。地质史表明，在数百万年前，地球上的陆地是连在一起的，后来由于地质运动，才逐渐分开了。只要察看一下现代的地球仪，仍可发现亚洲和非洲、南美洲和北美洲等相互衔接的小块陆地，如苏伊士地峡、巴拿马地峡等。

差距，但从本质上看，栖息在那里的生物都属于美洲模式无疑，哪怕它们可能都是特殊的物种。如同前面所说，回顾一下过去的时代，我们会看到，那时美洲模式的生物无论在美洲的大陆或海洋里都是占优势的。我们看到，在这一事实面前，生物通过空间和时间，以及所有同一地域的水上和陆地，与物理条件无关的某种东西发生了深入的联系。一个博物学者如果不想深究这种联系的性质，那他一定是一个感觉迟钝的人。

这种联系仅仅是遗传，据我们确切掌握的情况来看，只是因为这一点，就会促使生物之间具有很强的相似性；或者就像我们所看到的一个变种，它们之间近乎相像。不同地区的生物外表的不同，可以归结到因为变异和自然选择所造成的变化上；其次，应归因于不同的物理条件的影响。二者不相像的程度，原因在于占有优势的生物类型，在

水 豚

水豚，长为1~1.3米，体重为27~50千克，是世界上最大的啮齿目动物。水豚仅分布于美洲巴拿马运河以南的地区，喜栖息于植物繁茂的沼泽地中。通常以家族群居，但每群不会超过20头。雌性每年繁殖1次，妊娠期为100~120天，可产2~8仔。

相当长的时期内，在迁徙途中或多或少受到了某种障碍的影响，这取决于以前移来的生物的本性和数量，取决于生物之间的相互作用所引起的不同变异，取决于在生存斗争中生物与生物之间的联系。这些，如我前面曾常常说的，它是所有关系中最重要的关系。由于障碍物阻止物种迁徙，其重要性就越发彰显出来了，这就像时间在自然选择中所具有的重要性一样。物种的变异过程是十分缓慢的。那些个体众多，且分布广泛，并已经在它们生存之地战胜了众多竞争者的物种，当它们扩张到一个新的地方时，就具备了取得新的地位的最好机会。在一个新地方，它们会遇到新的条件，这时，一般会发生进一步的变异和改进；于是，它们就取得了更大的胜利，并且产生出众多的变异了的后代。依据生物的由来一定伴随着变异的理论，我们就能理解，为什么物种属的一部分或全属，甚至一科都会这样普遍地局限在某一个地方。

如前面所说，没有证据可以证明，事物存在必然发展的法则。毫无疑问，每个物种的变异性都有它独立的性质，并且，物种的变异性只有在复杂的生存斗争中有利于各个个体时，自然选择才能对它进行利用，因而不同物种的变异量是不同的。如果有某些物种在故乡经过长久的竞争后，集体地移进一个新的、后来成为孤立的地方时，它们就很少发生变异，因为移动和孤立本身并不产生任何作用。只有生物之间发生了新的关系，并且以较小的程度与周围的物理条件发生新的联系时才起作用。如我们在前面所看到的，有些生物类型从一个遥远的地质时代开

始，就一直保持了大致相同的性状，因而某些物种在广阔的空间进行迁徙时，却没有发生大的变化，甚至没有发生任何变化。

根据这一观点，同属的若干物种，它们虽然栖息在世界上相距很远的不同地方，但都是从同一个祖先传下来的。由此推论，它们原先一定生活在同一个地方，并在那里发源的。至于那些在整个地质时期很少变化的物种，它们应该都是从同一地方迁移来的。原因是，自古代以来，无论地理上和气候上都发生了连续性的巨大的变化，在这样的时期，可以说，任何大量的迁徙几乎都是可能的。但在其他情形里，我们有理由相信，同一属的诸物种应该是在近代才产生的，但如果要对这种现象进行解说，无疑是十分困难的。同样明显的是，那些同种的个体，它们现在虽然栖息在相距遥远且十分孤立之处，但它们一定来自它们的双亲最初产生的地点，个中原因前面已经说明过，不要相信从不同物种的双亲中会产生出完全相同的个体。

鸸鹋 摄影 当代 摄于澳洲草原

鸸鹋又名澳洲鸵鸟，是世界上最大的陆地鸟种之一，也是世界上最古老的鸟种之一。它主要分布于澳洲大陆，栖息于开阔森林与平原，主食树叶和野果。通常鸸鹋不会独行，常见三五成群。一只成年雌鸟只在每年11月至第二年4月产卵，数量约7～15枚，而雄鸟则负责孵化。

创造的中心

现在，我们来谈一谈博物学者们曾经详细讨论过的一个问题，即物种是在地球表面上的一个地方创造出来的呢，还是在多处地方创造出来的？同一物种从一处地方迁徙到现在我们看到的相距遥远而孤立的另一些地

原产亚洲的桑寄生　克拉迪斯　水粉画　19世纪

桑寄生又名老式寄生、广寄生等，常绿小灌木。它们的原产地是亚洲，即亚洲是它们的"创造中心"。这幅桑寄生图选自作者向拿破仑献礼的画册。

方，这对我们来说无疑是非常难以理解的。然而，那种认为每个物种最初都产生在一处地方的观点，其结论的简单性又使人心存怀疑。如果对这种观点进行排斥，实际上也就排斥了物种的发生和迁徙的真实原因，并且会把这种原因归结为某种奇迹。人们普遍承认，在多数情形下，一个物种栖息的地方是具有连续性的。如果一种植物或动物栖息在相距很远的两个地方，或者栖息在迁徙时不易通过的中间地带的两处地方，人们就将这种情形认为是一个值得注意的例外事件。物种在迁徙时不可能通过大海，这对陆栖哺乳动物来说，可能比任何其他生物更为明显。至少在目前，我们还没有看到同一哺乳动物栖息在相距很远的地方，但又没有得到解释的事例。大不列颠有和欧洲其他地方相同的四足兽类，没有一个地质学者觉得这有什么难以理解，因为那些地方以前曾经是连接在一起的。然而，如果同一个物种产生在相互隔开的两个地方，问题就出来了：为什么我们没有发现一种欧洲和澳洲、或者欧洲和南美洲共有的哺乳动物呢？

由于生活条件相近，欧洲的很多动物和植物已经在美洲和澳洲归化了；即使在南半球和北半球，如此相距遥远的地方，人们

也发现了若干完全相同的土著植物。根据我所了解的情况，对这个问题可以这样回答：由于某些植物具有自己的各种散布方法，它们在迁徙时通过了广阔而断开的中间地带，但哺乳动物在迁徙时却不能通过这一地带。在迁徙时，由于存在着各种障碍物，而这些障碍物的影响又十分巨大，于是，大多数的物种只能产生在障碍物的某一边，而不能迁徙到另一边。只有这种观点，才能对这一现象作出合理的解释。于是，我们看到，少数的科，很多亚科、属，以及数目众多的属的分支，它们往往局限在一个单一的地方。一些博物学者曾经观察到最自然的属，也就是物种之间相互联系最密切的那些属。他们发现，这些"最自然的属"一般都局限在同一个地方，如果它们在一个很大的范围内分布，那它们的分布则具有连续性的特征。当我们对这个系列之下的同种的个体进行考察时，如果那里正被一个相反的法则所支配，而这些个体最初并不局限于某一个地方，这难道不是一种很奇怪的反常现象吗？

就像许多博物学者所认为的那样，我的看法是：这些物种仅仅只是在一个地方产生，之后，在自然条件下，或者说，在当时的条件允许的情况下，它们依赖迁徙及发挥自己的生存力量，从最初的那个地方迁徙出去，散布开来，这是最可能的一种观点。毫无疑问，在许多情况下，我们不能解释同一物种怎么能够从一个地点移到另一个地点。还有一种可能，就是在最近，地质时代肯定发生过地理及气象的变化。在这个过程中，那些以前是连续分布的许多物种被弄得不连续了。面对这一切，我们必须仔细考察，对

天鹅 佚名 摄影 当代

天鹅属雁形目，鸭科，分布于俄罗斯、中国及北欧各地区。它的身长为90~180厘米，翅长为300厘米左右。繁殖于湖泊的苇地，每窝产卵数为6枚左右。天鹅实行终身伴侣制，当雌鹅产卵时，雄鹅会在一旁守卫。

于分布的连续性的例外是否真的有这么多，其性质是否真的有如此严重，以致它将导致我们放弃从一般考察所建立的信念，即认为各个物种都是在某一个地区内产生的，并且它们尽其所能从那里迁徙了出去。如果我们把现今生活在相距十分遥远地方的同一物种的所有例外情况都拿来进行讨论，这实在是太繁琐了，我也从来不敢保证能够对这一现象提出更多事例进行解释。但说过几句开头的话后，我会对少数显著的事例提出来讨论，它们是：1.关于在相距很远的山顶上以及在北极和南极这两处相距遥远的地点生存的同一物种问题；2.关于淡水生物的广阔分布问题（在下章进行讨论）；3.同一个陆栖的物种出现在被数百英里大海隔开的岛屿及大陆上的问题。

对于同一物种在地球表面上相距很远而且孤立的地点生存着的这个问题，如果我们能根据各个物种是从一个单一的产地迁徙出

去的这种观点来进行解释，并有大量的事例作为佐证；那么，考虑到我们对于从前气候和地理的变化以及当时的各种输送方法的无知，我认为，相信单一产地的法则，无疑是最稳妥的了。

在讨论这个问题时，我们必须对另一个

分布广泛的鹈鹕　罗雷姆　摄影

鹈鹕，别名塘鹅。身长为180厘米，体重为13千克左右，每窝产卵1～4枚，孵化期约为30天。它们喜欢群居，分布于全世界各水域。栖息于沿海、湖沼、河川和大型水域里，以鱼类为食。鹈鹕一度种群数量极大，由于DDT及有关杀虫剂的使用，1940至1970年间，其种群数量急剧下降。

生长在热带的长叶刺葵　摄影　当代

长叶刺葵为常绿植物，羽状复叶，长为4～6米，每叶有180～250片小叶，分布于热带和亚热带。热带地区炎热多雨的天气正好适于该植物喜高温多湿的特性，使其长得高大茂盛。

同样重要的事情进行考察，即一属里的若干物种（从一个共同祖先传下来的）能否从一个地区进行迁徙，并在迁徙时发生变异。当栖息在一个地区的大多数物种与另一地区的物种虽然关系密切并近似，但又不完全相同时，如果可以明确说明，它们大概在过去的某个时代曾经从一个地区迁徙到另一地区，那么我们所持的观点就更加巩固了。因为，依据生物的产生都伴随着变异这一原理，很容易对这种现象进行解释。例如，在距离大陆几百英里外，那些隆起的地形最后形成了一个火山岛，其随着时间的推移，大概会从大陆接受少数的生物。在发展中，它们的后代虽然已经变化了，但由于遗传的原因，它们仍然会和大陆上的生物有某种关系。这种情形具有普遍性。这种情形我们以后还要讲到，它是不能用独立的理论来解释的。一个地区的物种和另一地区的物种有联系的这种观点，与华莱斯先生所主张的并没有什么不同。他曾断言："各个物种的产生，和以前存在的密切近似的物种在空间和时间上都是一致的。"我们现在已经很清楚地知道，他把这种一致性归因于物种伴随着变异的进化论了。

创造的中心是单一的还是有无数个的问题，和另一个近似的问题不同。这个问题是：同种的所有个体是否是从一对配偶传下来的？或者是从一个雌雄同体的个体传下来的？或者如某些作者所设想的那样，是从众多的、同时创造出来的个体中传下来的？那些从来不杂交的生物，如果它们确实存在的话，各个物种一定是从连续变异了的变种中传下来的。这些变种曾经互相排斥，但决不和同种的其他个体或变种相互混合。根据这一理论，在变异的每一个连续阶段，同一类型的所有个体都是从单一亲体中传下来的。然而，在大多数情形下，那些在每次生育时习惯进行交配和偶尔进行杂交的所有生物，它们与同一地区的同种的个体，也会因互相杂交而几乎保持一致。这时，许多个体会同时进行变化，在每一个阶段，变异的全量不会是只从单一亲体传下来的。这里可以举一个实例来进行说明：英国的赛跑马和每一个其他马的品种都不同，但它们身上具有的特异之处及优越性并不是单从任何一对亲体中传

"鼠"视眈眈　史密斯·丁　摄影　近代

　　猛鼩亦称鼩鼠，体矮胖，形似鼠，长10余厘米，是生活在南美洲森林里专以捕食昆虫为生的小型哺乳动物。它只有3.5寸到7.5寸长，捕食昆虫时，先咬掉昆虫的头。图中，这只猛鼩正准备扑击1只大蚱蜢。

下来的，而是在每一世代中，对许多个体持续进行选择和训练的结果。

　　上面，关于"创造的单一中心"学说所遇到的最大困难，我谈了三类事实。

散布的手段依靠气候变化和陆地的水平高度差

对这个问题，莱尔爵士以及其他作者已经进行了有益的讨论。这里，我只能摘要一些观点，并举出一些比较重要的事实。毫无疑问，历史上气候的变化对于迁徙一定产生过巨大的影响。今天的某处地方，由于气候的原因，一些生物没有办法通过；但在过去，在气候不同的时代，可能曾经就是迁徙的大路。现在，我们可以对这一问题进行比较详细的讨论。对于生物来说，陆地水平的变化也一定产生过重要的影响，例如，现在一条狭窄的地峡把两种海栖动物群隔开。设想一下，如果这条地峡在水中沉没了，或者过去曾经沉没过，那么，这两种动物群就会混合在一起，或者过去就已经混合了。今天，在海洋所至之处，在过去或者有陆地把岛屿和诸大陆连接在一起，这样陆栖生物就可以从这个地方迁移到别的地方去。陆地水平的巨大变化，曾经发生在现在生物的存在期间，关于这一点，地质学者之间没有争论。福布斯曾说，大西洋的所有岛屿在过去一定曾与欧洲或非洲相连接，欧洲也同样与美洲相连接。除福布斯外，还有一些作者持相同的看法，它们假设，每个海洋都有过陆路相通的历

风力传播　摄影　当代

毛绒绒的狗尾草亦称"莠""谷莠子"，为禾本科，属一年生草本植物，因形似狗的尾巴而得名。它的叶片较宽，呈线形，夏季开花。每一株成熟的狗尾草一次可产近百粒种子，它们借助风力、灌溉浇水及收获进行传播。其种子适应性很强，耐寒耐贫瘠，在荒地上也可生长。

史，在他们的假设中，甚至把每一个岛屿与某一大陆连接在了一起。如果福布斯的观点可以相信，那么，我们必须承认，在过去，几乎没有一个岛屿不和某一大陆相连接。这一观点当然很好，它可以如快刀斩乱麻似地解决同一物种是如何分布到相距遥远地点的问题，它排除了许多难点。然而，根据我的判断，我们无法承认，以今天物种的格局，世界曾经发生过如此巨大的地理变化。在我看来，对陆地水平或海洋水平的巨大变动我们虽然掌握了丰富的证据，但并没有证据可以表明，这些大陆的位置和范围曾经有过如此重大的变化造成今天它们彼此相连接，而且和介于其中的海洋岛相连接。应该承认，在过去的时代，确实有许多岛屿沉没了；从前，这些岛屿可能是植物和动物迁徙时的歇脚地点。我们看到，在产生珊瑚的海里就有这种沉下的岛屿，今天，它们上面布满了珊瑚环的标志。我想，将来总有一天，人们会承认各个物种曾是从单一的地点产生的。我们应该充分承认这一点；随着时间的推移，总有一天，我们会了解关于分布方法的确实情形。到那时，我们就能有把握地推测过去陆地的范围了。但我仍不相信，未来的发现能够证明，今天处于分离状态的许多大陆，它们在近代曾是连接在一起的，或者是几乎连接在一起的，甚至是和许多现存的海洋岛连接在一起的这一说法。关于分布的一些事实，例如：1.在几乎每个大陆两边生活着的海栖动物群之间存在的巨大差异；2.一些陆地、海洋的第三纪生物和该处现存生物的密切关系；3.在岛上栖息的哺乳动物和附近大陆上的哺乳动物的类似程度，其中部分原因

与它们之间的海洋深度有关（这个问题以后还要讲到），等等。这些事实都和近代曾经发生过十分巨大的地理变化的说法正相反，而这种说法对福布斯及他的追随者所承认的观点是必要的。海洋岛生物的性质以及相对的比例，同样与海洋岛从前曾与大陆相连接这一观点正相反。再有，这些岛屿几乎都曾经是火山或有火山的成分，这一现象也不支持它们都是大陆沉没后残遗物的说法。如果说，它们过去曾经作为大陆的山脉而存在的活，那么，至少其中有些岛屿会像某些山峰那样，是由花岗岩、变质片岩、古代的化石

黑黄林莺　奥杜邦　水彩画　19世纪

黑黄林莺经常将巢筑造在枞树的平行枝丫上，以羽毛、草根、树皮、苔藓等为原料，将鸟巢编织得十分精美。此图中，中为雄鸟，上为幼鸟，下为雌鸟，它们都是新大陆鸟类。

岩以及其他岩石构成，而不仅仅是由火山物质叠积而成。

关于所谓的"意外方法"，我必须说几句。事实上，我们把它称为"偶然的分布方法"可能更为适当。这里，我只谈谈植物。在植物学著作里，我们常常看到，书中说这种或那种植物不适于广泛传播，但关于通过海洋进行输送，其难易程度几乎完全不知道。在伯克利先生帮助我进行几种试验之前，我们甚至对种子、对海水的损害作用究竟有多大的抵抗力也不清楚。我惊奇地发现，在87种种子中，有64种种子在浸过28天后仍能出芽，并且有少数种子在浸过137天后

还能成活。值得注意的是，有些目所受到的损害比别的目要大得多。我曾对九种荚果植物做过试验，除了一种外，其他的都很难抵抗盐水；属于近似目的田基麻科和花葱科七个物种，在将它们浸泡一个月后都死了。为了方便，我选择性地试验了没有蒴或果肉的小种子。在试验过程中，这些种子在几天后都沉下去了。由此我得出一个结论，这些种子，无论它们是否会遭受海水的损害，都不能漂过广阔的海面。之后，我又对一些较大的果实和蒴等进行了试验，其中有些能漂浮一个较长的时期。大家知道，同样是木材，新鲜的木材和干燥的木材的浮力是大不相同的；并且我也看到，大水常常把带有蒴或果实的干植物、枝条等冲入海里去。在这些试验的启示下，我选择了94种植物，并把它们带有成熟果实的茎和枝加以干燥，然后放到海水里去。试验结果是：大多数植物都很快地沉下去了，但有些植物在新鲜时漂浮的时间很短，干燥后却漂浮了很长一段时间。例如，成熟的榛子下沉很快，但经过干燥后的榛子却能漂浮90天，而且它们还能发芽；带有成熟浆果的石刁柏在水中只能漂浮23天，干燥后却能漂浮

种子的传播

图示各种子需凭借风力或借助动物来传播。借助动物来传播是指植物的种子果实被动物吃后，随着动物的排泄物散布到各地。

蓟的种子　罂粟　牛蒡　鸟　鼠　黑莓　蒲公英种子

85天，它的种子也能发芽；成熟的苦爹莱种子漂浮两天就沉了，经过干燥后却能漂浮90天，而且也能发芽。总的来说，在这94种干植物中，其中18种大约能漂浮28天，有些甚至能漂浮更长时间；在87个种类的种子中，有64个种类的种子在浸水28天后还能发芽；在94个带有成熟果实的不同物种中（与上述试验的物种不完全相同），有18个大约能漂浮28天。根据以上的试验结果，如果从这些贫乏的数字进行推论，我们可以断言，在任何地方找100个种类植物的种子，其中，大约有14个种类的种子能够漂浮28天，而且能发芽。约翰斯顿在他的"地文图"上表明，在大西洋，有些海流的平均速率一昼夜为33英里（有些一昼夜达到60英里）。按照这一平均速率，那么，在一个地方的100个种类植物的种子中，大约有14个种类的种子能够漂过924英里的海面，从而到达另一地方；它们在搁浅之后，如果有向陆风把它们吹到一个适宜的地点，它们大概还会发芽。

在我之后，马顿斯也进行了相似的试验，他采取的方法比我的好得多。他把种子放在一个盒子里，让它在海上漂浮。在这种状态下，种子有时被浸湿，有时曝露在空气中，就像真的漂浮植物一样。他对98类种子进行了试验，其中大多数和我试验的不同。他选用了很多大果实和海边植物的种子，目的可能是为了延长它们漂浮的时间和减少海水对它们的损害程度。从另一方面看，他没有在漂浮之前先将带有果实的植物或枝条进行干燥。我们知道，干燥后的植物可以漂浮很长的时间。他的试验结果是，在98个不同种类植物的种子中，有18个种类植物的种子

牛蒡

牛蒡，菊科草本直根类植物，别名牛菜、大力子等。牛蒡的种子上长满了倒钩，可以挂在有着浓密毛发的动物身上，由其将种子携带至较远的地方。

水草种子被鱼鹰传播　水粉画　当代

生活在湖泊、沼泽和海面上的许多猛禽也是植物种子的传播者。非洲鱼鹰具有强而有力的双翼，它们经常巡视在湖泊、沼泽和海洋的上空，一旦发现猎物，马上俯冲下去，用又长又尖利的爪子抓起猎物。很多时候，那些刚吃进鱼肚内的水草种子，就这样从一个地方传播到了另一个地方。

漂浮了42天，并还能发芽。当然，我并不认为那些曝露在波浪中的植物，与我的试验中不受剧烈运动影响的植物相比，前者的漂浮时间更短些。根据以上试验，我们基本上可以有把握地假定：在一个植物区系的100个

小麦　白蜡树　蓟　蒲公英　苹果　桃　橡树果实　椰子

种子

　　种子是开花植物及结球果树的生殖器官，是植物的卵细胞与花粉粒中的雄性生殖细胞结合后所形成的。每一粒种子都有一层坚硬的种皮，若仔细观察，可在种皮上找到种子在果实内的着生点。一些种子的上端有毛，使之能随风飘散进而到处传播；另一些种子则靠食用其果实的动物来传播。

　　种类植物的种子中，大约有10个种类植物的种子，在经过干燥后，可以漂过900英里宽的海面，而且还能发芽。试验结果表明，大果实一般比小果实漂浮的时间要长得多，这个事实十分有趣。根据得康多尔的说法，大种子或大果实植物，一般在分布范围上是有限制的，很难经过其他方法来进行输送。有时候，种子可用另一种方法来输送。我们看到，那些在海上漂流的木材常常被冲到岛上去，有些甚至被冲到位于广阔的大洋中央的岛上去。生活在太平洋珊瑚岛上的土人，他们专门从漂流植物的根间搜索做工具用的石子，这些石子后来竟成为了贵重的礼品。我曾经仔细观察过那些形状不规则的石子，它们夹在树根中间，树根的间隙里常常藏着一

小块泥土。这些石子被非常严密地藏在泥土里边了，就是经过很长时间的运输，它们也不会被冲洗掉。我看见，在一株大约50年生的栎树的根间有一小块泥土被严密地包藏在里面，在这块小泥土上，有三株双子叶植物正在发芽，这确实是一个真实的例子。这里，我要指出，漂浮在海上的鸟的尸体，有时不久就被吃去，而在它的嗉囊里还有许多种类的种子，它们可以在很长时间内保持生命力。例如，把豌豆和大巢菜浸在海水里，只需几天就会死去；然而，令人惊奇的是，在人造海水中漂浮超过30天的鸽子，我们看到，它的嗉囊内的种子几乎全都能发芽。

　　空中飞行的鸟，是运输种子的非常有效的媒介者。我可以举出许多事实来证明，各种鸟常常被大风吹过很远的海面。我们可以有把握地假定，在这种情形下，鸟的飞行速度大概是每小时35英里，有些人认为还要长些。我从来没见过养分丰富的种子能通过鸟肠的事例；然而，毫无疑问，那些坚硬的种子却能通过火鸡的消化器官而不被损坏。我在两个月时间内，从我的花园里的小鸟粪中拣出了12个种类的种子，它们看上去都没有被损坏。我试着将它们种下，还都能发芽。还有一个事实，可以说十分重要：鸟的嗉囊并不分泌胃液。根据我的试验，它们对种子的发芽力没有一点损害。如此，我们可以设想，当一只鸟吃掉大批的谷粒后，这些谷粒在12甚至18小时内，是不会都进入到嗉囊里去的。在这段时间内，鸟儿会很容易地被风吹到500英里以外的地方。我们知道，空中飞翔的鹰，一般是找寻那些倦鸟的，它们被鹰撕裂的嗉囊中的含有物，可能就这样很容

易地散布出去了。在撕裂鸟儿的过程中，有些鹰和猫头鹰会把整个捕获物吞下。过了12至20小时，它们再把这些食物团块吐出。根据在动物园所做的试验，这时，还存在着一些能够发芽的种子。有些种子，如燕麦、小麦、粟、加那利草、大麻、三叶草、甜菜等，在不同的食肉鸟的胃中，经过12至20小时后仍能发芽；其中，两粒甜菜的种子经过62小时后仍能生长。我在观察中发现，淡水鱼类喜欢吃各种陆生植物和水生植物的种子，而这些鱼又常常被鸟所吃，这样，植物种子就有可能从一个地方被它们输送到另一个地方去。我曾把很多种类的植物种子放进死鱼的胃中，然后用这些死鱼去喂鱼鹰、鹳及鹈鹕。隔了数小时后，这些鸟或者把种子裹在一个小团块里吐了出来，或者随粪便排了出去；这些被排出的种子，有一部分仍然保持了发芽力，但有些种子在种植过程中死去了。

有时，飞蝗被风从陆地吹送到很远的地方。在距离非洲海岸370英里的地方，我曾经亲自捉到一只飞蝗，听说有人在相隔更远的地方也曾捉到过飞蝗。洛牧师曾对莱尔爵士说，在1844年11月，曾经有大群的飞蝗来到马德拉岛，其数量之多，就如暴风雪时刮起的雪片一样，人们只有用望远镜才能将它们看清。在两三天中，它们成团结队地飞行，最后甚至形成了一个至少有五六英里直径的大椭圆形。夜晚，这些飞蝗降落在较高的树上，把整个树林都遮满了；之后，它们又突然在海上消失了，从此再也没有来到那里。如今，居住在纳塔尔某些地方的农民认为，这些飞蝗留下的粪中有一些有害的种子撒在

绒球花　艾米·邦普兰德　水彩画　19世纪

这幅画绘制得十分细致，在画面下方还附有花序、花蕊、子房的分解图。绒球花主要分布于澳大利亚和欧洲的英国等地。印度也有分布，传入我国的时间不长。绒球花的叶长为3~10厘米，叶子呈勺形，头状花序，花的颜色为绒球花鲜蓝色，花期多在夏季。

毛蜘蛛

毛蜘蛛是蜘蛛的一种。白天，毛蜘蛛通常躲在石头下或洞穴中，只有在黎明或傍晚才外出觅食或交配。地栖型毛蜘蛛只在巢外附近捕食，雌性终身只住自己的洞穴，等待雄性前来交配。人们通常用产地来区分蜘蛛，生活在美洲大陆的是新世界品种，生活在美洲大陆以外的都是旧世界品种。

花岗岩　摄影　佚名

达尔文以为冰川运动曾将一些花岗岩和其他岩石运输到群岛的岸上，一些植物的种子附着在这些岩石上，也同时被输送到了群岛上。

蝗虫密布　佚名　摄影　当代

蝗虫是一种极为常见的昆虫，经常危害禾本科粮食作物。它的种类非常多，全世界大约有4500种，如飞蝗、稻蝗、竹蝗、棉蝗等。如果气候和植物条件适宜，它们的繁殖速度相当快。其中的飞蝗往往能组成一个超过500亿只的大蝗群，看上去就像从天空飘来的一片乌云，遮天蔽日，骇人无比。可以想象，蝗群落地后，对地面上的农作物损害有多么巨大。据记载，历史上曾有过多次因蝗灾而引起缺粮的惨剧。

了这片草地上。当然，这些农民并不能为他们的说法提供充分的证据。怀尔先生曾寄给我一封信，里面有一小包干粪块；我在显微镜下经过仔细检查，发现了几粒种子。我将它们种下，后来长出了七株茅草植物，它们分别属于两个物种、两个属。根据这些情况，我们可以说，那些飞到马德拉的蝗虫，可能很容易就把几个种类的植物输送到距离大陆很远的岛屿上去了。

虽然鸟的喙和脚在一般情形下是干净的，但有时候也沾有泥土。一次，我从一只鹧鸪的脚上取出了61英厘重的干黏土；又有一次，我取出22英厘干黏土，并在泥土中发现了一块如大巢菜种子一般大小的小石子。还有一个更有说服力的例子：一位朋友寄给我一只丘鹬，它的腿和胫上都贴着一小块干土，有九英厘重，干土中包着一粒灯心草的种子，而且还能发芽开花。布赖顿这个地方的斯惠司兰先生，最近40年来，对候鸟进行过密切的观察。他告诉我，他常常在鹡鸰、穗䳭和欧洲石鸡（一种鸟）刚来到岸边，还没有降落时，就把它们打了下来。有很多次，他都看到这些鸟的脚上有小块泥土附在上面。还有很多事实可以证明，泥土中含有种子是一种非常普遍的情形。例如，牛顿教授曾送给我一只因为受伤而不能起飞的红足石鸡，它的腿上就附着一团泥土，重达六盎司多。我把这块泥土保存了三年，但把它打碎后，用水浸湿，放在钟形玻璃罩下，竟长出了至少82株植物。在这些植物中，有12株单子叶植物，包括普通的燕麦和至少一种茅草在内，还有70株双子叶植物。根据对这些双子叶植物的幼叶的判断，它们中至少有三个不同的物种。在事实面前，可以得出结论，每年都有大量鸟类被大风吹过海洋，它们在这个巨大的空间进行迁徙。举个例子，当几百万只三趾鹬飞过地中海时，必然会出现这样的情形，它们偶然把附在脚或喙上的污物中的种子输送了出去。对这一点，我们不应该再有丝毫的怀疑。关于这个问题，我们以后还要讨论。

我们知道，冰山有时载荷着土和石，甚至挟带着树枝、骨头和陆栖鸟类的巢。因此，对莱尔提出的问题我们不必怀疑，这些鸟一定曾经从北极区和南极区把种子从一个地方输送到另一个地方，或者把种子从现在的温带的某处地方输送到极地的另一处地方。在亚速尔群岛，如果我们用靠近大陆的大西洋其他岛屿上的物种来进行比较，就会发现，这个地方存在着很多和欧洲一样的植物；从地球纬度角度看，这些植物多少带有北方的特性（如沃森先生所说）。根据这些情形，我推测，这些岛屿上的种子的其中一部分大概是在冰河时代时由冰川带去的。我曾请莱尔爵士写信问哈通先生，他是否在

"潜水艇"——座头鲸　布奇　摄影

座头鲸又名弓背鲸、驼背鲸、大翼鲸，全球海洋均有分布。座头鲸实行一夫一妻制，雌鲸每两年生育一次，孕期为10个月，每胎只产1仔。

依　偎　罗雷姆　摄影　当代

海狗亦称"海熊"、"腽肭兽"，通常雄大雌小。海狗仅分布于北太平洋，沿北美西海岸和亚洲东海岸。照片中这头小鸟依人的雌海狗顽皮地爬上丈夫宽厚的肩头，共同欣赏这潮起潮落的自然景象。

那些岛上看到过漂石。他回信说，他见过花岗岩和其他岩石的巨大碎块，而这些岩石不是这些群岛以前曾经有的。对这个事实，我们可以有把握地推论：过去，冰山曾经把输送来的岩石卸在这些大海中央的群岛的岸上，而这些岩石可能带来了一些北方植物的种子。

现在，我们已经知道了自然界有这几种输送方法，以后无疑还会发现其他的输送方法。这些方法，在许多万年的时间里，年复一年地起着输送的作用。我曾想，如果很多植物没有被这样输送出去，那反而是一件奇怪的事情。这些输送方法被人们认为是一种偶然现象，我认为，这不是严格的、正确的说法。海流不是偶然的，定期风的方向也不是偶然的。应当注意，不管什么输送方法，它们很少能把种子运到相隔遥远的距离。原因是，如果种子受海水浸泡的时间太久，就不能保持它们的生命力。再有，种子也不能长久地裹在鸟类的嗉囊或肠子里。当然，这些方法通过几百英里宽的海面，从这个岛到那个岛，从大陆到邻近的岛，肯定是没有问题的，但它们不能从一个相距遥远的大陆输送到另一个大陆。在一个相距遥远的大陆上，植物区系之间不会因这些方法而相互混淆；它们仍然像今天一样，保持着明细的区别。海流，由于其走向，不会把种子从北美洲带到不列颠，虽然它们实际上已经把种子从西印度带到了我国的西部海岸。在那里，如果它们没有被海水长期浸泡而死去，大概对我们这里的气候也无法忍受。事实上，几乎每年都有一两只陆鸟被风吹过大西洋，从北美洲来到爱尔兰和英格兰的西部海岸。但只有一种方法，能使这些稀有的流浪者来输送种子，即如上面所述，用将污物附在它们

海百合　翟洵　摄影　1999年　摄于黄海

　　海百合，棘皮动物门，海百合纲，是古生代时期的古老物种，目前分布范围从日本到澳大利亚，有茎的种类主要生存于浅海，无茎的种类主要生存深海。

螃蟹喷水　乔丝·路易斯·戈美兹　摄影　近代

　　螃蟹因横着走路而被称为横行霸道的动物，其广泛分布于所有海洋、河流和沙滩及陆地。种类有4000种之多，身长从1~43厘米不等。区分螃蟹的雌雄要看它们的"肚脐"，雄蟹的蟹脐为三角形，有三个节；雌蟹的蟹脐为圆形，节更多。

的脚上或喙上的方法。当然，这样做，本身是非常罕见的事情。即使在这种情形下，一粒种子刚好落在适宜的土壤上，并一直到成熟，这种机会也非常难得。然而，像大不列颠这样生物众多的岛屿，根据我知道的情况，在最近几世纪内，还没有植物通过偶然的输送方法，从欧洲或其他大陆来过这里（当然，要证明这点很难）。如果因此就认为生物贫乏的岛屿离大陆更远，便不会用相似的方法容纳那些移居者，这样考虑问题就要犯极大的错误。如果有100个种类的种子或动物输入到一个岛屿，即使这个岛屿的生物没有不列颠那样多，但它们能很好地适应新家乡和归化，大概不会嫌多它这样一个种类。然而，在历史悠久的地质时期，当那个岛正在隆起，而且还没有产生繁多的生物之前，这种偶然的输送方法，其效果如何，还不能作出有力的反对意见。在一个几乎没有任何植物的岛上，只有少数的、没有破坏性的昆虫或鸟类在那里生存着，可以设想，几乎每一粒偶然到来的种子，一旦遇到适宜的气候，恐怕都能发芽和成活。

物种在冰河时代中的散布

在被数百英里低地隔开的山顶上，生活着许多相同的植物和动物，而高山种是不能在低地上生活的，这是目前已知的同一物种生活在相距很远的地点，但它们相互之间不能从一处地方迁徙到另一处地方的最动人的事例之一。在阿尔卑斯或比利牛斯的积雪区，以及欧洲极北区域，生活着很多同种植物，这一事实，应该引起植物学家的注意。但美国怀特山上的植物和拉布拉多的植物却完全相同，阿萨·格雷说，这些植物和欧洲最高山上的植物也几乎完全相同，这更加值得人们注意了。早在1747年以前，面对这样的事实，葛美伦就曾断言，同一个物种，一定是在许多相距很远的地点被独立创造出来的。如果不是阿加西斯和其他人唤起了大家对冰河时代生物的注意，我们大概要长久地停留在这种观念里了。冰河时代，下面我们将要讲到，可能给这个事实提供一个简单的解释。我们有各种人们可以想象得到的有机的和无机的证据来证明，在距今不远的地质时期，欧洲中央部分和北美洲都处在北极的气候之下。苏格兰和威尔士的山岳呈现出来的山腰的划痕、表面的磨光和漂石，说明那里的山谷以前曾经是一个冰川，它比火灾后的房屋废墟更能清楚地说明以往的情形。欧洲气候发生了如此大的变化，我们现在依然能够看到，在意大利北部，古代冰川留下的巨大的冰碛上，已经长满了葡萄和玉蜀黍。在美国的大部分地方，我们都能看到漂石和有划痕的岩石，它清楚地证明了那里以前也有一个寒冷的时期。

冰河时代气候对欧洲生物分布的影响，如福布斯所说，大致是这样。然而，如果我们假定新冰河时代是慢慢到来的，之后，它

北极地图　林恩·尼古拉斯　绘画　14世纪

这张北极地图是由14世纪英国僧侣画家林恩·尼古拉斯绘制的。当时人们对北极十分陌生，充满了各种各样的奇怪想法。这幅北极地图让人们第一次认识到了北极的概貌。

们就如历史上曾经发生的那样，又慢慢地过去了，我们就会很容易地追踪这些变化。在寒冷到来，南方各个地方开始变得适合北方生物生存的时候，这时北方生物就会占据温带生物从前的地位；同时，南方生物便会一步一步地向南移动，除非它们被障碍所阻挡，否则就必然死去。这时，山上已经被冰雪遮盖，从前的高山生物降到了平地上。在气温达到极度寒冷时，北极的动物群和植物群就开始向欧

冰川景象

在世界各大洲的高峰上，都有终年不化的积雪，而新近的雪又会把原来的雪压在底下，从而形成厚厚的冰层。盖在上面的冰层叫冰帽。年复一年，冰帽会越积越高，而雪则积在凹陷处。冰雪从较低的冰帽处泻下来，从而形成了壮观的冰川景象。照片摄于坦桑尼亚的乞力马扎罗山。

洲的中央各地分布，它们一直向南，直到阿尔卑斯和比利牛斯，甚至伸延到西班牙。现在美国的温带地区，那时也布满了北极的植物和动物，它们和欧洲的植物、动物大致相同。因为，在我们的假定中，那些向南方各地迁徙的北极圈的生物，它们在世界范围内都是一致的。

当气温转向暖和时，北极生物大概要向北退去，后面，一群更加温暖地区的生物紧紧跟着。当山脚下的雪开始融解时，北极生物已经占据了这个清洁之地，温度逐渐升高，雪渐渐向上方融解，它们也逐渐向山上转移。这时，它们中一部分则启程北去；到温暖完全回转时，曾经共同生活在欧洲和北美洲低地的同种生物，又将再次相见于"旧世界"和"新世界"的寒冷地区，我们甚至在相距遥远的许多孤立的山顶上也能看见它们。

根据以上所述，我们就能理解，为什么在相隔遥远的地方，如北美和欧洲的高山，有许多植物是相同的。为什么各个山脉的高山植物与其正北方或接近正北方的北极类型有着特别的关系。原因是，寒冷到来时的第一次迁徙和气候转暖时的再次迁徙，一般是向着正南和正北方向的。如沃森先生和雷蒙德所说，苏格兰和比利牛斯的高山植物与斯堪的纳维亚北部的植物特别相似，美国的和拉布拉多的相似，西伯利亚山上的和俄国北极区的相似。这些观点，是以过去存在冰河时代作为依据的，因而在我看来，它能非常圆满地解释欧洲和美洲的高山植物以及寒带植物在现在的分布状况。所以，当我们在其他地区发现同一物种生活在相距很远的山顶上，即使没有其他证据，也几乎可以断定：由于以前气候寒冷，因而允许这些植物通过

中间低地进行迁徙，但现在这个中间低地已变得太暖和了，已不再适合它们生存了。

随着气候的变化，北极类型最初向南方移动，后来又退回北方，因而植物在长途迁徙时，不会遇到完全不同的气候情况。再有，由于它们是集体迁徙的，所以，植物之间的相互关系也不会发生大的紊乱。根据我们在书中反复阐明的原理，这些类型也不会发生巨大的变异。然而，当气候变得温暖时，这些高山生物就被隔离了。这种现象最初发生在山脚下，后来发展到山顶上，情形就不同了。可以想象，将所有相同的北极物

大百合　约翰·林立　水彩画　19世纪

大百合又名枪百合，为龙舌兰科，多年生植物。其为总状花序，苞片叶状，小花不超过1～2朵。原产澳大利亚。这幅图中的大百合是斐迪南德·布瑟与植物学家罗伯特·布朗一同到澳洲勘察时所见到的。在那次勘察中，他们还发现了许多新的植物，并为所见的植物绘制了图谱。

种都留在彼此相距遥远的山脉中，让它们在那里生存，这是不可能的事情。在这种情形下，它们很有可能和古代高山物种相混合。可以推想，在冰河时代开始以前，这些古代高山物种一定已经在山上生长了；在极端寒冷的时代，它们一定会暂时地被驱逐到平地上去；无疑，它们遭受到不同气候的影响。这时，植物之间的相互关系在某种程度上已经发生了紊乱，这种情形使植物很容易发生变异。事实上，这些植物确实发生了变异。如果我们用欧洲几个大山脉上的高山植物和动物来互相比较，就很容易发现这一点。虽然它们很多仍然是相同的，但有些已经成为变种，有些变为可疑的类型或亚种，还有一些物种与各个山脉的物种密切近似，但已是很不相同的物种了。

在叙述前面所举事实时，我曾经假定，在人们想象的冰河时代开始时，那些环绕北极地区的北极生物，它们的状况就如现在这样一致。但我们还应进一步假定，当时，世界上很多亚北极和少数温带的生物类型也是相同的，其原因是，今天生活在北美洲、欧洲平原以及低坡上的某些物种也是相同的。人们可以这样质问：你如何解释在真的冰河时代开始时，世界上的亚北极类型和温带类型一致的程度？事实是，今天"旧世界"和"新世界"的亚北极带、北温带的生物被整个大西洋和北太平洋隔开了。而在冰河时代，在"旧世界"和"新世界"生活的生物，它们居住的地方比它们现在的位置更靠向南方。可以想象，它们一定完全地被广阔的海洋隔开了。于是，人们很可能质问：在当时，甚至在这以前，同一物种是怎样进入

这两个大陆的？我相信，解释这一现象必须从冰河时代开始前的气候性质入手。在新的上新世（地质时代中第三纪的第二个世，从距今530万年开始，到距今160万年结束。上新世是英国C.莱伊尔于1833年命名的，上新世前是中新世，其后是更新世。——编译者）时期，世界上多数生物在种别上和今天是相同的。有充分的理由可以证明，当时的气候比今天更暖和些。基于此，我们可以假定，生活在现在纬度60°以下的生物，它们在上新世时期却生活在纬度60°到66°之间的北极圈内，甚至更北的地方。而现在的北极生物当时则生活在接近北极的中断陆地上。看一看地球仪就明白了，在北极圈内，连续不断的陆地从欧洲西部通过西伯利亚一直延伸到美洲东部。这种环极陆地的连续性，使生物能够在一个比较适宜的气候下自由迁徙。根据这一理由，我们就可以解释"旧世界"和"新世界"的亚北极生物和温带生物在冰河时代前的假定的一致性。

根据以上理由，我们可以相信，这片大陆虽然经过地面水平的巨大变动，但在一个很长的时间内一直保持着大致一样的相对位置。我非常愿意引申上述观点，并作出如下推论：在更早的一个极端炎热的时代，如旧上新世的时代，同样的植物和动物，它们多数都栖息在几乎连续的环极陆地上；无论"旧世界"或"新世界"的植物和动物，在冰河时代还没有开始之前的一个很长时期，由于气候逐渐变得寒冷，它们开始慢慢向南方移动。我相信，正如我们所看到的那样，在欧洲中部和美国，它们中的大多数后代已发生了变化。根据这一观点，我们就可以理

红花银桦　艾米·邦普兰德　水彩画　19世纪

红花银桦原产于澳大利亚，是常绿小乔木，树高可达5米。总状花序生枝顶，花冠呈筒状，雌蕊花柱伸出花冠筒之外；花期5~8月，花淡红色，十分漂亮。

解，为什么北美洲和欧洲的生物之间的关系很少是相同的。如果考虑到两个大陆的距离以及生物被大西洋隔开这个事实，我们就知道，这是一个值得人们高度关注的问题。对于某些观察者提出的一件奇异的事实，我们可以进一步说明：在第三纪末期，欧洲和美洲的生物之间的相互关系与今天相比似乎更为密切。因为，在一个比较温暖的时期，"旧世界"和"新世界"的北部差不多被陆地连接在一起了，它们事实上已经成为一个桥梁，生活在两处的生物在这之间自由迁徙，之后，由于气候变得越来越寒冷，这个

澳洲物种分布示意图

　　由于澳洲大陆与其他大洲与世隔绝，因此保持了物种在进化上的独特性，使其独有的动物种类繁多。澳大利亚共有近250种哺乳动物、800种鸟、300种蜥蜴、140种蛇和2类鳄鱼。其中尤以袋鼠、树袋熊、鸭嘴兽和鸸鹋最为著名，而且它们的分布范围也各不相同。

桥梁就无法通行了。

　　在上新世的温度慢慢降低时，那些生活在"新世界"和"旧世界"的共同物种开始向北极圈以南迁徙，这以后，它们相互之间就要完全隔绝了。可以想象，对于生活在更温暖地方的生物来说，这种隔离一定在很久以前就发生了。当植物和动物向南迁移的时候，它们就会在一个很大的区域与美洲土著生物相互混合，二者之间势必产生竞争。在另一个大的区域，它们则与"旧世界"的生物相互混合，二者之间也必然发生竞争。如果各种条件都有利于它们发生大量变异——这种变异比高山植物发生的变异大得多，因为高山植物仅仅在近代被隔离在欧洲和北美

洲的若干山脉和北极陆地上。因此，当我们对"新世界"和"旧世界"的温带地区的现存生物进行比较时，我们只能找到极少数相同的物种（最近阿萨·格雷谈到两地植物相同的情况比从前人们想象的多）。当然，我们在每个大纲里都可以找到许多类型。一些博物学者把它们列为地理族，而另外一些博物学者则把它们列为不同的物种；除此之外，还有很多密切近似的或具有代表性的类型被一切博物学者列为不同的物种。

　　陆地上是这样，海洋里也是这样。在上新世和更早的时期，海栖动物群沿着北极圈的延绵不断的海岸一致向南迁徙。根据物种

澳洲袋鼠

　　在澳大利亚所有的哺乳动物中，总共约有有袋类哺乳动物150多种。其中以袋鼠最具代表性，数量最多。袋鼠的听觉发达，前肢已逐渐退化而变得短小，但后肢长而发达，善于跳跃和奔跑。袋鼠的尾巴粗而强壮，在快速奔跑时起到平衡身体、把握方向的作用。在袋鼠家族中，以红大袋鼠最大，站立时高达2米多，体重可达80千克；最小的则是澳洲小袋鼠，身长仅8~10厘米，体重为200~500克，常筑巢于树上。

变异学说，这种现象可以这样解释：在今天看来完全隔离的在海洋里生活的类型，它们曾经为何如此密切近似。这样，我们就能理解，在温暖的北美洲东西两岸，至今仍然生存的和已经绝灭的类型之间，它们之间的关系为何如此密切近似。我们更能理解下面一个事实：栖息在地中海和日本海的许多甲壳类（代那的著作所描述的那些生物）、鱼类以及其他海栖动物之间的密切近似关系。当然，现在的地中海和日本海已经被大陆和海洋的广大空间隔离开了。

目前，我们对以前栖息在北美洲东西两岸沿海、地中海、日本海以及北美洲和欧洲的温带陆地的物种之间的密切关系，是不能用创造学说来解释的。不能说这些地区的物理条件是相似的，因而创造出来的物种也是相似的；这就如我们把南美洲的某些部分和南非洲、澳洲的某些部分进行比较，立即就

攀岩高手　温迪·夏蒂尔　摄影　当代

　　白羚羊分布于非洲和亚洲，栖息于山区地带。长期的山区生活锻炼出了它们高超的攀岩技术。图中，一只年幼的野生白羚羊以娴熟的攀爬技术登上了覆盖着积雪的山岩，那些看上去不可超越的障碍，对它们来说简直是小事一桩。

知道这些地方的物理条件都是密切相似的，但它们的生物却完全不相似。

南北半球的冰河交替时期

现在，我们必须回到更重要的问题上。我相信，福布斯的观点可以进一步扩展。在欧洲，从不列颠西海岸到乌拉尔山脉，从南部到比利牛斯山，一路上，我们都可以看到冰河时代的鲜明证据。根据冰冻的哺乳动物和山岳植被的性质，可以推论，西伯利亚也曾受过相似的影响。胡克博士说，在黎巴嫩，以前长时期的积雪将中脊全部覆盖，冰川从那里出发，一直下泻到4000英尺的山谷

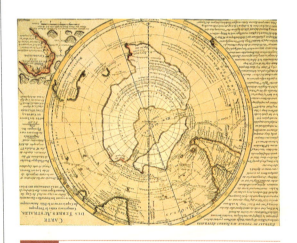

南极地图　佚名　绘画　18世纪

南极洲是地球上最后被探察的大陆。覆盖着陆地的南极与北极不同，它位于冰封的南极洲的中心，是世界上最冷的地方。古希腊人认为，在南极周围一定有一块辽阔的大陆——"南方大陆"。1739年，法国制图者在地图上把南方大陆——南极洲，正确地描绘成冰雪覆盖的大陆。但他们凭想象画了一个海，把南极分割成两部分。数世纪以来，人们的观念一直影响欧洲的地图绘制。

里。最近，他又在非洲北部的阿特拉斯山脉低处发现了大冰碛。沿着喜马拉雅山行走，在距离那里九英里的地方，我们看到冰川曾经留下的痕迹。在锡金，胡克博士看到过玉蜀黍生长在古代的巨大的冰碛上。根据哈斯特博士和海克托博士的研究，在亚洲大陆以南的赤道那一边的新西兰，从前也曾有过巨大的冰川流到低地。在与这个岛相隔很远的山上，胡克博士发现有同样的植物存在。这个事实说明，在那里从前也曾经有过一段寒冷时期。克拉克牧师曾写信告诉我，澳洲东南角的山上也明显存在以前冰川活动的痕迹。

再看看美洲，在这个洲的北半部大陆的东侧，南至纬度36°～37°处，人们曾经发现由冰川带来的岩石碎片。在气候条件已经发生了很大变化的太平洋沿岸，南至纬度46°的地方，人们也有同样的发现。地质学家曾在落基山上看到过漂石。在接近赤道的南美科迪勒拉山，历史上，冰川曾经一度延伸到它们今天的高度以下。我曾经调查过智利中部一个含有大漂石的巨大岩屑堆，它横穿泡地罗山谷。毫无疑问，那里曾经一度形成过一片巨大的冰碛。福布斯先生曾对我说，他在南纬13°～30°之间的科迪勒拉山系，在大

约12000英尺的地方，曾发现过一些沟痕很深的岩石以及含有凹槽的小砾石的大岩屑堆，这与他在挪威所看到的十分类似。在科迪勒拉的整个区域，甚至在它的最高峰，直到今天，人们也没有发现真正的冰川的存在。在这个大陆两边的更南方，从南纬41°到最南端，那些大量的漂石都是从遥远的原产地运来的；在这里，我们可以找到冰川活动的最明显的证据。

由于冰川活动曾经扩展到南北两个半球的全部。从地质学的意义上来说，南北两半球的冰河时代都是属于近代的。南北两个半球的冰河时代持续的时间极其长久，人们可以根据它的影响量进行推论。再有一点，在近期，由于冰川曾经沿着科迪勒拉山全线下降至地平线。根据以上事实，我在以前曾经认为，我们可能要被迫地作出如下结论：在冰河时代，全世界的温度曾经同时降低。然而，最近克罗尔先生发表了一系列十分优秀的文章，他企图说明，气候的结冰状态是各种物理原因的结果，而这些原因是因为地球轨道的离心性的增大才发生作用的；这些原因都会导致同样的结果；其中最有说服力的，似乎是轨道的离心性作用对于海流的间接影响。据克罗尔先生说，每1万年或1.5万年，寒冷时代就会有规则地循环；在这个长久的间歇期，因为某些偶发事件，寒冷是极端严酷的。在所有的偶然事件中，如莱尔爵士所说，最重要的是水陆的相对位置。克罗尔先生相信，最近的一次大冰河时代是在24万年以前，它大约持续了六万年之久。在这个期间，地球上的气候仅仅发生了微小的变化。关于更古的冰河时代的考证，一些地质

科迪勒拉山系　摄影　当代

科迪勒拉山系是世界上最长的山脉之一，纵贯南、北美洲大陆西部，为美洲大陆太平洋沿岸同东部之间的天然屏障和陆上交通障碍。这个山系的矿藏十分丰富，有铜、铁、锌、铅、锡、铀、金、银、石油、煤和硝等。

学者根据直接的证据，认为它们曾经出现在中新世和始新世的地质层中，比这还要古老的地质层就不必说了。克罗尔先生取得的成果，一个重要之点是：当北半球经过寒冷期时，由于海流方向的改变，南半球的温度实际上升高了；在冬季，它的气候非常暖和。反之，在南半球经过冰河时代时，北半球也是如此。这一结论有利于对地理分布问题的说明，我对此十分赞同，并坚决相信它。同时，我也要举出一些需要解释的事实。

在南美洲，胡克博士根据观察到的事实阐明，火地岛的显花植物（这个地区植物贫乏，而显花植物占了不小的部分），除了许多密切近似的物种外，有40～50种植物和相距遥远且处于另一半球的北美洲和欧洲的植物相同。在赤道下的美洲高山上，生长着很多属于欧洲属的特殊物种。在巴西的阿更山上，加得纳曾看到一些温带欧洲属、南极属、安第斯山属的植物，它们并没有生长在

冰川的侵蚀　摄影　近代

　　冰川侵蚀山峰凹陷的地方或河流源头的集水盆地，洼地底部由于冰雪的压力和侵蚀越来越低、越来越深，发展成为安乐椅状的冰斗。当冰雪融化的溪流汇入这些冰斗，这便是一个美丽的湖泊。照片为美国冰川公园中清澈澄净的冰斗湖。

低下的中间热带地区。在加拉加斯的西拉、在著名的洪堡，人们很久以前就发现了属于科迪勒拉山的特有物种。

　　在非洲的阿比西尼亚的山上，人们还发现了一些欧洲的特有物种，以及代表好望角的植物群的一些物种。在好望角，可以相信，有少数的欧洲物种并不是人为引进去的。人们在山上还发现了一些在非洲热带地方没有的若干欧洲物种的代表类型。近年来，胡克博士多次说明，在几内亚湾内费尔安多波岛的极高的山峰上、在邻近的喀麦隆山上，那里的一些植物与阿比西尼亚山上的植物、温带欧洲的植物之间的关系是十分密切的。我曾听胡克博士说，洛牧师曾在佛德角群岛上发现过这些温带植物。与此相同的温带类型几乎在赤道之下横穿了非洲的整个大陆，一直扩张到威德角群岛的山上。自从人类有了植物分布记载以来，这无疑是最惊

人的事实之一。

　　在喜马拉雅山和印度半岛，在那些与外界隔离的山脉上；在锡兰的高地上、在爪哇的火山顶上，生长着这样一些植物：它们或者完全相同，或者彼此代表，或者同时代表欧洲的植物类型，但没有发现中间炎热低地的植物。在爪哇的高峰上，植物学家采集的各属植物的目录，呈现在人们眼前的，竟是欧洲小丘上采集到的植物的一幅图画！还有更生动的、令人震惊的事实：那些生长在婆罗洲山顶上的某些植物，竟是特殊的澳洲类型植物的代表。我曾听胡克博士说起，某些澳洲类型的植物，它们沿着马六甲高地向外扩张，在这个过程中，它们稀疏地散布在印度大地上，并一路向北，一直到达了日本。

　　在澳洲南方的山上，米勒博士曾见过一些欧洲的物种。一般来说，不是人为引进的物种都生长在低地。胡克博士告诉我，可以将那些生长在澳洲，但不见于中间炎热地区的欧洲植物属列成一个长长的目录。在他所著的《新西兰植区系概论》里，列举了关于这个大岛的某些植物的生动的事实。由此，我们了解了某些生长在世界各地热带高山上的植物和生长在南北温带平原上的植物，它们如果不是同一物种，就是同一物种的变种。但必须注意，这些植物并不是严格的北极类型，因为沃森先生曾说过："从北极退向赤道，在这个过程中，高山植物群或山岳植物群实际上逐步减少了北极的性质。"除了这些同一的和密切近似的类型外，还有许多生长在同样远隔地域的物种，它们都属于现在的中间热带低地所没有的属。

　　以上的这些叙述，只适用于植物。在

陆栖动物方面，我们也可以举出一些相似的例证；在海栖动物中，也有同样的情形。这里，可以援引享有最高权威的代娜教授所说的话作为例子，他说："新西兰和大不列颠正处在地球上相反的位置，但是这两个地方的甲壳类却密切相似；其相似性高于世界的其他任何地方，这的确是一件惊人的事实。"理查森爵士也说，在新西兰、塔斯马尼亚等海岸，人们看见了北方的鱼。胡克博士对我说，新西兰和欧洲有25个藻类的物种是共通的，但人们在中间的热带海中却没有发现它们。

根据上述事实：在横穿整个赤道非洲的高地上，沿着印度半岛直到锡兰和马来群岛，以及在横穿热带南美洲的广大地面上，都存在着温带类型的物种。我们几乎可以确定：在以前的某一时期（应该是在冰河时代的最严酷的时期），曾有相当数量的温带类型物种在这些大陆的赤道区域的各处低地生存。在那个时代，海平面上的赤道地带的气候可能与现在同纬度的5000至6000英尺高的地方的气候相同，甚至还要寒冷一些。最寒冷的时期，在赤道区域的低地上，一定遮盖着混生的热带植被和温带植被。这种情形，就如胡克博士描述的那些生长在喜马拉雅山4000至5000英尺的低坡上的植物一样，不过此时的温带类型可能占有较大的优势。另外，西曼先生也曾在几内亚湾中的费尔安多波的多山岛上发现了温带欧洲的物种类型，它们居然生长在大约5000英尺的高山上。而西曼博士只在巴拿马山上的2000英尺高处发现了和墨西哥植被相同的植被，他说，"这些热带的物种类型和谐地与温带物种类型相互混合着"。

现在，我们可以重新看看克罗尔先生的结论。克罗尔先生认为，在北半球遭遇到大冰河时代时，气候极端寒冷，这时南半球却比平时要暖和些。这一结论对今天人们无法解释的两半球的温带地方和热带山岳上的各种生物的分布，给予了非常清楚的解释。对于冰河时代，如果用年代来计算，肯定是非常长久的。如果我们还记得，在数世纪内，那些归化的植物和动物，它们曾经分布在一个十分巨大的空间。所以，这一时期对物种无论多大数量的迁徙都是绰绰有余的。当寒

白矛隼 奥杜邦 水彩画 19世纪

白矛隼为隼形目，隼科，身长为33～48厘米，是短距离飞行最快的候鸟。由于数量极少，非常珍贵，被冰岛誉为国鸟。白矛隼比鹰更容易驯服，所以自古以来它就成了猎人的好帮手。

冷渐渐增强时，北极类型的生物就开始侵入温带地区。从上面所举的例子可以看出，一些体质健壮、占有优势、分布很广的温带类型生物必然会侵入赤道地带的低地。同时，这些炎热地区的低地生物也会移往南方的热带和亚热带地区，原因是这个时期南半球是比较温热的。当冰河时代快要结束时，由于两个半球渐渐恢复了以前的温度，因而生活在赤道下低地的北温带类型生物或者逐渐被驱逐到它们从前的家乡，或者走向毁灭；那些从南方回来的赤道地带类型的生物代替了它们。但这时，一些北温带类型的生物没有回到自己的家乡，它们肯定会登上附近的某个高地。如果这里有一处较高的处所，这些生物就会像欧洲山岳上的北极类型那样，长久地在那里生存下来。甚至在气候不完全适合于它们的情形下，它们也会生存下来；其原因是，温度的变化是十分缓慢的，而植物又具有一定的适应能力；从它们把抵抗寒暑的不同的体力传递给后代的事实来看，这一

北极熊

北极熊是世界上最大的陆地食肉动物。雄性北极熊身长为240～260厘米，体重一般为400～800公斤，雌性的体形约为雄性的一半。北极熊的嗅觉十分灵敏，是犬类的七倍。北极熊是北极霸主，除人类以外并无天敌。

点是无须质疑的。

按照事物的正常发展，当轮到南半球遭受严酷的冰河时代时，北半球要开始变得温暖些了。这时，南方的温带类型的生物就会侵入到赤道地带的低地。那些过去留在山上的北方类型生物，现在开始走下山来与南方类型混合在了一起。当温暖回转时，南方类型的生物仍然要回到家乡，它们在山上留下了少量的物种，并携带着一些当初从山上险要处走下来的北温带类型的生物，一起回到南方。于是，我们在南北温带以及中间热带地区高山上，就看到了少数完全相同的物种。然而，这些在山上或相反的半球上长久留下来的物种，它们必须与许多新的物种类型进行竞争，这种竞争必然会暴露在不同的物理条件之下。这样，就必然促进它们发生显著的变化，我们今天看到的变种或代表种，就是这样演变而来的。我们必须记住，历史上，冰河时代曾经在两个半球多次出现。依据这个原理，就可以解释，为什么许多完全不同的物种会栖息在一样的相隔遥远的地域上，而且它们隶属于今天在中间炎热地带所见不到的属。

对于美洲，胡克坚决认为，相同的、稍微变异了的物种从北向南的迁徙，多于从南向北的迁徙；对于澳洲，得康多尔持相同的看法，毫无疑问，这是一个值得重视的事实。但我们在婆罗洲和阿比西尼亚的山上，仍然看到离开南方类型的物种。我推测，物种的这种侧重于从北向南的迁徙，可能是因为北方陆地范围较大，以及北方类型在其故乡的数量较多的缘故。最后，通过自然选择和竞争，与南方类型的物种相比，其完善化

的程度较高，就占据了优势。于是，在冰河时代的交替时期，当两群生物在赤道地区相互混合时，北方类型的物种就显得更有力量，保持了在山上的地位，并在以后与南方类型一同南移。然而，南方类型的物种，却做不到这一点。今天，我们还看到这样的情形，很多欧洲生物布满了拉普拉他、新西兰。即使在澳洲，也不同程度地布满了欧洲生物，它们甚至打败了那里的土著生物。然而，近两个世纪或三个世纪以来从拉普拉他，近40年或50年以来从澳洲，虽然有附着种子的兽皮、羊毛以及其他媒介物大批地输入到欧洲，但在北半球的任何地方，归化的南方类型却极少，只有印度的尼尔盖利山是一个例外。胡克博士曾告诉我，澳洲类型不但在那里得到迅速繁殖，而且还归化了。在最后的大冰河时代到来以前，毫无疑问，热带山上一定到处都是特有的高山类型生物。但它们无论在哪里，几乎都被在北方的广大地区和完备的生物工厂中产生出来的占据优势的类型压倒了。在不少岛屿上，外来的、已经归化的生物数目几乎与土著生物相当，后者甚至开始趋于少数，这是它们走向绝灭的第一阶段。山是陆地上的岛，那里原有的生物已经被在北方广大地域内产生出来的生物压倒了，它们被迫屈服了。这个情形就如岛上生物已经屈服、并继续屈服那些由人力而归化的大陆生物一样。

用这个原理来看待北温带、南温带以及热带山上的陆栖生物和海栖生物的分布，也很适合。在冰河时代的兴盛期，那时的海流和现在很不相同，有些温带海洋生物可能到达了赤道。它们中的少数生物可能乘

康乃狄克州的温带森林

植被指覆盖地表的植物群落的总称。由于气候的不同，植被分为高山植被、草原植被、海岛植被等，光照、温度、雨量都会影响到植物的生长与分布。同时，植被的分布也决定了动物的分布。图为美国康乃狄克州的温带森林，以阔叶树为主。

挪威针叶林

针叶林分布于高纬度地区，如亚欧大陆北部以及加拿大、阿拉斯加等地。针叶林以松树、柏树、杉树等为主，针状树叶可减少水分蒸发。

着寒流向南迁徙，其他的生物则继续停留在那里，在较冷的海洋深处生活。这种情况一直到南半球遇到冰河时代时，它们才能再向前行。根据福布斯的看法，这种情形和

法国神仙鱼　摄影

　　当法国神仙鱼还在幼鱼时期，其黑色的鱼体上会有四五条明显的黄色垂直条纹，但随着鱼的长大，这些黄色的条纹便会褪去，鱼体转而成深灰色。该鱼主要生活在大西洋西部从佛罗里达、加勒比海到巴西的海域。此图为巴西罗卡环礁的法国神仙鱼。

北极生物至今仍然栖息在北方的温带海洋深处几乎一样。

　　我认为这并不是想象，今天生活在隔离遥远的南方和北方，甚至中间山脉上的同一物种，它们和近似物种的亲缘及其分布的所有难点都可以用上述观点来进行解释并消除这些难点。虽然我们还不能指出这些生物迁徙的准确路线，还不能说明为什么某些物种迁徙了而其他物种没有迁徙。为什么某些物种变异了并且产生了新类型而其他物种却依然保持不变。直到我们能说明为什么某些物种能够借助人力在异乡归化，而其他物种不能做到这一点。为什么某些物种比其家乡的

另一些物种分布得更远，甚至达二倍或三倍之多，其数量也多至二倍或三倍。如果不是上述因素，我们就不能解释上述事实。除了上述问题外，还有各种各样的非常特殊的难点需要解决。例如，胡克博士曾经指出，在凯尔盖朗岛、新西兰、富其亚这些遥远的地方，生长着同样的植物。然而，根据莱尔的看法，冰山可能与这些植物的分布有关系。在南半球以及其他相互隔离遥远的地方生存的物种，虽然它们不尽相同，但都属于南方的属，这一点，更值得我们注意。有些物种完全不同，它使我们不能不设想，从最近的冰河时代开始，大概有充足的时间可供它们迁徙及发生必要的、一定程度的变异。这一事实似乎向人们昭示：那些同属的不同物种，它们有一个共同的中心点，然后向四面八方进行迁徙。除此之外，我认为南半球与北半球一样，在最近的冰河时代开始以前，都曾经有一个比较温暖的时期。那时，现在被冰覆盖着的南极地区，其气候适应一个非常特殊而孤立的植物群的生存。我们可以设想，在最近的冰河时代内，在这个植物群没有被消灭之前，由于其中少数类型偶然的输送方法，它们以现在已经沉没了的岛屿作为落脚点，然后向南半球的各个地方广泛地进行散布。于是，在美洲、澳洲以及新西兰的南岸，可能就稍稍混杂上了这种特殊类型的生物。

　　莱尔爵士曾经写过一篇非常动人的文章，他的观点和我大致差不多，以此来推论

全世界气候的大转变对地理分布产生的影响。现在，我们又看到了克罗尔先生的结论。他认为，一个半球上的连续冰河时代和另一个半球上的温暖期是一致的。这个观点与物种缓慢变化的观点结合起来，就解释了相同的或相似的生物类型分布在地球各处的众多事实。在一个时期，生命的水流从北向南流动，而在另一个时期，它们则从南向北流动，无论怎么流动，它们都曾流到赤道。然而，由于向北流动的生命之水的力量大于向南流动的生命之水，最后造成了生命之水在北方的泛滥。在流动中，潮水沿着水平线把漂流物留了下来，于是，在潮水的最高处，这些漂流物继续上升；于是，在生命之水沿着从北极低地到赤道下的高地这一条徐徐上升的沿线，它把那些漂留的生物留在了山顶之上。这些因搁浅而留下来的生物，有些像人类未开化时期的种族，他们被自然力驱逐，在各个不同的山间险要处生存着。这些地方就是过去历史的记录，也是令今天的人们感兴趣的地方，它向我们昭示了周围低地居住者的一种过去存在的状态。

第十二章
具有亲缘关系的物种的分类

如果一种器官在生理上具有高度重要性，但却又仅限于生理方面，那么，它在分类上的价值就不是很大。对此，我可以举出以下的例子进行证明。我们有理由假设，在彼此相似的生物种群中，尽管物种之间具有相同的一个器官而且该器官在生理上的价值也几乎相同，但它在分类上的价值却不见得也相同。

发现遗传规律　摄影　当代

达尔文的进化论深刻地影响了后世生物学的发展，19世纪中期，孟德尔就根据达尔文的进化论学说总结出了豆科植物的遗传学基本原则。

群中有群

从第一个生物出现在这个世界上开始，所有已经被人类发现的生物，其彼此的相似性总是在逐渐递减的，因此，它们可以在群之下再分成群。这种分类与将一个星体划归为某个星座的分类是不同的，与后者相比，前者要严谨得多。如果说分类的标准仅仅只是一个生物种群非常适合在陆地上栖息，而另一个生物种群非常适合在水中栖息，一个生物种群只吃肉而另一个生物种群只吃植物等，那么，生物种群的存在就太简单了。事实上，我们所采用的分类标准与上述所说的截然不同，这也是众所周知的事，就连属于

凤尾鱼群的劫难

凤尾鱼总是群体活动，这次看来，整个鱼群就要遭到灭顶之灾了。它们的天敌——蓝鲨正在奋力追杀它们，凤尾鱼如箭簇一般，纷纷向前飞射，夺路逃跑。

同一亚群里的成员也具有不同的习性，这一现象在自然界是普遍存在的。我们在第二章和第四章中已经就"变异"和"自然选择"进行了讨论，在那两章中我曾试图解释清楚这样一个问题，即在每个地区里，变异最多的物种，通常也是分布广、散布大的普通物种，即优势物种。这些普通物种所产生的变种，即初期的物种，在经历了漫长的变异过程后，就转化成了与其祖先有着明显差异的新物种。根据遗传的原理，这些新物种有着产生其他新的优势物种的倾向。时至今日，一个大的生物种群一般都包含着许多优势物种，而且整个种群还有继续增大的倾向。我还试图进一步解释一个问题，即由于那些正在处于变化之中的物种后代，都在尽最大力量去抢占自然组成中的位置，因此，它们的性状分歧的倾向永远是存在的。让我们想一想，在任何一个小范围的地区内，如果存在类型繁多的物种，那么其彼此之间的竞争就会非常剧烈。在这个地区内关于归化的事件必然是存在的，由此可见，"性状分歧的倾向是永远存在的"论断是有根据的。

我还曾试图解释的一个问题是，那些在数量上一直保持着增长，同时在性状上始终存在分歧的类型都有一种坚定的倾向，那就

是排挤并消灭先前的那些分歧较少且改进较少的类型。在这里，我再次请读者们参考第四章中的那个图解，从图解中，你可以看到一种无法避免的结果，那就是来自同一祖先的不同变异后代在群之下又分裂成多个群。在图解里，最顶端横线的每个字母都代表了一个由几个物种组成的属，并且这条横线上的所有属又形成了一个新纲，因为它们都是从同一个古代祖先传下来的，所以它们都从祖先那里获得了一些相同的性状。但是，依旧根据这一原理，左边的三个属彼此之间的共同点比右边的两个要多，因此，这三个属将形成一个亚科，同样的，右边两个属也将形成一个亚科。两个亚科之间也是不同的，左边的是在系统的第五个阶段从一个共同祖先分歧出来的，而右边则不是如此。尽管有着明显的差异，但这五个属之间仍然有许多共同点，只不过这种共同点要比两个亚科中的共同点少。它们组成一个科，与更右边、更早时期分歧出来的那三个属所形成的科不同。所有这些属都是从A传下来的，组成一个目，与从I传下来的属不同。所以在这里我们有从一个祖先传下来的许多物种，种组成了属，属组成了亚科、科和目，这所有都归入同一个大纲里。以我个人的观点，生物在群下又分成群的自然从属关系这个伟大事实，是可以这样解释的。毫无疑问，生物像所有其他物体一样可以用许多方法来分类，或者依据单一性状而人为地分类，或者依据许多性状而比较自然地分类。比如，我们知道矿物和元素的物质是可以这样安排的，在

内华达山　摄影　当代

　　在约5亿年前，内华达山脉还悬浮在远古海洋的下面，海洋动物的骨骼、植物的遗迹、河水带来的和不明来源的物质毫无秩序地罗列在这里；这些沉淀物存积在好几千米深的古代海洋地表，在高压的作用下，较底层的沉淀物被压缩成为岩石。

进行排列时，人们并没有以族系连续的关系为规则进行排列，而且，直到今天，人们也无法解释为什么对它们作这样分类的原因。但是对生物进行排列时，就不是这种情况了。最后，我要提醒读者注意，上述观点是与群中有群的自然排列相一致的，到目前为止，还没有人提出过其他的解释。

自然系统

我们看到，有不少博物学者都试图根据所谓"自然系统"来排列每个纲内的物种、属和科。关于这个系统的意义，有些学者认为它仅仅只是把最相似的生物排列在一起，把最不相似的生物分开。还有的学者认为其意义仅在于尽可能地用一句最简要的话来表明一般命题的方法，也就是说，用一句话来描述所有哺乳类的共有性状，用另一句话来描述所有食肉类的共有性状，再用另一句话来描述狗属动物的共有性状，然后再加一句话来全面地描述每一种类的狗。这个系统的巧妙和功能是不可否认的，但是还有很多博物学者却认为"自然系统"的含义应该比上述看法要博大得多。他们认为，这一系统向我们展示了"造物主"的计划。但"造物主"的计划到底是什么呢？除非我们能够详细地将它在时间上的次序，或空间上的次序，或这两方面的次序都解释清楚，甚至能更为详细地说明它所包含的其他意义，否则，这个系统并不能为我们的知识结构带来任何好处，至少我是这样认为的。林奈曾说过这样的名言："我们常看到它以一种或浅或深，甚至隐晦的方式出现，这种方式的最大特征就是不是性状创造属，而是属产生性状，这似乎意味着在我们的分类中包含某种比单纯相似更为深刻的联系。我相信实际情况就是如此，并且相信所谓的共同的系统也是指的这种联系，同时这个共同系统也是生物密切相似的一个已知的原因。这种联系虽然表现出了不同程度的变异，但却被我们通过分类揭露出来。"

连翘　达顿·胡克　水彩画　19世纪

连翘又名黄花条、落翘，原产于中国中北部地区，为落叶灌木。除大部分种类产自中国外，朝鲜和日本也有产，而欧洲南部仅产一种。该植物适应生长性强，其平茬后的根桩或干枝，仍能生长。

分类的规则及什么东西具有分类价值

现在，让我们对分类中所采用的规则作一下分析，并分析一下，如果我们坚持以下这个观点，我们会遇到什么样的困难。这个观点就是：分类也许是揭露了"造物主"的某种未知的创造计划；也许只是一种简单的方法，这个方法是用来表明一般的命题和把彼此最相似的类型归在一起。曾经有许多博物学者认为，决定生活习性的那些身体构造，以及每个生物在自然组成中的一般位置对分类而言是非常重要的。但在我看来，这种想法是大错特错的。没有人会认为老鼠和鼩鼱、儒艮和鲸鱼、鲸鱼和鱼在外表上的相似有什么重要性。虽然这些相似已经与生物的全部生活密切联系在了一起，但这种相似也仅仅只是被列为"适应的或同功的性状"。关于这些相似的话题，我们将在后面的文章中进行讨论。如果生物身体上存在着与特殊习性关联较少的构造，那么这种构造在分类上就是非常重要的，甚至可以说，这是分类学上的一般规律。当欧文教授谈到儒艮时，曾说道："生殖器官作为与动物的习性和食物关系最少的器官，我总认为它们最清楚地表示真实的亲缘关系。在这些器官的

植物分类系统图 水粉画 当代

世界上植物种类大约有45万种之多，生物学界有好几种分类系统用来区分这些植物。植物界主要包括几个门：藻类、苔藓植物、蕨类植物和种子植物。种子植物是其中最大的一个门，包括超过35万种植物，它们的特征是由种子来繁殖。种子植物又可分为裸子植物和被子植物两类。裸子植物的胚珠是裸露的，目前所知的大约共有500种植物；被子植物包括所有开花、胚珠生在雌蕊的子房中，受精后会形成种子，包在由子房所形成的果实中的植物。

变异中，我们很少把只是适应的性状误认为主要的性状。"在植物方面，最不重要的器

官是营养器官，最重要的是生殖器官及其产物，即种子和胚胎，我认为这一点应该引起读者的高度重视。同样地，当我们在前面的章节中讨论那些在功能上并不是很重要的形态性状时，我总是会提到这样一句话，即尽管它们在功能上并不重要，但是在分类学上却有着极高的重要性。可见，在分类学上的重要与否，完全取决于它们的性状在近似群中是否稳定，而它们的稳定性主要是由于所有的轻微偏差并没有被自然选择保存并累积下来，之所以会出现这种情况，是因为自然选择只对有用的性状产生作用。

如果一种器官在生理上具有高度重要性，但却又仅限于生理方面，那么，它在分类上的价值就不是很大。对此，我可以举出以下的例子进行证明：我们有理由假设，在彼此相似的生物种群中，尽管物种之间具有相同的一个器官，且该器官在生理上的价值也几乎相同，但它在分类上的价值却不见得

交合的螳螂　Boon Khang Khoo　摄影

　　螳螂把卵产于卵鞘内，每个卵鞘有卵20~40个，排成2~4列。卵鞘是由泡沫状的分泌物硬化而成，多粘连于树枝、树皮、墙壁等物体上。通常一只雌虫可产4~5个卵鞘。孵化出的幼虫要经过3~12次的蜕皮才能变为成虫，一只螳螂的寿命约有6~8个月左右。图为正在交合的螳螂。

也相同。所有一直致力于研究过某一个种群的博物学者们，几乎都承认这一例子的真实性，而且几乎每一位博物学者都会在自己的著作中对这一事实大谈特谈。这里，我只引述在这方面的最高权威罗伯特·布朗在研究山龙眼科的某些器官时，对其属方面曾作的重要性的评论："与它们的其他所有器官一样，不仅在这一科中，据我所知，在每一自然的所有科中，这些都是很不相等的，甚至在某些情况下，似乎完全消失了。"还有，他还曾在自己的一部著作中对牛栓藤科的各属作了这样的评价："在一个子房或多子房上，在胚乳的有无上，在花蕾里花瓣作覆瓦状或镊合状上，都是不同的。这些性状的任何一种，单独讲时，其重要性经常在属以上，虽然合在一起讲时，它们甚至不足以区别纳斯蒂属和牛栓藤科。"我再举一个有关昆虫的例子：在膜翅目里，有这样一个大支群，韦斯特伍德曾对这一支群进行过深入研究，他认为，这个支群的触角是最稳定的构造。而另一个支群的触角存在着极大的差异，而且这种差异在分类上只有十分次要的价值。但却没有人提出异议，这是因为，在同一目的两个支群里，触角具有不同等的生理重要性。同一群生物的同一重要器官在分类上有不同的重要性，这方面的例子实在是数不胜数。

其次，没有人认为残迹器官在生理上或生活上依然具有高度的重要性，同时也不会有人去否认，这种性状的器官在分类上经常具有极大的价值。没有人会否认，在幼小的反刍类上颚中的残迹齿以及腿上某些残迹骨骼在显示反刍类和厚皮类之间的密切亲缘关

系上是高度有用的。布朗曾经坚持主张，残迹小花的位置在禾本科草类的分类上有最高度的重要性。

关于那些已经被证明在生理上并不重要，但对整个群的定义而言却有高度重要性的部分所显示的性状的问题，我也能举出无数的事例。比如，从鼻孔到口腔之间是否存在一个通道，根据欧文教授的看法，这是鱼类和爬行类在性状上的唯一区别。其他的事例还有，如有袋类的下颚角度的变化，昆虫翅膀的折叠状态，某些藻类的颜色，禾本科草类的花在各部分上的细毛，脊椎动物中的真皮被覆物（如毛或羽毛）的性质。如果鸭嘴兽被覆的是羽毛而不是毛，那么这种并不重要的外部性状一定会被博物学者认为这是它与鸟有亲缘关系的重要证据。一个微不足道的性状在分类上是否具有极高的价值，主要取决于该性状是否与其他一些重要性状之间有关系。由于性状的总体价值在博物学中的地位已经被很明确地确定了，因此，正如我经常所指出的那样，一个物种可以在几种性状（无论它具有生理上的高度重要性或具有几乎普遍的优势）上与它的近似物种相区别，可是对于它应该排列在哪里，我们却不会有任何疑问。因此，我们也就能知道，不管这种性状如何重要，我们都

海恋　佚名　摄影　当代

雄鲸为了获得雌鲸的芳心，一路追逐，殷勤不断。漫长的求爱过程，虽然已使雄鲸精疲力竭，但这是它延续香火的唯一渠道。只要能获得雌鲸的一点点爱，它便有参与交配的资格。

是以单独的一种性状来分类。因为在动物身体构造上并不存在一个永远稳定的部分。这样，我们才强调性状的总体重要性，如果出现没有一个性状是重要性状的时候，我们也可以用林奈的那句格言来进行说明："不是性状产生属，而是属产生性状。"这一格言似乎是以许多轻微的相似之点难于明确表示为根据的。全虎尾科的某些植物具有完全的和退化的花。对于后者，朱西厄说："物种、属、科、纲所固有的性状，大部分都消失了，这是对我们的分类的嘲笑。"请看看阿斯匹克巴属的植物吧，自从它们被引进法国后，在短短的几年内，它们就开出了上述的这种花了。当许多人还在为这一属在构造的许多最重要方面出现了如此多反常而惊讶时，朱西厄则告诉我们，里查德敏锐地看出，其实这一属还应该保留在全虎尾科里。

软珊瑚虫

硬珊瑚虫

触手
口盘
咽喉
胃腔
石质足盘

触手
咽喉
口盘
胃腔

形形色色的珊瑚　佚名　摄影　现代

　　动物可分为无数个类别，如海绵动物、腔肠动物、苔藓动物、扁形动物、线形动物、环节动物、节肢动物、软体动物、棘皮动物、脊索动物、哺乳动物等。图中所列的珊瑚就属于腔肠门动物，珊瑚虫纲。它们看上去像植物一样，有着石灰质的骨架。它们生长在温暖、清澈的浅水中，从不移动。大量的珊瑚虫聚集在一起生活，数万年的时间，死亡的珊瑚骨骼会堆积形成珊瑚礁。图为珊瑚虫伸展口盘四周的手足捕捉食物。

这一个例子很好地说明了我们分类的精神。

　　事实上，博物学者在对生物种群进行分类时，他们所关注的主要是确定一个群的性状，或者对这个群中的特殊物种进行排列时

所要用的性状，而对于其生理价值，他们并不重视。如果他们找到一种为许多类型所共有的或者是几乎一致的，同时又不为其他类型所共有的性状，他们就会将该性状当做一个具有高度价值的性状来应用。如果有一个仅为少数物种所共有的性状，他们将该性状当做具有次等价值的性状来应用。有些博物学者曾公开宣称，这一分类原则是正确的，就连伟大的植物学者圣·提雷尔也公开表示这一主张的正确性。诚然，如果我们常常发现几种相同的细微性状总是以结合的方式出现，就算我们还没有发现它们彼此之间的联系纽带，也会认为它们具有特殊价值。在大多数的动物种群中，如果重要的器官是差不多一致的，比如压送血液的器官，为血液提供空气的器官，繁殖后代的器官等，那么，它们在分类上就会被认为是具有高度价值的。但在某些种群里，这些最重要的生活器官所能提供的性状只是一些具有十分次要价值的性状而已。最近，米勒就指出，在属于同一个种群的甲壳类里，海萤属是拥有心脏的，而在与之最为近似的两个属里，即贝水蚤属和离角蜂虻属，却并没有这种器官。海萤属的某个物种拥有非常发达的鳃，而另一个物种却连鳃都没有。

其他一些分类要素

我们已经知道，胚胎的性状之所以与成体的性状有相等的重要性，是因为分类学会很自然地将所有的年龄阶段都包括在内。没有人敢说，自己完全了解胚胎构造在分类上比成体的构造更加重要的原因，而在自然组成中，只有成体的构造才能发挥充分的作用。在这种情况下，只有优秀的博物学者爱德华兹和阿加西斯极力主张胚胎的性状在所有性状中是最重要的，他们的这一主张得到了很多博物学者的支持。尽管支持者占多数，但由于无法将生物幼体时期的暂时适应性状排除掉，因此，在有些时候，胚胎性状的重要性会被夸大。为了证明上述论断的正确性，我以米勒对甲壳类的分类为例进行说明。在对甲壳类进行分类时，米勒仅仅只根据幼体的性状就把甲壳类这一个大的纲加以排列。这个排列的结果充分说明，仅以幼体性状为主要性状进行的排列，是一个不自然的排列。毫无疑问，如果把幼体的性状排除在外的话，胚胎的性状将在分类上达到最高价值。不仅动物如此，植物也是如此。在对显花植物进行区分时，我们主要以胚胎差异为根据；在区分时，我们会着重看胚胎上子叶的数目和位置、胚芽和胚根的发育方式。由此可知，胚胎性状之所以在分类上具有非常高的价值，是因为自然的分类是依据家系进行排列的。

在确定性状时，我们常常会受到亲缘关系的影响。在确定共有性状时，最容易的是鸟类的共有性状。但在对甲壳类的共有性状进行确定时，我们会遇到很多困难，以至今天的许多博物学者都认为，要对甲壳类作出明确的确定是不可能的。在一些甲壳类中，特别是在那些两极端的类型中，我们几乎找不到一种共有的性状。可是这两个极端的物

水母 佚名 摄影 当代

水母分布于世界各海洋，种类为200多种。其形状、大小各异。尽管水母经常漂流在海流上，但它们还是可以通过身体的收缩向前运动。大多数水母生活在浅海中，在这里能找到它们的食物：小的甲壳动物和小鱼。一些种类的水母分泌有毒物质，且毒性很强。水母有雌雄之分。雌性水母把卵细胞产到水中，雄性水母把精子释放到水中的卵上，受精卵发育成幼体或叫浮浪幼体。

种，却能使人清楚地知道它与另外的物种相近似，同时，那些近似物种又与其他的一些物种相近似。我们只要随着这种关系去探索，就可以明确地断定它们属于节肢动物这一纲，而不属于其他纲。

在分类中，地理分布也是一个应用次数较多的因素，特别是在对密切近似类型的大群进行分类时。虽然这种分类并不合理，但地理分布仍是被经常用到的。鸟类学者覃明

饮水的蝙蝠　卡尔瓦尼　摄影

蝙蝠为哺乳纲，翼手目动物的通称，广泛分布于世界各地，是唯一能飞的哺乳动物，它们的翼是在进化过程中由前肢演变而来的。图为长耳蝙蝠饮水的情景。

克认为，用地理分布对鸟类中的某些群进行分类是有用的，甚至是必要的。除了鸟类学者外，一些昆虫学者和植物学者也曾采用过这个方法。

在我看来，如今对各个物种群，如目、亚目、科、亚科和属等的比较价值进行评价，几乎都是随意的，并没有一个标准。有许多优秀的植物学者，其中就包括著名的本瑟姆先生，在这个问题上和我的看法是一致的。在这里，我举几个有关于植物和昆虫方面的事例。比如，有些植物和昆虫种群在开始时，被有经验的植物学者列为一个属，后又被提升为一个亚科或科的等级。这种等级的提升并不是因为人们对它们作了进一步的研究，发现了许多在初期没有发现的重要的构造差异；之所以将它们提升等级，是因为人们后来又发现了许多具有不同级进且不同差异的近似物种。

如果我的观点基本上没有太大的错误，那么，上述所说的分类规则、根据和难点都可以用这样一个观点进行解释，即"自然系统"是以生物由来学说为基础的。该学说认为物种存在着变异。博物学者们认为两个或两个以上物种间所存在的能明确说明真实亲缘关系的性状都是从共同祖先遗传下来的，所有真实的分类都应以家系为根据。"近似物种有着共同的家系"，这是一个为所有博物学者所默认的潜在纽带，它不是什么未知的创造计划，也不是一般命题的说明，更不是把所有相似对象简单地合在一起或分开。

血统分类

在此，我必须对我的观点进行一番必要的补充说明。我相信，只有各个纲中的群都严格系统地根据适当的从属关系和相互关系进行排列，才能达到自然的分类。尽管有些分支或群在与共同祖先的血统关系上是相等的，但由于它们所经历的变异过程不同，因此，它们之间差异量依旧很大。我再次请求各位读者去参阅一下第四章中的图解，我相信，通过这幅图解，各位能更好地理解我将要讲的东西。假设从A到L都代表志留纪时期的近似属，而且它们是从某一更早的类型传下来的。在A、F、I这三个属中，都有一个物种传留下变异了的后代直到今天，而以在最高横线上的15个属a^{14}到z^{14}为代表。从一个共同祖先传下来的所有变异后代，在血统上（即家系上）都有同等程度的关系，可以说，它们就是人类社会中所谓的同宗兄弟，可是它们彼此之间有着广泛的和不同程度的差异。从A传下来的变异后代，如今已经可以构成一个新目了，这个新目中有两到三个科，然而从I传下来的后代，虽然也形成了两个新科，但这两个新科却又组成了不同的目。从A传下来的现存物种已不能与亲种A归入同一个属；从I传下来的物种也不能与亲种I归入同一个属。假设现存属F^{14}因为只发生过一些轻微变异，所有可以和原始属F同归一属，

孑孓

蚊科动物的幼虫叫做孑孓，孑孓的发育过程是在水中进行的。属于蚊科的昆虫比较多，常见的有按蚊、库蚊等，它们的幼虫能够过滤水中的细菌、藻类以供自己食用。

正如某些现在仍然生存的少数生物属于志留纪的属一样，那么，对于这些与共同祖先在血统关系上是相等的物种而言，其彼此之间所表现出的比较价值就将大不相同了。虽然如此，它们的系统排列不仅在现在是真实的，而且在后代的每一连续时期中也是真实的。从A传下来的所有变异后代，都从它们的共同祖先身上获得了一些共同的东西，从I传下来的所有后代也是如此，而且在每个连续的阶段上，所有后代及其从属的分支也都是如此。但如果我们假设A或I的任何后代出现了极大的变异，以至丧

失了原有的所有痕迹，在这种情况下，它在自然系统中的位置也就会随之丧失。在极少数的现存生物中，就曾经发生过这种情况。如果F属的所有后代都沿着其所在的系统树前行，且假设只发生了很少的变化，那么，它们将形成一个单独的属。这个属将是一个孤立的属，但它将会占据它应有的位置。如果只按照图解来表示群和支群，未免太过于简单了，事实上，支群应该向四面八方分出去。如果把群的名字只是简单地写在一条直线上，这就更不自然了。众所周知，在自然界的同一群生物中，如果仅用一条线来表示物种之间的已知亲缘关系显然是不可能的，物种间的亲缘关系应该是复杂且呈辐射状的。自然系统和一个家族的族谱一样，在排列上是有一定规则的，但由于不同群的变异过程各有不同，因此必须用以下方法

来表示，即把它们列在不同的所谓属、亚科、科、部、目和纲里。

以语言学的分类观点来对这种物种的分类观点进行说明，能更好地加深我们的理解。如果我们拥有人类的完整谱系，那么，人种的系统排列对现在全世界所用的各种不同语言而言，是最好的分类规则。如果把所有已不再使用的语言以及所有中间性质且一直在发生变化的方言也包括在内，那么，这样的排列将是唯一可能的分类。然而，有些古代语言几乎就没有发生太大的变化，且新语言的产生极少；至于其他的古代语言，由于其使用者的种种原因导致其产生了巨大改变，从而出现了许多新方言。在同一语系的各种语言之间，由于彼此程度上的差异，人们不得不使用群中有群的分类方法来表示。

马蹄莲

马蹄莲是一种多年生草本植物，叶片为卵状箭形，颜色为鲜绿色，花朵为特有的佛焰苞形。花期长，可从11月开至第二年6月，常见的马蹄莲颜色通常为白色，在部分地区也有黄色和红色品种。马蹄莲以分球繁殖为主。

但正确的，甚至是唯一的排列方式依旧是人种的系统排列。只有这种排列才是最严格、最自然的，因为它是根据最密切的亲缘关系将古代和现代的所有语言连接在了一起，而且明确地指出了每种语言的分支和起源。

为了证实上述观点，让我们看一下博物学者是如何对变种进行分类的。变种是从已知的某个单一物种（或者大多数博物学者普遍相信是从某个单一物种）

传下来的。变种都是集结在同一物种之下的，而亚变种又都是集结在同一变种之下的。在某些情况下，比如家鸽的变种，还存在着其他等级上的差异。变种的分类规则和物种的分类规则大致是相同的。有一些博物学者曾经坚持认为，在对变种进行分类时，应严格地根据自然系统而不应根据人为系统。比如，他们曾提醒人们不要单纯地因为凤梨果实（虽然这是最重要的部分）的偶然相同性，就把它们的两个变种归在一起。尽管瑞典芜菁和普通芜菁都可以供食用，而且都有肥大的茎，但没有人会把瑞典芜菁和普通芜菁归在一起。他们认为哪一部分是最稳定的，哪一部分就会应用于变种的分类。比如，农学家马歇尔曾说："角在黄牛的分类中很有用，因为它们比身体的形状或颜色等变异较小，相反，在绵羊的分类中，角的用处则大大减少，因为它们较不稳定。"我认为，在对变种进行分类时，如果我们有真实的谱系，我们一定会普遍地采用该谱系来分类，而且现实情况也是如此，有几个被找到了真实谱系的物种就是被人们按照真实谱系来分类的。我们必须牢记一个分类的关键要素，即不管有多少变异，遗传原理总会把那些相似点最多的类型聚合在一起。就翻飞鸽而言，虽然某些亚变种在喙长这一重要性状上有所不同，可是由于都有翻飞的共同习性，因此，它们还是会被归在一起。但在某些短面翻飞鸽的品种中，却已经几乎或者完全丧失了这些习性。尽管如此，我们却并没有考虑这个问题，而继续将它们和其他翻飞鸽一起归入这一群中，这是因为它们在血统上非常相近，而且在其他一些方面也有相似

鲁西黄牛

鲁西黄牛是原始黄牛品种之一，主要产于北至黄河，南至黄河故道，东至运河两岸的三角地带。其繁殖能力较强，这是它们从远古生存至今的重要因素。

的地方。

事实上，在对自然状态下的物种进行分类时，每一个博物学者已经根据血统进行过分类。因为他们把两性都包括在最低单位（即物种）之中，而两性在最重要性状上常常表现出极大的差异，关于这一点，每一位博物学者都是知道的。在某些蔓足类生物中，雄性成体和雌雄同体的个体之间几乎不存在任何共同之处，可是没有人梦想过要把它们分开。和尚兰、蝇兰和须蕊柱这三种兰科植物，在以前被人们划分为三个不同的属，有时候人们发现它们会在同一植株上产生，只要一出现这种情况，那么它们就会被认为是变种。但现在我却能够明确地指出，它们分别是同一物种的雄性个体、雌性个体以及雌雄同体个体。不管不同时期的幼体之间存在着多大的差异，也不管这些幼体与成体之间的差异有多大，博物学者总是喜欢把同一个体的不同幼体阶段都包括在同一物种中。斯登斯特鲁普所提出的"交替的世代"

也是如此，它们仅仅在学术的意义上被认为属于同一个体。博物学者还喜欢把畸形和变种也归在同一个物种中，这并不是因为它们与亲代类型部分相似，而是因为它们都是从同一个亲代类型上传下来的。

尽管在有的物种中，雄性、雌性、幼体之间存在着极大的差异，但由于血统已经被普遍地应用在将同一物种的不同个体进行分类，还由于血统曾被用来对已经发生过的一定程度的变异，甚至是发生了极大程度变异的变种进行分类，在这些事实面前，难道还有人认为血统不曾无意识地被用来把物种集合成属，把属集合成更高的群，把所有都集合在自然系统之下吗？我相信血统已经被无意识地应用了，因为只有在相信的前提下，我才能理解我们最优秀的分类学者所采用的那些规则和指南。由于我们没有一个用笔记录下来的完成谱，使得我们不得不以物种的相似点为突破口，去探究血统的共同性。因此，我们才会选择那些在最近一个时期的生活环境下，最不容易发生变化的物种的性状。如果从这一观点出发来进行分类，残迹器官与体制的其他部分在分类上是同样适用的，有时甚至更加适用。不管一种性状多么微小，即使是如颚的角度大小，昆虫翅膀折叠的方式，皮肤上长的是毛还是羽毛，只要它在许多不同的物种里，尤其是在生活习性大不相同的物种里普遍存在，那么它在分类中就具有了高度的价值。对此，我们的唯一解释是，这些性状都来自同一个共同的祖先。只有这样，我们才能解释，为什么这些性状会同时存在于习性完全不同的众多类型中。如果只是根据构造上的单独特点来进行分类的话，我们就可能在这方面犯错误。当一些并不是很重要的性状同时存在于习性不同的一大群生物里时，如果从进化学说的角度来看，我们基本上可以肯定这些性状是从共同的祖先遗传下来的，而

海豚

海豚，体呈纺锤形，种类有32种之多，身长为100~400厘米。喜欢群栖，以鱼类为食，分布于全球热带海域，它是一种海生哺乳动物。

且我们知道这些集合的性状在分类上是有特殊价值的。

我们已经知道一个物种或一个物种群可以在一些最重要的性状上与它的近似物种相去甚远，但分类时却能归在一起并且不会引起争议的原因何在。只要性状的数量足够，就算这些性状并不重要，它们也会将血统共同性的潜在纽带显示出来。如此，我们就可以以血统为标准对物种进行合理的分类了，现实情况也经常如此。即使彼此之间没有一个共同性状的两种极端类型，只要它们彼此之间被许多中间群的连锁联系起来了，我们就可以马上得出一个结论，即它们的血统具有共同性，而且我们还会把它们都放在同一个纲里。我们发现，在完全不同的生存条件下，用来保存生命的器官，在生理上必然具有高度的重要性，而且这些器官一般也是最稳定的，所以我们在分类上将它们归为特殊价值类。但如果这类器官在另一个群中或一个群的另一部分中出现极大差异时，那么，它们在分类中的价值就会大打折扣。在下面的章节中，我将进一步阐述为什么胚胎性状在分类上具有这样高度的重要性。有时在对大属进行分类时用地理分布所得到的结果要更好一些，因为栖息在不同地区和孤立地区的同属的物种都是从同一祖先传下来的。

同功相似

根据上述观点，我们能更加清楚地知道真实的亲缘关系与同功相似（即在适应能力上的相似之处）之间的重要区别在哪里。拉马克是最早注意到这个问题的人，在他之后，有麦克里以及其他一些学者也注意到了这个问题。在身体的形状上和鳍状的前肢上，儒艮和鲸鱼之间是非常相似的，而且这两个目的哺乳类和鱼类在这两个性状上也非常相似，也就是说，这两个性状是同功的。不同目的鼠和鼩鼱之间的相似也是同功的。米伐特先生一直坚持认为，鼠类和一种澳洲小型有袋动物袋鼩之间的相似情况，与鼠和鼩鼱之间的相似情况是相同的。我认为，鼠和袋鼩之间的相似同鼠与鼩鼱之间是不同的，前者应该从另一个方面去进行解释，即两者都适合灌木丛和草丛中做相似的活动，而且在躲避敌害时所采取的隐避方式是相似的。

在昆虫中也有无数相似的事例，比如，林奈曾被外部表象所迷惑，错误地将一个同翅类的昆虫分类为蛾类。就连在家养变种中，我们也能够看到相似的情况，比如，中国猪和普通猪的改良品种，在体形上具有明显的相似性，但两者却有着完全不同的祖先；再比如，在植物中，普通芜菁和不同物种的瑞典芜菁在茎部上具有明显的相似性，它们都是那么肥大；猎狗和赛马之间的相似性比很多不同类型动物之间的相似性

亲密接触 厄尼·珍妮丝 摄影 当代

野兔的繁殖能力很强，出生后6~8个月可以配种，妊娠期约为30天，每胎产1~12只，其体重为1.5~10千克，寿命约为10年。照片中，雄兔正凑近雌兔闻闻它的脸，显然雄性有一种腺体能够帮助其辨别雌性是否处于发情期；如果不是的话，雌兔会用前脚挡开雄兔，对雄兔的靠近保持警惕。

要奇特得多，尽管后者的奇特性常常被一些博物学者夸大。

　　几乎所有的博物学者都认为，只有在血统关系被确定的情况下，性状在分类上才是真正重要的。从这个观点出发，我们可以理解同功的（适应能力上的）性状对于分类学者而言几乎毫无价值，尽管它对于生物多寡而言极为重要。两个拥有完全不同血统的动物也可能适应同一生活条件，并且为了适应这一生活条件，它们的身体会进化出一些相似的性状。我们并不是不能从这种相似性状中发现什么，相反，我们仍然能发现它们那隐蔽的血统关系。不仅如此，我们还能从中看到一个明显的矛盾，那就是，当我们对一个种群与另一个种群之间的相同性状进行比较时，我们所作的是同功比较；但如果是对同群的成员进行相互比较，这种性状就能为我们提供真实的亲缘关系。比如，当对鲸与鱼类的身体形状和鳍状前肢作比较时，我们只是在作同功比较，这两种性状能够使两个纲适应水下生活。但在鲸科的一些成员中，身体形状和鳍状前肢还具有揭露真实亲缘关系的性质。因为当我们发现该科的一些成员在这两个性状上是如此相似时，我们就怀疑它们是从共同祖先传下来的。在鱼类方面，两个性状也是如此。

　　我还能够举出更多的例子证明，属于完全不同种群的生物在适应同一生存环境时，其身体上的一些部分或器官有着明显的相似。狗和塔斯马尼亚狼（袋狼）在自然系统上是完全不同的两类动物，而它们的颚却非常相似，这为我们提供了一个很好的例子。但这种相似仅限于表象，如犬齿的突出和臼

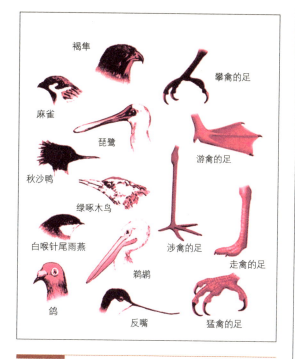

鸟的嘴和足

　　生活在不同生态环境下的鸟类，由于取食习惯和栖息环境的不同，它们的嘴巴和足部结构也发生适应性变化。比如，生长在沼泽地区的鸟类，嘴巴较长，足部较高，适合捕鱼和涉水行走；同时，那些生活在灌木丛或树林中的鸟类，其翅膀短而圆，不善于长距离飞行。

齿的尖锐形状。在真实情况中，牙齿之间的差异是非常大的，狗的上颚两边各有四颗前臼齿和二颗白齿，而塔斯马尼亚狼的上颚两边各有三颗前臼齿和四颗白齿。这两种动物在臼齿大小和构造上有很大的差异。动物成年后的牙齿与其在幼体时候所长的乳齿也存在着极大的差异。在狗和塔斯马尼亚狼的牙齿的例子中，任何人都可以否认这两类动物曾经通过连续变异的自然选择而适于撕裂肉类，但是，如果我们只承认它在这个例子中的作用，而不承认它在另一例子中的作用，那么，在我看来，这是解释不通的。这方面的最高权威弗劳瓦教授和我有着相同的观

物种起源

点，对此我感到非常欣慰。

在前面的章节中，我曾列举过一些异常情况，比如同样都具有发光器官，但却属于不同类型的鱼类，同样具有发光器官但却

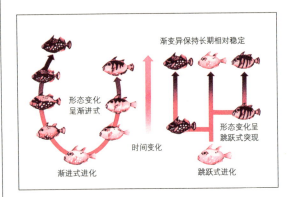

渐进式进化与跳跃式进化　插图

渐进式进化是指一个物种经过漫长的历史，通过一些过渡型物种逐渐进化成一种新的物种。从地球的历史来看，跳跃式进化则是间歇性发生并在瞬间完成的。跳跃式进化的一个特点是，进化的物种在长时间内保持稳定性。

属于不同类型的昆虫，同样具有粘盘花粉块但却属于不同类型的兰科植物，这些事例都属于同功相似。由于事例的特殊性，以至于很多反对我的学说的人利用这些事例来攻击和反对我的学说。在所有这些情况下，器官的生长、发育以及在它们成年后的构造中所表现出来的根本差异都是能够被发现出来。尽管得到了相同的结果，但从表面上，仅仅是手段相同而已，本质是完全不同的。也许在以前，"同功变异"这个术语中所包含的原理也常常是在这些情况下才会发生作用，即同纲的成员，虽然只有遥远的亲缘关系，却在它们的体制上遗传下这样多的共同的东西。以致它们往往在相似的刺激性原因下，以相似的方式发生变异，这显然有助于通过自然选择使它们获得而与共同祖先的直接遗传无关。

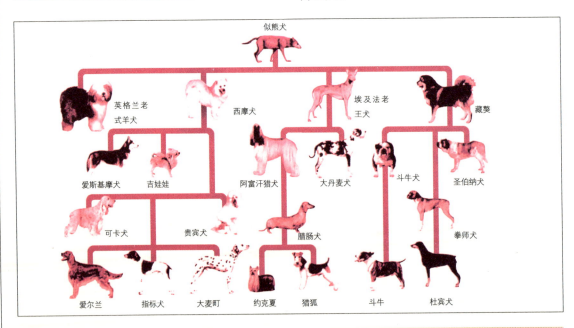

现代家犬的人工选育

家养动植物的出现，可以看做是人类最初无意识模拟自然选择的结果。品种繁多的现代家犬，就是人类根据对各种犬的体形、毛色、特性等的偏好，通过不断挑选而得到的。

属于不同纲的物种，由于连续的、轻微的变异常常能够在几乎相似的条件下生活（生活在陆地上、空中和水下），所以我们或许可以理解如此多的平行现象会时常出现在不同纲的亚群中的原因。由于被这种性质的平行现象所刺激的自然学者时常会做出任意地提高或降低若干纲中的群的价值（我们的所有经验示明他们的评价至今还是任意的）的事情，因此，他们总是想当然地把这种平行现象扩展到广阔的范围。正因为如此，博物学中才出现了七项、五项、四项、三项等多种分类法。

还有另外一种奇特的情况，那就是尽管外表极为相似，但相似的原因并不是因为有相似的生活习性，所以才获得了相同的适应能力，而是为了自我保护才获得的。我的这番话主要是针对最先由贝茨先生所发现的一个事实，贝茨先生发现某些蝶类掌握了模仿其他非蝶类物种的手段。这位优秀的观察者发现，在南美洲的某些地方，有一种透翅蝶。这种蝴蝶的数量非常多，以群居方式生活，在这些蝶群中常常还会有另一种蝴蝶出现，这种蝴蝶的名字叫异脉粉蝶。后者在颜色的浓度上、斑纹的图案上，甚至在翅膀的形状上都和透翅蝶极为相似；其相似程度之高，以至于采集了11年标本且一向以目光锐利、小心谨慎著称的贝茨先生也常常搞混淆。如果将这些模拟者和被模拟者放在一起进行比较时，你就会发现，它们在身体的重要构造上是完全不同的。这两种蝴蝶不仅属于不同的属，而且还属于不同的科。如果这种模拟仅仅只存在于极少数的事例中，我们这就可以把它当做巧合而置之不理。但是，

杂交鲍鱼

中国"大连号"杂交鲍鱼是利用皱纹盘鲍日本岩手群体和大连群体杂交形成的杂交种。杂交鲍鱼外壳呈翠绿色，呼吸孔多，生长纹明显。该杂交种优势明显，性状稳定，具有适应性广、成活率高、抗逆性强、生长快、品质好等特点。

如果我们放下异脉粉蝶模仿透翅蝶的事例不说，再进行更深入的研究，我就可以找到这两类物种所在属的其他模拟的和被模拟的物种。在这些物种中，模拟的相似程度依旧很高，而且被模拟者的数量也很多，总共有不下十个属的物种被模拟。模拟者和被模拟者总是栖息在同一地区，从来没有一个模拟者会离开它所模拟的类型，而独自生活在一个没有被模拟者存在的地区。根据我的发现，模拟者必然是稀有昆虫，而且被模拟者几乎在所有情况下都是群居的。在异脉粉蝶密切模拟透翅蝶的地区，同时存在其他的模拟者以及被模拟者，模拟者是鳞翅类昆虫，而被模拟者还是上述所说的这种透翅蝶。在同一地方，我们就发现了属于三个不同属的蝴蝶物种，甚至还有一种蛾类，两种蝴蝶以及一种蛾类都在模拟透翅蝶。值得特别注意的是，异脉粉蝶属的物种所模拟的蝴蝶类型非常多，从它们的级进系列中，我发现这些物

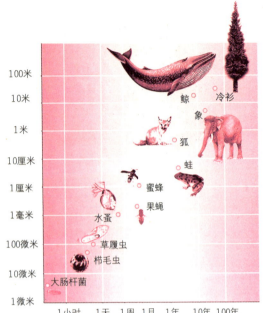

生物个体大小和世代时间

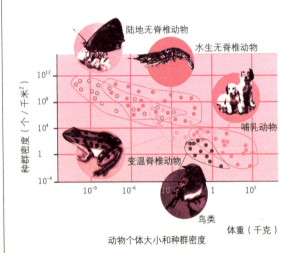

动物个体大小和种群密度

生物个体大小的生态意义

我们可以用一个生物的体重或身高来描述其大小，任何生物，体重越小，高度越低，则这种生物的种群密度越高，增长越快，世代时间越短。所谓世代时间，是指从子代出生到发育成熟开始繁殖后代的时间。上述现象是生物在进化过程中适应环境的一种表现形式。

种不过是同一物种的变种罢了，而那些被模拟的物种也是某一物种的诸多变种。至于其他属的昆虫所模仿的类型，则是不同的物种。但我发现了这样一个问题，这就是为什么我一定要把某些类型看做是被模拟者，而把另外一些类型看做是模拟者的原因。贝茨先生对这个问题作了令人信服的解答："被模拟的类型都保持它那一群的通常外形，而模拟者则改变了它们的外形，并且与它们最近似的类型不相似。"

接下来，我们再来讨论下面这个问题，有什么理由能够证明某些蝶类和蛾类总是能经常获得另外一种完全不同物种的外形？为什么"自然"会堕落到玩弄欺骗手段、总是让博物学者们无法看清真相呢？同样，贝茨先生也向我们给出了正确的答案：被模拟的类型总是那些拥有庞大数量的类型，正因如此，它们才能大规模地逃避毁灭，否则它们就不可能如此大量存在了。从目前所搜集到大量的证据表明，被模拟者一般都是鸟类和其他食虫动物所不爱吃的昆虫。另一方面，栖息在同一地方的模拟者在数量上总是非常稀少的。由此可知，它们必然经常地遭受某些危险，否则从所有蝶类都是大量产卵的事实来看，它们在第三、第四代时，就应该能在整个地区繁盛起来了。现在，如果在这样一种被迫害的稀有的群中，有一个成员取得了一种外形，这种外形与一个有良好保护的物种的外形相似，以至于它不断地骗过昆虫学家富有经验的眼睛，那么它就会经常骗过掠夺性的鸟类和昆虫，这样便能避免毁灭。几乎可以说，贝茨先生实际上目击了模拟者变得如此密切相似被模拟者的过程。他发现，异脉粉蝶的某些类型，凡是模拟其他蝴蝶的，都以极端的程度发生变异。在某一地区有几个变种，但其中只有一个变种在某种程度上和同一地区的常见的透翅蝶相似。在另一地区有两三个变种，其中一个变种远比其他变种常见，并且模拟透翅蝶的另一类型。根据这一事实，贝茨先生断言，异脉粉蝶是最先发生变异的。如果一个变种碰巧在某种程度上和栖息在同一地区的任何一种普通蝴蝶有相似性，那么这个变种就会因为和一个繁盛且很少受到敌害威胁的种类具有相似性而获得更多的生存机会，从而也避免了被敌害所消灭，这些幸免于难的物种的性状就会被保存下来。按照贝茨先生的话说，就是"相似程度比较不完全的，就一代又一代地被排除了，只有相似程度完全的，才能存留下来繁殖它们的种类"。因此，我们又找到了一个自然选择发挥作用的极佳例证。

华莱斯先生和特里门先生也曾就马来群岛和非洲的鳞翅类昆虫以及某些其他昆虫的模拟例子进行过记述。华莱斯先生还曾在鸟类中发现过类似的一个例子，但在四足类动物中，我们还没有发现这样的事例。就昆虫而言，模拟的出现次数比其他动物要多得多，也许这是因为它们的身体太小，又没有

什么能保护自己的身体构造的缘故。除了一些有刺的种类外，我还没有听说过其他类型的昆虫可以做到自我保护。之所以大多数的昆虫都选择模拟四周的物体，是因为它们无法通过飞行来逃避捕杀它们的动物。它们和大多数的弱小动物一样，为了生存，不得不选择欺骗和伪装。

值得注意的是，在众多的模拟事例中，我至今还没有发现颜色不同的类型之间也能够进行模拟的事例。但是，从彼此之间本来就存在着一定程度的相似到最密切的相似，如果是有益的相似，昆虫就能够通过上述手段得到。如果被模拟的类型由于某种原因发生了改变，模拟者也会按照同样的路线进行改变，因此，模拟者可以被改变到任何一种程度，最后，模拟者就会拥有与自己本科的其他成员完全不同的外表或颜色。但是，在这个问题上也存在一些威胁我的学说的难点。这个难点就是，在某些情况中，我们必须假定，一些属于不同种群的成员的古代祖先，在还没有分歧到现在的程度时，偶然地和另外一个有保护手段的种群中的一个成员的相似性很大，它们也因此而得到了很轻微的保护，基于上述原因，弱者的一方才会慢慢进化并最终达到最大程度上的相似。

复杂、普通且呈辐射性的
亲缘关系

　　几乎所有的优势物种的变异后代，都有继承亲代的一些优越性的倾向，这种优越性曾使它们所属的种群变得繁盛且在生存斗争中占有优势。因此，它们几乎都是分布得非常广阔、在自然界组成中所占据的位置很多的物种。在每一纲里，任何一个数量较大且占有优势的种群都会因此产生继续增长的倾向，这种倾向导致许多数量较少且并不占优势的种群被淘汰。通过上述的事实，我们就能解释，为什么现存的生物和绝灭的生物

几维

　　几维又名鹬鸵，主要分布在新西兰。它们十分稀有，处于濒临灭种的状态。几维的翅膀已退化得不能飞行。此外，几维是唯一长有胡须的鸟类，它们的鼻孔突出，同时具有类似狗嗅食物和探测危险的能力。

只存在于少数几个大目中。有一个令人震惊的事实证明，较高等级的种群在数量上是非常少的，而它们在整个世界的分布却非常广泛。当澳洲被发现之后，博物学者们并没有从这块大陆上找到一群可被定为新纲的昆虫，甚至在植物方面，据我从胡克博士那里得到的信息，澳洲的发现只是为植物界增加了两三个小科而已。

　　在前面的章节里，我曾根据每个种群的性状在长期连续的变异过程中一般会出现巨大分歧的原理，试图解释为什么古老类型的性状在某种程度上常常介于现存种群之间的原因。我当时给出的答案是，因为这些古老类型把变异程度较少的后代遗留到了今天，而这些后代就形成了我们所谓的中间物种或异常物种。任何类型的生物，如果越脱离常规，那么，与之有亲缘关系的类型在灭绝的数量上就会越大。有证据显示，大量的"异常种群"因绝灭而蒙受严重损失，因为它们本来就属于极少数的物种。从实际情况来看，这类物种彼此之间存在着极大的差异，这也意味着绝灭。比如，鸭嘴兽和肺鱼属动物，如果这两个属的动物都不像现在那样，

由单独一个物种或两三个物种组成，而是由十多个物种组成，那么它们的数量也不会低到如此让人无法想象的程度。我认为，这一事实只能通过以下情况进行解释，即把"异常种群"看做是被生存斗争中的胜利者所征服的类型，这些种群中的少数成员，只能在对它们极为有利的条件下才能生存。

沃特豪斯先生曾指出，当一个动物种群的成员与另一个完全不同的群中的任何一个成员具有亲缘关系时，在大多数情况下，这种亲缘关系是正常的，而不是特殊的。为了证明自己的观点，沃特豪斯先生举出了下列的事例：在所有啮齿类动物中，哗鼠与有袋类的关系最近，但它与有袋类中所有物种的亲缘关系却一般。换句话说，它与有袋类中的任何一个物种的关系并不是非常接近。由于一个属中的所有物种都存在着亲缘关系，而且这一关系被普遍认为是真实的，不是适应性所造成的，而是来自于同一祖先的遗传。因此，我们必须作出这样一个假设，即包括哗鼠在内的所有啮齿类，是从有袋类的某一古老成员中分离出来的；而这个古老成员和现存的所有有袋类都有亲缘关系，因此，哗鼠自然也就具有中间的性状了。还有一种可能，那就是啮齿类和有袋类曾经有一个共同祖先，但两者的发展方向不同，而且都发生了许多重大的变异。不论是哪种观点，我们都必须假设，哗鼠是通过遗传才获得了比其他啮齿类动物更多的古代祖先性状。正因为如此，它与任何一个现存的有袋类之间不会有什么特别的关系，但由于它部分地保存了共同祖先的性状，或者说保持了这一种群的早期成员的性状，因此，它又间

白足澳洲林鼠　水彩

白足澳洲林鼠的皮毛紧密而柔软，头和背部呈深褐色，其他部位呈浅灰色或沙黄色，这种动物最奇特的地方在于尾巴，其尾巴上半部分呈黑褐色，下半部分为白色。

接地与所有有袋类在亲缘关系上最相近。另外，根据沃特豪斯先生的发现，在所有的有袋类动物中，袋熊与啮齿类最相似，而不是与其中的任何一种相似。但是，袋熊的情况与哗鼠不同，前者常常被认为是同功相似，这是因为袋熊已经适应了啮齿类的生活习性。在这里，我还要提一下老得康多尔，他在不同科植物中也作过几乎相似的观察。

根据从一个共同祖先传下来的物种在性状上会增多并且会出现分歧的原理，以及它们通过遗传而保存了一些共同性状的事实，我们能够了解，为什么在同一科中或者在更高级的种群中，其成员之间的亲缘关系都是呈非常复杂的辐射形的。整个科的共同祖先会由于绝灭的原因而分裂成不同群及亚群，在这个过程中，它会将自己的一些性状遗传给这个群，而把其他一些性状遗传给另一些群，同时有一些性状被所有的群所继承，这

袋鼠

　　袋鼠原产于澳大利亚大陆和巴布亚新几内亚的部分地区，而有些种类为澳大利亚独有。它们的生活环境根据种类的不同，而分布在雨林、沙漠平原以及热带地区。它们最显著的特点就是拥有强健有力的后腿，这使袋鼠以跳代跑，最高可跳到4米，最远可跳至13米，是跳得最高最远的哺乳动物。所有雌性袋鼠都长有前开的育儿袋，里面有四个乳头，小袋鼠就在这里面被抚养长大。

就是共同性状。这些性状在经过了不同方式和不同程度的变化后，会被整个科的物种所继承。最终，整个科的物种都将会被各种长度不同且曲折迂回的亲缘关系线（这与第四章中的生物的性状分歧示意图所表示的是一样的）联系起来，而整个关系先又通过物种各自的祖先而上升。依靠生物的性状分歧示意图的帮助，我们不可能非常容易地向读者展示任何一个古老的贵族家庭与无数亲属之间的血统关系，但不依靠这种帮助，我们更不可能说清楚这种关系，所以我们就只好自己去理解下列这种情况，即博物学者们在同一个大的自然纲里已经看出许多现存成员和绝灭成员之间有各式各样亲缘关系，但在没有图解的帮助下，要想对这些关系进行描述是非常困难的。

物种灭绝与种群定义

正如我在第四章中所讲的那样，在目前所规定的每一纲里的种群之间都有一定的距离，这个距离具有重要的作用。我们可以根据下面的观点来解释为什么在每个纲中，种群与种群之间存在着如此明显的界限，比如鸟类与其他所有的脊椎动物之间所存在的界限。这个观点就是，许多古代生物类型已完全消灭，而这些类型的远祖曾把鸟类的早期祖先与当时较不分化的其他脊椎动物连接在一起，但把鱼类和两栖类一度连接起来的生物类型的绝灭就少得多。在另外一些纲里，绝灭的数量还要少得多，例如甲壳类。因为在甲壳类中，两个极端不同的奇特类型之间，仍然可以通过一条很长但中间只存在少数断点的亲缘关系而联系在一起。绝灭对于种群而言，只是使界限更加分明了，它不可能制造出新的群。如果那些曾经在这个地球上生活过的类型再次突然重新出现的话，就算它们不能给现存的种群带来明显的界限，但一个自然的分类，或者至少一个自然的排列还是可能的。我们再来看一下生物的性状分歧示意图，就可理解这一点了。A 到L分别代表志留纪时期的11个属，其中有些属已经发生变异，而这些变异后代的群也成为了大群，它们的每一支和亚支的连锁至今依然

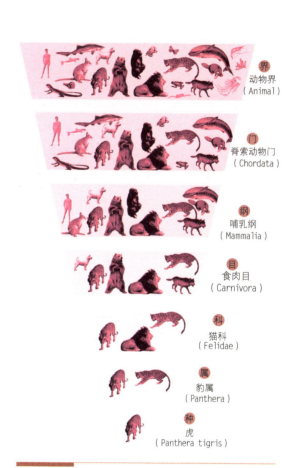

界
动物界
（Animal）

门
脊索动物门
（Chordata）

纲
哺乳纲
（Mammalia）

目
食肉目
（Carnivora）

科
猫科
（Felidae）

属
豹属
（Panthera）

种
虎
（Panthera tigris）

虎的分类隶属

对动物进行分类的主要等级是：界、门、纲、目、科、属、种。至于虎的分类地位如下：动物界、脊索动物门、哺乳纲、食肉目、猫科、豹属、虎。

存在，这些连锁并不比现存变种之间的连锁更大。在这种情况下，就完全不可能得出把几个群的一些成员与它们的更直接的祖先和

后代加以区别的定义。但是，图解上的这些排列依然是有效的，而且是自然的。比如，根据遗传的原理，凡是从A传下来的所有类型，在某些性状上都是存在共同点的。就如同在一棵树上，我们能够区别出这一根枝条和那一根枝条一样，尽管在现实情况下，两根枝条是彼此融合在一起的。我曾经提到，我们无法将每个群之间的界限划分得十分清晰，但是，不管那群是人的或小的，我们能选出代表每个群中大多数性状的类型。如此一来，对于它们之间所存在的差异价值，我们就能有一个一般概念了。如果我们想要成功地搜集到曾在所有时间和所有空间内都存在的一个纲中的所有物种类型，我们就必须按照这个方法去做。当然，我们永远不可能百分之百地搜集到所有的物种类型。尽管如此，我们在对某些纲的搜集中依旧是按照这个目标在进行的。爱德华兹最近在一篇写得很好的论文里指出采用模式的高度重要性，

白垩纪

白垩纪距今约1.455亿年至0.655亿年，是中生代的最后一个纪，其时间跨度长达0.8亿年，是显生宙的最长一个阶段。白垩纪时期气候相当暖和，海平面的变化大，陆地上生存着恐龙，海洋里生存着海生爬行动物、菊石以及厚壳蛤等。

不管我们能不能把这些模式所隶属的群彼此分开，并画出界限。

随着新物种的渐渐增多，生存斗争的激烈程度也随之升级。而在新物种中，为了能获得更好的机会，更多的变异物种又出现了。于是，所有物种都有可能因为自然选择而导致灭绝，而填补灭绝类型位置的新类型在性状分歧上也会越来越大，这就是所有生物的亲缘关系中的最大同时也是普遍的特点，即一个大群之下还有很多小群。我们用血统这个要素把雌雄两性个体和所有不同年龄的个体分在一个物种之下，尽管它们可能只在少数性状上是相同的，但由于我们是用血统要素对已知的变种进行分类，因此，我们就不必去管它们与它们的亲体之间存在多大的不同。前面，我已经说过，我相信血统这个要素，它是博物学者在"自然系统"这个术语下所追求的那个潜在的联系纽带。所谓"自然系统"，就是指在它被完成的范围以内，其排列是系统的，而且它的差异程度是由属、科、目等来表示的。根据这一定义，我们就能理解为什么博物学者在分类时不得不遵循上述的规则。我们还能够理解下列几个问题：为什么博物学者在评估某些相似性时会将它们估计得比其他的相似性要高？为什么博物学者要用残迹、退化、无用的器官，或生理上重要性很小的器官作为分类依据？为什么博物学者在研究一个群与另一个群的关系时，会对同功相似视而不见；可是在同一群的范围内又非常重视它们？在理解了上述这些问题后，我们就能够清楚地知道，现存的所有类型和已经绝灭的类型是如何被归入少数几个大纲

中的。而同一纲中的成员又是如何被最复杂且呈放射状的亲缘关系线联系在一起的。也许我们永远无法将任何一个纲中所有成员之间的关系梳理清楚，但是，如果我们在研究所有纲目时始终保持将关系梳理清楚的决心，而且不去奢望出现某种未知的创造计划。那么，我们就有希望得到确实的进步，尽管这种进步非常缓慢。

最近，赫克尔教授在他的论文《普通形态学》和其他著作里，一直在运用他的广博知识和才能来讨论他所谓的系统发生，即所有生物的血统线。在对几个系统进行描述时，他主要的根据是胚胎性状，但同时也借助了同源器官和残迹器官以及各种生物类型在地层里最初出现的连续时期的性状。在这里，我要称赞他，因为他勇敢地走出了伟大

白垩纪生物大灭绝

曾称霸于侏罗纪时期的恐龙，在白垩纪末期的大灭绝中全部消亡。爆发于白垩纪的大灭绝事件，最重要的特点是爆发的突然性，据许多科学家认为，是外星体撞击地球才导致了这次灾难的发生。现今，从白垩纪时期的海相或陆相黏土层剖面中均发现了超量的颗粒状冲击石英，这些都为撞击说提供了有力的证据。

的第一步，并为我们今后应该如何处理分类指明了方向。

消失的中间变种

我们知道，只要属于同一纲的物种，不论它们的生活习性存在多大的差异，它们在身体结构上仍然会有很多的相似之处。博物学者常常将这种相似之处用"模式的一致"这个术语来表示。换句话说，在同一纲的不同物种中，有一些部位和器官是同源的。上述这些问题都可以被包括在"形态学"这一总称之内。"形态学"是博物学中最有趣的学科之一，它几乎就是博物学的精髓所在。适于抓握物体的人手、适于掘土的鼹鼠前肢、马的腿、海豚的鳍状前肢和蝙蝠的肉翅，这些身体部位都是在同一形态下构成的；而且在相同的位置上，这些生物又都具有相似的骨骼，还有什么能比这些更为奇特的吗？在这里，我要举一个对形态学而言并不太重要，但却打动了许多博物学者的例子：袋鼠拥有特别适合在开旷平原上奔跳的后肢；澳洲熊的后肢特别适合抓握树枝，这样，它就能依靠后肢攀缘，从而吃到树叶；生活在地下的袋狸以昆虫、树根为食，它的后肢（以及某些其他澳洲有袋类的后肢）是在同一特别的模式下构成的，其中第二和第三趾的趾骨又瘦又长，而包裹它们的皮肤在构成成分上也是相同的，从外表上看，这些后肢就好像是有着两个爪的一个单独的脚

趾。尽管这些动物的后肢在形态上非常相似，但在人们想象的范围内，这些后肢的用途却极不相同。除了上述事例外，还有一个事例更能打动博物学者，这就是美洲负子鼠。这种动物的生活习性和它的某些澳洲亲属几乎是相同的，但它的后肢在构造上却非常普通。上述的事例都是由弗劳尔教授提供的，他在讲述完这些事例后，得出了这样的结论："我们可以把这叫做模式的符合，但对于这种现象并没有提供多少解释。"最后，他还留下了一个问题："难道这不是有

负子鼠　摄影　当代

负子鼠，有袋目，鼠科，主要生活在丛林地区，以水果、昆虫以及小脊椎动物为食。它们的生活习性和澳洲袋鼠非常类似，只是后肢没有澳洲袋鼠那么发达，且构造十分普通。弗劳尔教授把这叫作"模式的符合"。

力地暗示着真实的关系是从一个共同祖先遗传下来的吗？"

圣·提雷尔曾坚持认为，要特别关注同源部分的相关位置或彼此关联的重要性。尽管物种在形状和大小上可以不同到难以想象的程度，但它们却仍以相同不变的顺序保持着联系。举个例子，我们从来没有发现有哪种动物的肱骨和前臂骨，或大腿骨和小腿骨的位置是颠倒的。因此，不同动物身上的同源骨骼可以使用相同的名称，这是一条法则。在昆虫口腔的构造中，我就能看到这一法则：天蛾的喙很长而且呈螺旋形，蜜蜂和臭虫的喙呈奇特折叠形，甲虫的颚非常巨大，有什么能比它们的口腔更为不同呢？尽管这些器官在用途上各有不同，但它们都是由一个上唇、大颚和两对小颚经过无尽变异而形成的。这一法则还支配着甲壳类的口腔和节肢的构造，另外，植物的花瓣也是如此。

如果有人企图采用功利主义或目的论来解释同一纲的成员的这种形式的相似性，那他注定要失败。欧文教授在他的《四肢的性质》这部最有趣的著作中坦白承认，这种企图根本没有成功的希望。根据每一种生物独立创造的通常观点，我们只能说它是这样的，即"造物主"非常乐意把每一大纲中的所有动物和植物按照一致的设计建造起来，但这并不是科学的解释。

如果用连续轻微变异的选择学说来进行解释的话，难度就会大大降低。物种的每一次变异都是为了使变异后的类型能更好地生存，但不管如何变异，都会对身体其他部分造成一定程度的影响。在这种性质的变化

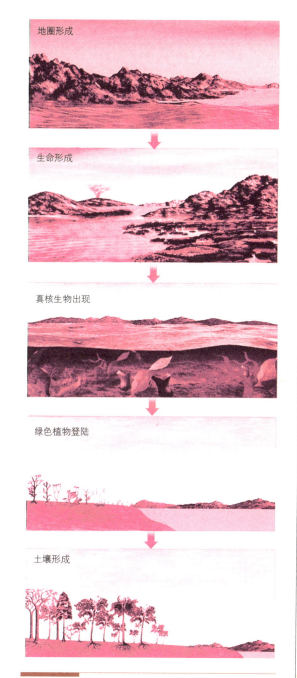

生物圈的形成　合成图

在生命出现之前，地球上只有大气圈、岩石圈和水圈。大约在40亿年前，最原始的生物开始出现在地球上，这些生物是在水中进化而成的蓝藻类原核生物。从距今25亿年前开始，原核生物开始进化为真核生物，接着又到了距今4亿年前，绿色植物开始活跃在地球上。大量绿色植物根系的生长使岩石碎裂，于是地球表面逐渐形成了一层土壤，而这层土壤则进一步孕育了包含植物、动物、微生物等丰富多彩的生物群落。

中，很少或没有改变原始形式或转换各部分位置的倾向。一个肢骨可以缩短和变扁到任何程度，同时也可以被包裹上很厚的膜，以当做鳍用。一种长着蹼的手可以使所有者的所有骨骼或者某些骨骼变长，同时还能使连接各个骨骼的膜扩大到难以想象的程度，甚至能够被作为翅膀使用。然而，上述所说的变异并没有一种能够改变骨骼的结构、以及器官之间的相互关系。让我们来假设一下，如果所有哺乳类、鸟类和爬行类都有早期的

趋异现象

处于不同温度带的狐狸，其耳朵外形的大小都存在着较大的差别：北极狐的耳朵较小（上图），而非洲大耳狐的耳朵则比较大（下图）。动物对温度的适应性，在形体上的变化方式如下：同种动物，生活在寒冷地区的要比温暖地区的个体大，这是因为个体大可以有助于保持身体温度。

共同祖先（我将这个祖先称为原型）的肢，它们是根据现存的一般形式构造起来的。那么，不管这个肢的用途何在，我们可以立刻清楚这一同源构造的意义是什么。昆虫的口腔也是如此，我们只要假设它们的共同祖先和现存的昆虫一样，有着一个上唇、大颚和两对小颚，而且这些部分在形状上可能比现存的更简单，这样就足够了。于是，我们就可以用自然选择来解释昆虫口腔在构造上和机能上的无限多样性。可以想象，生物的某些部分可能会因为不使用的原因而出现了缩小，甚至最后完全萎缩的变异现象；还可能出现部分器官融合的变异现象，甚至还可能出现器官重复或增加的变异现象。这些变异现象都在可能的范围之内，也许在上述这些情况下，器官的一般形式将变得非常隐晦，甚至消失。比如，已经绝灭的巨型海蜥蜴的桡足，某些吸附型甲壳类口腔，它们的一般形式就已经因为上述的变异而变得隐晦了。

从本节的标题中，我们知道形态学还研究另外一个奇特的问题，博物学者将这一问题称为"系列同源"。换句话说，对同一个体的不同部位或器官进行比较，而不是对同一纲中不同成员的同一部位或器官进行比较。大多数生理学家认为，头骨与椎骨的基本部分是同源的，也就是说，头骨和椎骨在数目上和相互关联上存在惊人的一致性。显然，前肢和后肢在所有高等脊椎动物纲里也是同源的，而甲壳类的那个极为复杂的颚和腿也是如此。众所周知，一朵花上的萼片、花瓣、雄蕊和雌蕊的相互位置以及它们的基本构造，依据它们是由呈螺旋形排列的变态叶所组成的观点，是可以得到解释的。从许

多畸形植物中，我们可以得到一种器官能够转化成另一种器官的直接证据。在花的早期或胚胎阶段中，以及在甲壳类和许多其他动物的早期或胚胎阶段中，我们能看到那些在物种成熟期时完全不同的器官，在最初时期却完全相似。

如果根据物种是由神创造的观点，系列同源就完全无法解释了。为什么脑髓会存在于一个怪异的骨笼中？而且这个骨笼明显是由大量与脊椎骨相同的骨片组成的。正如欧文教授所说的那样，分离状态的骨片对于哺乳类繁殖后代而言是便利的，但这种有利的观点却不能用于解释为什么鸟类和爬行类的头骨也是相同的构造。既然神将蝙蝠的翅膀和腿部骨骼创造得如此相似，但为何又让其翅膀的骨骼用于飞行而腿部的骨骼用于行走呢？为什么有着极为复杂的口腔构造的甲壳类，总是只有很少的腿；而反过来，有着很多腿的甲壳类其口腔总是那么简单？为什么每朵花的萼片、花瓣、雄蕊、雌蕊，虽然有相同的构造，但却有着不同的用途呢？

如果根据自然选择学说，我们就可以在一定程度上解答这些问题。在这里，我们不需要讨论某些动物的身体在最初时期是如何分化为许多器官的，或者它们是如何分化为某个器官的左侧或右侧，因为这些问题是在我们的研究范围之外。可是，由于某些构造是细胞分裂、增殖的结果；由于我们只有一个目的，因此，我们只需要记住下面的这段记述就够了，即同一部分和同一器官的无限重复，是所有低等生物或在身体构造上没有多少专业化器官生物的共同特征。关于这一点，欧文教授是最早指出的。也许，脊椎动

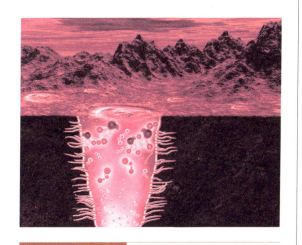

原始生命形成过程示意图

大约在38亿年前，生活在地球上的是一些由无机分子合成的有机小分子，这些小分子聚集在热泉口或火山口周围的热水中，通过聚合反应形成生物大分子，这就是地球生命的雏形。

物的祖先拥有很多椎骨，关节动物的祖先拥有许多节肢，显花植物的祖先拥有许多叶子，这些叶子或呈一个螺旋形排列，或呈很多个螺旋形排列。

虽然我们能够解释清楚，在软体动物大纲中，不同物种的哪些部分是同源的，但其中的系列同源却很少，石鳖的亮瓣就是其中的一种。我们几乎不知道在软体动物的同一个体中，哪些是同源的。我们也能理解，为什么会出现这种事，因为在自然界的所有生物中，我们几乎还没有发现有哪个生物的部分像软体动物这样重复得如此之多。

最近，兰克斯特先生写了一篇优秀的论文，文中，他对形态学作了充分的说明。他认为，该学科完全超出了博物学者最初创建它时的初衷。此外，他还对一些被博物学者列为同源的事实重新进行了区分，并给出了重要的区别特征。假设不同动物之间存在着相似构造，而且这一构造的存在是因为所有

者的血统都来自一个共同祖先；只不过后来因为变异而形成了不同的动物，如果这样，他建议把这种构造称为同源。如果相似构造不能用上述的方法进行解释，他建议把这种构造称为同形。比如，他认为就整个心脏而言，鸟类和哺乳类的就是同源。也就是说，两者的心脏都是从一个共同祖先传下来的。但是，这两个类的动物心脏上的四个腔却是呈同样形状的，也就是说，这四个腔是各自独立发展起来的。兰克斯特先生还以同一个体动物的身体左右侧为例，明确指出了各部分的相似性，以及连续各部分的相似性。这里，我们所说的同源器官，与来自一个共同祖先的不同物种的血统是没有任何关系的。这里的同形器官与我在前面所讲的同功相似是一样的。但是，与我的方法相比，兰克斯特先生的方法要完备得多。它们的形成原因，可以部分地被归为不同生物的各部分或同一生物的不同部分曾经以相似的方式发生变异，还可以部分地被归为相似的变异为了相同的一般目的或机能而被保存下来。关于这一点，我已经举过很多事例了。

博物学者们常常会说这样的话："头颅是由变形的椎骨形成的；螃蟹的颚是由变形的腿形成的；花的雄蕊和雌蕊是由变形的叶形成的。"但正如赫胥黎教授所说——在大多数情况下，应该这样说才更正确："头颅和椎骨、颚和腿等，并不是一种构造从现存的另一种构造变形而成，而是它们都从某种共同的、比较简单的原始构造变成的。"事实上，大多数的博物学者在应用这种语言时，总是含有比喻的含义。他们这样说的本意绝不是想告诉人们一个错误的观点，即从生物出现到现在的这个漫长过程中，头颅或颚事实上就是由椎骨和腿转化来的。但由于这种现象的出现在很多人看来其可信程度极高，以至于几乎所有的博物学者都不可避免地要使用含有这种清晰意义的语言来表达。根据本书的观点，这种语言确实可以使用，而且如果使用的话，下面的一些奇妙事实的一部分也能得到解释，比如螃蟹的颚，如果它的颚的确是从它那简单的腿转化而成，那么它们所保持的很多性状也许就是通过遗传而保存下来的了。

胚胎学中的一些法则及原理

胚胎学是整个博物学中最重要的一个学科。每一个人都清楚知道，昆虫在转变形态时一般是在经过几个阶段后就突然完成的。事实上，在这一过程中还包含着无数虽然隐蔽的但却渐进的转化过程。正如芦伯克爵士所解释的那样，某种蜉蝣类昆虫在转变形态的过程中要蜕皮20次以上，每一次蜕皮都要发生一定量的变异。在这个例子中，我们看到转变的方式是以原始且逐渐的方式来完成的。许多昆虫，特别是某些甲壳类，在转变完成后向我们展示的构造是多么的奇妙。值得注意的是，在某些下等动物所谓的"世代交替"中，这种变化更是达到了一个最高峰。最为奇妙的事实是关于某一种有着精美分支的珊瑚形动物，这些动物的身体上长有水螅体，并且固定地附着在海底的岩石上。它首先是像植物一样发芽生长，然后再横向分裂，产生出许多漂浮的巨大水母。这些水母会产卵，而从卵中孵化出小动物，又会附着在岩石上，接着又变成珊瑚形动物。这个过程是无限循环的。许多博物学者认为，"世代交替"过程和一般的形态转变过程基本上与这种珊瑚形动物是一样的，而且瓦格纳的发现更是有力地支持了这一观点。他发现瘿蚊的幼虫和蛆都是通过无性繁殖产生

的，这些新的幼虫最后会发育成成熟的雄虫和雌虫。随后，雄虫和雌虫又会以正常的方式产卵，进而繁殖它们的后代。

值得注意的是，当瓦格纳的伟大发现最初公布时，很多人都问我，对于这种幼虫获得无性生殖的能力一事，如何解释才算合理？我认为，如果这种情况是极个别的，那么就不需要作出任何解释。但格里姆曾对摇蚊进行了解释，摇蚊的生殖方式与瘿蚊的如出一辙，以至于他深信这种繁殖方式在这一目中是非常常见的。但摇蚊具有无性繁殖能力的并不是幼虫而是它的蛹。格里姆进一步解释说："这个例子在某种程度上，把瘿蚊与介壳虫科（所谓介壳虫科的单性生殖是

虎鲤产卵 佚名 摄影

这张照片展示的是虎鲤产卵瞬间的情景。虎鲤在产卵时，雄鱼会把身体搭在雌鱼身上。这无疑是世界上最奇特的产卵方式。

指：成熟的雌虫不用与雄虫交配就能产下可以被孵化的卵）的单性生殖联系在了一起。"就目前我们所知道的而言，有几个纲的一些动物在其生命开始的早期就拥有生殖的能力。我想，我们只需通过渐进的步骤，将单性繁殖的年龄推到更早的时候（摇蚊具有生殖能力的阶段是蛹的阶段，而该阶段对摇蚊而言已经是生命的中期了），或许我们就知道为什么瘿蚊在幼虫期时就具有无性繁殖能力了。

我在前面已经说过，同一个体的不同部分在胚胎阶段是完全相似的，其差异性只会在变成成体状态后才显露出来。同样，我也曾经解释过，在同一纲中，即使是最不相同的物种，在一般情况下，其胚胎也是非常相似的，它们的差异性只会在充分发育后才体现出来。我在这里引用贝尔的话，来证明

芦苇上的瘿蚊

　瘿蚊，双翅目长角亚目瘿蚊科的通称，因许多种类的幼虫在植物上形成虫瘿而得名。达尔文观察发现，瘿蚊在幼虫期就具备了无性繁殖的能力。

我所提到的事实，他说："哺乳类、鸟类、蜥蜴类、蛇类，甚至还包括龟类，它们的胚胎在最早的状态中，其整体及各部分的发育方式都是非常相似的。由于太过于相似，以至于我们只能从它们的个体大小上对它们进行区别。有一次，我曾将两类动物的小胚胎浸泡在酒精中，但因为忘记把它们的名称贴上，结果导致我至今完全无法说出哪个胚胎是哪种动物的。它们可能是蜥蜴的，也可能是小鸟的，甚至有可能是某种幼小的哺乳动物的，这些动物的头和躯干的形成方式是如此完全相似。可是这些胚胎还没有四肢。但是，甚至在发育的最早阶段如果有四肢存在，我们也不能知道什么，因为蜥蜴和哺乳类的脚、鸟类的翅和脚，与人的手和脚一样，都是从同一基本类型中发展出来的。"大多数甲壳类在发育的相应（亲代在什么时期发生变异，那么子代就会在亲代发生变异的时期再次发生变异，后面所提到的"相应时期"也是同样道理）阶段中，不管成体会是什么样，但幼体都是非常相似的，其他很多动物也是这样。胚胎的相似法则有时会保留很长时间，即使动物处于发育晚期，还依然会保持着这一痕迹。比如，同一属的或彼此之间具有亲缘关系的鸟类，其幼体羽毛常常非常相似。最典型的就是我们在鸽类幼体中所看到的斑点羽毛。在猫科动物中，大部分猫科动物在发育成熟时，身上都会出现条纹或斑点，狮子和美洲狮的幼兽也都有清楚易辨的条纹或斑点。在植物中，我们也可以看到相同的事例，但植物具有偶然性，数量也不多。比如，金雀花的初叶以及假叶金合欢属的初叶，都像豆科植物的通常叶子，是

羽毛状或分裂状的。

同一纲中大不相同的动物的胚胎在构造上彼此相似的地方，往往与它们的生存条件没有直接关系。比如，在脊椎动物的胚胎中，鳃裂附近的动脉有一特殊的弧状构造，我们不能设想，这种构造与在母体子宫内得到营养的幼小哺乳动物、巢里孵化出来的鸟卵、水中的蛙卵所处的相似生活条件存在着关系。我们没有理由相信这样的关系，就像我们没有理由相信人的手、蝙蝠的翅膀、海豚的鳍内相似的骨是与相似的生活条件有关系的一样。没有人会设想，幼小狮子的条纹或幼小黑鸫鸟的斑点对于这些动物有任何用处。

可是，在胚胎生涯中的任何阶段，如果一种动物的幼体是活动的，而且必须独立找寻食物，情况就有所不同了。活动的时间可以发生在生命中的较早期或较晚期，但是不管它发生在什么时期，对于幼体而言，其对生活条件的适应性，就会与成体动物一样的完善。那么幼体是以什么样方式进行的呢？最近，卢伯克爵士找到了答案，并作了极佳的解释。他以这些幼体的生活习性为根据，论述了在完全不同的"目"中，某些昆虫的幼虫具有很强的相似性，同时，在同一"目"的不同属中，某些昆虫的幼虫又具有很强的不相似性。由于适应性的原因，使得近似动物的幼体在相似性上并不明显；特别是当它们发育到出现分工这一阶段时，这种不明显性有时会更严重。比如，同一个体的幼体在一个阶段必须独立寻找食物，而在另一阶段必须找寻可以依附的地方。我甚至可以举出这样的例子，即近似物种或物种群的

成虫从若虫皮壳中蜕变出来

冒出水面的若虫爬上芦苇秆

雌豆娘在芦苇秆上产卵

年幼的若虫（幼虫）

稍大的若虫（幼虫）开始长翅膀

蜻蜓产卵　水粉画　当代

昆虫的生命以卵开始，在成长中多次改变形状，这叫蜕变。昆虫蜕壳或蜕去其硬骨质护膜，然后下层的新壳才能长大和变硬。如蝴蝶这样的昆虫，其幼虫形态与父母有巨大差异，最后破蛹成蝶，其形态才和成虫一样。在生长过程中，形态上发生重大的改变，这叫完全变态。而另一些昆虫，例如草蜢，当幼虫孵化出来时，就已像其父母，每次幼虫蜕皮就长得更像成虫，这叫不完全变态。

幼体，它们彼此之间的差异比成体之间的差异要大得多。可是，在大多数情况下，虽然幼体要活动，但也必须严格遵循胚胎的相似法则，蔓足类就是最佳的例证，就连这方面的权威居维叶也没有看出藤壶是一种甲壳类；但只要看一下幼虫，就会知道它是甲壳类。蔓足类的两个主要组成也是这样，即有柄蔓足类和无柄蔓足类虽然在外表上大不相同，可是它们的幼虫在所有阶段中却没有什么区别。

处于发育过程中的胚胎，在构造上也具有提高的空间。虽然我知道，没有任何一个人能清楚地确定什么构造是比较高级的构造，什么构造又是比较低级的构造，但我还要使用这个说法。也许有人反对蝴蝶比毛虫更为高级这一说法，但在某些情况下，我们却不得不承认，与幼虫相比，成年个体的等

运动的瞪羚　阿特·沃尔夫　摄影

　　瞪羚，为偶蹄目，牛科。身长38~172厘米，妊娠期为360天，每胎产1仔。分布于非洲草原。瞪羚是一种植食性动物，它们吃草、绿色植物的幼苗、木本植物的叶和根。在繁殖季节，雄性瞪羚之间常为争夺领地而决斗。

织网高手——蜘蛛　摄影　现代

　　蜘蛛分布于世界各地，种类有35000种之多。它的身长从针头大小到25毫米不等，每次产卵2~2000枚。人们都知道，蜘蛛有一手绝活——编织漂亮的蛛网。虽然蛛网看上去十分脆弱，但是它的结构非常精巧细密，能够承受比蜘蛛重4000倍的重量。蜘蛛不辞辛劳地结网，主要是为了用来捕食猎物。小蜘蛛不必学习就能编织出美丽的网，这是一种与生俱来的奇异本能。同一种类的蜘蛛都以同样的方式织网，因为它们具有相同的本能，与它们生来就有相同的外形和颜色一样。

级要低一些，最佳的例证就是那些寄生类型的甲壳类。让我们再来谈一下蔓足类，蔓足类的幼虫在第一阶段时，生有三对运动器官、一个简单的单眼以及一个吻状嘴。它们需要用嘴进行捕食，只有如此，它们的个头才能得到增加。到了第二阶段时（这一时期相当于蝶类的蛹期），开始出现六对构造精致的适合游泳的腿、一对巨大的复眼和构造极其复杂的触角，但这一时期的嘴却是无法完全闭合的，这种嘴根本就无法用来吃东西。尽管嘴不能吃东西，但在感应能力上却非常敏锐，因此，嘴在这一阶段的主要功能是寻找一个合适的地方，以便蔓足类能游过去并附着在上面。当蔓足类附着在上面之后，它们就会开始进行最终的转变，当转变完成之后，它们就会永远地定居在那个地方，不再移动。在这一阶段，原本能够在水中飞快游泳的腿会转化成把握器官。这时，先前构造并不完全的嘴又重新拥有一个很好的构造，原有的构造及其触角也消失了，巨大的复眼也转化成了细小、单独、简单的眼点。对于这样的最终形态，我们可以认为它拥有比幼虫时期更高级的构造，也可以认为它拥有的构造比幼虫期更低。但在某些属里，幼虫可以发育成具有一般构造的雌雄同体，还可以发育成我所谓的"补雄体"，后者的发育确实是退步了；因为这种雄体只是一个能在短期内生活的囊，除了生殖器官以外，它缺少嘴、胃和其他重要的器官。

　　在很多情况下，我们都能清晰地看到

胚胎与成体之间的构造差异，因此，我们很容易地就把这种差异理解为生长发育过程中的必然事情。但是，在有关蝙蝠翅膀或海豚鳍的问题上，尽管我们可以对这两个构造上的任何一个部分进行区别，可为什么它们的所有部分都不能马上向我们展示适当的比例呢？关于这个问题，我们至今仍未找到答案。在某些整群的动物中，及某些群的部分成员中，情况也是如此，不管在什么阶段，胚胎与成体之间的差异几乎很小。正如欧文在关于乌贼的论文中所提到的："没有形态转变，头足类的性状远在胚胎发育完成以前就显示出来了。"陆生贝类和淡水生甲壳类在生出来的时候一般就已经具有固定的形态了，而属于这两个大纲中的海生成员却都会在它们的发育过程中经历相当大程度的形态转变。在昆虫方面，蜘蛛也是属于几乎没有经过任何形态转变的动物。但是，大多数昆虫的幼虫都要经历一个蠕虫阶段，不管它们

是活动的还是因为受到亲体的哺育而不活动，不管它们是能得到适宜的养料还是必须去适应不同的生活条件，总之，这个阶段在所难免。但在某些情况下，比如蚜虫，要不是有赫胥黎教授关于这种昆虫发育的那幅伟大的绘图，我们几乎不会认为蚜虫的幼虫有一个蠕虫阶段。

在有的时候，应该有的更早期的发育阶段已经消失了。比如，根据米勒所完成的伟大发现，某些虾形的甲壳类（与对虾属相近似）首先出现的是简单的无节幼体，接着经过两次或多次水蚤期，再经过糠虾期，终于获得了它们的成体的构造。尽管在这些甲壳类所属的整个巨大的软甲目中的事例多以水蚤为主，但事实上，我们现在也确实并不知道还有其他成员最先经过无节幼体而发育起来。尽管如此，米勒还举出一些理由来支持他的观点，即如果没有发育上的抑制，所有这些甲壳类都会先以无节幼体出现。

对胚胎学中一些问题的解释

面对下列这些问题时，我们应该如何对胚胎学中的这些事实进行解释呢？比如，虽然胚胎与成体之间在构造上并不具有普遍

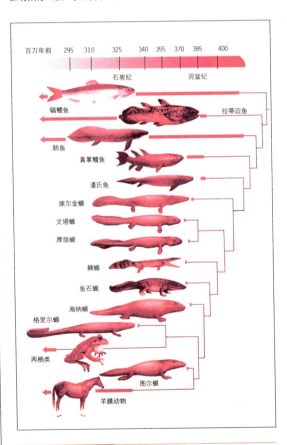

四足动物的早期进化史

从发现的泥盆纪鳍鱼类和古两栖类化石，我们能够完整地描绘出脊椎动物登陆的历程。鱼石螈虽然还保留着一些鱼类特征，但已经进化出陆生脊椎动物的一些特征，比如出现内鼻孔、肘关节可以弯曲等。图中的粗箭头代表该类动物有现生代表。

的差异，但它们之间为什么会存在一般性差异呢？比如，在同一个体的胚胎中，各种器官在早期是那么相似，可为什么到最后却又会变成使用目的完全不同的器官呢？为什么同一纲里最不相同的物种，其胚胎或幼体却有着惊人的相似？为什么胚胎在卵或子宫中时，常常保有在生命的那个时期或较后时期对自己根本没有任何用处的构造呢？而在另一方面，为什么那些才出生在这个世界上就必须靠自己的捕食才能生存并且发育的幼虫，对于周围的生活条件是如此完全地适应呢？最后一个问题是，为什么某些幼体在构造等级上要比其成体高？我相信，这些事实可作如下的解释：

畸形也许是在很早的时候就对胚胎产生了影响，因此，几乎所有微小的变异或个体的差异必然在很早的时候就出现了。遗憾的是，我们手中并没有这方面的证据，因为我们所掌握的证据都在相反的一面。众所周知，饲养牛、马以及各种玩赏动物的饲养者，在动物出生后的一段时间内，也无法明确地指出新生命的优点是什么、缺点是什么。对人类自己的孩子而言也是如此，我们不可能在他们一出生时就知道他们将来会是怎样的，我们既无法说出一个孩子将来是高

是矮，更不能确定孩子将来一定会有怎样的容貌。问题不在于每一变异在生命的什么时期发生，而在于什么时期可以表现出效果。因此，变异可能是在生殖的行为出现前就已经发生了，并且我相信，这种变异必然是发生在亲体中的一方或双方。值得注意的是，只要幼小的动物还留存在母体的子宫内或卵内，或者只要它受到亲体的营养和保护，那么它的大部分性状无论是在生活的较早时期或较晚时期获得的，对于它都无关紧要。例如，对于一种凭借钩曲的喙来取食的鸟，只要它由亲体哺育，无论它在幼小时是否具有这种形状的喙，都是无关紧要的。

在第一章中，我曾经讲过，一种变异不论在什么年龄出现，但它首先出现在亲代，这种变异只有在后代的相应年龄中重新出现的倾向。某些变异只能在相应年龄中出现，例如蚕蛾在幼虫、茧或蛹的状态时的特点；或者牛在充分长成角时的特点就是这样。但就我们所知道的而言，最初出现的变异无论是在生命的早期或晚期，同样有在后代和亲代的相应年龄中重新出现的倾向。我绝不是说事情总是这样的，并且我能举出变异（就这字的最广义来说）的若干例外，这些变异发生在子代的时期比发生在亲代的时期早。

由此可见，轻微变异一般不会在生命的很早时期发生，并且也不会在很早时期就具有遗传倾向。我认为，这一观点能很好地对上述所说的有关胚胎学的所有主要事实进行合理解释。还是让我们在家养变种中看一看少数相似的事实吧。某些博物学者曾在论文中对狗进行过激烈的讨论，他们认为，长躯猎狗和逗牛狗尽管存在着极大的不同，可事

活化石拉蒂迈鱼

拉蒂迈鱼又被称为矛尾鱼，是现生脊椎动物中与四足动物关系最密切的鱼类，被认为是陆生脊椎动物活着的祖先。

实上它们都是极为近似的变种，即都是由同一个共同祖先传下来的。在看了他们的论文后，我就非常想知道这两种狗的幼体之间存在着多大的差异。有一位饲养过这两种狗的饲养者告诉我，幼狗之间的差异和亲代之间的差异是完全相同的。如果我们根据眼睛来判断的话，这番话似乎是对的，但当我对成年个体和才出生六天的幼体进行检测时，我发现幼体并没有达到理论上的标准。有的饲养者曾告诉我，拉车马和赛马这两种完全在家养状况下被选择形成的品种，其幼体之间的差异与充分成年个体之间的差异一样，但当我将赛马和重型拉车马的母马以及才出生三天的小马崽进行实际检测后，我发现情况并非如此。因此，人的目测经常是不准的。

我们有确凿证据可以证明，鸽的品种是从单独一野生种传下来的，所以我对孵化后12小时内的幼鸽进行了对比。我对野生的亲种、突胸鸽、扇尾鸽、侏儒鸽、排孛鸽、龙鸽、传书鸽、翻飞鸽都作了仔细检测（这里就不列举具体的检测材料了），并将喙的比例、嘴的阔度、鼻孔和眼睑的长度、脚的

渡渡鸟 水彩

作为鸟类消失的典型，渡渡鸟生活在印度洋毛里求斯，也叫愚鸠，体态圆胖，体重可达20公斤。渡渡鸟长得有些像火鸡，翅膀很小，但头很大，嘴巴是钩形的，喙部绿白相间，前端是黄色弯钩；尾羽小而且蓬松卷曲；身上覆盖着黄绿白相间的羽毛。

冠麻鸭

冠麻鸭，雁形目，鸭科，麻鸭属，大型游禽，两性异形。原分布于西伯利亚、中国及朝鲜边缘地带。1971年以来全球范围再未出现过，几乎已确认绝种。

大小和腿的长度都一一记录在案。在这些鸽子中，有些在成长时，其喙的长度和形状以及其他性状是以一种极为特殊的变异方式在生长。因此，导致它们与其他的品种几乎完全不同。如果我们是在自然状况下发现它们的，它们一定会被列为不同的属。但当我把这几个品种的幼体排成一列时，虽然它们中的大多数能够被勉强地区分开，但如果从上述所列要点（喙的比例、嘴的阔度、鼻孔和眼睑的长度、脚的大小和腿的长度）来看，幼体之间的差异程度比成年个体之间的差异程度要小得多。某些差异，比如嘴的阔度，在雏鸟中就根本无法觉察。关于这一法则，还有一个特别显著的例外，这个例外就是短面翻飞鸽的幼体。该品种的幼体在发育的各个时期，其身体各部分的比例都与成年个体的完全一样，而野生岩鸽和其他品种的幼体则不会如此。

上述的两个原理充分证明了这些事实：饲养者们总是在狗、马、鸽等动物即将完全发育成熟时，就对它们进行了选择，让那些符合要求的动物们进行繁殖。事实上，他们并不在意想要保留的性状是早期出现还是在晚期出现，他们在意的是只要后代动物能在发育成熟后也同样具备他们想要的那些性状就足够了。刚才所举的例子，特别是鸽子的例子，是最能充分证明由人工选择所累积起来，能给予他的品种以价值的那些表现特征的差异，一般并不出现在生活的早期，而且这些性状也不是在相应的早期遗传的。但是，短面翻飞鸽刚生下12小时就具有它的固有性状的例子，证明这不是普遍的规律。这里，表现特征的差异必须出现在更早的时期，或者这种差异必然不会在相应的时期发生遗传，而应在较早的时期发生。

现在，请各位来看一看，我是如何应用这两个原理对自然状况下的物种进行解释的。首先，我们来讨论一下鸟类中的一个群。该群的成员都有一个共同的祖先，为了适应彼此所在地的生活条件，它们在构造上都发生了显著变异。于是，根据物种的许多轻微、连续的变异并不在很早的时候才发生，以及这种差异不会在相应的时期发生遗传，而应在较早的时期发生遗传的原理，可以肯定，幼体的变异并不会太多，并且它们之间的相似性比成体之间的相似性要高得多。这一点，我在前面关于鸽子品种的检测中已经提到了。我们还可以把这一原理延伸到所有的纲中，甚至延伸到与现存生物的构造完全不同的古老类型中。比如，人类的上肢，在人类的远古祖先时期，上肢的作用是用来当腿走路，但经过漫长的变异过程，到了人类的某个时期，上肢就开始具备手所具有的全部用途了。虽然在每一个类型里成体的前肢彼此差异很大，但按照上述两个原理，前肢在这几个类型的胚胎中是不会出现大的变异的。不管长久连续的使用或不使用，或在改变物种的肢体和其他部分中可能发生什么样的影响，只有在它接近成长而不得不使用它的全部力量来谋生时，才对它发生作用。这样产生的效果将在相应的接近成年的时期传递给后代。这样，幼体各部分的增强使用或不使用的效果，将不发生变化，或只发生很少的变化。

对某些动物而言，连续变异是在生命刚开始的时候就出现的，也可以说，变异的

镰翅鸡 摄影

镰翅鸡，鸡形目，镰翅鸡属，显要特征便是翅膀上的初级飞羽硬窄而尖，呈镰刀状。镰翅鸡是松鸡科鸟类中分布范围最狭小的一种，没有亚种分化。

遗传因子可以在比它们第一次变异出现前更早时获得。所有的情况，都如同我们在短面翻飞鸽身上所看到的那样，幼体、胚胎与成年个体之间的相似程度极高。在一些群（有的是整个群，有的则是亚群）中，比如整个乌贼类、陆生贝类、淡水甲壳类、蜘蛛类以及部分的昆虫纲成员中，这是发育的一般规律。至于这些群的幼体不会发生任何形态转变的原因究竟是什么，我的解释是，由于幼体必须在幼体时期解决自己的需要，并且必须在与亲代相同的生活条件下生活，因此，在这种情况下，它们就必须按照与亲代完全一致的方式进行变异，这对它们的生存而言，已经是一个不可逆的定式了。另外，许多陆生和淡水生动物都不会发生任何形态的转变，而海生动物却常常要经历各种不同的形态转变。关于这一奇特的事实，米勒曾经提出这样的观点，即一种动物适应在陆地或淡水里生活，而不是在海里生活，这种缓慢

的变化过程因不经过任何幼体阶段而大大地简化了。因为在新的、生活习性发生了极大改变的情况下，动物很难找到既适于幼体阶段又适于成体阶段，同时又没有被其他动物所占据或未能被牢牢占据的地方。因此，自然选择会使生物刚诞生不久的时候就拥有成体构造，从前的那些形态变异的痕迹就会彻底消失。

另一方面，当一种动物的幼体与亲体类型的生活习性出现差异时，其构造也会出现相应程度的差异。如果这种构造是有利的，如果一种与亲代生活习性不同的幼虫能再次出现进一步的变化，且这种变化也是有利的；那么，根据在相应年龄中的遗传原理，幼体或幼虫可以因自然选择而变得与亲体更加不同，其差异性是我们难以想象的。由于幼虫中的差异与它的发育的连续阶段是相关的，因此，第一阶段的幼虫可以与第二阶段的幼虫完全相同，这种例子很多，我在前面

凤头鹦鹉　摄影

凤头鹦鹉体形平均要比其他的鹦鹉大，主要分布在澳大利亚，头顶长有冠羽，能够收展。从某些方面来说，每只凤头鹦鹉都与别只有所不同，它们的嘴呈镰刀形，坚实有力，声音非常大。

池鹭　摄影

池鹭，又名红毛鹭、中国池鹭。体长约47厘米，翼为白色，身体具褐色纵纹，颈和胸呈栗红色。冠羽有几条，羽毛端部呈分散状。其主要分布于孟加拉国、中国和东南亚地区，栖息在稻田、池塘、沼泽中。

也提到过。成体也可以变得适应于那样的地点和习性，运动器官或感觉器官等在那里都成为无用的了。在这种情况下，形态转变的功能就会退化。

通过上面的描述，我们知道，由于幼体在生活习性上的改变程度与其发生了变异的身体构造是相互适应的，幼体在相应阶段会获得相应的遗传，因此，我们就能理解为什么现存动物的成体状态与其古代祖先的成体状态是完全不同的。在今天，大多数学术权威都相信，各种昆虫的幼虫期和蛹期都是通过适应而获得的，而并不是通过某种古代类型的遗传而获得的。芜菁科（一种经过某些异常发育阶段的甲虫）的特殊情况也许就能充分说明这种情况是怎样发生的。在幼虫的第一阶段，据法布尔描写，其形态是一种活泼的微小昆虫，有六条腿、两根长触角和四只眼睛，需要注意的是，这些幼虫是在蜂巢里孵化出来的。蜜蜂在孵化时，雄蜂要比雌

蜂更早地孵化出来，其出现的时间是在春季。雄蜂一出来，芜菁的幼虫便跳到它们的身上，当雌雄交配时，幼虫又会爬到雌蜂身上。当雌虫产卵时，芜菁幼虫就会立刻跳到卵上，并将它们吃掉。在第二阶段时，它们的身体构造就会发生彻底的变化，它们的眼睛会消失，腿和触角变为残迹器官，并且以蜂蜜为生。直到此时，它们才会与昆虫的普通幼虫极其相似。到

野雁

野雁栖息于广阔的草原、半荒漠地带及农田草地，它们是可飞翔的鸟类中体形最大的。但略显肥胖的身体并不影响它们的飞行。它们在飞行时，如果数量较少，就排成"一"字形；如果数量较多，则排成"人字"形，这样就能增加71%的飞行能力。

了最后一个阶段，其形态会发生进一步转化，一个完美的甲虫将出现在人们的面前。如果现在有一种昆虫，它的转化与芜菁科昆虫的转化相似，并且成为昆虫中一个新纲的祖先，那么，这个新纲的发育过程必然与我们现存昆虫的发育过程是完全不同的。在其幼虫的第一阶段，也肯定不会有代表任何成体类型和古代类型的状态。

还有一种观点认为，许多动物在胚胎阶段或幼虫阶段，都在向我们展示其所属群的共同祖先的成体形态，我认为这种观点的可信度极高。在甲壳动物全纲中，存在着多种彼此之间极不相同的类型，其中主要的类型有：具有吸着性的寄生种类、蔓足类、切甲类、软甲类，这些类型在最初的幼体阶段都以无节幼体的形态出现。这些类型的幼虫都具有相同的特点，即在广阔的海洋中生活

和觅食，并且都没有任何的特殊生活习性。另一方面，米勒发表了自己关于甲壳类共同祖先的形成观，大意是，大概在某一远古的时期，有一种与上述所说的无节幼体相似的幼体，这种幼体经过独立的变异最终发育成熟，于是，它的后代也就以相同的方式进行发育。在之后的岁月中，发育方式又发生了一些改变，最终形成了一些新的发育路线，从而产生了上述巨大的甲壳类的群。根据我所掌握的哺乳类、鸟类、鱼类和爬行类的胚胎知识，这些动物也许也存在着同一个古代祖先，它们只不过是发生了变异的后代而已。我认为，这个古代祖先的成体形态应该是具有极适于水栖生活的鳃、一个鳔、四只鳍状肢和一条长尾。

只要是曾经存在过的生物都能被归入少数的几个大纲里，根据我的学说，每个大纲

里的所有成员都可以被细微的级进联系在一起。因此，如果我们搜集到了所有的成员资

嘲鸫

嘲鸫是雀形目、嘲鸫科的几种善模仿的鸣禽的统称，产于西半球，主要生活在郊野的灌木丛和广阔的森林中。它们整年都会用擅长的歌声来标明自己的领地。

生物登陆的旅程　合成图

4亿多年前的早志留纪，植物完成了登陆过程，接着到了3.7亿年前的晚泥盆纪，生活在海洋中的古鱼类开始征服陆地，最早的陆生脊椎动物是一类以鱼石螈为代表的古两栖动物，当它们在原始陆地森林中出没的时候，生物登陆的路程即取得了初步的成功。

料，那么，我认为，最好的同时也是唯一可行的分类方式是依据谱系分类，这也是为什么血统是博物学者们在"自然系统"的术语下所寻求的互相联系的潜在纽带。从上面的论述中，我们就能理解，为什么在大多数博物学者的眼里，胚胎的构造在分类上甚至比成体的构造更加重要。在动物的两个或更多的群中，不管它们的构造和习性在成体状态下存在多大的差异，只要在胚胎阶段存在极高的相似，那么我们就可以确定它们都是从一个亲代类型传下来的，不然，它们彼此之间是不可能有密切关系的。在这种情况下，胚胎构造中的共同性便将血统中的共同性暴露了出来。但胚胎发育中的不相似性却并不能证明血统的不一致性，因为在两个群中的一个群，胚胎发育可能曾被抑制，或者可能由于适应新的生活习性而被极大地改变，以致不能再被辨认。在那些成体发生了极端变异的类群中，起源的共同性常常因为幼虫的构造而被暴露出来。比如，我们看到有一些在外表上与贝类极其相似的蔓足类，根据它们的幼虫构造，我们能立刻知道它们是属于甲壳类这一大纲的。因为胚胎常常能清楚地向我们展示，一个群中的构造是从该群的共同祖先开始变异就比较少，所以我们能够了解为什么古代的、绝灭的类型的成体状态常和同一纲的现存物种的胚胎相似。阿加西斯认为，胚胎的这些法则属于自然界的普遍法则，我也期待着能在将来看到有明确的证据能够证明他的观点。但是，只有在具备以下条件的前提下，它才能被证明是真实的，即这个群的古代祖先并没有由于在生长的早期发生连续的变异，也没有由于这些变异在早

于它们第一次出现时被遗传而全部湮没。我们必须牢记，这条法则只可能是正确的，这是因为，地质记录在时间上扩展得还不够久远，因此，这条法则可能在很长一个时期内，甚至永远无法得到实证。如果一种古代类型在幼虫状态下适应了某种特殊的生活方式，而且把同一幼虫状态传递给整个群的后代，那么，在这种情况下，法则是不可能在严格意义下有效的，因为这些幼虫不会和任何比它们更为古老类型的成体状态相似了。

综上所述，我的观点是，这些在胚胎学上极为重要的事实，可以根据下列原理就得到解释。原理如下：在有着同一个古代祖先的前提下，生物的变异并不会出现在生命开始的早期，而是发生在相应的时期。如果我们把胚胎看做一幅图画，虽然多少有些模糊，却反映了同一大纲的所有成员的祖先，或是它的成体状态，或是它的幼体状态，胚胎学的重要性因而被大大提高了。

斑鳞鱼化石

从发现的距今约4亿年的斑鳞鱼化石中，我们可以看出它与肉鳍鱼类的亲缘关系：颊部框前骨与辐鳍鱼类类似；肩带具有一根长而向后伸展的棘刺，这与已灭绝的盾皮鱼类和棘鱼类比较相近。

残迹器官

处于未发展的奇异状态下的器官或部位，都有着明显的废弃不用的标记，这种现象在整个自然界中极为常见，甚至是普遍的。我已经无法举出有哪一种高级动物，其构造上的某一部分不是残迹状态的。以哺乳类为例，雄性的乳房已经退化了，蛇类的肺叶中有一叶是不再使用的，鸟类"小翼羽"也是被公认的退化器官。还有一些鸟类，整个翅膀都是残迹状态，这也直接导致它再也无法飞翔，鸵鸟就是一个典型。鲸鱼胎儿有牙齿，但是当它们成年后，牙齿却一颗也没有了，尚未出生的小牛在上颚部生有牙齿，

残骸 芭芭拉·诺夫利特 1984年

猫鹊，叫声和猫类似，故又名猫声鸟，产于北美，一般栖息于高枝上。图中是一只丧生于弹簧床架中的猫鹊，翅膀折断，羽毛凌乱。

可是这些牙齿却从来不会穿出牙龈。还有什么现象比这些现象更为奇特呢?

残迹器官以各种方式清楚地向我们展示了它们的起源和意义。在有着极高近似程度的物种，甚至是同一物种的甲虫中，有的拥有大而完整的翅膀，而有的只有一个位于牢固地合在一起的翅鞘之下的残迹的膜。而对这些情况，我们没有任何证据去证明那种残迹器官就是退化了的翅。有时候，残迹器官还保持着它们的潜在能力，以雄性哺乳类的乳房为例，人们曾发现，如果它们发育很好的话也能像雌性乳房一方分泌乳汁。黄牛属的乳房就是如此，在正常情况下，它们长有四个发达的乳房和两个残迹的乳房。但在家养情况下，那两个残迹乳房有时候会非常发达，而且分泌乳汁。在植物方面，在同一物种的个体中，花瓣有时是残迹的，有时是发达的。在雌雄异花的某些植物中，科尔路特发现，使雄花具有残迹雌蕊的物种与自然具有很发达雌蕊的雌雄同花的物种进行杂交，在杂种后代中其残迹雌蕊就增大了。这清楚地表明，残迹雌蕊和完全雌蕊在性质上是基本相似的。一种动物的各个部分有可能不存在残迹器官，但如果从另外一个角度来看，它们的某些器官在某种意义上则又是残迹

的，因为它们并不具备某些功能。以普通蝾螈为例，刘易斯先生曾这样描述这种动物："有鳃，生活在水里，但是山蝾螈则生活在高山上，都产出发育完全的幼体。这种动物从来不在水中生活，但如果我们剖开怀胎的雌体，我们就会发现在它体内的蝌蚪具有精致的羽状鳃。如果把它们放在水里，它们能像水蝾螈的蝌蚪那样游泳。很显然，这种水生的体制与这动物的未来生活没有关系，并且也不是对于胚胎条件的适应。它完全与祖先的适应有关系，不过重演了它们祖先发育中的一个阶段而已。"

如果一个器官同时有两种功能，而其中更重要的那种功能可能会使器官变成残迹器官，那么该器官就会变成残迹器官，并且另一种功能依旧能够发挥作用。在植物中，雌蕊的功用是让花粉管能将花粉输送到子房的胚珠中。雌蕊有一个被花柱所支持的柱头，但在某些聚合花科的植物中，不能受精的雄性小花具有一个残迹的雌蕊，因为它的顶部没有柱头。但它的花柱依然很发达，并且以通常的方式被有细毛，用来把周围的、相邻的花药里的花粉刷下。还有，一种器官可能会因为固有功能而转变为残迹器官，此后，该器官不再具有以前的功能，而是被用于其他的用途。比如在某些鱼类里，鳔用于漂浮的固有机能似乎变为残迹的了，但是它转变成了原始的呼吸器官或肺。除此之外，我还能举出许多相似的事例。

只要是有用的器官，就算再不发达，我们也不能将其归为残迹器官一类，除非我们有理由断定，它们在之前的某个时期中曾有过高度发达的历史。之所以这样，是因为

萤火虫　刘亦　摄影　当代

　　萤火虫一般体长为几毫米，最大的长达17毫米。它是甲虫的一类，其一生必须经过卵、幼虫、蛹、成虫四个阶段。雄虫的翅鞘发达，后翅像把扇面；而雌虫的翅膀处于无用状态，因此就逐渐萎缩了。

这些器官有可能还处在一种初生的状态中，并正向进一步发达的方向前进。但我们必须承认，在很多情况下，残迹器官几乎没有任何用处。比如，从来没有穿出牙龈的牙齿；再比如，只能作挡风用的鸵鸟翅膀。由于上述这些器官在从前就几乎没有怎么发育过，有的器官现在的用处甚至比从前的还要少。因此，它们在从前就不可能是通过变异和自然选择而产生出来的，因为自然选择的作用只在于保存有用的变异。这些器官一般都是通过遗传的力量部分地被保存下来了；另外，我们还能在它们的形态中发现很多与其他古代生物之间的某些关系。尽管如此，但

要对残迹器官和初生器官作出明确的区别常常是很困难的，因为我们只能用类推法去判断某种器官是否更加发达，只有它们具有更加发达的潜力，我们才能将该器官称为初生器官。需要注意的是，初生器官的数量永远是稀少的，因为具有初生器官的生物通常会被具有相同器官但却更加完美的后继者所消灭，因此拥有初生器官的生物一般都已经绝灭了。企鹅的翅膀有高度的用处，它可以当做鳍用，所以它可能代表翅膀的初生状态，这并不是说我相信这是事实，它更可能是一种缩小了的器官，为了适应新的机能而发生了变异。另一方面，几维鸟的翅膀是十分无用的，并且确实是残迹的。欧文教授认为，

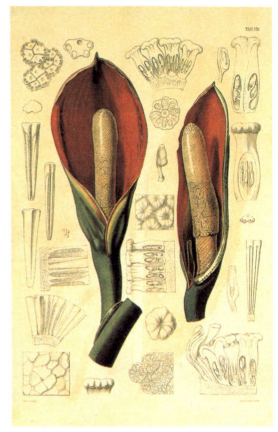

喜林芋　威拜姆·斯克特　水彩画　19世纪

　　琴叶喜林芋为喜林芋属，多年生常绿草本，原产于巴西。它们喜高温多湿环境，对光线要求不严格，最显著的特征是根部十分发达，插入土中，即可生长。

旅行鸽

　　从表面上来看，旅行鸽和普通的鸽子非常相似，不过旅行鸽的后背是灰色的，而胸前的颜色又是鲜红色的。与一般的鸽子不一样，旅行鸽的叫声高昂响亮。此外，它的另外一个重要特点就是数量繁多，曾一度成为地球上数目最多的鸟类。然而，由于人类的大肆捕杀，到了1909年的时候，地球上再也没有发现野生旅行鸽的踪迹。

肺鱼的那个简单丝状肢是"在高级脊椎动物里，达到充分机能发育的器官的开端"，但是京特博士却在最近提出了相反的观点，他认为，它们也许是由继续存在的鳍轴构成的，鳍轴具有不发达的鳍条或侧肢。鸭嘴兽的乳腺若与黄牛的乳房相比较，可以看做是初生状态的。某些蔓足类的卵带已不再作为卵的附着物而存在，该器官极不发达，但它却具有鳃的作用，因此，我们可以将之称为初生状态的鳃。

在同一物种的不同个体中，残迹器官在发育程度上以及其他方面是很容易产生变异的。在高度近似的物种中，同一残迹器官的残迹程度有时也存在着极大的差异。在蛾类中，雌蛾的翅膀状态就是后面一个事实的最佳例证。残迹器官是可以全部萎缩的，这也就意味着，在某些动物或植物中，虽然我们能够通过类推找到某些残迹器官的原貌，但事实上，这些器官已经完全消失了，只有在畸形个体中才能偶然见到它们。在玄参科的大部分成员中，第五条雄蕊已经完全萎缩了，但我们却可以断定第五条雄蕊曾经存在过，因为我们可以在这一科的大部分成员中找到它的残迹物，而且在某些个体中，这一残迹物是发育成熟了的，就像有时我们在普通的金鱼草科中所看到的那样。当我们要确定某些生物是否属于同一纲、是否具有同源器官时，没有什么方法能比找残迹器官更为有效的了。另外，如果为了充分了解各个器官之间的关系，我们最常用的方式也是寻找残迹器官。欧文教授所制作的马、黄牛和犀牛的腿骨图，正是上述方式的最佳范例。

这是一个重要的事实，有些动物的残迹器官，比如鲸鱼和反刍类上颚的牙齿，常常只存在于胚胎时期，成年以后，这些器官就会完全消失。我相信，这也是一条普遍的法则：即对于残迹器官而言，如果用相邻的器官进行比较，则胚胎中的器官比在成体中的大一些，这种器官在早期的残迹状态是不明显的，甚至在很大程度上我们都不能将其称为残迹器官。因此，成体的残迹器官常常被认为还保留着胚胎时期的状态。

残迹器官的起源及解释

刚才我已举出了有关残迹器官的一些主要事实。不管是谁，只要对它们进行仔细研究后，都会感到万分惊奇。因为残迹器官可以告诉我们，大多数器官是如何巧妙地适应于某种用处，同时还能够明确地告诉我们，这些残迹的或萎缩的器官是不完全的，是无用的。在一些博物学者的著作中，残迹器官被说成是"为了对称的缘故"，或者是为了

动物群落和植物群落的关系

通常来说，动物群落会随着植物群落的演替而发生变化：当草本植物活跃在地球上时，动物群落的主要成员是那些喜欢开阔田野的草原百灵类；但是随着灌木和乔木植物的出现，那些喜欢草本植物的动物开始消失了一部分，而其他鸟类则繁衍开来。

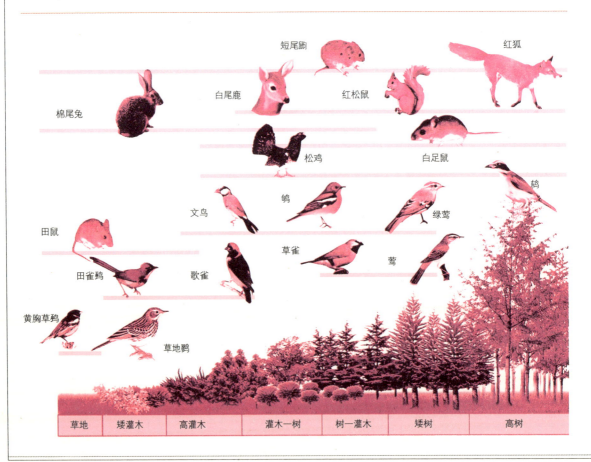

| 草地 | 矮灌木 | 高灌木 | 灌木—树 | 树—灌木 | 矮树 | 高树 |

要"完成自然的设计"而被创造出来的。我认为他们的话并没有对该器官作出任何解释，只不过是将事实再复述了一次。他们的观点本身就是自相矛盾的。以王蛇后肢和骨盘的骨及残迹物为例，如果说保存这些骨及残迹物是为了"完成自然的设计"，那么，正如魏斯曼教授所问的那样，为什么其他的蛇类不保存这些骨呢？它们为什么甚至连这些骨的残迹都没有呢？如果有人认为太阳系中的某个行星的卫星是"为了对称的缘故"才循着椭圆形轨道运行，而且理由是行星就是如此绕着太阳运行的，那么对于具有这样主张的天文学者，各位又将作何感想呢？有一位著名的生理学者曾作过如下的假设，即残迹器官是用来排出过剩的或对于系统有害的物质的，并且他还用这个假定来解释残迹器官的存在意义。但我们能假定那微小的乳头也具有这样的作用吗？当人的手指被截断时，我们知道，断指上会出现不完整的指甲，如果我相信这些指甲的作用只是为了排出角状物质而长出来的，那么我们同时也必须相信海牛鳍上的残迹指甲也是为同样的目的而生的。

根据变异生物由来学说的观点，残迹器官的起源是比较简单的，而且我们能最大程度上理解导致它们不完全发育的法则是什么。在家养动物中，我们可以找到许多有关残迹器官的例子，比如无尾绵羊品种的残迹尾、残迹耳，无角牛的残迹角。尤亚特曾发现，在无角牛的小牛中，曾发现了重新出现角的事例，以及花椰菜的残迹花。在畸形生物中，我们常常看到各种残迹部位又再次完整出现，因此我认为，这些事例除了向我们

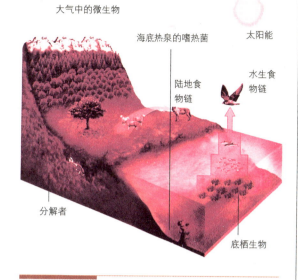

大气中的微生物

海底热泉的嗜热菌

太阳能

陆地食物链

水生食物链

分解者

底栖生物

生物圈的空间范围　合成图

生物圈中的生物，与其周围的环境通过能量流动和物质循环相互关联，构成具有一定结合、功能的统一体，这个统一体就是地球上最大的生态系统。

说明残迹器官能够在后代身上再次完整出现以外，再也没有其他的含义了。难道这些器官真的能够说明自然状况下的残迹器官的起源？我对此持怀疑态度。通过对各种证据的权衡，我发现这些事实都清楚地向人们说明，在自然状况下，物种并没有发生巨大且突然的变化。值得注意的是，从对家养动物的研究中我们得知，器官的不使用是导致它们缩小的主要原因，而且这种结果带有遗传倾向。

造成器官退化的主要因素也许是不使用。在最开始的时候，器官会以非常缓慢的速度萎缩，直到最终变成残迹器官，这与栖息在暗洞里的动物眼睛，以及栖息在海岛上的鸟类翅膀是相同的道理。另外，器官可能在某种条件下是有用的，但在其他条件下又可能是有害的，这与栖息在开阔小岛上的甲

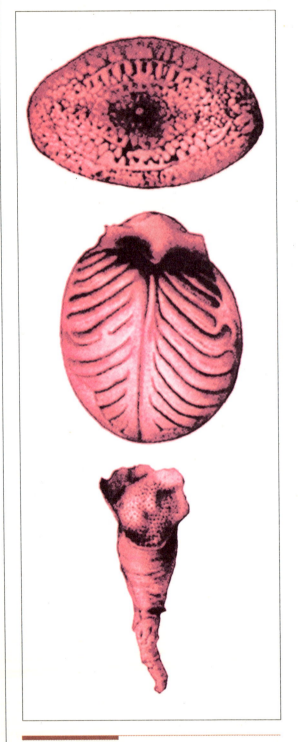

灭绝的海洋无脊椎动物

那些活跃在二叠纪晚期的腕足动物，到了二叠纪末期，由于气候条件以及生存环境的巨大变化，都未能幸免其灭绝的命运。

虫的翅膀是相同的道理。在上述的情况下，自然选择将器官缩小，直到它彻底消失或者变成无害的残迹器官为止。

从构造和机能的角度而言，凡是由细微阶段完成的变化都属于自然选择的范畴，因此，当一种器官因为生活习性的原因而变化，并对某种功能而言变成了无用或有害的器官时，自然选择就会将其构造改变，并使之具有另外的功能。也许，残迹器官还保存其原始功能中其中一种。当某种原本是通过自然选择而形成的器官变得无用时，这种器官就会发生变异，而且变异的方向很多，导致这一情况出现的原因是其变异不再受自然选择的抑制。所有这些都与我们在自然状况下看到的情况非常相符。还有，在生命中的任何一个阶段，所有不使用和自然选择都可以使一种器官萎缩，这一般都发生在生物到达成熟期而势必发挥它的全部活动力量的时候。而在相应年龄中发生作用的遗传原理都有一种倾向，使缩小状态的器官在同一成熟年龄中重新出现，但是这一原理对于胚胎状态的器官却很少发生影响。通过上面的论述，我们能清楚地知道，在胚胎期内就已经成为残迹的器官，如果与邻接器官相比，前者比较大，而在成体状态中前者就比较小。比如，如果一种成年动物的手指在许多世代中因为生活习性上的某种变化而使用得越来越少，或者一种器官或腺体在功能上的使用频率越来越少，我们便可以断定，这种动物的后代在成年后，其上述器官也会萎缩，但在胚胎时期，这些器官却仍按照原来模式在发育。

除了上述的难点外，还存在其他一些难

点。当一种器官因不再使用而出现缩小的现象后，该器官是如何进一步缩小，直到只剩下一点残迹的呢？它又将如何完全消失呢？首先，我们应该明确一点，当该器官在功能上变成无用器官以后，不使用的后果必然导致其几乎不可能再继续进一步产生影响。我认为，在此处加入一些补充是必要的。比如，如果能够证明体制的每一部分有这样一种倾向，它向着缩小方面比向着增大方面可以发生更大程度的变异，那么我们就能理解，已经变成为无用的一种器官为什么还受不使用的影响而成为残迹的，以至最后完全消失，因为向着缩小方面发生的变异不再受自然选择的抑制。在之前的章节中，我已经解释过的生长中的节省原理，这对于解释一种无用器官是如何成为残迹器官或许是有用的。根据这一原理，形成任何器官的物质，如果对于所有者没有用处，就要尽可能地被节省。但这一原理几乎只可能应用在缩小过程中的较早阶段。

最后，不管残迹器官是通过怎样的过程才退化到它们现在这种无用状态，它们都是对生物的远古时期的形态的真实记录，而且它们完全是通过遗传的力量被保存下来的。从分类学的系统中，我们能清楚地知道，为什么当分类学者把某种生物放在自然系统中的适宜地位时，总会发现该生物的残迹器官与其他在生理上具有高度重要性的器官有着相同的作用。如果用英文单词来形容残迹器官的话，那么它就是那个在音标中并不发音，但在拼写上却必须要保存的字母。在文字学研究中，这种字母常常被学者们视为是单词起源的重要线索。根据变异生物由来学说的观点，我可以断言，残迹、不完全、无用且几乎已经萎缩到最小程度的器官对于古代生物特创说而言，是一个足以颠覆学说的难点，但如果根据本书的观点来对这些器官进行解释，我们就会发现，该器官不仅无法对我的学说构成任何威胁，甚至我可以说，这种器官的出现是在预料之中的事。

本章重点

在这一章中，我一直在试图向读者们解释下列问题：第一个问题是，在任何一个时期内，生物种群之下还可以再分成支群或亚群；第二个问题是，所有的现存生物和所有的已绝灭生物被复杂的、呈放射状的曲折亲缘线联系在了一起，这就是尽管世界上存在着大量的物种和属，但纲却如此之少的原因所在；第三个问题是，博物学者在分类中应遵循的法则和不可避免的困难；第四个问题是，不管是高度重要的性状还是重要性不高的性状，抑或是残迹器官这类根本不重要

生态系统的主要循环

对于一个生态系统来说，处在其中的各种生物存在共同联系，而这种联系正是通过碳循环、磷循环、水循环以及氮循环等方式得以进行的。

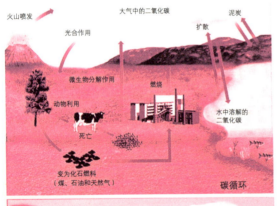

碳循环

水循环

磷循环

氮循环

的性状，只要是稳定且普遍的，它们就具有极高的分类价值；第五个问题是，同功相似和具有真实亲缘关系的性状之间在价值上是普遍对立的。我所证明的基础是建立在我们必须承认近似类型存在一个共同祖先，且它们是通过变异和自然选择而发生变化，并因此导致绝灭的出现以及性状的分歧这一点上的，只有如此，上述的解释才能成立。在对这种分类观点进行研究时，我们还必须牢记血统因素。血统曾经被普遍地用来把同一物种的性别、龄期、二型类型以及公认变种分类在一起，不管它们在构造上彼此有多大不同。如果把血统这个能够确定生物相似性的唯一确切因素扩大使用的话，我们就能理解什么叫做自然系统。所谓自然系统是指：按谱系进行排列，用变种、物种、属、科、目和纲等术语来表示所获得的差异各级。

根据变异生物由来学说，我们能够理解"形态学"中的大多数重要事实。在此基础上，我们就能够理解我们在观察中所发现的同一纲的不同物种，只要是同源器官，不管功能是否相同，其表现的形式都是一样的。另外，当我们对同一个体动物或植物的系列同源和左右同源进行观察时，其中的一些难点也能得到合理的解释。

根据连续且微小的变异不一定或一般不会在生命早期出现，而且遗传也是在相应时期才发生的原理，我们就能理解"胚胎学"中的主要问题，即在成熟时，构造上和机能上变得大不相同的同源器官在个体胚胎中是密切相似的。在近似的而明显不同的物种中，那些虽然在成体状态中适应于不同习性的同源部分或器官是相似的。有的幼虫在胚胎时期就已经开始活动了，这种幼虫能随着生活环境的变化而发生一些特殊的变异，以达到适应的目的，它们的后代在到达相应的年龄后，也能获得相同的遗传。我们还知道，器官由于不使用或由于自然选择原因而缩小。在一般情况下，这种缩小都发生在生物能够独立生活的时期，因此，残迹器官的发生甚至是可以预料的。我们必须牢记一点，那就是遗传的力量强大得无法想象。最后，根据自然的分类必须按照谱系的观点，我们还能够理解胚胎的性状和残迹器官在分类中的重要性。

在我看来，本章所讨论的诸多事例，向各位清楚地证明了一个重要的事实，即生活在这个世界上的所有物种、属以及科，在它们各自所属的纲或群的范围内，都有一个共同祖先。在关于所有生物的出现问题上，这些事例也向我们充分证明了：生物并非是突然出现的，而是经过漫长的变异进程才出现的。因此，即使没有其他事例的支持，我也会毫不犹豫地坚持这个观点。

501

结 论

　　"进化"的意思是发展，这个词被用来描述所有生物随时间推移而变化的现象，其理论有三个主要部分：第一是变异，所有生物的大小、形状、颜色和力量都不同，世上没有任何两只动物或两棵植物完全相同；第二是适应，适应会影响生物能否继续生存和繁殖；第三是遗传，帮助生物生存的适应性如颜色或形状，可能会遗传给后代。正是这种进化进程，使今天的地球上有了几百万种不同的动植物。

斑 马　佚名　摄影　当代

　　斑马栖息于草原、树林、稀树草原中，分布于非洲。它是一种美丽的动物，全身上下披着黑白相间的条纹，是物种进化自然选择的结果。这些条纹不仅可以扰乱敌人的视线，还可以作为种族间互相辨认的标志。

结 论

对于我所提出的生物进化学说，尽管有变异和自然选择等法则为依据，但反对的声音仍不绝于耳。对此，我已通过大量的事实进行了论证。

我相信，自然界中所有生物较复杂的器官和本能的完善，往往并不依靠人类理性的方法，而是必须遵循对个体充分有利的无数轻微变异的积累。而且，由于生存斗争普遍存在，生物的所有体质和本能，都会呈现出明显的个体差异。这样一来，每一种器官在不断完善的过程中，都会出现不同的等级，并且，每一等级对于它的种类都是有利的。

反对自然选择学说的人特别想知道：许多器官是通过怎样的中间类型，才逐渐完善到今天这种程度的？对于那些已经大量灭绝的、不连续的、衰败的生物群来说尤其如此。他们还举出了一个最奇妙的例子，就是同一蚁群中为什么会存在两三种工蚁——即不育的雌蚁的明确等级。对于这一点，我已作了详尽阐述。

现在我们知道，同一物种的一切个体、同一属甚或更高级类群的所有物种，都是从一个共同的祖先传下来的。然而，这样明显的事实也有疑点。它们既然存在于不同地域，彼此相距得如此遥远，又是怎样迁徙出去的呢？方法总是有的。我们既然相信某些物种曾经在一段连续的时间内保持某种类型，那么它们就可以通过一些偶然的方式被

霍金斯的漫画　插图画　1880年

1859年，达尔文出版了《物种起源》，书中解释了他的进化论。很多人嘲笑达尔文提出的"人和动物是亲戚"的看法。上图是1880年霍金斯所画的一幅漫画，他把达尔文画成一只猴子。

迁徙出去。那些不连续的或中断的分布，可由物种在中间地带的灭绝来解释。而且，绵长的地质史告诉我们，地球上气候和地理条件的改变，足以使生物迁徙到那些遥远的被隔离的地区，以致形成了现在这样的生物广泛分布的特点。

水牛的争斗　马诺伊·沙　摄影　当代

这两头离群的黑水牛两只牛角锁在一起，以此测试彼此的实力。它们强壮有力的双角有高高突起和尖利的两端，屡次危险的靠近，差点戳穿对方的眼睛。

　　自然选择学说已经说明，无数中间类型的生物确实存在过。它们就像现存的中间变种那样，把同一类群中的所有物种联系起来。然而，我们却不能在周围直接看到它们，只能在各个现存类型和某一灭绝的、被排挤掉的类型之间看到它们的影子。因为，每一属中必然只有少数物种发生变异，其他物种则完全灭绝。那些处于中间类型的物种，极易被数目庞大的近似物种排挤，直至彻底消灭。

　　世界上现有生物和灭绝生物之间，及各个时期的灭绝生物和更加古老的物种之间，都有无数连环完全中断。可是，我们并没有在地质层中发现这些类型，采集出来的化石遗骸也没能证明这一点。对于类似的异议，我只能用地质记录不完全来解释。

　　再来看一看变异。由于我们习惯于直接观察家养生物，以致很容易把由生活条件变化引起的变异认为是自发的。其实，变异要受到许多复杂法则的支配，如相关生长、补偿作用、器官的增强使用和不使用，以及外部条件的改变等。尽管我们很难确定家养生物也曾发生过变异，但这确实是真实的，而且能够长久地遗传下去。只要生存条件不变，这种曾经发生过的变异将持续保持无限的世代，甚至还会产生新的变种。

　　家养生物的变异法则，同样可在自然状况下发生作用。由于一切生物都是按照几何级数高度增加着的，因此生存斗争会表现得尤为激烈。生存斗争实际上也就是一种极端的"选择"形式。这表现在同一物种的个体间、变种间，以及同属的物种间都会展开剧烈的竞争。另一方面，生长于不同地域的不

拉马克像　油画　20世纪

进化论的奠基人——拉马克（1744—1829年），法国博物学家，是脊椎动物学的创始人，他把无脊椎动物分为十个纲。他认为，生物具有变异的特性，并主张生物是进化的，环境变化是物种变化的原因。他第一次从生物与环境的相互关系方面探讨了生物进化的动力，认为生物在新环境的直接影响下，习性改变，某些经常使用的器官发达增大，不经常使用的器官逐渐退化，而动物的意志和欲望也在进化中发生作用。

同生物，也会展开竞争。那些在"年龄"或生长季节等方面稍微占优势的生物，或者更能适应周围环境的生物，将取得最后胜利，从而改变该地区生物的竞争状态。而对于雌雄异体的动物，雄性之间也会因占有雌性而发生竞争。结果是强壮有力的雄性，或是赢得生存斗争的雄性，留下了更多的后代。

每一个物种，实际上首先是作为变种而存在的，只是特征较稳定和显著罢了。知道了这一法则，就能理解为什么物种与变种之间并没有一条界线可定。然而，由于各个物种都有按几何级数繁殖而过度增量的倾向，因此自然选择往往就倾向于保存那些性状最

为分歧的后代。这样一来，那些新的、改进了的变种，将不可避免地排挤掉那些旧的、改进较少的和中间的变种，从而物种在很大程度上就成为不确定的和界限分明的了。每一纲中类群较大的优势物种，都有产生新的和优势类型的倾向。结果它们就变异得更充分，同时在性状上也就产生更多分歧。但由于地域有限，不容许它无限制地扩大，所以较占优势的类型就要打倒那些不占优势的类型，从而引起大量的个体灭绝。

性选择是一种特殊的选择，它赋予了这个世界许多的美。尽管它有时也会对面目可憎的毒蛇、某些丑陋的鱼类和讨人厌恶的蝙蝠等发生作用。例如，它把最灿烂的颜色、优美的样

林奈肖像　LPasch　油画　18世纪

林奈（1707—1778年），瑞典植物学家与冒险家。林奈在他的《自然系统》一书中建立了双名法，这种方法定出了一种合乎科学原理的分类标准，从18世纪的巨著《百科全书》开始，一直沿用至今。

式，以及漂亮的装饰物都赐给了雄性，有时也给予了许多的鸟类、蝴蝶和其他的生物，这在鸟类中表现得尤为充分。性选择常常使雄鸟的鸣声取悦于雌性，也取悦于人类的听觉；花和果实则因色彩浓艳，利于被昆虫发现和传粉，种子也更能被飞鸟散布开去。

生物的本能问题显得较奇特。但根据自然选择学说，我们同样不难理解其原理。在本能的改变中，习性往往很重要，但也并非不可或缺，就像我们在中性昆虫的情形中所看到的那样。

地质记录所提供的事实，强有力地支持了我们的生物进化学说，哪怕这种记录并不完整。新的物种类型总是缓慢地出现，旧的物种类型则被新的类型取代，这都是自然选择的结果。各个地质时代的化石遗骸，其性状在某种程度上是介于上下两个地质层化石遗骸之间的。由此可以推断，它们在该系统链条中处于中间地位。所有迹象都表明，一切灭绝生物与一切现存生物都是缘于共同的祖先，只是在悠久的历史进程中性状发生了分歧。这样，我们便能理解为什么那些较古老的类型，或每一群的早期祖先会如此经常地在某种程度上处于现存类型之间。

在生物的地理分布上，由于以前的气候变化和自然条件的改变，以及许多偶然和未知的散布方法，使得生物曾进行大规模的异地迁徙，从而形成了现今的这种分布格局。

我们知道，所有过去的和现存的生物，连同它们中间灭绝的部分，都可归入到一个大纲。这种事实，根据自然选择学说和性状分歧的原理，是可以理解的。由此，我们就

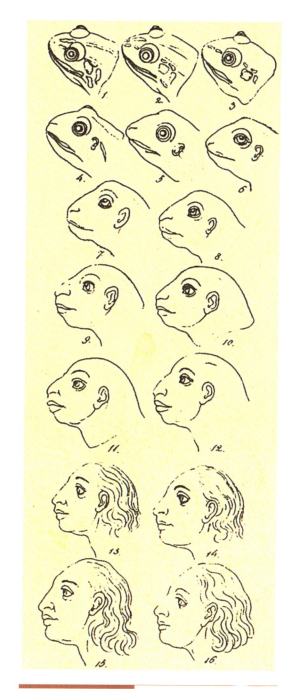

青蛙变成"阿波罗"的过程
约翰纳·卡斯特·拉瓦特尔　讽刺画　1829年

这是一幅发表于1829年的绘画，足以证明在达尔文与华莱士于1858年提出"进化论"假说之前，类似的学说已经是一个足以引发议论或嘲讽的话题。

达尔文的斗犬——赫胥黎

图中，"达尔文的斗犬"托马斯·亨利·赫胥黎正在针对大猩猩头骨发表演讲。赫胥黎是达尔文进化论最杰出的代表，即使他在某些观点上与达尔文存在分歧，但他还是坚决拥护达尔文的主张。

可以理解，每一纲里的物种类型相互间的亲缘关系为何如此复杂；为何那些有普遍意义的性状虽然对于生物本身极为有用，但在分类上却表现得并无用处；为何从残迹器官而来的性状对生物本身无用，但在分类上却具有极高的价值；胚胎的性状为何在分类上往

往最具价值，等等。"自然系统"依照谱系的排列，很好地解释了这一问题。

人的手、蝙蝠的翅膀、海豚的鳍及马的腿，居然都是由相似的骨骼构成的；长颈鹿的颈部和象的颈部的脊椎数目，也是相同的；蝙蝠的翅膀和腿、螃蟹的颚和腿，虽然具有不同的功用，但其结构却是相似的……

这些都应该怎样来解释呢？通过生物的进化学说，也可得到解释。

某些器官或构造借助自然选择之功，会因不使用而在改变了生活习性或生存条件的情况下出现萎缩，即形成残迹器官。例如小牛从来不穿出上颚的牙齿，一定是从某个牙齿发达的早期祖先那里遗传下来的。由于它们的舌、腭或唇经过自然选择变得非常适于吃草，再也不需牙齿的帮助，所以牙齿就由于不使用而缩小了。另外，许多甲虫的连合鞘翅下的萎缩翅，也是因为类似的原因而变成残迹的。

根据对以上事实的复述，使我确信：物种在悠久的历史时期一定发生过变化，而且是通过无数连续的、轻微的、有利的变异进行自然选择而实现的。它们的发生依赖外界条件的直接影响，也依赖我们似乎无知的自发变异。

对于本书中提出的有关生命的本质或物种起源问题，就目前来说，尽管部分博物学者和地质学者仍然存在异议，但我却坚信他们都是正确的。我也并不期望能够说服他们放弃"创造的计划"或"设计的一致"之类的说法。我相信，那些年轻的博物学者们，

自然会用他们独到的目光来面对这个问题。

我深信，如果书中所提出的及华莱士先生所提出的观点，或者有关物种起源的类似观点，一旦被普遍接受后，将在博物学中引起重大的革命。那时，分类学者将再也不会受到这个或那个类型是否属于特有物种的疑问的困扰了。当然，同类的疑问也将迎刃而解。

凝望着窗外潺潺的溪流，鱼儿忘情地跃出水面游弋摆尾，而后倏然潜入河底；天空碧蓝，老鹰悠闲地打着旋，然后飘然远去；远处是茂盛的树林，盘根错节的藤条攀缘直上；林间鸣鸟啁啾，有的间或驻足于灌木丛中，惊起蚱蜢四处逃散；新翻过的泥土，蚯蚓懒懒地爬过，留下一条不甚明显的痕迹……多么动人的景象！可是，您是否想过，它们之间是如此不同，却又彼此相互和谐地依存着，到底受了何种法则的支配呢？

达尔文年表

1809年	2月12日，查理·达尔文出生在英国施鲁斯伯里镇。
1817年	达尔文的母亲去世。
1817年至1825年	达尔文就读于施鲁斯伯里私立中学。
1825年	达尔文进入苏格兰爱丁堡大学攻读医学。
1826年	达尔文加入科学研究学会，并开始发表论文。
1827年至1831年	达尔文进入剑桥大学学习神学。
1831年至1836年	达尔文随贝格尔号军舰环球考察。
1837年	达尔文写出第一本物种演变笔记。
1838年	达尔文阅读托马斯·马尔萨斯的著作《人口论》，发表有关自然界生存斗争的文章。
1839年	1月，达尔文与爱玛·韦奇伍德结婚；其著作《一个博物学家的考察日记》出版；12月，儿子威廉出生。
1839年至1843年	达尔文编纂五卷本巨著《贝格尔号航行期内的动物志》，发表了他在环球过程中通过细心观察得出的动植物品种及其地源学数据笔记。
1842年	达尔文购建唐恩花园——《物种起源》的孕育地。
1844年	达尔文列出长达20多页的《物种起源》的提纲；第一次写下遗书。
1846年至1855年	达尔文就藤壶问题进行研究写作。
1848年	达尔文的父亲及女儿安妮去世；其健康状况不佳并持续很长时间。
1855年	达尔文开始撰写《物种起源》。

1858年	达尔文发表了一篇关于自然选择的论文，并将论文寄给伦敦的林奈科研机构。
1859年	《物种起源》在伦敦出版，达尔文在此书中完整地提出了他的自然选择理论。
1860年	英国科学促进会年会在牛津大学对进化问题进行大辩论，达尔文在辩论会上击败对手。
1863年至1865年	达尔文的病情延续。
1868年	达尔文发表了《家养动物和培育植物的变异》。
19世纪70年代	达尔文发表了五部关于植物的著作。
1871年	达尔文的巨著《人类起源和性选择》出版，该书中明确表示人类是来源于古猿类。
1872年	达尔文的《人类和动物情感的表达》出版。
1881年	达尔文发表了关于蚯蚓的著作。
1882年	4月19日，达尔文病逝，厚葬于威斯敏斯特大教堂。

■■ 生物学年表 ■■

公元前4世纪	希腊学者亚里士多德（前384—前322年）所著的《动物志》《动物发生论》等著作，几乎搜罗了当时所有动物学知识，描述了五百多种动物，并对其中的一些作过解剖和胚胎发育观察，被誉为"动物学之父"。而另一位古希腊人提阿弗拉斯特（约前371—前287年），因著有《植物史》等著作，被誉为"植物学之父"。
公元前476至前222年	中国战国晚期的《黄帝内经》，已经详细介绍人体内脏器官的部位、大小及功能。战国末期的《尔雅》将植物分为"草"和"木"两大类；将动物分为虫、鱼、鸟、兽四大类。
公元2世纪	古罗马人盖仑（129—199年）创立了医学和生物学知识体系，为医学的发展奠定了基础。中国人华佗（约145—208年）医术高明，创用麻沸散，比西方发明麻醉药早1600年；创"五禽戏"疗法，以防治疾病。
公元6世纪	中国人贾思勰（约480—550年）著《齐民要术》，系统总结农牧业生产经验，提出相关变异规律。首次提到根瘤菌的作用。
公元11世纪	中国人沈括（1031—1095年）著有《梦溪笔谈》。全书共609条，其中有关生物的记述数10条，涉及生物的形态、分类、分布、生态和化石等方面的知识。
1543年	比利时人维萨利（1514—1564年）的《人体的构造》，创立了现代人体解剖学。
1553年	西班牙人塞尔维特（1511—1553年）发现了肺循环。
1578年	中国明代医生李时珍（1518—1593年）完成巨著《本草纲目》。该书是科学史上的重要著作。其内容丰富，含药物1892种，附图1126幅。
1609年	意大利学者伽利略（1564—1642年）制造了一台复合显微镜，并用以观察了昆虫的复眼。
1628年	英国解剖学家哈维（1578—1657年）发表了《心血运动论》，并发现了血液循环。
1651年	哈维出版的《论动物的生殖》中，提出了胚胎发育的后成论观点。

1660年	英国人约翰·雷（1627 — 1705年）发表第一部植物学著作，首创植物分类的自然系统，为林奈分类学的创立打下了基础。同年，意大利人马尔比基（1628 — 1694年）首次用显微镜观察到蛙肺的毛细血管。这是科学史上的重要发现，对解剖学、胚胎学、植物学的显微研究具有重大意义。
1665年	英国物理学家胡克（1635 — 1703年）制成显微镜，观察到植物细胞，出版了《显微图谱》，首次提出细胞的概念。
1668年	意大利医生雷迪（1621 — 1697年）以蝇卵生蛆的实验，首次对"自然发生说"进行否定。
1677年	荷兰显微学家列文虎克（1632 — 1723年）用显微镜观察到人及其他哺乳动物的精子，并发现轮虫、滴虫和细菌等许多微生物。
1690年	英国博物学家雷（1627 — 1705年）首次给出物种的定义，并根据花和营养器官的特征进行分类。1686至1704年出版了三卷《植物历史》，试图以一个更接近于自然的系统进行分类，处理了约18000种植物。
1735年	瑞典自然学家林奈（1707 — 1778年）的《自然系统》第一版发行，创立了纲、目、科、属、种分类系统，确定了双名命名法。
1749年	法国博物学家布丰（1707 — 1788年）出版了《博物志》，研究物种起源，主张物种可变，反映了生物进化的观点。
1759年	德国胚胎学家沃尔弗（1734 — 1794年）在《发生论》中，根据对鸡胚的观察，阐述了胚胎发育的渐成特性。主张后成论，反对先成论。
1761至1767年	德国植物学家科尔勒特（1733 — 1806年）进行了植物杂交实验，指出父本、母本双方，对子代的特征有同样的贡献。
1771年	英国化学家普列斯特列（1733 —1804年）通过实验首次发现绿色植物放出氧气的现象。
1780年	法国化学家拉瓦锡（1743 — 1794年）确认呼吸是一种缓慢的燃烧过程。
1782年	瑞士辛尼比涅证实光合作用需要二氧化碳。
1796年	英国医生詹纳用牛痘接种法预防天花，开创了人工免疫新领域。
1804年	瑞士化学家索绪尔（1767 — 1845年）指出，光合作用是绿色植物以阳光为能量，利用二氧化碳和水为原料，形成有机物和放出氧气的过程。

1805年	法国比较解剖学家居维叶（1769 — 1832年）提出了"器官相关定律"，认为根据牙齿或部分骨骼化石，就能推断它们属于何类动物。这推动了古生物学和比较解剖学的研究。
1809年	法国学者拉马克（1744 — 1829年）的《动物学哲学》发表，提出生物进化学说，主张用进废退和获得性遗传。
1812年	法国比较解剖学和古生物学家居维叶提出"激变论"，认为地壳激烈变动导致了古生物类型的更迭。
1828年	德国胚胎学家冯·贝尔（1792 — 1876年）发表《动物发育史》，创立著名的贝尔胚胎律或胚胎的性状分歧律，并提出胚层学说。同年，德国化学家乌勒（1800 — 1882年）发表《论尿素的人工合成》，第一次以非生命物质为原料，合成由生物产生的有机物——尿素。
1830年	中国医学家王清任（1768 — 1831年）所著《医林改错》出版。他根据对尸体的观察绘制脏腑图，指出只有心和肺在膈肌之上，其余内脏均在膈肌之下；记述了气管、支气管和细支气管；还指出"灵机记性在脑不在心"等。
1831年	英国植物学家布朗（1773 — 1858年）在兰科植物细胞内发现了细胞核。
1838年	德国植物学家施莱登发表《植物发生论》，提出细胞是植物的结构单位。
1839年	德国解剖学家施旺（1810 — 1882年）出版《关于动植物的结构和生长一致性的显微研究》，与施莱登共同创立了细胞学说。
1840年	中国人吴其浚（1789 — 1847年）著成《植物名实图考长编》22卷和《植物名实图考》38卷，是19世纪中国重要的植物学著作。
1857年	法国微生物学家巴斯德（1822 —1895年）证明乳酸发酵是由微生物引起的。
1858年	德国病理学家微尔和发表《细胞病理学》，认为生命的基本单位是细胞，提出"一切细胞来自细胞"，对细胞学说作出重要补充。英国博物学家达尔文与华莱士，在"伦敦林奈学会会报"上发表了阐述生物进化的联合论文《论物种形成变种的倾向；兼论自然选择法所引起的变种和物种的存续》。
1859年	达尔文发表《物种起源》，提出"物竞天择、适者生存"的自然选择学说。《物种起源》是19世纪最具争议的著作，但其大多数观点为当今的科学界普遍接受，这为现代进化论奠定了基础。

1861年	法国生理学家布洛卡发现大脑皮层上的语言区。
1862年	德国人萨克斯发现叶绿体中的淀粉粒是光合作用的第一个可见产物，并发表《植物实验生物学手册》，对植物生理学的发展有重要影响。
1863年	英国博物学家赫胥黎出版《人在自然界的位置》一书，提出"人猿共祖"的观点。俄国生理学家谢切诺夫出版了《大脑反射》一书，开创了大脑活动的研究。
1864年	英国解剖学家欧文（1804 — 1892年）描述了1861年在德国巴伐利亚索伦霍芬侏罗纪地层中发现的始祖鸟化石。
1866年	奥地利遗传学家孟德尔发表《植物杂交试验》，报道了关于豌豆杂交试验的结果，发现了两个基本的遗传规律。同年，德国海克尔出版《普通形态学》，提出生物发生律，为进化论提供了证据。
1869年	英国人高尔顿（1822 — 1911年）把达尔文的遗传概念应用于人类智力的遗传研究，创立生物统计学、人类遗传学和优生学。
1875年	德国植物学家斯特拉斯伯格发现了植物细胞的有丝分裂；同年，德国动物学家赫特维希根据显微镜观察，认为受精过程是雄性原核与雌性原核的融合。
1878年	德国人柯赫（1843 — 1910年）发表《创伤传染病因的研究》，提出了各种传染病都由一定病原菌引起。
1879年	德国细胞学家弗莱明（1843 — 1905年）表明核分裂包含染色体的纵分裂和子染色体均等移向两极形成子细胞核。
1880年	法国人拉佛兰（1845 — 1922年）研究发现引起疟疾的原因是原生动物疟原虫，获得1907年诺贝尔生理学或医学奖。
1881年	德国微生物学家柯赫（1843 — 1910年）发现了结核菌及其传染性；1896年发明诊断结核病的结核菌素。1905年获诺贝尔生理学或医学奖。
1882年	弗莱明首创有丝分裂名称。
1883年	英国学者高尔顿创用"优生学"一词，定义为改善人类遗传素质的学问。比利时范·贝纳登报道蛔虫性细胞形成时染色体的减数现象，提出染色体的遗传连续性原理。俄国微生物学家梅契尼科夫发现细胞吞噬现象，首次提出细胞免疫理论——细胞吞噬学说；德国免疫学家艾利希首次提出体液免疫理论——"侧链说"。1908年他们共获诺贝尔生理学或医学奖。

1884年	德国人斯脱劳伯格描述种子植物的受精作用。俄国植物生理学家季米里亚捷夫（1843—1920年）确定日光是植物光合作用的能源，并证明在光能转化为生物能过程中叶绿素起重要作用，从而说明整个生物界的能量主要来自日光。
1887年	德国人魏斯曼提出所有行有性生殖的生物，染色体数一定存在周期性减半作用。德国植物学家恩格勒与柏兰特合作出版《植物自然分科志》一书，其基本的分类系统至今仍为世界不少学者所采用。
1888年	俄国人梅契尼科夫在高等动物和人体中发现吞噬现象，提出吞噬细胞学说，指出吞噬细胞在炎症过程中起防御机体的作用。
1890年	意大利人高尔基发表关于神经系统的精细结构的研究成果，与卡哈尔共获1906年诺贝尔生理学或医学奖。俄国人维诺格拉德斯基发现另一大类微生物——自养微生物，创立土壤微生物学。德国细胞学家鲍维里确认性细胞染色体减数的普遍性。提出各个染色体有不同的特性。
1891年	德国动物学家亨金阐明生殖细胞成熟过程中染色体数目减少一半的减数分裂过程。荷兰人杜波西发现爪哇直立人化石。
1892年	魏斯曼发表种质论，认为种质是连续的，体质是不连续的，体质不能影响种质，反对拉马克的获得性遗传理论。俄国人伊凡诺夫斯基（1864—1920年）发现了第一种植物病毒——烟草花叶病毒，并发表有关烟草花叶病的研究。德国生物学家魏斯曼提出种质连续说；认为后天获得性状不能遗传；强调自然选择是进化的唯一机制。
1897年	德国化学家布希纳（1860—1917年）发现用无细胞的酵母提取物仍能进行发酵，证明离开了活细胞的酶仍有活性。德国细菌学家勒夫莱尔（1852—1915年）等证明了口蹄疫病是由过滤性病毒引起的,并指出病毒只能在活细胞内繁殖。
1898年	俄国植物学家纳瓦申（1857—1930年）发现被子植物双受精现象。意大利细胞学家高尔基发明了神经细胞染色法，并在神经细胞中发现了高尔基体。
1899年	俄国人柯瓦列夫斯基指出脊索动物是无脊椎动物过渡到脊椎动物的中间类型，为进化论提供了胚胎学证据。
1900年	荷兰德弗里斯、德国科伦斯和奥地利切尔马克三位遗传学家通过各自的实验证实了孟德尔规律的科学价值。此后，孟德尔就被公认为现代遗传学的奠基人。荷兰人德费里斯、德国人柯伦斯和奥地利人丘歇马克完成植物杂交试验（其结果与孟德尔早期的工作相一致），开创了现代遗传学。奥地利人兰斯坦纳发现人类的ABO血型和血凝集现象，建立了血液分类学的基础。俄国生理学家巴甫洛夫提出条件反射学说。

1901年	德费里斯提出《突变论》，认为新种是通过突然变异产生的，跟外界环境没有什么联系，不可能像达尔文所说通过自然选择积累微小的变异而形成。美籍奥地利人兰德茨泰纳（1868—1943年）发现了人的A、B、O血型。
1902年	英国人麦克伦发现性染色体。英国人萨顿确立遗传的染色体理论，指出孟德尔遗传因子的行为跟染色体的行为相一致。英国人贝特生采用遗传学等位基因、纯合子、杂合子、F1、F2等名称。德国人伯恩斯坦提出细胞膜电位理论，说明生物电现象。英国生理学家贝利斯和斯塔林从小肠黏膜提取液中，发现了能促进胰腺分泌的"肠促胰液肽"，并将其命名为激素。德国化学家费舍尔和霍夫迈斯特分别提出蛋白质原子结构的肽键理论。美国细胞学家麦克朗发现性染色体。
1903年	丹麦遗传学家约翰逊提出纯系理论，证明在纯系内选择无效。德国细胞学家鲍维里和美国细胞学家萨顿相继发现雌、雄配子的形成和受精过程中染色体的行为与孟德尔遗传因子的行为是平行的。认为染色体是遗传因子的载体。遗传学上的分离定律和独立分配定律因而得到了合理的解释。西班牙组织解剖学家卡哈尔（1852—1934年）改进了高尔基的染色法，并系统地观察了中枢和周围神经，提出了"神经元学说"。
1904年	英国生化学家哈顿分离出非蛋白质小分子物质，这是酶催化不可缺少的物质，叫做"辅酶"。
1905年	美国人玻特伍德首次提倡从铀矿的含铅量和铀的衰变速度来测定地层年龄，以后应用于古生物学。英国人斯塔林和贝利斯发现无管腺体分泌物，定名为荷尔蒙，即激素。美国细胞学家威尔和斯特蒂文特以细胞学的事实，确定了染色体同性别的关系，并提出XX为雌性，XY为雄性。
1906年	德国人威尔斯坦特发现镁存在于叶绿素中，铁也以同样形式存在于血红素中。意大利人高尔基第一次详细描述了神经细胞即神经元的结构。英国生理学家谢灵顿（1857—1952年）出版《神经系统的整合作用》，提出神经元和突触活动的概念。
1907年	德国生物化学家费歇从蛋白质中分离出20种氨基酸中的19种，证明蛋白质是由简单的氨基酸连接而成，并第一次人工合成18个氨基酸组成的多肽，这是蛋白质结构和合成研究的开始。美国生理学家哈里森（1870—1959年）建立用悬滴法的组织培养技术，首创组织培养法推动了实验生物学的发展。
1908年	英国数学家哈迪和德国医生温伯格分别运用数学论证了遗传平衡定律（哈迪—温伯格定律），为群体遗传学的研究奠定了基础。约翰逊在所著《精密遗传学原理》一书上，首次使用基因、基因型和表现型的名称，并确定它的概念。法国医生卡雷尔（1873—1944年）将血管缝合、器官移植和组织培养方法应用于生物学研究。

1909年	丹麦遗传学家约翰森（1857 — 1927年）创立"纯系学说"，在《遗传学原理》一书中提出了"基因""基因型""表现型"等遗传学概念。英国医生加罗德（1857 — 1936年）出版《代谢的先天缺陷》一书，阐明代谢途径亦受孟德尔遗传因子的控制。
1910年	美国遗传学家摩尔根发现果蝇白眼的伴性遗传总是与性别相联，指出白眼基因位在X染色体上，而Y染色体不含有它的等位基因，从而发现了伴性遗传现象。
1911年	美国人劳斯首先发现鸡肉瘤的无细胞滤液可以引起肿瘤。这个致病因素以后定名为劳氏肉瘤病毒。美国生物化学家芬克（1884 — 1967年）从米糠中分离提纯出有活性的维生素B结晶。
1912年	波兰生理学家丰克首次提出维生素的概念，并分离出维生素B的结晶。英国生物化学家霍普金斯（1861 — 1947年）用实验肯定了维生素的存在，并提出"营养缺乏症"的概念。荷兰学者艾伊克曼（1858 — 1930年）用试验证实糙米含维生素B1有治疗多发性神经炎的作用。
1913年	威尔斯坦特分离出花青素甙，并阐明了花色素因酸、碱条件不同而引起花颜色的变化。美国人麦克可伦发现存在于脂肪中的维生素，从此维生素分为脂溶性和水溶性两大类。
1914年	美国生物化学家肯德尔（1886 — 1972年）提取并获得了甲状腺素结晶。
1915年	加拿大微生物学家托特发现细菌中可传播的溶菌作用，由此第一次分离出过滤性细菌病毒。英国微生物学家特沃尔特和法国学者德荷雷莱发现了噬菌体。美国营养学家麦克勒姆发现了维生素A。
1917年	法国微生物学家铎埃雷创立鉴定病毒的滴定法，并命名细菌病毒为噬菌体。美国古生物学家奥斯本发表《生命的起源和进化》，根据古生物学材料提出定向进化的理论，也叫直生论。
1918年	德国胚胎学家施佩曼（1869 — 1941年）发现在胚胎生长过程中的组织诱导效应，开创了实验胚胎学的研究。德国胚胎学家吕勃用简单的化学刺激代替精子，引起海胆卵的人工单性生殖。
1919年	德国生理学家瓦勃发明瓦勃氏呼吸器，用于进行生理生化研究。提出氧分子的激活是生物氧化的见解。
1921年	法国人法布里（1867 — 1945年）发现大气圈的臭氧层，量少但能吸收大量紫外线使生物体免受损害。

1922年	英国生物化学家希尔和德国生化学家迈耶霍夫分别研究了肌肉收缩中的化学过程，开创了细胞生理代谢的研究工作。加拿大班丁和白斯特提取出胰岛素。
1923年	瑞典物理化学家斯维德伯格（1884 — 1976年）发明了超速离心机，推动了生物化学和分子生物学的研究。班廷与麦克劳德共获诺贝尔生理学或医学奖。
1924年	瑞典斯维特伯格发明超速离心机，首次测定了蛋白质的分子量。苏联赫洛特纳、荷兰范恩脱首次提取出植物激素。德国组织化学家孚尔根（1884 — 1955年）和罗森贝克发明了专染核酸的"孚尔根染色法"，一直沿用至今。
1925年	德国生物化学家迈耶霍夫发现从肌肉中提取出来的一组酶可使肌糖原转变为乳酸。英国生物化学家凯林发现细胞色素在细胞呼吸中起氧化还原作用。
1926年	美国生物化学家萨姆纳首次分离结晶的尿素酶。日本黑泽发现赤霉素。摩尔根发表《基因论》，使染色体基因遗传理论系统化。英国生理学家、药学家戴尔 证明引起神经冲动的乙酰胆碱是广泛存在于神经末端的化合物。 德国生理学家洛维用实验证明迷走神经受刺激，可产生一种使心脏跳动减速的物质，并证明此物质的性质类似乙酰胆碱。
1927年	美国遗传学家马勒（1890 — 1967年）第一次报道了X射线对果蝇的人工诱变试验，为辐射遗传学的研究奠定了基础。苏联学者维尔纳斯基（1863 — 1945年）作了题为《生物圈》的演讲，引起了人们对"生态危机"的重视。
1928年	美国遗传学家斯塔德勒用X射线人工诱发大麦的突变。苏联李森科发表植物阶段发育理论。英国微生物学家弗莱明发现青霉素对细菌的抑制作用。弗洛里 和钱恩提纯了青霉素，并在实验和临床上证实了青霉素的疗效。
1929年	中国人类学家斐文中发现北京猿人第一个完整的头盖骨化石，并在周口店山顶洞发现晚期智人的化石，命名为"山顶洞人"。英国人费来明发现青霉素有杀菌作用。德国人罗曼发现三磷酸腺苷。德国生物化学家费斯克、萨巴罗和罗曼分别独立地从肌肉提取液中分离出ATP。阿根廷豪赛（1887 — 1971年）发现脑下垂体前叶对糖代谢的影响是通过控制胰岛素的生成而实现的。德国化学家布特南特提取出雄性激素结晶。美籍苏联化学家勒温发现核酸可分为核糖核酸和脱氧核糖核酸。
1930年	德国生化学家汉·费歇确定血红素的结构由四个吡咯环所组成的复杂分子，确定跟血红素类似的叶绿素的全部结构。兰斯坦纳因人类血型和免疫学研究获得诺贝尔奖。英国统计学家、遗传学家费希尔的《自然选择的遗传原理》出版，首次以数学形式论证了遗传与自然选择学说的关系。

1933年	日本人田中义麿确定家蚕的ZW型性别决定。英国豪沃思首次合成维生素C。匈牙利学者冯森特−齐尔吉发现苹果酸、琥珀酸和延胡索酸在组织氧化过程中的作用。
1934年	挪威生物化学家弗林发现患苯丙酮尿症的病人智力低下，是由于缺少苯丙氨酸羟化酶所致。
1935年	德国人桑恩海默首次应用3H和15N等同位素于生物化学的研究。美国生物化学家诺塞洛泼陆续得到结晶的胃蛋白酶、胰蛋白酶都被证明是蛋白质。
1936年	苏联生物化学家奥巴林发表《地球上生物的起源》，提出生命起源的化学进化理论。
1937年	加拿大人海勒制造了放大7000倍可供科学研究的电子显微镜，人类的视野开始进入病毒和蛋白质的世界。美籍俄人杜布赞斯基出版《遗传学和物种的起源》，标志着综合进化论的诞生。德国生物化学家克勒勃斯发现三羧酸循环。美国生物化学家爱尔维杰确定维生素参与辅酶部分而发挥生化功能。
1938年	英国人希尔发现在铁盐溶液中叶绿体在光照下的放氧反应，开始作离体光合作用的研究。苏联生物地理学家苏卡切夫提出生物地理群落的概念，认为植物群落的分布和组成决定于环境条件。
1941年	德国生物化学家李普曼发现ATP的高能键在代谢中所起的重要作用，认为ATP是生物体内的能源物质。美国遗传学家比德尔和生物化学家塔特姆共同提出"一个基因一个酶"的假说，开辟了生化遗传学的研究。
1942年	美国生态学家林德曼发表有关"食物链"和"营养金字塔"的研究报告，创立了生态系统物质循环和能量流动的"十分之一定律"，为生态系统的研究奠定了基础。
1943年	美国细胞学家克劳德分离出核糖体，并用电镜研究了各种细胞器。美国分子生物学家德尔布吕克确认受噬菌体感染的细菌是研究自我复制的理想材料。美国学者卢里亚首次制得噬菌体颗粒的电镜照片。
1944年	加拿大人爱威瑞等报道了肺炎球菌的转化试验，第一次证明遗传物质不是蛋白质，而是DNA。美国厄朗格和盖瑟首次测定神经纤维直径跟传导速度的关系，并据此对神经纤维进行分类。美国微生物学家瓦克斯曼（1888—1974年）发现并分离出能抗结核菌的抗生素——链霉素。
1945年	瑞典化学家奥伊勒和美国阿克塞尔罗德阐明去甲肾上腺素储藏在交感神经细胞间的触突小体内，证明了神经传导的化学递质说。
1946年	美国微生物学家莱德伯格与塔特姆（1909—1975年）发现细菌的有性繁殖，又发现细菌的基因重组和转导现象，推动了分子遗传学的发展。

1947年	李普曼发现控制糖转化为脂肪的乙酰辅酶 A。
1948年	美国生物化学家卡尔文用14C同位素阐明植物中CO_2的同化作用，提出光合作用机制的蓝图。
1949年	美国生化学家吉奥寇用180同位素示踪，发现植物光合作用放出的氧来自水而不是来自二氧化碳。美国化学家肯尼迪和勒宁格尔报告三羧酸循环在线粒体内发生，而酵解作用则在细胞质中进行。美国化学家鲍林等人在研究非洲人镰形红细胞贫血症时，用电泳法检出有异常血红蛋白存在。
1950年	美国化学家鲍林提出蛋白质大分子立体结构中的α螺旋构型。美国生物化学家查哥夫等发现，在DNA大分子中，腺嘌呤和鸟嘌呤分别同胸腺嘧啶和胞嘧啶的分子量相等，为DNA双螺旋的建立提供了依据。
1951年	英国动物学家廷伯根发表《本能的研究》，总结了多年观察分析雌、雄三棘鱼求偶行为的研究成果。
1952年	英国生理学家霍奇金、赫胥黎研究了神经细胞膜上的兴奋和抑制，发现了离子变化的机制。美国细菌学家莱德伯格和津德尔描述了沙门氏菌中基因的转导作用。美国噬菌体学家赫尔希和蔡斯用S-35和P-32分别标记噬菌体的蛋白质外壳和DNA，然后感染细菌，再次证明了DNA是遗传物质。
1953年	美国华特生和英国克里克提出DNA分子的双螺旋结构模型，标志着现代分子遗传学和分子生物学的诞生。美国米勒首次进行生命起源的模拟试验，让水、氨、甲烷和氢在密闭的容器中通过火花放电，制得氨基酸和其他简单的有机物。美国人杜维格尼奥德确定了催产素中八个氨基酸的排列顺序，并进行人工合成，这是第一个人工合成的肽激素。
1954年	美国人瓦尔德提出视觉感光的化学机理，并说明夜盲症的起因。美国生物化学家阿侬发现离体叶绿体利用光能驱动ADP与Pi形成ATP，并称之为光合磷酸化作用。
1955年	中国科学院海洋生物研究所首次搞清紫菜生活史，解决人工繁殖紫菜的孢子来源。美国生物化学家奥乔亚等发现了在核酸生物合成中起重要作用的多核苷酸磷酸化酶。以后又用此酶实现了RNA的人工合成。
1956年	美籍西班牙人奥巧阿和孔勃首次用酶促法，人工合成了RNA和DNA。美籍德国人费兰克尔·康拉脱和美国人威廉斯用不同来源的烟草花叶病毒核酸和病毒蛋白质，重新装配为杂种烟草花叶病毒。美国生物化学家科恩伯格发现了DNA多聚酶。美国生物化学家萨瑟兰（1915 — 1974年）发现了环腺苷酸（CAMP），中国学者汤飞凡、张晓楼、黄元桐、王克乾分离出了世界上第一株沙眼衣原体。

1957年	英国人英格兰姆报道正常血红蛋白跟镰刀形细胞血红蛋白是一个氨基酸的差异，由此开始人类分子病和分子进化的研究。
1958年	英国生化学家桑格第一个确定蛋白质分子牛胰岛素的氨基酸排列顺序，获得诺贝尔化学奖。中国首次使用针刺麻醉法摘除扁桃腺，开辟针麻的生理学和医学研究新领域。
1959年	法国人李求恩等和英国人福特等分别发现小儿蒙古痴呆症、小睾丸症、性腺发育不全症等由于染色体数量变化引起，开创了人类染色体遗传病的研究。美国细胞生物学家麦克奎林、罗伯茨和布里顿证明大肠杆菌中的核糖体是进行蛋白质生物合成的部位。英国生物大分子晶体结构分析家佩鲁茨和肯德鲁完成血红蛋白和肌红蛋白的晶体结构分析。
1960年	美国生物学家福克斯从干热合成的类蛋白获得微球体，提出生命起源的微球体模型。中国生物化学家邹承鲁等完成了胰岛素A、B两链的折合研究，解决了胰岛素人工合成的关键问题。美国生物化学家穆尔和斯坦因完成了核糖核酸酶124个氨基酸的测序工作，并研究了该酶的活性构象。法国人詹孔和蒙诺德提出基因调节的"操纵子"学说。法国生化遗传学家莫诺与分子遗传学家雅各布共同提出"操纵子"概念，揭示了原核细胞基因调控的一般规律。美国学者斯佩里研究裂脑人，表明大脑两半球的功能高度专一化，一侧半球学会的信息不会传递给另一侧，美国另一学者哈贝尔和加拿大学者威塞尔用微电极在猴脑里试验，探明了视觉中枢的结构和功能，以及视觉的电生理过程。
1964年	英国古人类学家李基在南非发现200万年前的非洲南猿化石。由联合国教科文组织国际科学协会理事会制定的国际生物学计划开始执行，至1974年结束，其宗旨是合理利用生物资源，探索生物资源的再生规律。
1965年	美国生物化学家霍利等完成了酵母丙氨酸TRNA的全部77个核苷酸的测序工作，这正式确定了酵母菌丙氨酸TRNA的全部核苷酸序列。中国科学院首次人工合成了51个氨基酸的牛胰岛素，这是世界上人工合成有活性蛋白质的重大成就。
1967年	美国人詹柯孙和巴特首次报道用羊膜穿刺法进行遗传病的产前诊断。
1968年	朋纳和路特尔应用失活的仙台病毒，将其实现人和鼠的体细胞杂交。瑞士生物学家阿尔帕提出了限制性内切酶的构想。日本群体遗传学家木村资生提出了"分子进化的中性学说"。
1969年	美国生物学家马古里斯提出真核生物起源的内共生说，修订了惠特克的分类。美国生物化学家柯拉纳报道酵母丙氨酸TRNA基因全部核苷酸序列的人工合成。美国生物化学家埃德尔曼和英国化学家波特各自独立地搞清了一种免疫球蛋白的氨基酸顺序，并查明了抗原抗体的结合部位。

1970年	美国微生物遗传学家史密斯提取出可以在特定点切割DNA的限制性内切酶。美国学者内森斯成功地用限制性内切酶切割了猿猴病毒SV40的基因分子，并绘制成切割图谱。美国分子生物学家巴尔蒂摩和特明各自独立发现逆转录酶，能以RNA为模板合成DNA，对遗传学中的"中心法则"提出了重要补充。
1972年	美国分子生物学家伯格将猿猴病毒SV40的DNA与λ噬菌体P22的DNA体外重组成功。
1973年	美国分子生物学家科恩等将抗四环素质粒与抗链霉素质粒在体外拼接成嵌合质粒；将此种重组质粒导入大肠杆菌后能表达出两种质粒的遗传信息。这是基因工程的第一个成功实例。
1975年	英国化学家桑格建立并不断改进DNA的测序法。丹麦学者耶诺创立了天然抗体选择学说及免疫系统的"网"学说，从而阐明了抗体产生的机制。英籍阿根廷免疫学家米尔斯坦和德国柯勒发明了用化学手段制造单克隆抗体的技术，从而可以大量生产具有专一特性的单克隆抗体。
1976年	美国生物化学家吉尔伯特发明对DNA碱基序列的快速化学分析法。柯拉纳将人工合成的酵母丙氨酸TRNA基因导入大肠杆菌，并表现基因活性，开创了基因工程。
1981年	中国科学院报道酵母丙氨酸TRNA全部核苷酸序列（包括稀有核苷酸）的人工合成，所合成的TRNA有活性，并能将丙氨酸掺入蛋白质。是继柯拉纳以后人工合成RNA的重大进展。美国化学家切赫等在四膜虫中发现了一种具有酶功能的RNA分子，这种分子能把基因内的插入顺序剪切掉再重新拼接起来。
1982年	中国人龚立三用分子克隆方法建成广谱调渗质粒，并用它创建一系列二重组体基因工程生物。英国人克卢格致力于生物大分子结构的研究。美国医生威廉·德弗里斯等人把一颗人工心脏植入62岁的克拉克胸中获得成功。美国帕尔米特等把小鼠的DNA片段与大鼠生长素的结构基因相连结，成功培育第一批人工创造的转基因动物——巨型小鼠。
1983年	中国人修瑞娟首次提出微循环对人的器官和组织是"海涛式灌注"的设想。美国人巴罗斯等首次培养出可生长于250℃高温中的细菌。法国赫雷拉·埃斯特雷拉等开始利用Ti质粒作载体转化植物细胞，经过再生整株，已相继培养出抗烟草花叶病毒、抗黄瓜花叶病毒等转基因植物。
1985年	美国人马利斯和塞基发明多聚酶链式反应技术；德国化学家米歇尔完成了用X光衍射法进行的结构分析；美国人戈尔茨坦和布朗由于对胆固醇代谢及有关疾病的研究作出卓越贡献，共获当年诺贝尔生理学或医学奖。

1986年	意大利科学家莱维·蒙塔尔奇尼与美国学者科恩发现了生长因子，他们因此荣获本年度诺贝尔生理学或医学奖。美国人科恩和意大利人蒙塔尔奇尼因研究发现表皮生长因子（EGF）而共获当年诺贝尔生理学或医学奖。
1987年	英国科学工作者把对害虫具天然防卫系统的豌豆植物所编码的胰蛋白酶抑制剂的基因引入烟草植物中，使该植物具有制造这种"酶抑制剂"的能力。比利时科学工作者将能杀死多种害虫的苏芸金芽孢杆菌所含的δ–内毒素蛋白基因引入烟草中，获有效表达。英国科学家用遗传工程通过改变猪细胞DNA片段，激发猪的天然生长激素，促进其生长速度，培养了比普通猪大50％的大型猪。伯克·卡尔和奥尔森用人造酵母染色体（YACS）作为载体，将大片段外源DNA克隆引入酵母细胞。显示YACS可能成为克隆DNA大片段的工具。日本学者利根川进解释了少量免疫细胞基因为何能产生出如此多样的抗体，获当年诺贝尔生理学或医学奖。
1988年	美国人伊莱昂和希钦斯因在研究治疗癌症、痛风、疟疾或病毒性药物方面的成就，英国人布莱克因研制控制心脏病和溃疡病药物方面的贡献，他们共获当年诺贝尔生理学奖。怀特巴克柯维茨、霍罗维茨等发现癌基因的活化。
1989年	美国劳伦斯·利弗莫尔实验室和劳伦斯·伯克利实验室证实了36年前美英科学家对DNA分子结构的假设。美国人毕晓普和瓦姆斯因发现逆转病毒癌基因的细胞起源而共获当年诺贝尔生理学或医学奖。美国学者毕晓普和瓦姆斯用内切核酸酶和转染技术首次分离出肉瘤病毒的癌基因，共获当年的诺贝尔生理学医学奖。
1990年	美国制定了人类基因组的测序计划，拟用15年时间对人体基因组约30亿个碱基顺序的10万个基因进行测序和作图。这是一项国际性项目，已有美、英、法、日、加拿大、澳大利亚等国参加。美国学者默里和托马斯分别用X线照射及硫唑嘌呤和氨甲喋呤克服肾移植和骨髓移植中的免疫排斥成功，共获当年诺贝尔生理学医学奖。